煤矿地质分析与应用

主　编　李北平　徐智彬
副主编　潘开方　粟俊江

重庆大学出版社

内容简介

《煤矿地质分析与应用》是国家示范性高等职业院校重点建设专业——煤矿开采技术专业核心课程教材。本书系统地介绍了地质作用的基本知识、成煤作用、含煤岩系、矿山水文地质知识；重点介绍了煤矿地质资料的分析与应用和影响煤矿安全高效生产的各种地质因素以及分析、解决矿山常见地质问题的基本方法；简要介绍了煤炭储量的相关知识、矿井储量管理的基本内容和煤矿生产活动造成的环境地质问题及环境保护方法。

本书是煤炭高等职业院校煤矿开采技术、矿井通风与安全、地下隧道工程专业的通用教材，也可作为中等专业学校、成人教育学院和技工学校采矿工程类各相关专业的教材，同时可供有关煤炭企业管理人员和专业技术人员学习参考。

图书在版编目(CIP)数据

煤矿地质分析与应用/李北平，徐智彬主编.—重庆：重庆大学出版社，2009.10(2023.2 重印)
(煤矿开采技术专业及专业群教材)
ISBN 978-7-5624-5097-9

Ⅰ.煤… Ⅱ.①李…②徐… Ⅲ.煤田地质—高等学校—教材 Ⅳ.P618.110.2

中国版本图书馆 CIP 数据核字(2009)第 162276 号

煤矿开采技术专业及专业群教材
煤矿地质分析与应用
主 编 李北平 徐智彬
副主编 潘开方 粟俊江
责任编辑：周 立 李邦静 钟加勇 版式设计：周 立
责任校对：夏 宇 责任印制：张 策
*
重庆大学出版社出版发行
出版人：饶帮华
社址：重庆市沙坪坝区大学城西路 21 号
邮编：401331
电话：(023) 88617190 88617185(中小学)
传真：(023) 88617186 88617166
网址：http://www.cqup.com.cn
邮箱：fxk@cqup.com.cn (营销中心)
全国新华书店经销
POD：重庆新生代彩印技术有限公司
*
开本：787mm×1092mm 1/16 印张：25.75 字数：643 千
2009 年 10 月第 1 版 2023 年 2 月第 3 次印刷
ISBN 978-7-5624-5097-9 定价：69.00 元

编写委员会

序

本套系列教材，是重庆工程职业技术学院国家示范高职院校专业建设的系列成果之一。根据《教育部 财政部关于实施国家示范性高等职业院校建设计划 加快高等职业教育改革与发展的意见》(教高[2006]14 号)和《教育部关于全面提高高等职业教育教学质量的若干意见》(教高[2006]16 号)文件精神，重庆工程职业技术学院以专业建设大力推进“校企合作、工学结合”的人才培养模式改革，在重构以能力为本位的课程体系的基础上，配套建设了重点建设专业和专业群的系列教材。

本套系列教材主要包括重庆工程职业技术学院五个重点建设专业及专业群的核心课程教材，涵盖了煤矿开采技术、工程测量技术、机电一体化技术、建筑工程技术和计算机网络技术专业及专业群的最新改革成果。系列教材的主要特色是：与行业企业密切合作，制定了突出专业职业能力培养的课程标准，课程教材反映了行业新规范、新方法和新工艺；教材的编写打破了传统的学科体系教材编写模式，以工作过程为导向系统设计课程的内容，融“教、学、做”为一体，体现了高职教育“工学结合”的特色，对高职院校专业课程改革进行了有益尝试。

我们希望这套系列教材的出版，能够推动高职院校的课程改革，为高职专业建设工作作出我们的贡献。

重庆工程职业技术学院示范建设教材编写委员会

2009 年 10 月

前言

“煤矿地质分析与应用”是国家示范性高等职业院校重点建设专业——煤矿开采技术专业的核心课程。在市场调研、专家论证的基础上,由地质教研室的教师和现场地质技术人员组成项目组,进行课程建设。根据典型工作任务对知识和技能的需要,对该课程的内容选择作了较大的改革,打破以知识传授为主要特征的传统学科课程模式,基于工作过程系统化建设该课程,选用以模块为载体来设计教学情境。在教学子情境选择中,由易到难的先后顺序,充分考虑高等教育对理论知识和可持续发展的需要,同时融合了相关职业资格对知识、技能和态度的要求。根据采煤技术员岗位的工作过程和所需知识的深度及广度来组织教材。

教材充分体现任务引领、实践导向的课程设计思路。教材以完成典型工作任务来驱动,通过实际案例、情境模拟、任务单和课后拓展作业等多种手段,让学生在学习过程中构建相关理论知识,并提升职业能力。

教材突出实用性、实践性和职业定向性,同时具有前瞻性,将本专业领域的发展趋势及实际工作过程中应遵循的新规范、采煤技术员的职业资格标准及时纳入教材之中,打造理论和实践一体化教材。

教材文字表述简明扼要,内容展现图文并茂、重点突出,旨在提高学生学习的主动性和积极性。教材中的活动设计具有可操作性,突出对学生实际职业能力的培养,强化基于工作过程的案例教学和任务教学,使学生在完成典型任务活动中能陈述煤矿地质分析与应用在煤矿开采中所起的作用。

本教材按90学时编写,理论和实践教学统一安排,教师在教学过程中必须重视实践、更新观念、走工学结合的道路,探索基于工作过程的职业教育新模式,为学生提供自主发展的时间和空间。注意职业情境的创设,以多媒体、录像、校内、校外生产性实训基地的动态示范等教学方法，提高学生分析问题和解决实际问题的能力。积极引领学生提升职业素养，努力提高学生的创新能力。

学习考核采用形成性评价与总结性评价相结合的方法。形成性评价，是在教学过程中对学生的学习态度和各类作业、任务单完成情况进行的评价；总结性评价，是在教学活动结束时，对学生整体技能情况的评价。考核突出过程评价，结合课堂提问、小组讨论、实作测试、课后作业、任务考核等手段，加强实践性教学环节的考核，注重考核学生动手能力和在实践中分析问题、解决问题的能力。

本教材由李北平编写课程导入，学习情境1中的任务1、任务5、6、7及附录；付涛编写学习情境1中的任务2、3；张世家编写学习情境1中的任务4；徐智彬编写学习情境2；粟俊江编写学习情境3；潘开方编写学习情境4、5；黄治云编写学习情境6；李东林编写学习情境7；雷世军编写学习情境4中的部分内容。最后由李北平、徐智彬统稿。本书在编写过程中引用、参考了有关教材的内容，在此对所有作者表示由衷的谢意。

在教材建设过程中，始终得到院、系领导的大力支持和帮助，在此表示衷心的感谢。由于编者水平有限，加之时间仓促，错漏之处难免，敬请广大读者批评指正。

编　者

2009年6月

目录

课程导入

地球是人类赖以生息的场所,也是人类的生存之源。人类在地球上从事各种生产活动,并从地球中索取一切生活和生产资料。地球上的自然环境和许多自然灾害,如地震、海啸、火山爆发、山崩、滑坡、泥石流等都与人类的生活和生产息息相关。人类在从地壳中开采矿产、与自然灾害作斗争及在改造自然环境过程中,通过长期观察和实践,逐渐认识了地球,形成了地质学。地质学是研究地球的一门自然科学,目前主要是研究地球的表层——地壳或岩石圈。

随着科学技术的迅速发展和学科间的相互渗透,地质学的研究内容在不断增加,研究领域也在逐渐扩大,不但出现了许多与地质学有关的边缘学科,而且还出现了一些指导生产建设的应用地质学科。

煤矿地质分析与应用是研究煤矿地质的一门应用学科,也是一门地质学与采矿学紧密结合的边缘学科。它是在具备地质学基础知识后,进一步研究煤的形成及用途、煤层赋存状态、煤炭资源/储量,分析和解决影响煤矿建设与生产的地质因素,从而保障煤矿安全高效生产。

煤矿地质分析与应用的主要内容有地质作用分析,包括地球概况、地质作用类型、地壳的物质组成、古生物地史、地质构造等;煤资源地质分析,包括煤的形成、煤的物质组成和性质、煤的分类和用途、煤层的形态、结构、厚度及其变化、煤层顶底板;影响煤矿生产的地质因素,包括矿井地质构造、岩浆侵入体、岩溶陷落柱、水文地质、工程地质以及矿井瓦斯、水、火、煤尘等矿山地质灾害问题;收集煤矿地质信息及处理矿山地质问题的方法,包括煤炭地质勘查、煤矿建井时期和生产阶段的地质工作,重点是井巷地质编录、影响煤矿生产的地质因素的判断与处理、煤矿常用地质图件的识读和应用以及煤炭资源/储量及管理等。

随着科学技术的发展和煤炭资源的综合开发利用,煤矿地质研究的内容将越来越丰富。主要任务如下:

(1)查明各种地质因素,研究煤矿地质规律。根据地质勘查部门提供的地质资料和建设、生产过程中揭露出来的地质现象,研究矿井地质构造、煤系及煤厚变化、矿山水文地质、瓦斯地质等影响煤矿生产的地质因素。

(2)处理矿井日常地质工作。进行矿井地质内容观察、编录和综合分析,不断补充和修改矿井地质资料,为煤矿设计、建设、生产各阶段提供地质依据及处理采掘工作中的各种地质问题。

(3)矿山水文地质调查及水害防治。地面与井下相结合,开展矿区水文地质调查。查明矿井水的来源、涌水通道大小及其影响因素与变化规律,研究和制定防治水方案及措施,同时为煤矿生产、生活寻找和提供优质水源。

(4)地质灾害预测预报。查明危及煤矿建设生产和人身安全的各种地质灾害,如煤与瓦斯突出、水害、热害、煤尘、冲击地压、滑坡等,对其形成机理、分布范围、突发时间及危害程度,进行预测预报,提出治理方案和防范措施。

(5)矿井煤炭资源/储量管理。估算和核实矿井煤炭资源/储量,测定和统计储量动态、分析储量损失、编制矿井储量表,为提高矿井资源/储量类别和扩大煤炭资源/储量提供依据,为生产正常接替、资源合理利用服务。

(6)矿产资源综合利用与环境保护。调查研究煤系中伴生矿产资源的性质、特征、储量、分布规律和利用价值,变废为宝,综合利用,提高煤矿经济效益。开展矿区环境地质调查,查明污染矿区环境的地质因素及危害程度,研究环境地质的治理措施,配合环保部门提出矿区环境保护方案。

煤矿地质与煤矿的设计、建设和生产结合紧密,具有先导性、综合性、实用性和复杂性的特点。研究煤矿地质必须要深入现场,对地表出露和井巷揭露的地质现象进行周密细致的观测,并进行必要的取样和相应的实验分析,充分掌握第一手资料。在积累资料的基础上,去粗取精、去伪存真、由此及彼、由表及里地整理分析,将感性认识上升为理性认识。然后用所得到的理性认识去指导生产实践,并在实践中检验、充实和完善,使之更加符合客观实际。只有这样,才能逐渐正确、深刻地反映矿井的地质情况,为煤矿生产建设提供可靠的地质依据。同时,还须注意,地质现象具有区域变异性特点,因为不同地区有不同的物质基础和外界因素、也有不同的变化过程,因而没有绝对相同的地质现象。因此,研究煤矿地质切忌机械地照搬某种模式,要善于因地制宜,应用辩证的观点抓住现象的本质和主要矛盾进行分析、归纳,总结出规律性。

以地质学为理论基础的煤矿地质工作是直接为煤矿的生产服务的。它是通过各种技术手段,收集地质资料,研究矿区和矿井的地质情况,为煤矿的开发提供依据。没有可靠的地质资料,便不可能作出正确的矿井设计,也不可能顺利地进行建井、采掘工作和实现安全生产。例如:对地质构造了解不清,直接影响采煤方法的选择和采煤机械化;资源/储量估算不准确,将影响煤矿服务年限和生产的正常接续;对水文地质条件、瓦斯、煤尘、地热等没有查明,会影响安全生产,甚至带来严重的自然灾害,造成人力、物力、财力等的巨大损失。

生产实践证明,煤矿地质工作是煤矿生产建设中的重要组成部分,是矿山的尖兵。凡是重视煤矿地质工作的矿井,其生产建设就能正常而安全顺利地进行;反之,由于缺乏足够的地质资料,往往造成工作中的被动局面,甚至造成不必要的损失。因此,煤矿地质工作关系到煤矿生产的安全高效及煤炭资源的合理开发和利用,在煤矿建设、生产,直至矿井关闭的整个过程中,都应重视煤矿地质工作。

学习情境 1

地质作用分析与应用

学习目标

<table>
<tr><th>知识目标</th><th>能力目标</th><th>相关知识</th><th>权 重</th></tr>
<tr><td>1. 能理解地质作用及其分类和意义。</td><td rowspan="7">1. 认识地质作用的能力。
2. 认识常见的造岩矿物的能力。
3. 识别常见的沉积岩的能力。
4. 识别煤系地层的能力。
5. 应用地质罗盘测量岩层产状的能力。
6. 基本能识别和描述褶皱的能力。
7. 基本能识别和描述节理的能力。
8. 基本能识别和描述断层的能力。
9. 较强的逻辑思维、自学、获取信息和自我发展能力。
10. 一定的创新意识和能力。</td><td rowspan="7">1. 三角函数运算知识。
2. 工程制图的基本知识。
3. 工程力学基本知识。
4. 工程测量基本知识。
5. 野外安全知识。</td><td>0.1</td></tr>
<tr><td>2. 能根据矿物的肉眼鉴定特征，基本认识常见的造岩矿物。</td><td>0.1</td></tr>
<tr><td>3. 能根据沉积岩的肉眼鉴定特征，正确识别煤系地层常见的沉积岩。</td><td>0.1</td></tr>
<tr><td>4. 能正确理解地层系统，正确识别煤系地层。</td><td>0.2</td></tr>
<tr><td>5. 能理解岩层产状及其测定方法和表示方法。</td><td>0.1</td></tr>
<tr><td>6. 能正确理解褶曲要素、基本形式、识别标志及表示方法。</td><td>0.2</td></tr>
<tr><td>7. 能明确节理的种类和特征；能正确理解断层及其要素、类型、特征、识别标志及表示方法。</td><td>0.2</td></tr>
</table>

问题导入

三角函数、化学、工程制图、工程力学、工程测量等基本知识是本情境学习的基础。为合理地开发煤炭资源，煤矿开采技术人员有必要了解和掌握有关地质作用的载体——地球的基本特征，物理性质，地质作用的种类及特点；常见造岩矿物和沉积岩的基本特征；地层及煤系地层的基本知识；岩层的产状要素、褶皱、节理和断层的基本特征。本情境的学习重点是“地质作用”、“矿物和岩石”、“地层”、“褶皱构造”、“断裂构造”等内容；学习的难点是“矿物和岩石的鉴别”、“褶皱构造的识别和描述”、“断层的识别和描述”等内容。它将对后续情境的学习打下基础。

任务1 地质作用

1.1 地球的基本特征

地球是地质作用的载体，要正确理解地质作用，必须了解地球在宇宙中的位置和地球的基本特征。

1.1.1 地球在宇宙中的位置

1）宇宙

宇宙是无限发展的物质世界，在空间上是无边无际的，在时间上是无始无终的。宇宙空间包罗万象，大至天体、星系、总星系，小至星际物质、分子、原子，凡一切客观存在皆包涵于宇宙之中。宇宙中的天体在万有引力的作用下相互绕转，形成不同层次的天体系统。宇宙大约由十亿个星系所构成，而星系是由不同数量的恒星所组成。小星系由几万个恒星组成，大星系由上千亿个恒星组成。太阳（恒星）所在的星系叫银河系，银河系以外的星系叫河外星系。

2）银河系和太阳系

（1）银河系

银河系是一个巨型漩涡状星云，中间厚、边缘薄，直径约10万光年，中心厚约1万光年，边缘厚约1 000光年，形似“铁饼”。银河系大约由1 500多亿颗恒星所构成，太阳是银臂上一颗中等大小的恒星，位于银河系一侧，距中心约(2.7 ± 0.33)万光年（1光年≈94 605亿km）。

（2）太阳系

太阳系是银河系中一个普通成员。太阳是太阳系的中心天体。围绕太阳旋转的是一个行星体系（水星、金星、地球、火星、木星、土星、天王星、海王星），此外还有许多小行星、彗星、陨星等小天体。

①太阳

太阳是一个炽热的气体球，也是离地球最近的恒星，平均距离为1个天文单位（1.5×10^8km）。太阳直径1.39×10^6km，约为地球直径的109倍，体积约为地球的130万倍，质量是地球的33.3万倍，占太阳系总质量的99.86%。

太阳大气中有73种元素，以氢、氦最多，氢占太阳总质量71%，氦占26.5%。

太阳大气圈从内向外分为三层：光球层、色球层、日冕。光球层常称为太阳表面，其平均温度约为5 500 ℃，中心温度可高达1.55×10^7℃；色球和日冕只有在全日食时用特殊仪器才能观测到；黑子是光球层温度较低的巨大漩涡状气流；耀斑是色球层中温度较高的亮点。

②行星

太阳系有八大行星，按它们与太阳的距离由近到远分别为：水星、金星、地球、火星、木星、土星、天王星、海王星（图1.1）。八大行星空间分布与运行规律：绕日运行方向与太阳自转方向一致；绕轴自转方向除金星外均相同，即自西向东转。地球自西向东自转，并以66°34′交角（地轴与公转轨道平面的交角）侧着身子以30 km/s的平均速度绕太阳公转，公转轨道全长约9.4×10^8 km，公转一周需365日5时48分46秒。地球自转一周的时间需23时56分4秒。地球自转速度在逐渐变慢，但幅度极小，据过去两千年的观测，大约每100年，一昼夜要长

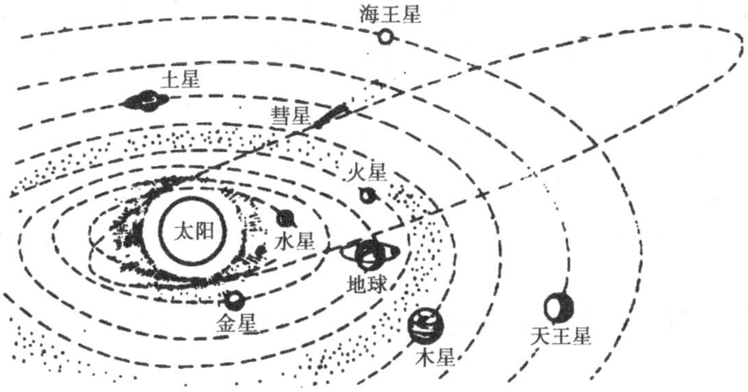

图1.1　地球在太阳系中的位置

0.01 s。太阳系的行星按物理、化学性质分为类地行星和类木行星两大类。

a.类地行星　包括水星、金星、地球、火星。它们距太阳近，体积和质量小，平均密度大，自转速度慢，公转周期短，卫星少或无，具固体外壳，中心有铁核，金属元素含量高。

b.类木行星　包括木星、土星、天王星、海王星。它们距太阳远，体积和质量大，密度小，自转速度快，公转周期长，卫星较多，物质成分以轻元素为主。

2006年8月国际天文联合协会布拉格大会为太阳系的行星进行了定义，符合以下几条才属于行星：

a.围绕太阳运转；

b.具有足够的质量，能形成符合流体力学平衡的形态——球体；

c.具有足够的引力而能清除轨道上所有的物质。

由于第三条的原因，冥王星被拒之于行星之外，而被称为矮行星。关于矮行星与柯依柏带，美籍荷兰天文学家柯依柏发现海王星外侧有大量的大大小小的天体运行，被称之为柯依柏带，冥王星亦在此带之中。2003年在此带中发现2003UB313天体，被称之为齐娜，其直径达3 000 km，与月球大小相似，比冥王星还要大30%。因上述第三条定义的限定，齐娜被划为矮行星。因此，冥王星也降格为矮行星。但也有反对的意见，56位天文学家在《自然》杂志上联名发表文章，反对将冥王星降格为矮行星，他们认为：新定义不科学不完整、且布拉格会议没有代表性（全球75个国家有2 500多名天文学者，但只有300人开会），冥王星的命运还有待于进一步研究确定。

③卫星

卫星是绕行星运行而自身不发光的天体。太阳系八大行星中除水星、金星外，均有卫星绕转，月球是地球唯一的一颗自然卫星。

月球距地球平均距离38 440 km，月球绕地球公转的同时还自转，因其自转与公转周期相同，所以月球朝向地球的一面始终不变。月球表面无任何形态的水，完全没有大气，接近真空，但月球有火山喷发、造山运动、月震等现象。环形山是火山喷发或外星体撞击而成，由于没有大气和水，没有风化作用，因而得以长期保存。

④彗星

彗星的结构：

彗核——由氢、碳、水等冰冻物质组成，是彗星的主要部分，直径一般为1～100 km。

彗发——在近日点彗核的冰冻物质受热气化,可达几万千米,由极稀薄气体组成。

彗尾——彗发在太阳光压和太阳风作用下,在背向太阳一侧形成的由极稀薄气体组成的长尾;可达 1×10^8 km。

以闭合椭圆形的轨道绕太阳运行的彗星具有周期性,可以预测他们出现的时间。例如哈雷彗星,绕日公转周期为76年,最近一次经过近日点是在1986年2月。

以抛物线或双曲线轨道运行的彗星很难进行预测,有的甚至不再重现。

⑤流星体

在太阳系中绕太阳运行的比小行星更小的细小天体,主要是小行星和彗星碎裂、瓦解的产物,称为流星体。

流星体运行到地球附近,被地球引力俘获并吸向地球,进入大气层摩擦生热而燃烧发光,成为流星。多数流星燃烧变成气体,少数残体落到地面成为陨石或陨星。可分为铁陨石(主要含铁镍)、石陨石(主要含硅酸盐类)、石铁陨石(含硅酸盐类和铁镍)。如1976年3月8日在吉林市出现罕见的陨石雨现象,已收集到200余块,总重达2 700 kg以上,超过100 kg的有3块,最大的重1 770 kg,是当前世界最大的一块陨石。陨石是研究了解太阳系早期状态的重要线索,澳大利亚一颗陨石中发现有18种氨基酸和其他有机物,为宇宙生命起源研究提供了宝贵的资料。

3)河外星系

银河系以外的许多与银河系类似的星系,统称为河外星系。目前发现在银河系以外,还有数以百亿计的星系存在,近的有250万光年,远的超过100亿光年。

靠近银河系的河外星系有20余个,其中最著名的有仙女座星系、大麦哲伦星系、小麦哲伦星系等。它们分别呈漩涡状、透镜状等。

1.1.2 地球的形状和大小

1)地球的形状

关于地球的形状和大小,人们的认识经历了一个由圆球体到二轴椭球体、到三轴椭球体、又到梨状体的不断深化的过程。

很长时间以来,地球一直被认为是球状体,当最早使用较精确的三角测量法对地球的形状进行研究时,发现通过极点的半径与赤道半径相差21 km,认识到地球不是一个理想的球体,而是沿旋转轴被压扁。后来,牛顿从理论上证明,在引力作用下,地球沿旋转轴方向受挤压力作用,使其具有椭球或旋转球体的形状。牛顿的这一理论和计算,后来被世界各国完成的经线或纬线弧的测量所证实;同时这些测量还表明,地球不仅沿两极方向被压扁,而且沿赤道也有某种程度的被压扁,最大和最小赤道半径长度相差213 m,也就是说,地球不是两轴的,而是三轴的椭球体。由于物质密度分布上的差异、弹性和塑性变形及自转的影响,地球更为准确的表面形态略似于一个“梨形”。据人造卫星轨道参数分析,地球北极比标准的旋转椭球体要凸出约10 m,南极则凹进约30 m;北半球的中纬度区稍稍凹进,在南半球则稍稍凸出。据此可以推论:地球并非严格的旋转椭球体;地球内部物质在分布上具有显著不均匀性。

2)地球的形状参数

实际的地球表面崎岖不平,为了便于测算,以平均海面通过大陆延伸所形成的封闭曲面作为参考面,此参考面称为大地水准面。地球的形状和大小通常就是指大地水准面的形状和大小。大地水准面是一个等位面,其上的重力方向处处都与该表面垂直,这样就可以引入重力的概念,结合大地测量对地球的形状和大小进行研究。目前利用人造卫星轨道变化作校正,已经可以相当精确地求得地球的各种数据。

极半径:　6 356 km	赤道周长:40 075 km
赤道半径:6 378 km	地球体积:$1.083\times10^{12}\,km^3$
平均半径:6 371 km	地球质量:$5.974\,2\times10^{24}\,kg$
扁率:　1/298	

地球赤道一带稍微凸出,南北半球也不对称,加上表面凹凸不平,地球是一个不规则的旋转椭球体,基本上仍是一个圆球体(图1.2)。

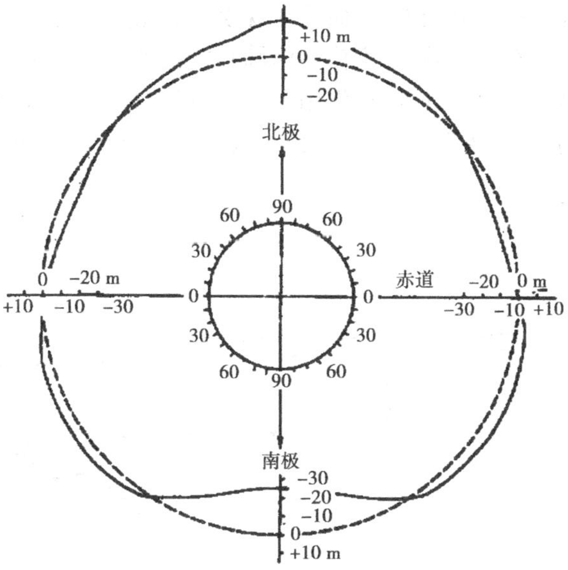

图1.2　地球的形状

1.1.3　地球的表面特征

地球表面积为$5.11\times10^8\,km^2$。其中陆地面积约为1.49亿km^2,约占29.2%;海洋面积约为3.62亿km^2,约占70.8%。地球表面高低起伏不平。大陆平均海拔高度为880 m;最高为珠穆朗玛峰,海拔8 844.43 m;最低为死海,海拔-395 m;海洋底的平均深度为3 729 m,最深为西太平洋的马里亚纳海沟11 034 m。

1)陆地地形主要类型

大陆部分最主要的地形特征是有一系列呈弧形或线形展布的山系。其中,海拔在500~1 000 m的称为低山;1 000~3 500 m的称为中山;大于3 500 m的称为高山;一般呈线状分布称为山脉,如欧洲的阿尔卑斯山脉,亚洲的喜马拉雅山脉等。陆地上还有被山系所分隔、表面稍有起伏,内部相对高差一般不超过数十米的平原和高原,它们面积较广。平原是海拔高度在200 m以下、表面常为平坦或略有起伏、其相对高差小于50 m的广大宽平地区。世界上最大的平原是亚马逊平原,面积达560万km^2。我国有华北平原、松辽平原、长江中下游平原等。海拔高度在600 m以上、表面较为平坦或略有起伏的广阔地区称为高原。世界上著名的高原有伊朗高原、埃塞俄比亚高原、巴西高原及我国的蒙古高原、青藏高原等。其中,青藏高原是世界上最高的高原,海拔4 000 m以上;巴西高原是世界上最大的高原,面积达500万平方千米以上。此外尚有四周为山系或高原限制的低地，因其外形似盆而称为盆地。洼地是陆地上某些低洼的地区，其高程在海平面以下。如我国新疆吐鲁番盆地中的艾丁湖，湖水面在海平面以下150 m，称克鲁沁洼地。介于山地和平原之间的高低不平、连绵不断的低矮浑圆的小山丘地形称为丘陵。一般高程在海拔500 m以下，相对高差多在数十米，最大高差不超过200 m。大陆上还有众多的河流组成的水系和湖泊，是地球表面的重要特征，它们的运动也是促使地表形态发生变化的重要因素。河流的流动在一些山脉和高原上刻切形成纵横交错的沟壑和峡谷，在平原地区则形成网状的河系，并不断堆积泥沙，是大陆向海洋的扩展。

2）海底地形主要类型

海底地形和大陆地形一样复杂多样，而且在规模上更庞大，外貌上更为壮丽。既有比大陆更广阔、更平坦的平原，也有更险峻、更宏伟的山脉和深陡的峡谷。但因海底不像大陆那样长期经受着各种外力的破坏，而是受以沉积作用为主的改造，故总体上看仍比大陆表面简单些。海底地形按其特征可划分为：大陆边缘（大陆架、大陆坡、大陆基）、深海盆地、海岭、海沟（图1.3）。

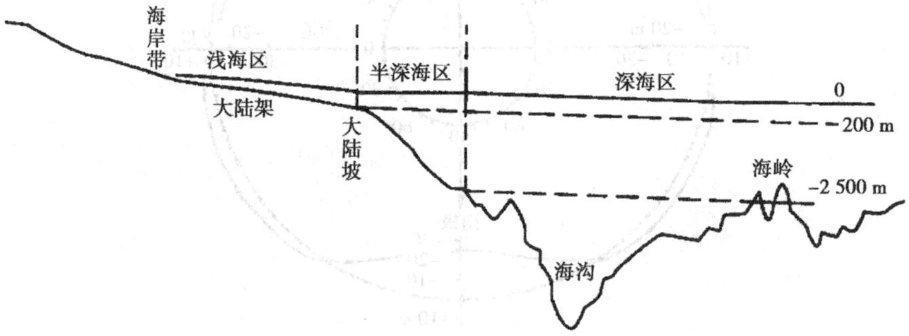

图1.3　海底地形示意图

（1）大陆边缘

大陆边缘是大陆与大洋盆地之间的连接地带，占陆地总面积的1/5左右。它包括大陆架、大陆坡和大陆基，但大陆基实际上是大陆坡和大洋盆地的过渡地带。

大陆架是大陆边缘的主要地形单元。大陆架是紧靠大陆分布的浅海台地，是大陆在水下的自然延伸部分，其范围是由海岸线向外海延伸，直至海底坡度显著增大的转折处。大陆架部分的海底坡度平缓，一般小于0.3°，平均约为0.1°。大陆架的水深一般不超过200 m，最深可达550 m，平均水深130 m，平均宽度75 km。欧亚大陆的北冰洋沿岸的大陆架最发育，宽达500 km以上；印度洋沿岸的大陆架最不发育。我国的大陆架宽度从100 km多到500 km多不等，水深一般为50 m左右，最大水深可达180 m。

大陆坡是位于大陆架外缘到深海海底，地形明显变陡的地带。其水深一般不超过2 000 m，平均坡度为4.25°。大陆坡以斯里兰卡附近珊瑚礁岸外缘最陡，其坡度可达35°~45°，大陆坡的宽度约为20~100 km，平均为20~40 km。坡脚的深度为1 400~3 000 m。大陆坡在许多地方被通向深海底的深海“V”形峡谷所切割。这些深海峡谷深达数百米，两壁陡峭，可达45°以上。有的峡谷可能是被淹没的河谷。但是，大多数峡谷是由近海底含有大量悬浮碎屑物质、密度较一般海水大的浊流冲蚀而成。

大陆基也称为大陆裙，是大陆坡与大洋盆地之间的倾斜坡地。坡度通常5°～35°，多分布于水深2 000～3 000 m的海底，主要由海底滑塌浊流和海流搬运的碎屑物堆积而成。海沟发育的太平洋地区没有这一地形单元，而在海沟不发育的印度洋、大西洋中大陆基则广为分布。

(2)深海盆地(大洋盆地)

深海盆地是海洋中另一类大型地形单元，它是介于大陆边缘及洋中脊之间的平坦地带，是海底地形的主体，约占海洋面积的43%，平均深度在海平面以下4 000～5 000 m，深海盆地中主要有以下三种地形：

①深海丘陵　由一些比较低缓的小山丘组成，这些小山丘底宽1 000～10 000 km，高50～1 000 m，边坡较陡，顶部平缓，一般呈圆形，几乎全部由玄武岩组成。

②深海平原　是被来自大陆的沉积物覆盖的靠近大陆边缘的连续地形。坡度很小，均小于1/1 000，广布于大西洋底，是地球表面最平坦的地区。

③海山　海山是深海底部孤立或比较孤立的隆起地形，相对高度在1 000 m以上，隐没于水下或露出海面。其中有一类呈锥状者，称为海峰。太平洋上的夏威夷群岛即为一系列海峰，其高出海底5 000 m以上，其中冒纳开亚火山海拔4 205 m，高差在9 000 m以上。海峰大多由火山岩组成。有的海山顶部平坦，称为平顶海山。

(3)海岭

一般将海底山脉称为海岭。其中，位于大洋中间，常发生地震和地壳运动较强烈的海岭称为洋脊或洋中脊。洋脊或洋中脊为海底线状隆起地带，呈一系列鱼鳍状山脉，其中部最高，中央部位常有一条巨大的裂谷，称为中央裂谷，谷深可达1～2 km，谷宽可达13～48 km。太平洋中脊因其裂谷不明显而称之为洋隆或洋中隆。洋中隆通常高出海底2～3 km，宽度可达1 500～2 000 km。洋中隆在各大洋中均有分布，且相互衔接，全长65 000 km，占地球表面积近1/4，是地球表面最大的"山系"(图1.4)。

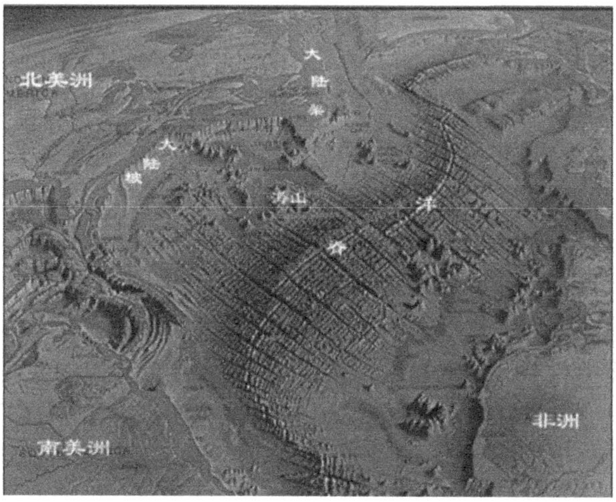

图1.4　大西洋海底形态

(4)海沟

平行于岛弧或沿着大陆边缘呈断续延伸的两壁较陡、狭长的水深大于6 000 m的深海槽称为海沟。海沟是地球表面最低洼的地区，其长一般在500～4 500 km，宽40～120 km，深度多在6 000 m以上。全球已知海沟近30条，多发育于太平洋和大西洋；印度洋的海沟不甚发育。海沟多位于大洋盆地的边缘,其两侧边坡中靠近大洋侧的边坡较缓,而靠近大陆侧则较陡。

海沟的一个重要特点是在其靠近大陆的一侧有一条与其平行的隆起地形。若海沟紧靠大陆时,隆起地形为海岸山脉,两者组成海沟—山弧系;若海沟靠近大陆一侧为海时,该隆起则是呈弧形排列的岛屿,弧顶朝向大洋一侧,称为岛弧,两者组成海沟—岛弧系。海沟—岛弧系是地球表面地震频繁发生的地带,并有火山分布。通常将大陆边缘分为两类。一类由大陆架、大陆坡和大陆基组成,这类大陆边缘主要分布于大西洋,称为大西洋型大陆边缘;另一类大陆边缘是由大陆架、大陆坡及海沟组成,它主要分布于太平洋,称为太平洋型大陆边缘。

1.1.4 地球的圈层结构

地球的圈层构造是指依据地球的物质成分和物理状态的不同,把地球划分成几个连续的、同心圆状的物质结构。它反映了地球的组成物质在空间的分布和彼此之间的关系,表明它不是一个均质体。地球的圈层构造是在地球漫长的发展过程中逐步形成的。以地表为界可分为内圈层和外圈层。内圈层包括地壳、地幔和地核;外圈层包括大气圈、水圈和生物圈(图1.5)。每个圈层都有自己的物质组成、运动特点和性质,并对地质作用各有不同程度的、直接和间接的影响。因此了解每个圈层的划分和主要特征,有助于我们对地质作用的理解。

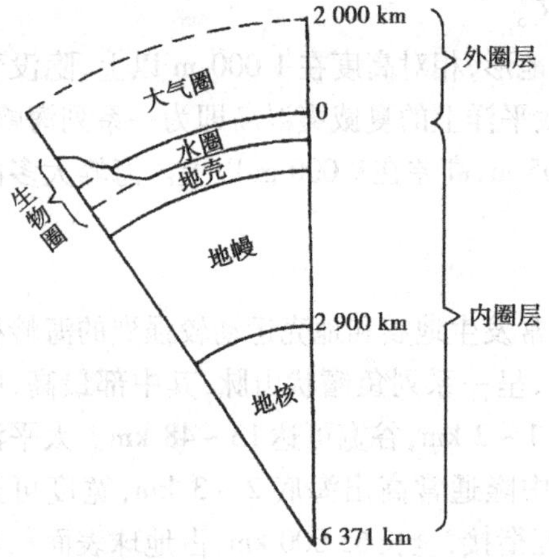

图1.5 地球的圈层构造

1)地球的外圈层

地球外圈层是指包围地球表层的地球组成部分。根据其物理性质和状态的差异可分为大气圈、水圈和生物圈,它们包围着地球,各自形成连续完整的外圈层。地球外圈的形成是地球长期演化的结果。大气圈和水圈的形成先于生物圈,而后才开始有生命的滋生和生物界的发展,而生物圈的形成又对大气、水及地球表层的演变产生巨大的影响。由于地壳的运动,给地球外圈层增添了许多来自地球内部的物质成分;而外圈又在太阳能的作用下对地球表层的面貌不断进行改造。许多重要矿产如煤、石油、岩盐、石膏和大部分的铁、铝等的形成都与这一过程密切相关。

(1)大气圈

大气圈厚达2 000多千米,总质量约为5.3×10^{18} kg,约为地球总质量的百万分之一。由于受地心引力作用,地球表面大气最稠密,几乎全部大气集中在距地面100 km以内的高度范围,并且其中3/4又集中在10 km的高度范围内。因此,接近地面的大气密度最大;向外,大气密度逐渐稀薄;最后过渡为星际气体。可见,大气圈没有明确的上界,向下也可以深入到地壳岩石和水圈中,因此下界也不明显。大气圈自地表向外依次分为:对流层、平流层、中间层、热层、散逸层。

①对流层　对流层厚约17 km,两极最薄,约8 km,平均10.5 km。主要化学成分为氮(约占78.08%)、氧(20.95%),其次为氩、二氧化碳等。对流层温度来自地面红外辐射,随高度升高而降低,每升高100 m气温降低0.6 ℃。大气对流是对流层最大的特征,它导致气象现象(风雨雪雷电等)发生。

②平流层(同温层)　对流层顶上是非常稳定的平流层,高度在17~55 km。随高度增加,

气温保持不变或稍有上升，故称同温层。直到30～35 km处气温保持在－55 ℃左右；再向上气温将随高度升高而上升，顶部约－2 ℃。在15～35 km高度内有一厚约20 km的臭氧层，可吸收紫外线，并使气温升高。大气多为水平运动，大气透明度高，尘埃少，是现代超高速飞机飞行的理想场所。

③中间层　自平流层顶到55～85 km间的一层，气温随高度增加而降低，顶部可达－90 ℃，大气的垂直对流运动剧烈，又叫上对流层，无云层出现。

④热层（电离层）　从80 km到800 km叫热层，气温随高度增加而上升，最高可达1 200 ℃，大气处于电离状态。

⑤散逸层　位于热层之上，受地球引力微弱，高速运动的气体质点常散逸到星际空间。

（2）水圈

水圈由海洋、湖泊、河流等地表水，岩石和土壤中的地下水，以及冰川等组成的一个基本连续的圈层。地球表面的3/4面积是被海洋所覆盖着，一些高山和极地上发育着冰川和冰盖，陆地上分布着大大小小的河流、湖泊和沼泽，近地表的岩石的孔隙和裂隙中还有地下水在环流，它们构成了围绕地球表面的连续水圈。地表上存在着水圈这一特点，是地球与太阳系其他行星的主要区别。据估计，水圈质量为1.5×10^{18} t（15亿km^3），仅占地球质量的0.024%。97.5%的水集中在海洋，极地的冰盖和高山上的冰川占水量的1.9%，其余为分布在陆地上的各种水体——河流、湖泊、沼泽及地下水量。地表上的水体，从太阳辐射中获得能量，依靠其能量平衡而每时每刻运动着。“水往低处流”——地面流水（河流、溪沟等）、地下水、冰川都具有向低处流动的特点；地下水及冰川的融水不断补给河流及湖泊；河流和地下水最终要汇聚到海洋中去（只有少数在特殊条件下密封贮存的地下水及部分内陆湖泊除外）。地表水及海洋因太阳辐射，水分不断蒸发而进入大气圈，大气圈中的水蒸气，上升至一定高度后，气团遇冷空气而凝聚成云，并以雨、雪、雹的形式降落，不断补给地面水体及地下水，这就构成水圈的大循环。

（3）生物圈

生物圈是地球上有生物（动物、植物、微生物）生存和活动的范围所构成的一个连续圈层。生物分布很广，在大气圈10 km高空至地壳3 km深处以及深海底部都有生物存在。

自地球上出现生物以来，它们便不断改变着地壳的物质成分和结构状态。据估计，生物圈中的各种有机体的总量约为11.48万亿吨，为地球总质量的10万分之一。尽管生物在数量上并不多，但却在引起地壳发生演变的地质作用中起着不可忽视的作用。例如，生物在它的新陈代谢活动中，可以把一些分散的元素富集，甚至能沉积形成矿产（部分铁矿、磷矿的形成与此有关）；生物还可以积聚大气圈中的大量碳，堆积后便可形成煤、石油等可燃性矿产（也称为化石燃料）；生物还参加了地表岩石的破坏过程，也是塑造地表的各种动力之一。因此，研究地质作用过程中，生物也是推动地壳发展的有利因素之一。

2）地球的内圈层

地球内圈即地球内部的圈层。地球内圈直接的观测资料较少，目前，最深的钻孔也只有12 000余米（前苏联）。根据地震波速度的变化特征，可以将地球内部划分出两个最明显，也是最重要的界面。第一个界面是地壳与地幔的分界面，位于5～60 km深处；大陆平均深33 km，最深可达60 km以上；大洋区较浅，平均约为6 km，有些地区小于5 km，最浅处位于洋底以下不足半公里；地震波纵波速度（v_p）突然增大，由6～7 km/s左右突然增至8 km/s，这一界面是南斯拉夫地球物理学家莫霍洛维奇于1909年首先发现的，把它称为“莫霍洛维奇不连续面”,简称莫霍面(Moho)。另一界面是地幔与地核的分界面,位于2 900 km(精确值为2 898 ± 4 km),地震波穿过此界面时波速突然降低,v_p 由 13.32 km/s 突然降至 8.1 km/s;横波速度(v_s)则降为零,表明横波消失。因此可推断这一界面以下的地核部分为液态物质;该界面是美国学者 B. 古登堡(B. Gutenberg)于 1914 年发现的,称为古登堡面。根据这两个界面,地球内部划分为地壳、地幔和地核三个一级圈层。

(1)地壳

地壳由固体岩石组成,厚度变化大。大陆地壳较厚,平均 33 km,最厚的地方是我国的青藏高原,达 73 km;而海洋较薄,约 6 ~ 8 km,平均约 6 km。整个地壳平均厚度约 16 km,地壳的下界为莫霍面(图 1.6)。

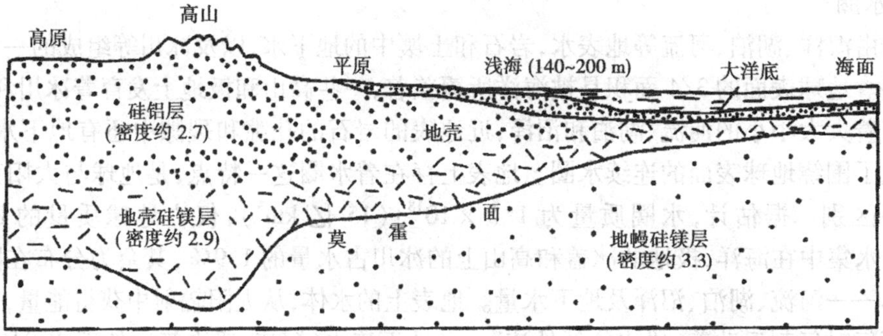

图 1.6　地壳结构示意图

根据地壳物质组成的差异,将其分为硅铝层和硅镁层两层。上层叫硅铝层,平均厚度 10 km,主要成分是硅(73%)、铝(13%),密度较小,为 2.7 g/cm^3,该层不连续,只有大陆才有,大洋底缺失。下层叫硅镁层,主要分成是硅(49%)、铁和镁(18%)、铝(16%),密度较大为 3.1 g/cm^3,该层连续分布。大陆和大洋底都有,局部地区缺失。

(2)地幔

地幔位于莫霍面与古登堡面之间,厚度约 2 850 km,占地球总体积的 82.3%,总质量占地球总质量的 67.8%,是地球的主体部分,密度 3.0 ~ 5.0 g/cm^3。

地幔分为上地幔、过渡层、下地幔三部分。上地幔厚度为 33 ~ 400 km,地震波速在其内部随深度增加的梯度较小,主要由具有橄榄石结构的镁铁硅酸盐岩组成,在 60 ~ 250 km 间有一低速层,可能是由地幔物质部分熔融造成的。地幔在 400 km 和 670 km 深处存在两个不连续的面,其间称为地幔过渡层;地震波速随深度加大的梯度大于其他两部分;主要由具有尖晶石结构的镁铁硅酸盐岩组成。下地幔厚度为 670 ~ 2 900 km;下地幔成分较均一,但因处于极端高温和高压环境,地幔岩石呈塑性状态;主要由钙钛矿结构的镁铁硅酸盐岩组成。

(3)地核

自古登堡面以下至地球的中心部分为地核。其厚度为 3 473 km,占地球体积的 16.3%,占总质量的 1/3,一般认为其物质成分为铁镍核心。根据地震波速变化,可将地核分为外核、过渡层、内核三层。外核平均密度约 10.58 g/cm^3,厚度 1 742 km。由于纵波速度急剧降低,横波不能通过,证明外核是液态物质,温度超过了岩石的熔点。过渡层厚度只有 515 km,波速变化复杂,并测到速度不大的横波,可能是液态向固态过渡的一个圈层。内核厚 1 216 km,平均密度 12.9 g/cm^3。测得纵波与横波,从地面接收到的横波是由纵波转换形成的,因此,肯定内核是固体。

在上地幔上部，存在一个地震低速层，深度一般在地表以下 60 ~ 250 km。在低速层内，地震波速比上部减少 5% ~ 10%，表明该处岩石强度较低，可能局部熔融。这个低速层被称为软流圈。软流圈以上、岩石强度较大的部分，包括地壳和上地幔顶部，统称为岩石圈。从板块构造角度，岩石圈定义为：地球的刚性外壳层，是由一些能够相互独立运动的离散型板块构成的。

1.1.5　地球的物理性质

地球的物理性质反映了地球内部的物质组成和结构特征，利用这些性质可以为勘查和开发地下矿产资源服务。与煤矿生产工作关系较大的物理性质有密度、地压、地热、磁性、重力、放射性、电性、弹性等。

1）地球的密度

地球平均密度为 5.52 g/cm³。地表岩石平均密度为 2.7 ~ 2.8 g/cm³，而覆盖着地表面积达 3/4 的水的平均密度为 1 g/cm³，都比地球的平均密度小得多，故推测地球内部物质应当具有更大的密度。根据地震波进度变化的结果也证实了这一点。地球内部密度变化的计算结果表明总趋势是随深度增加而增大，但呈不均匀的阶梯状。例如在深度 2 900 km，5 100 km 作跳跃式的增加（图 1.7）。至地心密度达最大值 13 g/cm³。密度的这些变化反映了地球内部物质成分和状态的变化。

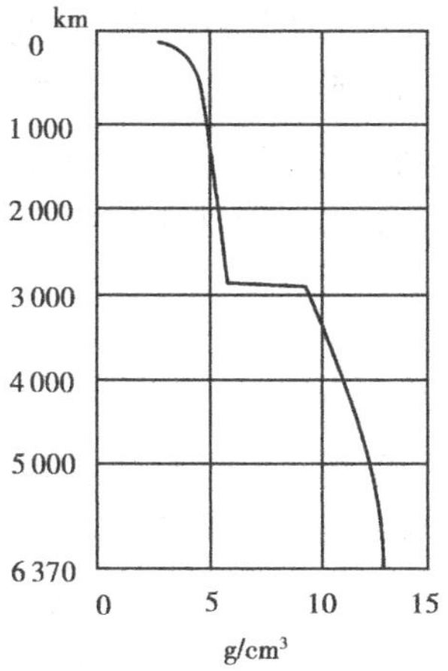

图 1.7　地球的密度曲线

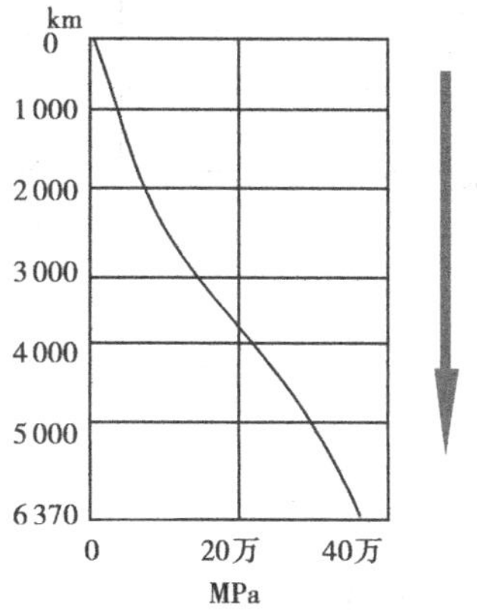

图 1.8　地压曲线

2）地球内部的压力（地压）

地球内部压力是由上覆地球物质质量产生的静压力和地球运动产生的地应力共同组成。静压力即由上覆地球物质的重量所产生的压力；地球的静压力是随深度增加而增加的（图 1.8）。地壳的平均密度约 2.75 g/cm³，深度每增加 1 000 m，压力增加 27.5 MPa。深部随着岩石密度的加大，静压力增加得更快些，静压力在莫霍面附近约为 1 200 MPa，在古登堡面附近约为 135 200 MPa，地心处可达 361 700 MPa。地应力是来自地壳运动的应力，具有方向性，以水平力为主；并可以在一些地段特别集中。随着开采深度的增加，地压对煤矿安全高效生产的影响将越来越大。地压对煤矿巷道的破坏、煤与瓦斯突出有着重要的影响作用。

3）地球的温度——地热

地球内部存在着巨大的热能，从火山口喷出炽热的物质、温泉及深井、钻探孔中实测的数据等事实都可以证明。地球内部的热来源有：太阳的辐射热、放射性元素蜕变、重力能、化学反应能、结晶能和地球自转热能等。

地壳表层的热主要来自太阳的辐射,它是发生在地壳表层的各种自然现象的重要能源。到达地面的太阳辐射热大部分被辐射回空间,加上岩石的导热率低,仅有约5%的热量可以传导到地下不同的地方。同一地点因昼夜和季节的不同,地壳表层所获得的太阳的辐射热也随之变化,但这种变化的影响深度并不大,平均为15 m。

地壳深部的热主要来自地内热能,地内热能是地球内部的放射性元素蜕变时所放出的热能。以传导、辐射、对流的方式由高温处向低温处传播,并且由地内流向地表。由地表向深部,地热的特征有所不同,可分为以下三个层:

(1)变温层(外热层)

变温层位于地球表层,自地表向下15~30 m。其热量主要来自太阳的辐射热能,温度从地表向下降低,且随纬度高低、海陆分布状况、季节和昼夜的变化而不同。

(2)恒温层(常温层)

恒温层是变温层的下部界面(即变温层与增温层的分界面),其温度常年保持不变,大致相当于当地的年平均温度。

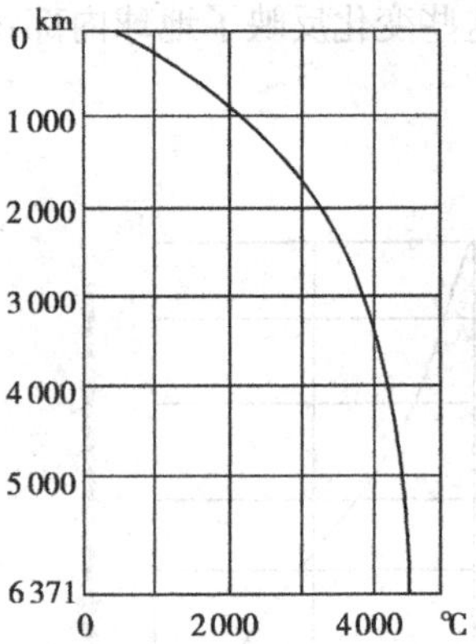

图1.9 地温曲线

(3)增温层(内热层)

增温层位于恒温层以下,其温度只受地球内部热能的影响,且随深度的增加而逐渐增高,但增高的速度,各地差别很大。地温随深度而增加的规律,可通过地温梯度反映出来(图1.9)。地温梯度又称地热增温率,它是指深度每下降100 m,温度升高的度数,以℃/100 m表示。根据世界各地的资料,地温梯度值一般为2~4 ℃/100 m,平均为3 ℃/100 m。

4)地球的磁性

地球周围空间存在着一个弱磁场,称地磁场。理论和实践证明,地磁场近似于磁偶极子的磁场。它有两个磁极,即磁北极和磁南极。地磁场的南北两极与地理南北两极不重合,磁轴与地球自转轴的夹角为11°4′。磁极的位置随时间的变化而不断变化。1970年地磁北极位于加拿大北部帕里群岛(北纬76°、西经101°),地磁南极位于南极洲(南纬66°、东经140°)。

由于地磁极和地理极不一致,因此地磁子午线与地理子午线之间有一夹角,这个夹角称为磁偏角。偏在地理子午线东边的叫东偏角,符号为正;偏在地理子午线西边的叫西偏角,符号为负。另外还发现磁针只是在地磁赤道地区才保持水平,而在磁南极和磁北极地区则处于直立状态,在地磁的两磁极与地磁赤道之间的地区则与水平面有一定的夹角,这个夹角称为磁倾角。以指北针为准,下倾者为正(北半球),上倾者为负(南半球)。磁针的偏、倾程度实际上反映了磁针在磁场中所受磁力的大小。

1922年至1972年间,磁北极在纬度上移动了2°,磁南极则移动了4°25′。随着磁极的移动,各地地磁要素也在发生变化。由于这个缘故,国际组织规定,每5年需重编世界地磁图。一般认为,地磁场的这种变化是由磁轴变化引起的,而磁轴的变化则是地球内深部物质运动引起的。地磁场的变化有短期变化和长期变化两种,短期变化是由地球外部原因引起的,有日变化、年变化和突然性变化。日变化的磁偏角变化幅度为几分;年变化可能与电离层及太阳活动的变化有关;突然性变化表现为几天或几小时的磁场强度大幅度变化,这种突然性变化称为磁暴,平均每年发生几次,强度可达几个安培每米。磁暴可导致无线电通信中断、极光出现等,它与太阳黑子、空间电流等现象有关。长期性变化的原因尚无定论,可能是地核或地幔物质运动在速度上的差异引起的。

地磁要素长期变化,必须经常测量。通过设在各地的地磁台所测的地磁要素数据,经校正并消除了地磁的短期和局部变化的影响所得到的磁场值叫正常值。如果在实际测定中所测的地磁要素值与正常值偏离,称为地磁异常。地磁异常多为地下磁性物质存在局部变化的标志,可以据此勘测出地下的磁性岩体和矿体,如磁铁矿、镍矿、超基性岩等高磁性的矿物和岩石,其磁异常值大于正常值而表现为"正异常";金矿、铜矿、盐矿、石油、花岗岩等属低磁性或反磁性的矿物和岩石,其异常值小于正常值而表现为"负异常"。根据磁异常原理可以进行磁法勘探。

5)地球的重力

重力是指在地表某处所受地心引力和该处的地球自转所产生的离心力的合力。重力是垂直地球表面使物体向下的一种天然作用力,它是由地心引力和地球自转而产生的惯性离心力的合力。地心引力与距离成反比,因此,地表的地心引力以赤道最小,两极最大;离心力与地球自转的线速度成正比,故地表以赤道处的离心力最大,两极最小。离心力相对地心引力来说是相当小的,以赤道来看,也不过只有该处地心引力的1/289,因此,重力方向仍大致指向地心。地球重力作用的空间称为地球重力场。地表上某一点的重力场强度相当于该点的重力加速度,由于地心引力随纬度变化,故地表(以大地水准面为准)重力分布以赤道地区最小,为9.78 m/s^2;两极最大,为9.83 m/s^2;平均为9.80 m/s^2。重力除与地理纬度有关外,还受地表地形起伏及地球内部物质的密度及其分布状态的影响。

地表实际测定的重力值往往与理论值不符,这种现象称重力异常。实测值大于理论值的,称正异常;实测值小于理论值的,称负异常。造成重力异常的原因一方面是由于测点不一定都位于平均海平面的高度,这样测点与平均海平面高度之间的物质以及周围物体的引力都会影响该点的重力值;另一方面,地壳不同部分物质的密度不同也影响重力值。在地下由密度较大物质如铁、铜、锌、铅等重金属矿物和基性岩等组成的地区,常显示正异常;而由密度较小的物质如石油、煤、盐类等组成的地区,常显示为负异常。根据重力异常原理可以进行重力勘探。

6)地球的放射性

地球所含放射性元素种类很多,如铀、镭、氡、钋、锕、钍、钾、铷、铼等元素都具有放射性。利用放射性异常、放射性测井查找放射性矿物。

7)地球的电性

地球具有电性,例如发电厂以大地作回路,避雷针也是如此。还有岩体的温差电流等。实测电场值与正常值出现偏差为地电异常,根据地电异常原理可以进行电法勘探。

8)地球的弹性

地球具有弹性,表现在能传播地震波,因为地震波是弹性波。利用岩石的弹性,借助人工激发弹性波,勘查矿产及地质构造的方法称为地震勘探。

1.1.6　地壳的主要化学成分

组成地壳的固体物质是岩石,而岩石是由矿物组成的,矿物又是自然元素或化合物。因此,组成地壳最基本的物质是化学元素。

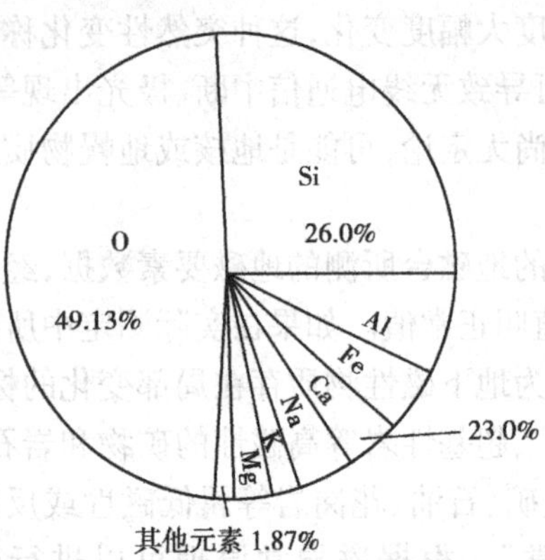

图1.10　地壳中各元素质量百分比示意图

元素在地壳中的分布情况可用元素在地壳中的平均质量百分比即克拉克值来表示。地壳中主要的化学元素的克拉克值见图1.10和表1.1。

从表1.1中可以看出，组成地壳最主要的元素是氧（O）、硅（Si）、铝（Al）、铁（Fe）、钙（Ca）、钠（Na）、钾（K）、镁（Mg）、氢（H）等9种，它们约占地壳总重量的98.3%。其中，氧几乎占了一半，硅占了1/4强，而铝、铁、钙、钠、钾、镁、氢共占23%，其余的元素合起来才占地壳总质量的1.87%（图1.10）。由此可见，地壳中的化学元素分布是很不均匀的。

表1.1　地壳中主要的化学元素克拉克值

元素	克拉克值/%	元素	克拉克值/%	元素	克拉克值/%
O	49.13	Fe	4.20	Mg	2.35
Si	26.00	Ca	3.25	K	2.35
Al	7.45	Na	2.40	H	1.00

工业上重要的金属元素除铁（Fe）、铝（Al）外，其余的如铜（Cu）、铅（Pb）、锌（Zn）、锡（Sn）、钨（W）、钼（Mo）等大部分在地壳中含量很低，它们在自然界各种地质作用影响下，在局部地区富集，其含量达到工业要求时，就成为有益矿产。有些元素如锆（Zr）、钒（V）、锂（Li）、铍（Be）、铯（Cs）、镓（Ga）等，虽然它们的含量较锑（Sb）、银（As）、金（Au）等为多，但它们在地壳中呈分散状态不易富集，且难于提取，因而被称为稀有元素。稀有元素是现代尖端科学技术、现代化工业所必需的工业原料。因此，掌握化学元素在地壳中的分布规律，有利于找出更多品位高、储量大的各种矿床。

地壳中的化学元素，以单质形式单独存在的数量较少，如自然金、自然银等；绝大部分以各种化合物的形式出现，其中以含氧的化合物最为常见。表1.2为地壳上部深约16 km范围内氧化物平均质量百分比。

表1.2　地壳上部各种氧化物的质量百分比

氧化物	质量百分比/%	氧化物	质量百分比/%	氧化物	质量百分比/%
SiO_2	59.87	MgO	4.06	H_2O	1.86
Al_2O_3	15.02	CaO	4.79	TiO_2	0.72
Fe_2O_3	5.98	Na_2O	3.39	CO_2	0.52
FeO	5.98	K_2O	2.93	P_2O_5	0.26

从表1.2可以看出，地壳中分布最多的是硅和铝的氧化物，它们共占75%；其他元素氧化物只占25%。

1.2　地质作用

地球自形成到现在,已经经历了漫长而复杂的变化。地球内部的每一个圈层以及地壳表面的形态、内部结构和物质成分都是在不断地变化着、运动着的。无论地壳是缓慢的变化或者是迅速地变化,都是地质作用引起的。地质学上把引起地壳物质组成、地表形态和地球内部构造发生改变的作用称为地质作用;而使地壳发生改变的力量称为地质营力,分为地质内营力和地质外营力。根据引起地质作用能源的不同,将其分为内力地质作用和外力地质作用两大类。

1.2.1　内力地质作用

内力地质作用是由地球内部的热能、重力能、地球旋转能、化学能、结晶能引起地球内部物质的运动、结构改变的地质作用。内力地质作用的地质营力来自地球内部的能源,主要是放射性元素蜕变产生的热能、重力能以及由地球旋转速度变化而引起的旋转能、地壳及地幔内部化学成分的转变以及结晶过程中产生的化学能和结晶能等。内力作用的结果使岩石圈的板块移动、分裂、碰撞以及下沉到地幔里面,以致产生地震作用、火山作用、造山运动、构造变动以及地表形态的变化等。按作用的性质和方式,内力地质作用分为:地壳运动、地震作用、岩浆作用、变质作用。

1)地壳运动

由地壳内运动引起地壳(或岩石圈)组成物质变形变位的机械运移过程称地壳运动,又称构造运动。它控制着地表海陆分布的轮廓和地形,是地壳发展演变的主导因素。地壳运动具有普遍性和长期性,地壳自形成以来,每时每刻都在运动,但运动强度在时间、空间上均不平衡,地壳运动的各种形迹可以保存在地层中。

(1)地壳运动的方式

地壳运动具有方向性,分为垂直运动、水平运动。从地壳发展史看,地壳运动总趋势是水平运动为主,垂直运动是派生的。

①垂直运动

垂直运动又叫升降运动,是地壳或岩石圈组成物质沿地球半径方向的上升或下降运动,主要造成地壳大规模的隆起或坳陷,引起地势高低变化、海陆变迁、岩体垂直位移及层状岩层大型的平缓弯曲,因此又叫造陆运动。垂直运动表现形式是地表升和降。据考证:意大利那不勒斯塞拉比斯古庙的石柱在公元初期位于陆上,1583 年维苏维火山喷发使下部 3.6 m 被火山灰所掩埋;后因地壳下沉使石柱沉至海面以下 6.3 m;18 世纪中叶石柱又随地壳上升到地面,于 1742 年被挖掘出来;以后又开始下降:1878 年海水淹没柱高 0.65 m,1913 年为 1.53 m,1933 年为 2.05 m,1954 年达 2.5 m,至 1976 年又上升 1 m。

②水平运动

水平运动是地壳或岩石圈沿地球切线方向的运动。它使地壳受到挤压、拉伸、平移,甚至旋转扭动,产生褶皱和断裂,在地表形成山脉或盆地,因此又叫造山运动。大陆漂移与板块运动,就是地壳水平运动的客观反映。美国加里福尼亚的圣安德烈斯断层带是现代水平运动的典型例子,从 1882 年至 1946 年的 65 年中,对此断层带进行了 4 次定时定点测量,发现断层每年以 1 cm 的速度向北西方向移动。近年美国使用轨道卫星和激光束测定,发现该断层两盘每年以 8.9 cm 的速度靠拢。圣安德烈斯断层的突出特点在于水平方向错动。1906 年旧金山大地震(8.3 级)时,断层两盘错动了 6.4 m。

(2)地壳运动的速度

地壳运动的速度有快有慢、快慢交替,在地震前后会明显加快。如1973年2月,四川甘孜的7.9级地震,使鲜水河断裂带再次活动,形成一条长50 km、宽1.5 m的地裂缝带。又如喜马拉雅山自开始抬升以来,经历了千万年的上升,已成为世界最高的山脉,现在仍在缓慢上升。

(3)地壳运动的幅度

①地壳运动的幅度有大有小、大小交替。

②运动的幅度与方向、时间有关:例如长期上升或一直下降,或者水平运动长期沿同一方向运动,则运动幅度就大,反之则小。

③地壳运动幅度主要依靠沉积厚度推测,它是下降幅度的标志;上升幅度的确定较为困难,只能依据邻区沉积厚度来粗略推测。

2)地震作用

地震作用是地震在地壳局部的快速颤动过程中的孕震、发震和余震的全部作用过程。当地内机械能在长期积累、达到一定的限度而突然释放时,地壳就会受到猛烈冲击,发生颤动,就是地震。地震是一种快速、短暂、突发的构造运动,是地壳运动或构造运动的一种特殊形式。

(1)地震术语(图1.11)

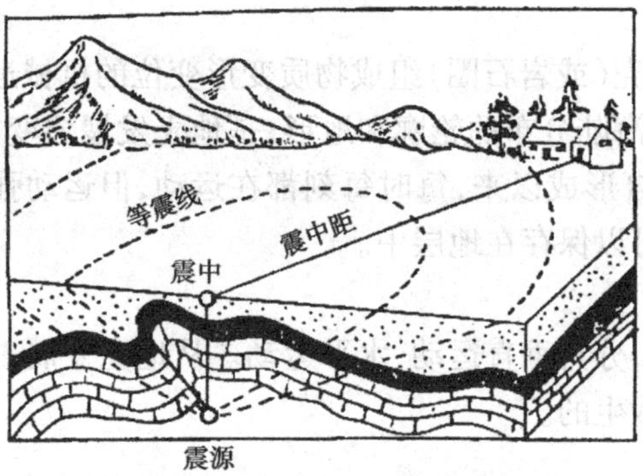

图1.11　震源与震中示意图

①震源

震源是地球内发生地震的地方。震源垂直向上到地表的距离是震源深度。按震源深度将地震分为浅源地震、中源地震、深源地震。地震发生在70 km以内的称为浅源地震;70～300 km为中源地震;300 km以上为深源地震。目前有记录的最深震源达720 km。

②震中

震源上方正对着的地面称为震中。震中及其附近的地方称为震中区,也称极震区。震中到地面上任一点的距离叫震中距离(简称震中距)。震中距在100 km以内的称为地方震;在1 000 km以内称为近震;大于1 000 km称为远震。

③地震波

地震时,在地球内部出现的弹性波叫做地震波。地震波主要包含纵波、横波和面波。

a.纵波(P波)　振动方向与传播方向一致的波。来自地下的纵波引起地面上下颠簸振动。振幅小、周期短、速度快、破坏小。

b.横波(S波)　振动方向与传播方向垂直的波。来自地下的横波能引起地面的水平晃动。横波能造成建筑物破坏。振幅大、周期长、速度较快、破坏性大。

c. 面波(L波)　纵波吸收辐射到地表激发出沿地面传播的波。振幅最大、周期最长、速度最慢,但破坏性最强。

由于纵波在地球内部传播速度大于横波,所以地震时,纵波总是先到达地表,而横波总落后一步,面波最后到达。

(2)地震强度

①地震烈度

地震烈度指地震对地面和建筑物的破坏程度。我国将地震烈度划分为12度。

小于3度——震感弱,只有仪器能记录到;

3~5度——有震感,睡觉的人惊醒,吊灯摆动,无破坏;

6度——器物倾倒,房屋有轻微破坏;

7~8度——房屋严重破坏,地面裂缝,人畜大量伤亡;

9~10度——房倒屋塌,地面破坏严重;

11~12度——毁灭性的破坏,房屋普遍倒塌,山崩地裂。

②震级

震级指地震能量大小的等级。震源释放出来的波能越大,震级越大。

1级≤震级<3级　弱震或微震;

3级≤震级<4.5级　有感地震;

4.5级≤震级<6级　中强地震;

6级≤震级<7级　强震;

7级≤震级<8级　大地震;

震级≥8级　巨大地震。

(3)地震的类型

按照地震的不同成因,可以把地震划分为五类:

①构造地震:构造地震发生的原因,是地下岩层受地应力的作用,当所受的地应力太大,岩层不能承受时,就会发生突然、快速破裂或错动,岩层破裂或错动时会激发出一种向四周传播的地震波,当地震波传到地表时,就会引起地面的震动。世界上85%~90%的地震以及所有造成重大灾害的地震都属于构造地震。

②火山地震:由于火山爆发引起的地震。

③水库地震:由于水库蓄水、放水引起库区发生地震。

④陷落地震:由于地层陷落引起的地震。

⑤人工地震:由于核爆炸、开炮等人为活动引起的地震。

(4)地震的危害

地震波引起的地面震动(面波),使建筑物受到破坏。在自然灾害中地震造成的损失最大。1950年以来,全球地震灾害造成的损失已达2 000多亿美元。地震常引起火灾、断水、断电、煤气管道破裂爆炸、交通设施毁坏等次生灾害;在海洋中地震产生可以波及很远的海啸,造成的灾害常超过地震本身。

我国地震活动频度高、强度大、震源浅、分布广,是一个震灾严重的国家。1900年以来,中国死于地震的人数达55万之多,占全球地震死亡人数的53%;1949年以来,100多次破坏性地震袭击了22个省(自治区、直辖市),其中涉及东部地区14个省份,造成37万余人丧生,占全国各类灾害死亡人数的54%，地震成灾面积达30多万平方千米，房屋倒塌达700万间。其中1976年唐山地震，使整个唐山毁于一旦，24万人死亡；2008年汶川地震死亡和失踪共8万余人。

(5)世界及我国的地震带的分布

全球用地震仪测出的地震，每年约500万次，其中有感地震5万次，破坏性地震每年有20多次，一般8级以上的巨大地震要隔若干年才发生一次。

①世界地震带分布

世界范围内主要划分为四个地震带(图1.12)。

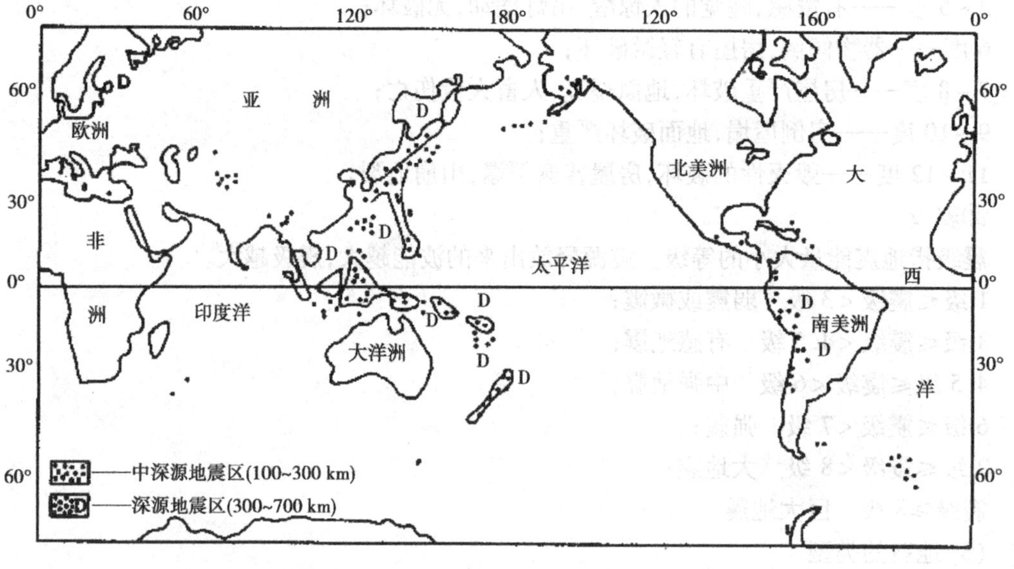

图1.12　世界中、深源地震震中分布示意图

a.环太平洋地震带　从南美洲南端起沿南北美洲西海岸，通过阿留申群岛，经日本、中国台湾、菲律宾到新西兰，主要是环太平洋的岛弧及海沟地带。地震频繁，浅、中、深源地震均有，约占全球地震总数的80%。

b.地中海—印尼地震带　西起葡萄牙、西班牙和北非海岸，经地中海、高加索、喜马拉雅山至印尼与环太平洋地震带汇合，亦称欧亚地震带。以浅源地震为主，约占全球地震总数的15%。

c.大洋中脊地震带　沿大西洋、太平洋、印度洋的洋中脊分布，地震活动相对较弱。

d.大陆裂谷地震带　包括东非裂谷(地堑)、红海、亚丁湾、死海裂谷系、莱茵地堑等大断裂，均为浅源地震。

②我国地震带分布

一般划分为五个主要的地震带(图1.13)

a.东南沿海及台湾地震带　属环太平洋地震带，以台湾最为频繁。

b.郯城—庐江地震带　北起东北、经沈阳、营口过渤海，南经郯城、庐江达黄海地区，是我国东部强震带。

c.华北地震带　西起宝鸡，向东经山西达燕山西部，是华北地区内部破裂带发育的强震带。

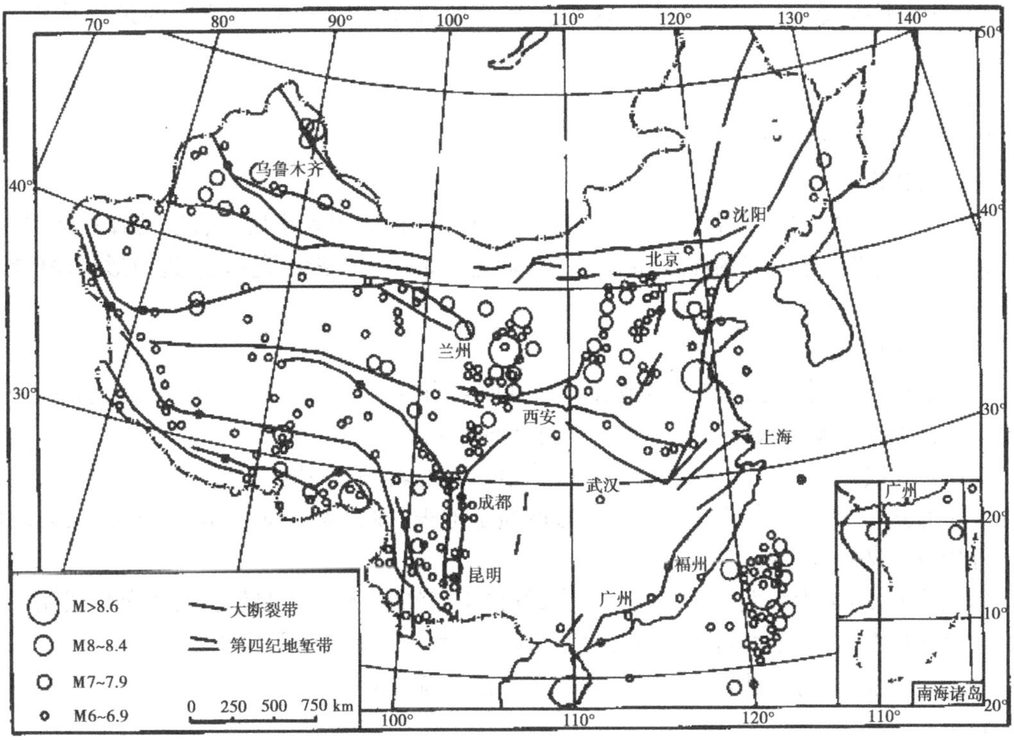

图 1.13　中国地震震中分布示意图

d. 南北向地震带　北起贺兰山、六盘山、越秦岭、过甘肃、经四川盆地西缘直达滇东地区，活动频繁，是一规模巨大的强震带。

e. 西藏—滇西地震带　属欧亚地震带。

例如，2008 年 5 月 12 日汶川地震是印度板块向亚洲板块俯冲，造成青藏高原快速隆升。高原物质向东缓慢流动，在高原东缘沿龙门山构造带向东挤压，遇到四川盆地之下刚性地块的顽强阻挡，造成构造应力能量的长期积累，最终在龙门山北川—映秀地区突然释放。汶川地震是逆冲、右旋、挤压型断层地震，发震构造是龙门山构造带中央断裂带，在挤压应力作用下，由南西向北东逆冲运动。这次地震属于单向破裂地震，由南西向北东迁移，致使余震向北东方向扩张。挤压型逆冲断层地震在主震之后，应力传播和释放过程比较缓慢，导致余震强度较大，持续时间较长。汶川地震发生在地壳脆—韧性转换带，震源深度为 10 ~ 20 km，属于浅源地震，因此破坏性巨大。

3）岩浆作用

（1）岩浆作用的概念

①岩浆

岩浆是地下深部天然形成的，富含挥发分、金属元素，具有高温高压黏稠的硅酸盐熔融体。按岩浆中 SiO_2 含量划分为四种类型：超基性岩浆小于 45%；基性岩浆 45% ~ 52%；中性岩浆 52% ~ 65%；酸性岩浆大于 65%。

②岩浆作用

岩浆在上升运移中与围岩相互作用，不断改变自身化学成分和物理状态，最后在一定温度、压力条件下冷凝固结成岩浆岩。这种岩浆的形成、活动直至冷凝成岩的过程称为岩浆作用。

(2)岩浆作用的类型

岩浆作用分为侵入作用和喷出作用。

①侵入作用

在岩浆运动过程中岩浆侵入到地壳岩层中的作用,称为侵入作用。岩浆沿着一定的通道上升运移,在地壳中于不同的深度和适宜的物理化学条件下逐渐冷凝结晶,进而形成固体状态的侵入岩。

②喷出作用

岩浆从地壳薄弱处溢出或喷出地表并冷凝成岩石的过程叫喷出作用(火山作用)。岩浆喷出在地面冷凝后就形成喷出岩。喷出作用有两种类型:

a. 裂隙式喷发　岩浆沿地壳裂隙,较平静地溢出地表,常为基性岩浆。

b. 中心式喷发　岩浆沿近于圆筒形通道喷出地表,称为火山喷发,由火山通道、火山口、火山锥构成。又分为三种:

猛烈式喷发:常为酸性岩浆。其黏性大,气体不流畅,直到压力足够大时才爆炸式喷发。

宁静式喷发:常为基性岩浆。其黏性小,流动性大,气体流畅,阻力小。

中间式喷发:常为中性岩浆。其特点介于上述两者之间。

4)变质作用

地球上已经形成的原岩(岩浆岩、沉积岩、变质岩),随着地壳的不断演化,其所处的地质环境也在不断改变,为了适应新的地质环境和物理化学条件的变化,它们的矿物成分、结构、构造都将发生一系列的改变。由地球内力作用促使岩石发生矿物成分及结构构造发生变化的作用称为变质作用。

(1)影响变质作用的因素

①温度

温度升高使岩石中的矿物发生重结晶,即岩石中非晶体矿物向晶体矿物转化、岩石中晶体细小矿物向晶体粗大矿物转化。温度的升高可促使原岩中的化学成分发生重组合,并产生新的矿物。

②压力

包括静压力和定向压力的作用。静压力使原岩石的体积缩小、密度加大;在温度的配合下,可形成新的矿物。定向压力主要使岩石变形、破碎,使矿物定向排列。

③化学性质活泼的气体和液体

化学性质活泼的气体和液体主要以 H_2O 和 CO_2 为主,并富含 F、S、P 等易挥发的物质及 SiO_2 等矿物质。这些物质在一定的温度、压力条件下,渗入到围岩中并与围岩发生化学反应,使围岩发生物质成分、结构构造等变化,并产生新的矿物。

④时间

时间是变质作用持续的时间。变质作用持续的时间越长,变质改造结果越明显。

(2)变质作用的类型

根据变质作用所处的地质环境以及引起变质作用的因素和变质作用进行的方式,变质作用可分为四种类型:

①区域变质作用

区域变质作用指在区域性大范围内,由温度、压力和化学活动性较强的流体共同参与和影响下,固体岩石所发生的一种变质作用。区域变质作用形成的岩石称为区域变质岩。其主要影响因素是温度和压力(静压力)。区域变质作用的特点是涉及范围广、影响深度大、与深断裂有关,形成板岩、片麻岩等。

②动力变质作用

动力变质作用是在地壳运动产生的构造应力(定向压力)作用下,使岩石发生变形、破碎和重结晶等系列变化。动力变质作用形成的岩石称为动力变质岩或构造岩。其主要影响因素是构造应力或定向压力。动力变质作用的特点是主要发生在两个相邻岩石块体之间的错动和接触部位,与较大的断层或断裂带有关,形成糜棱岩、构造角砾岩等。

③接触变质作用

接触变质作用是发生在岩浆岩体与围岩的接触带上。岩浆所带来的热量、化学活动性流体引起围岩发生重结晶、交代等系列变化。接触变质作用形成的岩石称为接触变质岩。其主要影响因素是温度、活动性流体及挥发分。单纯由温度引起的接触变质为接触热变质作用,单纯由岩浆中的挥发物质引起的交代作用为接触交代变质作用。接触变质作用的特点是主要发生在岩浆岩体与围岩的接触带上,形成大理岩、石英岩等。

④交代变质作用

交代变质作用指岩浆期后的气体和热液对已冷凝的岩浆岩体及其围岩发生不同程度的交代作用,使岩浆岩体和围岩的成分、结构和构造发生改变,称交代变质作用。形成的岩石称为交代变质岩。其主要影响因素是岩浆期后的气体和热液。交代变质作用的特点是主要发生在岩浆岩体与围岩接触带,形成矽卡岩、云英岩等。

1.2.2　外力地质作用

外力地质作用主要是地球以外的太阳能和宇宙空间能源引起的。太阳辐射能引起了大气圈、水圈、生物圈的物质循环运动,形成了风、流水、冰川等地质营力,并产生了各种地质作用。外力地质作用主要是在地壳表层进行的,它使地壳表层原有的矿物和岩石不断遭受破坏,同时又不断形成新的岩石;它使元素不断富集或分散,并形成可供工业开采的新矿产,同时也引起地表形态的不断变化。这样,外力地质作用的结果是重新塑造了地形和形成新的沉积物、沉积岩。

大陆和海洋组成地壳的两个基本地形单位,在这两个区域里的外力地质作用有很大的区别,因而可划分出大陆的外力地质作用及海洋的外力地质作用两大类。大陆的外力地质作用还可以按照地质营力的不同划分为:风的地质作用、地面流水的地质作用、地下水流的地质作用、冰川的地质作用、湖泊的地质作用等。由于这些营力的运动方式有差异,因此引起地质作用也各有特点,所形成的产物也就不同。

根据外力地质作用的过程,可将外力地质作用又分为风化作用、剥蚀作用、搬运作用、沉积作用和固结成岩作用五个阶段。

1)风化作用

(1)风化作用的概念

地表和接近地表的岩石,在温度变化、水、空气及生物的作用和影响下所发生的破坏作用称为风化作用。风化作用的影响因素主要有温度、水、空气、生物等。

(2)风化作用的类型

按风化作用的性质划分为三类：

①物理风化作用

物理风化作用是母岩的一种机械破坏作用，其影响因素主要是温度变化、水的作用和生物的机械破坏作用。物理风化的结果是使母岩崩解，形成各种碎屑物质。因此物理风化作用又称机械风化作用或石烂，母岩化学成分不变(图 1.14)。

②化学风化作用

化学风化作用指岩石在氧、水和溶于水中的各种酸的作用下，遭受氧化、水解和溶滤等化学变化，使其分解并产生新矿物的作用(图 1.15)。

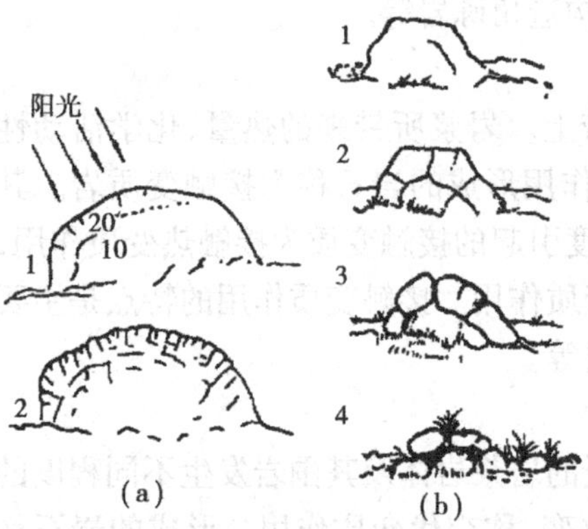

图 1.14　温度变化引起岩石风化示意图

图 1.15　化学风化作用形成的石林

化学风化作用包括氧化作用、水解作用、水化作用、化学溶解作用等。这些化学反应往往以复合交替的复杂形式进行，同时有相应的新矿物生成。化学风化作用不仅使母岩发生破碎，而且使其矿物成分和化学成分发生本质的改变，并形成新矿物。

氧化作用——岩石中低价元素或化合物转变为高价元素或化合物。

水解作用——水分子离解 H^+ 和 OH^- 离子，并与矿物中的阳离子 K^+、Na^+、Ca^{2+} 等生成氢氧化物。

水化作用——岩石中矿物吸收水分而变成另一种矿物。

溶解作用——作为一种溶剂，一些岩石、矿物可溶于水而流失。

③生物风化作用

生物风化作用指岩石由于生物的生活活动引起的破坏作用。生物对岩石的破坏方式，有机械的，如岩石裂隙中植物根系的生长产生根劈现象、也有化学的，几乎所有的化学风化作用都与生物作用有关。生物分泌出的有机酸，促进了岩石的化学分解，而且生物还可以从中吸取某些元素并将其转变成有机化合物。生物产生的大量 O_2、CO_2 等，同样影响着风化作用的进程。

(3)风化作用的产物

风化作用的总趋势是使被改造的母岩发生物理的和化学的变化，使母岩解体并产生在地表条件下稳定的、新的物质成分。风化产物按性质可分三类：

碎屑物质——岩石碎屑、矿物碎屑；

溶解物质——真溶液和胶体溶液物质；

不溶残余物质——不溶于水的新生矿物，如褐铁矿、铝土矿、高岭石等。

2）剥蚀作用

剥蚀作用指风以及河流、地下水、海（湖）、冰川中的水体在运动状态下对地表或地下岩石产生的破坏，一方面将风化产物从母岩中剥离下来，另一方面又对岩石产生破坏作用，并同时使破坏后的产物脱离母岩的过程。

风化作用与剥蚀作用紧密相关，岩石风化后为剥蚀作用提供了条件，剥蚀之后又利于继续风化。

（1）风的剥蚀作用

风吹起地表碎屑物质并携带它们磨蚀岩石表面的过程叫风的剥蚀作用。

①吹蚀——风把岩石表面风化的碎屑物质及松散沉积物吹起而剥离下来。

②磨蚀——风挟带的碎屑物质撞击和磨损岩石表面，使其遭受破坏（图1.16）。

（2）地表流水剥蚀作用（图1.17）

图1.16　石磨菇

图1.17　瞿塘峡河谷地貌

①河流的下蚀（底蚀）作用　河水及其夹带的砂石对河床底部岩石进行冲击、磨蚀、溶蚀等作用的过程。导致河床逐渐降低、河谷加深。

②河流的侧蚀作用　河水在水平方向上冲击、侵蚀河岸，使河床左右迁移、河谷加宽的过程。

河流的下蚀（底蚀）作用到一定深度后，河水就无力继续向下侵蚀了，河水的能量消耗在搬运物质上，这个高度面称河流的侵蚀基准面，是控制河流下蚀的极限面。

（3）海水的剥蚀作用

海水对海岸及海底岩石进行破坏的过程叫海蚀作用，常发生在海岸带。其剥蚀的方式有三种类型：

①机械破坏　运动海水的冲刷、海浪卷动的石块、沙粒对滨岸带的磨蚀。可形成浪蚀岩洞、海蚀崖、海蚀平台、海蚀柱等。

②化学溶蚀　海水对岩石溶解所产生的破坏作用。

③生物蛀蚀　潜穴动物可利用其壳刺或分泌物浸入岩石，使岩石表面产生许多洞穴，破坏了岩石的强度。

（4）冰川的剥蚀作用

冰川是在重力影响下由雪源向外缓慢移动的冰体。冰川活动对组成冰床的岩石进行磨蚀、掘蚀等破坏作用的过程叫冰蚀作用。冰川以自身的重量,以及冰体冻结挟带的许多岩块、岩屑,像锉刀一样对沿途基岩进行推锉、碾磨和挖掘,常留下擦痕,碎屑物分选性和磨圆度均差(图1.18)。

图1.18 冰川地貌

3)搬运作用

风化、剥蚀作用的产物,被流水、海洋、风、冰川等从原地转移到沉积区的过程称为搬运作用。按搬运方式的不同,搬运作用主要分为机械搬运作用、化学搬运作用两种类型。

(1)机械搬运作用

机械搬运作用是风化、剥蚀产物中的碎屑颗粒被流水、风、海水、冰川等地质营力以拖运、悬运等机械方式搬运的过程。机械搬运过程中,被搬运的碎屑颗粒会发生分选作用和磨圆作用。分选作用取决于流水搬运能力的变化,即在一定强度的水动力条件只能对一定大小的碎屑物质有搬运能力,否则碎屑物质会沉积下来。可用碎屑颗粒的分选度表示。分选度是碎屑颗粒大小的均匀程度。大小均匀者分选度很好;大小混杂者分选度差,介于二者之间分选度好或中等。磨圆作用是搬运过程中,碎屑颗粒之间及其与搬运床底之间相互摩擦,使碎屑颗粒变得圆滑的过程。可用碎屑颗粒的磨圆度表示。磨圆度是碎屑物棱角被磨蚀而圆化的程度。碎屑物棱角全部磨蚀消失者称圆状;大部分棱角磨蚀者称次圆状;棱角尖锐或只稍有磨蚀者称棱角状。

机械搬运的地质营力有流水、风、海水、冰川等,其中以流水为主。

①流水的机械搬运

流水的搬运作用包括面流、河流、湖泊、海水的搬运,其中主要是以河流的机械搬运为主。河流的搬运方式有底运、浮运两种。

a. 底运——颗粒大、比重大、球度较高的碎屑,沿水底滚动、滑动、跳跃式运移。

b. 浮运——颗粒小、比重小、球度较低的碎屑,呈悬浮状搬运。

河流的搬运能力与流量、流速、碎屑颗粒大小以及流域的地质条件有关。随搬运距离的加长,碎屑矿物成分趋于单一,粒度细而均匀。

②风的机械搬运

风的机械搬运也分为底运和浮运。

a. 底运——分为滚动、滑动和跳动,其中以跳动为主,多为粗大的碎屑物质。

b. 浮运——以细小的碎屑物质为主。

风的机械搬运,具有按颗粒大小、形状、比重筛选的分选性和相互之间的摩擦作用。

③海水的机械搬运

通过海浪、海流、潮汐进行，搬运物质大多为河流搬运而来的，少量来自海水对海岸侵蚀的产物。海浪搬运作用随水深而降低，因此多发生在近岸浅海区，将粗碎屑推向海岸，细碎屑推向海洋。海流流速慢，常搬运细小淤泥和悬浮物质，能长距离搬运，甚至可达数千千米。潮汐仅在海岸线一带搬运碎屑物质。

④冰川的机械搬运

冰川移动时将山坡滚落和刨蚀的各种不同的碎屑带走，因此被搬运的碎屑物质具有大小混杂、成分各异、不具分选性和磨圆度等特征。

(2)化学搬运作用

化学风化作用和化学溶蚀作用所产生的物质，常通过化学搬运作用，以真溶液或胶体溶液形式由原地运移到沉积区。真溶液的搬运物质主要是岩石风化剥蚀产物中的 K、Na、Ca、Mg 等元素的可溶性盐类，如 $Ca(HCO_3)_2$、NaCl 等。胶体溶液的搬运物质来源于岩石风化剥蚀产物中的 Fe、Mn、Al、Si 等元素的氧化物和氢氧化物的胶体物质和难溶物质。

4)沉积作用

母岩风化、剥蚀产物在搬运过程中，由于搬运介质的能量的减弱或因物理化学条件的改变以及生物作用，可使被搬运的物质在适当的环境下停顿堆积起来，这一过程称为沉积作用。它可划分为三种类型：

(1)机械沉积作用

机械沉积作用是在重力作用下发生的碎屑物质的沉积。

机械沉积作用中有明显的分异作用，即在搬运过程中，颗粒粗大的碎屑先沉积，依次过渡到最小的碎屑。冰川的机械沉积没有分异作用，冰碛物颗粒大小混杂，不分层次，并带棱角。

(2)化学沉积作用

①胶体溶液沉积

当胶体溶液中加入电解质发生中和作用时，小质点聚合成大质点，产生胶体沉积。

如海岸地带，携带胶体溶液的大陆淡水与富含电解质的海水混合，便出现胶体沉淀，形成浅海锰矿、铁矿等。

②真溶液沉积

水介质酸碱度、湿度、CO_2 含量、溶液浓度的变化可以影响溶液溶解度变化，溶解度降低，以真溶液长途搬运来的 K、Na、Ca、Mg 的卤化物及硫酸盐、碳酸盐达到过饱和而沉积下来。

化学沉积中也有明显的分异作用，由于溶于水中物质的溶解度不同，沉积必有先后之分，溶解度小的先沉积，如 Fe、Mn、Al、Si 等的氧化物先沉积；然后是硅酸盐、碳酸盐沉积；最后是硫酸盐和卤化物沉积。

(3)生物沉积作用

①生物遗体沉积

海洋生物骨骼、贝壳堆积，形成生物灰岩或磷灰岩、硅质岩等，有的生物遗体在成岩过程中转化为煤、油页岩、石油、天然气等。

②生物化学沉积

生物新陈代谢引起周围介质改变，促使某些物质沉积。例如海藻光合作用吸收海水中的 CO_2，促使碳酸盐沉积，形成石灰岩。

5)固结成岩作用

松散、富水的沉积物,随地壳沉降被掩埋,在温度、压力作用下,经过压缩、脱水、胶结、重结晶等变化,转变为坚硬的岩石的过程称为固结成岩作用。固结成岩作用包括压固作用、胶结作用、重结晶作用。

(1)压固作用

压固作用是在上覆沉积物质的静压力作用下,沉积物体积收缩、孔隙缩小、密度加大、水分脱出、颗粒间吸附力加强,使沉积物固结变硬成为岩石。新鲜软泥孔隙度高达80%,压固成岩后减至20%。压固作用是黏土沉积物成岩的主要方式。

(2)胶结作用

胶结作用是充填在孔隙中的矿物质,将分散颗粒粘结成坚硬岩石的过程。它是碎屑岩成岩的主要方式。胶结物成分常见有硅质(SiO_2)、铁质(Fe_2O_3)、钙质($CaCO_3$)、泥质(黏土质)、凝灰质(火山质)等。

(3)重结晶作用

重结晶作用是在温度、压力作用下,沉积物中的非结晶物质变为结晶物质、细粒结晶变成粗粒结晶的过程。一般真溶液和胶体溶液的物质颗粒细小、溶解度较大、成分均一,容易发生重结晶。它是内源沉积岩(化学岩)和部分黏土岩成岩的主要方式。

复习练习题

1. 解释地质术语

地壳　岩石圈　地压　地温梯度　磁异常　地质作用　外力地质作用　内力地质作用
地壳运动　震源　震中　地震波　地震烈度　震级　岩浆作用　变质作用

2. 填空题

1)太阳光和热是地球______、______,最主要的______因素。

2)陆地按高低分为______、______、______、______、______。

3)海底表面按起伏和海水深浅可分为______、______、______等多个单元。

4)地球的外圈层包括______、______、______;内圈层包括______、______、______。

5)与采矿工作关系较大的地球物理性质有______、______、______、______和______。

6)地压研究有助于解决______、______等矿井开采过程中常遇到的问题。

7)根据地表以下的温度变化可分为______、______、______三个带。

8)内力地质作用可分为______、______、______和______。

9)物理风化的主要影响因素是______、______、______。

10)剥蚀作用有______、______;机械搬运作用有______、______。

3. 判断题

1)地壳局部地磁异常,可能存在矿体。　(　)

2)接近地球中心的物质密度比较小。　(　)

3)地球内部的压力随着埋藏深度增加而增大。（　　）
4)地壳运动是外力地力地质作用引起的。（　　）
5)地温梯度小于2 ℃/100 m,在500 m以内矿井一般无热害。（　　）
6)从地壳发展和地球演变的总过程看,外力地质作用起着主导作用。（　　）
7)内力地质作用与外力地质作用都是独立进行的。（　　）
8)赤道上的重力值,向两极方向逐渐增大。（　　）

4.选择题

1)月球为地球的__________。
(1)行星　(2)卫星　(3)恒星　(4)彗星

2)地球是__________中的一颗行星。
(1)银河　(2)星团　(3)河外星　(4)太阳系

3)陆地面积约占地球表面积的__________%。
(1)10.9　(2)29.2　(3)67.5　(4)7.08

4)紧邻大陆的浅海海底称__________。
(1)大陆架　(2)大陆坡　(3)大陆基　(4)大洋盆地

5)大气圈的O_2占__________%。
(1)19　(2)17　(3)30　(4)21

6)地球表面约占__________%面积为海洋所覆盖。
(1)80.8　(2)70.8　(3)50.8　(4)60.8

7)地壳中分布最多的是__________氧化物。
(1)硅和铝　(2)铜和铁　(3)铝和铜　(4)硅和铜

8)松散的深积物变成坚硬沉积岩的过程为__________。
(1)胶结作用　(2)搬运作用　(3)固结作用　(4)沉积作用

5.思考题

1)地压对煤矿安全生产有何影响?

2)说明地球的形状,它的体积、密度、赤道半径和两极半径各是多少?

3)什么是地热增温带?地热对煤矿安全生产有哪些危害?为什么煤矿井下总是冬暖夏凉?

4)组成地壳的化学元素主要有哪几种?其中氧和硅各占百分之几?

5)研究地质作用的意义是什么?

6)为什么说地壳运动是地壳发展演变的主导因素?

7)地震是如何发生的?世界上每年发生的大小地震约多少次?人们能感觉到的地震有多少次?其中破坏性大的有多少次?

8)沉积岩是怎么形成的?

任务2　造岩矿物的识别

2.1　矿物的概念

矿物是指地质作用或宇宙作用过程中形成的具有相对固定的化学组成以及确定的晶体结构的均匀固体。它们具有一定的物理、化学性质,在一定的物理化学条件范围内稳定,是组成岩石和矿石的基本单元。

造岩矿物指组成岩石的主要矿物。目前世界上已知的矿物大约有 4 000 种,而常见造岩矿物只有 30 多种。

2.2　矿物的形态

矿物的形态分为单体形态、同种矿物集合体的形态。

2.2.1　矿物的单体形态

矿物的单体形态是指矿物单晶体的形态。一般用晶体习性来描述。在相同的生长条件下,同一成分结构的晶体,常表现出某种特定的结晶形态,称为该矿物的晶体习性。根据矿物晶体在三维空间的发育程度不同,晶体习性分为三种基本类型:

一向延伸　晶体沿一个方向特别发育,呈柱状、针状、纤维状等。

二向延展　晶体沿两个方向特别发育,呈板状、片状、鳞片状、叶片状等。

三向等长　晶体沿三个方向发育大致相等,呈粒状。

2.2.2　矿物的集合体形态

矿物集合体是指同种矿物的多个单体聚集在一起的整体。常见的矿物集合体形态有以下几种类型:

1)显晶集合体

用肉眼或借助于放大镜能分辨出各个矿物颗粒界限的集合体称显晶集合体。根据矿物单体的形状及集合方式不同可分为:

(1)粒状集合体　由许多粒状单体任意集合而成(图 1.19)。

(2)片状、鳞片状、板状集合体　由二向延展的单体任意集合而成。集合体以单体的形状命名:如单体呈片状者,称为片状集合体(图 1.20)。

图 1.19　石榴石粒状集合体

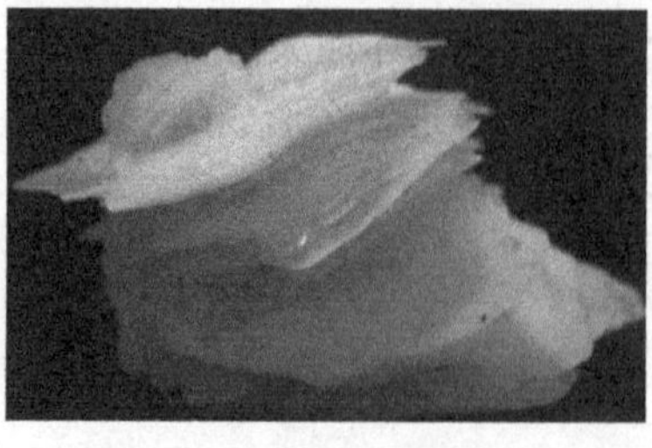

图 1.20　方解石片状集合体

(3)柱状、针状集合体 由一向延伸的单体任意集合而成。集合体以单体的形状命名:如单体呈柱状者,称为柱状集合体(图1.21)。

(4)纤维状集合体 由一系列细长的矿物单体规则地平行排列而成(图1.22)。

图1.21 辉锑矿柱状集合体

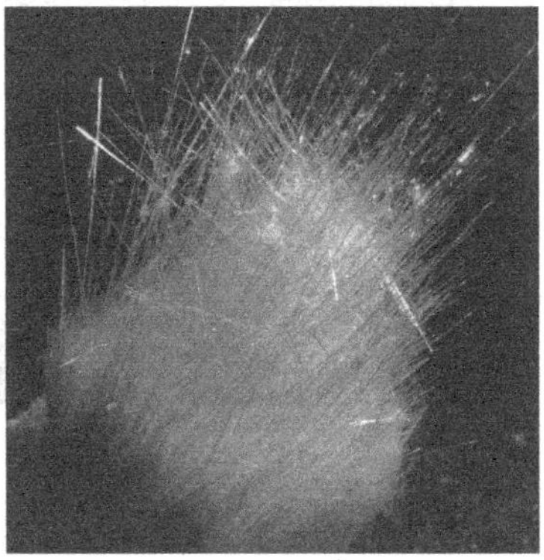

图1.22 沸石纤状集合体

(5)放射状集合体 由长柱状、针状、片状或板状的矿物单体围绕某一中心呈放射状排列而成。如文石(图1.23)。

(6)晶簇 指在岩石的空洞或裂隙中,一端固着在一共同的基底上,而另一端向空间自由发育的一组晶体。如石英晶簇(图1.24)。晶簇中发育最好的晶体其延伸方向与基底近于垂直,不垂直于基底的晶体在生长过程中常常被前者所排挤而淘汰,这种现象称为"几何淘汰律"。

图1.23 文石放射状集合体

图1.24 石英晶簇

2)隐晶体及胶态集合体

隐晶体集合体是指只能在显微镜的高倍镜下才可分辨矿物单体的集合体。而胶态集合体则即使在显微镜下也不能分辨出单体的界线,因其实际上并不存在单体。按其形成方式及外貌特征,可分为:

(1)分泌体 在球状或不规则状的岩石空洞中,胶体或晶质物质自洞壁向中心逐层沉淀填充而成。外形常呈卵圆形,中心常常留有空腔,有时其中还长有晶簇。各层在成分和颜色上往往存在差异,形成环带构造。平均直径大于1 cm者称晶腺,小于1 cm者称杏仁体。前者如玛瑙(图1.25),后者如火山岩中的杏仁体。

(2)结核体 结核体形成方式与分泌体不同,它是由隐晶质或胶凝物质围绕某一中心自内向外生长而成。外形多样,有球状、瘤状、透镜状和不规则状等,直径一般在 1 cm 以上。如黄铁矿结核(图 1.26)。

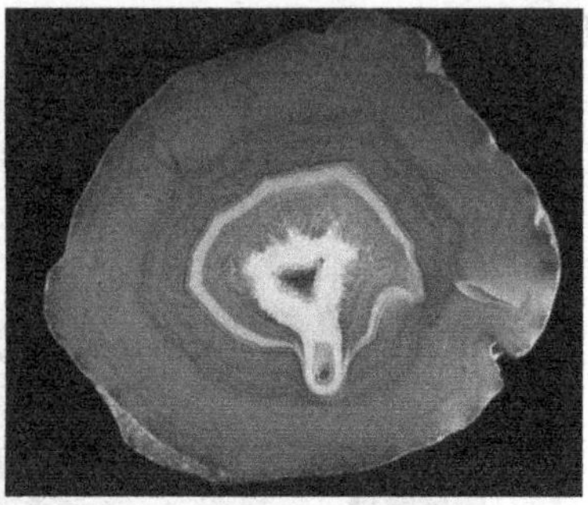

图 1.25　玛瑙晶腺

图 1.26　黄铁矿结核

(3)鲕状及豆状集合体　由直径小于 2 mm,形似鱼卵的矿物集合体,称鲕状集合体;由直径大于 2 mm,形似豌豆的矿物集合体,称豆状集合体(图 1.27)。

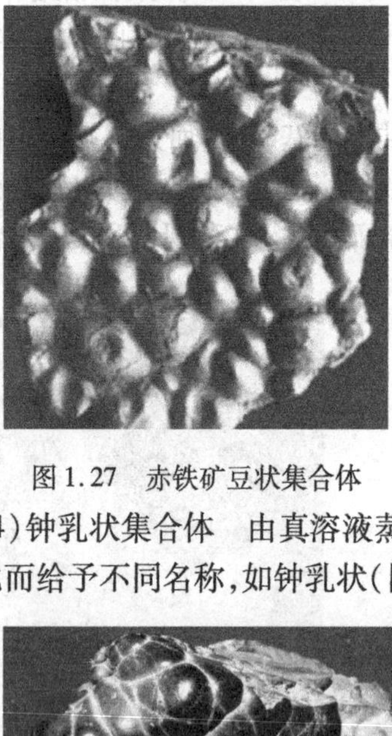

图 1.27　赤铁矿豆状集合体

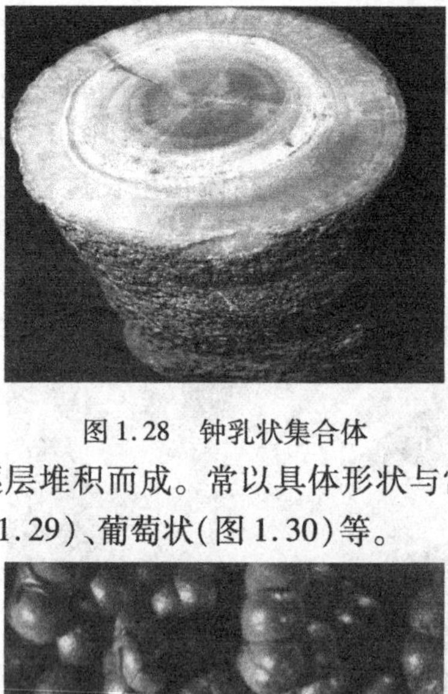

图 1.28　钟乳状集合体

(4)钟乳状集合体　由真溶液蒸发或胶体凝聚,逐层堆积而成。常以具体形状与常见物体类比而给予不同名称,如钟乳状(图 1.28)、肾状(图 1.29)、葡萄状(图 1.30)等。

图 1.29　硬锰矿肾状集合体

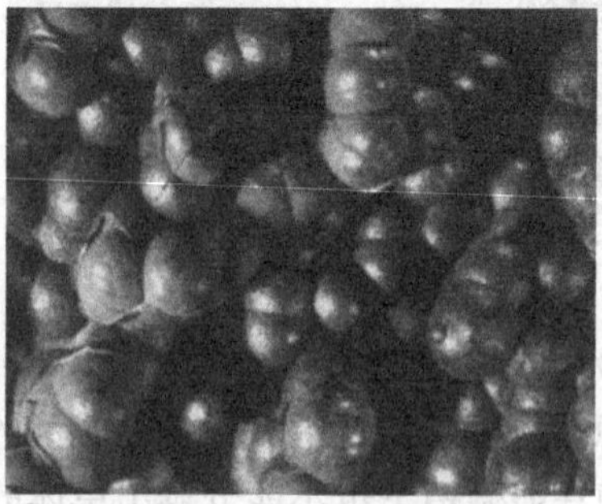

图 1.30　硬锰矿葡萄状集合体

(5)块状集合体　为肉眼或放大镜不能分辨其颗粒界限的致密块状体。

(6)土状集合体　矿物呈细粉末状较疏松地聚集成块。

2.3　矿物的物理性质

矿物的物理性质主要指矿物的光学、力学、磁学、电学等性质。矿物的物理性质是鉴定矿物的主要依据。

2.3.1　矿物的光学性质

矿物的光学性质是指矿物对可见光的反射、折射、吸收等所表现出来的各种性质。

1)矿物的颜色

矿物的颜色是一种生理感觉,当波长在大约 390 ~ 770 nm 范围内的电磁波辐射,刺激人们的视神经时,就有颜色的感觉。

矿物的颜色是指矿物对入射的白色可见光中不同波长的光波吸收后,透射和反射的各种波长可见光的混合色。

矿物的颜色据其产生的原因,通常可分为自色、他色和假色三种。

自色:是由矿物本身固有的化学成分和内部结构所决定的颜色。如孔雀石的翠绿色、黄铁矿的浅铜黄色等。对同种矿物来说,自色一般相当固定,因而是鉴定矿物的重要依据之一。

他色:是指矿物因含外来带色的杂质、气液包裹体等所引起的颜色,它与矿物本身的成分、结构无关,不是矿物固有的颜色,如红宝石的红色、紫水晶的紫色等。他色无鉴定意义。

假色:是由物理光学效应所引起的颜色,是自然光照射在矿物表面或进入到矿物内部所产生的干涉、衍射、散射等而引起的颜色,假色只对个别矿物有辅助鉴定意义。

2)矿物的条痕

矿物的条痕是矿物粉末的颜色。通常是指矿物在白色无釉瓷板上擦划所留下的粉末的颜色。

矿物的条痕能消除假色、减弱他色、突出自色,它比矿物颗粒的颜色更为稳定,更有鉴定意义。例如不同成因不同形态的赤铁矿可呈钢灰、铁黑、褐红等色,但其条痕总是呈红棕色(或称樱红色)。

3)矿物的透明度

矿物的透明度是指矿物允许可见光透过的程度。矿物肉眼鉴定时,通常是依据矿物碎片刃边或岩石薄片的透光程度,配合矿物的条痕,将矿物的透明度划分为透明、半透明、不透明三级。透明矿物条痕常为无色或白色,或略呈浅色;半透明矿物条痕呈各种彩色(如红、褐等色);不透明矿物条痕呈黑色或金属色。

4)矿物的光泽

矿物的光泽是指矿物表面对可见光的反射能力。矿物肉眼鉴定时,根据矿物新鲜平滑的晶面、解理面或磨光面上反光能力的强弱,同时常配合矿物的条痕和透明度,而将矿物的光泽分为 4 个等级:

(1)金属光泽　反光能力很强,似平滑金属磨光面的反光。矿物具金属色,条痕呈黑色或金属色,不透明。如方铅矿、黄铁矿和自然金等。

(2)半金属光泽　反光能力较强,似未经磨光的金属表面的反光。矿物呈金属色,条痕为深彩色(如棕色、褐色等),不透明—半透明。如赤铁矿、铁闪锌矿和黑钨矿等。

(3)金刚光泽　反光较强,似金刚石般明亮耀眼的反光。矿物的颜色和条痕均为浅彩色(如浅黄、橘红、浅绿等)、白色或无色,半透明—透明。如浅色闪锌矿、雄黄和金刚石等。

(4)玻璃光泽　反光能力相对较弱,呈普通平板玻璃表面的反光。矿物为无色、白色或浅色,条痕呈无色或白色,透明。如方解石,石英和萤石等。

此外,在矿物不平坦的表面或矿物集合体的表面上,常表现出一些特殊的变异光泽,主要有：

①油脂光泽　某些具玻璃光泽或金刚光泽、解理不发育的浅色透明矿物，在其不平坦的断口上所呈现的如同油脂般的光泽，如石英。

②树脂光泽　在某些具金刚光泽的黄、褐或棕色透明矿物的不平坦的断口上，可见到似松香般的光泽。如浅色闪锌矿和雄黄等。

③珍珠光泽　浅色透明矿物的极完全解理面上呈现出如同珍珠表面或蚌壳内壁那种柔和而多彩的光泽。如白云母和透石膏等。

④丝绢光泽　无色或浅色、具玻璃光泽的透明矿物的纤维状集合体表面常呈蚕丝或丝织品状的光亮。如纤维石膏和石棉等。

⑤蜡状光泽　某些透明矿物的隐晶质或非晶质致密块体上，呈现有如蜡烛表面的光泽。如块状叶蜡石、蛇纹石及很粗糙的玉髓等。

⑥土状光泽　呈土状、粉末状或疏松多孔状集合体的矿物，表面如土块般暗淡无光。如块状高岭石和褐铁矿等。

2.3.2　矿物的力学性质

矿物的力学性质是指矿物在外力（如敲打、挤压、拉引和刻划等）作用下所表现出来的性质。

1）矿物的解理、断口

矿物的解理、断口、裂开都是在外力的作用下，发生破裂的性质，但这三种破裂的性质及决定因素均有所不同。

（1）解理

指矿物晶体受外力作用后，沿一定的结晶方向发生破裂，并能裂出光滑平面的性质称解理。这些光滑的平面称解理面。根据解理产生的难易程度及其完好性，通常将其分为五级。

①极完全解理　矿物受力后极易裂成薄片，解理面平整而光滑，如云母（图1.31）的解理。

②完全解理　矿物受力后易裂成光滑的平面或规则的解理块，解理面显著而平滑，常见平行解理面的阶梯。如方解石的解理（图1.32）。

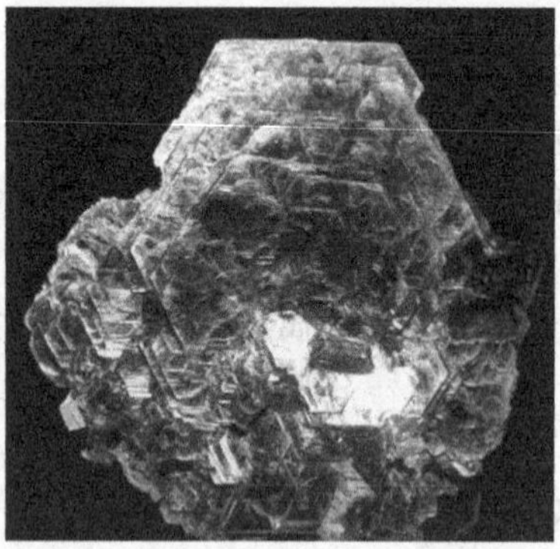

图1.31　云母的极完全解理

图1.32　方解石的完全解理

③中等解理　矿物受力后，常沿解理面破裂，解理面较小而不很平滑，且不太连续，常呈阶梯状，却仍闪闪发亮，清晰可见。如辉石的解理。

④不完全解理　矿物受力后，不易裂出解理面，仅断续可见小而不平滑的解理面。如橄

石的解理。

⑤极不完全解理　矿物受力后,很难出现解理面,通常称为无解理。如石榴子石的解理。

(2)断口　断口是指矿物晶体受力后将沿任意方向破裂而形成各种不平整的断面。显然,矿物的解理与断口产生的难易程度是互为消长的。矿物的断口,主要借助于其形状来描述。常见的有:

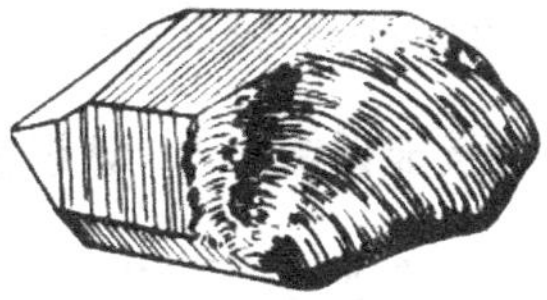

图1.33　石英的贝壳状断口

①贝壳状断口　呈圆形或椭圆形的光滑曲面,并出现以受力点为中心的不很规则的同心圆波纹,形似贝壳。如石英的断口(图1.33)。

②锯齿状断口　呈尖锐锯齿状,见于强延展性的自然金属元素矿物,如自然金等。

③参差状断口　断面呈参差不平状,大多数脆性矿物以及呈块状或粒状集合体具此种断口。

④土状断口　断面粗糙、呈细粉状,为土状矿物特有,如高岭石。

2)硬度

矿物的硬度是指矿物抵抗外来机械作用(如刻划、压入或研磨等)的能力。它是鉴定矿物的重要特征之一。矿物的肉眼鉴定中,通常采用摩氏硬度。它是一种刻划硬度,用十种硬度递增的矿物为标准来测定矿物的相对硬度,此即摩氏硬度计(表1.3)。

表1.3　摩氏硬度计

硬度等级	1	2	3	4	5	6	7	8	9	10
标准矿物	滑石	石膏	方解石	萤石	磷灰石	正长石	石英	黄玉	刚玉	金刚石

矿物肉眼鉴定测定硬度时,必须注意选择新鲜、致密、纯净的单矿物。用摩氏硬度计来测试矿物硬度时,用标准矿物与待测矿物相互刻划,以确定两矿物硬度的相对大小。例如某石榴子石能刻动石英,但不能刻动黄玉,却能为黄玉所划伤,则其硬度介于7~8。此外在实际鉴定时还可用更简便的工具,如指甲(2.0~2.5)和小钢刀(5.0~6.0)来代替硬度计。

2.3.3　矿物的其他性质

1)矿物的相对密度

矿物的相对密度是指纯净的单矿物在空气中的质量与4 ℃时同体积的水的质量之比。矿物的相对密度分为三级:

(1)轻的　相对密度小于2.5,如石墨。

(2)中等的　相对密度在2.5~4,如石英。

(3)重的　相对密度大于4,如黄铁矿、重晶石等。

2)矿物的磁性

矿物的磁性是指矿物在外磁场作用下被磁化所表现出能被外磁场吸引、排斥或对外界产生磁场的性质。矿物肉眼鉴定时,一般以马蹄形磁铁或磁化小刀来测试矿物的磁性,常粗略地分为三级:

(1)强磁性　矿物块体或较大的颗粒能被吸引,如磁铁矿。

(2)弱磁性　矿物粉末能被吸引，如铬铁矿。

(3)无磁性　矿物粉末也不能被吸引，如黄铁矿。

此外，还有矿物的导电性、矿物的压电性、导热性、热膨胀性、熔点、易燃性、挥发性、吸水性、可塑性、放射性，以及嗅觉、味觉和触觉等，它们在矿物鉴定、应用及找矿上有重要意义。

技能训练 1.1　认识常见的造岩矿物

1. 实训目的要求

认识常见矿物的形态、物理性质，了解其化学组成；学习矿物的观察描述方法；掌握常见矿物的肉眼鉴定特征。

2. 实训指导

1)实训方法

借助小刀、无釉瓷板及放大镜等极简单的工具，用肉眼观察矿物的形态、颜色、条痕、光泽、透明度、解理、断口、大致的硬度和相对密度级别等特征(必要时还可辅以简易化学试验)，来认识常见造岩矿物。

2)实训内容

(1)石墨 C　常为鳞片状、块状或土状集合体。颜色和条痕均为黑色；金属光泽；隐晶质的土状集合体光泽暗淡。极完全解理，解理片具挠性；硬度 1 ~ 2；相对密度 2.21 ~ 2.26；性软，有滑感，易污手；具良好的导电性(图 1.34)。

(2)黄铁矿 FeS_2　常见完好晶形，呈立方体、五角十二面体或八面体。在立方体晶面上常能见到 3 组相互垂直的晶面条纹。集合体常成粒状、致密块状、分散粒状及结核状等。浅铜黄色，表面带有黄褐的锖色；条痕绿黑色；强金属光泽，不透明。无解理；断口参差状。硬度 6 ~ 6.5。相对密度 4.9 ~ 5.2。性脆(图 1.35)。

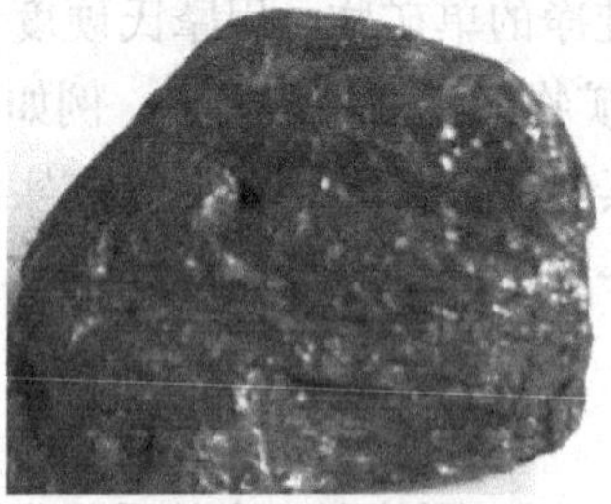

图 1.34　石墨

图 1.35　黄铁矿

(3)石英 SiO_2　常见完好晶形，是由六方柱和菱面体等单形所构成的聚形。柱面上常具横纹，显晶质集合体呈晶簇状、梳状、粒状、致密块状。也常见隐晶质集合体。隐晶质的石英集合体一般称石髓或玉髓，具有不同颜色条带或花纹相间分布的石髓称玛瑙；纯净的石英，无色透明，称水晶。玻璃光泽，断口油脂光泽；无解理，贝壳状断口；硬度 7；相对密度 2.65；具压电性(图 1.36)。

(4)蛋白石 $SiO_2 \cdot nH_2O$　一般认为，蛋白石是一种非晶质矿物。通常呈肉冻状体、葡萄状、钟乳状、皮壳状等。颜色不定，通常呈蛋白色，因含各种杂质而呈不同颜色；一般为微透明；玻璃光泽或蛋白光泽。硬度 5 ~ 5.5。相对密度视含水量和吸附物质的多少介于 1.9 ~ 2.3(图 1.37)。

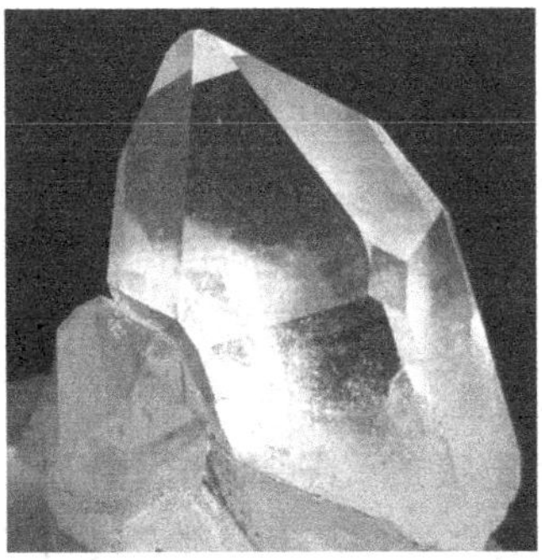

图1.36 石英

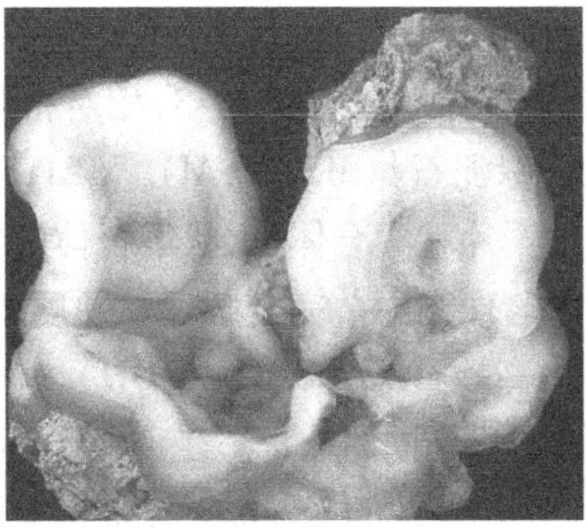

图1.37 蛋白石

(5)铝土矿 $Al_2O_3 \cdot nH_2O$ 铝土矿是由各种铝的氢氧化物所组成的混合物，主要包括三水铝石 $Al(OH)_3$、一水硬铝石(AlOOH)和一水软铝石(AlOOH)等矿物。常含褐铁矿、高岭石、蛋白石等。铝土矿常呈土状、豆状、鲕状、致密块状等。因成分不固定，导致物理性质变化很大。灰白色、灰褐色、棕红色、黑灰色，土状光泽。硬度2~5。相对密度2~4。在新鲜面上，用口呵气后有强烈的土臭味。

(6)褐铁矿 $Fe_2O_3 \cdot nH_2O$ 褐铁矿是铁的氢氧化物所组成的混合物。主要以针铁矿(FeOOH)、水针铁矿($FeOOH \cdot nH_2O$)、纤铁矿为主要成分，加上一些硅质等组成的混合物。褐铁矿常呈钟乳状、肾状、结核状、多孔矿渣状、致密块状、土状等，有时呈黄铁矿的立方体假象。因成分不固定，导致物理性质变化很大。土黄—棕褐色，条痕黄褐色，半金属光泽至土状光泽。硬度变化较大1~4。相对密度3~4。

(7)普通辉石 $Ca(Mg,Fe^{2+},Fe^{3+},Ti,Al)[(Si,Al)_2O_6]$ 晶体呈短柱状或粒状。横断面近于正八边形。集合体呈粒状、块状。绿黑色、黑色、褐色等；玻璃光泽。解理中等至完全；有时具裂开。硬度5.5~6。相对密度3.23~3.52(图1.38)。

(8)普通角闪石 $Ca_2Na(Mg,Fe)_4(Al,Fe^{3+})[(Si,Al)_4O_{11}]_2(OH)_2$ 常呈柱状晶体。横断面呈假六边形。集合体常呈细柱状、纤维状。深绿色到黑绿色；玻璃光泽。解理完全。有时可见裂开。硬度5~6。相对密度3.1~3.3(图1.39)。

图1.38 普通辉石

图1.39 普通角闪石

(9)白云母 $K\{Al_2[AlSi_3O_{10}](OH)_2\}$ 晶体呈假六方板状、片状、短柱状。集合体为片状、鳞片状。呈极细鳞片状集合体并具丝绢光泽者，称绢云母。颜色从无色到浅彩色多变；透明；玻璃光泽，解理面显珍珠光泽，解理极完全；薄片具弹性。硬度2~4；相对密度2.75~3.10。绝缘、隔热性能优良(图1.40)。

(10)黑云母 $K\{(Mg,Fe)_3[AlSi_3O_{10}](OH)_2\}$ 晶体呈假六方板状、片状、短柱状。集合

体为片状、鳞片状。黑、褐黑、绿黑色等,透明至不透明;玻璃光泽,解理面显珍珠光泽,解理极完全;薄片具弹性。硬度 2 ~3;相对密度 3.02 ~3.12。绝缘性差,易风化。

(11)绿泥石{$(Mg,Fe,Al)_6[(Al,Si)_4O_{10}](OH)_8$}　晶体呈假六方片状或板状,但晶体少见。常呈鳞片状集合体、土状集合体。绿色,带有黑、棕、橙黄、紫、蓝等不同色调。玻璃光泽,解理面呈珍珠光泽。完全解理。硬度 2 ~2.5。相对密度 2.68 ~3.40。解理片具挠性。

(12)高岭石 $Al_4[Si_4O_{10}](OH)_8$　多为隐晶质致密块状或土状集合体。纯者白色,因含杂质可染成深浅不同的黄、褐、红、绿、蓝等各种颜色;致密块体呈土状光泽或蜡状光泽。硬度2.0 ~3.5。相对密度 2.60 ~2.63。土状块体具粗糙感,干燥时具吸水性(粘舌),湿态具可塑性,但不膨胀(图 1.41)。

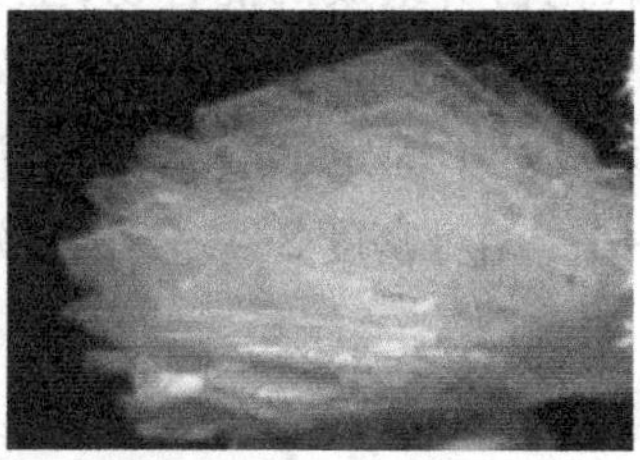

图 1.40　白云母

图 1.41　高岭石

(13)蒙脱石$(Na,Ca)_{0.33}(Al,Mg)_2[(Si,Al)_4O_{10}](OH)_2 \cdot nH_2O$　常呈土状隐晶质块状。白色,有时为浅灰、粉红、浅绿色。鳞片状者解理完全。硬度 2 ~2.5。相对密度 2 ~2.7。甚柔软。有滑感。加水膨胀,体积能增加几倍,并变成糊状物。具有很强的吸附力及阳离子交换性能。

(14)正长石 $K[AlSi_3O_8]$　晶体呈短柱状或厚板状。集合体为粒状或块状。常呈肉红色、浅黄色或灰白色;玻璃光泽;透明。两组完全解理。硬度 6 ~6.5。相对密度 2.55 ~2.63(图 1.42)。

(15)斜长石 $Na(AlSi_3O_8)Ca(Al_2Si_2O_8)$　单晶体呈板状或板柱状。白色或灰白色,玻璃光泽。两组完全解理。硬度 6 ~6.5。相对密度 2.61 ~2.76(图 1.43)。

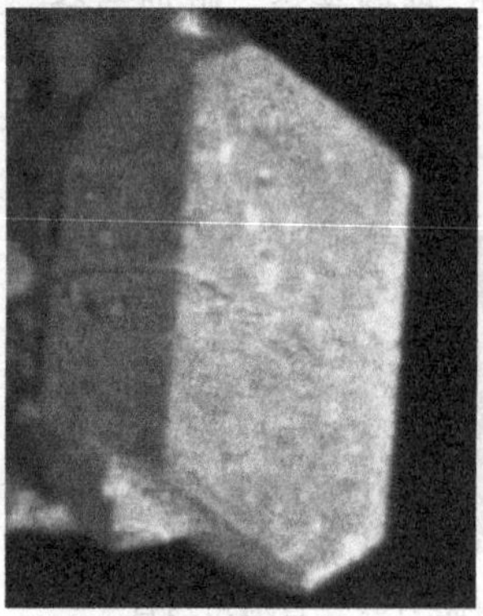

图 1.42　正长石

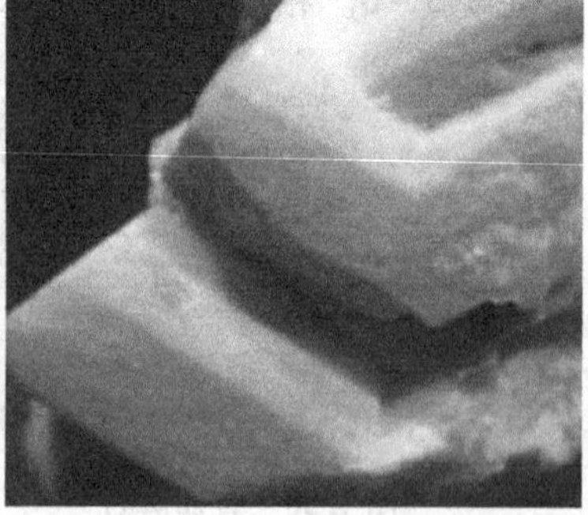

图 1.43　斜长石

(16)方解石 $Ca[CO_3]$　常见完好晶体,形态多种多样,常见有菱面体板状、片状、六状柱状等。集合体常为致密块状、粒状、晶簇状、片状、钟乳状、土状等。无色或白色,有时被 Fe、Mn、Cu 等元素染成浅黄、浅红、紫、褐黑色。无色透明的方解石称为冰洲石,玻璃光泽、解理完全、硬度 3、相对密度 2.6 ~2.9,加冷稀 HCl 剧烈起泡(图 1.44)。

(17)菱铁矿 Fe[CO_3]　晶体呈菱面体状、短柱状。通常呈粒状、土状、致密块状集合体。呈黄至褐色、棕色;玻璃光泽。解理完全。硬度3.5～4.5。相对密度2.9～4.0。粉末加冷HCl不起泡或作用极慢,加热HCl则剧烈起泡(图1.45)。

图1.44　方解石

图1.45　菱铁矿

(18)白云石 CaMg[CO_3]$_2$　晶体常呈菱面体状,有时见柱状或板状晶体,晶面常弯曲成马鞍状。集合体呈粒状、致密块状,有时呈多孔状、肾状等。纯者多为无色或白色,含铁者灰色和暗褐色,含铁白云石风化后,表面变为褐色、玻璃光泽、解理完全,解理面常弯曲,硬度3.5～4,相对密度2.85。与方解石的区别是遇冷盐酸不剧烈起泡,加热后方剧烈起泡(图1.46)。

图1.46　白云石

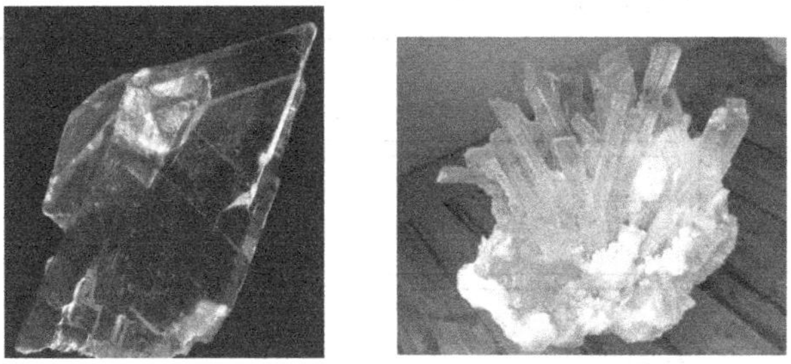

图1.47　板状、柱状石膏

(19)石膏 Ca[SO_4]·2H_2O　晶体常发育成板状也有的呈粒状、柱状;集合体多成致密块状或纤维状。细晶粒状块体称之为雪花石膏;纤维状的集合体称为纤维石膏。此外,还有土状、片状集合体。通常为白色及无色,无色透明晶体称为透石膏,有时因含其他杂质而染成灰、浅黄、浅褐等色、条痕白色、透明、玻璃光泽,解理面呈珍珠光泽,纤维状集合体呈丝绢光泽,解理极完全或中等。硬度1.5～2。相对密度2.3。性脆(图1.47)。

(20)硬石膏 Ca[SO_4]　晶体常呈厚板状、柱状。集合体呈纤维状、致密粒状或块状;无色或白色,常因含杂质而呈暗灰色、浅蓝色、浅红色、褐色、条痕白或浅灰白色、透明、玻璃光泽;解理面呈珍珠光泽、解理完全或中等;硬度3～3.5,相对密度2.8～3.0。

3.实训作业

按下表完成实训作业。

标本名称	化学式	形态特征		物理特征			综合鉴定特征
		单体形态	集合体形态	光学性质	力学性质	其他物理性质	
黄铁矿							
石英							
铝土矿							
褐铁矿							
白云母							
高岭石							
正长石							
方解石							
白云石							
菱铁矿							

复习练习题

1. 名词解释

矿物　造岩矿物　结晶习性　分泌体　条痕　解理　断口

2. 填空

1）云母的晶体习性是__________；黄铁矿的颜色是__________；褐铁矿的条痕是__________；石英的断口具有__________光泽；无色透明的方解石称__________。

2）隐晶质的石英集合体一般称__________；具有不同颜色条带或花纹相间分布的石髓称__________；纯净的石英，无色透明，称__________。

3）肉眼鉴定矿物是凭肉眼或借助于放大镜等观察矿物的__________和__________，以达到鉴定矿物的目的。

3. 判断题

1）晶簇是指在岩石的空洞或裂隙中，一端固着在一共同的基底上，而另一端向空间自由发育的一组晶体。（　　）

2）矿物的解理与断口产生的难易程度是互为消长的。（　　）

3）褐铁矿、铝土矿都不是一个单矿物，而是分别以铁的氢氧化物、铝的氢氧化物为主要成分的混合物。（　　）

4)蒙脱石呈土状块体具粗糙感,干燥时具吸水性(黏舌),湿态具可塑性,且不膨胀。 (　　)

5)矿物的光泽是指矿物表面对可见光的反射能力。呈玻璃光泽的矿物,其反光能力相对较强,条痕呈黑色。 (　　)

4.选择题

1)方解石的晶体形态是__________。

(1)短柱状　(2)板状　(3)立方体　(4)菱面体

2)__________常呈肉红色。

(1)石墨　(2)斜长石　(3)正长石　(4)石膏

3)以下矿物与冷稀盐酸剧烈起泡的是__________。

(1)方解石　(2)白云石　(3)长石　(4)石英

4)具________解理的矿物受力后,易裂成光滑的平面或规则的解理块,解理面显著而平滑,常见平行解理面的阶梯。

(1)极完全　(2)完全　(3)中等　(4)不完全

5)__________是指矿物因含外来带色的杂质、气液包裹体等所引起的颜色,它与矿物本身的成分、结构无关,不是矿物固有的颜色。

(1)自色　(2)他色　(3)假色　(4)条痕

5.思考题

1)肉眼鉴定矿物的依据有哪些?

2)什么是矿物的硬度?依次(由小到大)写出摩氏硬度计的十种矿物?

3)显晶体集合体与隐晶体集合体有何区别?

4)区分以下矿物:

(1)石英与长石

(2)方解石与白云石

(3)普通角闪石与普通辉石

(4)铝土矿与高岭石

(5)石膏与硬石膏

任务3　岩石的识别

3.1　岩石概念

岩石是由矿物或类似矿物的物质（如有机质、玻璃、非晶质等）组成的固态集合体。它是组成地壳的主要物质，是地壳发展演化过程中由各种地质作用形成的天然产物。

按岩石的概念，石油、天然气等不是固体而不能称为岩石；人工合成的矿物集合体，如陶瓷等不是天然产出，也不能称为岩石，可称工业岩石，不属于岩石学研究范畴。

多数岩石是由不同矿物组成称多矿物岩，如花岗岩是由正长石、斜长石、石英、黑云母等组成；少数岩石是由一种矿物组成称单矿物岩，如石灰岩主要由方解石组成。

3.2　岩石的成因类型

自然界的岩石按成因可划分为三大类：岩浆岩、沉积岩、变质岩。三大类岩石在地壳中的分布情况相差很大。在地壳 16 km 深度范围内，岩浆岩、变质岩约占地壳总体积的95%，沉积岩仅占5%；但按在地壳表层分布的面积计算，岩浆岩和变质岩仅占25%，而沉积岩约占75%。

3.2.1　岩浆岩

1）岩浆及岩浆岩的概念

岩浆是上地幔和地壳深处形成的，以硅酸盐为主要成分的炽热、黏稠、含有挥发分的熔融体。

岩浆岩是由地壳深处或上地幔中形成的高温熔融的岩浆，在侵入地下或喷出地表冷凝而成的岩石。简单地说，由岩浆冷凝固结而成的岩石称为岩浆岩。

2）岩浆岩的基本特征

（1）岩浆岩的化学成分

地壳中所有的元素几乎在岩浆岩中都可出现，但其含量却很不相同，含量最多的是 O、Si、Al、Fe、Ca、Na、K、Mg、Ti 等元素，这些元素称为造岩元素，其总和约占岩浆岩总质量的99.25%。氧的含量最高，占岩浆岩质量的46.59%，占体积94.2%。

在研究岩浆岩的化学成分时常常用氧化物质量百分比来表示，其中 SiO_2、Al_2O_3、Fe_2O_3、FeO、MgO、CaO、K_2O、Na_2O 和 H_2O 等九种氧化物为最主要的，占岩浆岩平均化学成分的98%左右，并且在各类岩石中都能出现。

（2）岩浆岩的矿物成分

自然界的矿物种类近4 000种，但组成岩浆岩的矿物常见的仅有十几种。如长石、石英、云母、角闪石、辉石、橄榄石等，约占岩浆岩总重量的99%。其中长石最多，占60%以上。根据其化学成分可分为两类：

①硅铝矿物　含硅、铝成分较高，不含铁、镁，颜色较浅，又称为浅色矿物。如石英、正长

石、斜长石、白云母等。

②铁镁矿物　含有铁、镁成分，颜色较深，又称为暗色矿物，如黑云母、角闪石、辉石、橄榄石等。

(3)岩浆岩的结构

岩浆岩的结构指岩石中矿物的结晶程度、颗粒大小、形状及其组合方式。常见的有以下几种：

①显晶质结构　岩石全部由矿物晶体组成，并且凭肉眼观察或借助于放大镜能分辨出矿物颗粒者。

②隐晶质结构　矿物颗粒很细，肉眼或借助放大镜无法分辨出矿物颗粒者。

③非晶质结构(玻璃质结构)　组成岩石的所有物质均为非结晶的玻璃物质。

④等粒结构与不等粒结构　等粒结构指岩石中同种主要矿物颗粒的大小大致相等。不等粒结构指岩石中同种主要矿物颗粒的大小不等。

⑤斑状结构与似斑状结构　岩石中的矿物颗粒和成分都截然分为大小不同的两部分，大者称斑晶，小者称基质。如若基质由隐晶质或非晶质组成则称为斑状结构；如若基质由显晶质矿物晶体组成称为似斑状结构。

(4)岩浆岩的构造

岩浆岩的构造是指岩石中不同矿物集合体之间或矿物集合体与其他部分之间的排列、充填或组合方式。

①块状构造　指岩石中矿物颗粒的排列不显示方向性，呈均一分布。颜色也是均一的。常见于深成岩中。

②斑杂构造　指岩石中矿物成分、结构和颜色上都不均一。常见于深成侵入岩中。

③流纹构造　火山喷发出的岩浆，在部分矿物已结晶的的条件下，继续流动，形成不同颜色和结构的条带，称流纹构造。常由不同颜色和拉长的气孔的条带表现出来。常见于酸性的喷出岩中。

④气孔构造　含有挥发分的岩浆，在喷溢到地表后，因压力降低气体膨胀、溢出形成气孔，岩浆冷凝后在岩石内保留下了下来，称为气孔构造。常见于基性或酸性喷出岩中。

⑤杏仁状构造　喷出岩中的气孔，被后期热水溶液中的其他矿物(如方解石、石英、玉燧、蛇纹石等)所充填，形如杏仁，称为杏仁状构造。常见于基性或中性喷出岩中。

⑥枕状构造　海底火山基性岩浆喷出后快速冷却形成下平上凸的似枕头状的扁椭球堆积体。

(5)岩浆岩的产状

岩浆岩的产状是指岩体的大小、形状及其与围岩的接触关系。

①喷出岩的产状　最常见的有火山锥和熔岩流。

火山锥是岩浆沿着一个孔道喷出地面形成的圆锥形岩体，它是由火山口、火山颈及火山锥状体组成。

熔岩流是岩浆流出地表顺山坡和河谷流动冷凝而形成的层状或条带状岩体，大面积分布的熔岩流叫熔岩被。

②侵入岩的产状　按距地表的深浅程度，又分为浅成岩（成岩深度 <3 km）和深成岩，它们的产状多种多样（图 1.48）。浅成岩一般为小型岩体，产状包括岩脉、岩床和岩盘；深成岩常为大型岩体，产状包括岩株和岩基等。

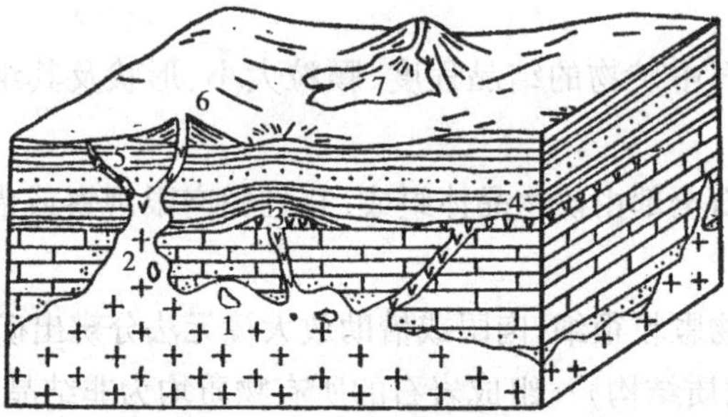

图 1.48　岩浆岩体产状示意图

1—岩基；2—岩株；3—岩盘；4—岩床；5—岩墙和岩脉；6—火山锥；7—熔岩流

a. 岩脉　岩浆沿着岩层裂隙侵入并切断岩层所形成的狭长形岩体。岩脉规模变化较大，宽可由几厘米（或更小）到数十米（或更大），长由数米（或更小）到数千米或数十千米。

b. 岩床　流动性较大的岩浆顺着岩层层面侵入形成的板状岩体。形成岩床的岩浆成分常为基性，岩床规模变化也大，厚度常为数米至数百米。

c. 岩盘　岩盘又称岩盖，是指黏性较大的岩浆顺岩层侵入，并将上覆岩层拱起而形成的穹隆状岩体。岩盘主要由酸性岩所构成，也有由中、基性岩浆构成的岩盘。

d. 岩基　规模巨大的侵入体，其面积一般在 100 km^2 以上，甚至可超过几万平方千米。岩基的成分是比较稳定的，通常由花岗岩、花岗闪长岩等酸性岩组成。

e. 岩株　面积不超过 100 km^2 的深层侵入体。其形态不规则，与围岩的接触面不平直。岩株的成分多样，但以酸性和中性较为普遍。

（6）常见岩浆岩的鉴定（表 1.4）

表 1.4　常见岩浆岩鉴定特征表

岩石名称		颜　色	所含矿物	结　构	构造	产　状	其他特征
超基性岩类	橄榄岩	黑绿—深绿	橄榄石、辉石、角闪石、黑云母	全晶质、自形—半自形、中粗粒	块状	深成侵入	易蚀变为蛇纹石
	金伯利岩	黑—暗绿	橄榄石、蛇纹石、金云母、镁铝榴石等	斑状	角砾	喷出脉状	偏碱性，含金刚石，岩石名称因矿物成分而异，种类繁多

续表

岩石名称		颜色	所含矿物	结构	构造	产状	其他特征
基性岩类	辉长岩	黑—黑灰	辉石、基性斜长石、橄榄石、角闪石	他形、辉长	块状、条带、眼球状	深成侵入	常呈小侵入体或岩盘、岩床、岩墙
	碱性辉长岩	暗	碱性长石、碱性辉石、普通辉石	半自形粒状，辉长结构	块状	深成侵入	与霞石正长岩、基性岩共生
	辉绿岩	暗绿和黑色	辉石、基性斜长石，少量橄榄石和角闪石	辉绿		岩床岩墙	基性斜长石结晶程度比辉石好，易变为绿石
	玄武岩	黑、黑灰、暗褐色	基性斜长石、橄榄石、辉石	斑状隐晶、交织、玻璃	块状、气孔、杏仁	喷出岩流、岩被、岩床	柱状节理发育
	碱性玄武岩	暗	斜长石、钾长石、辉石	斑状、粗面被晶、交织		喷出	
中性岩类	闪长岩	浅灰—灰绿	中性斜长石、普通角闪石、黑云母	中粒、等粒、半自形	块状	岩株、岩床或岩墙	和花岗岩、辉长岩呈过渡关系
	闪长玢岩	灰—灰绿	中性斜长石、普通角闪石	斑状	块状	岩床、岩墙	
	安山岩	红褐、浅紫灰、灰绿	斜长石、角闪石、黑云母、辉石	斑状交织	块状、气孔、杏仁	喷出岩流	斑晶为中—基性斜长石，多定向排列
酸性岩类	花岗岩	灰白—肉红	钾长石、酸性斜长石和石英，少量黑云母、角闪石	等粒、半自形、花岗、似片麻状	块状	岩基、岩株	在我国约占所有侵入岩面积的80%
	流纹岩	灰白、粉红、浅紫、浅绿	石英、正长石斑晶，偶尔夹黑云母或角闪石	斑状、霏细	流纹、气孔	熔岩流、岩钟	

3.2.2 沉积岩

1）沉积岩概念

沉积岩是在地表和地表以下不太深的地方形成的地质体。它是在地表条件下，由母岩的风化产物、火山物质、有机质等，经过搬运作用、沉积作用、成岩作用而形成的岩石。

沉积岩在地表的覆盖面积很广，尤其在我国境内约占77.3%。黏土岩分布最广，其次为砂岩、石灰岩。

在沉积岩中蕴藏着丰富的矿产。据有关资料统计，世界资源总储量的75%～85%是沉积和沉积变质成因的。石油、天然气、煤、油页岩等可燃性有机矿产以及盐类矿产几乎均为沉积成因。

2)沉积岩的基本特征

(1)沉积岩的物质来源

沉积岩的物质成分来源有三个方面,其中主要的是母岩风化产物,其次是火山喷发的物质和生物及其作用的产物。

①母岩风化产物　母岩是指早已形成的岩浆岩、变质岩和沉积岩。当这些母岩出露地表后,由于风化作用使母岩遭到破坏,形成新的物质,这就是母岩的风化产物。这些物质主要是碎屑物质、新生成的矿物和溶于水的物质。

②火山喷发物质　主要是由于火山喷发作用而形成的火山碎屑物质,如火山弹、熔岩和矿物碎屑及火山灰等。

③生物及其作用产物　为生物的直接或间接作用形成的产物,如介壳、煤、石油等。

(2)沉积岩的矿物成分

组成沉积岩的矿物成分有160余种,但它们中绝大多数都比较稀少和分散,只有大约20种左右是比较常见的。而且存在于同一种岩石中的矿物,一般不过1~3种,很少有超过5~6种。沉积岩的常见矿物有:

①碎屑物质　由先成岩石经物理风化作用产生的碎屑物质。其中大部分是化学性质比较稳定,难溶于水的原生矿物的碎屑,如石英、长石、白云母等;一部分则是岩石的碎屑。此外,还有其他方式生成的一些物质,如火山喷发产生的火山灰等。

②黏土矿物　主要是一些由含铝硅酸盐类矿物的岩石,经化学风化作用形成的次生矿物。如高岭石、蒙脱石及水云母等。这类矿物的颗粒极细(<0.005 mm),具有很大的亲水性、可塑性及膨胀性。

③化学沉积矿物　由纯化学作用或生物化学作用从溶液中沉积结晶产生的沉积矿物。如方解石、白云石、石膏、石盐、铁和锰的氧化物或氢氧化物等。

④有机质及生物残骸　由生物残骸或有机化学变化而成的物质。如贝壳、泥炭及其他有机质等。

在上述的沉积岩组成物质中,黏土矿物、方解石、白云石、有机质等,是沉积岩所特有的,是物质组成上区别于岩浆岩的一个重要特征。

在沉积岩的组成物质中还有胶结物,这些胶结物或是通过矿化水的运动带到沉积物中,或是来自原始沉积物矿物组分的溶解和再沉淀。碎屑岩类岩石物理力学性质的好坏,与其胶结物有密切关系。常见的胶结物有以下几种:

硅质　胶结成分为石英及其他二氧化硅。颜色浅,强度高。

铁质　胶结成分为铁的氧化物及氢氧化物。颜色深,呈红色,强度仅次于硅质胶结。

钙质　胶结成分为碳酸钙一类的物质。颜色浅,强度比较低,具有可溶性。

泥质　胶结成分为黏土。多呈黄褐色,胶结松散,强度低,易湿软、风化。

(3)沉积岩的结构

沉积岩的结构是指沉积岩组分的大小、形状、排列方式及其相互关系。主要有以下结构类型:

①碎屑结构　由碎屑物质被胶结物胶结而成的结构。其成分可分为两部分:碎屑颗粒(包括矿物碎屑、岩石碎屑)、胶结物(黏连碎屑颗粒的物质),是沉积岩所特有的结构(图1.49)。按碎屑粒径的大小可分为:

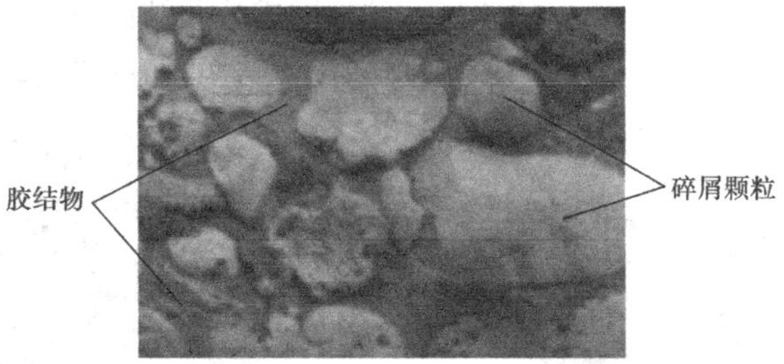

图1.49　碎屑结构

a.砾状结构　碎屑粒径>2 mm者占50%以上。碎屑形成后未经搬运或搬运不远而留有棱角者，称为角砾状结构（图1.50）；碎屑经过搬运呈浑圆状或具有一定磨圆度者，称为砾状结构（图1.51）。

图1.50　角砾状结构

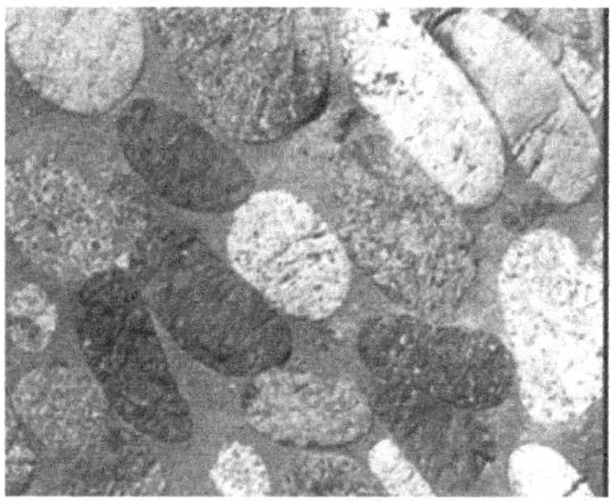

图1.51　砾状结构

b.砂质结构　碎屑粒径介于2～0.05 mm者占50%以上（图1.52）。其中2～0.5 mm的为粗粒结构，如粗粒砂岩；0.5～0.25 mm的为中粒结构，如中粒砂岩；0.25～0.05 mm的为细粒结构，如细粒砂岩。

c.粉砂质结构　碎屑粒径介于0.05～0.005 mm者占50%以上，如粉砂岩。

②泥质结构　由粒径<0.005 mm的黏土矿物颗粒组成的一种结构，外观细腻、均一致密（图1.53），是泥岩、页岩等黏土岩的主要结构。

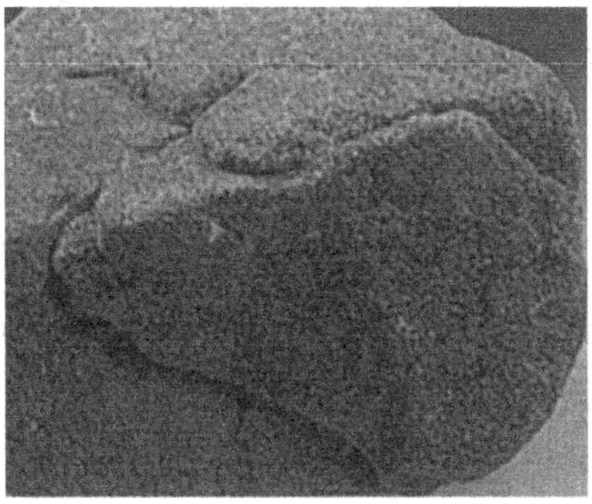

图1.52　砂状结构

图1.53　泥质结构

③化学结构　为化学岩、生物化学岩所具有的结构。包括：

a.结晶结构　由溶液中沉淀或经重结晶所形成的结构（图1.54）。对于晶粒结构，如果晶粒的粒径小于0.005 mm者，称泥晶或隐晶。结晶结构为石灰岩、白云岩等化学岩的主要结构。

b. 鲕状结构　直径不大于 2 mm 的球状鲕粒被同成分胶结而成(图 1.55),如鲕状灰岩。

c. 豆状结构　若颗粒直径为 2 ~5 mm 则称为豆状结构,如豆状灰岩。

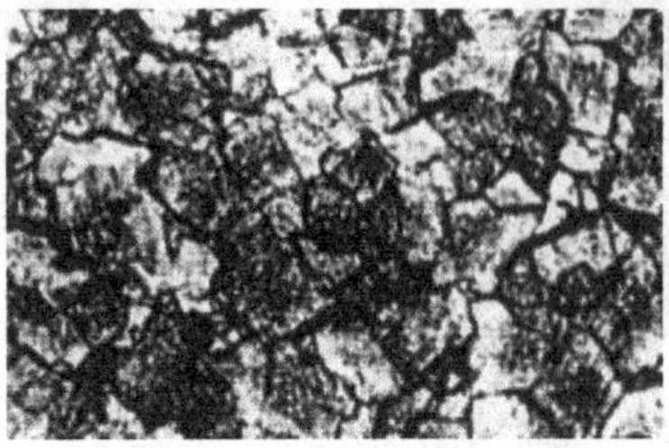

图 1.54　结晶结构

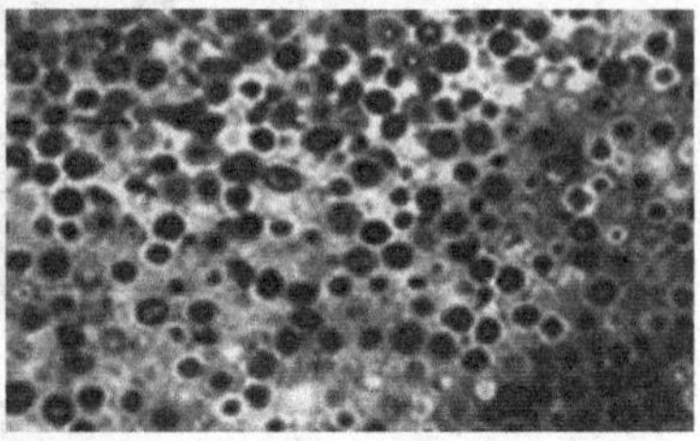

图 1.55　鲕状结构

④生物结构　由生物遗体或碎片所组成,有贝壳结构(图 1.56)、珊瑚结构(图 1.57)等。如生物灰岩。

图 1.56　贝壳结构

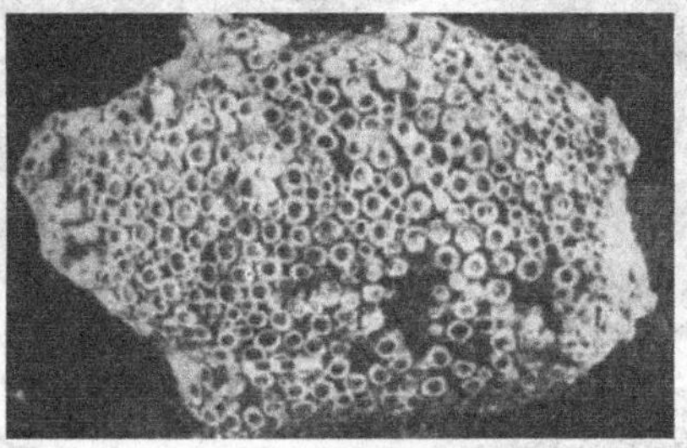

图 1.57　珊瑚结构

(4)沉积岩的构造

沉积岩的构造是指其各个组成部分的空间分布、排列方式及它们之间的相互关系,它是由成分、结构、颜色的不均一所表现出来的特征。沉积岩典型构造有:层理、层面构造、结核等。

①层理　层理是沉积岩中最常见的一种构造。它是通过成分、结构、颜色等在垂直向上(垂直于沉积物表面的方向)的变化而显示的一种层状构造。

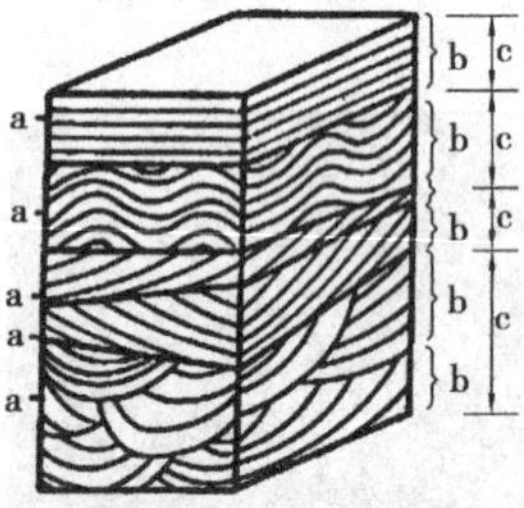

图 1.58　层理的组成单位

a—细层;b—层系;c—层系组

a. 层理的基本术语

细层　是层理的最小单位。厚度很小,几毫米至几厘米,甚至小于 1 毫米,成分常常很均一,它是在一定条件下同时沉积的(图 1.58a)。

层系　由许多成分、结构、厚度和产状都相似的同类型细层组成(图 1.58b)。它是在相同沉积条件下形成的。

层系组　由若干个相似的层系组成(图 1.58c)。它是在相似沉积环境下生成的,其间无明显的不连续。

层　层是组成沉积岩层的基本单位。其成分、结构、内部构造和颜色基本均一,上下由明显的层面与相邻层分开(图 1.59)。它是在较大区域内生成条件基本一致的情况下形成的岩石地质体。它的厚度变化很大,它可包括一个或若干个细层、层系甚至层系组。层没有限定的厚度,可自数毫米至数十米,但通常是数厘米至数十厘米。

图1.59　岩层

按厚度可划分为：

块状层(>1 m)

厚层(1.0 ~0.5 m)

中厚层(0.5 ~0.1 m)

薄层(0.1 ~0.01 m)

微细层或页状层(<0.01 m)

需要注意：层或岩层的厚度是指上下层面之间的距离，而层理的厚度则以层系上下界面之间的距离计之，两者是两个不同的概念。

b.层理基本类型

按岩层中层理形态分为三种基本类型：

水平层理　细层界面平直，彼此互相平行，并且都与层面一致(图1.60)。细层可以由颜色差异、粒度变化、矿物成分不同等形式显示出来。水平层理见于泥质岩、粉砂岩中，是静水或微弱水流中缓慢沉积作用的标志。

平行层理　与水平层理的外貌极相似。成因不同，见于砂质沉积中(图1.61)。它是在较强水动力条件下流动水作用的产物，而非静水沉积，一般出现在急流及高能量环境中，如河道、海(湖)岸和海滩等沉积环境中。

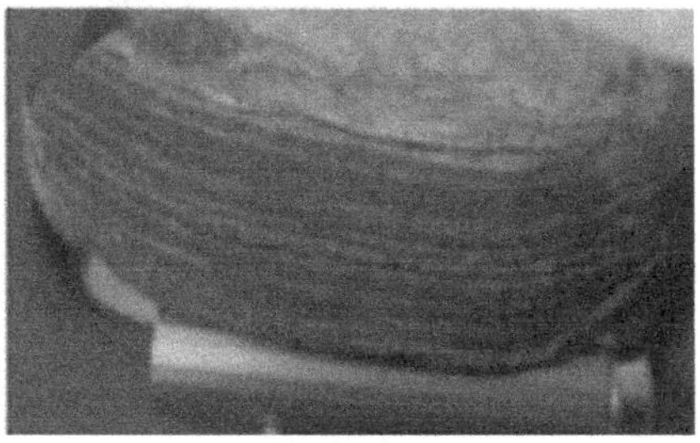

图1.60　水平层理

图1.61　平行层理

波状层理　细层界面呈波状起伏，总体方向平行于岩层面(图1.62)。常见于水介质多波浪运动的河漫滩、湖和海沿岸浅水带所形成的细碎屑岩中。

交错层理　由一系列斜交层系界面的细层组成(图1.63)。

②层面构造　在岩层表面呈现出的各种不平坦的沉积构造的痕迹，统称为层面构造。层

图 1.62　波状层理

图 1.63　交错层理

面构造常见类型有：波痕、泥裂、雨痕等。

a. 波痕　是由风、水流或波浪等介质的运动，在沉积物表面所形成的一种波状起伏的层面构造。波痕按成因可大致分为三种类型：浪成波痕、流水波痕和风成波痕。（图 1.64、图1.65）

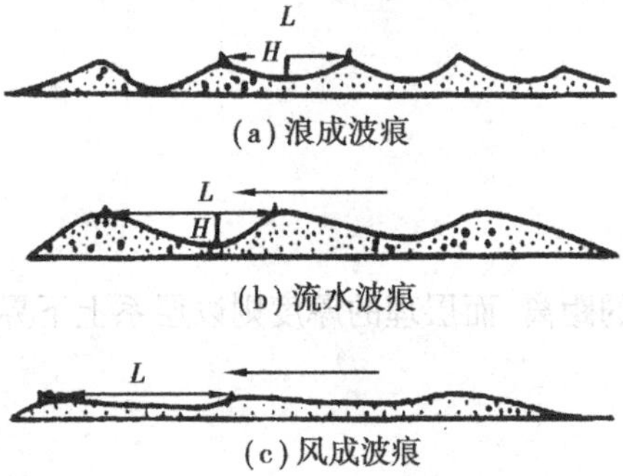

L— 波长　H —波高

图 1.64　不同类型波痕示意图

图 1.65　流水波痕

b. 泥裂也称为干裂　是沉积物露出水面时因暴晒干涸所发生的收缩裂缝。泥裂常见于黏土岩和碳酸盐岩中，非黏性的砂则不会形成泥裂（图 1.66、图 1.67）。

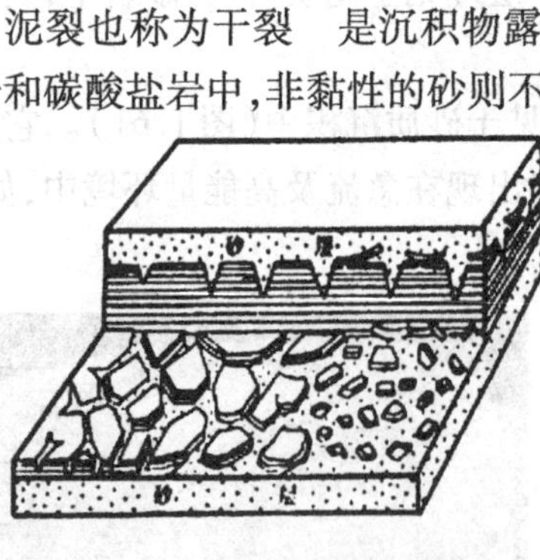

图 1.66　泥裂生成掩埋示意图

图 1.67　泥裂

c. 雨痕　是指雨滴降落在松软沉积物表面时所形成的小型撞击凹穴（图 1.68）。

③结核　岩层中含有的与围岩成分、结构、颜色等方面有显著差别的矿物集合体（图 1.69）。外形多样，如球形、椭球状、饼状、不规则状；大小不等，从几毫米到数十厘米，成分有铁质、钙质、硅质、锰质等。煤系地层中常见黄铁矿和菱铁矿结核。

（5）沉积岩的颜色

颜色是碎屑岩最醒目的标志，它反映了岩石的成分、结构和成因。颜色是鉴别岩石、划分

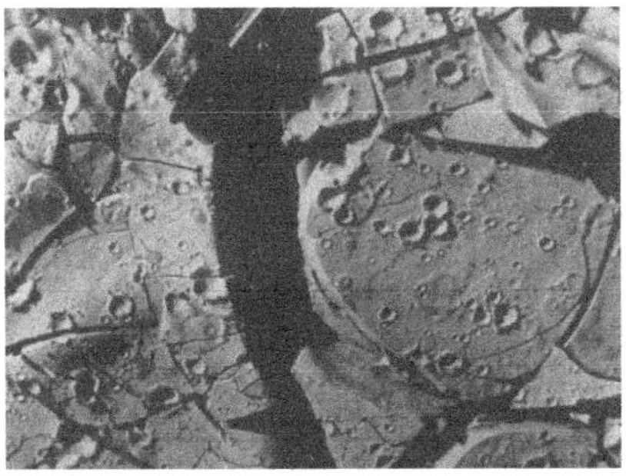

图1.68 雨痕

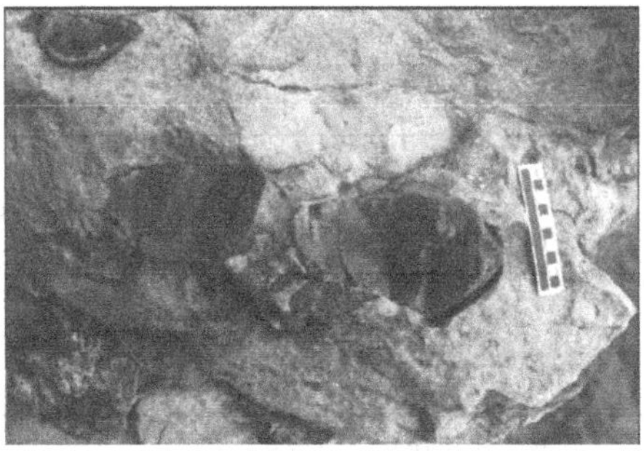

图1.69 结核

和对比地层、分析判断古气候和古地理条件的重要依据之一。

碎屑岩的颜色，按成因可分为三类，即继承色、自生色和次生色。

①继承色 主要取决于陆源碎屑颗粒的颜色，而碎屑颗粒是母岩机械风化的产物，故碎屑岩的颜色继承了母岩的颜色。如长石砂岩多呈红色，这是因为花岗质母岩中的长石颗粒是红色的缘故。同样，纯石英砂岩因为碎屑石英无色透明而呈白色。

②自生色 取决于黏土质沉积物堆积过程及其早期成岩过程中自生矿物的颜色。比如，含海绿石或鲕绿泥石的岩石常呈各种色调的绿色和黄绿色，红色软泥是因为其中含赤铁矿。

③次生色 主要是在成岩作用阶段或风化过程中，沉积岩原生组分发生次生变化，由新生成的次生矿物所造成的颜色。这种颜色多半是由氧化作用或还原作用、水化作用或脱水作用，以及各种矿物（化合物）带入岩石中或从岩石中析出等引起的。

继承色和自生色是原生色。岩石颜色的原生色和次生色都可以作为找矿标志。例如，由于油气的影响，可使原生的黄红色、紫红色还原为灰色、灰绿色。根据这种次生色发育情况，有助于寻找储油构造；尤其在穹隆的顶部，裂隙往往比较发育，油气运移较多，这种找矿标志更为明显。

原生色与层理界线一致，在同一层内沿走向分布均匀稳定。次生色一般切穿层理面，分布不均，常呈斑点状，沿缝洞和破碎带颜色有明显变化。

3）沉积岩的分类

沉积岩按成因、物质成分和结构特征分为碎屑岩、黏土岩、化学及生物化学岩三大类（表1.5）。

表1.5 沉积岩分类表

<table>
<tr><th colspan="2">岩 类</th><th>物质来源</th><th>沉积作用</th><th>结构特征</th><th>岩石分类名称</th></tr>
<tr><td rowspan="2">碎屑岩类</td><td>沉积碎屑岩类</td><td>岩石机械破坏碎屑</td><td rowspan="2">机械沉积作用为主</td><td>沉积碎屑结构</td><td>1. 砾岩及角砾岩（$d>2$ mm）
2. 砂岩（$d=2\sim0.05$ mm）
3. 粉砂岩（$d=0.05\sim0.005$ mm）</td></tr>
<tr><td>火山碎屑岩类</td><td>火山喷发碎屑</td><td>火山碎屑结构</td><td>1. 集块岩（$d>100$ mm）
2. 火山角砾岩（$d=100\sim2$ mm）
3. 凝灰岩（$d=2\sim0.005$ mm）</td></tr>
<tr><td colspan="2">黏土岩类</td><td>岩石化学分解过程中新形成的矿物——黏土矿物</td><td>机械沉积作用和胶体沉积作用</td><td>泥质结构</td><td>1. 泥岩（$d<0.005$ mm）
2. 页岩（$d<0.005$ mm）</td></tr>
</table>

续表

岩　类	物质来源	沉积作用	结构特征	岩石分类名称
化学和生物化学岩	母岩化学分解过程中形成的可溶物质和胶体物质,生物作用产生	化学沉积作用和生物沉积作用为主	结晶结构 生物结构	1. 碳酸岩 2. 硅质岩 3. 铝、铁、锰、磷质岩 4. 盐类岩 5. 可燃有机岩

注:d 为岩石中组成颗粒的粒径。

3.2.3　变质岩

1)变质岩的概念

变质岩是指地壳原来的岩石,无论是岩浆岩、沉积岩或变质岩,受到温度、压力及化学活动性流体的影响,在固体状态下发生剧烈变化后形成的新的岩石。形成变质岩的作用称为变质作用。

2)变质岩的一般特征

(1)变质岩的成分

①化学成分　由岩浆岩变质形成的变质岩化学成分与岩浆岩相同;由沉积岩变质形成的变质岩化学成分变化范围很大。

②矿物成分

"三大"岩石中常见贯通矿物:石英、长石、云母等。

变质岩中特有的变质矿物:石榴石、红柱石、滑石、石墨、蓝晶石、绿帘石、蛇纹石等。

(2)变质岩的结构　变质岩的结构与岩浆岩的结构概念类似,但又不相同。命名时常加"变晶"或"变余"。

①变余结构　变质作用不彻底而保留了原岩结构残余。如变余碎屑结构、变余斑状结构等。

②变晶结构　指原岩在固态条件下重结晶和变晶作用过程中形成的结构,也可分为等粒、不等粒、斑状变晶结构等。按变晶矿物形态还可分:

a. 粒状变晶结构　岩石全部由矿物晶体组成。

b. 斑状变晶结构　细晶变质基质中分布有大的变斑晶。

c. 鳞片变晶结构　变晶矿物为片状、鳞片状。

d. 纤维变晶结构　变晶矿物呈纤维状、柱状。

(3)变质岩的构造　指岩石中矿物的分布、排列及组合特点。分为变余构造和变成构造。

①变余构造　变质作用不彻底而保留的原岩构造残余。如:变余气孔构造、变余流纹构造、变余层理构造等。

②变成构造　原岩通过重结晶和变质结晶形成的构造称为变成构造。主要有下列几种:

a. 板状构造　定向压力形成的相互平行的板状破裂面。

b. 千枚状构造　肉眼难辨的细小鳞片状矿物定向排列、丝绢光泽。

c. 片理构造　肉眼可见的片状、柱状矿物平行定向排列。

d. 片麻构造 粒状、片状、柱状矿物相间排列，形成深浅色相间的断续条带。

e. 块状构造 各种矿物颗粒均匀分布，无定向排列。

(4)变质岩的主要类型及其特征(表1.6)

表1.6 变质岩主要岩石类型简表

岩石名称	结构	构造	主要矿物	变质作用类型
板岩	变余泥质	板状		区域变质
千枚岩	细粒鳞片状变晶	千枚状	绢云母、绿泥石、石英	
片岩	鳞片状变晶	片状	云母、绿泥石等	
片麻岩		片麻状	长石、石英、云母	
变粒岩	粒状变晶	块状	长石、石英	接触变质
石英岩			石英	
大理岩			方解石、白云母	
角岩	细粒粒状变晶		云母、石英、长石	
构造角砾岩	碎裂			动力变质
糜棱岩	糜棱	不明显片麻状构造		

技能训练1.2 认识常见的沉积岩

1. 实训目的要求

认识沉积岩的矿物成分、结构、构造及颜色等基本特征，了解沉积岩观察、描述的内容与方法，掌握常见沉积岩的肉眼鉴定特征。

2. 实训指导

1)实训方法

借助小刀、放大镜等简单工具及简易化学试验，用肉眼观察沉积岩的颜色、结构、构造、矿物成分等特征，来认识常见的沉积岩。

2)实训内容

(1)碎屑岩 碎屑岩是沉积岩中常见的岩石之一。其中碎屑物质(包括岩石碎屑、矿物碎屑及火山喷发的碎屑)不能少于50%。按其成因可以分为火山碎屑岩和正常沉积碎屑岩。

①火山碎屑岩 火山碎屑岩主要是火山喷发的碎屑物质在地表经短距离搬运，或就地沉积而成。由于它在成因上具有火山喷出和沉积的双重特性，是介于喷出岩和沉积岩之间的过渡类型。火山碎屑物质按其组成及结晶状况分为岩屑(岩石碎屑)、晶屑(晶体碎屑)和玻屑(玻璃碎屑)三种。一般火山碎屑岩含火山碎屑物在50%以上。常见的火山碎屑岩有：

a. 火山集块岩 粒径大于100 mm的火山碎屑物质含量超过50%，碎屑大部分是带棱角的，但也有经过搬运磨圆的；碎屑成分往往以一种火山岩为主，根据碎屑成分可称安山集块岩、流纹集块岩等。胶结物主要为火山灰及熔岩，有时候被$CaCO_3$和SiO_2泥质等所胶结。

b. 火山角砾岩 粒径2～100 mm的火山碎屑物含量超过50%，碎屑具棱角或稍经磨圆。根据碎屑成分可分为安山火山角砾岩、流纹火山角砾岩等。胶结物与火山集块岩相同。

c.火山凝灰岩　粒径小于2 mm的火山碎屑物质含量超过50%,即主要由火山灰所构成的岩石。分选很差,碎屑多具棱角,层理不十分清楚。凝灰岩的碎屑可能是细小的岩屑、玻屑或晶屑;在晶屑中可以发现石英、长石、云母等晶体,但外形多为棱角状。凝灰岩因碎屑成分不同,常有黄、灰、白、棕、紫等各种颜色。

②沉积碎屑岩　沉积碎屑岩是岩石风化和剥蚀的碎屑物质,经搬运、沉积、胶结而成的岩石。碎屑物可以是岩屑,也可以是矿物碎屑。由于搬运介质和搬运距离等不同,碎屑形状可以是带棱角的或是浑圆的。碎屑岩的胶结物主要有硅质、钙质、铁质和黏土。根据碎屑颗粒大小,碎屑岩可分为砾岩、砂岩和粉砂岩等。

a.砾岩及角砾岩　为沉积砾石经胶结而成的岩石,即粒径大于2 mm的砾石含量大于50%,砾石大部由岩石碎屑组成。根据砾石圆度进一步分为:

砾岩　圆状和次圆状砾石含量大于50%。

角砾岩　棱角状和次棱角状砾石含量大于50%。

岩石实例:

江北砾岩:岩石新鲜面以灰色、黑色居多,风化面呈黄褐色;具砾状结构;块状构造。砾石占70%,填隙物占30%。砾石表面光滑,成分以硅质者居多。填隙物为铁质、钙质胶结物及砂、粉砂、黏土。铁质胶结物已风化呈黄褐色。

b.砂岩　为沉积砂粒经胶结而成的岩石。即粒径在2~0.05 mm的砂粒含量大于50%的岩石。砂粒成分主要是石英、长石、云母等岩石碎屑。

按砂粒粒径,砂岩又分为三类:

粗砂岩(粒径2~0.5 mm的砂粒含量大于50%)

中粒砂岩(粒径0.5~0.25 mm的砂粒含量大于50%)

细砂岩(粒径0.25~0.05 mm的砂粒含量大于50%)。

按砂粒成分,砂岩又分为三类:

石英砂岩(石英碎屑占90%以上)

长石砂岩(长石碎屑含量在25%以上)

岩屑砂岩(岩石碎屑含量在25%以上)。

岩石实例:

长石石英砂岩:灰白色,粗粒砂状结构,一般粒径在1~0.5 mm,块状构造。碎屑占90%,填隙物占10%。碎屑主要成分是石英,无色,具油脂光泽;其次是长石,白色,局部已风化成高岭石。填隙物为黏土及少量铁质胶结物。

长石砂岩:浅灰色,中粒砂状结构,块状构造。碎屑成分占80%,填隙占20%。碎屑成分主要为石英,呈烟灰色,油脂光泽;其次为长石,呈灰白色,多数已经高岭石化;另有极少量白云母碎片,沿层面零星分布。填隙物以黏土为主,含很少硅质胶结物。

c.粉砂岩　粒径在0.05~0.005 mm的碎屑含量大于50%的碎屑岩叫粉砂岩。粉砂岩的成分以矿物碎屑为主,大部分是石英;胶结物以黏土质为主;常发育有水平层理。

岩石实例:

钙质粉砂岩:黄色,具粉砂状结构,水平层理构造。碎屑有石英、长石、白云母。填隙物为黏土和钙质胶结物,加冷稀盐酸起泡。

(2)黏土岩　黏土岩是指粒径小于0.005 mm以下的颗粒含量大于50%的岩石,黏土岩主要由黏土矿物组成,其次有少量碎屑矿物、自生的非黏土矿物及有机质。黏土矿物有高岭石、蒙脱石和伊利石等，碎屑矿物有石英、长石、绿泥石等，自生非黏土矿物有铁和铝的氧化物和氢氧化物、碳酸盐（方解石、白云石、菱铁矿等）、硫酸盐、磷酸盐、硫化物等。

黏土岩具有典型的泥质结构，质地均匀，有细腻感，断口光滑。

常见的黏土岩有页岩和泥岩。页岩是页片构造发育的黏土岩，其特点是能沿页理面分裂成薄片或页片，风化后是碎片状。泥岩是一种呈厚层状的黏土岩，有时也可见水平层理，但不能沿层理分裂成薄片，风化后呈碎块状。

岩石实例：

高岭石黏土岩：白色，泥质结构，块状构造，主要由高岭石组成。质地致密细腻，有滑感，硬度低，性脆，具贝壳状断口，黏舌。在水中易泡软，但膨胀性极弱，具可塑性。

炭质页岩：灰黑色至黑色，泥质结构，页理构造，页理面上有植物碎片。主要成分为黏土矿物，另有少量炭化的有机杂质。质软、硬度小、易污手。在煤系地层中产出，常形成煤层底板。

(3)化学岩及生物化学岩

化学岩及生物化学岩是由各种岩石在化学风化和剥蚀作用中所形成的真溶液和胶体溶液，经化学作用或生物化学作用沉淀而成的岩石。按照成分不同可分为：碳酸盐岩、硅质岩、铝质岩、铁质岩、锰质岩、磷质岩、盐岩和可燃有机岩。这类岩石除碳酸盐岩外，一般分布较少。但大部分是具有经济价值的有用矿产。

①碳酸盐岩　主要包括石灰岩、白云岩、泥灰岩等。

a.石灰岩　矿物成分以方解石为主，其次含有少量的白云石和黏土矿物。质纯者呈灰白色，含杂质呈灰色到灰黑色。具有结晶结构、鲕状结构、生物结构。由生物化学作用生成的灰岩，常含有丰富的有机物残骸。遇冷稀盐酸可产生大量气泡。石灰岩分布相当广泛，岩性均一，易于开采加工，是一种用途很广的建筑石料。

b.白云岩　主要矿物成分为白云石，也含有方解石和黏土矿物。质纯白云岩为白色，随所含杂质的不同，可出现不同的颜色。结晶结构。加冷稀盐酸不起泡，但粉末遇冷稀盐酸微弱起泡。白云岩比石灰岩的强度和稳定性高，是一种良好的建筑石料。

白云岩的外观特征与石灰岩近似，在野外难于区别，可用盐酸起泡程度辨认。

c.泥灰岩　石灰岩中泥质成分增加到25%～50%的称泥灰岩。它是黏土岩和石灰岩之间的过渡类型。颜色一般较浅，有灰色、淡黄色、浅灰色、紫红色等，泥晶结构，常具薄层理。遇冷稀盐酸起泡，起泡后在岩石表面残留泥质物。

岩石实例：

泥晶石灰岩：灰色至灰黑色，泥晶结构，块状构造，主要成分为泥晶方解石，断口致密细腻，遇冷稀盐酸剧烈起泡，起泡后无泥质残余物。

鲕粒石灰岩：浅灰色，鲕粒结构，块状构造。鲕粒呈灰白色圆球状，粒径1～2 mm，成分为泥晶方解石，遇冷稀盐酸剧烈起泡，起泡后洁净。

晶粒白云岩：灰色，灰黄色，晶粒结构，块状构造。主要成分为白云石，其粒径为0.5～0.1 mm，具玻璃光泽。断口粗糙，遇冷稀盐酸不起泡，粉末微弱起泡。

泥灰岩：紫红色，泥晶结构，块状构造，主要成分为泥晶方解石，次要成分为黏土矿物。岩石致密细腻，呈平坦状或贝壳状断口。遇冷稀盐酸剧烈起泡，起泡后有泥质残余物。

②硅质岩　是由溶于水中的SiO_2在化学及生物化学作用下形成的富含SiO_2(70%～90%)的沉积岩。硅质岩石中的矿物成分有非晶质的蛋白石、隐晶质的玉髓和结晶质的石英。硅质岩按其成因可分为生物成因（硅藻土、海绵岩、放射虫岩）和非生物成因（板状硅藻土、蛋

白石、碧玉、燧石、硅华)两大类。

岩石实例:

燧石岩:是最常见的一种硅质岩,以灰、黑等暗色为常见,也可呈灰绿、黄、红、白等色,隐晶质或微晶结构,它主要由微晶石英和玉髓组成,常混有黏土矿物、碳酸盐矿物和有机质等。致密坚硬,常具贝壳状断口。按其产状,分为层状燧石岩和结核状燧石岩两种。

③铝质岩　由铝的氢氧化物、黏土矿物,陆源碎屑矿物和一些自生矿物组成。因含杂质不同,颜色种类很多,有白、灰、黄、红等。常具有鲕状、豆状、土状结构。我国沉积型铝质岩常与煤、铁伴生,形成含煤层、铝质岩、铁质岩沉积建造。

岩石实例:

铝土岩:灰色,局部见褐色,隐晶质结构,土状构造,主要成分为铝的各种氢氧化物,次要成分有黏土矿物、黄铁矿、玉髓、碎屑石英等。岩石致密程度不高,表面粗糙,在水中不易泡软,不具可塑性。岩石风化面上可见褐铁矿化,呈黄褐色斑点、斑块不均匀地分布。

3. 实训作业

按下表完成实训作业。

标本名称	颜　色	结　构	构　造	矿物成分	其他鉴定特征
江北砾岩					
石英砂岩					
长石砂岩					
粉砂岩					
红色泥岩					
炭质页岩					
石灰岩					
白云岩					
泥灰岩					
燧石岩					

复习练习题

1. 名词解释

岩石　岩浆岩　沉积岩　变质岩　层理　结核

2. 填空

1)自然界的岩石按成因分为________、________和________三大岩类。

2)层面构造常见类型有________、________、________。

3)沉积岩的物质成分来源有三个方面,其中主要的是________,其次是________和________及其作用的产物。

4)碎屑岩是由__________和__________组成的岩石。

5)砾岩、砂岩、粉砂岩是按照__________来划分的,具体的划分标准分别是__________、__________、__________。

3. 判断题

1)若颗粒直径小于2 mm的球状鲕粒被同成分胶结而成的结构称鲕状结构;若颗粒直径为2 ~5 mm则称为豆状结构。　(　　)

2)平行层理的细层界面平直,彼此互相平行,并且都与层面一致。见于泥质岩、粉砂岩中。　(　　)

3)由粒径 >0.005 mm的黏土矿物颗粒组成的岩石,称泥质岩。　(　　)

4)沉积岩中由泥质胶结的岩石,颜色浅,强度高;而由硅质胶结的岩石,胶结松散,强度低,易湿软、风化。　(　　)

5)玄武岩是基性喷出岩,常具气孔、杏仁构造及柱状节理。　(　　)

6)燧石岩是最常见的一种硅质岩,以灰、黑等暗色为常见,致密坚硬。　(　　)

4. 选择题

1)泥岩与页岩的主要区别是________。

(1)矿物成分　(2)结构　(3)构造　(4)胶结物

2)具有砾状结构的沉积岩是________。

(1)生物化学岩　(2)砾岩　(3)砂岩　(4)角砾岩

3)石灰岩的主要矿物成分是________。

(1)石英　(2)长石　(3)方解石　(4)白云石

4)长石砂岩是一种__________。

(1)碎屑岩　(2)化学岩　(3)黏土岩　(4)生物岩

5)由一系列斜交层系界面的细层组成的层理称________层理。

(1)水平　(2)平行　(3)波状　(4)交错

6)铝质岩是由__________组成的岩石。

(1)铝的氢氧化物　(2)黏土矿物

(3)陆源碎屑矿物　(4)自生矿物

7)变质岩的特有构造是________。

(1)板状构造　(2)千枚状构造　(3)片状构造　(4)片麻状构造

8)组成岩浆岩的矿物,按颜色分为浅色矿物与暗色矿物两大类。暗色矿物主要是__________。

(1)橄榄石　(2)普通辉石　(3)普通角闪石　(4)黑云母

5. 思考题

1)肉眼鉴定岩石的依据有哪些?

2)简述沉积岩的结构类型。

3)简述层理的组成单位。

4)火山碎屑岩与沉积碎屑岩有何异同?

5)区分以下岩石:

(1)石英砂岩与长石砂岩
(2)细砂岩与粉砂岩
(3)泥岩与页岩
(4)石灰岩与白云岩
(5)泥晶灰岩与泥灰岩

任务4　地层及其划分

4.1　古生物与化石

4.1.1　古生物

在生物的生活史中，将生存于全新世（距今约一万两千年）之前的生物称为古生物。研究古生物的形成、发展、演化、灭绝；形态、分类、生态、地史和地理分布规律的科学，称古生物学。古生物学分为古动物学和古植物学，古动物学又分为无脊椎古动物学和脊椎古动物学。近几十年来，为了获得更多的矿产资源，特别是寻找石油和煤炭，必须进行地质钻探，在有限的岩心标本中，要得知地层的地质年代和沉积环境，就需对形体微小的古生物门类或古生物体某些微小部分进行研究。因而，形成了古生物学的另一分科——微体古生物学。它包括微古动物学，如有孔虫、介形虫、牙形刺等；微古植物学，如孢子、花粉，微藻等。此外，还有研究古生物与古环境关系的古生态学；研究古生物活动时留下痕迹的古遗迹学。现代海洋地质工作的深入开展，为古生物学的研究开辟了新的领域。

1）古生物的分类

古生物的种类繁多，特征各异。要对数量众多的古生物进行研究，必须进行科学分类。古生物和现代生物的分类是一致的：最大的分类单位是界，界以下的分类单位由大到小依次是门、纲、目、科、属、种，种是七级基本分类单位中的最小单位。种由形态、构造、生活习性和身体机能相似，相互交配后能产生正常可育后代的生物构成。更高级别的分类单位，则是根据亲缘关系的远近程度，加以归并而成。由于许多古生物已经绝灭，常常只能根据形态特征来推断它们相互间的亲缘关系，定出种名或属名，成为人为分类的形态属或形态种。除了这七级基本分类单位外，还有辅助单位，即在基本单位前加“超”或“亚”，如超门、超纲、亚门、亚纲等。

2）古生物的命名

根据国际动物学和植物学命名法则，古生物和现代生物一律用拉丁文或拉丁化文字命名。属名由一个拉丁单词构成，如 *Neuropteris*（脉羊齿）、*Oldhamina*（欧姆贝）等，这种命名方法称单名法。种名由属名＋种名构成，属名在前，种名在后，如 *Dictyoclostu taiyuanfuensis*（太原府网格长身贝）。这种命名方法称双名法。属名和种名均用小写斜体，其中属名第一个字母大写。属以上单位的名称，则用正体，单词的第一个字母要大写。如 *Graptolithina*（笔石动物门）、*Productida*（长身贝目）等。现以贵州米克贝的系统分类为例说明如下：

动物界　*Animalia*

　腕足动物门　*Brachiopoda*

　　有铰纲　*Articulata*

　　　扭月贝目　*Strophomenide*

　　　　直形贝超科　*Orthotetacea*

　　　　　米克贝科　*Meekellidae*

　　　　　　米克贝亚科　*Meekellinae*

米克贝属　*Meekella*

贵州米克贝种　*Meekella kueichowensis*

4.1.2 化石

1)化石的概念

古生物保存在岩层中的遗体或遗迹,称化石。化石能告诉人们地球上发生的一幕幕事件:生物更替、海陆变迁、气候变化、矿产形成,等等。古生物学是通过保存在岩层中的化石进行研究的。因此,化石是古生物学研究的直接对象,也是人们研究生物演化、地壳演变的主要依据。那些在岩层中貌似古动物或古植物形态的东西,如结核、鲕粒、雨痕、氧化铁形成的树枝状花纹等,都不是化石,因化石必须具有生物特征;那些距今只有几千年的出土文物,如距今约六千年的西安半坡遗址中的实物,距今二千多年的长沙马王堆古尸等是考古学研究的对象,也不能称为化石。

2)化石的地质意义

(1)确定岩层的形成时代

在地质工作中,主要根据时间分布短、地理分布广、特征显著、数量众多的标准化石,来确定岩层的形成时代。如人们在某岩层中找到 *Ophiceras*(蛇菊石),马上就知道该岩层大约是在距今2.2亿年前的早三叠世早期形成的。为什么古生物化石能用于确定岩层的形成时代呢?这是因为古生物的演化是不可逆的,即一个物种一旦灭绝或演变成新物种,就不会再重复出现。一定时代的岩层中含有一定发展阶段的古生物化石,一种古生物化石总有一定的分布时限,不会重复出现。这就是用化石确定岩层形成时代的基本原理。

用化石确定岩层形成时代,我国地质界的老前辈作出了表率。例如:1928年的一天,地质学家黄汲清、丁文江、王曰伦三人在贵阳附近见到一套石灰岩,根据变质程度较深这一特征,便将其形成时代定为震旦纪。当晚回到旅店烤火时,丁文江陷入了沉思,很不放心地对黄汲清说:"老黄呀!今天定的这个震旦纪也许靠不住,明天要上山重新打一打化石。"次日,他们终于找到了克拉拉蛤化石,从而准确地将这套石灰岩的形成时代定为早三叠世。这件事给了黄汲清很深的教育和启发,使他深深感到化石的重要。从此,黄汲清走上了学习、研究古生物学的道路,使他成为一个古生物地层学家,成为一个著名的"黄二叠"。

(2)分析古地理和古气候

在地质工作中,人们主要应用那些能够指示沉积环境的指相化石,来分析古地理。例如,在岩层中发现海相化石时,就知道该岩层形成于海洋环境;若另一地区同一时代的岩层缺失海相化石,而只有一些淡水动物化石和完好的植物化石,就知道该地区当时处于大陆上的湖泊环境。据此,可勾划出当时海陆界线的轮廓,这就是最简单的古地理图。

研究古地理的目的是要确定地史中的海陆分布、海岸线位置、海域范围、海水深度、海水流向;古陆中河流、沼泽、湖泊的分布范围等。通过古地理的研究,不仅可以指导寻找各种沉积矿产,预测和发现新的地层,而且还能让人们知道海陆变迁的过程。例如,喜马拉雅山有八千多米高,是世界屋脊;然而,中国科学院科考队在该山中找到许多海相化石,证明在六千万年以前,这个世界屋脊是一片海洋。如果没有在地层中找到这些海相化石,说它在六千万年前是海洋,有谁相信呢?可见,古生物化石为分析古地理提供了有力的证据。

古生物化石也是分析古气候的有力证据。例如缺乏年轮的高大乔木化石,反映温暖、潮湿、无明显季节性变化的气候环境。石炭纪全球各地广布的森林沼泽，就是这一气候条件下的产物。反之，年轮显著，形体矮小的灌木化石，则代表温凉且有明显季节性变化的气候环境。总之，古生物化石为分析古气候提供了十分重要的资料。

(3)寻找沉积矿产

古生物资料在寻找沉积矿产方面的应用越来越广泛。因为第一，有些矿产直接和古生物有关，如煤、石油、磷矿及石灰岩。煤是古植物堆积、埋藏、变质而成；石油是古生物遗体聚集、分解转变而成；磷矿和石灰岩的部分成因与生物硬壳和骨骼有关。第二，由古生物资料来确定沉积环境，从而指导找矿。许多矿产和沉积环境关系密切，如铝、铁、锰、磷矿，它们形成于滨海至浅海环境，由铝矿到磷矿形成的水深逐渐递增。第三，有些矿和古气候关系密切，如石膏、石盐及钾盐形成于干燥、蒸发性强的环境。第四，古生物化石用在找矿上，主要是用于确定含矿岩层的时代，并与其他地区的地层进行对比，来确定含矿层位的分布规律，从而指导找矿。如华南晚二叠世龙潭期是主要成煤期，人们利用古生物化石找到了龙潭期的地层，也就找到了龙潭期的煤层；查明了龙潭期地层的分布规律，在找煤工作中就能起到指导作用。

4.2　地层的基本概念及地层层序律

4.2.1　岩层与地层

岩层是指成层的岩石，包括沉积岩、有层状特征的火成岩以及由它们变质而成的变质岩。根据层状岩石中的化石、岩性、矿物成分、物理性质等特征，将上下岩层分开。岩层的新老顺序称为层序；岩层层序中某一特定位置称为层位；层位已经确定(形成时代已研究清楚)了的岩层，称为地层，即地层是某一地质年代形成的岩层。因而，地层具有时间含义，岩层则没有，这是地层与岩层的根本区别。

4.2.2　地层层序律

地层是在一定地质时期内形成的层状岩石，其形成时原始产状是水平的或近于水平的。较老的地层先形成，位于下部；较新的地层后形成，位于上部。在岩层未发生倒转之前，这种老地层在下、新地层在上的排列规律，称为地层层序律。

在野外地质工作中很少看到连续完整的剖面，所以一个地区地层层序的确立，是通过对不同地点进行观察，把几条路线的地层按地层层序律拼接出一个完整的层序。如图所示(图1.70)：具有不同岩性和接触关系的地层分别出现在几个山坡上，有时被断层所隔开。上、下地层有明显的区别，分层的依据就是岩性大体相同或相近，在剖面中分为1~8层。层1是变质岩，与其上的层2岩性明显不同，两层之间以一定的角度相交，为角度不整合接触，说明下伏地层经过强烈褶皱变质，遭受过长期的风化和剥蚀，形成风化剥蚀面，在其上形成新的沉积。层2~4分别是碎屑沉积、含煤泥质沉积和碳酸盐沉积。层5~6又为泥质沉积和碎屑沉积，其上是火山喷发岩。从层2~7，划分依据是岩性的变化，因为环境极短暂的变化，致使物质供应发生显著改变，但它们之间是连续沉积的。层8与其他地层之间因有断层分隔，关系暂不能确立，留待以后补充验证。

若地层因构造运动而发生倾斜，则顺倾斜方向的地层新，反倾斜方向的地层老(图1.71)。在地壳比较稳定和地质构造比较简单的地区，地层顺序是符合地层层序律的，称正常层序。在地壳运动剧烈和地质构造复杂的地区，地层发生强烈褶皱，甚至一部分地层层序发生上下倒

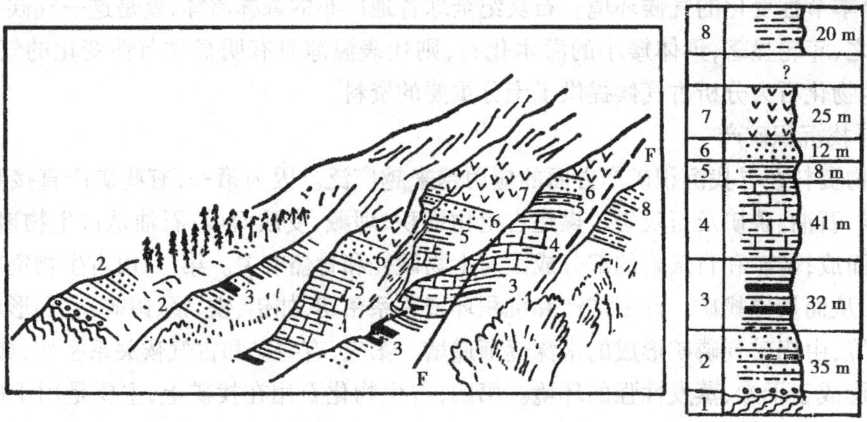

图 1.70　根据自然露头确定地层层序示意图
1—变质岩;2、3、5、6、8—沉积碎屑岩;4—灰岩;7—火山喷发岩;
(1～8 为分层编号)

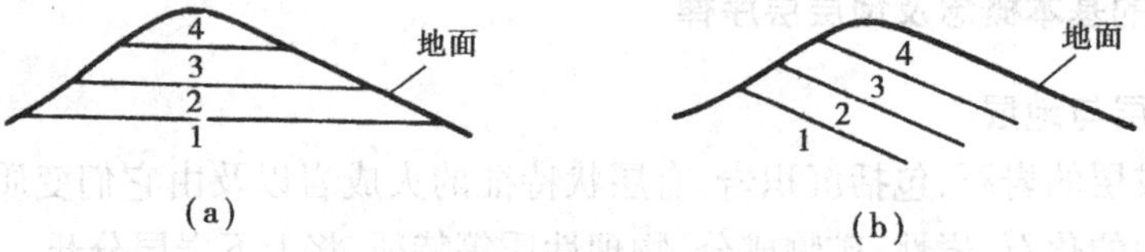

图 1.71　正常地层层序示意图
(a)地层水平;(b)地层倾斜;图中 1,2,3,4 表示从老到新的地层

置,称为倒转层序。

在利用地层层序律判别地层的新老关系时,主要根据化石、沉积岩层的层理构造(交错层理)和层面构造(泥裂、雨痕、波痕)等特征来判别岩层的顶底面,恢复其原始层序,从而确定地层的相对新老关系(图 1.72)。

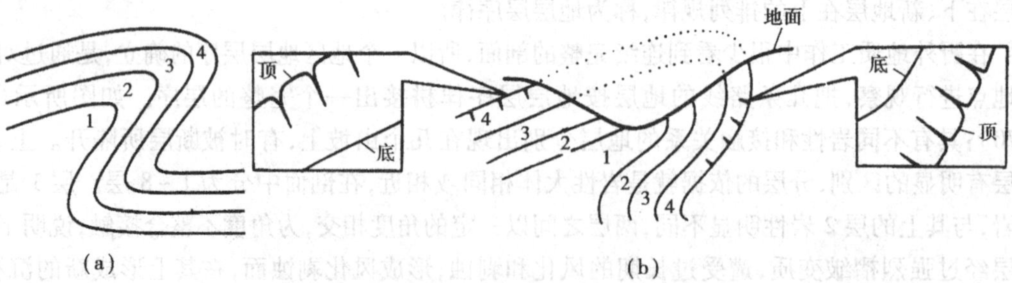

图 1.72　地层相对年代的确定(地层层序倒转时)
(a)原始褶皱时的情况;(b)遭受剥蚀以后的情况

需要指出,在利用地层层序律建立地层层序时,必须排除和避免构造的影响。如褶皱造成的地层倒转,断层造成的地层重复与缺失(图 1.73)。

此外,还要把地形上的高低和地理因素有关的地貌特征加以区别。在地形上最低的,在地层时代上最新;在地形上最高的,在地层时代上最老。如多级河流阶地,最低一级阶地形成的时代最晚;阶地愈高,形成时代愈早(图 1.74)。

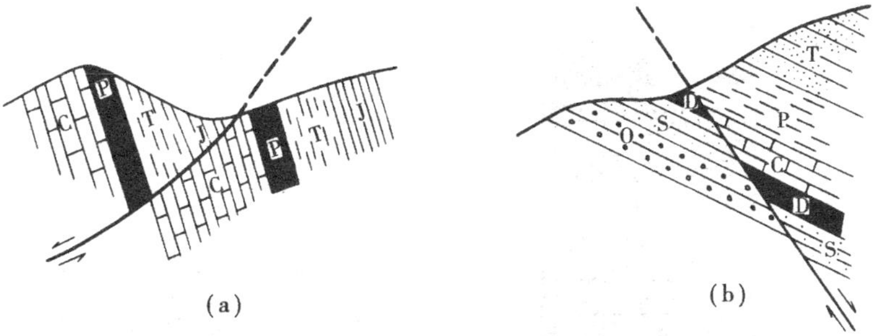

图1.73 正断层引起的地层重复与缺失

(a)断层面倾向与地层倾向相反,引起地层重复;

(b)断层面倾向与地层倾向相同,但断层面倾角大于地层倾角,引起地层缺失

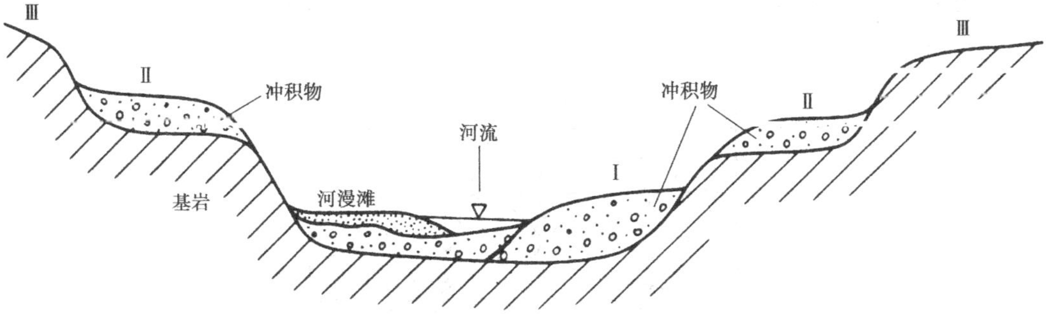

图1.74 河流阶地类型示意图

Ⅰ—一级阶地,为堆积阶地;Ⅱ—二级阶地,为基座阶地;Ⅲ—三级阶地,为侵蚀阶地

4.2.3 化石层序律

自从地球上出现原始生命以后,便开始了生物进化的历程。生物的演化发展具有进步性,生物总是不断地由低级到高级、由简单到复杂向前发展。因此,不同地质时代有不同的生物群,而不同时代的地层中所含的化石群各不相同。地层时代越老,所含的化石群越简单、越低级;地层时代越新,则化石群越进化、越高级。这种规律,称为化石层序律。这是利用生物化石划分地层层序,确定地层时代的理论依据(图1.75)。

4.2.4 穿插切割关系原理

自然界常常遇到地层与地层(图1.76)、地层与岩脉、地层与岩体等地质体之间呈穿插、切割或侵入关系。

所有被切割、被穿插和受侵入地层的时代恒早于穿切侵入地质体的时代,这种规律称为穿插切割关系原理。即侵入者年代新,被侵入者年代老;切割者新,被切割者老;包裹者新,被包裹者老。侵入岩中捕虏体的形成年代比侵入体老;砾岩中砾石形成的年代比砾岩的年代老。利用这一原理可以确定地层与穿切地质体的时代顺序(图1.77)。

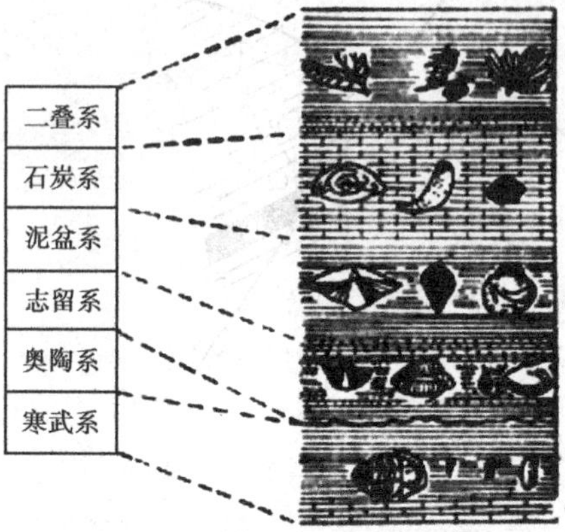

图 1.75　利用化石群顺序原理划分与对比地层示意图

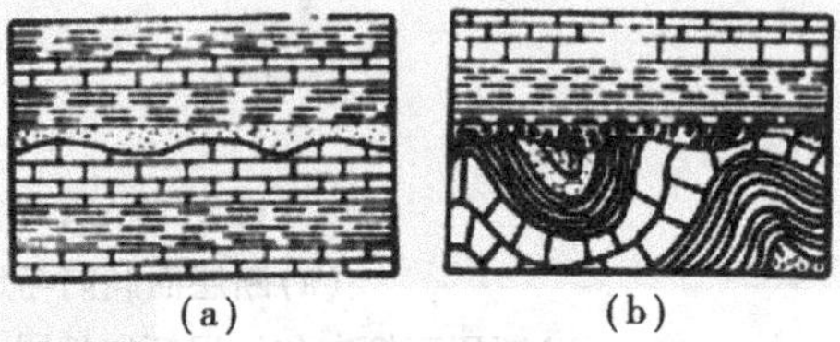

图 1.76　不整合接触面上的地层切割现象
(a)平行不整合;(b)角度不整合

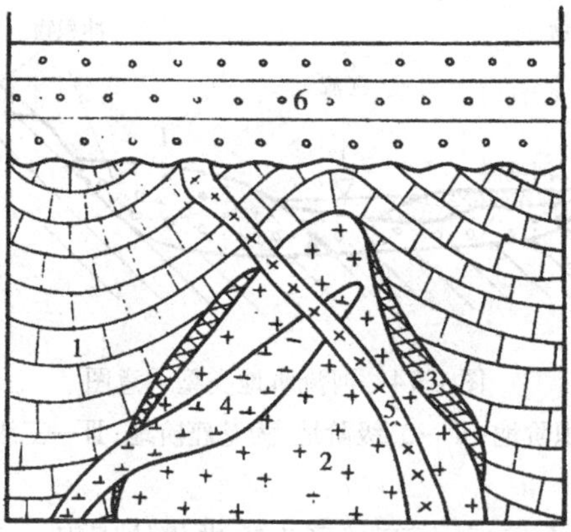

图 1.77　运用穿插切割关系原理确定各种岩石形成顺序示意图
1—石灰岩,形成最早;2—花岗岩,形成晚于石灰岩;3—矽卡岩,形成时代同花岗岩;4—闪长岩,形成晚于花岗岩;5—辉绿岩,形成晚于闪长岩;6—砾岩,形成最晚

4.3　地层单位与地质年代表

4.3.1　地层单位

根据地层的岩性、化石或地质时代等特征,把地层划分为不同类型、不同级别的单位,这些单位统称为地层单位。由于地层划分的依据不同,就有多种类型的地层单位。最常用的地层单位有岩石地层单位、年代地层单位两大类。

1)岩石地层单位

以地层的岩性、岩相为主要依据而划分的地层单位,称岩石地层单位。这种地层单位主要用来反映一个地区岩石的沉积过程和环境特征,因而只适应于一定范围。地方性或区域性地层层序主要由这类地层单位构成。它是一般地质工作的基本实用单位。岩石地层单位由大到小分为群、组、段、层四个级别。

群　最大的岩石地层单位,主要用于古老变质岩。群一级地层的名称,用地名加"群"构成,如清白口群、鞍山群、泰山群等。地层剖面中,上、下相邻两个或多个在岩石特征上相似的组,也可合并为群,但这种情况现在用得很少。

组　是最基本和最常用的岩石地层单位。一个"组"应具有岩性、岩相和变质程度的一致性。它可以由一种岩石组成,也可以由两种或多种岩石互层构成。一个组的建立必须具备以下几个条件:岩性界线清楚、便于追索;厚度适中便于填绘;岩性、岩相横向稳定,便于在较大范围内使用。组的名称,一律以地名加"组"来命名,如龙潭组、太原组、筇竹寺组等。

段　是组内的次一级岩石地层单位。代表组内岩石单一,并具有明显岩性特征的一段地层,故常称为"岩性段"。通常用岩石名称来为段命名,如砂岩段、页岩段等;也可以用地名来命名,如凤山组内的香山段等;还可以用顺序数命名,如第一段,第三段,等等。

层　是段内分出的次一级的岩石地层单位。指段内厚度不大的岩层、矿层或化石层,如燧石层、煤层、笔石页岩层、砂岩层等。

由于地层的岩性、岩相、变质程度等常常在横向上发生变化,所以这类地层单位只能作为地方性地层单位,在小范围内使用。

2)年代地层单位

根据地层形成的年代(时间)为依据而划分的地层单位,称年代地层单位,又称为时间地层单位。该单位又可以进一步划分出一系列次级年代地层单位。这类地层单位有严格的时间性,有一定的同位素年龄值,代表一定的地质历史阶段所形成的地层。其顶、底界线均以等时面为界,并与地质年代单位有严格的对应关系(表1.7)。

表1.7　年代地层单位与地质年代单位对应表

年代地层单位	地质年代单位
宇	宙
界	代
系	纪
统	世
阶	期
时间带	时

年代地层单位由大到小分为宇、界、系、统、阶、时间带六个级别:

宇　最大的年代地层单位。又根据生物出现的显著与否,将地壳上的全部地层分为隐生宇和显生宇两部分。

界　宇中分出的次一级的年代地层单位。根据地层的接触关系、变质程度及其古老程度,把隐生宇分为太古界和元古界。根据古生物演化阶段的重大变革,把显生宇分为古生界、中生界和新生界。

系　界中分出的次一级的年代地层单位,指在一个纪的时间内形成的所有地层。系的划分常常是以某一动物化石的大量出现为依据。

统　系中分出的次一级的年代地层单位,指在一个世的时间内形成的所有地层。统的划分,通常以主要古生物科和目的更替为依据。统代表的时间较长,生物界在较长的演化阶段内,总的面貌是一致的,因而统的应用范围是全球性的。一个系常分为三个统,少数分为两个统。如寒武系、泥盆系、三叠系等各分为下、中、上三个统;震旦系、白垩系等各分为下、上两个统。

阶　统中分出的次一级的年代地层单位，指在一个期的时间内形成的所有地层。一个统可以包括若干个阶。阶的划分是在同一生物地理区内以某些古生物属种的较短演化阶段为依据。一些常用的阶，多是在岩石地层单位“组”的基础上经过精细的生物地层研究之后建立起来的，如我国华南上二叠统的长兴阶就是在长兴组的基础上建立起来的。

时间带　阶中分出的次一级的年代地层单位，指在一个生物带延伸的时间间距内形成的所有地层。时间带的上下界面为等时面，其延续的时间称为时。

在上述年代地层单位中，一般宇、界、系和统是国际性的，可以在全球范围内使用；而阶和时间带则多是区域性的，只能在同一个生物地理区内使用。生物地层带的界线在通过所有的岩石类型和岩相类型时，并不都构成等时面，所以年代地层单位界线和生物地层带的界线有时一致，有时生物地层带的界线斜穿年代地层单位界线。

4.3.2　地质年代单位

根据地层形成的年代（时间）为依据划分的时间单位，称为地质年代单位。地质年代单位从大到小分为宙、代、纪、世、期、时等六个等级。前四级是国际性地质年代单位，适用于全球范围，可进行国际性对比；后两级为区域性地质年代单位。年代地层单位有明确的时限，代表某一地质历史时期中形成的地层，因而引申出相应的地质年代单位。如寒武系，其形成的时间称为寒武纪。年代地层单位及其对应的地质年代单位划分见表1.7。

由于地质年代单位与年代地层单位有严格的一一对应关系，所以在使用地质年代单位名称时，必须与对应级别的年代地层单位名称相符，反之亦然。如古生界的对应地质年代，称为古生代；二叠系对应地质年代称为二叠纪；龙潭阶对应的地质年代称为龙潭期。界、系、统等地层单位，一般划分为下、中、上三部分或下、上两部分。这时在地层单位名称前冠以下、中、上或下、上等字样，其对应的地质年代单位名称前冠以早、中、晚或早、晚等字样。例如：古生界可两分，下部称下古生界，对应的地质年代称早古生代。系可三分或两分为统。三分的系，统的名称是在系的名称前加下、中、上等字样，后面加统构成，对应的地质年代称早、中、晚世。例如下寒武统，对应的地质年代称早寒武世。两分的系、统的名称是在系的名称前加下、上等字样，对应的地质年代称早、晚世。如上白垩统，对应的地质年代称晚白垩世。

地质年代是地质历史发展的阶段性的反映，主要是以生物发展阶段来划分的。而每个阶段的延续时间长短是不同的。所以，同一级别地质年代单位，其延续的实际时间是不相等的。如：泥盆纪延续时间约五千万年，而石炭纪的延续时间约七千万年。地质年代反映了地层或地质事件时间方面的相对新老关系，但不能说明它们的形成距今有多少年。

同位素地质年龄是利用天然放射性元素的衰变规律测出的矿物或岩石形成的实际年龄，采用百万年为单位。同位素地质年龄的测定提供了地质时代的具体年龄值和各时代单位的时限长度，为地史时期的重要事件发生的时间提供具体的数字，据此建立了同位素地质年代表。

4.3.3　地质年代表

对全球地层进行划分与对比、生物演化阶段、主要地质事件发生的时限，结合同位素年龄测定成果，编制出统一的地质年代表。地质年代表的建立是地层学研究的巨大飞跃，对地质学的发展起了重大作用。

表1.8　地质年代表

宙(宇)	代(界)		纪(系)	世(统)	距今绝对年龄(Ma)	主要地壳运动	生物演化	
显生宙(宇)P_h	新生代(界)Kz		第四纪(系)Q	全新世(统)Q_h		喜马拉雅运动	被子植物	哺乳动物及鸟类繁盛,出现人类
				更新世(统)Q_p	2			
			新近纪(系)N	上新世(统)N_2	5			
				中新世(统)N_1	22.5			
			古近纪(系)E	渐新世(统)E_3	37.5			
				始新世(统)E_2	50			
				古新世(统)E_1	65	～～～～～		
	中生代(界)Mz		白垩纪(系)K	晚(上)白垩世(统)K_2		燕山运动	裸子植物	爬行动物繁盛
				早(下)白垩世(统)K_1	137			
			侏罗纪(系)J	晚(上)侏罗世(统)J_3				
				中(中)侏罗世(统)J_2				
				早(下)侏罗世(统)J_1	195	～～～～～		
			三叠纪(系)T	晚(上)三叠世(统)T_3		印支运动		
				中(中)三叠世(统)T_2				
				早(下)三叠世(统)T_1	230	～～～～～		
	古生代(界)Pz	晚古生代(界)	二叠纪(系)P	晚(上)二叠世(统)P_3		海西运动		两栖动物繁盛
				中(中)二叠世(统)P_2	280			
				早(下)二叠世(统)P_1				
			石炭纪(系)C	晚(上)石炭世(统)C_2				
				早(下)石炭世(统)C_1			孢子植物	
			泥盆纪(系)D	晚(上)泥盆世(统)D_3	350			鱼类繁盛
				中(中)泥盆世(统)D_2				
				早(下)泥盆世(统)D_1		～～～～～		
		早古生代(界)	志留纪(系)S	顶志留世(统)S_4	400	加里东运动		海生无脊椎动物繁盛
				晚(上)志留世(统)S_3				
				中(中)志留世(统)S_2			菌藻类	
				早(下)志留世(统)S_1				
			奥陶纪(系)O	晚(上)奥陶世(统)O_3	440			
				中(中)奥陶世(统)O_2				
				早(下)奥陶世(统)O_1				
			寒武纪(系)∈	晚(上)寒武世(统)$∈_3$	500			
				中(中)寒武世(统)$∈_2$				
				早(下)寒武世(统)$∈_1$	600	～～～～～		
隐生宙(宇)Pt	元古代	新元古代(界)Pt_3	震旦纪(系)Z	晚(上)震旦世(统)Z_2	800			
				早(下)震旦世(统)Z_1				
			青白口纪(系)Qb					
		中元古代(界)Pt_2	蓟县纪(系)Jx					
			长城纪(系)Chc					
		古元古代(界)Pt_1			3 800	生命开始出现		
太古宙(宇)(AR)								
					4 600	地球形成		

注:本地质年代表是依据2001年5月出版的《中国地层指南》修改得到。与此前地质年代表的主要差别有:

①志留纪现为“四分”,以前为“三分”;

②石炭纪现为“两分”,以前为“三分”;

③二叠纪现为“三分”,以前为“两分”;

④新生界分为“古近纪、新近纪、第四纪”,取消了“老第三纪、新第三纪”。

在地质年代表中，地质年代包括相对地质年代和同位素年龄两种。相对地质年代是地质历史发展阶段性的反映，主要依据生物演化阶段来确定的。各级地质年代单位组合而成的地质年代系统，体现了地层和地质事件的相对新老关系，但却不能表明它们形成的具体时间；而同位素年龄值是实际测出的距今年数，以百万年(Ma)为单位，它能够表明地质事件形成的具体时间。

在地质年代表中，相对地质年代与同位素年龄值并列、对照使用，使地质年代表的地质时间概念更加明晰(表1.8)。

4.3.4 地层单位符号

根据我国《地层规范草案》规定，常用的地层符号如下：

界的符号　见表1.8。

系的符号　一般是用拉丁语“系”名称的第一个字母表示。

统的名称　用系的符号在右下角加注数字表示。如下三叠统为 T_1、中三叠统为 T_2、上三叠统为 T_3。第四系，统的符号有两种表示形式：更新统用 Q_p 表示，全新统用 Q_h 表示；如更新统再划分为下更新统、中更新统、上更新统，则依次分别用 Q_1，Q_2，Q_3 表示，全新统用 Q_4 表示。

阶的符号　采用在统的符号之后加注的形式表示。国内建的阶，采用阶名汉语拼音(国外建的阶，采用拉丁语拼音)的头一个字母或两个字母放在统的符号之后，用小写正体字母。阶名第一个字母重复时，其时代较老的阶用第一个字母，较新的阶用第一个字母加上最接近的一个子音小写正体字母。例如：

$$\text{上二叠统 } P_3\begin{cases}\text{长兴阶 } P_3c\\ \text{龙潭阶 } P_3l\end{cases}$$

群的符号　在相应的统或系的符号后加上群名汉语拼音第一个字母或第一个字母加上最接近的子音字母书写。如上三叠统一平浪群 T_3yp。

组的符号　与阶的符号大致相同。代表组名的字母不是正体小写，而是斜体小写。如龙潭组 P_3l、飞仙关组 T_1f、须家河组 T_3xj。

段的符号　在组符号右上角加注数字表示。如上寒武统凤山组第一段 $\in_3 f^1$、下三叠统嘉陵江组第四段 T_1j^4。

跨统、跨系地层符号　如“S—D”表示包括志留系、奥陶系的邻接部分；“D_{1-2}”表示包括下泥盆统和中泥盆统的邻接部分；“J + K”表示整个侏罗系和白垩系的总和；“J/K”表示侏罗系或白垩系尚未确定。

4.4 地层的接触关系

地层接触关系是指两个组或两个不同时代地层之间的关系。可分为三种类型，即整合(图1.78)、假整合(图1.79)和不整合(图1.80)。它们是研究地壳运动状态的重要依据之一。

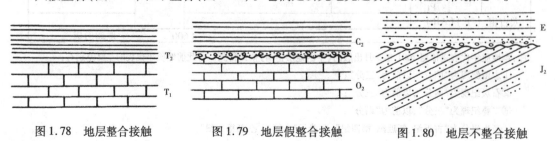

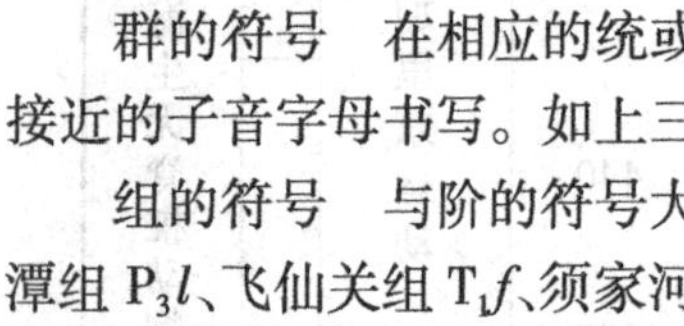

图1.78　地层整合接触

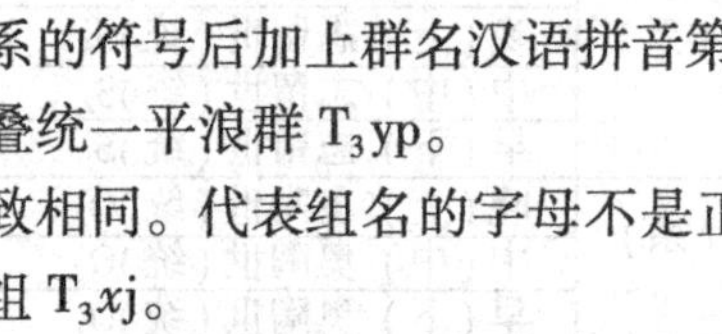

图1.79　地层假整合接触

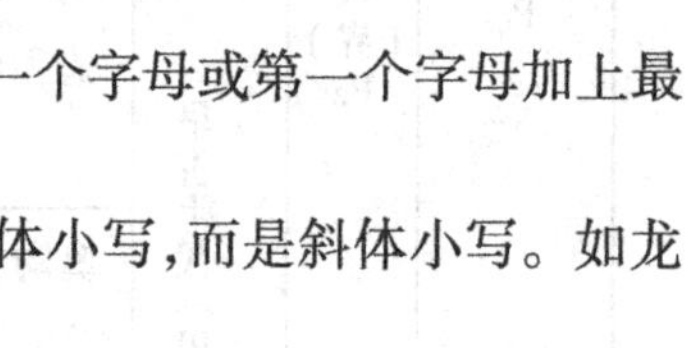

图1.80　地层不整合接触

在沉积过程中,任何一个层面都代表沉积的短暂间歇。在海面以下接近平衡状态的稳定沉积区,沉积非常缓慢,有时甚至有相当长时期的沉积间断,局部还可能发生海水冲刷和磨蚀。但在一般传统概念中,只要没有一定广度的陆上剥蚀作用而导致地层的广泛缺失,则上、下地层的关系可认为是连续的整合接触。所以,在陆上沉积盆地的边缘,或河流沉积中的河床部分,有时出现上、下地层的斜交关系,也都不能认为是地层的不连续。因此整合接触关系说明新、老地层是在相对稳定的构造环境中形成的。

地层的不连续是指陆上剥蚀形成的广大范围内的地层缺失。它包括了沉积中断、基盘上升、陆上剥蚀和再度下降,以及接受沉积的整个过程。这样形成的接触关系,称为广义的不整合。它包括新、老地层在形成的过程中发生过一次地壳升降运动所形成的假整合(平行不整合)接触(图1.81);老地层在形成后发生过不平衡隆起或剧烈的褶皱运动以后,再沉积新地层,新、老地层间的关系为不整合(角度不整合)接触(图1.82)。

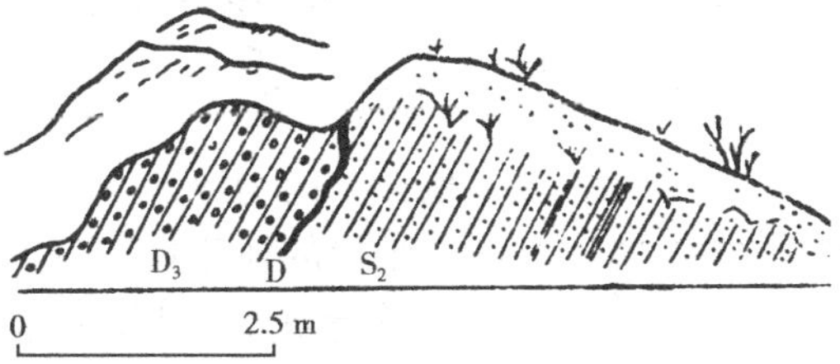

图1.81　湖北武昌来旺山剖面S与D的假整合接触关系

S_2—中志留统纱帽组;D_3—上泥盆统五通群下部

由此可以看出,不整合面上、下两套地层是受了两个不同时期、不同方向构造运动的影响。不整合面下盘的地层是受老构造方向控制,不整合面上盘的地层是受较新地壳运动所形成的构造方向控制。需要指出,下盘的地层也必然受新一期构造运动的影响,而产生与新构造型式相符合的一些断裂和褶皱等变动;上盘的构造型式和沉积时的古地理及上盘新的一套沉积地层分布范围,也要受到老构造线的限制和继承性作用。上、下盘相互关系的理论,是研究控制沉积作用的古地势及研究地层发育的古构造历史的重要原则。

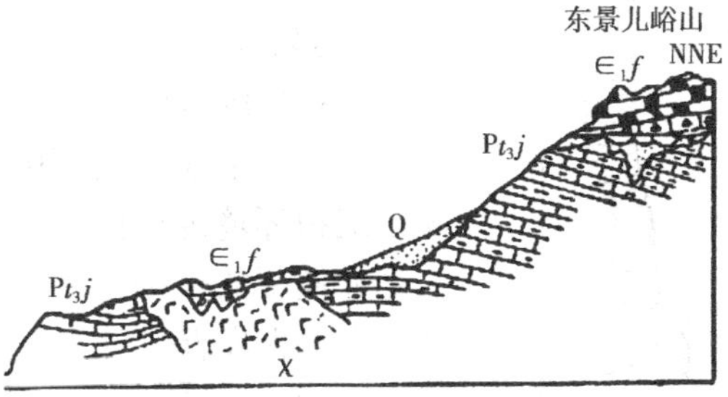

图1.82　蓟县东景儿峪景儿峪组与下寒武统俯君山组的不整合信手剖面图

Pt_3j—清白口群景儿峪组;$\in_1 f$—下寒武统俯君山组;Q—第四系;χ—煌斑岩脉

4.5　地层的划分与对比

地层的划分与对比是地层研究和地层调查工作中的两个重要工作步骤。地层的划分是为了弄清一个地区地层的层序和时代;而地层对比,则是在地层划分的基础上,进行不同地区地层的时代对比,弄清这些地区同时代地层在空间上的分布及连续性特征。地层的划分与对比是地质工作中重要的基础性工作,必须先行做好。只有在弄清地层的层序、时代和分布之后,才能弄清区域地质构造,查明矿产的赋存和分布规律。

4.5.1 地层划分

地层的形成具有明显的阶段性(图1.83),A是一套构造复杂的变质岩系、B是单斜的沉积岩层,二者被一个重大的地质事件——褶皱运动所分开,是在两个地史阶段形成的。按岩性特征,B又可分为四段,它们代表了四个次一级的地层单位。在第③段中,上部与下部所含化石不同,故又可分为两个更小的地层单位。这种根据岩层的各种特征(如岩性、化石、不整合面、地球物理性质等),按照地层工作的实际需要,将一个地区的地层剖面划分为不同级别的地层单位的过程,称为地层划分。

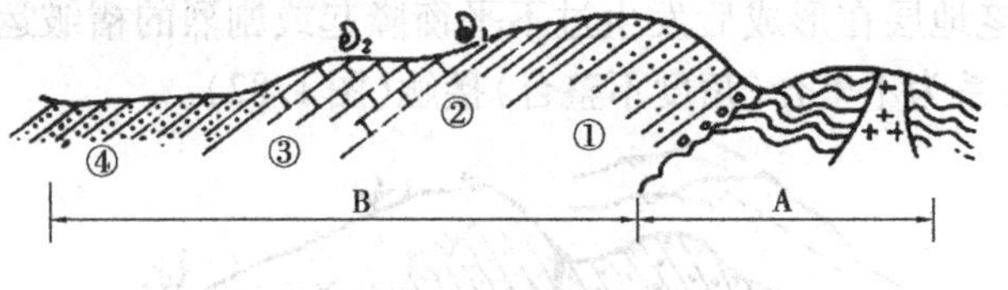

图1.83 地层划分示意图

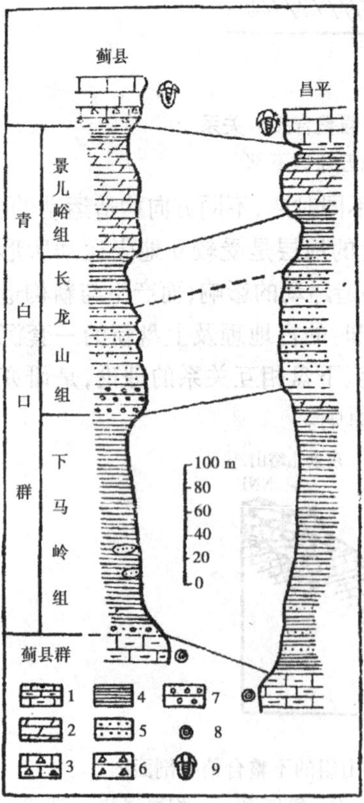

图1.84 蓟县、昌平上元古界青白口群的岩性划分和对比

1—硅质灰岩;2—泥灰岩;3—角砾灰岩;4—页岩;5—砂岩;6—角砾岩;7—砾岩;8—藻类化石;9—三叶虫化石

地层的划分具有多重性,即可根据岩层的各种特征进行划分。常用的地层划分方法有岩石地层学法、构造地质学法、地球物理学法、生物地层学法和同位素年龄法。

1)岩石地层学法

根据岩石颜色、成分、结构和构造在地层剖面纵向上的变化来划分地层的方法,称岩石地层学法。岩石地层学法是地层划分最常用的方法,岩石地层单位因而也是各地区、各时代地层最常用的地层单位。在具体工作中,由于侧重点的不同,岩石地层学法可分为岩性法、标志层法和沉积旋回分析法。

(1)岩性法

沉积岩的岩性特征反映了该岩石形成时的沉积环境。在一个地层剖面中,自下而上的岩性变化反映了沉积环境随时间变化的情况。因此,岩性可作为划分地层的一种依据。如天津蓟县、北京昌平地区的上元古界青白口群的划分(图1.84):下部以页岩为主,称下马岭组;中部以砂岩为主,称长龙山组;上部以泥灰岩为主,称景儿峪组。长龙山组可进一步划分为下部砂、砾岩段,上部页岩段。

(2)标志层法

地层剖面中层位稳定、分布广泛、特征显著、厚度不大的岩层,称为标志层。以标志层为依据进行地层划分的方法,称为标志层法。用标志层来划分地层的实例很多。例如:华南上二叠统龙潭组底部的“铝土岩层”,就是划分上、中二叠统的标志层;西南地区中三叠统雷口坡组底部的“绿豆岩层”,则是划分中、下三叠统的标志层;华北下二叠统底部的“北岔沟砂岩”,便是划分太原组与山西组的标志层。在一个具体的工作区内,还可以建立本地区的标志层。标志层法简便易行,在矿井地质和各种野外地质工作中经常使用,效果较好。

(3)沉积旋回法

岩石在地层剖面的纵向上呈现出的规律性重复,称为沉积旋回或沉积韵律,如由砾岩→砂岩→泥岩→灰岩→泥岩→砂岩→砾岩,即由粗到细,再由细到粗的变化。在海相沉积过程中,随着海侵的扩大,海岸线逐渐向大陆方向推移,沉积范围也随之向大陆方向扩展,使得较新沉积物的分布面积超越其下较老的沉积物,超越部分直接覆盖在更老的沉积物上,这种现象叫地层超覆(图1.85a)。在垂直剖面上(*A*点),由下往上沉积物的粒度就由粗到细,即表现为由滨海相到浅海相的变化(海进序列)。当海退时,海岸线逐渐向海洋方向移动,使得较新的近岸沉积物依次向海洋方向退缩,而直接覆盖在先形成的远岸沉积物之上。新沉积物的分布范围逐渐缩小,这种现象叫地层退覆(图1.85b)。此时在垂直剖面上(*B*点),由下往上沉积物的粒度就由粗到细,即表现为由浅海相到滨海相的变化(海退序列)。

在上述的海进海退沉积过程中,沉积物从开始的滨海相到浅海相,然后又由浅海相到滨海相,就构成一个完整的沉积旋回。如果海退序列沉积较薄而遭到剥蚀,以致完全缺失,则成为仅有海进序列的海侵型半旋回;反之,若仅由海退序列构成的旋回,则称为海退型半旋回(图1.86)。

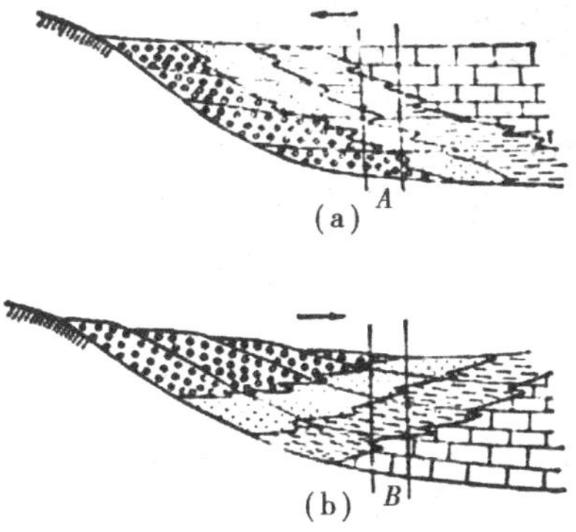

图1.85　海水进退与地层超覆、地层退覆关系示意图
(a)海进序列;(b)海退序列

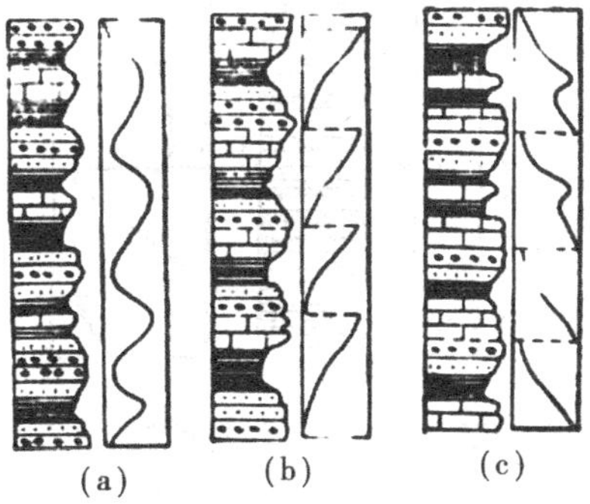

图1.86　旋回的主要类型
(a)完整旋回;(b)海侵型半旋回;(c)海退型半旋回

沉积旋回是在地壳周期性升降运动的情况下形成的,常能波及较大的范围。因此,用沉积旋回来划分地层是比较可靠的。如山西太原上石炭统剖面中,太原组由下往上呈现出三个海侵型半旋回,据此,可将太原组划分为下、中、上三段(图1.87)。

2)构造地质学法

地质构造发展的主要控制因素是地壳运动。地壳运动引起岩层抬升、倾斜、褶皱和倒转,使不同时代地层之间表现为假整合(或平行不整合)和角度不整合接触。因此,区域性的不整合面,代表了地质历史阶段的重大变革,是划分地层的自然界线。这种界线与其他方法划分出来的界线,有时是吻合的。如图1.84中的蓟县群与青白口群、下马岭组与长龙山组、景儿峪组与下寒武统之间的界线，也可用平行不整合面来划分，划分的结果与岩性法划分的结果基本相同。

不整合面是一种大陆侵蚀面。同一不整合面在不同地区，侵蚀时间的长短和剥蚀的程度是不同的。因此，同一个不整合面之下的地层时代不一定相同；其上覆地层时代也由于各地地壳下降时间不同而不同。如粤中地区广西运动形成的角度不整合面，其下与之接触的地层有奥陶系、寒武系甚至更老的地层；上覆与之接触的地层有下泥盆统、中泥盆统甚至更新的地层(图1.88)。此外，任何一次地壳运动都不是全球性的，而是只发生在一定的范围内，故不整合面的分布是较局限的，而且在它所分布的范围内还会有变化。例如，同一期地壳运动，在不同地区可以由角度不整合过渡到平行不整合；平行不整合也可以过渡到整合。因此不整合面不是划分地层的确切标志。不整合面的年代地层意义在于，所有位于不整合面之下的地层都比不整合面之上的地层老。在利用不整合面划分地层时，一定要和生物地层学法结合起来，才能收到较好的效果。

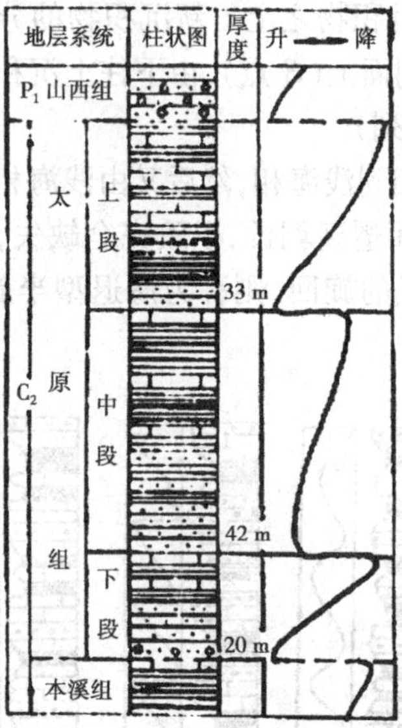

图1.87　用沉积旋回来划分山上石炭统太原组

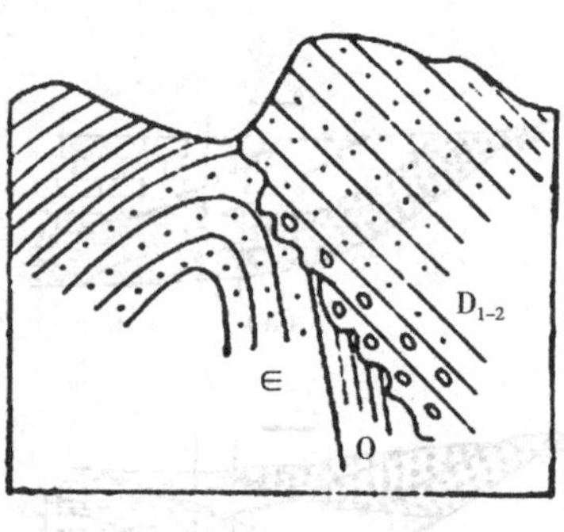

图1.88　粤中下古生界与泥盆系之间的角度不整合接触

3)地球物理学法

地层中的同一岩层常常具有相同的地球物理性质，如导电性、磁性、弹性，而不同岩层的地球物理性质常常存在差异。根据各岩层的物性差异来划分地层，这种方法称为地球物理学法。

地球物理学法可分为人工地震法、电测井法、古地磁学法等。在煤田地质勘查和矿井地质工作中，我国应用最广泛的是电测井法。这种方法的理论根据是：不同岩层的电阻率不同(如金属矿体的电阻率较低，孔隙度大的岩层中常因含有能导电的矿化水而电阻率也较低，致密岩层的电阻率则较高)。用仪器测得钻孔中各岩层电阻率的变化曲线，即可用以解释和划分地层(图1.89)。

上述的岩石地层学法、构造地质学法和地球物理学法，都只能确定地层的相对新老关系，而不能确定地层的相对地质年代(如二叠纪、侏罗纪等)。用这些方法划分出来的地层单位，只能使用岩石地层单位，适用于局部地区地层划分，而在大区域就不适用了。为了克服这些不

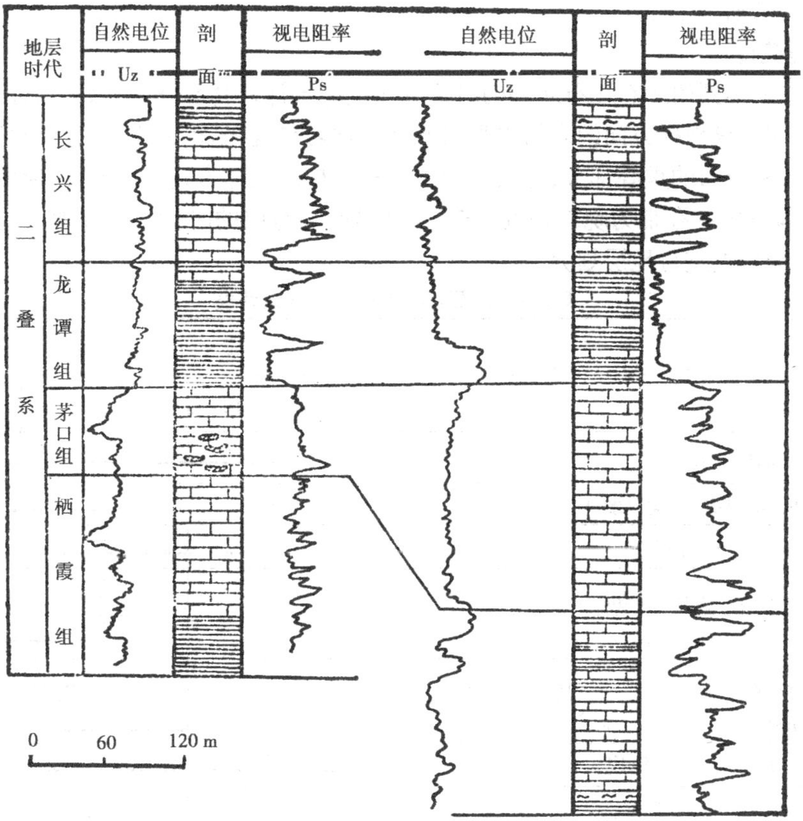

图1.89 二叠系电测分层对比图

足,必须用生物地层学法来进一步划分地层。

4)生物地层学法

这是运用生物进化的不可逆性和阶段性来研究和划分地层的方法,其目的在于确定地层的相对年代。这种方法是根据地层所含化石的特征进行生物地层带的划分与对比、判断地层的形成环境,是进行区域和洲际地层年代对比的主要方法。在实际应用中,又可分为:

(1)标准化石法

在众多的古生物化石中,那些延续时间短、地理分布广、特征显著、易于鉴定的化石,称为标准化石。三叶虫、笔石、蜓、珊瑚、双壳动物和菊石中的许多属种都是标准化石。用标准化石来划分地层的方法,称为标准化石法。

标准化石法的优点是简便易行,只要熟记一些标准化石的特征和时代,就可进行地层划分。例如,在某个地层剖面中,上部产 *Claraia*;下部产 *Palaeofusulina*。利用标准化石法,就可将上部含 *Claraia* 的地层划分为下三叠统,下部含 Palaeofusulina 的地层划分为上二叠统。但是,标准化石的标准性是相对的,一些原来被认为仅分布于某一层位的标准化石,随着研究的深入,后来在其上、下相邻地层中也发现了。因而,该化石的延续时间就加长了,失去了它的标准性。另外,生物的迁移也会导致同种化石在不同地区产出层位的差异。

这一方法的不足在于仅考虑少数“标准化石”,而置其他大量化石于不顾,从而降低了地层划分的可靠性。克服这一缺点的途径是考虑同一地层中的所有化石,即根据生物组合特征,用数理统计法来划分地层。

(2)数理统计法

对地层中采集到的所有化石属种的时代分布进行统计,用统计的结果来划分地层,称数理统计法。统计时,纵坐标方向的表格内列出所有属种名单,横坐标方格内表示出相应属种的时代分布。各属种分布的重叠部分,称共存带。所有属种的共存带,就代表该地层的时代。在表1.9中,所有属种的共存带为晚二叠世早期,这就是研究地层的时代。研究地层的时代一经确定,就可以此为依据进行地层划分。

表1.9 化石属种的地质历程统计表

化石属种	属种的地质历程				
	C_3	P_1^1	P_1^2	P_2^1	P_2^2
Nankinella(南京䗴)		—	—	—	—
Codonofusiella(喇叭䗴)			—	—	—
Leptodus(焦叶贝)		—	—	—	—
Spinomarginifera alpha(阿尔法刺围脊)				—	—
Cathaysia chonertoides(戟形华夏贝)				—	—
Edriosteges poyangensis(鄱阳椅腔贝)				—	—
Gigantopteris(大羽羊齿)			—	—	—
Aviculopecten(燕海扇)	—	—	—	—	—
Permoperna(二叠股蛤)				—	—
Lophophyllidium(顶柱珊瑚)	—	—	—	—	—
Pisolina(豆䗴)		—	—	—	
Lopingoceras(乐平角石)				—	—

生物地层学方法是划分地层的重要方法。利用这种方法,可以将地层划分到很详细的程度,并能确定地层的相对地质年代(如二叠纪、白垩纪等),还能据此建立年代地层系统(宇、界、系、统、阶、时间带)和地质年代系统(宙、代、纪、世、期、时)。国际上通用的《地质年代表》,就是主要通过生物地层学法建立起来的。

5)同位素年龄法

前面叙述的各种方法,只能确定地层的相对新老关系或相对地质年代,而不能确定地层的具体年龄。同位素年龄法,则是利用某些放射性同位素的衰变规律,来测定矿物和岩石实际形成年龄的一种方法。

放射性同位素的衰变是自发地、按一定速率进行的,它不受温度、压力、磁场等任何外界条件的影响。每年每克放射性元素产生出来的子体同位素的克数是一个固定常数称为衰变常数。只要测出岩石中某种放射性同位素(实际上就是衰变后剩余的母体同位素)的原子数(N)和由它衰变而成的子体同位素的原子数(D)及衰变常数(λ),就可计算出该岩石形成后所经历的实际时间(t),该时间就为这种岩石的同位素年龄(旧称绝对地质年龄)。计算公式为:

$$t = \frac{1}{\lambda}\ln\left(1 + \frac{D}{N}\right) \tag{1.1}$$

地壳中的放射性同位素很多，能作为测定地质年龄的，只有半衰期和地球年龄相近的少数几种放射性同位素，如铀、钾、钍、铷等。目前，同位素年龄测定中常用的方法有铀—铅法、铷—锶法、钾—氩法等。

同位素年龄测定法是一种较先进的方法，它提供了地质时代的具体年龄值。这种年龄值和生物地层学法划分出来的地质年代结合起来，就使地质年代有了明确的时间含义。例如，用生物地层学法划分出来的寒武系，经同位素年龄法测定，它形成于距今 610 Ma 至距今 500 Ma，历时近亿年。同位素年龄的测定，对于地质年代的确定，特别是对于含化石稀少的前寒武系的划分以及对一些岩浆侵入体时代的确定，都具有重要意义。但用这种方法测定出来的年龄值，有时误差超过 5 Ma。所以，该方法主要用于确定时代较老的系和统一级年代地层单位的时限。另外，同位素年龄测定只是为地史中的重要事件提供了一个时间表，而不能说明事件的具体内容。所以，目前它只是地史研究中的一种辅助手段。今后随着技术方法的不断改进，测定精度会不断提高，其应用范围也会不断扩展。

4.5.2 地层对比

对一个地区的地层剖面作了划分之后，为了弄清楚这些地层单位在横向上的变化规律，还要将它们与其他地区地层剖面上的各个地层单位进行比较，确定相互之间的横向关系。这一工作称为地层对比。

地层对比所使用的方法，视实际情况而定。在进行年代地层单位或生物地层单位之间的对比时，首先考虑的依据是古生物化石，而岩性、沉积旋回和地层接触关系则放到次要地位。在化石稀少的地层中，岩性、沉积旋回和地层接触关系就成为地层对比的主要依据，但只适用于小范围内的岩石地层单位之间的对比。下面介绍几种地层对比的常用方法。

1)横向追索对比法

在地层出露好的地区，可沿岩层走向直接追索，以此来查明横向变化情况。这种方法简便易行，可靠性大。在露头稀少，构造不复杂的地区，可根据岩石地层单位的顶、底界在短距离内横向追索(图 1.90)。如果两剖面相距很远，要直接观察不同地区地层的相互关系是不可能的，而必须用其他方法进行地层对比。

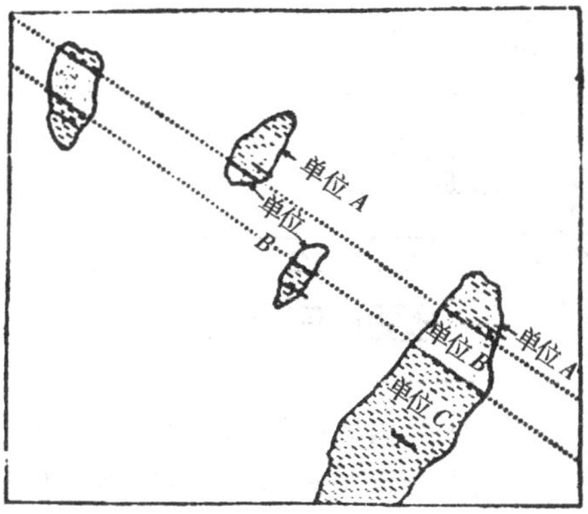

图 1.90 在露头稀少的地区沿岩层走向进行岩石地层单位的对比

2)岩性对比法

即根据岩石的颜色、成分、结构和构造等特征进行的地层对比。在岩性简单的地区，可根据标志层进行地层对比。例如,华南上二叠统龙潭组下部的"大铁板灰岩"和"小铁板灰岩",华北上石炭统太原组下部的"庙沟灰岩"、顶部的"东大窑灰岩",均可作为地层对比的标志层。在岩性复杂的地区,可根据岩石组成的序列或沉积旋回进行对比(图1.91)。

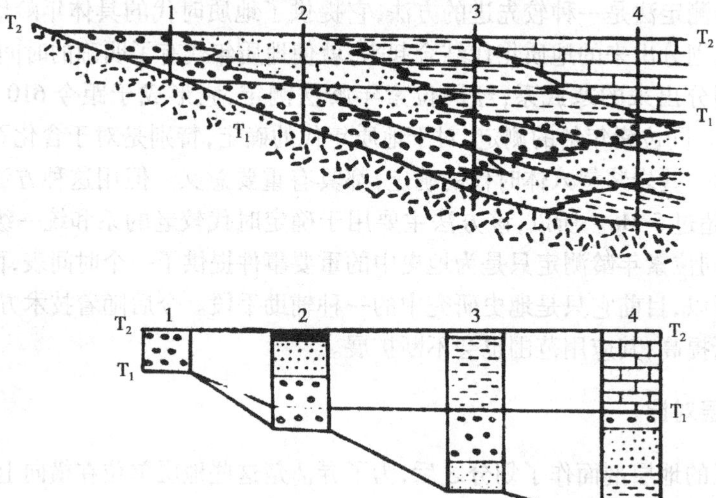

图1.91 用沉积旋回对比地层

1,2,3,4—地层剖面;T_1T_1,T_2T_2—等时面

由于岩性在横向上变化较大,因而岩性对比法只适用于小范围内岩石地层单位之间的对比。对比时,还需配合其他方面的证据,如古生物化石、矿物组合、岩石粒级的分布规律等,才能得出比较正确的结论。

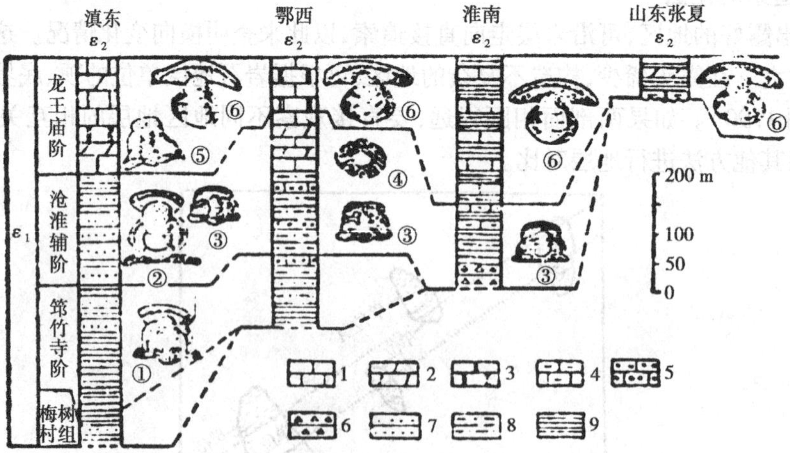

图1.92 中国早寒武世地层柱状对比图

1—石灰岩;2—泥灰岩;3—白云质灰岩;4—硅质灰岩;5—鲕状灰岩;6—角砾岩;7—砂岩;
8—砂质页岩;9—页岩;①—Eoredlichia(始莱德利基虫);②—Redlichia mai(马氏莱德利基虫);
③—Palaeolenus(古油栉虫);④—Cambrocyathus(寒武古杯);
⑤—Hofftella(小霍夫特虫);⑥—Redlichia chinensis(中华莱德利基虫)

3)古生物化石对比法

根据不同地区地层中所含标准化石或化石组合进行的地层对比,称为古生物化石对比法。由于生物演化的进步性和不可逆性,使得同种古生物化石在世界各地的出现基本上是同时的。因此,不同地区的地层只要含有相同的标准化石或化石组合,不管其岩性是否相同,都可视它们属于同一时代(图1.92)。

技能训练1.3　观察常见化石标本

1.实训目的要求

认识常见的古生物化石,为了解煤系地层的沉积环境,古气候条件和形成时代做准备,为地层、煤层对比打基础。

2.实训指导

1)实训方法

以小组为单位,在实验室进行实训。实训前,每个同学要了解腕足动物、珊瑚、三叶虫、古植物的基本构造;了解常见化石的形态、结构、大小、纹饰等特征。掌握常见化石的地质时代、生活环境和反映的古气候条件。

2)实训内容

观察下列化石标本:

(1)腕足动物化石:欧姆贝　蕉叶贝

(2)珊瑚化石:贵州珊瑚　早坂珊瑚

(3)三叶虫化石:莱德利基虫　王冠虫

(4)古植物化石:大羽羊齿　苏铁杉　枝脉蕨　新芦木

3.实训作业

写出实训课中看到的古生物化石属名的中文名称、地质年代、形成环境和主要特征。

复习练习题

1.解释地质术语

层序　地层　地层层序律　标准化石　地层对比　标志层　假整合接触　地层单位

2.填空题

1)在地史中,从________纪________世开始,沉积物未完全固结成真正的岩石。

2)年代地层单位由小到大分________、________、________、________、________、________六级;地质年代单位由大到小分________、________、________、________、________、________六级。两类单位的共同点是________,本质区别是________________________。

3)岩石地层单位由大到小分______、______、______和______四级,其中__________是最基本的岩石地层单位。

4)地层的接触关系有________、________和________三种。

5)我国地史上的三个主要聚煤期是________、________和________;重庆的含煤地层有________组、________组、________组。

3.判断题

1)凡保存在岩层中的具有古生物特征的都是化石。 ( )

2)现代人的生理功能相同,但语言、性格、肤色差异很大。所以,现代人属于同一个属,不同的种。 ( )

3)现代的银杏、水杉被称为活化石。因而,它们都是古生物。 ( )

4)煤层本身也是重要的标志层。 ( )

5)国际性地层单位的系都三分成三个统。 ( )

4.选择题

1)在下列动物中,现代最繁盛的是__________。

(1)三叶虫 (2)笔石 (3)双壳动物 (4)腕足动物

2)下列不是遗迹化石的是__________。

(1)恐龙蛋 (2)三叶虫的爬痕

(3)恐龙的脚印 (4)恐龙的骨骼化石

3)在下列各项中,属于化石的是________。

(1)活化石 (2)方解石脉

(3)现代人踩的脚印 (4)古生物分解后残留在岩层中的蛋白质

4)从化石保存类型角度看,植物的叶片化石属于__________。

(1)遗迹化石 (2)化学化石 (3)印痕化石 (4)铸型化石

5.思考题

1)地层划分与对比有哪些方法?

2)地层接触关系有哪几种?各有何特点?并用图表示出来。

3)古生物化石为什么能确定岩层形成的地质年代?

4)重庆晚二叠世含煤地层在地理分布上有何规律?

5)按由老到新的顺序,写出下列地质年代符号的中文名称:

K_2 E_2 N_2 J_2 S_1 D O_3 Q_4 T P_2

任务5 岩层产状和厚度的测定

5.1 岩层及其产状

岩层是由两个平行或近于平行的界面所限制的同一岩性组成的层状岩体。岩层在地壳中的空间产出状态,称为岩层的产状。现在地表出露的岩层,绝大多数都是经历了构造变动之后所表现的形式。这些岩层最初沉积成岩时的产状称为岩层的原始产状。在比较广阔而平坦沉积盆地(如海洋、湖泊)中形成的岩层,其原始产状大都是水平或近于水平的。岩层形成之后,在地壳运动的影响下,其原始产状将程度不同地发生改变,有的近于水平,有的变成倾斜,甚至直立。在构造运动强烈地区,岩层还会倒转(图1.93)。

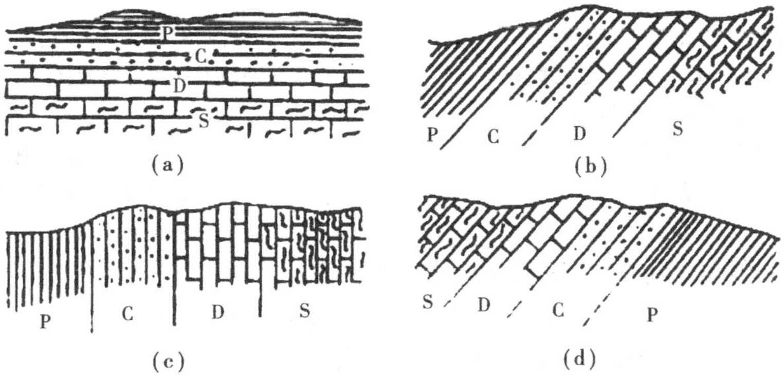

图1.93 不同产状的岩层剖面示意图
(a)水平岩层;(b)倾斜岩层;(c)直立岩层;(d)倒转岩层
P、C、D、S—地层代号

5.2 岩层产状要素

岩层的产状要素就是确定岩层在地壳中的空间位置的几何要素。通常用岩层面的走向、倾向和倾角来表示。

5.2.1 走向

走向表示岩层在空间中的水平延伸方向。岩层面与水平面的交线称为走向线(图1.94的 *AOB*)。走向线两端所指的方向,即走向线与地球子午线的夹角为岩层的走向。两者相差180°,通常以其 *NE* 或 *NW* 端的方位来表示。

5.2.2 倾向

倾向表示岩层的倾斜方向,倾斜平面上与走向线相垂直的直线称为倾斜线(图1.94中的 *ON*)。倾斜线的水平投影线称为倾向线(图1.94中的 *ON'*),倾向线与子午线的夹角为倾向。岩层倾向有真倾向和视倾向之分,垂直于走向线所引的层面倾斜线,其水平投影线所指岩层下倾方向为真倾向;不垂直于走向线所引的层面倾斜线,其水平投影线所指岩层下倾方向为视倾向(图1.95中的 *OC*)。视倾向有无数个,而真倾向只有一个方向,且与走向垂直。

5.2.3 倾角

倾角表示岩层的倾斜程度,它是岩层层面与水平面的夹角(图1.94中的α角)。由于倾向有真、视之分,因此,倾角亦有真倾角和视倾角。真倾角是指在真倾向方向上层面与水平面的夹角;视倾角则是指视倾向方向上层面与水平面的夹角。视倾角有无数个,真倾角只有一个,而且恒大于视倾角。

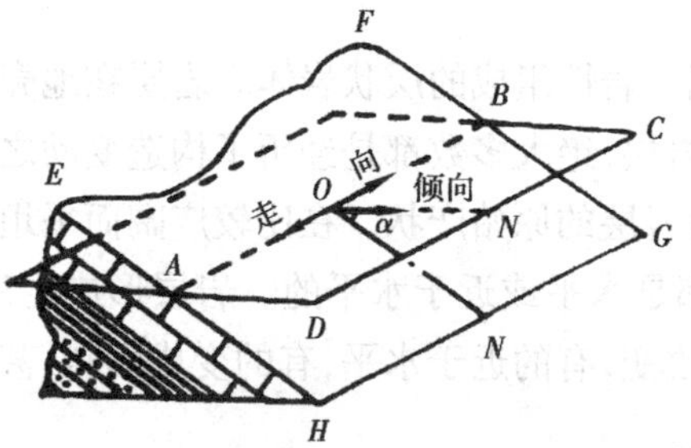

图1.94 岩层的产状要素
ABCD—水平面;EFGH—岩层层面;
AOB—走向线;ON—倾斜线;
ON'—倾向线;
∠α—(真)倾角

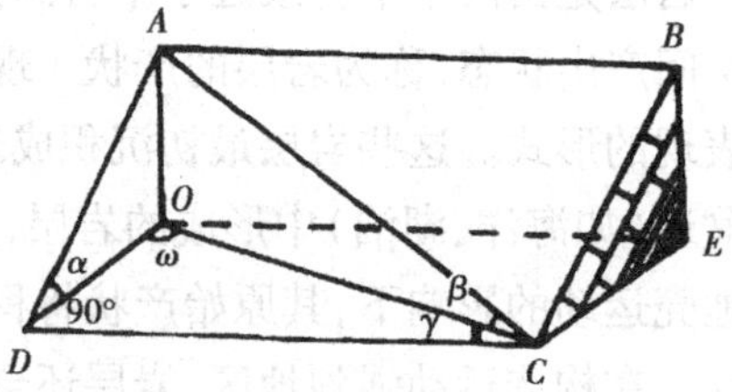

图1.95 真倾角与视倾角的关系
ABCD—岩层层面;OECD—水平面;
AD—真倾斜线;AC—视倾斜线;
α—真倾角;β—视倾角;
ω—真倾向视倾向夹角;
γ—走向线与视倾向间的夹角

真倾角与视倾角之间有如下的关系(图1.95):

$$\tan\beta = \tan\alpha\cos\omega \text{ 或 } \tan\beta = \tan\alpha\sin\gamma \tag{1.2}$$

从上述关系式可知:当$\angle\omega = 0°$时,$\cos\omega = 1$,则$\tan\alpha = \tan\beta$,$\angle\alpha = \angle\beta$,表示剖面方向垂直岩层走向。当$\angle\omega = 90°$时,$\cos\omega = 0$,则$\tan\beta = 0$,$\angle\beta = 0°$,表示剖面的方向与岩层走向相一致。

在实际工作中,经常涉及真倾角和视倾角的换算问题。例如沿较陡煤层作伪斜上山时,要确定伪斜上山的起点位置和方向,即可根据煤层的真倾角和伪斜上山的设计坡度角计算出真倾向与伪斜上山之间的夹角。在斜交岩层走向的剖面图上,则应绘制相应剖面方向的视倾角。关于真倾角和视倾角的换算可直接查阅倾角换算表。

5.3 岩层产状的测定和表示方法

5.3.1 岩层产状要素的测定方法

测定岩层产状,首先要选择具有代表性的岩层面,即该层面能代表周围一定范围内的岩层产状(图1.96)。

1)测定岩层走向

将罗盘的长边*AB*紧贴岩层面,并使罗盘上的水准气泡居中,这时磁北(或南)针所指该盘上的刻度,即为岩层的走向。

2)测定岩层的倾向

将罗盘中垂直于直线*AB*的短边紧贴岩层面,并使罗盘北(N)端指向岩层倾斜方向,当罗盘水平且待静止后,磁北针所指的刻度即是岩层的倾向。岩层走向与倾向相互垂直,两者的读数相差90°。

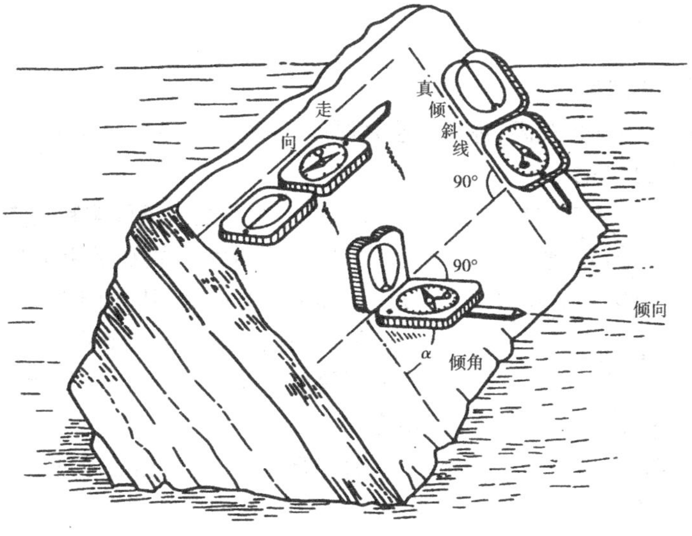

图1.96　地质罗盘测量产状示意图

3)测定岩层倾角

将罗盘长边 *AB* 顺倾斜线方向紧贴层面，直立罗盘，调节制动器，使倾斜仪水准气泡居中，倾斜仪指标所指的度数即是岩层的倾角。

5.3.2　岩层产状的表示方法

1)方位角记录法

方位角记录法是以正北方向为0°，按顺时针方向将坐标方位分为360°，正东方向为90°，正南为180°，正西为270°，正北为360°与0°的重合(图1.97(a))。此法只记倾向和倾角。如135°∠30°，前面是倾向方位角，后面是岩层倾角；倾向方位角加或减90°，均为走向；即表示岩层的走向为45°或225°、倾向为135°、倾角为30°。此种记录法是目前常用的方法。

2)象限角记录法

象限角记录法是地球子午线的南、北两端为0°，东、西记为90°(图1.97(b))，当岩层走向为北偏东或南偏西45°，向南东倾斜。倾角25°时，记录为N45°E∠25°SE 或者S45°W∠25°SE。

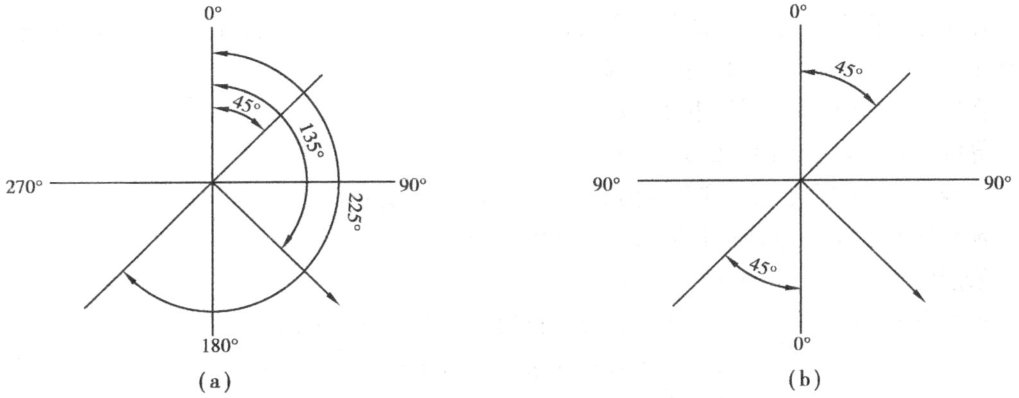

图1.97　岩层产状要素的表示方法

(a)方位角法；(b)象限角法

5.4 岩层的厚度

5.4.1 岩层的真厚度

岩层顶面到底面的垂直距离,称为岩层真厚度,简称岩层厚度。在垂直岩层走向的剖面上测定的岩层厚度即为真厚度。

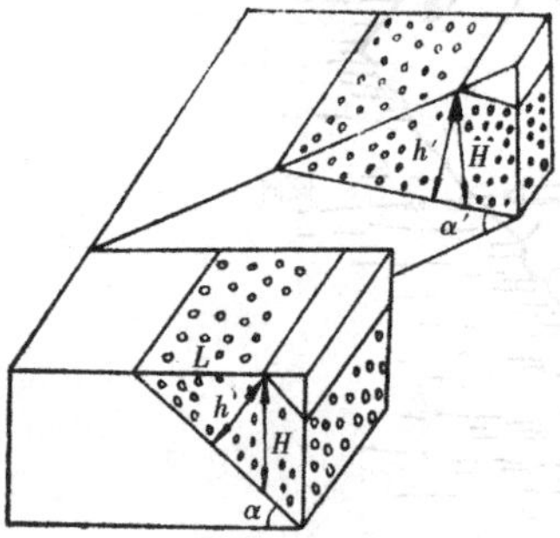

图 1.98 真厚度、铅直厚度和视厚度示意图

h—真厚度;H—铅直厚度;h'—视厚度;L—水平厚度;α—岩层真倾角;α'—岩层视倾角

5.4.2 岩层的水平厚度和铅直厚度

岩层顶面到底面的水平距离称为岩层的水平厚度。它随剖面方向的不同而不同。

岩层顶面到底面的铅直距离叫岩层的铅直厚度。当岩层厚度和倾角不变时,在任意剖面内其铅直厚度不变。

岩层真厚度(h)与铅直厚度(H)的关系(图1.98)如下:

$$h = H \cdot \cos\alpha \tag{1.3}$$

式中 α——岩层真倾角。

从上式可知:当 $\alpha = 0°$时,$\cos\alpha = 1$,岩层的真厚度等于铅直厚度;α 在 $0° \sim 90°$时,即岩层为倾斜岩层,$\cos\alpha$ 的值小于 1,所以真厚度恒小于铅直厚度。

5.4.3 岩层的视厚度

任意剖面上岩层顶面到底面的露头宽度叫岩层的视厚度。视厚度随剖面方向的不同而变化。

岩层视厚度(h')与铅直厚度(H)的关系如下:

$h' = H \cdot \cos\alpha'$(α' 为岩层的视倾角)岩层真厚度(h)与视厚度(h')的关系是:

$$\frac{h}{\cos\alpha} = \frac{h'}{\cos\alpha'}, h = \frac{h'\cos\alpha}{\cos\alpha'} \tag{1.4}$$

由于同一岩层的视倾角永远小于真倾角,因此视倾角的余弦值总是大于真倾角的。故岩层的真厚度总是小于视厚度。

5.4.4 岩层厚度的测算

在实际工作中,岩层厚度的测算方法,有时可直接量得,有时可通过作图、计算方法求得。下面主要介绍根据实测剖面所获得的数据计算岩层的厚度。

在实测剖面时,可测得以下几个数据:

导线方向与岩层走向间的夹角(γ);

导线方向上的岩层顶面到底面的实际距离,即岩层的露头长度 L;

地形坡度角 β(注意仰角时记为 +,俯角时记为 -);

岩层的产状要素:走向、倾向和倾角。

根据以上数据,采用下列通用公式可计算出岩层的真厚度和铅直厚度。

$$h = L \cdot (\sin\alpha \cdot \cos\beta \cdot \sin\gamma \pm \sin\beta \cdot \cos\alpha) \tag{1.5}$$

$$H = L \cdot (\tan\alpha \cdot \cos\beta \cdot \sin\gamma \pm \sin\beta) \tag{1.6}$$

如果岩层倾向与地面坡向相反时,公式中用“+”;当倾向与坡向相同时,则采用“-”计算,计算结果是负值时取其绝对值。

技能训练1.4　利用地质罗盘测量岩层的产状要素

1. 实训目的要求

认识地质罗盘的构造，了解其主要用途，能正确使用地质罗盘在不同条件下测量岩（断）层产状。

2. 实训指导

1）实训仪器——地质罗盘

地质罗盘是地质工作者经常使用的一种轻便仪器。在野外或煤矿井下，常用地质罗盘测定方向和测量岩层及煤层的产状要素。地质罗盘的构造如图1.99所示。

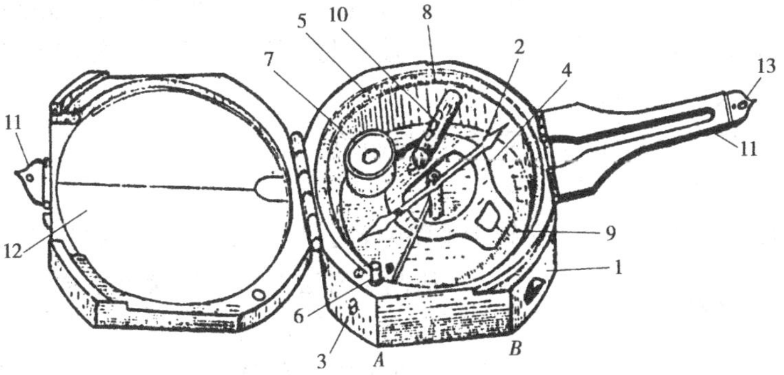

图1.99　地质罗盘构造

1—底盘；2—磁针；3—圆盘校正螺丝；4—倾斜仪；5—圆盘；6—磁针制动器及倾斜仪制动器；7—水准气泡；8—方位角刻度；9—倾斜角刻度；10—倾斜仪上水准气泡；11—折叠式瞄准器；12—玻璃镜；13—观测孔

地质罗盘的主要部件是磁针和倾斜仪。磁针静止时所指的方向为磁南和磁北，常与地理上的南、北方向不一致，它们之间有一个偏离角，称为磁偏角。各地区的磁偏角不同，需根据当地的磁偏角进行校正。如我国西部地区磁偏角偏东，校正时应加上磁偏角度数。底盘是一个平面，当水准气泡居中时，底盘处于水平位置，*AB* 直线为一条水平线。*AB* 水平线与磁北的夹角，称为磁方位角，它可用磁北针在方位角刻度盘上所指的刻度值来表示。磁针可用来测定岩层的走向和倾向。方位角刻度盘装在底盘上，上面刻有度数，从北开始为0°，以逆时针方向一周为360°。在底盘上还刻有E（90°）、S（180°）、W（270°）、N（360°）。方位角的读法是以磁针所指的方向与罗盘北线所夹的角为方位角。倾斜仪是用来测量岩层倾角或巷道坡度角的。

2）在野外实测岩层产状要素

在野外使用地质罗盘测量岩层产状要素，首先要选择好测定岩层产状的岩层面。岩层面是不同岩性岩层的分界面，选择测点的岩层面应能够代表附近一定范围岩层的产状。如果岩层面不十分平整，可以在测点层面上放置平板（硬卡片等），在其上测量产状。

（1）在缓倾斜或近水平岩层层面上测量产状

测走向：将罗盘一条长边底线紧贴岩层面，调节罗盘至水准仪气泡居中，当磁针静止后对应刻度盘上的刻度值即为岩层的两个走向的方位角值。其中，磁北针对应刻度值为折叠式瞄准器一侧的走向，磁南针对应刻度值为相反的另一个走向，两者相差180°。

测倾向：将罗盘一条短边底线紧贴岩层面，折叠式瞄准器指向岩层倾斜方向，调节罗盘至水准仪气泡居中，当磁针静止后北针刻度盘上的刻度值即为岩层倾向的方位角值。

测倾角：将测走向或测倾向时罗盘底面与岩层面的接触线画出，即为走向线。利用罗盘长、短边垂直关系可在岩层面上画出真倾斜线。将罗盘侧立，使长边与真倾斜线重合，手指微微转动倾斜制动器旋钮，观察倾斜仪气泡居中停止转动，所指倾斜刻度盘上度数值即为倾角。

走向和倾向二者只需测量其一。但如果只测量走向，必须根据实际岩层倾斜方向换算出岩层倾向。换算的方法是在读出岩层一个走向后，如果这一走向顺时针旋转90度为倾斜方向，就在此走向方位值上减90度即为倾向。

(2)在急倾斜岩层上测量产状

在急倾斜岩层上测量产状可以用前述方法进行，不过，下列方法更方便准确。

将罗盘镜盖紧贴岩层面调节罗盘至水平，读磁北针所指刻度值为倾向方位角值。

沿镜盖长边作线即为真倾斜线。

将罗盘侧立，使长边与真倾斜线重合，测量倾角。

(3)在岩层下层面上测量岩层产状

如果有平整的岩层面暴露，而又缺少平整的岩层上层面出露，可以用下层面产状测量的方法测定岩层产状。岩层下层面产状测量操作步骤与在上层面测量产状相同，但要注意，从罗盘上读取倾向方位角时，应读磁南针所指的刻度值。

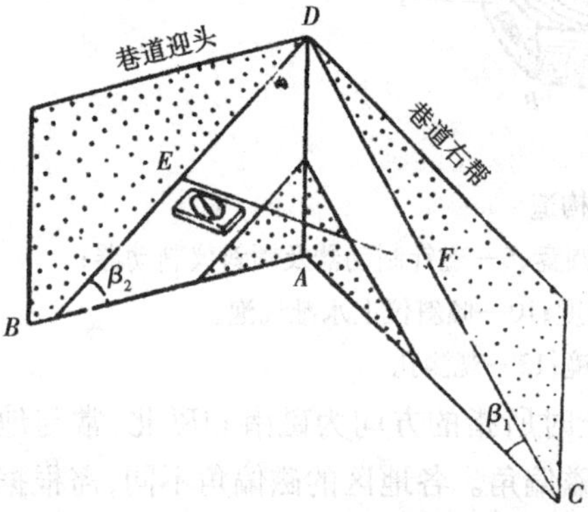

图1.100　巷道中间接测定法示意图

3)在井下实测岩层产状要素

在井下实测岩层产状。操作步骤与在地面测量方法相同。但在煤矿井下找不到理想的层面时，可采用间接方法测定岩层产状要素。如图1.100所示，BD、CD为巷道中实见的同一岩层上层面，在该面上找出相同标高的两点EF，用测绳连接EF，再用罗盘测量出测绳的方向，即为岩层的走向。岩层的倾向是利用岩层的走向，并根据岩层实际的倾斜方向求出。倾角α可利用下式计算得出：

$$\tan\alpha = \frac{\tan\beta_2}{\cos\omega} \qquad (1.7)$$

式中　β_2——巷道碛头方向岩层的视倾角；

ω——巷道碛头岩壁方向与岩层倾向之间的夹角。

β_2和ω均可用罗盘测得。

3.实训作业

在实训室模拟岩层面上测量岩层产状。

技能训练1.5　地质图的识读

1. 实训目的要求

1)明确地质图的概念。

2)掌握阅读地质图的一般步骤和方法。

3)理解不同产状岩层在地质图上的表现特征。

2. 实训指导

1)基本地质图件的格式和内容

(1)地质图

地质图是一种平面图。它是用规定的图例(如符号、花纹、颜色)将调查区域的地质组成和地质现象按比例尺缩小,概括投影到地形图或平面图上的一种地质图件(前者称为地形地质图)。根据比例尺的大小,地质图可以分为大比例尺地质图、中比例尺地质图、小比例尺地质图;根据图件的用途并结合比例尺的大小,又可分为一般概括地质图、区域地质图、详细地质图及专门地质图等。另外,地质图还可以按主要内容和用途来分,如井田地形地质图、构造地质图、水文地质图等。

一幅正式的地质图包括图名、比例尺、图例、图框和图签等内容(图1.101)。

①图名　表明图幅所在地区及图件类型。一般以图区内的主要城镇、居民点、行政区划或主要山岭、河流、湖泊等再加上图件类型来命名。如江西省地质图;北京市门头沟区地质图;京西煤田地质图等。图名要用较明显的端正、美观字体书写在图幅的方框外正中部位或其他适当的位置,一般使用美术字。

②比例尺　表明图幅所反映实际地质情况的详细程度,即表示图上所示范围大小与实际范围大小的比例,又称为缩尺。它有数字比例尺、线条比例尺两种。对于非正规图件,如素描图等,还可以用自然比例尺。比例尺可以标在图框外的图名下面,也可以标在图框外下方正中位置。比例尺的字体应比图名小些。

③图例　是地质图必不可少的组成部分,由一定的符号、花纹和颜色组成。不同类型地质图有其不同的图例。通常是用颜色和符号表示出图幅内出露的地层时代和岩石性质,用特定符号和颜色表示出图幅内的各种地质界线、地质构造和岩层产状及岩体等(附录Ⅰ和Ⅱ)。图例一般放在图框外的右侧或下方,如果框内有足够的空白处,也可放在框内边缘的适当位置。在图例符号的上方还要用较醒目的字体写上“图例”二字。先排地层图例,从上到下,由新到老;次为岩石图例;构造图例排在最后。

④图框　是地质图的边界,由较粗的线条或花边构成的。它将地质图框在框内,同时,还可以增加地质图的整体美感。图框一定要直,并将所有的地质组成框在框内。当图内没有特别标定出图件的正北方向时,图框的左右竖框边,则代表了南北方向线,其正上方向为正北方向,在画图框时要特别注意这一点。

⑤图签　表明图件的类型级别、责任者和制图时间等。其内容一般包括:图名、制图单位、编图者、审核者、比例尺、资料来源及制图的时间等。用表格的形式放在图框内的右下角,也可以放在右下角的图框外。

另外,为了表明地质图的图幅所在的地理位置,要在地质图上画出经纬线。如果该地质图是地形图分幅中的一幅,则应在图名下面注明它的分幅图号。

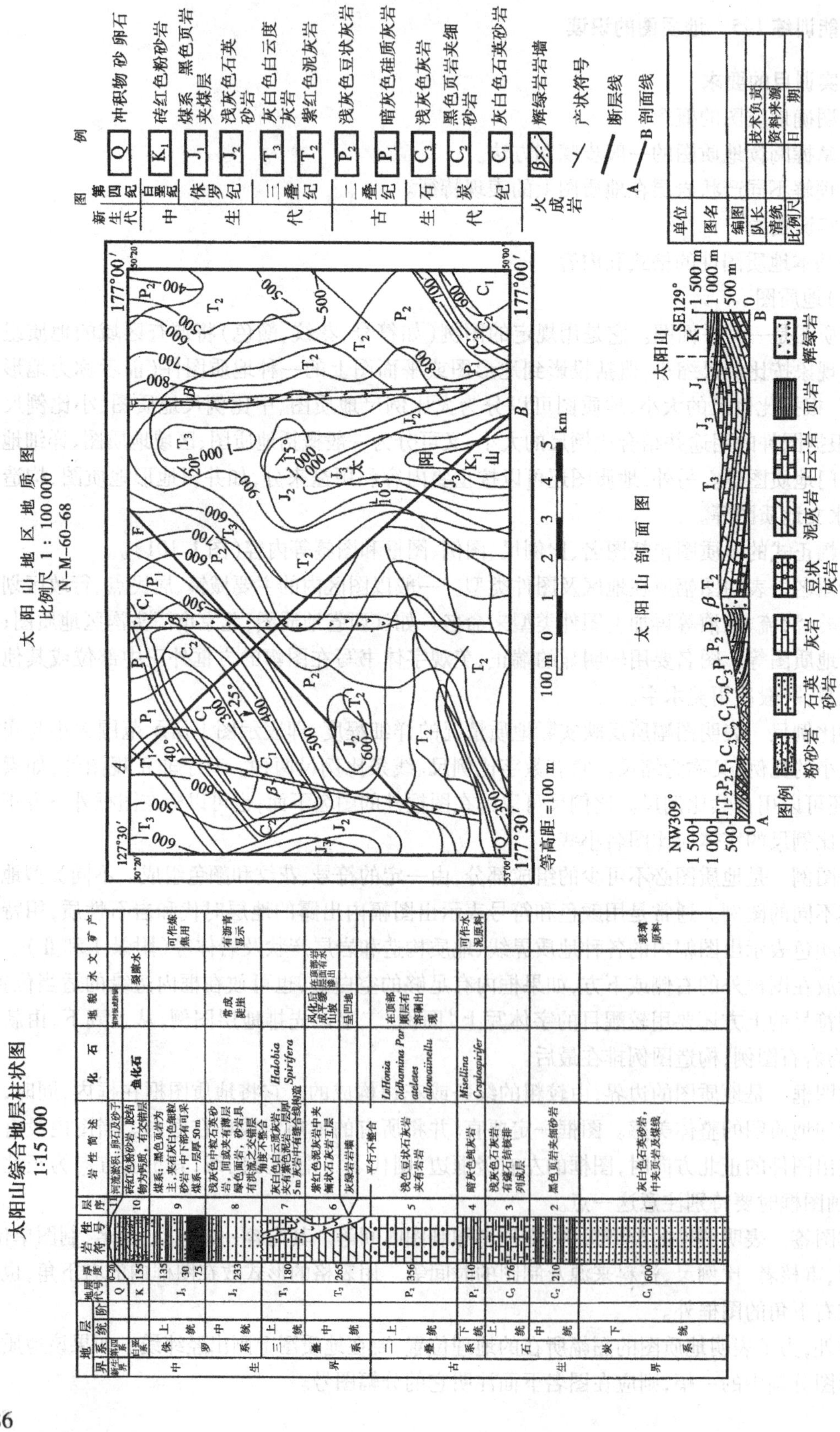

图 1.101 地质图的样式

(2)地质剖面图

正规的地质图通常附有一幅或几幅切过图区内主要构造的剖面图,反映剖面线所切过地区的地质构造在垂直方向上的变化情况。

单独的正规地质剖面图,也应有图名、比例尺、图例等。其图名表明剖面所在的位置,常以剖面所在地区、地名及所经过的主要地点(如山峰、河流、城镇和居民点等)命名,如京西地区九龙山—大灰厂地质剖面图。如果地质剖面图是附在相应的地质图下面,则其图名也可以用相应的编号表示,如 A—A'地质剖面图、Ⅱ—Ⅱ′地质剖面图等,并在地质图上用细线清楚地标出剖面所切过的位置,在细线两端标注上相应的符号,如 A、A'或Ⅱ、Ⅱ′等。

地质剖面图的比例符号有两个。一个是水平比例尺,一般与地质图的比例尺相同,如果地质剖面图是放在地质图的下面作为附图,则其水平比例尺可以省略不标。另一个是垂直比例尺,其大小一般应与水平比例尺一致,用高程值表示在剖面图两端竖立的直线上。当地质图的比例尺较小时,为了较清楚地反映出地质构造,可以适当地放大剖面图的垂直比例尺,但此时在绘制剖面图时,应注意地层产状及断层面等地质构造产状的换算。

地质剖面图的图例,一般要与地质图的图例一致。如果地质剖面图是附在地质图的下面,则不再重复画出图例。

为了更准确地表明地质剖面的方向,还应在剖面图两端的同一高度上用方位角分别注明其方向值,或用单箭头标出某一端的方向值。剖面所经过的山岭、河流、湖泊、城镇等地名也应注明在地质剖面图上相应的位置。为了美观、整齐和醒目,最好是把方向、地名等排在同一个水平位置上。

地质剖面图内一般不留空白。地下的地层分布、构造形态等应根据该处地层厚度、层序、构造特征等推测绘出。

(3)地层柱状图

地层柱状图是综合某一地区内各种地质资料的一种柱状图,故又称为综合地层柱状图。它是按工作区内所有出露地层的新老叠置关系和各岩层的真厚度编制而成,在地层柱状图中应包括:地层系统、代号、岩性柱状、厚度、岩性描述、化石及水文、矿产等。

在地层系统内,分为界、系、统、阶或群、组、段、带等格,或把二者综合起来划分。具体分层单位的大小和详细程度,要看比例尺的大小和研究程度而定。大比例尺且研究程度较详细者,划分的地层单位要小些或详细些;小比例尺者,则划分的地层单位可大些或粗略些。

代号是按规定的符号,注明各时代地层的代号,与地层系统栏对应。

岩性柱状是将各时代地层及其厚度按比例尺缩小,用规定的岩性符号、花纹及接触关系符号,将不同时代、不同岩性的地层按由老到新的顺序及接触关系依次表示出来。有时也可以将岩浆岩体、大规模的区域性断层及具有代表性的古生物化石等画在里面。柱子的宽度视所绘柱状图的长度及整个图幅的大小而定,使之美观大方即可,一般以 2 ~4 cm 宽为宜。

岩性描述中,要用简明扼要的文字,逐层地描述出各分层岩石的主要岩性特征和变化规律。

化石要用拉丁文字逐层地标出各分层所含主要化石的名称(种名或属名);水文、矿产栏要分别描述各分层的水文地质情况及所含的主要矿产等。化石、水文、矿产也可以合并到岩性描述中或者省略。

在绘制综合地层柱状图时,可以根据工作地区的地质特点及特殊需要适当地增减或合并一些栏目。

综合地层柱状图的图名一般与地质图相对应,用“×××地区综合地层柱状图”。如安徽省淮南煤田综合地层柱状图、北京市门头沟地区综合地层柱状图等。

综合地层柱状图的比例尺大小,视工作区的实际情况、工作需要及柱状图的总长度而定,一般应大于相应的地质图比例尺。各分层的比例尺应是一致的,但如果有特殊需要,如较薄的标志层、矿层等,也可以适当地放大,并分别标明。

综合地层柱状图可以单独绘成一幅图,也可以附在地质图的左边。

2)阅读地质图的一般步骤和方法

阅读地质图大体可以分为以下几个步骤:

首先,从图名、比例尺、图例、图签等读起,建立起该图幅的一般概念。从图名及图幅代号上,可以知道该图幅的类型及图幅位置;从比例尺大小上可以估算图幅面积,了解图幅内表示的地质构造详细程度及主要构造体的规模大小;从图例上可以了解到该图幅内的基本地质内容及地层出露的概况;从图签上则可以了解到该图件的编制单位、日期及资料来源等,知道图件的精确度及可靠度。

然后,阅读图面,顺序是先观察地形,后进行地质观察和综合分析。

在大比例尺的地形地质图上,可以通过等高线的形态和河流水系的分布来了解地形地貌特征;而在中小比例尺的地质图上,一般无地形等高线,则可根据水系分布、山峰标高的分布变化等来了解地形的特点。

地质图所反映的地质内容是很丰富的,应先逐项地观察,再综合分析。主要观察项目包括:地层时代、层序和岩石类型、性质以及岩层、岩体的产状、分布及其接触关系;褶皱、断层和节理等构造的形态特征、空间分布、组合形态、类型、形成时代和它们之间的相互关系以及矿产的分布特征等。具体观察分析方法,将在以后的各个实习中介绍。

为了获得较完整的地质资料,在阅读地质图时还应边阅读、边记录、边绘制示意剖面图或构造纲要图草图。

3)不同产状岩层在地质图上的表现特征(图1.102)

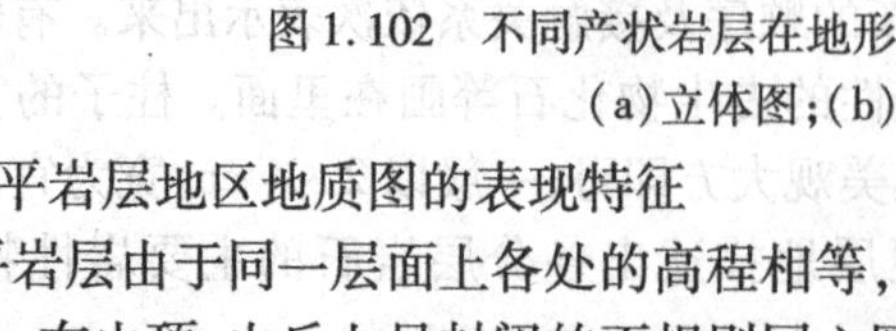

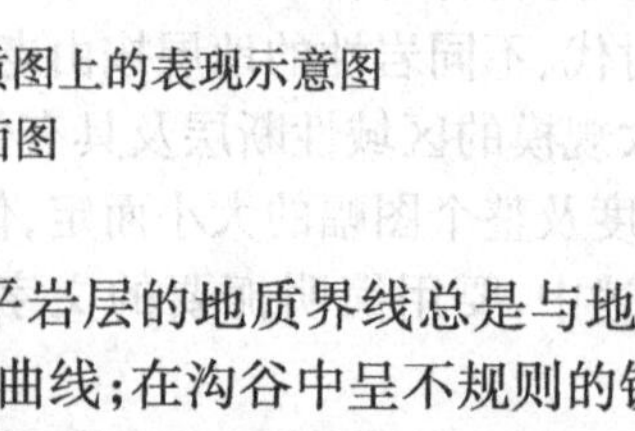

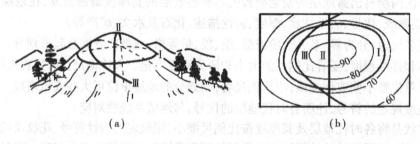

图1.102 不同产状岩层在地形地质图上的表现示意图

(a)立体图;(b)平面图

(1)水平岩层地区地质图的表现特征

①水平岩层由于同一层面上各处的高程相等,水平岩层的地质界线总是与地形等高线平行或者重合;在山顶、山丘上呈封闭的不规则同心圆状曲线;在沟谷中呈不规则的锯齿状延伸。

②在正常情况下,新地层出露在地形高处,老地层出露在地形低处;地形越高出露的地层时代越新,地形越低出露的地层时代越老。

③水平岩层的露头宽度与岩层本身的厚度及地形坡度有关。当地形坡度一定时,露头宽度与岩层厚度成正比;当岩层厚度一定时,露头宽度与地形坡度成反比,即地形越平缓处露头

宽度越宽，地形越陡处露头宽度越窄。

④在地形陡崖处，水平岩层的顶底面界线投影重合成一条线，会造成在地质图上岩层发生突然“尖灭”的假象。

(2)倾斜岩层在地质图上的特征

倾斜岩层在大比例尺地质图上表现最明显的是地质界线与地形等高线相交，在山脊和沟谷处弯曲成为“V”字形，并且有一定的规律，即所谓“V”字形法则。

①岩层倾向和地面坡向相反时，地质界线“V”字形尖端和等高线弯曲方向一致，但地质界线形态更为宽阔。

②岩层倾向与地面坡向相同时的两种情况。

岩层倾角大于地面坡角，地质界线“V”字形尖端和等高线弯曲方向相反。

岩层倾角小于地面坡角，地质界线“V”字形尖端和等高线弯曲方向相同，但地质界线形态更为狭窄。

上述三种情况，反映出倾斜岩层地质界线形态主要受岩层倾角大小以及岩层倾向和地面坡向关系这三个因素决定。掌握这一规律有助于我们建立岩层产状立体概念和岩层露头投影形态的关系，对于填绘和阅读大、中比例尺地质图具有重要的作用。

(3)直立岩层的基本特征

①直立岩层的地质界线不受地形的控制。如果岩层走向不变，其出露线在地形地质图上为一条直线。实际上，直立岩层的出露线是随地形上下起伏的。

②直立岩层的露头宽度等于岩层的厚度，不受地形的影响。

如果地层层序发生逆变，称为倒转岩层。其产出状态可表现为水平的、倾斜的，甚至更复杂的状态。当表现为水平状态时，由下至上地层的时代是由新到老；当为倾斜状态时，沿岩层倾斜方向地层时代越来越老。

倒转岩层的出露特征与前述的水平岩层和倾斜岩层的出露特征近似，不同的只是地层层序相反。

3. 实训作业

读图1.103，区别不同产状岩层在地质图上的表现特征。

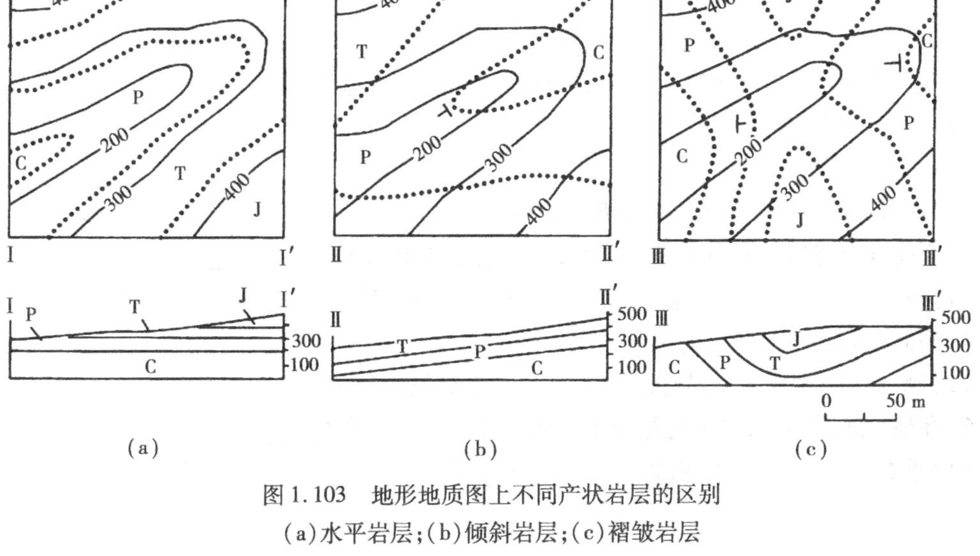

图1.103　地形地质图上不同产状岩层的区别

(a)水平岩层；(b)倾斜岩层；(c)褶皱岩层

复习练习题

1. 解释地质术语

地质构造　岩层产状　走向　倾向　倾角　真厚度　铅直厚度　视厚度

2. 填空题

1)沉积岩层的原始产状是________的,并在一定范围内________。

2)真倾角与视倾角比较,真倾角恒________视倾角。

3)真厚度与视厚度比较,真厚度恒________视厚度。

4)岩层倾向与地形坡向相同,若岩层倾角小于地面坡角时,岩层露头线弯曲方向与地形等高线弯曲方向________,岩层露头线弯曲度________地形等高线弯曲度。

3. 判断题

1)现在地表出露的沉积岩层有些产状是水平的,说明这些地区岩层形成后地壳没有发生过运动。(　　)

2)一个地区的地质构造是指这个地区岩层的形状。(　　)

3)剖面方向与岩层走向夹角越大,该剖面的岩层视倾角越大。(　　)

4)某方向的方位角为 SW250°用象限角表示则为 S10°W。(　　)

4. 选择题

1)倾斜的岩层代表________。

(1)原始水平岩层经受地壳水平运动后变形而导致产状发生了改变

(2)沉积物堆积时沿古地形坡向堆积的结果

(3)外力地质作用的结果

2)在沟谷中如果看到岩层的露头线向上或向下弯曲,说明________。

(1)岩层在此处为背斜或向斜

(2)此处一般为单斜构造

(3)可能是褶曲构造,也可能是单斜构造

3)在大比例尺地形地质图上,如果出现岩层出露对称重复,则________。

(1)一定为褶曲构造

(2)是否倾斜或水平岩层

(3)两者都有可能,需要具体分析才能判定

4)剖面方向与岩层倾向的夹角越大,该剖面方向上的视倾角________。

(1)越小　(2)越大　(3)不会发生变化

5)剖面方向与岩层倾向的夹角越大,该剖面方向上的视厚度________。

(1)越小　(2)越大　(3)不会发生变化

6)在地形地质图上,水平岩层地质界线与邻近地形等高线________。

(1)重叠　(2)相交　(3)平行　(4)重叠或平行

5. 思考题

1）水平岩层、倾斜岩层、直立岩层在地形地质图上各有什么特征？

2）何谓“V”字形法则？

3）怎样表示岩层产状？

4）如何测定岩层的厚度？

任务6 褶皱构造的识别

岩层或岩体在地应力长期作用下形成的波状弯曲称为褶皱。褶皱在地壳中分布广泛，形态各异，规模大小相差悬殊，大者延伸几十至几百千米，小者可在手标本上见到，甚至表现为显微构造。褶皱岩层中的一个弯曲称为褶曲，它是褶皱构造的基本单位。

6.1 褶曲的基本形式

褶曲的基本形式可分为两种，即背斜和向斜(图1.104)。

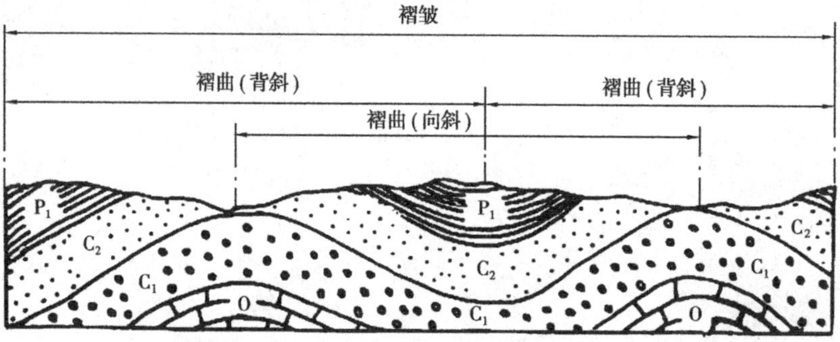

图1.104 褶皱与褶曲剖面示意图

6.1.1 背斜

背斜是岩层向上弯拱的褶曲，核部是老岩层，两侧是新岩层，且对称重复出现，两翼岩层一般相反倾斜。

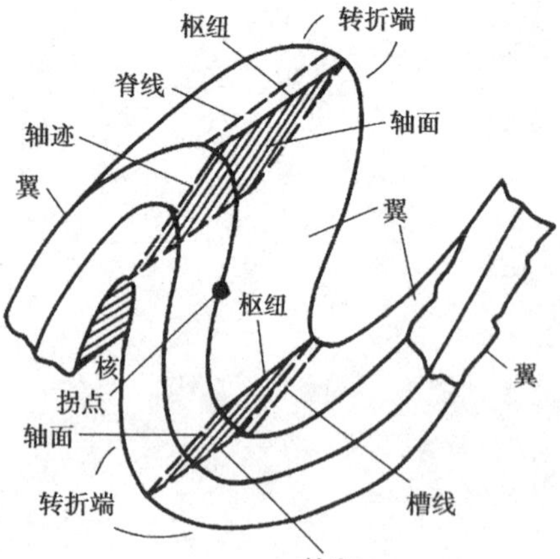

图1.105 褶曲要素示意图

6.1.2 向斜

向斜是岩层向下弯拱的褶曲，核部是新岩层，两侧是老岩层，且对称重复出现，两翼岩层一般相对倾斜。

6.2 褶曲要素

为了描述褶曲在空间的形态和特征，将它的各个部位分别规定了一个名称，称为褶曲要素(图1.105)。

6.2.1 核

核(又称核部)是指褶皱的中心部位的岩层。

6.2.2 翼

翼(又称翼部)是指褶皱核部两侧的岩层。在横剖面上，构成两翼的同一褶皱面的拐点的切线的夹角称为“翼间角”。

6.2.3 转折端

转折端是指从褶皱一翼向另一翼过渡的弯曲部分。

6.2.4　褶轴

对圆柱状褶皱而言，褶轴是指褶皱面上一条平行其自身移动能描绘出褶皱面(S)弯曲形态的直线。褶轴又称轴线或轴。

6.2.5　枢纽

枢纽是指同一褶皱面的最大弯曲点的连线。枢纽可以是直线，也可以是曲线或折线；可以是水平线，也可以是倾斜线。

6.2.6　轴面

轴面是指由许多相邻褶皱面上的枢纽连成的面。如果褶皱各层的厚度在两翼基本不变时，可以把轴面看成是翼间角的平分面，或者大致平分褶皱两翼的对称面。轴面可以是平面，也可以是曲面。轴面产状可以用走向、倾向和倾角来确定。

6.2.7　轴迹

轴迹是指轴面与地面的交线。只有在轴面直立和地面水平的情况下，轴迹和轴线重合为一条线。

6.2.8　脊、脊线和槽、槽线

背斜的同一褶皱面的各横剖面上的最高点为“脊”，它们的连线称为脊线；向斜的同一褶皱面的各横剖面上的最低点为“槽”，它们的连线称为槽线。

6.3　褶曲的描述

褶曲构造的形态是多种多样的，为了真实地描述褶曲在自然界的形态，常根据横剖面、纵剖面及平面上的形态进行分类描述。

6.3.1　横剖面的形态描述

1)直立褶曲　轴面直立，两翼岩层倾向相反，倾角大致相等(图1.106(a))。

2)倾斜褶曲　轴面倾斜，两翼岩层倾向相反，倾角不相等(图1.106(b))。

3)倒转褶曲　轴面倾斜，两翼岩层倾向相同，倾角相等或不相等，一翼岩层层序正常，另一翼层序倒转(图1.106(c))。

4)平卧褶曲　轴面水平，两翼岩层近于水平重叠，一翼层序正常，另一翼倒转(图1.106(d))。

5)翻卷褶曲　为轴面弯曲的平卧褶皱(图1.106(e))。

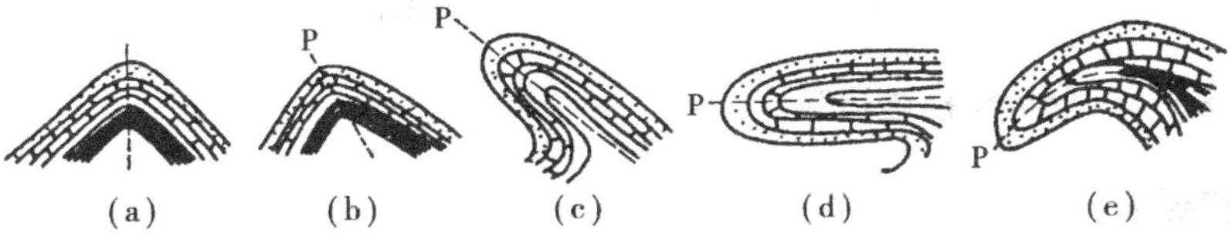

图1.106　褶曲在横剖面上的形态描述

(a)直立褶曲；(b)倾斜褶曲；(c)倒转褶曲；(d)平卧褶曲；(e)翻卷褶曲

6.3.2　纵剖面上的形态描述

1)水平褶曲　褶曲枢纽水平或近于水平，统称为水平褶曲(图1.107(a))。

2)倾伏褶曲　褶曲枢纽倾斜，并向一端或两端倾伏，称为倾伏褶曲(图1.107(b))。

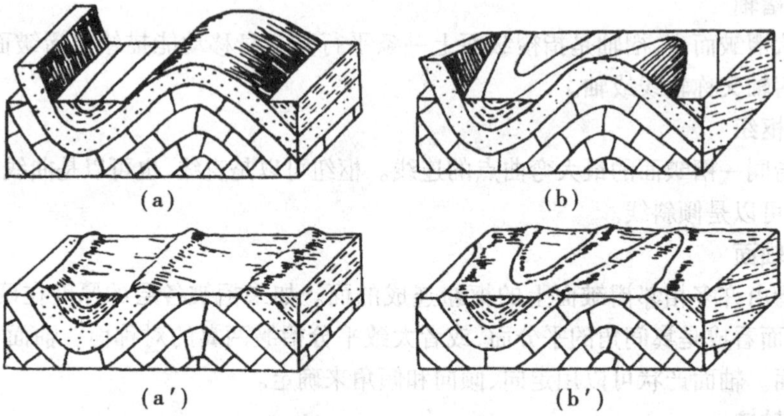

图1.107 褶曲在纵剖面上的形态描述
(a)水平褶曲;(b)倾伏褶曲

6.3.3 平面上的形态描述

1)线形褶曲 褶曲在平面上延伸很远,长与宽之比大于10:1。

2)短轴褶曲 褶曲向两端延伸不远即倾伏,长与宽之比为10:1到3:1,可分为短轴背斜和短轴向斜。

3)穹窿和构造盆地 褶曲的长与宽之比小于3:1,背斜称为穹窿;向斜称为构造盆地(图1.108)。

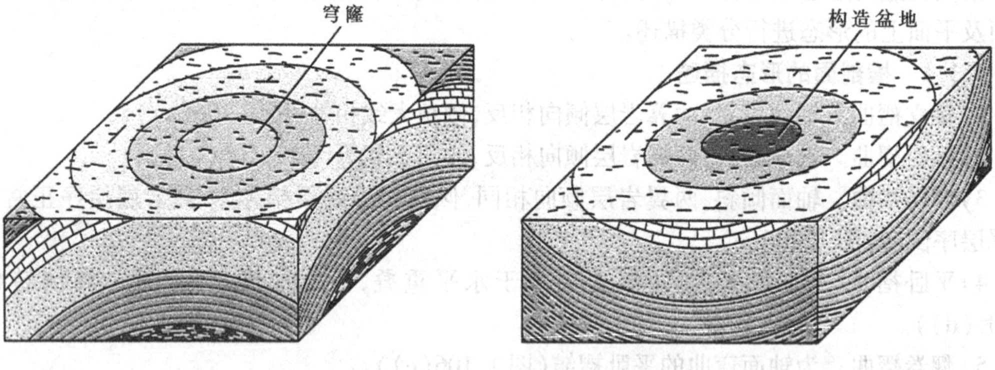

图1.108 穹窿和构造盆地示意图

技能训练1.6 分析和描述褶皱

1. 目的和要求

1)初步掌握分析褶皱区地质图的步骤和方法。

2)学会在地质图上分析褶皱形态、组合类型。

2. 实训指导

从地质图上认识和分析褶皱及其特征,常先从单个褶皱的分析入手,进而再分析褶皱的组合及形成时代。

1)区分背斜和向斜

根据地层的新老关系、对称重复及地层产状区分背斜和向斜。

2)确定两翼产状

分析两翼产状是认识褶皱形态的关键。根据褶皱两翼产状及其变化,确定轴面和枢纽产状。两翼产状可从地质图上直接读出;在大比例尺的地形地质图上,两翼产状也可根据地质界线与等高线的关系求出。

3)判断轴面产状

根据两翼的倾向、倾角大致判断轴面产状。若两翼倾向相反、倾角相等,表示轴面直立。如两翼倾角不等,轴面是倾斜的。在斜歪和倒转褶皱中背斜的轴面均与缓翼倾向一致。

4)确定枢纽产状

当地形近平坦褶皱两翼平行延伸,表示两翼岩层走向平行一致,则褶皱枢纽是水平的。如两翼岩层走向不平行,两翼同一岩层界线交汇或呈弧形弯曲,说明该褶皱枢纽是倾伏的。背斜两翼同一岩层地质界线交汇的弯曲尖端指向枢纽倾伏方向;向斜两翼同一岩层地质界线交汇的弯曲尖端指向扬起方向。另外,沿褶皱延伸方向核部地层出露的宽窄变化,也能反映出枢纽的产状。核部变窄的方向是背斜枢纽倾伏方向,或为向斜枢纽扬起方向。

在地形起伏很大的大比例尺地质图上,褶皱岩层界线受"V"字形法则的影响,岩层界线弯曲不一定反映枢纽起伏。枢纽水平的褶皱,会因地形起伏的影响,表现出两翼交汇。此时,要从褶皱两翼产状、褶皱岩层界线分布形态与岩层产状和地形的关系等方面综合分析,才能正确判别枢纽产状。

5)转折端形态的认识

在地形较平坦的地质图上,褶皱倾伏处(扬起处)的轮廓大致反映褶皱转折端的形态。

6)翼间角和褶皱紧闭程度的判定

根据两翼岩层的倾向与倾角,可大致地估测出翼间角的大小,再据其翼间角的大小范围对褶皱紧闭程度做出定性描述。

7)轴迹和平面轮廓的确定

将褶皱各相邻岩层的倾伏端点(或扬起端点)连线,即是轴迹。轴迹所示方向表示褶皱的延伸方向。

8)褶皱组合类型的识别

在逐个分析区内背斜、向斜之后,按轴迹排列规律,确定褶皱组合类型:平行线列褶皱、雁列褶皱或其他类型褶皱。

9)褶皱形成时期的确定

主要根据地层间的角度不整合接触关系来确定褶皱的形成时代。不整合面以下褶皱岩层最新地层时代之后与不整合面以上最老地层时代之前为褶皱形成时代。也可根据褶皱与岩体、岩脉之间的几何关系分析褶皱形成的相对时代。

10)褶皱的描述

褶皱的描述包括以下内容:褶皱名称(地名加褶皱类型)、分布地点及范围、延伸方向、核部及两翼地层、两翼产状及其变化、转折端形状、褶皱的分类、次级褶皱特征、褶皱与周围其他构造的关系及褶皱形成时代等。

3. 实训作业

分析(图1.109)中的褶皱构造形态特征并对其进行文字描述。

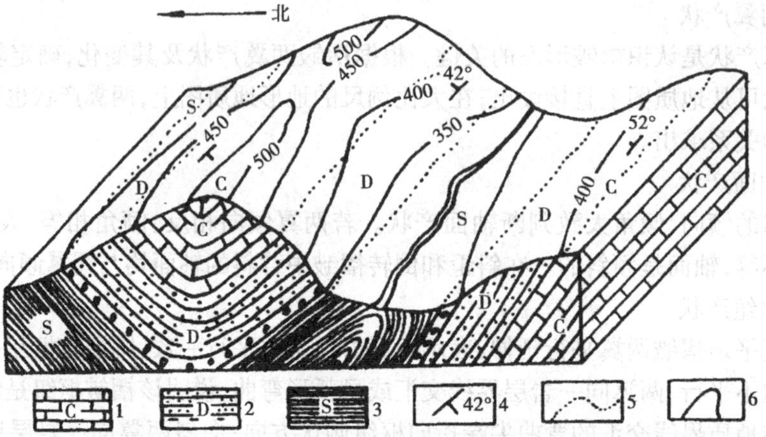

图 1.109　某褶皱示意图

1—石炭系灰岩;2—泥盆系砂岩;3—志留系页岩;4—产状符号;5—地层界线;6—地形等高线

复习练习题

1. 解释地质术语

背斜　向斜　褶皱要素　核　翼　枢纽　轴面　轴线　轴迹　倒转褶曲

2. 填空题

1)因岩层产状变化而造成地层在地表的对称重复出露,中间出露岩层老,两侧出露岩层新,为________;中间出露岩层新,两侧出露岩层老,为________。

2)褶皱轴面与水平面的交线为________。

3)根据枢纽产状,褶皱可描述为________和________。

3. 判断题

1)轴面是褶曲两翼的对称面。(　　)

2)如果确定地层层序正常,则岩层向上弯曲为背斜,岩层向下弯曲为向斜。(　　)

3)核部地层老,两翼地层新为背斜。(　　)

4. 选择题

1)在沟谷中如果看到岩层的露头线向上或向下弯曲,说明________。

(1)岩层在此处为背斜或向斜

(2)此处一般为单斜构造

(3)可能是褶曲构造,也可能是单斜构造

2)在大比例尺地形地质图上,如果出现岩层出露对称重复,则________。

(1)一定为褶曲构造

(2)为水平岩层

(3)两者都有可能,需要具体分析才能判定

3)剖面方向与岩层倾向的夹角越大,该剖面方向上的视倾角________。

(1)越小　　(2)越大　　(3)不会发生变化

4)在确定岩层层序正常的情况下,岩层向上弯曲一定是＿＿＿＿＿＿。

(1)存在断层　　(2)向斜　　(3)背斜

5)褶曲的核部和翼部两者之间＿＿＿＿＿＿明确的界限。

(1)有　　(2)没有　　(3)有时有,有时没有

6)褶曲构造转折端的煤层顶板＿＿＿＿＿＿。

(1)一般较为破碎　(2)一般有水　(3)积存大量瓦斯

5.思考题

1)怎样在地形地质图上识别褶皱构造?

2)地形起伏与褶曲是否存在必然联系?

3)如何确定褶曲的规模?

任务7　断裂构造的识别

岩层受力后产生变形,当应力达到或超过岩层的强度极限时,岩层的连续完整性遭到破坏,在岩层一定部位和一定方向上产生的破裂称为断裂构造。根据岩层破裂面两侧岩块有无明显位移,可将断裂构造分为节理和断层。

7.1　节理

岩层断裂后,两侧岩块未发生显著位移的断裂构造称为节理,又称裂隙。节理的破裂面称为节理面。它的形态可以是平直的,也可以是弯曲的。节理面的产状有直立的、倾斜的或水平的。运用地质罗盘可以测定其走向、倾向和倾角。

节理在岩层中总是成群出现,表现为一定的组合规律。通常把同一时期形成的,具有同一力学性质的,且相互平行或大致平行的一组节理,称为节理组。把同时期具有成因联系的两个或两个以上的节理组称为节理系。节理的规模大小不等,小者数厘米,大者几十米,甚至更长。

7.1.1　节理及其类型

1)节理的成因分类

(1)原生节理

原生节理是指沉积岩在形成过程中,沉积物脱水和压缩后所生成的节理,如泥裂及煤层中的内生裂隙等,它们的分布有一定的局限性。

(2)次生节理

次生节理是指岩层形成后生成的节理。根据力的来源和作用性质不同,又可分为构造节理和非构造节理。

构造节理是由构造运动使岩层遭受地应力作用而形成的节理。这种节理的形成和分布有一定的规律性。它与褶曲和断层有密切的关系。

非构造节理是外力地质作用或人为因素形成的节理。如风化作用、滑坡、爆破以及煤层被采空后地压造成的节理等。这种节理一般规模不大,分布也不规则。

2)节理的力学性质分类

(1)张节理

张节理是指构造运动产生的张应力作用而形成的节理。常分布在背斜的转折端,穹窿的顶部,褶曲枢纽的急剧倾伏部位,与褶曲有关的张节理常见的有两组,一组是与褶曲轴垂直的节理称为横张节理;另一组是与褶曲轴平行的节理称为纵张节理。

(2)剪节理

剪节理是指构造运动所产生的剪切应力作用形成的节理,剪节理分布广泛,不论是水平岩层,还是倾斜岩层,都较发育。

7.1.2　节理的识别标志

1)张节理的识别标志

(1)节理面粗糙不平,常张开,易被矿脉充填呈楔状、扁豆状或其他不规则形状(图1.110)。

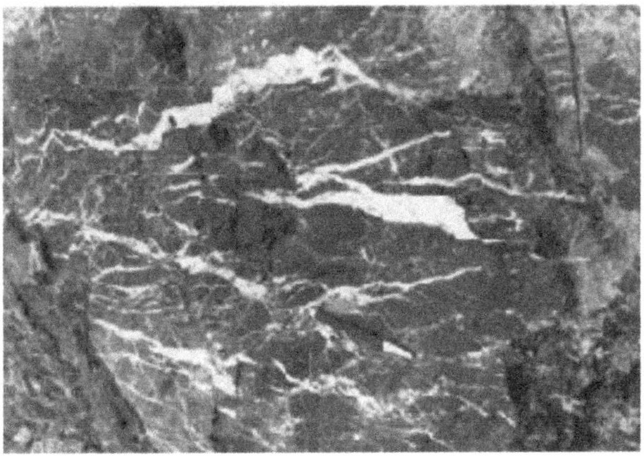

图1.110　方解石脉充填的张节理

(2)产状不稳定,延伸不远,单条节理短而弯曲,绕砾石而过(图1.111)。

(3)组合形态常呈不规则的树枝状,有时呈雁行排列,有时追踪张节理发育而呈锯齿状(图1.112)。

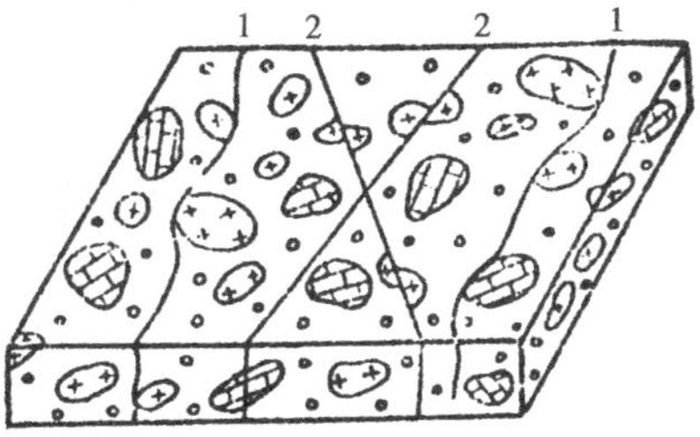

图1.111　砾岩中的张节理和剪节理

1—张节理;2—剪节理

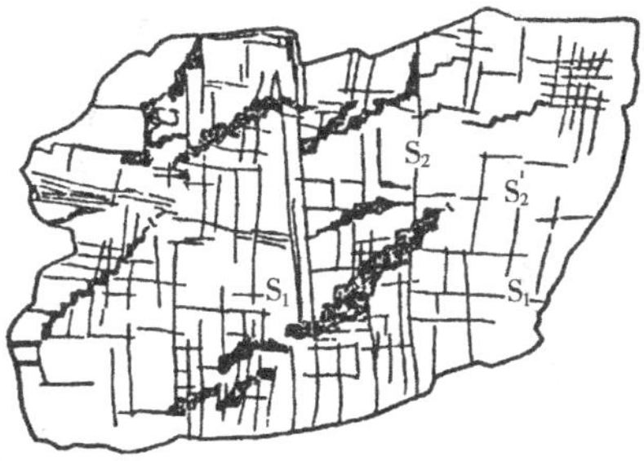

图1.112　追踪张节理

(4)尾端变化呈杏仁状结环和树枝状多级分叉(图1.113)。

2)剪节理的识别标志

(1)节理面平直光滑,通常是闭合的,有时被矿脉充填。

(2)产状稳定,沿走向和倾向延伸较远,常切穿岩层中的砾石,岩脉或结核(图1.111)

(3)组合形态常成组出现,往往等距排列,两组发育常组成X型共轭节理系(图1.114)。有时一条剪节理由许多相互靠近,首尾邻接的细微羽裂组成(图1.115)。

(4)尾端变化呈菱形结环、转折、分叉(图1.116)。

图 1.113　张节理的尾端变化
(a)树枝状分叉;(b)杏仁状结环

图 1.114　两组剪节理相互切割

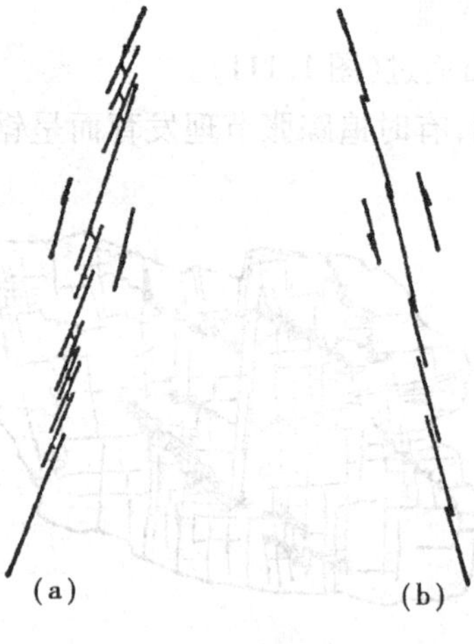

图 1.115　湖北黄陵背斜南部灰岩中剪节理羽列现象素描图

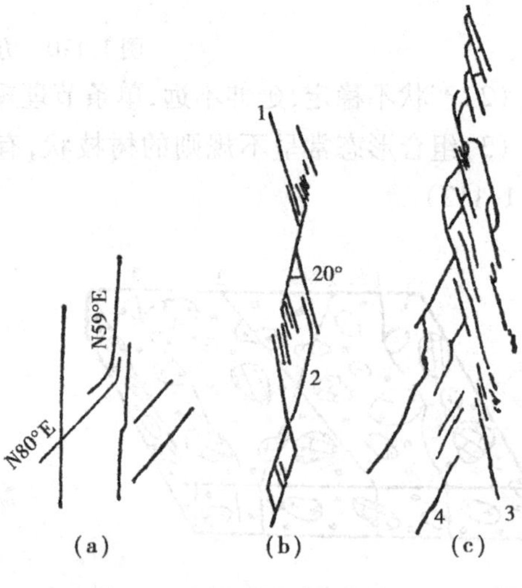

图 1.116　剪节理的尾端变化

技能训练 1.7　分析节理走向玫瑰花图

1. 目的要求

分析节理玫瑰花图反映的构造意义。

2. 实训指导

1)节理玫瑰花图的特点

节理玫瑰花图是根据在野外节理观测点上测得的节理资料编绘的,每个节理观测点编绘一幅。它是节理统计的方法之一,作法简便,形象醒目,能比较清晰地反映出主要节理组的产状,有助于分析区域地质构造。

节理玫瑰花图可按节理的走向、倾向和倾角分别绘制。节理走向玫瑰花图主要应用于节理倾角比较陡的地区,反映节理的走向方位;节理倾向玫瑰花图和节理倾角玫瑰花图一般是重叠绘制在同一张图上，主要应用于节理产状变化比较大的地区，结合反映节理的倾向和倾角。

2）节理玫瑰花图的分析

玫瑰花图作法简便，形象醒目，比较清楚地反映出主要节理的方向，有助于分析区域构造。最常用的是节理走向玫瑰花图。分析玫瑰花图，应与区域地质构造结合起来。因此，常把节理玫瑰花图，按测点位置标绘在地质图上。这样就清楚反映出不同构造部位的节理与构造（如褶皱和断层）的关系。综合分析不同构造部位节理玫瑰花图的特征，就能得出局部应力状况，甚至可以大致确定主应力轴的性质和方向。

3. 实训作业（小组讨论）

如图1.117所示，若走向北西的节理组为顺扭型剪节理，走向北东东的节理组为反扭型剪节理，走向北北东的节理组为张性节理，试分析该区的主应力轴的性质和方向。

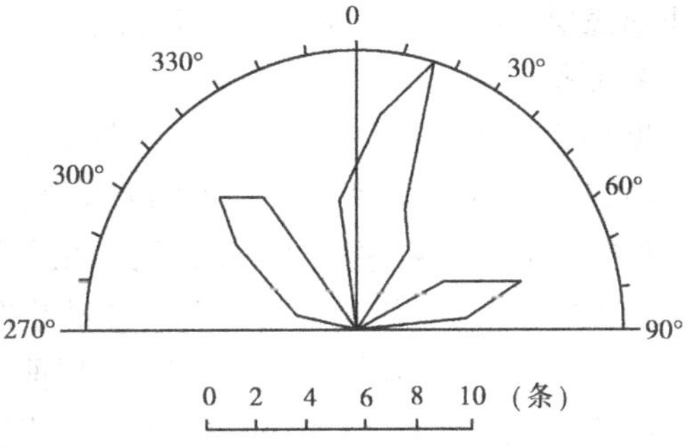

图1.117　节理走向玫瑰花图

7.2　断层

岩层受地应力作用后发生破裂，在力的继续作用下，两侧岩块沿破裂面发生显著相对位移的断裂构造称为断层。断层的规模大小不一，其形态和类型繁多，分布较广，对煤矿设计和生产都有很大的影响。

7.2.1　断层要素

为了描述断层的空间形态和性质，将断层的各个基本组成部分冠以一定的名称。这些断层的基本组成部分，称为断层要素（图1.118）。

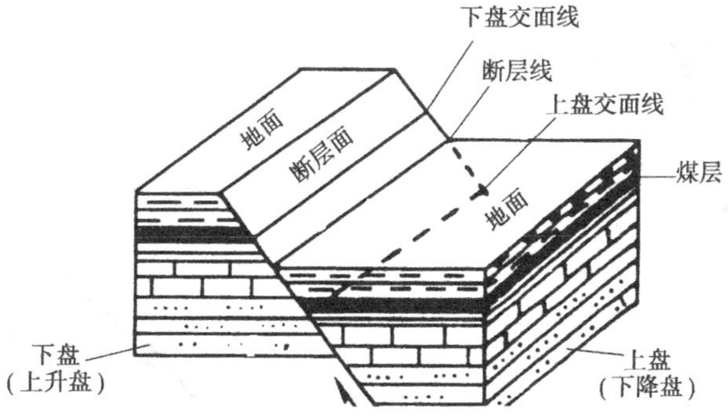

图1.118　断层要素示意图

1）断层面

断层的破裂面称为断层面。断层面的形态有平直的、也有舒缓波状的；断层面的产状有直立的、也有倾斜的，可以用走向、倾向和倾角三要素来表示。

有的断层找不到一个完整的断层面，而是一个断层破碎带。破碎带的宽度一般为数十厘米至数十米。

2）断盘

断层面两侧相对位移的岩块称为断盘。相对上升的岩块称为上升盘；相对下降的岩块称为下降盘。当断层面倾斜时，位于断层面上方的岩块称为上盘；位于断层面下方的岩块称为下盘。当断层面直立时，则无上、下盘之分，可根据断盘所处的方位来命名，如断层走向南北，位于断层西侧的称为西盘，东侧的称为东盘。

3）断层线

断层面与地面的交线称为断层线。若地面平坦，断层线的方向代表断层的走向；若地面起伏不平，断层在地表的出露线就不能反映断层的延伸方向。断层线有时呈直线，有时呈曲线，主要取决于断层面的形状及地形起伏情况。

断层面与煤层面的交线称为断煤交线。断层面与上盘煤层面的交线，称为上盘断煤交线；与下盘煤层面的交线称为下盘断煤交线。

4）断距

断层两盘同一岩层面相对位移的距离称为断距。断距可反映断层规模大小，它对煤矿生产影响极大。通常，断距是根据不同方向剖面上岩层或煤层被错开的相对位置来确定的。目前，断距的名称较多，这里只介绍常用的几个断距术语。

（1）在垂直于地层走向的剖面上可测得的断距有：

①地层断距　指断层两盘上同一岩层面被错开的垂直距离（图1.119 *ho*）。

②水平地层断距　指断层两盘上同一岩层面被错开的水平距离（图1.119 *hf*）。

③铅直地层断距　指断层两盘上同一岩层面被错开的铅直距离（图1.119 *hg*）。

（2）在垂直于断层走向的剖面上可测得的断距有：

①落差　指断层两盘同一煤层或岩层面对应点的标高差（图1.120 *ab*）。

②平错　指断层两盘同一煤层或岩层面对应点的水平距离（图1.120 *bc*）。

需要指出，同一条断层的断距沿断层的走向和倾斜方向均可能发生变化，要尽可能地在断层的不同部位多测一些数据，以便弄清断距的变化情况。

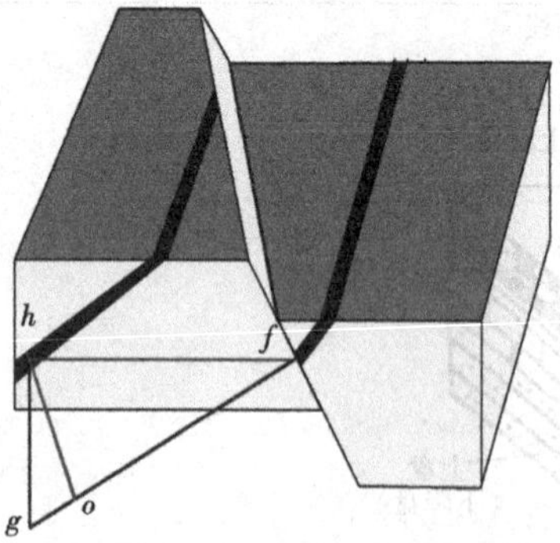

图1.119　断距示意图

ho—地层断距；

hg—铅直地层断距；

hf—水平地层断距

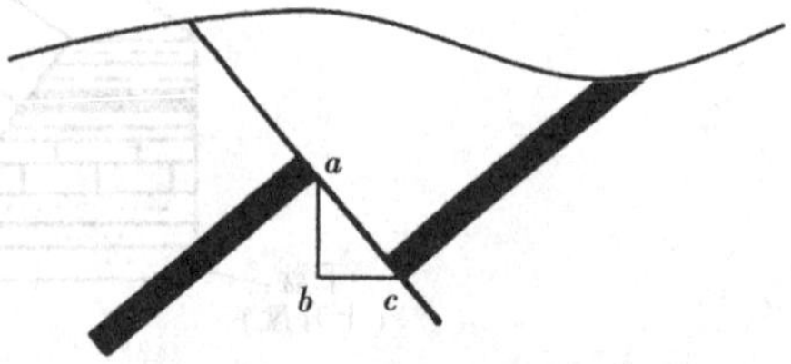

图1.120　落差、平错示意图

ab—落差；*bc*—平错

7.2.2　断层的描述

1）根据断层两盘相对位移方向分类

（1）正断层　上盘相对下降，下盘相对上升的断层称为正断层（图1.121（a））。

(2)逆断层　上盘相对上升,下盘相对下降的断层称为逆断层(图1.121(b))。

通常根据断层面倾角大小,可分为高角度逆断层和低角度逆断层。高角度逆断层面倾斜陡峻,倾角大于45°;倾角小于45°的逆断层,称为低角度逆断层。逆冲断层是位移量很大的低角度逆断层,倾角一般在30°左右或更小,位移量一般在数千米以上。大型逆冲断层的上盘因是从远处推移而来的,故称其为外来岩块,下盘则因相对未动而称为原地岩块。推覆体是指外来岩块,总体呈平板状,逆冲断层与推覆体共同构成逆冲推覆构造(或称推覆构造)。

(3)平移断层　两盘岩块沿断层面作水平方向相对移动的断层称为平移断层(图1.121(c))。

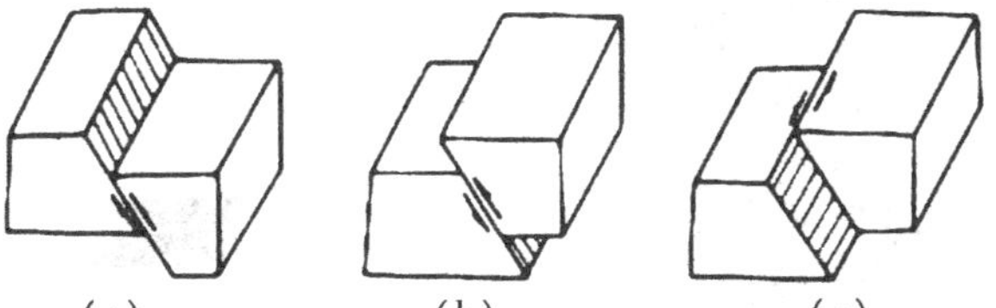

图1.121　断层位移分类

(a)正断层;(b)逆断层;(c)平移断层

2)根据断层走向与岩层走向关系分类

(1)走向断层　断层走向与岩层走向平行或基本平行称为走向断层。

(2)倾向断层　断层走向与岩层走向垂直或基本垂直称为倾向断层。

(3)斜交断层　断层走向与岩层走向斜交称为斜交断层。

7.2.3　断层的组合型式

断层可以单条发育,也可以成群出现。由多条断层排列成一定的组合型式。常见的组合型式如下:

1)地堑和地垒

地堑是指两条以上的走向大致平行,具有共同的下降盘的断层组合(图1.122(a));地垒是指两条以上的走向大致平行的断层,具有共同的上升盘的组合型式(图1.122(b))。地堑和地垒一般是由于正断层组成,但也可以由逆断层组成。

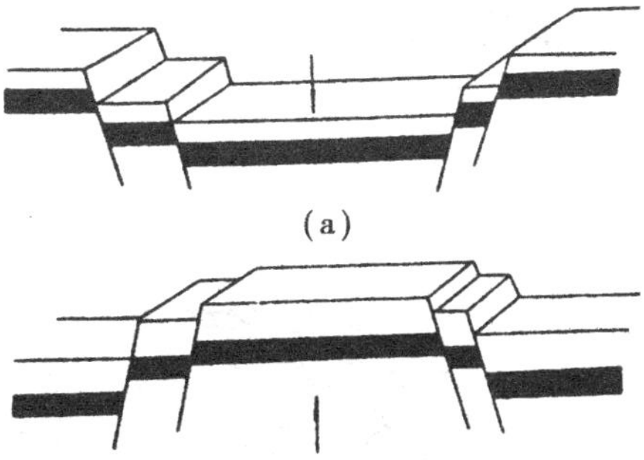

图1.122　地堑和地垒示意图

(a)地堑;(b)地垒

2)阶梯状构造

阶梯状构造是由数条产状大致相同的正断层组成。从剖面上看,各个断层的上盘向同一方向依次下降,使岩层或煤层成阶梯状(图1.123)。

图1.123　阶梯状构造

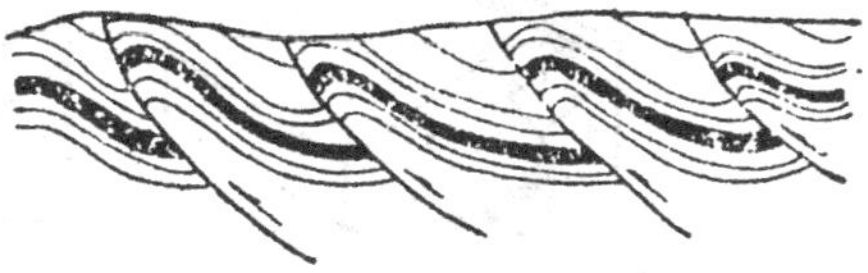

图1.124　叠瓦状构造示意图

3)叠瓦状构造

叠瓦状构造是由数条产状大致相同的逆断层组成,其上盘均向同一方向依次逆冲形成

(图 1.124)。

7.2.4　**断层标志**

断层标志是确定断层存在的依据。断层的标志很多,可分为直接标志和间接标志,归纳起来主要有以下几个方面:

1)煤、岩层不连续

在野外或井下发现煤、岩层突然中断或错开,并与其他岩层相接触(图 1.125),这是断层存在的直接标志。例如:在沿煤层掘进的巷道碛头,突然遇到了半煤岩或顶板岩层,说明有断层存在(图 1.126)。

图 1.125　岩脉错开

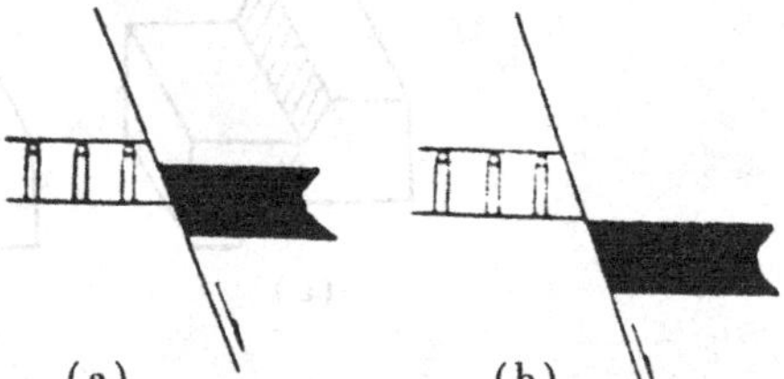

图 1.126　巷道中断层的识别

2)构造不连续

褶皱轴线或早期存在的断层等在延展方向上突然中断、错开,造成构造不连续现象,这是横断层或斜交断层存在的标志(图 1.127)。

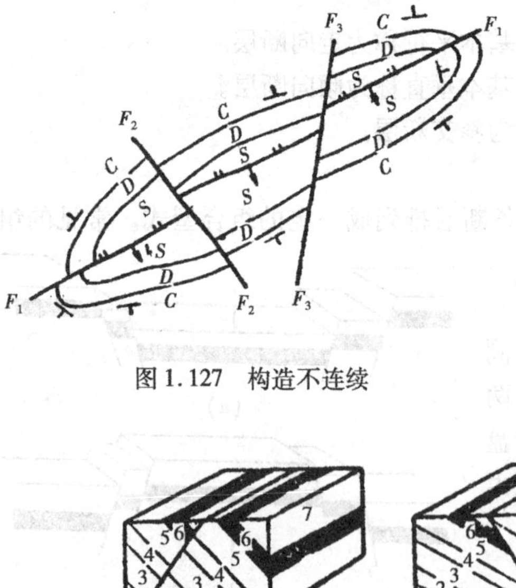

图 1.127　构造不连续

3)煤、岩层的重复与缺失

一般走向正断层或逆断层可造成煤、岩层的重复或缺失(图 1.128)。由于断层位移类型不同,断层与岩层的倾向、倾角不同,会造成六种基本的重复和缺失情况(表 1.11 与图 1.128 中的(a),(b),(c),(d),(e),(f)是相互对应的)。

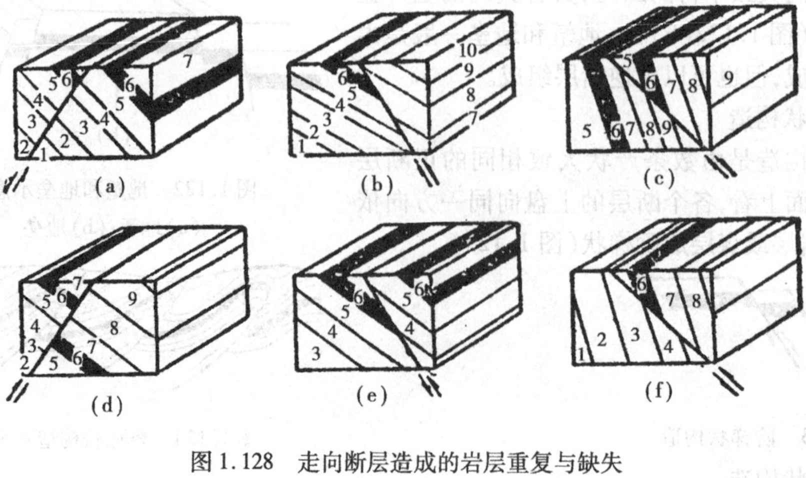

图 1.128　走向断层造成的岩层重复与缺失

表1.11　走向断层造成的岩层重复与缺失

<table>
<tr><td rowspan="4">断层位移类型</td><td colspan="6">断层倾向与岩层倾向的关系</td></tr>
<tr><td colspan="2" rowspan="2">二者倾向相反</td><td colspan="4">二者倾向相同</td></tr>
<tr><td colspan="2">断层倾角大于岩层倾角</td><td colspan="2">断层倾角小于岩层倾角</td></tr>
<tr><td>地面上</td><td>上盘直孔剖面</td><td>地面上</td><td>上盘直孔剖面</td><td>地面上</td><td>上盘直孔剖面</td></tr>
<tr><td>正断层</td><td>重复(a)</td><td>缺失(a)</td><td>缺失(b)</td><td>缺失(b)</td><td>重复(c)</td><td>重复(c)</td></tr>
<tr><td>逆断层</td><td>缺失(d)</td><td>重复(d)</td><td>重复(e)</td><td>重复(e)</td><td>缺失(f)</td><td>缺失(f)</td></tr>
</table>

4)断层面的擦痕与阶步

擦痕是断层面两侧的岩块发生位移时相互摩擦而形成的痕迹(图1.128)。擦痕由粗而深的一端向细而浅的一端,摸之有光滑感觉,此方向反映对盘的滑动方向;反之有粗糙感,表示本盘的滑动方向。

阶步是发育在断层面上的一种小陡坎,其高度一般不超过数毫米,延伸方向大致与擦痕的延伸方向垂直(图1.129)。阶步是断层两盘滑动过程中一次停顿间歇或局部阻力差异而形成的,小陡坎指向断层对盘相对滑动方向。

5)断层角砾岩和断层泥

在断层破碎带中,由于岩石受到强大压力作用而破碎成大小不等的岩石碎块,经过碎屑基质胶结后,形成断层角砾岩(图1.130)。在泥质岩或煤层的断面上,常夹有被磨得很细的泥称为断层泥。断层角砾岩和断层泥都是岩层错动形成的产物,可作为确定断层存在的标志。

图1.129　断层面上的擦痕和阶步

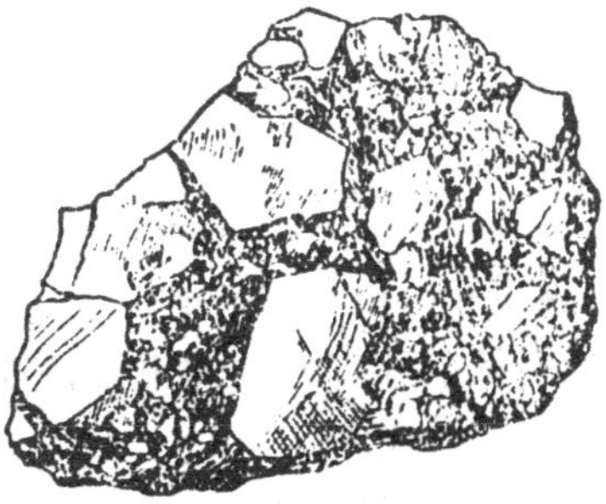

图1.130　苏州泥盆系砂岩中的构造角砾岩

6)其他标志

由于断层的影响,使山脊突然错开,地貌上形成悬崖峭壁。有的断层破碎带有泉水涌出,泉点呈串珠状分布。在矿井巷道接近断层时,往往有滴水、淋水或涌水现象等。

技能训练1.8　观察和描述断层构造

1.目的和要求

1)在地质图上分析断层。

2)在地形地质图上求断层产状。

2. 实训指导

1)断层发育区地质特征的概略分析

分析该区出露的地层,建立地层层序;判定不整合接触的时代;研究新、老地层分布及产状,确定区内褶皱形态和轴向以及断层发育状况。

2)断层性质的分析

(1)断层面产状的判定

断层线是断层面在地面的出露线。因此,它和倾斜岩层的露头线一样,可根据其在地形地质图上的"V"字形,用作图法求出断层面的产状。图 1.131 中断层线在河谷中呈指向下游的"V"字形,说明断层倾向南西,通过作图求得断层产状。

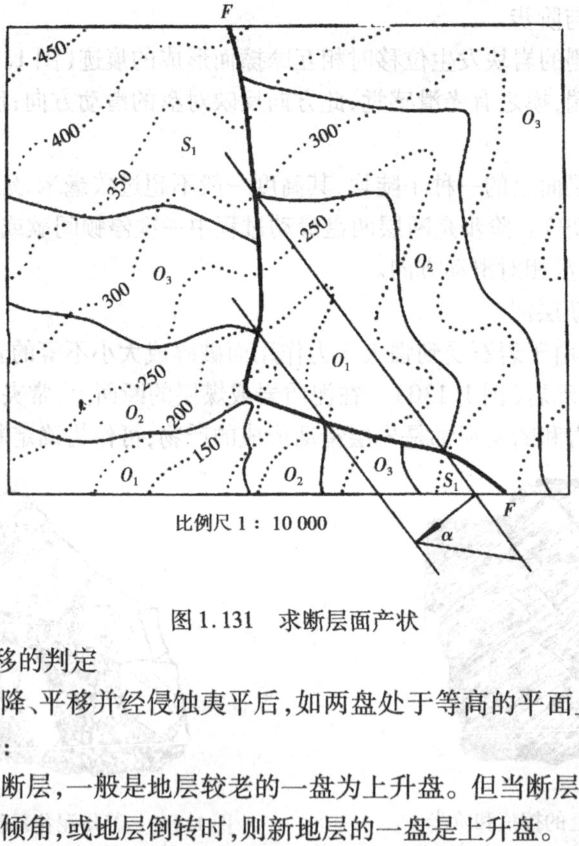

图 1.131　求断层面产状

(2)两盘相对位移的判定

断层两盘相对升降、平移并经侵蚀夷平后,如两盘处于等高的平面上,则露头和地质图上一般表现出以下规律:

①走向断层或纵断层,一般是地层较老的一盘为上升盘。但当断层倾向与岩层倾向一致、且断层倾角小于岩层倾角,或地层倒转时,则新地层的一盘是上升盘。

②横向或倾向正(或逆)断层切过褶皱时,背斜核部变宽或向斜核部变窄的一盘为上升盘。如为平移断层,则两盘核部宽窄基本不变。

③倾斜岩层或斜歪褶皱被横断层切断时,如果地质图上地层界线或褶皱轴迹发生错动,那么,它既可以是正(或逆)断层造成的,也可以是平移断层造成的。这时应参考其他特征来确定其相对位移方向。若是由正(或逆)断层造成的地质界线错移,则岩层界线向该岩层倾向方向移动的一盘为上升盘;若是褶皱,则向轴面倾斜方向移动的一盘为上升盘。

3)断层的描述

一条断层的描述内容一般包括:断层名称(地名 + 断层类型或断层编号)、位置、延伸方向、通过的主要地点、延伸长度、断层面产状、断层两盘出露的地层及其产状,以及地层重复、缺失和地质界线错开等特征；两盘相对位移方向和断距的大小；断层与其他构造的关系；断层的形成时代及力学成因等。

3. 实训作业

1）分析地形地质图（图1.131）。

2）求断层面产状并判别断层位移类型。

复习练习题

1. 解释地质术语

节理　张节理　剪节理　倾向节理　节理系　断层　断层线　地层断距　铅直地层断距　水平地层断距　落差　平错　正断层　逆断层　地堑　地垒　阶梯状构造　叠瓦状构造

2. 填空题

1）剪节理裂隙____，裂面____，产状较____，沿走向、倾向延伸____。

2）正断层上盘____，逆断层上盘____。

3）一般来说，正断层是____作用形成的，而逆断层是____作用形成的。

4）断层面上擦痕由粗而深向细而浅的方向指向____运动方向。

3. 判断题

1）张节理的产状比较稳定。　（　　）

2）只要断层面有擦痕，根据擦痕就可以确定对盘煤层断失方向和地层断距。　（　　）

3）正断层的上盘为新地层。　（　　）

4）断层破碎带易风化，因此逢沟必断。　（　　）

4. 选择题

1）节理面上________擦痕。

（1）绝对没有　（2）有　（3）有时会存在

2）断层的产状表示方法与岩层产状表示方法________。

（1）相同　（2）不同　（3）相似

3）当煤层产状越平缓时，落差与地层断距、铅直断距的值________。

（1）越接近　（2）相差越大　（3）相同

4）井下煤层巷道掘进时，只要出现煤层中断________。

（1）即表示遇到断层

（2）即可能是遇到断层

（3）可以怀疑是遇到断层，需要具体观察研究确定

5. 思考题（小组讨论）

1）怎样鉴别张节理和剪节理？

2）如何判断断层的存在？

3）如何判断断层两盘的相对运动方向？

野外实训　观察和描述地质构造

1. 野外地质实训的目的和要求

野外地质实训目的在于使学生运用和巩固所学的地质理论知识,学习野外地质工作方法,培养学生独立工作的能力,同时为学习专业课程打下良好的基础。因此,要求学生学会对岩石及地层露头进行观察和描述,能够利用岩性进行地层对比和划分,掌握实习区各地层的分层标志;学习观察和分析各种地质构造,掌握识别褶皱和断层的标志,了解实习区地质构造发展历史。

2. 野外地质实训指导

2.1　中梁山地质实训基地概况

2.1.1　交通位置

中梁山地质实训基地在凉风垭至蒋家坡一带。位于重庆市西郊,属沙坪坝区管辖范围。实习区南北长 2 km,东西宽 1.5 km,面积约 3 km^2。区内有多条公路通过,交通较为便利(图 1.132)。

图 1.132　中梁山实训基地交通位置图

2.1.2　自然地理

实习区地貌特征是岭峰相间,以侵蚀构造地形为主,相对高差在 200 ~ 250 m。山上大部分地区植被发育,沿山脊采石场较多。在山脚下的槽谷中,第四纪沉积物较发育,地势较平坦,人口稠密,工厂林立,各种建筑物繁多,经济文化发达。

实习区属于亚热带湿润季风气候，一年四季分明，具有夏季炎热，冬季温暖，秋季多雨，常年多雾，雨量充沛等特点。

实习区处于中梁山煤电公司北矿井田范围，地质研究程度较高，地层划分较细，有大量的地质资料可供参考。离学校不远，是地质实训的良好基地。

2.2　地层

中梁山地区的地层，按全国区域地层区划属于扬子地层区，四川盆地分区，万县小区。出露有上二叠统、三叠系，侏罗系等地层及第四纪沉积物。上二叠统的龙潭组和长兴组地层组成背斜核部，三叠系的飞仙关组、嘉陵江组、雷口坡组、须家河组及侏罗系地层依次分布在背斜两翼(表1.12)。

现将各地层的岩性特征由老到新分述如下：

2.2.1　上二叠统龙潭组($P_3 l$)

龙潭组主要沉积在下伏地层茅口组石灰岩的侵蚀面上，两者呈平行不整合接触，与上覆长兴组呈整合接触。由于断层作用，测区内龙潭组上部的黄褐色页岩，砂质泥岩夹灰岩仅在凉风垭一带出露10 m左右。根据中梁山北矿资料，将龙潭组分为三个岩性段。

第一段($P_3 l^1$)：底部为3 m厚的灰白色铝土页岩，页岩中含有球状黄铁矿结核和分散黄铁矿晶粒。其上为深灰、灰褐色、灰色页岩和灰黄色细砂岩，粉砂岩互层夹煤层。其中含有菱铁矿、黄铁矿结核。岩层水平层理发育，含有丰富的植物化石。含煤4层(K_7 ~ K_{10})，称为下煤组，厚度35 m左右。

第二段($P_3 l^2$)：底部为一层3.5 m厚的灰色石灰岩，俗称“大铁板”，富含腕足类化石，是第一段与第二段的分层标志。其上为灰色，灰黄色薄至中厚层细砂岩，粉砂岩夹页岩和煤层。岩层中含黄铁矿、菱铁矿结核和似层状菱铁矿，水平层理发育，植物化石丰富，含煤6层，称为中煤组，厚度40 m左右。

第三段($P_3 l^3$)：底部有一层4 m厚的铁质页岩，是第三段与第二段的标志层。其上为深灰色、灰黄色页岩，细砂岩、粉砂岩夹褐色中厚层灰岩和泥灰岩。页岩、细砂岩、粉砂岩具水平层理，含黄铁矿和菱铁矿结核，不含可采煤层，只含煤线(草皮炭)，厚40 m左右。

龙潭组富含生物化石，主要有：大羽羊齿、椅腔贝、乐平角石、刺海扇，假菲力普虫等。

2.2.2　上二叠统长兴组($P_3 c$)

长兴石灰岩主要出露在中梁山背斜的核部，在凉风垭的五台山和北风井一带出露齐全，厚度90 m左右。根据岩性和生物化石等特征，由下至上可分为6个岩性阶段：

第一段($P_3 c^1$)：深灰色薄至厚层生物碎屑灰岩夹炭质，钙质页岩。含黄铁矿晶粒，风化表面为黄褐色。含中华梨形藻、腕足类海百合茎等化石，厚度7 m左右。

第二段($P_3 c^2$)：灰黑色，灰色、黄褐色钙质页岩夹泥灰岩。含丰富的腕足类化石，厚度3 m左右。

第三段($P_3 c^3$)：灰色厚层块状灰岩，含少量燧石结核和丰富的古蜓和中华梨形藻及腕足类等化石，厚度10 m左右。

第四段(P_3c^4)：深灰色中至厚层灰岩夹薄层黑色泥岩，沥青质页岩。含黄铁矿晶粒和菱铁矿结核及少量燧石结核。波状层理发育，顶部、中部和底部各为一层5～3 cm厚的含铁质灰岩，风化表面为黄褐色，成为识别标志。本段富含欧姆贝和中华梨形藻，厚度15 m左右。

第五段(P_3c^5)：灰色厚层至巨厚层灰岩，含燧石结核，中上部为白云质团块。岩石中含中华梨形藻、䗴、腕足类等化石，厚度45 m。

第六段(P_3c^6)：灰色、棕灰色中至厚层含燧石灰岩。顶部有一层泥质灰岩，其中含有丰富的腕足类化石，局部集中形成生物碎屑泥灰岩，厚度10 m左右。

2.2.3 下三叠统飞仙关组(T_1f)

本组主要分布在背斜两翼，其岩性为石灰岩、泥灰岩、泥页岩等，总厚度514 m左右。根据岩性特征可分为五个岩性段，由新到老分述如下：

第一段(T_1f^1)：底部为4 m厚的黄绿色页岩夹薄层泥灰岩，其中既含有三叠纪的化石，又含有二叠纪的化石，形成生物混生过渡层，与下伏长兴组成整合接触。其上为紫红色、青灰色、暗紫色薄至中厚层泥灰岩夹钙质页岩。顶部为1 m左右的黄绿色页岩，是第一段与第二段的分层标志。本段厚度为60 m左右。

第二段(T_1f^2)：下部为暗紫色厚至块状泥灰岩，球状风化明显。上部为紫红色、暗紫色泥灰岩和灰白色泥晶灰岩夹黄绿色钙质页岩。泥晶灰岩有三层，在地貌上形成三条灰白色条带，但顶部一层较薄，在区域上部稳定，在填图中可把第二层泥晶灰岩作为与第三段的分层标志。在黄绿色钙质泥岩中，含有丰富的瓣鳃类化石。厚度68 m左右。

第三段(T_1f^3)：紫红色钙质页岩夹薄层泥晶灰岩，砂屑灰岩及介壳灰岩透镜体。顶部有一层黄色钙质页岩与第四段分界。本段富含克氏蛤化石，厚度209 m左右。

第四段(T_1f^4)：底部为灰色薄层砾屑灰岩和页岩；中部为灰色厚层灰岩夹数层鲕状灰岩，砾屑灰岩和砂屑灰岩，缝合线构造发育；上部为泥晶灰岩夹薄层泥灰岩。厚度100 m左右。

第五段(T_1f^5)：紫色、黄褐色钙质页岩与黄灰、灰绿色中至厚泥灰岩、泥晶灰岩互层，在泥晶灰岩中夹薄层砾屑灰岩及生物碎屑灰岩，顶部为杂色页岩，与上覆嘉陵江组呈整合接触。厚度77 m左右。

2.2.4 下三叠统嘉陵江组(T_1j)

岩性为灰色薄至中厚层泥晶灰岩、灰岩夹砂屑灰岩，可分四段，厚度519 m左右。主要分布在中梁山背斜两翼的槽谷中，露头不清，故不详述。

表 1.12　重庆中梁山地区地层简表

地层系统				代　号	厚度/m	主要岩性及标志层、化石和接触关系
系	统	组	段			
第四系	—	—	—	Q	—	江北砾岩及河流冲积物等。
侏罗系	中统	上沙溪庙组	—	J_2s	>1 000	为灰色长石石英砂岩、紫红色砂质泥岩。
		下沙溪庙组	—	J_2xs	250	下部为蓝灰色含砾长石石英砂岩；上部为暗紫色砂质页岩和黄绿色叶肢介页岩；顶部叶肢介页岩为一标志层，与上沙溪庙组分界。
		新田沟组	—	J_2x	260	底部为灰绿色、黄绿色含钙质、铁质石英砂岩；下部为紫红色钙质泥岩夹透镜状细砂岩及介壳灰岩；中部为灰黑色泥岩、页岩夹介壳灰岩、泥灰岩及细砂岩；上部为紫红色泥岩、灰绿色泥质砂岩，泥岩中含钙质结核。
	下统	自流井组	—	$J_{1-2}z$	167~266	为一套浅湖相泥岩、碳酸盐岩沉积。
		珍珠冲组	—	J_1z	60 ~267	为一套浅湖相红色泥岩、石英粉砂岩、细粒石英砂岩。
三叠系	上统	须家河组	—	T_3xj	410 ~500	为黑色页岩、炭质页岩与长石石英砂岩互层。在页岩中夹煤层和煤线。底部有一层厚约 1 m 的透镜状底砾岩或含砾砂岩与下伏雷口坡组分界。
	中统	雷口坡组	—	T_2l	0 ~159	顶部为黄色薄层状泥、钙质白云岩；上部为灰色泥晶灰岩与膏溶角砾岩互层；下部为黄灰色中至厚层钙质白云岩夹藻砾屑灰岩；底部有一层厚约 1 m 的黑色硅质页岩或“绿豆岩”与下伏嘉陵江组分界。
	下统	嘉陵江组 T_1j	第四段	T_1j^4	88	黄褐色薄至中厚层白云质灰岩，膏溶角砾岩。
			第三段	T_1j^3	138	黄褐色，灰色泥晶灰岩夹砾屑，砂屑灰岩。
			第二段	T_1j^2	98	灰色白云质灰岩，白云岩，夹膏溶角砾岩。
			第一段	T_1j^1	195	灰色薄至中厚层泥晶灰岩，灰岩夹砂屑灰岩。
		飞仙关组 T_1f	第五段	T_1f^5	77	紫色，杂色钙质泥岩夹黄灰色中至厚层泥灰岩。
			第四段	T_1f^4	100	灰色厚层灰岩夹鲕粒灰岩，缝合线发育。
			第三段	T_1f^3	209	紫红色钙质泥岩夹薄层泥晶灰岩，富含克氏蛤化石。
			第二段	T_1f^2	68	暗紫色块状泥灰岩，顶部为灰白色泥晶灰岩，含瓣鳃类化石。
			第一段	T_1f^1	60	暗紫色薄至中厚层泥灰岩，顶部 1 m 厚黄绿色页岩。
二叠系	上统	长兴组 P_3c	第六段	P_3c^6	10	灰色中厚层含燧石结核灰岩。富含腕足类化石。
			第五段	P_3c^5	45	灰色中至厚层灰岩含少量燧石结核，富中华梨形藻，蜓化石。
			第四段	P_3c^4	15	深灰色中至厚层泥灰岩夹薄层黑色泥岩。富含欧姆贝和中华梨形藻。
			第三段	P_3c^3	10	灰色厚层块状灰岩，含少量燧石结核，富中华梨形藻，蜓化石。
			第二段	P_3c^2	3	灰黑色钙质页岩夹泥灰岩，富含腕足类化石。
			第一段	P_3c^1	7	深灰色薄至厚层生物碎屑灰岩，夹钙质页岩，含腕足类化石等。
		龙潭组 P_3l	第三段	P_3l^3	40	灰黄色页岩，细砂岩，粉砂岩夹薄层灰岩。
			第二段	P_3l^2	40	灰黄色薄至厚层细砂岩夹页岩，含煤 6 层，底部为 3.5 m 灰岩（大铁板）。
			第一段	P_3l^1	35	灰色页岩夹细砂岩，含煤 4 层，底部为 3 m 灰白色铝土页岩。含植物化石。与 P_2m 呈假整合接触。
	中统	茅口组 P_2m	—	—	—	为灰白色、棕灰色块状石灰岩。

2.3 构造

2.3.1 区域构造背景

地质力学的观点认为中梁山背斜属于新华夏构造体系第三沉降带的四川盆地川东褶带的重庆弧形构造的观音峡背斜之南延部分。

四川盆地是新华夏构造体系第三沉降带最南边的一个沉降盆地,其内部侏罗系、白垩系地层广布。根据盆地内部的隆起与坳陷及其变形组合特征的差异,由东向西可分为川东褶带、川中褶带、川西褶带等三个二级构造带。

川东褶带位于华蓥山至宜宾一线以东、七跃山以西的地带。它是由背斜和向斜组成的挤压带。构造线方向大致为NE30°。其特点是背斜紧凑、向斜宽缓,在剖面上组成隔档式褶皱,在平面上成右行斜列的组合形态。背斜枢纽和轴线常波状起伏,呈“S”形弯曲。在重庆一带形成略向西凸的弧形构造——重庆弧(图1.133)。与褶皱相伴生的主要是一些压扭性纵向逆断层,其中规模最大的华蓥山断层,其走向为N25°E,地表出露长80余千米,倾向南东,断距约2 000米。在华蓥山溪口一带寒武系地层逆冲于三叠系之上。

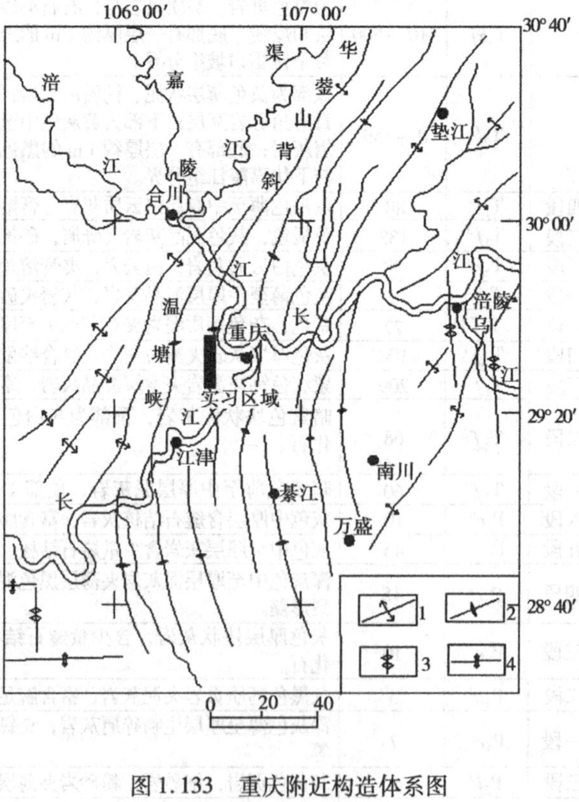

图1.133 重庆附近构造体系图

1—新华夏系;2—重庆弧形构造;3—南北向构造带;4—东西向构造带

重庆弧形构造是川东褶带的一部分。位于温塘峡和塘河背斜以东、蔺市盆地以西的弧形褶皱群。其西为永川帚状背斜群,南西为筠连—赤水东西构造带,北为华蓥山褶皱带,南为川黔南北构造带。重庆弧形是一个联合弧,它具有南北构造带和新华夏系的特点,二者不能截然分开,但在弧形构造的南北两端,又分别归属于川黔南北带和新华夏构造体系。

观音峡背斜是重庆弧形构造中规模最大,影响最深的褶皱构造。它从合川三汇坝向南延伸,穿过嘉陵江,经中梁山向南越过长江猫儿峡,逐渐向南倾伏,枢纽数度起伏;明显的高点有两个,即天府背斜和中梁山背斜,彼此在歌乐山的矿山坡和新店子之间相向倾伏,呈左行斜列展布,但总体是一个狭长的背斜形态。

2.3.2　实训基地的地质构造特征

1)中梁山背斜特征

中梁山背斜是观音峡背斜南延部分,轴向近南北,背斜紧凑,向南、北两端倾伏,为线形褶曲,其特点如下:

(1)背斜核部出露的最老地层为上二叠统的龙潭组和长兴组。两翼依次为三叠系的飞仙关组,嘉陵江组,雷口坡组,须家河组和侏罗系等地层。中梁山煤矿井下可见茅口组上部石灰岩和龙潭组的全部地层。

(2)背斜轴向近南北,但多次偏移。轴迹是一个略向西突出的弧形构造。

(3)背斜呈覆舟状,但南北两端的倾伏情况不一样。南端倾伏角8°,北端倾伏角为3°,凉风垭至高炉平一带是背斜的高点。

(4)由于断层影响,背斜轴部遭到破坏,两翼岩层倾伏不一致。在地表以长兴组地层为例。北端东翼先倾伏,西翼后倾伏;南端则相反,西翼先倾伏,东翼后倾伏。地面相距约1 000 m,显示顺时针扭动特征。

(5)背斜两翼岩层倾角和轴迹位置在南、北两端也不相同。在北端熊井庙附近,东翼岩层倾角为70°,西翼岩层倾角为40°,背斜轴在主要断层的西侧;在南端六尺顶附近则相反,东翼岩层倾角40°,西翼岩层倾角为70°,背斜轴迹在主要断层的东侧。显示了旋扭轴水平的扭动现象。

(6)背斜轴部的次级高点呈雁形排列。在南井田500 m水平,可见一系列高点呈右列分布;在北井田290 m水平北端,以茅口灰岩为核的两个高点也呈斜列展布。这些现象均反映了近南北向的反扭特点。

(7)次级褶皱

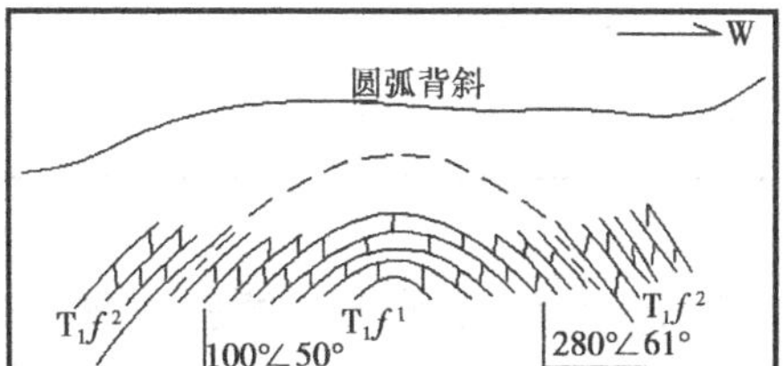

图1.134　凉风垭小背斜剖面图

中梁山背斜上的次级褶皱,主要分布在东翼飞仙关组一、二段地层中。南起凉风垭东、北至蒋家坡,断续延伸2 000 m以上。主要由一些小背斜(图1.134)和小向斜组成。总体走向为北10°东。在小背斜、小向斜间,有F_7、$F_{(7)}$断层通过。对次级褶皱的成因有两种不同的看法,一种观点认为,次级褶皱是中梁山背斜翼部独立存在的小背斜和小向斜,不连续的原因是由于F_7等断层破坏的结果。另一种观点认为:次级褶皱是F_7等断层的牵引构造,小向斜分布在F_7等断层的西盘(下盘),小背斜分布在F_7等断层的东盘(上盘),这又与牵引褶皱的分布特征相符。XXI勘查线剖面揭露的情况为这种观点提供了依据。

2)断层

中梁山背斜上的断层相当发育,以走向逆断层为主,正断层少见,平移断层较多,但规模较小。现将实习区内不同类型的断层分述于后:

图 1.135　白坟嘴 F_1 断层破碎带示意图

(1)走向逆断层

这类断层在背斜上很发育,多分布在背斜轴部附近和东翼地层中。在实习区内有 F_1、F_2、F_3、F_4、F_7、$F_{(7)}$、F_{10}、F_{101} 等断层。其总体走向近南北,与背斜轴向大体一致,倾向南东东和北西西,常造成地层重复或缺失。在平面上平行排列或斜列,在剖面上呈对冲或反冲的组合形态(表1.13)。

表 1.13　实习区内走向逆断层一览表

编号	走向	倾向	倾角	断距/m	长度/m	起止点	其他特征
F_1	N5°~9°E	NWW	50°~78°	50~100	6 000	南:张家大院 北:熊井庙	白坟嘴破碎带明显
F_2	N5°~10°E	NWW	50°~60°	不明	1 000	南:赖家垭口 北:蒋家坡	警报台西断层破碎带明显
F_3	N10°E	NWW	70°	30~150	1 500	南:水竹湾 北:蒋家坡	切割煤系地层
F_4	N9°~22°E	NWW	65°~77°	60~650	9 700	南:放牛坪 北:龙井湾	切割煤系,顺扭,主要断层之一
F_7	N10°E	SEE	70°		1 500	南:柑子林 北:凉风垭	位于凉风垭小背斜西翼,使 T_1f^2 重复
$F_{(7)}$	N10°E	SEE	60°~70°	不明	1 000	南:白坟嘴西 北:赖家垭口	与 F_7 首尾斜列
F_{10}	N10°E	SEE	70°~80°	470	4 000	南:高炉平 北:凉风垭	使东翼煤系重复
F_{101}	NNW	SWW	35°	不明	1 000	南:福华采石场 北:由草沟	使 T_1f^4、T_1f^5 变薄

F_1 该断层主要分布在背斜东翼飞仙关组第三段紫红色泥岩中,走向 N5°~9°E,倾向 NWW,倾角 50°~78°E,由浅入深,倾角加大,断距达 100 m,在深部切割煤系地层。南起张家大院,北至熊井庙,延伸 6 000 m。断层面舒缓波伏,在白坟嘴公路旁边可见断层破碎带,宽约 3 m,其内有紫色泥灰岩组成的构造透镜体,在剖面上呈斜列展布,并与断层面呈锐角相交,指示上盘上冲,显示压性特征(图 1.135)。

F_2 该断层分布在背斜东翼飞仙关组第二段地层中。走向 N5°~10°E,倾向 NWW,倾角 50°~60°;南起赖家垭口,北至蒋家坡,延伸 1 000 余米;在警报台西,可见断层角砾岩,角砾大小相近,具有定向排列,剖面上呈斜列分布,与断层面交角较小,指示上盘上冲,显示压性特征。

F_3 该断层分布在背斜东翼飞仙关组第一段地层中。走向 N10°E,倾向 NWW,倾角 70°,断距 30~150 m。南起水竹湾,被北至蒋家坡,延伸1 500 m,紧靠 F_4 断层与其平行延伸。局部地段造成地层缺失,如在赖家垭口使 T_1f^1 地层变薄。

F_4该断层分布在背斜轴部及东翼地层中，走向N9°~22°E，倾向NWW，倾角65°~77°。南起放牛坪、北至龙井坡，延伸9 700 m。断距60~450 m，中部地带断距最大，最大落差在凉风垭一带，使龙潭煤系上部出露地表。断层两侧岩石破碎，节理发育，有大量方解石脉充填，形成数米宽的断层破碎带，破碎带中可见构造角砾岩、碎裂岩、断层泥和片理化等现象，显示压扭性特征。在赖家垭口北采石场揭露出来的断层面上，可见近水平方向的擦痕和阶步及方解石薄膜。该断层使背斜北端的长兴灰岩在背斜东西两翼的倾伏情况不同，这是由于后期构造运动产生的顺时针扭动的结果(图1.136)。

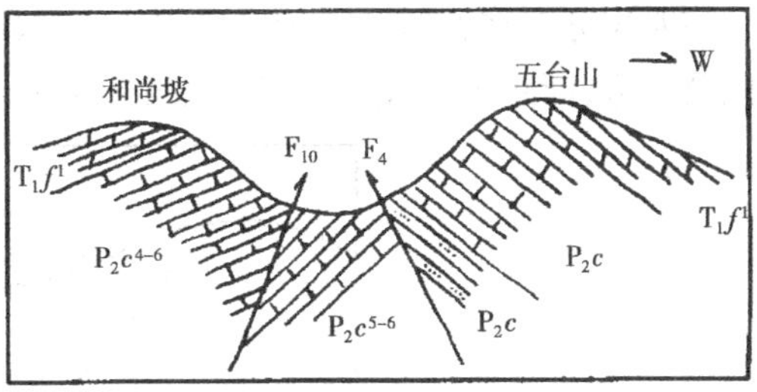

图1.136　凉风垭地质剖面示意图

F_7该断层主要分布在背斜东翼飞仙关组第二段地层中，走向N10°E，倾角SEE，倾角70°。南起凉风垭往南延伸1 500 m。在深部切割F_1。实习区延伸500 m左右，在白坟嘴之西与$F_{(7)}$断层首尾成左行斜列。

$F_{(7)}$该断层主要分布在背斜东翼飞仙关组第二段地层中。走向N10°E，倾向SEE，倾角60°~70°。南起白坟嘴之西，向北延伸1 000 m左右，消失于赖家垭口，并与F_2断层呈左行斜列。该断层分布在凉风垭小背斜与小向斜之间，常造成飞仙关组第二段地层部分重复。

F_{10}该断层分布在背斜东翼轴部的长兴灰岩中。走向N10°E，倾向SEE，倾角70°~80°。南起高炉坪，北至凉风垭，全长4 000余米，但实习区内不足200 m。断距470 m左右，造成东翼龙潭煤系重复(图1.136)。在和尚坡西侧采石场可见其破碎带约2 m，破碎带内的构造岩发育，有构造角砾岩、碎裂岩和断层泥，并有大量的方解石脉充填。断层面上存在大量的斜向擦痕和阶步，指示上盘向上斜冲，说明该断层具有扭性特征。

$F_{(101)}$该断层分布在背斜东翼的飞仙关组第四段和第五段地层中。走向NNW，倾向SWW，倾角35°左右。南起福华水泥厂南采石场，北至油草沟，全长1 000 m左右。局部地段造成地层缺失，如在山洞水泥厂附近，使T_1f^4变薄，靠近断层面的泥灰岩发生倒转。现在大部分地区被建筑物掩盖，不易观察。

另外，在背斜轴部还发育一些小断层(图1.137)。

图1.137　水竹湾小断层

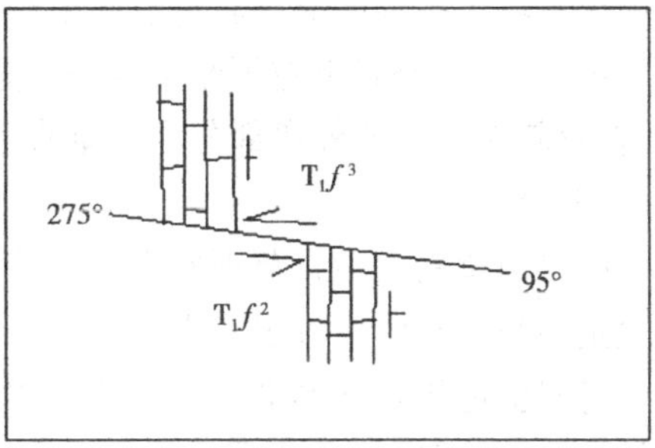

图1.138　鱼跳石西平移断层示意图

(2)平移断层

这类断层在实习区内较发育，但规模较小，平移距离在15 m以内，单条断层的延伸不超过

50 m,主要发育在背斜两翼飞仙关组地层中。区内的狮子堡和鱼跳石均可见到。鱼跳石西平移断层位于飞仙关第二段顶部,走向275°,断层南盘东移,北盘西移,错开10 m(图1.138)。

(3)正断层

该断层分布在背斜西翼的飞仙关组第二段和第三段分界地层中。位于歌乐山隧道西出口北侧公路旁,断距1 m左右。该断层是实习区域唯一的一条正断层(图1.139)。

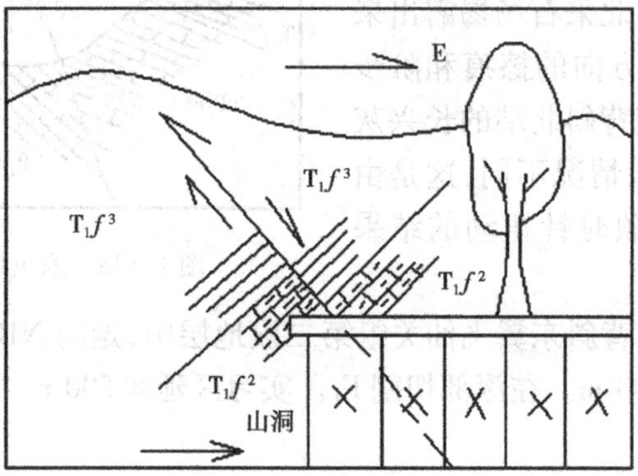

图1.139　正断层素描图

3)节理

在中梁山背斜上不同方向、不同性质、不同形态和不同规模的节理相当发育。根据节理的力学性质可分为张性节理和剪性节理。根据节理与背斜的关系及形成先后顺序可分平面X型节理、纵张节理、横节理、层间节理和顺层节理。现将上述节理的分布位置及其特点分述如下:

(1)平面X型节理

这类节理在整个背斜上均有分布,属于区域性节理。特别在灰岩和泥灰岩中发育。一组走向60°~70°显示顺扭;另一组走向340°左右,显示反扭,两组节理可以配套组成X型共轭剪节理。节理面与岩层面近于垂直,常把岩层切割成菱形块体,沿着这两组节理而造成岩石成球状风化。有的地方两组节理中有方解石脉充填,互相切错。这是中梁山地区受到近东西向的挤应力作用的初期,岩层还未发生弯曲变形时,沿最大剪应力作用而形成的一对共轭剪节理。

(2)纵张节理

这类节理主要分布在背斜轴部,其延伸方向与背斜轴线大体一致。如鼠子垭采石场和歌乐山采石场出露最明显。其特点是节理走向近南北,节理面与岩层面近于垂直,其宽度数厘米至1 m左右,形态是上宽下窄成楔状,裂隙中有黄色黏土充填。这是由于中梁山背斜形成以后,在背斜转折端的外弯部分出现垂直于背斜轴的局部张应力所致。

(3)横张节理

中梁山背斜上横张节理发育。其特点是节理面粗糙,沿走向和倾向发生弯曲形成锯齿状,节理走向与背斜轴线近于垂直。节理局部集中,在密集地段,由于风化、剥蚀作用,常形成一系列与背斜轴近于直交的沟谷。这些沟谷略具等距性,在背斜两翼具对称性,如凉风垭、鼠子垭、水竹湾、赖家垭口等沟谷反映了这一特点。这类节理可能属于岩层发生弯曲变形前的横张节理追踪平面X型节理发展起来的。

(4)层间节理和顺层节理

这两类节理在凉风垭小背斜上表现最明显。

层间节理：主要分布在小背斜轴部附近，节理面平直与层面斜交，所夹锐角尖端指示相邻岩层的滑动方向。单条节理，只限于单层岩层之中，节理中有方解石脉充填。

顺层节理：与上述层间节理分布同一位置，其特点是节理面平直，与岩层面平行延伸，其间充填方解石脉。层间节理和顺层节理可配套组成 X 型节理，它们的形成主要是在岩石受到水平挤压发生弯曲变形的过程中，由相邻的岩层沿层面发生相对滑动时，构造的一对力偶所致。

2.4　水文地质概况

本区属于亚热带气候，湿热多雨，年平均相对湿度为 80%，年平均气温为 18 ℃，年平均降水为 1 204 mm，70% 以上的降水集中于每年的 5 至 9 月。中梁山的地貌特点是“一山二谷三岭”，主要受构造和岩性控制。显现出碳酸盐岩与碎屑岩走向呈带状相间展布的特征。碳酸盐岩分布区，地形低洼，平缓，其间溶沟、石芽、落水洞、暗河发育；碎屑岩分布区，山势陡峻，常成斜坡或植物发育的山脊，呈带状镶嵌于碳酸盐岩之中。飞仙关组和长兴组构成背斜内山，东西两侧对称出露嘉陵江组溶蚀槽谷和须家河组单斜外山，构成典型的“一山二谷三岭”式地貌（图 1.140）。

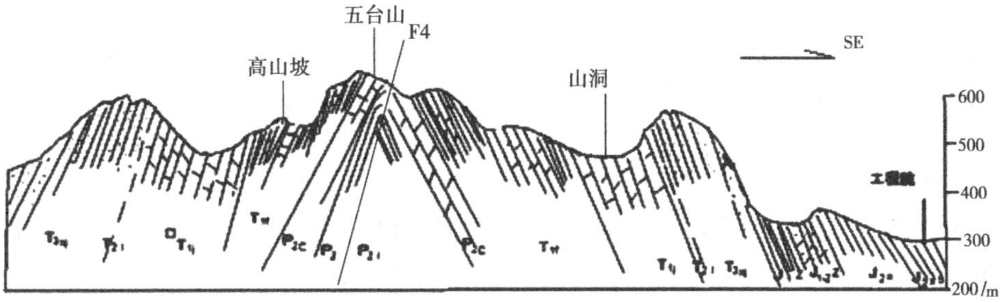

图 1.140　中梁山地貌剖面示意图

在实习区，二叠系下统长兴组（P_2c）、飞仙关组（T_1f）第四段、三叠系下统嘉陵江组为石灰岩，为含水层；三叠系下统飞仙关组（T_1f）第二、三、五段主要为泥灰岩或页岩、二叠系下统龙潭组（P_3l）第三段主要为黄褐色页岩，为相对隔水层。

本区断裂相当发育，实习区内凉风垭、赖家垭口一带见泉水沿断层线分布，这些泉多属溢流下降泉，主要是风化带内断层阻水造成。据井下资料，所遇断距较大断层和宽大裂隙常涌水或淋水。这类现象表明区内各含水层间的隔水层已局部失去隔水性能，从而使各含水层通过断层发生了一定的水力联系。

本区无大的地表水流存在。降雨几乎成为本区地下水唯一的补给来源。降雨通过裂隙、落水洞等渗入地下。在可溶性岩分布地带，因岩性大面积裸露且岩溶发育，降雨可通过洼地、落水洞直接灌入地下，使岩溶含水层的水量迅速增加。

2.5　实习区矿产

2.5.1　煤

1）龙潭煤系及开发简史

根据地质勘探和多年开采资料，中梁山矿区的龙潭组共含煤 10 层，从上往下编号一次为 $K_1 \sim K_{10}$（表 1.14），其中除 K_6 不可采外，其余 9 层均可开采。但可采煤层集中在煤系地层的中下部。煤岩类型以半亮煤为主，次为光亮型，以 K_1、K_9、K_{10}最好，可选性好，煤种排号为焦煤。

表 1.14　中梁山煤层厚度一览表

编号	厚度/m	编号	厚度/m	编号	厚度/m	编号	厚度/m	编号	厚度/m
K_1	2.40	K_3	1.10	K_5	0.9	K_7	1.00	K_9	1.25
K_2	0.80	K_4	1.35	K_6	0～0.2	K_8	1.20	K_{10}	1.40

从上表可见除 K_1、K_4、K_{10}为中厚层外，其余均为薄煤层，可采厚度为 11 m，含煤系数为 8.78%。

1930 年李春昱发现并推断凉风垭地下 30～40 m 处有可采煤层。

1936 年重大地质系师生在凉风垭测绘 1∶2 500 地形地质图，预算煤炭远景储量为 1 亿吨。

1940 年以后，资本家在建川、福华打了四个钻孔，见可采煤层；后在建川建斜井开采至 1945 年，共采煤 15.8 万吨，因无法排水，导致矿井淹没。同期在福华建一个平硐，采煤 1.9 万吨，因瓦斯爆炸而倒闭。

1950—1955 年进行勘探，1956 年基建，1959 年建成的中梁山煤矿，分南北两井开采，每个矿井原设计能力为 60 万吨／年，现在实际产量约 30 万吨／年。用平硐加竖井和暗斜井联合开拓。

2）上三叠统须家河组煤系

上三叠统须家河组是一套陆相的河湖相沉积，其中以河流相沉积为主。其岩性和厚度，在纵向上和横向上变化较大。在中梁山地区分为四个岩性段，其中一、三段为含煤段。二、四段为砂岩段，上含煤段的含煤性较好，含 3～4 层煤，煤的单层厚度为 0.1～0.55 m。煤层厚度不稳定，变化较大，常成透镜状分布，因而无法开采。

2.5.2　其他矿产

1）黄铁矿

黄铁矿主要产于龙潭煤系底部的铝土岩中及煤层底部和粉砂岩中。矿层厚度 1.4～1.9 m；品位 14%左右；储量 2 000 多万吨；用于制硫磺、硫酸。

2）煤层气（瓦斯）

矿井瓦斯的主要成分是沼气，化学名称叫甲烷（CH_4）。甲烷是一种无色、无味、无毒的气体，化学性质稳定，瓦斯是在煤化过程中产生的。中梁山煤矿为超级瓦斯矿，瓦斯地质储量为 32 亿立方米，可采 10 亿立方米，每年瓦斯涌出瓦斯约 5 000 万立方米，人工抽放瓦斯达 2 000 万立方米，其中 1 200 万立方米供民用燃料，800 万立方米用来制造炭黑。1.2 万立方米的瓦斯可以生产一吨炭黑，炭黑是制造轮胎的原料。

3）赤铁矿

赤铁矿的化学成分是 F_2O_3，颜色为红色，有的具有鲕状和豆状结构。中梁山背斜上的赤铁矿主要产于侏罗系底部的綦江段中，故名綦江式铁矿。矿体呈透镜状。具体产地在中梁山背斜西翼白市驿铁厂。

4）石灰石矿

主要产于长兴组、飞仙关组第四段、嘉陵江组第一、三段，CaO 的含量大于 50%。用于烧石灰、制水泥、制电石、冶金溶剂、建筑材料。重庆钢铁公司在歌乐山开采 T_1f^4 的石灰岩作为炼钢溶剂。

3. 实训作业

学生根据野外观察到的地质情况写一份实习报告。

学习情境 2

煤资源地质分析与应用

学习目标

知识目标	能力目标	相关知识	权重
1. 能基本理解煤的形成。	1. 初步能鉴别煤的能力。 2. 基本能识别煤质分析结果表示方法的能力。 3. 基本的对煤层系统观察和描述的能力。 4. 较强的逻辑思维、自学、获取信息和自我发展能力。 5. 一定的创新意识和能力。	1. 数学运算基本知识。 2. 矿物与岩石、地层、地质构造等地质基础知识。 3. 图件识读的基本知识。 4. 野外安全知识。	0.1
2. 能结合煤的主要物理性质、结构、构造特征基本识别宏观煤岩组成。			0.2
3. 能基本认识煤质分析结果的表示方法，结合煤的化学组成、元素组成、工艺性质等能理解煤的工业分类。			0.2
4. 能理解煤层的一般特征并对煤层进行系统观察和描述。			0.3
5. 能基本理解煤系的一般特征。			0.2

问题导入

前述地质作用、矿物与岩石、地层及地质构造等基本知识是本情境学习的基础。为合理地开发煤炭资源，煤矿开采技术人员有必要了解和掌握有关煤、煤层、煤系的基本知识。本情境的学习重点是“煤的宏观组成”、“煤的工业分类”、“煤层的系统观察和描述”及“煤系一般特征”等内容；学习的难点是“煤的形成”、“煤主要的物理性质、结构、构造”、“煤质分析结果的表示方法”、“煤层的系统观察和描述”、“煤系一般特征”等内容。它将对后续情境的学习打下基础。

任务1　煤的形成分析

1.1　煤及其形成条件

煤是古代植物遗体经生物化学作用和物理化学作用转变而成的固体可燃有机矿产。它是由多种高分子化合物和矿物质组成的复杂混合物，是极其重要的、不可再生的化石能源和工业原料，是地球上蕴藏量最丰富、分布地域最广的化石燃料。

在地史发展过程中，煤在时间上的聚积和在空间上的分布并不是均衡的。不同地质时期，有的时代有煤的形成，而有的时代则没有煤的形成；即使同一地质时期，有的地区有煤的分布，而有的地区则没有煤的分布。由此可见，煤的形成并不是偶然的，而是受一定条件控制的。煤的形成必须具备以下条件。

1.1.1　古植物

古植物的遗体是成煤的原始物质。自然界煤的形成是在地球上有了植物以后，没有植物的生长繁殖，就不可能有煤的形成。

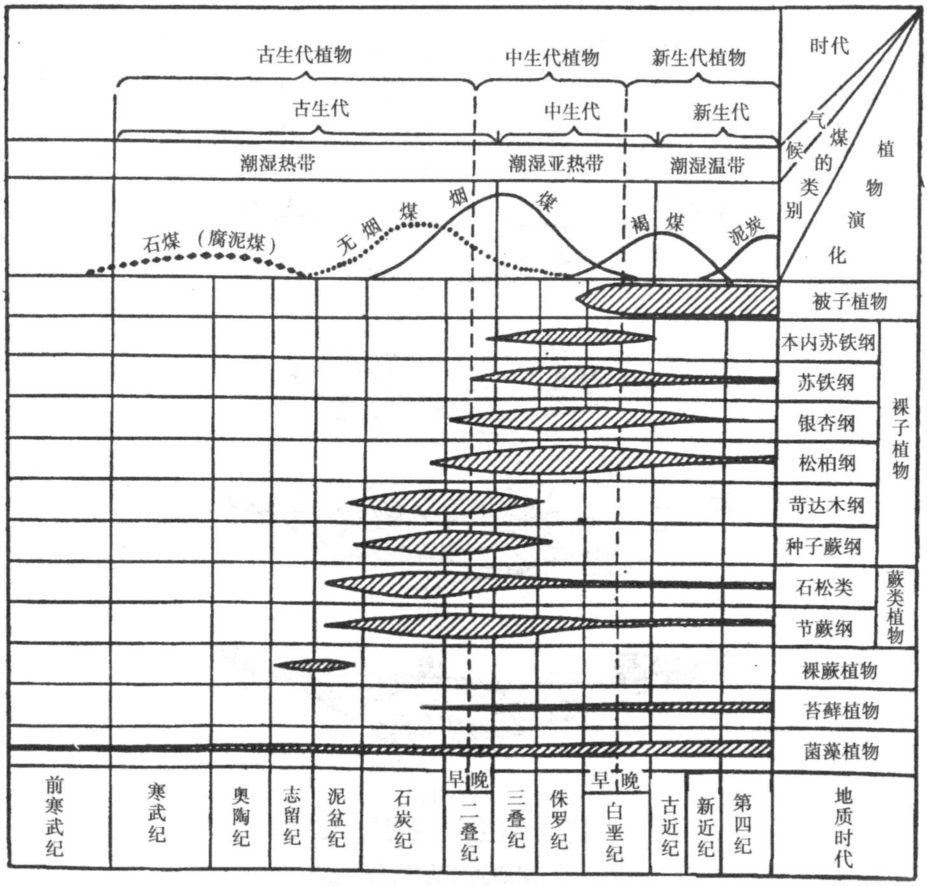

图2.1　地史时期植物的演变与成煤时期的关系

地球上的植物经历了从低等植物到高等植物演化的历史。低等植物是单细胞或多细胞组成的丝状体或片状体,没有根、茎、叶等器官的分化;以菌类、藻类为主;多为水生。高等植物是由具有相同生理机能和形态结构的细胞群组成,有根、茎、叶、花、果实、种子等组织和器官的分化;其主要包括苔藓植物、蕨类植物、裸子植物和被子植物;这些植物除苔藓外,常能形成高大的乔木,具有粗壮的茎和根;多为半陆生和陆生。无论是高等植物还是低等植物,它们都能转变成煤,但自然界大多数具有工业价值的煤层都是由高等植物转变而成的。

虽然震旦纪前就已经出现了植物,但植物的大量繁殖是从晚泥盆世开始,特别是石炭纪、二叠纪、侏罗纪、白垩纪及古近纪和新近纪,植物生长繁茂、种类繁多、森林广布,为成煤提供了大量的原始物质。因此,伴随植物的演化和繁盛,地史上出现了我国及世界上重要的成煤时期,如石炭—二叠纪、三叠纪、侏罗纪、白垩纪及古近纪等(图2.1),形成了有重要工业价值的煤系和煤层。

1.1.2 古地理

植物遗体不是在任何环境下堆积都能形成煤,而是必须具备两个基本条件:(1)必须有大量植物的持续繁殖和生长,这是成煤的物质基础;(2)植物遗体堆积起来后应及时与空气隔绝,以使植物遗体不被分解,能保存下来并进一步转化成泥炭或腐泥(煤的前身)。自然界中,符合这两个条件的地理环境最主要的是沼泽或泥炭沼泽。因此,形成煤必须有适于发育大面积沼泽的自然地理环境。

沼泽是地表土壤充分湿润、季节性或长年积水、丛生着喜湿性植物的低洼地段。一般来说,广阔的滨海平原、内陆湖泊、泻湖海湾、山间或内陆盆地、宽广河谷的河漫滩、三角洲平原等,受地壳升降、海水进退的影响,容易大面积发育沼泽(图2.2)。

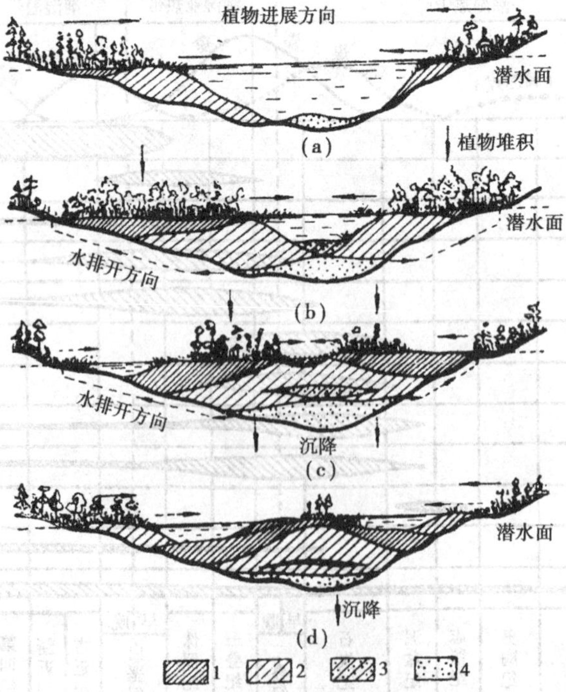

图2.2　湖泊演变为沼泽示意图

1—泥炭;2—腐泥质泥炭;3—腐植腐泥;4—腐泥

1.1.3　古气候

古气候对成煤的影响表现在：一方面直接影响植物的生长和分解；另一方面影响沼泽的形成。

气候条件主要是指温度和湿度，普遍认为湿度因素更为重要。温度既影响植物的种群和生长速度，也影响植物遗体的分解速度。尽管热带、亚热带、温带、寒带都有植物，但最适宜植物生长的温度条件是热带和亚热带的温暖气候。湿度通常是以年平均降雨量与年平均蒸发量的比值即湿度系数来表示。当湿度系数>1(潮湿)时，在低洼地带甚至地势较高的地方，可以广泛沼泽化；当湿度系数<1(干旱)时，沼泽化只局限在地势极为低洼的、能得到地面水系或溢出地表的潜水补给的地方。潮湿的湿度条件是形成沼泽的前提，也为植物的生长带来充足的水源和营养。只有在温暖、潮湿的气候条件下，植物才能大量生长繁殖；同时植物遗体也只有在积水的沼泽等地带，才能免遭完全氧化分解，逐渐堆积起来。因此，温暖、潮湿的气候是成煤的重要条件。

1.1.4　古构造

古构造对成煤的影响区分为基底先存构造、同沉积构造和后期构造。基底先存构造是煤系形成之前基底岩系中已经存在的各种构造，主要是提供煤系形成的场所——煤盆地。同沉积构造是煤系和煤层形成的同时、控制煤系岩性和厚度发育的同期构造，主要影响煤系的厚度和煤层的特征。煤层的形成要求地壳不断缓慢地沉降，其沉降的速度最好与植物遗体堆积的速度大致平衡，这种平衡持续的时间越长，形成的煤层就越厚；此外，一个地区多层煤层的形成，又要求地壳在总的沉降过程中发生多次小型升降或间歇性沉降；在地壳缓慢沉降过程中，同一地区如果其沉降的幅度不同，会造成煤层厚度出现分叉、变薄、尖灭的现象。后期构造是煤系形成之后发育的构造，主要是对已经形成的煤系进行改造进而形成煤田。

古构造一方面控制煤盆地、煤系、煤层、煤田的形成和分布；另一方面还对古气候、古地理和古植物造成影响。所以，古构造是影响成煤最重要的因素。

总之，煤的形成是以上四个条件共同作用的结果。在地壳发展过程中，当以上四个条件彼此之间配合较好且持续的时间较长，就能形成具有工业价值的煤层；如果彼此之间的配合只是短暂的，虽然也可能形成煤层，但不可能形成具有工业价值的煤层；若其中一个条件向不利于成煤的方向转化后，在横向上和纵向上过渡为非含煤岩系。

1.2　成煤作用

成煤作用是古代植物遗体经生物化学作用和物理化学作用转变为煤的过程。植物死亡后，在沼泽中堆积转变成煤，经过了一系列复杂的演变。根据成煤作用的时间、影响因素及产物，将其大致分为两个阶段，即：第一阶段泥炭化或腐泥化作用阶段和第二阶段煤化作用阶段。其中第一阶段起主导作用的是生物化学作用，并形成泥炭或腐泥；第二阶段起主导作用的是物理化学作用，并形成各种煤(图2.3)。

1.2.1　泥炭化或腐泥化作用阶段

高等植物或低等植物遗体在沼泽或湖泊等环境中，由于水、氧、微生物的参与，分别转变为泥炭或腐泥的过程称为泥炭化或腐泥化作用。

1)泥炭化作用

泥炭化作用是高等植物遗体在沼泽中水、氧、微生物的参与下，发生分解、合成、聚集转变

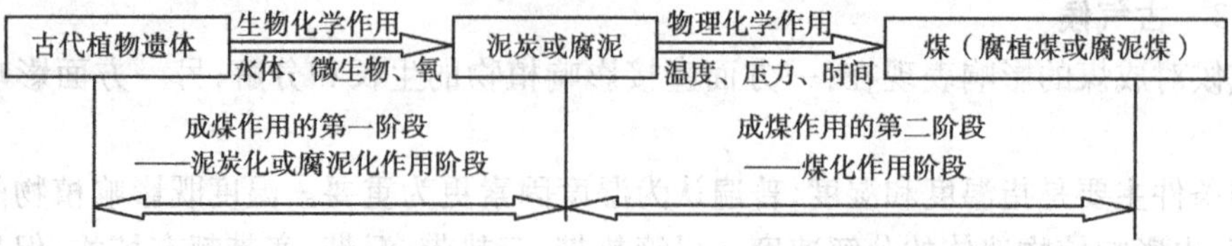

图2.3 成煤作用阶段划分示意图

为泥炭的过程。

在沼泽中，高等植物遗体首先堆积在沼泽水体的浅部，由于大气中的氧和喜氧细菌的参与，使植物有机组成（主要为木质素、纤维素等）中的一部分遭受一定程度的水解和氧化分解、一部分被彻底破坏，变为气体和液体；部分转化为简单的化学性质活泼的化合物。随着沼泽水体的逐渐加深及植物遗体的不断堆积加厚，使已遭受部分分解的植物遗体转入沼泽深部，逐渐与空气中的氧隔绝，在厌氧细菌的作用下，植物遗体中的分解产物之间以及分解产物与未分解的物质相互作用，合成新的化合物（主要为腐植酸、沥青质等）。这些物质与少量泥砂等物质混合在一起，即形成了泥炭。

2）腐泥化作用

腐泥化作用是指低等菌藻类植物及少量浮游微体动物的遗体，在一定条件下经生物化学作用转变为腐泥的过程。

当生活在湖泊、浅海等水体中的低等植物和低等动物死亡之后，在水体表层和下沉到水底的过程中，先遭受一定程度的氧化分解。沉向水底后，由于水层和随后沉积物的覆盖，转入缺氧的还原环境，在厌氧细菌的作用下，低等植物中的蛋白质、脂肪等遭到分解。然后经过化学合成作用，形成一种含水很多的棉絮状胶体物质（富含沥青质）。这些物质与泥砂混合后进一步变化，即形成了腐泥。

1.2.2 煤化作用阶段

煤化作用是由于地壳下沉，已经形成的泥炭或腐泥被上覆沉积物覆盖掩埋，在长期地热及上覆沉积物静压力的作用下，泥炭或腐泥分别转变为腐植煤或腐泥煤的过程。自然界中，由腐泥经煤化作用形成的腐泥煤因形成时代较早，已经变为腐泥无烟煤（俗称“石煤”）且蕴藏量小、工业价值低，地位较次要；而由泥炭经煤化作用形成的腐植煤因成煤期多、种类多、蕴藏量大、工业价值高而具有重要地位。以下主要说明腐植煤的煤化作用。

煤化作用过程分为煤的成岩作用和煤的变质作用两个阶段。

1）煤的成岩作用

煤的成岩作用是已经形成的泥炭，因地壳下沉而埋藏于地下较深处后，在温度、压力等因素的作用下发生物理化学变化转变成年青褐煤（暗褐煤）的过程。在地壳较深处，由于上覆沉积物的压力作用，泥炭逐渐被压紧、脱水、固结，趋于致密；同时，泥炭中有机质的分子结构和化学成分在压力和温度的影响下，碳含量增加、氢氧含量减少、腐植酸含量降低，泥炭转变为年青褐煤（暗褐煤）。

2）煤的变质作用

煤的变质作用是年青褐煤（暗褐煤），在更高的温度和压力及时间因素的作用下进一步发生物理化学变化转变成老褐煤（亮褐煤）、烟煤、无烟煤的过程。当地壳继续下沉，使已经形成的年青褐煤沉降到地壳更深处，在温度、压力的持续作用下，其内部的分子结构、物理性质、化学性质等发生变化，光泽增强、密度增大、碳含量进一步增加、氢氧含量继续减少、挥发分逐渐减少、腐植酸完全消失等，年青褐煤转变为老褐煤、烟煤、无烟煤。根据煤变质作用形成的不同煤类，将煤变质分为未变质、低变质、中变质、高变质四种变质程度及0—Ⅶ八个阶段(表2.1)。

表2.1　腐植煤的成煤作用过程

<table>
<tr><td rowspan="3">转变顺序</td><td rowspan="3">高等植物遗体</td><td rowspan="3">泥　炭</td><td colspan="8">煤</td></tr>
<tr><td rowspan="2">褐煤
HM</td><td colspan="6">烟　煤(YM)</td><td rowspan="2">无烟煤
WY</td></tr>
<tr><td>长焰煤
CY</td><td>气煤
QM</td><td>肥煤
FM</td><td>焦煤
JM</td><td>瘦煤
SM</td><td>贫煤
PM</td></tr>
<tr><td>转变阶段</td><td colspan="2">泥炭化
作用阶段</td><td colspan="8">煤化作用阶段</td></tr>
<tr><td>转变因素</td><td colspan="2">水、氧、微生物</td><td colspan="8">温度、压力、时间</td></tr>
<tr><td rowspan="5">主要变化
及作用</td><td colspan="2">生物化学变化</td><td colspan="8">物理化学变化</td></tr>
<tr><td colspan="2" rowspan="4">生物化学作用
凝胶化作用
丝炭化作用
残植化作用</td><td>煤的成
岩作用</td><td colspan="7">煤的变质作用</td></tr>
<tr><td>未变
质煤</td><td colspan="2">低变质煤</td><td colspan="3">中变质煤</td><td colspan="2">高变质煤</td></tr>
<tr><td>0
阶段</td><td>Ⅰ
阶段</td><td>Ⅱ
阶段</td><td>Ⅲ
阶段</td><td>Ⅳ
阶段</td><td>Ⅴ
阶段</td><td>Ⅵ
阶段</td><td>Ⅶ
阶段</td></tr>
<tr><td>/</td><td colspan="7">煤变质作用的类型有深成变质作用、岩浆变质作用和动力变质作用三种类型，但以深成变质作用为主。</td></tr>
<tr><td>转变地点</td><td colspan="2">沼泽中</td><td colspan="8">地　下</td></tr>
<tr><td>经过时间</td><td colspan="2">数千年、数万年</td><td colspan="8">数百万年　　　数千万年</td></tr>
<tr><td>成煤条件</td><td colspan="10">古植物、古气候、古地理、古构造</td></tr>
</table>

任务2　识别宏观煤岩组成

2.1　煤的宏观识别特征

用肉眼或借助放大镜能够观察到的煤岩特征属于煤的宏观特征，包括煤的宏观物理性质、结构、构造等。根据煤的宏观识别特征能够初步确定宏观煤岩组成、煤的成因类型、煤化程度、煤层的结构及其复杂程度等，为评价煤质、研究煤(煤层)的形成环境、煤层对比、煤层开采、煤的综合利用等问题提供依据。

2.1.1　煤的主要物理性质

煤的物理性质是在成煤作用的不同阶段，受成煤原始物质、堆积环境、煤化作用等因素的影响下逐渐形成的。煤的宏观物理性质有煤的光学性质、力学性质、热性质、电磁性质等，主要包括煤的颜色、光泽、硬度、脆度、断口、裂隙、密度、表面积、导电性等方面。

1)颜色

颜色是指煤新鲜表面的自然色彩。煤的颜色与成煤的原始物质、变质程度等有关。腐植煤的颜色(表2.2)，随煤的变质程度增高而变化，如褐煤为褐色、深褐色、黑褐色；烟煤为黑色；无烟煤为灰黑色，常带古铜色或钢灰色彩。腐泥煤颜色较浅，一般为褐色、褐黑色或灰色。

2)条痕色

条痕色是煤粉末的颜色，也称为粉色。煤的条痕略浅于颜色，但又较颜色固定。腐植煤的条痕(表2.2)随煤的变质程度增高而变化，如褐煤为棕色；烟煤为棕色到黑色；无烟煤为灰黑色。

3)光泽

光泽是指常光下煤新鲜表面的反光能力。煤的光泽与成煤的原始物质、煤岩成分及变质程度等有关。腐植煤的光泽随变质程度的增高而增强(表2.2)，如褐煤无光泽或暗沥青光泽；烟煤为沥青光泽、玻璃光泽到金刚光泽；无烟煤为似金属光泽。腐泥煤光泽暗淡。

表2.2　腐植煤的光学性质对比表

煤化程度	颜　色(表色)	条痕色(粉色)	光　泽
褐煤	褐色、深褐色、黑褐色	浅棕色、深棕色	暗淡沥青光泽
长焰煤	黑色、褐黑色	深棕色	沥青光泽
气煤	黑色	棕黑色	强沥青光泽
肥煤	黑色	黑色、棕黑色	玻璃光泽
焦煤	黑色	黑色	强玻璃光泽
瘦煤	黑色	黑色	强玻璃光泽
贫煤	黑色、灰黑色	黑色	金刚光泽
无烟煤	灰黑色、钢灰色	灰黑色	似金属光泽

4)硬度

硬度是指煤抵抗外来机械作用的能力。煤的刻划硬度(用矿物中的摩氏硬度计刻划煤)介于1~4。腐植煤的硬度随煤的变质程度增高而变化,从长焰煤到焦煤硬度逐渐减小,而从焦煤到无烟煤硬度逐渐增大。褐煤和焦煤的硬度最小,为2~2.5;无烟煤的硬度最大,接近于4。

5)脆度

脆度是指煤受外力作用而破碎的性质。腐植煤的脆度随煤变质程度的不同而变化,一般中变质的肥煤、焦煤、瘦煤的脆度最大;无烟煤的脆度最小;长焰煤和气煤的脆度较小。

6)裂隙

煤中裂隙按成因可分为内生裂隙和外生裂隙两种。

(1)内生裂隙　内生裂隙是在煤化作用过程中形成一种裂隙。特点:裂隙垂直或大致垂直于层理面;裂隙面较平坦光滑,往往呈眼球状;通常有大致垂直或斜交两组,其中一组较发育、为主要裂隙组;另一组较稀疏,为次要裂隙组(图2.4)。

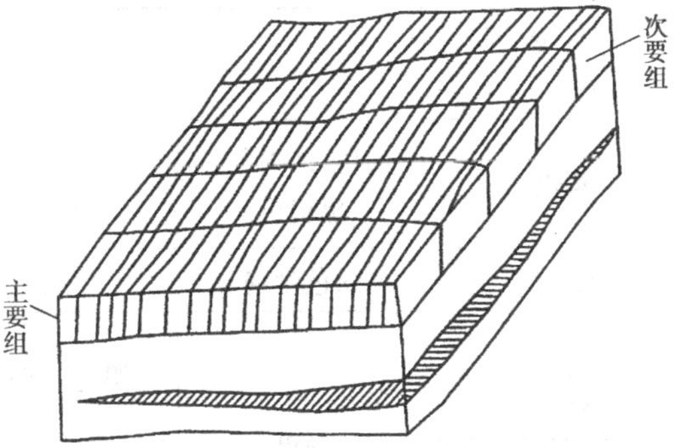

图2.4　煤的内生裂隙示意图

内生裂隙的发育程度与煤的煤岩类型、煤岩成分、变质程度等有关。一般在光亮型煤中发育、特别是镜煤中最发育。在不同变质程度的煤中,中变质烟煤中最发育,而在褐煤和无烟煤中则不发育。

(2)外生裂隙　外生裂隙是煤层形成后,受构造应力的作用而产生的一种裂隙。特点:裂隙以各种角度与煤层层面相交;裂隙面往往有波状、羽毛状的滑动痕迹,但也有较光滑的;裂隙内有时可见到次生矿物或煤屑的充填。

由于煤的外生裂隙组的方向与附近断层延展的方向一致,所以研究外生裂隙有助于确定断层的方向。此外,研究外生裂隙对提高回采率、预测煤与瓦斯突出,也具有实际意义。

7)断口

煤受外力打击后断开的表面叫做断口。严格说来,断口不包括沿层理面或裂隙面断开的表面。煤的断口常见有贝壳状、阶梯状、参差状、眼球状、粒状等。组成比较均一的煤易出现贝壳状断口,如腐泥煤;组成不均一的煤呈现其他断口。断口表面形状不同,反映了煤的物质组成的特点。

8)密度

密度是指单位体积煤的质量。单位为g/cm^3。其可分为真密度和视密度两种。真密度体积不包括煤内部的孔隙,而视密度体积则包括煤内部的孔隙。

煤的真密度与煤的变质程度及煤中所含矿物质的成分、数量有关。随煤的变质程度增高,密度增大,如褐煤的密度一般小于1.3;烟煤的密度为1.3~1.4;无烟煤的密度为1.4~1.9。

煤的视密度是煤炭资源/储量估算的重要参数。一般褐煤的视密度为1.05~1.20;烟煤的视密度为 1.20 ~ 1.40；无烟煤的视密度为 1.35 ~ 1.80。

9）导电性

导电性是指煤传导电流的能力。通常用电阻率表示。

煤的导电性与煤的变质程度有关。一般褐煤的电阻率小；烟煤的电阻率较大，为不良导体；无烟煤的电阻很小，为良导体。此外，煤的导电性还与煤中灰分、水分、煤岩成分及孔隙度等有关，如烟煤中灰分增高，电阻率减小；而无烟煤中灰分增高，电阻率增大。褐煤中由于有大量的水分，所以电阻率较小。

煤的颜色、条痕（粉色）、光泽及内生裂隙等物理性质，随煤变质程度的增高，其变化特征明显，利用它们在宏观上可以大致确定煤的变质程度（表 2.3）。

表 2.3　不同变质阶段光亮煤的主要鉴定标志

<table>
<tr><th>鉴定标志
变质阶段</th><th>颜　色</th><th>条　痕</th><th>光　泽</th><th>内生裂隙</th></tr>
<tr><td rowspan="2">褐煤</td><td rowspan="2">褐色、深褐色、黑褐色</td><td>浅棕色、深棕色</td><td>无光泽或暗沥光泽</td><td rowspan="2">不发育</td></tr>
<tr><td>深棕色</td><td>沥青光泽</td></tr>
<tr><td>长焰煤</td><td>黑色带褐</td><td>棕黑色</td><td>强沥青光泽、弱玻璃光泽</td><td>不发育到较发育</td></tr>
<tr><td>气煤</td><td rowspan="4">黑色</td><td rowspan="2">黑色带棕色</td><td>玻璃光泽</td><td rowspan="4">很发育</td></tr>
<tr><td>肥煤</td><td rowspan="3">强玻璃光泽</td></tr>
<tr><td>焦煤</td><td rowspan="3">黑色</td></tr>
<tr><td>瘦煤</td></tr>
<tr><td>贫煤</td><td>黑色、有时带灰色</td><td>金刚光泽</td><td>较发育</td></tr>
<tr><td>无烟煤</td><td>灰黑色、钢灰色</td><td>灰黑色</td><td>似金属光泽</td><td>不发育</td></tr>
</table>

煤的物理性质是在成煤过程中形成的，并在各个阶段受多种因素影响。观察煤的物理性质时以不改变煤的自然状态为原则；对比煤的物理性质时以煤化程度相同为前提，在相同煤岩组分之间进行。

2.1.2　煤的结构

煤的结构是宏观煤岩组分表现出的特征，包括煤岩组分的形态、大小、厚度、长度、植物组织残骸及其变化等，煤的结构主要有：

1）条带状结构　各宏观煤岩组分在煤层中呈薄层状相互交替出现的结构属于条带状结构。按煤层剖面上条带的宽窄分为：细条带（1 ~ 3 mm）、中条带（3 ~ 5 mm）和宽条带（> 5 mm）。条带状结构在烟煤中常见，尤其是在半亮型和半暗型煤层中多见。

2）线理状结构　煤层中的镜煤、丝炭及黏土矿物以厚度小于 1mm 的断续薄层分布属于线理状结构，多见于半暗型煤层中。

3）透镜状结构　镜煤、丝炭、黏土矿物和黄铁矿等以透镜状分布于暗煤或亮煤中呈现出的结构，常见于半暗淡型煤、暗淡型煤中。

4）均一状结构　煤岩组分单一呈现出均一状结构，在镜煤、腐泥煤及无烟煤中都可见到。

5)粒状结构　煤体中散布大量的壳质组分及矿物质而呈现出粒状结构,它是暗煤及暗淡型煤常具有的结构。

6)木质结构　在泥炭化阶段,因凝胶化作用中断而保存的原生植物的结构属于木质结构。植物的木质组织痕迹清晰可见,有时能见到保存完整的已经煤化了的树干和树桩。木质结构在褐煤中常见,比如云南罗茨矿古近系褐煤中的炭化木就是具有木质结构的煤。

7)纤维状结构　植物茎部组织经过丝炭化作用转变成了煤岩组分,常具有纤维状结构,典型的纤维状结构煤以丝炭为代表,在煤层面上沿一个方向延伸,呈现长纤维状和疏松多孔状。

8)叶片状结构　沿煤层面分布的大量的角质层和木栓层,在煤层剖面上呈现纤细的页理,能被分成薄片状的煤的结构。

2.1.3　煤的构造

煤的构造是煤体中不同的煤岩组分在空间排列上的关系,常与植物遗体的聚集条件及变化过程相关。煤的构造表现为层理构造和块状构造。层理构造常见的有水平层理、水平波状层理和斜层理;块状构造是层理不明显的构造,煤体外观均匀致密,如腐泥煤、腐植腐泥煤、暗淡型煤,这种构造的煤一般形成于成煤条件相对稳定的滞水环境中。

2.2　宏观煤岩组成

煤的岩石组成比较复杂。宏观(肉眼或放大镜)观察时,腐植煤是由不同亮度的条带组成,这些条带构成了煤的宏观岩石组成,即宏观煤岩组分和宏观煤岩类型。现简单介绍如下:

2.2.1　宏观煤岩组分

宏观煤岩组分是用肉眼或放大镜可以区分和辨认的煤的基本组成单位。腐植烟煤中包括镜煤、亮煤、暗煤和丝炭四种宏观煤岩组分。其中镜煤和丝炭是简单煤岩组分;亮煤和暗煤是复杂煤岩组分。四种宏观煤岩组分的主要特征分述如下:

1)镜煤　镜煤呈乌黑色,结构致密,贝壳状断口,表面反光明亮如镜,内生裂隙发育,硬度小,脆性大,容易碎成棱角状小块,密度小。常以厚度为几毫米到几厘米的透镜状、条带状夹在亮煤和暗煤中。

2)亮煤　亮煤呈黑色,光泽次于镜煤,结构较均一,可见贝壳状断口,密度较小,性较脆,内生裂隙较发育。亮煤是煤层中的主要煤岩组分,可以构成整个煤层。

3)暗煤　暗煤光泽暗淡,颜色灰黑色,致密坚硬,密度较大,断口粗糙,内生裂隙不发育,硬度大。暗煤可以在煤层中形成较大的分层,有时能单独成层。

4)丝炭　外观像木炭,呈黑色、纤维状结构,具有丝绢光泽,疏松多孔,能染手,性脆易碎。丝炭的空腔常被矿物质充填,形成密度较大的矿化丝炭。丝炭吸氧性强,容易被氧化和自燃。丝炭在煤层中含量不大,常沿煤层层面以扁平的、不连续的透镜状分布,厚度仅有几个毫米。

2.2.2　宏观煤岩类型

宏观煤岩类型是根据宏观煤岩组分的数量比例和组合情况及显现在煤表面的平均光泽强度划分的煤的岩石类型,也称光泽煤岩类型。所谓平均光泽强度是指同一剖面相同变质程度煤的相对光泽强弱。

煤层中各宏观煤岩组分很少单独成层,难以划分。但各宏观煤岩组分的光泽有差别,而且构成比例和共生组合情况常不相同,使得煤层表面的反光强度有差异。所以,常以煤层表面平均光泽强度为依据,将腐植煤划分为光亮型煤、半亮型煤、半暗型煤和暗淡型煤四种宏观煤岩类型。

1)光亮型煤　光亮型煤主要由镜煤和亮煤组成,煤岩组分简单,光泽很强,具有贝壳状断口,煤层内生裂隙发育,性脆易碎。

2)半亮型煤　半亮型煤由镜煤、亮煤和暗煤组成,有时夹有丝炭组分。镜煤和亮煤的含量在50% ~75%,平均光泽较弱于光亮型煤,内生裂隙发育,断口阶梯状或棱角状。煤层内条带状结构明显。

3)半暗型煤　半暗型煤主要由亮煤和暗煤组成,以暗煤为主,可夹有细条带状、透镜状的镜煤、丝炭线理,光泽暗淡,硬度和密度较大,断口参差状,矿物质含量较高。

4)暗淡型煤　暗淡型煤主要由暗煤组成,夹少量镜煤、丝炭和矸石透镜体。光泽暗淡,致密块状,断口粗糙,煤质坚硬,密度较大。矿物质含量较高,难洗选,煤质差。

宏观煤岩类型是观察、划分煤层的基本单位,在煤层中常交替出现。实际观察时应分层后逐层描述、记录、取样并编制煤层宏观煤岩类型柱状图,以便于掌握煤层的宏观煤岩特征。

技能训练2.1　煤主要的物理性质、结构及宏观煤岩组成观察

1.实训目的要求

用肉眼或放大镜观察煤岩手标本,对腐植煤的主要物理性质、结构、构造、宏观煤岩组分及类型特征观察描述。要求能够区分出煤的宏观煤岩组分以及由这些宏观煤岩组分形成的光泽煤岩类型;熟悉各种煤的物理性质、煤岩组分特征。

2.实训指导

1)实训方法

借助肉眼或放大镜观察煤岩手标本,分别对腐植煤的主要物理性质、结构、构造、宏观煤岩组分及类型特征进行描述。

2)实训内容

(1)煤的主要物理性质观察描述

煤的物理性质是煤的化学成分和分子结构特征的外部表现。煤的物理性质主要有光学性质、力学性质、空间结构性质、电磁性质和热性质等。煤的物理性质一定程度上反映了煤的本性,通过对其物理性质的研究,可以初步判断煤的种类、煤化程度、煤岩组成、工艺性质及使用方向,这些方面也是煤炭地质勘查中不可缺少的工作内容之一。煤的物理性质介绍详见教材相关内容。

①腐植煤的光学性质观察描述

煤的光学性质包括颜色、粉色(条痕色)、光泽。煤的光学性质应在新鲜的、干燥的煤样上观察。填写对各煤化阶段的腐植煤观察描述记录表(表实2.1.1)。

表实2.1.1　腐植煤的光学性质描述记录表

变质程度	煤　类	颜　色	粉　色	光　泽
未变质煤	褐煤			
低变质煤	长焰煤			
	气煤			
中变质煤	肥煤			
	焦煤			
	瘦煤			
高变质煤	贫煤			
	无烟煤			

②腐植煤的力学性质观察描述

煤的力学性质包括硬度、脆性和韧性、裂隙、断口、密度等方面。仔细观察煤岩手标本并填写表实2.1.2。

表实2.1.2　腐植煤的力学性质描述表

变质程度	煤　类	硬　度	脆度和韧性	内生裂隙	断　口	密　度
未变质煤	褐煤					
低变质煤	长焰煤					
	气煤					
中变质煤	肥煤					
	焦煤					
	瘦煤					
高变质煤	贫煤					
	无烟煤					

③腐植煤的其他性质

煤的其他物理性质中，电磁性质、导热性质、空间结构性质(煤的表面积、孔隙率)、煤的反射率、折射率和吸收率等内容，可以参阅教材相关内容进行对比学习。

(2)煤的结构观察描述

煤的结构是指煤岩成分的形态、大小、厚度、植物组织残迹，以及它们之间相互关系所表现出来的特征。煤的结构反映了成煤原始物质的成分、性质及其在成煤时和成煤后的变化。煤的结构分为原生结构和次生结构，观察时应在新鲜面上进行。

①煤的原生结构的观察描述。由成煤原始物质及其成煤环境所形成的结构叫原生结构。常见的原生结构有条带状、线理状、透镜状、均一状、粒状、叶片状、木质状、纤维状等，详见教材相关内容。腐植煤的低煤级煤中，煤的结构很清楚，随着煤化程度的增高，各种煤岩成分的性质逐渐接近，这就使得煤的结构逐渐变得均一。

②煤的次生结构观察描述。煤层形成后受到后期构造应力作用产生的结构叫做煤的次生

结构，是构造煤具有的结构。常见的有角砾状结构、细粒状结构、揉皱状结构等。

(3)宏观煤岩组成的观察描述

①宏观煤岩组分观察描述

宏观煤岩组分是指用肉眼可以区分的煤的基本组成单位，包括镜煤、亮煤、暗煤和丝炭。镜煤和丝炭是简单煤岩组分，亮煤和暗煤是复杂的煤岩组分。各种宏观煤岩组分特征详见教材相关内容。

②宏观煤岩类型的观察描述

各种宏观煤岩组分在煤层中构成光亮的分层及暗淡的分层，它们的厚度一般在数十厘米之间，在横向上比较稳定，使煤层各部分呈现出不同的平均光泽强度，叫做宏观煤岩类型。宏观煤岩类型可以分为四种，包括光亮型煤、半光型煤、半暗型煤和暗淡型煤。其特征详见教材相关叙述。

3. 实训作业

1)按照一定比例(比例尺 1:2)、一定图例，画出一块煤岩标本的素描图。其中要求画出各种煤岩组分和划分出的煤岩类型。

2)按照一定比例(比例尺 1:2)、一定图例，画出一块煤岩标本的素描图，要求反映出煤岩的结构和构造。

任务3 煤质分析

煤是一种可燃有机岩，是由有机物和无机物组成的混合物。煤中的有机物是组成很复杂的高分子物质，是煤的主要成分，也是煤炭加工利用的主要对象；煤中的无机物包括矿物质和水，它们通常是煤中的有害成分，在煤的加工利用中产生不良影响，降低了煤的质量。由于成煤原始物质、转变条件和作用的多变性，导致煤的组成、结构、性质及种类的复杂性和多样性。在煤炭地质勘查、矿井生产和煤的加工利用等过程中，通常采用工业分析、元素分析和工艺性质试验等途径，了解煤的化学组成、元素组成、工艺性质等，进而提出煤的工业分类，并对煤质进行作出正确的评价，对合理利用煤炭资源是非常重要的。

3.1 煤质分析结果的表示方法

煤是大宗商品，为了鉴定煤的质量，通常是抽取一小部分煤来进行质量的鉴定，这个抽取过程就是采样。为确定煤的某些特征，从煤中采取的、具有代表性的一部分煤称为煤样。对煤样进行煤质分析化验的方法有两大类：一类是测定煤中固有的成分和性质，如水分、碳、氢等；另一类是测定煤经过转化后生成的物质和呈现的性质，如灰分、挥发分、发热量等。

3.1.1 表示煤质分析结果的三类符号

为了统一标准和便于使用，各煤质分析化验的结果都是用一定的符号表示。通常是由煤质分析项目的符号、分析项目存在状态或操作条件的符号、分析项目基准的符号这三类符号构成了煤质分析结果的表示符号。

1）表示煤质分析项目的符号

煤质分析项目名称的表示符号一般是用该项目英文名称的第一个字母大写或缩略字表示。常用分析项目的符号见表2.4。

表2.4 常用煤质分析项目的表示符号

煤质分析项目名称	表示符号	煤质分析项目名称	表示符号	煤质分析项目名称	表示符号
水分	M	发热量	Q	灰熔融性变形温度	DT
灰分	A	胶质层最大厚度	Y	灰熔融性软化温度	ST
挥发分	V	罗加指数	R.I.	灰熔融性流动温度	FT
固定碳	FC	黏结指数	$G_{R.I.}$	腐植酸产率	HA
碳	C	奥亚膨胀度	b	苯萃取物产率	E_B
氢	H	热稳定性	TS	二氧化碳含量	CO_2
氧	O	焦油产率	T_{ar}	煤的活性	α
氮	N	透光率	P_M	半焦产率	CB
硫	S	矿物质含量	MM	结渣率	Clin
磷	P	视相对密度	ARD	热解水产率	W
氯	Cl	真相对密度	TRD	坩锅膨胀序数	CSN
砷	As	最高内在水分	MHC	哈氏可磨指数	HGI

2)表示煤质分析项目存在状态或操作条件的符号

被测煤质分析项目存在状态或操作条件,是用相应英文名称的第一个字母或缩写字的小写表示。常用煤质分析项目存在状态或操作条件的符号见表2.5。

表2.5　常用煤质分析项目存在状态或操作条件的符号

煤质分析项目的存在状态或操作条件	外在	内在	全	硫化铁	硫酸盐	碳酸盐	有机	弹筒	恒容高位	恒容低位	恒压低位
表示符号	f	inh	t	p	s	cp	o	b	gr,v	net,v	net,p

3)表示煤质分析项目的基准

煤质分析项目的基准即煤样的基准,是表示煤质分析化验结果是以什么状态下的煤样为基础而测得的。煤质分析项目基准的符号是用各英文名称的小写字母表示的。常用煤质分析项目的基准见表2.6。

表2.6　常用煤质分析项目基准的名称

分析项目基准	名　称	收到基	空气干燥基	干燥基	干燥无灰基	干燥无矿物质基	恒湿无灰基
	符号	ar	ad	d	daf	dmmf	maf

(1)常用煤质分析项目基准的含义及使用意义

①收到基(ar)　是以收到状态的煤样为基准(包含了煤的全部组分)。用于销售煤,物料平衡、热平衡及热效率计算。

②空气干燥基(ad)　是以与空气湿度达到平衡状态的煤样为基准(不包含煤的外在水分)。多用于试验室煤质分析项目测定的基础。

③干燥基(d)　是以假想无水状态的煤样为基准(不包含煤的外在水分和内在水分)。主要用于比较煤的质量,用于表示煤的灰分、硫分、磷分、发热量等。

④干燥无灰基(daf)　是以假想无水无灰状态的煤样为基准(不包含煤的外在水分和内在水分及灰分)。主要用于了解和研究煤中的有机质。

⑤干燥无矿物质基(dmmf)　是以假想无水无矿物质状态的煤样为基准(不包含煤的外在水分和内在水分及矿物质)。主要用于高硫煤的有机质研究。

⑥恒湿无灰基(maf)　是恒湿状态(温度30 ℃、空气湿度96%)和假想无灰状态下的煤样分析基准。主要用于表示煤的发热量(作为煤工业分类指标)。

(2)各基准的关系

对于同一煤样,其化验结果若以不同的基准来表示则数值不同。因此,同类分析项目只有在相同基准的基础上才能进行比较。各基准的关系如图2.5所示。

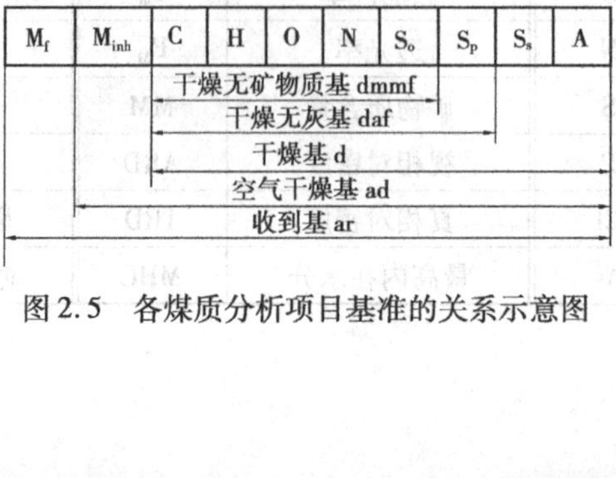

图2.5　各煤质分析项目基准的关系示意图

3.1.2　煤质分析结果的表示方法

煤质分析结果的表示方法是指煤质分析项目的符号、分析项目存在状态或操作条件的符号、分析项目基准的符号这三类符号的组合关系。

煤质项目名称的表示符号一般是大写；被测煤质分析项目存在状态或操作条件的符号是小写并把它下标于煤质分析项目符号的右下角；分析项目基准的符号也是小写并把它下标于“煤质分析项目符号”的右下角，但与“表示煤质分析项目存在状态或操作条件符号”之间用“逗号”隔开。“三类符号”这样组合后即构成了相应煤质分析项目结果的表示符号。如煤的收到基全水分用“$M_{t,ar}$”表示、煤的空气干燥基弹筒发热量用“$Q_{b,ad}$”表示等。

3.2　煤的化学组成

煤的化学组成是通过煤的工业分析测定的。煤的工业分析又称技术分析或实用分析，包括测定煤的水分、灰分、挥发分和计算固定碳四个分析项目。水分和灰分反映出煤中无机质的数量；挥发分和固定碳则初步反映了煤中有机质的数量。评价煤质时，一般总是先进行煤的工业分析以了解煤中有机质、无机质的含量，作为进一步研究的基础。测定和计算结果是评价煤质优劣、确定煤的用途等的基本依据。

3.2.1　煤中的水分(M)

煤中的水分来源于成煤过程中、煤层形成后及在开采、洗选和运输过程中等。

根据水分在煤中的不同存在状态，通常将煤中的水分分为游离水、化合水两类。游离水是吸附在煤表面和存在于煤内部毛细管中的水分，可分为自由水分和湿存水分。自由水分是附着在煤表面和内部大毛细管中的水分；湿存水分是存在于煤内部小毛细管中的水分。化合水是指以化学方式与煤中矿物质结合的、有严格的分子比、在高温下才能除去的水分。煤中的化合水含量不大，但目前采用的分析方法还难以测定这一部分水分，因此，在煤的工业分析中不考虑化合水。

根据水分的测定方法或测定条件，将煤中的水分分为外在水分(M_f)和内在水分(M_{inh})。外在水分(M_f)是指在 40 ~ 50 ℃的测定条件下，煤样与周围空气达到湿度平衡时失去的水分；内在水分(M_{inh})是指在 100 ~ 110 ℃测定条件下，煤样达到干燥状态时所失去的水分；煤的最高内在水分(MHC)是指煤在温度 30 ℃、相对湿度为 96% ~97% 的条件下达到吸湿平衡的内在水分。

煤的全水分是煤的外在水分和内在水分之和。收到基全水分($M_{t,ar}$)表示的是煤中的实际含水量，是衡量煤炭经济价值最基本的质量指标之一，也是商品煤计价的重要依据，在工业上全水分可用来计算热平衡、物料平衡和煤的发热量等。

煤中水分的含量与煤的变质程度、存在状态及外界条件有关。水分在泥炭中可达 50% ~ 40%；褐煤为 40% ~10%；烟煤一般为 8% ~1%；无烟煤则又有增加的趋势。

水分的存在对煤的利用来说多数是有害的。储存时，水分过多则会加速煤的风化、破碎甚至自燃；运输时，会增加运输负载和费用；燃烧时，会降低煤的发热量。因此，煤中水分越少越好。根据煤的全水分(M_t,%)对煤中的水分进行分级(MT/T 850—2000)(表 2.7)。

表 2.7 煤的全水分分级

序 号	级别名称	代 号	分级范围(M_t/%)	试验方法
1	特低全水分煤	SLM	≤6.0	GB/T 211
2	低全水分煤	LM	>6.0～8.0	
3	中等全水分煤	MLM	>8.0～12.0	
4	中高全水分煤	MHM	>12.0～20.0	
5	高全水分煤	HM	>20.0～40.0	
6	特高全水分煤	SHM	>40.0	

3.2.2 煤的灰分产率(A)

煤的灰分是煤中的矿物质在煤燃烧时经过失水、分解、氧化、化合等变化所形成的固态混合物。它不是煤中固有的成分,严格地讲不能叫"煤中的灰分含量",而应是"煤的灰分产率"。

煤的灰分在煤燃烧和加工利用中,都带来不良的影响。动力用煤,将降低煤的发热量;炼焦用煤,将影响到焦炭的质量,用灰分高的焦炭炼铁,增加焦炭和溶剂的消耗量。

煤的干燥基灰分产率(A_d%)是工业上衡量煤质的重要指标之一。我国根据煤的干燥基灰分产率(A_d%)对不同用途的煤进行分级(GB/T 15224.1—2004)(表 2.8、表 2.9)。

表 2.8 动力用煤的灰分分级

序 号	级别名称	代 号	灰分(A_d/%)范围	试验方法
1	特低灰煤	SLA	≤10.00	GB/T 212
2	低灰煤	LA	10.01～16.00	
3	中灰煤	MA	16.01～29.00	
4	高灰煤	HA	>29.00	

表 2.9 冶炼用炼焦精煤的灰分分级

序 号	级别名称	代 号	灰分(A_d/%)范围	试验方法
1	特低灰煤	SLA	≤6.00	GB/T 212
2	低灰煤	LA	6.01～9.00	
3	中灰煤	MA	9.01～12.00	
4	高灰煤	HA	>12.00	

注:①高炉喷吹用煤的灰分分级 可参照表 2.9 冶炼用炼焦精煤进行分级。

②其他用炼焦精煤和原料用煤的灰分分级 可参照表 2.8 动力煤炭进行分级。

3.2.3 煤的挥发分产率(V)

煤的挥发分是煤在隔绝空气的条件下,在(900±10)℃的温度下加热 7 min,从煤中分解出来的液态(蒸汽状态)和气态产物。

煤的挥发分产率随煤化程度的增高而有规律地降低(表 2.10)。煤的干燥无灰基挥发分产率(V_{daf}%)能反映煤的许多重要性质,如可初步确定煤的煤化程度、发热量、焦油产率、黏结性等。因此,煤的干燥无灰基挥发分产率(V_{daf}%)是我国煤炭分类的重要指标之一。另外,工业上在选择气化、液化、动力和炼焦用煤时,都要首先考虑挥发分是否符合要求。根据煤的干燥无灰基挥发分产率(V_{daf}%)对煤进行分级(MT/T 849—2000)(表2.11)。

表2.10 不同煤种挥发分产率

煤　种	褐　煤	烟　煤	无烟煤
挥发分产率(V_{daf}/%)	>37.0	>10.0	<10.0

表2.11 煤的干燥无灰基挥发分产率分级

序　号	级别名称	代　号	分级范围(V_{daf}/%)	试验方法
1	特低挥发分煤	SLV	≤10.00	GB/T 212
2	低挥发分煤	LV	>10.00~20.00	
3	中等挥发分煤	MV	>20.00~28.00	
4	中高挥发分煤	MHV	>28.00~37.00	
5	高挥发分煤	HV	>37.00~50.00	
6	特高挥发分煤	SHV	>50.00	

3.2.4 煤的固定碳(FC)

在测定煤的挥发分时,残留在坩埚中的固态产物称为焦渣。焦渣减去灰分即为固定碳。固定碳不是煤中固有的成分,而是有机质热解的残余物。

干燥无灰基固定碳(FC_{daf}%)可用来衡量煤的煤化程度,其含量随煤化程度的增高而增大。一般褐煤的FC_{daf}≤60%,烟煤的FC_{daf}为60%~90%,而无烟煤的FC_{daf}>90%。所以,干燥无灰基固定碳被一些国家列为煤炭分类的指标之一;固定碳也是工业用煤须考虑的一项质量指标,如合成氨用煤就要求煤的固定碳大于65%;固定碳也是计算煤的发热量的主要参数。

3.3 煤的元素组成

煤的元素组成是通过煤的元素分析测定的。组成煤的主要元素是碳、氢、氧、氮、硫、磷等;另外,还有一些含量极少的元素,如氯、砷、锗、镓、铀、钒、钛等。煤的元素分析主要是测定煤中碳、氢、氧、氮、硫、磷、氯、砷等元素的含量。在科研和生产实际中,应用煤的元素分析并结合工艺性质试验结果,可以判断煤的变质程度、计算煤的发热量、了解煤的黏结性和焦油产率等,并选择合理利用途径。

3.3.1 组成煤有机质的主要元素

煤中的碳、氢、氧、氮是组成煤有机质的主要元素,其总和占有机质的95%以上,所以是煤质研究的重要内容。了解煤有机质的元素组成,应以密度为1.4的重液洗选后的精煤来测定,分析结果一般采用干燥无灰基(daf)表示。

1)煤中的碳(C_{daf}%)

煤中的碳是组成煤有机质最主要的元素,煤中碳含量随煤的变质程度增高而增加(表

2.12);碳也是煤中最主要的可燃物质,燃烧时每 kg 碳能产生 34.11 MJ 的热量,一般煤中碳含量越高,煤的发热量就越大。

2)煤中的氢(H_{daf}%)

煤中的氢是组成煤有机质的重要元素。它是煤中重要的可燃物质,煤在燃烧时,氢所产生的热量为碳的 3.8~4.2 倍,每 kg 氢完全燃烧能放出 143.25 MJ 的热量;氢也是组成煤大分子的骨架和侧链的不可缺少的重要元素。腐泥煤中氢含量一般大于 6%;腐植煤中的氢含量一般小于 6%,并随煤化程度的增高而降低(表 2.12);在变质程度相同的煤中,稳定组的氢含量最高、惰性组最低。煤的干燥无灰基含量(H_{daf}%)是我国煤工业分类的指标之一。

表 2.12　煤中碳、氢、氧、氮四种元素百分含量

元素组成 / 煤类	C_{daf}/%	H_{daf}/%	O_{daf}/%	N_{daf}/%
褐　煤	60~77	6~5	30~15	2.5~1
烟　煤	75~92	5~4	15~2	2.2~0.7
无烟煤	89~98	4~1	3~1	1.5~0.3

3)煤中的氧(O_{daf}%)

煤中的氧是不可燃成分,其含量随煤化程度的升高而降低(表 2.12)。由于氧元素在煤的燃烧过程中不产生热量,却能与产生热量的氢生成水,使煤的发热量降低,因此氧含量高对动力用煤来说是不利的;对于炼焦用煤,氧含量增高会使其黏结性和结焦性大为降低,甚至失去黏结性。但氧是煤中反应能力较强的元素,当煤用于制取芳香羧酸和腐植酸类物质时,氧的存在是有利的。

4)煤中的氮(N_{daf}%)

氮也是煤中的不可燃成分。燃烧时氮常呈游离状态逸出,并不产生热量。但在炼焦过程中,氮能转化成氨及其他含氮化合物,回收后可作化肥、硝酸等。煤中氮含量很少,一般只有 1%~3%,其含量随煤的变质程度增高而略趋减少,但规律性不明显(表 2.12)。

3.3.2　煤中的主要有害元素

煤中的有害元素有硫、磷、砷、氯、铅、氟、硼、汞等。主要的有害元素为:

1)煤中的硫(S)

硫是煤中的主要有害元素之一,按其存在状态可分为有机硫和无机硫两大类。有机硫是煤中有机质所含的硫,有机硫在煤中分布均匀,难以分离;无机硫是煤中矿物质所含的硫,主要是硫化物硫,有时也有些硫酸盐硫。无机硫分离的难易程度与矿物质的颗粒大小及分布状态有关,如颗粒大而分布集中的易于分离,颗粒小而分布均匀的难以分离。煤中有机硫和无机硫的总和称为煤的全硫(S_t)。煤中硫含量变化很大,有的小于 0.2%,有的则高达 15%,一般在 0.5%~3%。

煤中的硫对煤的工业利用有不利的影响,当煤中含硫较高时,其燃烧过程中能形成大量的二氧化硫,它能腐蚀设备、污染空气、影响人身健康;炼焦时,煤中硫分能部分转入焦炭中,然后又转入生铁,从而降低了焦炭及钢铁的质量。但硫又是一种重要的化工原料,可用来生产硫酸和杀虫剂等,在橡胶、制药等工业上有着广泛的应用。所以煤中的硫是评价煤质的重要指标之一。常用干燥基全硫($S_{t,d}$%)作为评价煤质的指标并按煤类和用途的不同对煤中的硫进行分级(GB/T 15224.2—2004)(表2.13、表2.14、表2.15)。

表2.13　无烟煤和烟煤的硫分分级

序　号	级别名称	代　号	干燥基全硫分($S_{t,d}$)范围/%	试验方法
1	特低硫煤	SLS	<0.50	GB/T 214
2	低硫煤	LS	0.50 ~0.90	
3	中硫煤	MS	0.91 ~1.50	
4	中高硫煤	MHS	1.51 ~3.00	
5	高硫煤	HS	>3.00	

表2.14　褐煤的硫分分级

序　号	级别名称	代　号	干燥基全硫分($S_{t,d}$)范围/%	试验方法
1	特低硫煤	SLS	<0.45	GB/T 214
2	低硫煤	LS	0.45 ~0.85	
3	中硫煤	MS	0.86 ~1.50	
4	中高硫煤	MHS	1.51 ~3.00	
5	高硫煤	HS	>3.00	

表2.15　冶炼用炼焦精煤的硫分分级

序　号	级别名称	代　号	干燥基全硫分($S_{t,d}$)范围/%	试验方法
1	特低硫煤	SLS	<0.40	GB/T 214
2	低硫分煤	LS	0.40 ~0.70	
3	中低硫煤	MLS	0.71 ~0.95	
4	中硫分煤	MS	0.96 ~1.20	
5	中高硫煤	MHS	1.21 ~1.50	
6	高硫分煤	HS	1.51 ~2.50	

注:①其他用炼焦精煤和原料用煤的硫分分级　可参照冶炼用炼焦精煤进行分级。
②高炉喷吹用煤的硫分分级　可参照冶炼用炼焦精煤进行分级。

2)煤中的磷(P)

磷也是煤中的有害成分,其包括有机磷和无机磷两种。主要是无机磷,如磷灰石[$Ca_3(PO_4)\cdot CaF_2$];只有微量有机磷。煤中磷含量不多,不超过1%,一般为0.001% ~0.1%。

磷在煤中含量很少,但危害却很大。炼焦时,煤中的磷可以全部转入焦炭中,炼铁时焦炭中的磷又进入生铁,使钢铁发脆,降低质量。生产中不仅增加焦炭和熔剂的消耗量,而且还降低高炉的生产率。因此,煤中磷含量也是评价煤质的重要指标。常用干燥基磷(P_d%)作为评价煤质的指标并对煤中的磷进行分级(MT/T 562—1996)(表2.16)。

表2.16 煤中磷分分级

序 号	级别名称	代 号	磷分范围(P_d)/%	试验方法
1	特低磷煤	SLP	≤0.010	GB 216
2	低磷分煤	LP	>0.010~0.050	
3	中磷分煤	MP	>0.050~0.100	
4	高磷分煤	HP	>0.100	

3)煤中的氯(Cl)

煤中的氯多以氯化钠、氯化钾的形式存在,其含量一般为0.01%~0.20%,个别可达1.00%。氯的危害极大,高氯煤用于炼焦对焦炉内壁的耐火砖有腐蚀;用于气化要腐蚀各种管道;用作动力燃料将使锅炉遭到强烈腐蚀。因此,煤中氯含量也是评价煤质的重要指标。常用干燥基氯(Cl_d%)作为评价煤质的指标并对煤中的氯进行分级(MT/T 597—1996)(表2.17)。

表2.17 煤中氯含量分级

序 号	级别名称	代 号	氯含量范围(Cl_d)/%	试验方法
1	特低氯煤	SLCl	≤0.050	GB 3558
2	低氯煤	LCl	>0.050~0.150	
3	中氯煤	MCl	>0.150~0.300	
4	高氯煤	HCl	>0.300	

4)煤中的砷(As)

煤中的砷多以有机物的形式存在,有时也以硫化砷或砷黄铁矿($FeS_2 \cdot FeAs_2$)形式混杂于煤中。我国煤中砷的含量极低,一般只有0.1~50 g/t,个别的可达283 g/t。砷在煤燃烧时生成的三氧化二砷(俗称"砒霜")是一种剧毒物。煤中砷含量也是评价煤质的重要指标,根据煤中的砷含量进行分级(MT/T 803—1999)(表2.18)。

表2.18 煤中砷含量分级

序 号	级别名称	代 号	砷含量(As)/%
1	一级含砷煤	ⅠAs	$\leqslant 4.0\times10^{-4}$
2	二级含砷煤	ⅡAs	$>4.0\times10^{-4}\sim8.0\times10^{-4}$
3	三级含砷煤	ⅢAs	$>8.0\times10^{-4}\sim25.0\times10^{-4}$
4	四级含砷煤	ⅣAs	$>25.0\times10^{-4}$

5)煤中的其他元素

煤中除上述元素外,还含有锗(Ge)、镓(Ga)、钒(V)、铀(U)、锂(Li)、铍(Be)等稀散元素及放射性元素。虽然这些元素在煤中含量不高,但由于提取方便,目前已成为世界各国大力研究的新动向。

3.4　煤的工艺性质

煤的工艺性质是指在一定的条件下,煤加工转化成产物及其转化过程所呈现的特征。煤的工艺性质是选择煤的最佳加工利用途径、正确评价煤质及合理利用煤炭资源的依据。煤的工艺性质很多,主要有以下几类:

(1)燃烧和气化用煤的工艺性质　煤的发热量、煤的热稳定性、煤的化学反应性、煤的燃点、煤灰熔融性、煤的机械强度等。

(2)炼焦用煤的工艺性质　煤的黏结性和结焦性等。

(3)其他用煤的工艺性质　煤的低温干馏焦油产率、腐植酸产率、苯萃取物产率、煤的粒度组成、煤的密度组成、煤的可选性、煤的透光率等。

下面介绍与煤的工业分类有关工艺性质:

3.4.1　煤的发热量(Q)

煤的发热量是指单位质量的煤完全燃烧时所产生的热量。单位常用兆焦耳/千克(MJ/kg)表示。

煤的发热量大小主要与煤的变质程度有关,一般煤的发热量从褐煤到焦煤随变质程度的增高而增大;而从焦煤到无烟煤随变质程度的增高而略有减少(表2.19)。但煤的发热量还受水分、灰分、氢含量等因素的影响。

表2.19　各种煤的发热量范围　　单位:MJ/kg

煤化程度	褐　煤	长焰煤	气　煤	肥　煤	焦　煤	瘦　煤	贫　煤	无烟煤
$Q_{gr,daf}$	25.09 ~ 30.11	30.11 ~ 33.45	32.20 ~ 35.54	34.30 ~ 36.80	35.13 ~ 37.10	34.92 ~ 36.59	34.71 ~ 36.38	32.20 ~ 34.29

煤的发热量有弹筒发热量、高位发热量和低位发热量三种类别。弹筒发热量($Q_{b,ad}$)是在实验室用氧弹热量计测定的发热量;高位发热量($Q_{gr,v,ad}$)是用弹筒发热量减去酸生成热后的发热量;低位发热量($Q_{net,v,ad}$)是用高位发热量减去水的液化热后的发热量。煤的发热量分析结果的基准有收到基、空气干燥基、干燥基、干燥无灰基、恒湿无灰基等五种基准。使用煤的发热量指标时要分清类别和基准。

在评定煤炭质量和煤质研究中,常用煤的干燥无灰基高位发热量($Q_{gr,daf}$);由于低位发热量最接近工业锅炉燃烧煤产生的实际热量,所以动力用煤的有关计算、工业锅炉的设计和煤炭运销计价都采用收到基低位发热量($Q_{net,ar}$);不同化验室之间发热量测定值的对比和煤的发热量分级采用干燥基高位发热量($Q_{gr,d}$);煤的工业分类采用恒湿无灰基高位发热量($Q_{gr,maf}$)作为区分褐煤和长焰煤的辅助指标。

煤的发热量是评价煤质的重要指标,特别是动力用煤,其发热量越大越好。根据煤的干燥基高位发热量($Q_{gr,d}$)按煤类的不同对煤进行分级(GB/T 15224.3—2004)(表2.20、表2.21)。

表 2.20　无烟煤和烟煤发热量的分级

序　号	级别名称	代　号	发热量($Q_{gr,d}$)范围/($MJ \cdot kg^{-1}$)	试验方法
1	特高热值煤	SHQ	>29.60	
2	高热值煤	HQ	25.51~29.60	
3	中热值煤	MQ	22.41~25.50	GB/T 213
4	低热值煤	LQ	16.30~22.40	
5	特低热值煤(低质煤)	SLQ	<16.30	

表 2.21　褐煤发热量的分级

序　号	级别名称	代　号	发热量($Q_{gr,d}$)范围/($MJ \cdot kg^{-1}$)	试验方法
1	高热值褐煤	HQL	>18.20	
2	中热值褐煤	MQL	14.90~18.20	GB/T 213
3	低热值褐煤(低质煤)	LQL	<14.90	

3.4.2　煤的黏结性和结焦性

煤在隔绝空气的条件下加热时,在不同温度下发生一系列物理变化和化学反应的复杂过程称为煤的热解,亦称为热分解或干馏。煤的黏结性是指煤在干馏时黏结本身或外加惰性物质的能力;而煤的结焦性是指煤经干馏结成焦炭的性能。煤的黏结性与结焦性关系密切,结焦性包括保证结焦过程能够顺利进行的所有性质;黏结性是结焦性的前提和必要条件,但黏结性好的煤,结焦性不一定就好(如肥煤)。

下面介绍几种表示煤的黏结性和结焦性且与煤工业分类有关的指标:

1)黏结性指数($G_{R.I.}$)

黏结性指数是将 1 克煤样与 5 克标准无烟煤混合均匀,在(850±10)℃温度下,加热 15 min,所得焦块在特制的转鼓中转磨,测定焦块的耐磨强度,焦块对外界破坏的抗力大小即为煤的黏结性指数。

黏结性指数能反映出煤的黏结性强弱。其数值越大,黏结性越强(表 2.22)。因此,它是我国煤炭工业分类的重要指标之一。

表 2.22　按黏结性指数对煤的分级

等级	不黏结和微黏结煤	弱黏结煤	中等偏弱黏结煤	中等偏强黏结煤	强黏结煤
$G_{R.I.}$	0~5	>5~20	>20~50	>50~65	>65

2)胶质层最大厚度(Y,mm)

胶质层最大厚度是指煤样在密闭的条件下,加热到 350 ℃,煤中有机质开始分解、软化,形成胶质体,继续加热到 510 ℃,使其重新固结成焦炭为止。在这一过程中测得的胶质体厚度的最大值称为胶质层最大厚度。

胶质层最大厚度能反映出煤的黏结性强弱,煤的黏结性越强,其胶质层厚度就越大(表 2.23)。所以,它也是我国煤炭工业分类的指标之一。

表 2.23 按胶质层最大厚度对煤的黏结性分级

等 级	无黏结性煤	弱黏结性煤	中强黏结性煤	强黏结性煤
Y/mm	0	>0~10	>10~20	>20

3)奥亚膨胀度(b%)

奥亚膨胀度是按规定的方法制成一定规格的煤笔,放在一根标准口径的钢管(膨胀管)内,其上放一根连有记录笔的钢杆(膨胀杆)。将钢管放入已预热至 330 ℃的电炉内,以不低于3 ℃/min 的升温速度进行加热,加热至 500~550 ℃为止。这一过程中,记录膨胀杆的位移曲线,位移曲线的最大距离占煤笔总长度的百分数即为奥亚膨胀度。

奥亚膨胀度也能反映煤的黏结性强弱。因此,它也是我国煤炭分类的指标之一,主要用于区分肥煤和其他煤类。

3.4.3 煤的透光率(P_M%)

煤的透光率是指煤样在规定条件下,用硝酸和磷酸的混合液处理后所得溶液对可见光透过的百分率。随着煤化程度增高,经硝酸和磷酸处理后所得溶液的颜色逐渐变浅以至消失,因而煤的透光率逐渐增大(表 2.24)。

表 2.24 透光率与煤化程度的关系

煤 种	煤经硝酸和磷酸处理后所得溶液的颜色	透光率,P_M/%
年轻褐煤	深红色至红黄色	≤30
老褐煤	浅红黄色至深黄色	>30~50
长焰煤	黄色至浅黄色	>50
不黏煤	多呈浅黄色	>50~90
弱黏煤至气煤	极浅的黄色至无色	>90~100
肥煤至无烟煤	无色	100

煤的透光率具有灵敏度大、分辨力强、结果重现性好、操作简便、易于掌握、测值不受煤样轻度氧化干扰等一系列优点。因此,我国煤的工业分类用煤的透光率作为划分褐煤及区分褐煤和长焰煤的指标。

3.5 煤的工业分类

我国煤炭资源丰富,煤类齐全。各工业部门对煤质、煤类均有特定的要求。为了正确地区分煤的工业用途,使煤得到充分合理地利用,就必须对煤进行工业分类。在 1956 年 12 月由中科院、煤炭部以及冶金部等单位共同研究,提出以炼焦煤为主的煤炭工业分类方案,于 1958 年4 月经原国家技术委员会正式颁布试行。这是建国以来颁布的第一个煤炭分类方案。至 1986年,经过近三十年的实践,该分类对于我国各工业部门合理使用煤炭资源,起了积极的作用,但也存在不少问题,已不适应我国的实际需要。因此,1974 年煤炭、冶金等有关单位开始着手拟定我国煤炭新的分类。经过 10 年的试验研究,于 1985 年 1 月在北京通过了《中国煤炭分类》国家标准(GB 5751—86)。后经国务院批准,由国家标准局于 1986 年 1 月发布,定于 1986 年10 月 1 日起试行 3 年,1989 年 10 月 1 日正式实施(表 2.25 和图 2.6)。

表 2.25　中国煤炭分类国家标准(GB 5751—86)

类　别	符　号	数码	分类指标						
			V_{daf}/%	$G_{R \cdot I}$	Y/mm	b/%	H_{daf}/%	P_M/%	$Q_{gr,maf}$/(MJ·kg^{-1})
无烟煤 一号	WY_1	01	≤3.5				≤2.0		
无烟煤 二号	WY_2	02	>3.5~6.5				>2.0~3.0		
无烟煤 三号	WY_3	03	>6.5~10.0				>3.0		
贫煤	PM	11	>10.0~20.0	≤5					
贫瘦煤	PS	12	>10.0~20.0	>5~20					
瘦煤	SM	13	>10.0~20.0	>20~50					
		14	>10.0~20.0	>50~65					
焦煤	JM	15	>10.0~20.0	>65	≤25	(≤150)			
		24	>20.0~28.0	>50~65					
		25	>20.0~28.0	>65	≤25	(≤150)			
1/3 焦煤	1/3JM	35	>28.0~37.0	>65	≤25	(≤220)			
肥煤	FM	16	>10.0~20.0	(>85)	>25	(>150)			
		26	>20.0~28.0	(>85)	>25	(>150)			
		36	>28.0~37.0	(>85)	>25	(>220)			
气肥煤	QF	46	>37.0	(>85)	>25	(>220)			
气煤	QM	34	>28.0~37.0	>50~65					
		43	>37.0	>35~50					
		44	>37.0	>50~65					
		45	>37.0	>65	≤25	(≤220)			
1/2 中黏煤	1/2ZN	23	>20.0~28.0	>30~50					
		33	>28.0~37.0	>30~50					
弱黏煤	RN	22	>20.0~28.0	>5~30					
		32	>28.0~37.0	>5~30					
不黏煤	BN	21	>20.0~28.0	≤5					
		31	>28.0~37.0	≤5					
长焰煤	CY	41	>37.0	≤5				>50	
		42	>37.0	>5~35					
褐煤 二号	HM_2	52	>37.0					>30~50	≤24
褐煤 一号	HM_1	51	>37.0					≤30	

注:①当烟煤的 $G_{R \cdot I}$>85 时,再用 Y 值(或 b 值)以及 V_{daf} 值来区分肥煤、气肥煤与其他煤类的界线;当 Y>25.0 mm时,如 V_{daf}≤37.0%,则划分为肥煤;如 Y 值≤25.0 mm,则根据其 V_{daf} 的大小而划分为相应的其他煤类。当用 b 值来划分肥煤、气肥煤与其他煤类的界线时,如 V_{daf}≤28.0%,暂定 b 值>150% 的为肥煤,如 V_{daf}>28.0%,暂定 b 值>220% 的为肥煤或气肥煤(V_{daf}>37% 时),当按 b 值划分的类别与 Y 值划分的类别有矛盾时,以 Y 值划分的为准。

②用 V_{daf} 和 H_{daf} 划分的无烟煤小类有矛盾时,则以 H_{daf} 划分的小类为准。在已确定了无烟煤小类的生产厂、矿的日常检测中,可以只按 V_{daf} 来分类;在煤田地质勘探中,对新区确定小类或生产厂、矿需要重新核定小类时,应同时测定 V_{daf} 和 H_{daf} 值,按规定确定出小类。

③对 V_{daf}>37.0%,$G_{R.I.}$≤5 的煤,再以 P_M 来确定其为长焰煤或褐煤。如 P_M>30%~50%,再测 $Q_{gr,maf}$,如其值>24 MJ/kg,则应划分为长焰煤。(地质勘探煤样,对 V_{daf}>37.0%,且在不压饼的条件下所测定的焦渣特征为 1~2 号的煤,再用 P_M 来区分烟煤和褐煤)。

说明:分类用煤样,除 A_d≤10.0% 的采用原煤样外,凡 A_d>10.0% 的各种煤样应采用 $ZnCl_2$ 重液选后的浮煤(对易泥化的低煤化度褐煤,可采用灰分尽可能低的原煤样)。详见 GB 474—83 煤样的制备方法。

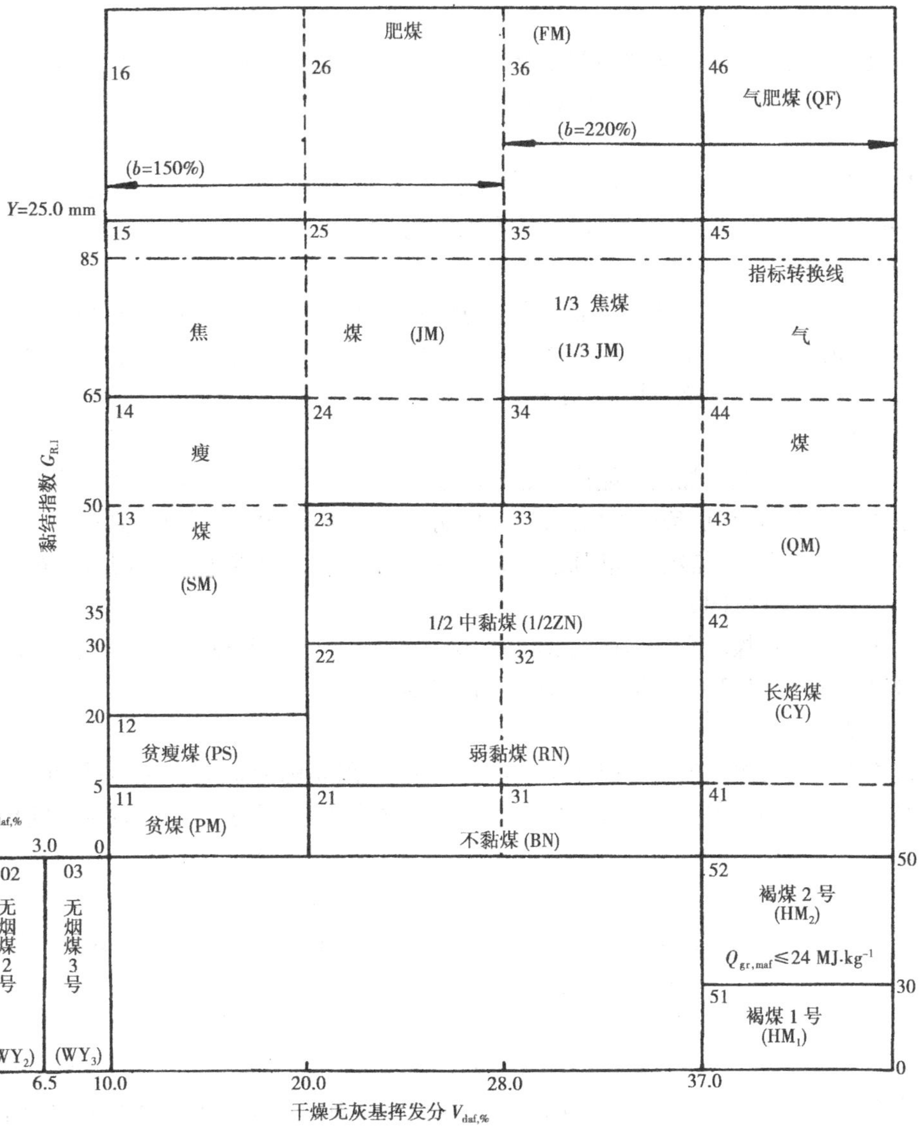

图2.6　中国煤炭分类图

《中国煤炭分类》国家标准是根据煤的煤化程度，将煤分为褐煤、烟煤和无烟煤。对褐煤、烟煤和无烟煤采用不同的分类指标分别进行分类。采用了干燥无灰基挥发分($V_{daf}\%$)、黏结性指数($G_{R.I}$)、胶质层最大厚度(Y,mm)、奥亚膨胀度($b\%$)、透光率($P_M\%$)、干燥无灰基氢含量($H_{daf}\%$)及恒湿无灰基高位发热量($Q_{gr,maf}$)七个分类指标，将褐煤、烟煤和无烟煤分为十四大类十七小类。

上述分类方案将煤分成十四个大类、十七个小类，现就十四大类煤种的特征和用途简单介绍如下：

1)无烟煤(WY)

属最高变质的煤。因燃烧时无烟，因此称为无烟煤。一般呈灰黑色，常带有古铜色或钢灰色色彩，条痕为灰黑色，似金属光泽，碳含量最高，密度最大，无黏结性。无烟煤常作为动力或民用燃料，也可作为制造合成氨、电石、电极等工业的原料。

2)贫煤(PM)

属高变质的烟煤。加热时不产生胶质体,因此称为贫煤。一般为灰黑色,条痕为黑色,金刚光泽,无黏结性或微弱黏结。贫煤一般作为动力或民用燃料。

3)贫瘦煤(PS)

属高变质的烟煤。介于贫煤、瘦煤之间的过渡煤,黏结性较弱,结焦性比典型瘦煤差。贫瘦煤一般作为动力或民用燃料。也可作为炼焦配煤。

4)瘦煤(SM)

属中变质的烟煤。加热时仅能产生少量的胶质体,因此称为瘦煤。一般呈黑色,条痕为黑色,强玻璃光泽,黏结性中等。单独炼焦时,能得到块度大、裂纹少、抗碎强度较高的焦炭,但耐磨性较差。瘦煤可作为炼焦用煤(配煤)。

5)焦煤(JM)

属中变质的烟煤。加热时能产生热稳定性很高的胶质体。炼焦时能得到优质焦炭,因此称为焦煤。一般呈黑色,条痕为棕黑色,强玻璃光泽,黏结性很强。单独炼焦时能得到块度大、裂纹少、抗碎强度高的焦炭,耐磨强度也高,但推焦困难。焦煤常作为炼焦用煤(配煤)。

6)1/3 焦煤(1/3JM)

属中变质的烟煤。介于焦煤、肥煤和气煤之间的过渡煤,单独炼焦时能得到熔融性良好、强度较高的焦炭。1/3 焦煤常作为炼焦用煤(基础煤)。

7)肥煤(FM)

属中变质的烟煤。加热时能产生大量的胶质体,因此称为肥煤,一般呈黑色,条痕为棕黑色,玻璃光泽,黏结性很强。单独炼焦时能得到熔融性好、强度高的焦炭、耐磨强度高。肥煤常作为炼焦用煤(基础煤)。

8)气肥煤(QF)

属中变质的烟煤。介于肥煤、气煤之间的过渡煤。单独炼焦时能产生大量的气体和液体化学产品。黏结性强。气肥煤可作为炼焦用煤(配煤)或气化用煤。

9)气煤(QM)

属低变质的烟煤。加热时能产生大量的气体和较多的焦油,因此称为气煤。一般呈黑色,条痕为棕黑色,强沥青或弱玻璃光泽,黏结性较强。单独炼焦时所得到的焦炭呈细长条,纵裂纹较多,抗碎强度和耐磨强度均比其他炼焦煤差。气煤可作为炼焦配煤或气化用煤。

10)1/2 中黏煤(1/2ZN)

属低变质到中变质的烟煤。黏结性中等。单独炼焦时所得到的焦炭,部分有一定的强度,部分强度差。1/2 中黏煤一般作为气化用煤或动力用煤,也可作为炼焦配煤。

11)弱黏煤(RN)

属低变质到中变质的烟煤。加热时仅产生少量胶质体。黏结性很弱,因此称为弱黏煤。弱黏煤一般作为气化原料或动力燃料。

12)不黏煤(BN)

属低变质到中变质的烟煤。加热时基本不产生胶质体。无黏结性,因此称为不黏煤。不黏煤一般作为气化原料或动力和民用燃料。

13)长焰煤(CY)

属最低变质的烟煤。燃烧时能发出较长的火焰,因此称为长焰煤。常呈褐黑色,条痕为深棕色，沥青光泽，黏结性差。长焰煤通常作为气化原料或动力和民用燃料。

14）褐煤（HM）

属未变质的煤。一般呈褐色，因此称为褐煤。条痕为棕色，无光泽或暗沥青光泽。水分含量高，在空气中易于风化。碳含量低，故发热量也较低。密度最小，无黏结性。褐煤一般作为动力或民用燃料，也可作为化工及气化原料。

3.6　煤的综合利用

煤的综合利用是在合理开发煤炭资源的基础上，根据煤炭本身的特点（组成、性质、质量等），通过各种加工利用途径，以达到提高煤炭利用率、生产更多高效节能的新产品、减轻环境污染、节约运力的目的。

我国是世界主要产煤国之一，但由于人口众多，年人均占有煤炭量还不到0.9 t，仅为前苏联的1/3，美国的1/4左右，距世界发达国家尚有很大差距。所以节约和用好煤炭资源就显得尤为重要。要合理、高效、清洁地利用煤炭资源，就必须大力发展煤炭资源的综合利用。我国煤的综合利用情况与发达国家相比，具有起步晚、规模小、发展速度快等特点。

煤炭综合利用的途径主要有干馏、气化、液化、燃烧等，以此获得热能和冶金、化工、医药等工业原料（图2.7）。

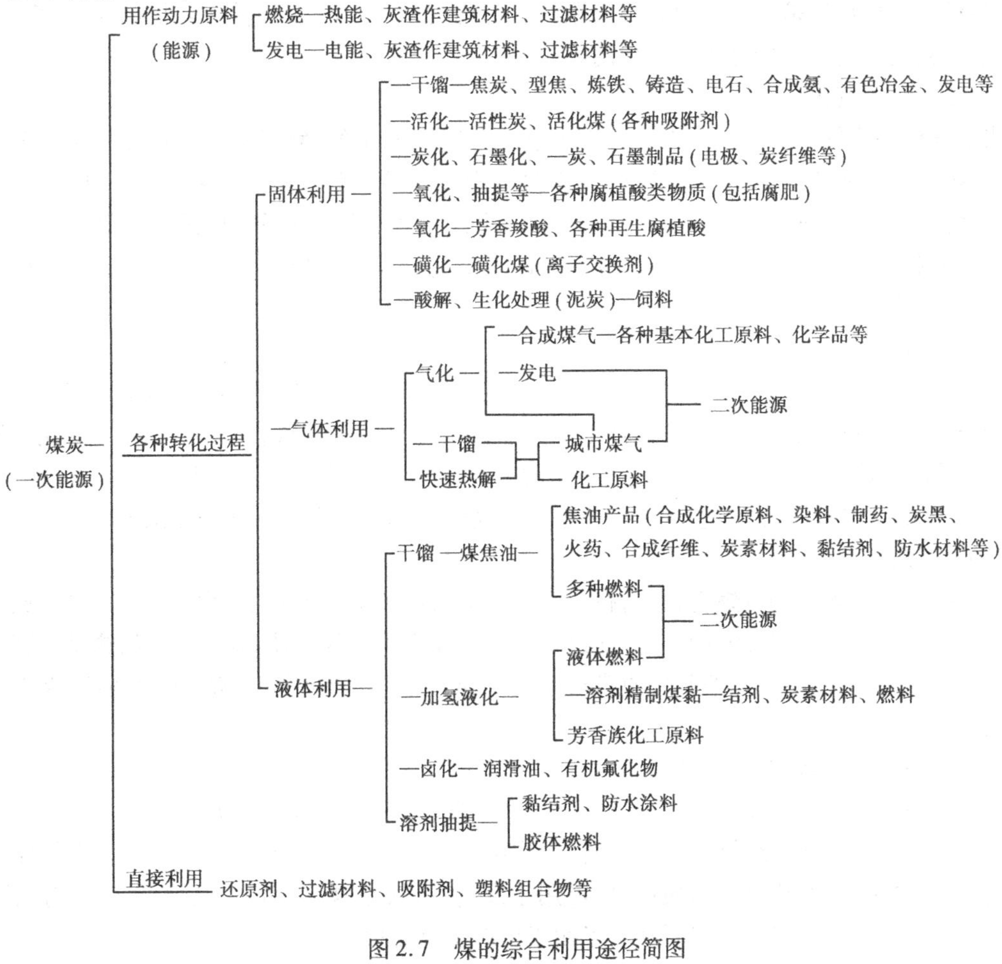

图2.7　煤的综合利用途径简图

3.6.1 煤的干馏

煤的干馏是指煤在隔绝空气条件下加热，煤中的有机质发生热化学反应（分解、缩合、聚合等），生成分子结构简单、组成不同的固态、气态和液态产物的过程。煤的干馏又叫热解或热分解，是煤的综合利用中工艺最成熟、应用最广泛的方法。按干馏的最终温度可分为高温干馏（950～1 050 ℃）、中温干馏（700～800 ℃）和低温干馏（500～600 ℃）三类。这里介绍煤化工中应用较普遍的高温干馏和低温干馏。

1）高温干馏

高温干馏亦称炼焦，是煤在1 000 ℃的高温下干馏，以获得焦炭、焦炉气、焦油等一系列化学产品的热加工过程，是煤炭炼焦所采用的主要工艺。焦炭占焦化产品的78%左右，主要用于高炉炼铁、铸造、制造电石和氮肥等；焦炉气占焦化产品的18%左右，可作燃料和化工原料；焦油占焦化产品的4%左右，成分复杂，所包含的化合物在一万种以上，作为化工原料生产塑料、农药、染料、炸药、化肥、药品、合成纤维等。可用贫瘦煤、瘦煤、焦煤、1/3焦煤、肥煤、气肥煤、气煤、1/2中黏煤等作为炼焦用煤。

2）低温干馏

低温干馏是指煤500～600 ℃温度下干馏，以制取低温焦油、半焦、低温焦炉煤气的过程。低温焦油是生产汽油、煤油、润滑油及其他化工产品的宝贵原料；半焦是很好的无烟燃料和气化原料；低温焦炉煤气是优质工业和民用燃料。可用泥炭、含油率高的褐煤、长焰煤、气煤、不黏结煤、弱粘结煤及油页岩等作为气化用煤。

3.6.2 煤的气化

煤的气化是指气化原料（煤或焦炭）与气化剂（空气、水蒸气、氧气等）接触，在一定温度压力下，发生一系列复杂的热化学反应，使原料最大限度地转变为气态可燃物（煤气）的工艺过程。煤气是洁净燃料，热效率比煤高10%左右。可用褐煤、长焰煤、贫煤、无烟煤等作为气化用煤。目前我国主要是用煤进行干馏生产煤气，不少先进国家已成功地将埋藏很深的煤层进行地下气化，我国个别地方也在试验中。

3.6.3 煤的液化

煤的液化是将煤、催化剂和重油混合在一起，在高温高压下使煤中有机质破坏，与氢作用转化成低分子的液态和气态产物，进一步加工即可得到汽油、柴油等燃料的过程。这是一种用煤制造人造石油的新技术和新工艺，不仅是战略上的需要，也是提高煤炭利用效率、生产洁净能源的重要措施，对缺油国家意义尤为重大。可用褐煤、长焰煤、气煤、气肥煤等作为液化用煤。

3.6.4 煤的燃烧

煤的燃烧是指煤中的可燃有机质，在一定温度下与空气中的氧发生剧烈的化学反应，放出光和热，并转化为不可燃的烟气和灰渣的过程。任何煤都可作为工业和民用燃料，这是煤利用价值最低的地种途径，所以一般都用质量较低劣的煤，主要用于机车、船舶、工业锅炉、火力发电及民用等。

3.6.5 石煤和煤矸石的利用

石煤是一种劣质腐泥无烟煤。它是古生代大量繁殖的低等生物（藻类、菌类和浮游生物）的遗骸、经过复杂的生物化学作用和物理化学作用，转变成的一种固体可燃有机岩。石煤作为燃料属高灰、高硫、低发热量的劣质燃料，可用于发电；石煤中常富含钒、钼、镍、铀、锗、镓、铜、铬、硅、磷等元素，当达到其工业品位时，可用于提取稀有元素；还可用于建筑行业中生产水泥、制砖瓦和混凝土砌块等。

煤矸石是在采煤过程中与煤一起排出的一种混杂岩体。它包括开采矸石、洗选矸石、半煤岩巷及岩巷掘进中排出的煤和岩石。可利用煤矸石发电；制砖瓦、水泥、陶瓷等建材；从矸石中回收硫铁矿等有用矿物；从矸石中生产无机盐类化工产品；还可以用于地下采空区作充填料、回填废矿井、筑公路、复地造田、制取肥料等。

除了以上介绍的煤炭综合利用的主要内容外，矿井瓦斯的利用、煤炭的地下气化、制取溶剂、精制煤等都属于煤炭综合利用的范畴。总之，煤炭综合利用包括的内容多，涉及的知识面广，采用的方法也多，因此大力发展综合利用已成为煤炭行业的重大战略任务。当今煤炭的综合利用，已引起世界各国的广泛重视。随着现代科学技术的高速发展，新工艺、新方法的广泛应用，新型煤基燃料如高炉喷吹料、水煤浆、油煤浆、超纯超细粉煤等正在开发利用；在焦化领域中，大容积焦炉、预热干燥、干法熄焦、捣固炼焦、型焦生产等新技术不断发展。展望未来，煤炭综合利用的前景无限广阔。

任务4　煤层系统观察和描述

煤层是煤资源地质分析的主要研究对象和煤矿开采的主体。煤层的层数、厚度、结构和形态及其变化等直接决定了煤田的经济价值,同时也是制定煤田开发规划和确定井型及选择采煤方法等的重要依据。因此研究煤层的厚度、结构、形态及其变化规律有重要的实际意义。

4.1　煤层及其形成

煤层是位于顶底板岩层之间、由古代植物遗体经成煤作用转变而来且具有一定厚度的固体可燃有机矿层。

煤层是地壳运动的产物,是在地壳缓慢下降过程中由泥炭层转变形成的。成煤植物遗体在泥炭沼泽中堆积后,经过生物化学变化发生泥炭化作用转变为泥炭层;泥炭层被沉积物埋藏后,经过物理化学变化发生煤化作用转变为煤层。泥炭沼泽中泥炭层、煤层形成的整个过程,都与沼泽水位的相对升降有密切关系。而沼泽水位的相对升降主要取决于植物遗体的堆积速度与沼泽基底的沉降速度两者之间的关系(图2.8)。

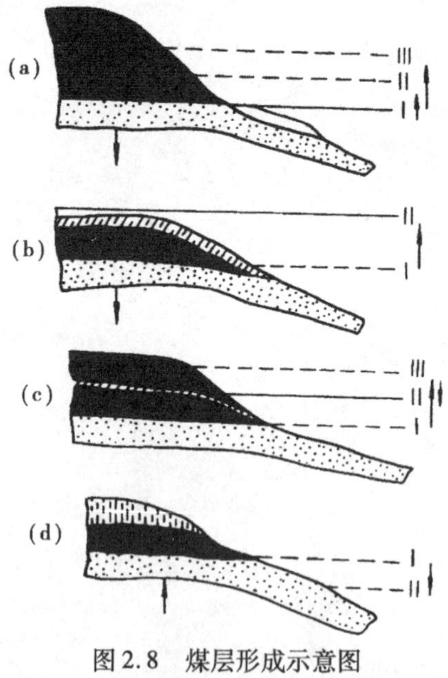

图2.8　煤层形成示意图

(a)均衡补偿状态;(b),(c)不足补偿状态及煤层中夹矸的形成;(d)过渡补偿状态;

Ⅰ—未变动时的潜水面;Ⅱ—第一次变动后的潜水面;Ⅲ—第二次变动后的潜水面

1)植物遗体堆积速度大致等于沼泽基底的沉降速度(均衡补偿状态):此时,沼泽水位相对稳定,不仅有利于植物生长、繁殖,泥炭层的形成得以持续进行;因此既有利于泥炭层的形成和保存,也有利于煤层的形成,可形成厚煤层甚至特厚煤层(图2.8(a))。

2)植物遗体堆积速度小于沼泽基底的沉降速度(不足补偿状态):此时,沼泽水位相对上升,沼泽覆水不断加深,植物难于生存;则泥炭层的形成会暂停,代之于泥、砂等沉积物,形成煤层顶板或夹矸。因此不利于泥炭层的形成,但有利于泥炭层的保存;可能形成厚度不大的煤层图(2.8(b)(c))。

3)植物遗体堆积速度大于沼泽基底的沉降速度(过渡补偿状态):此时,沼泽水位相对下降,沼泽供水越来越困难;不仅不利于植物生长,而且还会使已堆积的泥炭层因暴露而遭到分解。因此不利于泥炭层的形成和保存,也不利于煤层的形成(图2.8(d))。

自然界中沼泽水面上升速度和植物遗体堆积速度之间的平衡是有条件的、相对的、暂时的。由于在泥炭层堆积的整个过程中,往往是上述三种情况反复交替,因而形成的煤层有各种不同的形态和结构。影响沼泽水面升降的因素很多,如降雨量和蒸发量的变化、潜水面的上升和下降、海平面升降以及冰川的消融和地壳的升降运动等。其中,地壳升降运动具有较普遍的意义。

4.2　煤层的一般特征

煤层形成以后,总是在其顶底板、结构、厚度、形态等方面表现出一定的特征。

4.2.1　煤层的顶底板

煤层的顶底板是指位于煤层上下一定距离内的岩层。煤层顶底板的岩石特征、性质及厚度等,对采掘工作有着直接的影响。研究它们有助于确定顶板管理和巷道支护的方法。

1)煤层顶板

当地层层序正常时,直接覆于煤层上部一定距离内的岩层称为顶板。从采煤工作的角度,根据顶板岩层变形和垮落的难易程度,顶板可分为伪顶、直接顶及基本顶三种(图2.9)。

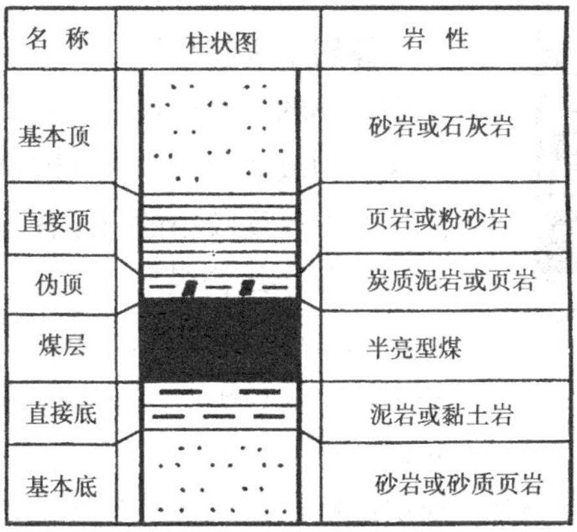
名 称
柱状图
岩 性
基本顶
砂岩或石灰岩
直接顶
页岩或粉砂岩
伪顶
炭质泥岩或页岩
煤层
半亮型煤
直接底
泥岩或黏土岩
基本底
砂岩或砂质页岩

图2.9　煤层顶底板示意图

(1)伪顶

直接位于煤层之上,为一层极易跨落的薄层岩石,常随采随落。厚度不大,仅几厘米到数十厘米,岩性多为炭质泥岩、泥岩或页岩等。

(2)直接顶

通常位于伪顶之上,有的则直接位于煤层之上,由较易垮落的一层或几层岩石组成,经常是煤采出后不久便自行跨落。厚度一般为数米,岩性常为砂岩、泥岩及石灰岩等。

(3)基本顶

基本顶俗称"老顶"。一般位于直接顶之上,有时也直接位于煤层之上,为不易垮落的坚硬岩层,通常在煤采出后较长时间内不垮落,往往只是发生大面积的缓慢沉降。厚度较大,岩性多为砂岩,也有石灰岩、砂砾岩等。

应当指出,并不是所有煤层的顶板都可以分为伪顶、直接顶和老顶,有的煤层没有伪顶,只有直接顶和老顶;有的煤层甚至没有伪顶、直接顶,只有老顶。因此,实际工作中要注意这些情况。

2)煤层底板

当地层层序正常时,直接伏于煤层下部一定距离内的岩层称为底板。底板可分为直接底、基本底两种(图2.9)。

(1)直接底

直接位于煤层之下,通常是当初沼泽地生长植物的土壤,其中往往含有植物根部化石,所以又称为根土岩。厚度一般不大,仅数十厘米,岩性以富含炭质的黏土岩最常见,还有泥岩等。

值得指出,如果直接底的岩性是遇水膨胀的黏土岩,则容易引起底板的隆起,轻者影响运输,重者使巷道遭到破坏。

(2)基本底

基本底俗称"老底"。通常位于直接底之下。厚度较大,岩性常为砂岩、粉砂岩等。

4.2.2 煤层的结构

煤层结构是指煤层中是否含有层位稳定的夹矸及其相对位置和数量的总体特征。

根据煤层中有无较稳定的夹矸(又称"夹石层"),可将煤层分为简单结构和复杂结构两种(图2.10)。

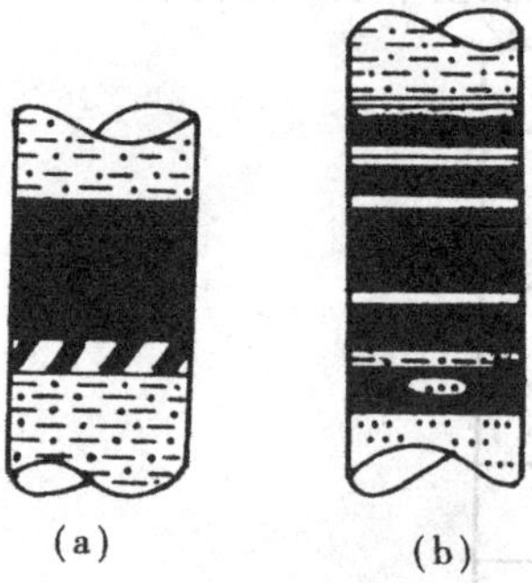

图2.10　煤层结构示意图
(a)简单结构煤层;(b)复杂结构煤层

1)简单结构煤层

煤层中没有呈层状出现的较稳定的夹矸,但可以夹有不少较小的岩石透镜体(图2.10(a))。简单结构的煤层反映当初成煤时,沼泽中植物遗体的堆积基本上是连续的。通常厚度较小的煤层往往是简单结构煤层。

2)复杂结构煤层

煤层中含有较稳定的夹矸,少者一到两层,多者几层甚至十余层(图2.10(b))。复杂结构煤层反映当初成煤时,沼泽中植物遗体堆积曾发生一次或多次间歇。通常厚煤层或巨厚煤层往往是复杂结构煤层。

夹矸是指煤层中厚度大于5 cm、小于当地煤层最低可采厚度的岩石夹层。煤层中夹矸的岩性可以是多种多样的。最常见的是炭质泥岩、黏土岩及粉砂岩,也有油页岩、石灰岩及细砂岩等。夹矸的厚度不一,从几厘米到几十厘米。呈薄层状、似层状或透镜状。

应当指出,同一煤层的结构并不是固定不变的。不仅在不同的井田内,煤层的结构可能有变化;甚至在同一井田内,煤层的结构也可能有变化,夹矸数有增有减,夹矸厚度和岩性也可能发生变化。

4.2.3 煤层的厚度

煤层厚度指煤层顶底板岩层之间的距离。与煤层厚度有关的术语较多:

首先,煤层厚度有真厚度和伪厚度之分。煤层真厚度是煤层顶底板岩层之间的垂直距离;煤层伪厚度是煤层顶底板岩层之间的斜距。煤层铅直厚度和煤层水平厚度两种伪厚度最重要。

其次，据煤层结构将煤层真厚度划分为总厚度、有益厚度及可采厚度(图2.11)。

总厚度　指煤层顶底板之间各煤分层和夹矸厚度的总和(图2.11(a))。

有益厚度　指煤层顶底板之间各煤分层厚度的总和(图2.11(c))。

可采厚度　指达到国家规定的最低可采厚度以上的煤层厚度或煤分层厚度之和(图2.11(b))。

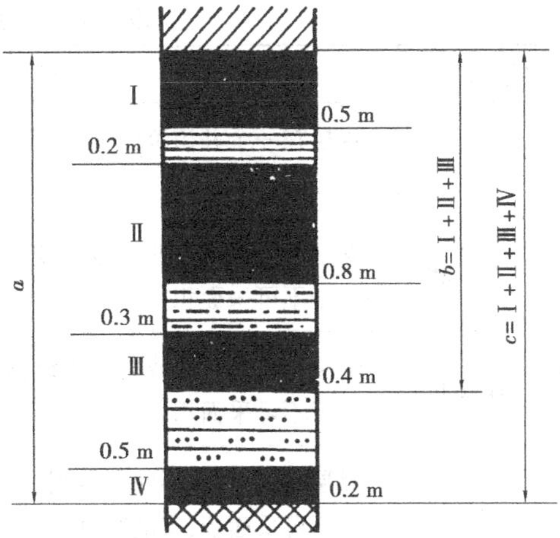

图2.11　煤层厚度示意图

(a)煤层总厚度;(b)可采厚度;(c)有益厚度

按照国家目前有关政策，根据煤种、产状、开采方法和不同地区的资源情况等，所规定的可采厚度的下限标准称为最低可采厚度。目前，我国国土资源部规定了一般地区煤层的最低可采厚度标准(表2.26)。

表2.26　一般地区煤层最低可采厚度标准

煤　类				炼焦用煤	CY,BN,RN,PM	WY	HM
煤层厚度/m	井采	倾角	<25°	≥0.7	≥0.8		≥1.5
			25°~45°	≥0.6	≥0.7		≥1.4
			>45°	≥0.5	≥0.6		≥1.3
	露天开采			≥1.0			≥1.5

上述所列煤层最低可采厚度，适用于一般地区；对于缺煤省区，可根据当地需要另行规定。如我国南方各省，煤层一般较薄，且较为缺乏，为了充分利用煤炭资源，最低可采厚度可适当降低。

煤层厚度或煤分层厚度之和达到可采厚度的煤层即为可采煤层；否则，为不可采煤层。煤矿生产过程中，均开采可采煤层。

4.2.4　煤层的形态

煤层的形态是指煤层赋存的空间几何形态。它反映了煤层厚度变化的大小和规律。

根据煤层在一个井田范围内连续程度和可采情况，将煤层形态分为层状、似层状和不规则状、马尾状四种(表2.27)。

表 2.27　煤层的基本形态及特征

煤层形态		基本特征	图　示
层　状		煤层在一个井田范围内是连续的，厚度变化不大，全部或大部可采	
似层状	藕节状	煤层不完全连续或大致连续，而厚度变化较大。煤层的可采面积大于不可采面积	
	串珠状	煤层不完全连续或大致连续，而厚度变化较大。煤层的可采面积小于不可采面积	
不规则状	鸡窝状	煤层断断续续，形状不规则，呈鸡窝状，其中煤层的可采面积多小于不可采面积，有的鸡窝状煤层的煤包较大，也常具可采价值	
	透镜状	煤层断断续续，形状不规则，呈透镜状。煤层的可采面积多小于不可采面积	
	扁豆状	煤层断断续续，形状不规则，呈扁豆状。煤层的可采面积多小于不可采面积。	
马尾状		煤层基本连续，总的是由厚到薄，以致完全消失，它是由厚煤层分岔、尖灭形成的。煤层的可采面积与不可采面积之比变化较大	

4.2.5　煤层的产状

煤层产状仍是用走向、倾向、倾角三个要素表示。在比较广阔而平坦煤盆地（如海陆交互带、湖泊）中形成的煤层，其原始产状大都是水平或近于水平的。煤层形成之后，在地壳运动的影响下，其原始产状将程度不同程度地发生改变：有的近于水平；有的变成倾斜，甚至直立；在构造运动强烈地区，煤层还会倒转。现今保存在地壳中的煤层产状，绝大多数都是经历了构造变动之后所表现的形式。

4.2.6　煤层的分类

煤层的厚度、倾角及其稳定性，对煤矿开采技术影响很大。所以，在地质及煤矿开采工作中常按煤层的厚度、倾角等对可采煤层进行分类。

1）煤层厚度级（表 2.28）

表 2.28　煤层厚度级

煤层厚度级 \ 开采方式	地下开采/m	露天开采/m
极薄煤层	0.30～0.50	
薄煤层	0.50～1.30	<3.50
中厚煤层	1.30～3.50	3.50～10.00
厚煤层	3.50～8.00	>10.00
特厚煤层	>8.00	

2)煤层倾角级(表2.29)

表2.29　煤层倾角级

开采方式 煤层倾角级	地下开采/(°)	露天开采/(°)
近水平煤层	<8	<5
缓倾斜煤层	8~25	5~25
倾斜煤层	25~45	25~45
急倾斜煤层	>45	>45

4.3　煤层系统观察和描述方法

煤层的系统观察和描述可以选择不同地点,常在井下煤层剖面或在地表的煤层自然露头或人工揭露的煤层剖面中进行,有时也利用钻孔的煤心剖面中进行研究。

4.3.1　煤层块煤煤样的观察描述

按照《烟煤宏观类型的划分与描述》行业标准(MT 263—91)进行煤层块样的观察描述。对块煤煤样的厚度、煤岩组分、结构、构造、颜色、光泽、密度、断口、裂隙、结核等特征均应描述。具体步骤如下:

(1)煤层总体观察　记录观察点的位置、观察条件、编号、成煤时代、煤层名称、煤层厚度及产状等,概述煤层的稳定性、裂隙发育情况、夹矸分布及比例、煤层顶底板岩石性质和裂隙发育情况及与煤层接触关系等。

(2)在煤层厚度和结构有代表性的地点,选择垂直于煤层面的新鲜平整并包括煤层顶底板在内的连续的煤层剖面,观察煤层中镜煤或亮煤的颜色、条痕色、光泽、内生裂隙等物理性质,初步确定煤的煤化程度。

(3)确定宏观煤岩组分,划分宏观煤岩类型,估计各煤岩组分在煤样中的含量。注意观察夹矸的层数和岩性,并把层位稳定、厚度大于1 cm的夹矸单独划分出来。依据夹矸将煤层划分成几个自然层,对每一个自然煤分层,在垂直于煤层的新鲜断面上以不小于5 cm(特殊分层时可以小于5 cm)的厚度对块煤煤样分层,对每一煤岩分层应在煤壁上做好记号;对有重要意义的标志层,如矿化煤、破碎煤、腐泥煤等应单独分层。逐层估计光亮成分含量,确定煤的宏观类型。当煤岩分层中光亮成分含量分别为>75%、50%~75%、25%~50%、<25%时,依次叫做光亮型煤、半亮型煤、半暗型煤和暗淡型煤。

(4)描述时注意各宏观煤岩分层的横向稳定性、煤岩组分组合特点、结构、构造、矿物质、包裹体成分和数量、各分层间接触关系等,并采集必要的煤岩测试样品。

(5)观察煤中的矿物质分布及存在状态,对煤块样中特征部分进行素描或照相。

4.3.2　室内检查和补充描述整理

野外和井下工作条件差,还需要在室内对现场的煤岩分层工作进行检查,对各分层的肉眼观察特征作补充描述,绘制煤层煤岩柱状图(图2.12),对代表性煤分层样品进行照相和磨光观察。

煤层总厚:	煤层剖面编号及位置:
纯煤总厚:	煤层产状:
夹矸总厚:	观察者姓名:
夹矸层数:	观察日期:

分层号	分层名称	分层厚度/cm	煤岩柱状 1:20	取样位置	取样种类	取样编号	简要描述
顶板	炭质泥岩			□	薄片	5煤-顶	
1	暗淡型	15		□	光片	5煤-1	
2	半亮型	20		□ □	光片 光片	5煤 2-1 5煤 2-2	
3	光亮型	10		□	光片	5煤-3	
⋮	半亮型 半暗型			□ □	光片 光片	5煤-4 5煤-××	
底板	泥岩			□	薄片	5煤-底	

图2.12　煤层煤岩柱状图格式

4.3.3　采集煤岩研究的煤样

根据煤岩研究的需要可以采取煤层柱状煤样、宏观煤岩类型煤样、光亮煤样、煤层的全层混合煤样,并注明采取煤样的位置。

技能训练2.2　煤层的系统观察、描述

1. 实习目的要求

通过对野外、井下或钻孔中所见的煤层进行系统地观察和描述,要求初步确定该煤层的一般特征及煤岩组成和煤类;学会在现场用文字和作图的手段来描述煤层。

2. 实习方法与内容

1)选点

在经过调查后,选择本区有代表性的煤层观察点,观察煤层的厚度和结构。现场应该避开煤层构造破碎带、煤层风、氧化带、接触变质带及淋水带。

2)分层

现场尽可能从顶到底揭露整个煤层，暴露出一个新鲜的煤层连续剖面。对煤层中层位稳定而厚度大于2 cm的夹矸，必须单独划分出来，再按照不同的煤岩类型进行分层，分层厚度取决于煤层厚度和研究的目的，常以5~10 cm为限。分层以后，实测各分层厚度，绘制煤层柱状剖面草图，同时观测煤层的产状要素。

3）分层观察描述

首先对煤层底板岩层观察描述。按照沉积岩描述要求进行，观察岩层中动、植物化石的特点和分布情况，尤其是植物的根化石特征（它是原地成煤的标志），岩层中结核形状、成分、大小、产状，观察底板岩层与煤层的接触关系。

对各煤分层从上向下按顺序编号；分别描述煤岩类型、分层厚度、各分层主要煤岩成分、结构、构造、分层间接触特征、内外生裂隙的发育程度、裂开和充填情况、裂隙表面特征、矿物包裹体、夹矸及化石等；测量煤层产状；对需要鉴定煤化程度的煤层应现场采集煤样。

对煤层顶板岩层的描述与底板岩层的描述方法相同。描述时，要注意观察顶板与煤层的接触关系特征（它能够反映泥炭沼泽后期的环境变化）。

4）标本采集

现场采集完整的煤层柱状标本或按照煤岩分层及煤岩类型采集块样，大小一般为15~30 cm，对采集的标本要仔细编号、登记、包装。

3. 实训作业—室内整理

在室内经过系统、详细的检查和补充描述后，对采集的标本作素描图（比例尺1∶1或1∶2）、照相。为了进一步研究，需选择磨制煤岩薄片和煤光片用的煤块。最后，编制出煤岩柱状图，并概括出煤层的主要特征，包括煤层的煤岩组成、煤岩类型、煤化程度、遭受风氧化程度等。

任务5 煤系一般特征的观察和描述

5.1 煤系及其命名

煤系是指在一定的古植物、古气候、古地理、古构造因素的控制下，在煤盆地中形成的一套含有煤层并具有成因联系的多相组合沉积岩系。无论是陆相、海陆交互相、浅海相的沉积岩系，只要在其沉积过程中，由于古植物、古气候、古地理、古构造因素相互配合，出现了泥炭层得以发育和保存的条件，就可以形成煤系。"煤系"这一术语是对其同义术语如含煤建造、含煤岩系、含煤沉积、含煤地层等的简称；在实际工作中使用最多，它们之间无实质性区别，只不过是各自强调的方面有所不同。

由于煤系是一定的古植物、古气候、古地理、古构造条件下的产物，因此，在地质历史上，随着上述条件中任一因素向不利于成煤的方向转化，煤系就会在横向上和纵向上过渡为不含煤岩系，即非煤系。

煤系与非煤系的界限主要是根据沉积岩系中是否含有达到最低可采厚度的煤层作为标准。若某个沉积岩系在大区域内含有大于或等于最低可采厚度的煤层，可作为煤系看待；若某个沉积岩系在大区域内所含的都是低于最低可采厚度的煤线或不含煤层、煤线，可作为非煤系看待。

煤系常作岩石地层单位使用，往往是指区域内含有煤层的组或段，如龙潭煤系、香溪煤系等。常以地区名称加上煤系形成的时代命名，如华南二叠纪煤系、东北侏罗纪煤系；也可以按古地理环境进行命名，如内陆型煤系、近海型煤系、浅海型煤系等。

5.2 煤系的一般特征

煤系在一定构造因素的控制下，在特定的古地理环境和古气候条件下形成后，总是在与下伏和上覆非煤系的接触关系、厚度、岩性、沉积相、旋回结构、含煤性等方面表现出一定的特征，即煤系的一般特征。

5.2.1 煤系与下伏、上覆非煤系的接触关系

煤系的下伏非煤系是煤盆地的基底地层，它们之间的接触关系可表现为整合接触或假整合接触或不整合接触。如华南上二叠统龙潭煤系与下伏茅口组灰岩呈假整合接触等。

煤系的上覆非煤系是煤系的盖层沉积岩系，它们之间的接触关系可表现为整合接触或假整合接触或不整合接触。如四川盆地上三叠统须家河煤系与上覆下侏罗统珍珠冲组呈整合接触等。

5.2.2 煤系的厚度

煤系的厚度是下伏非煤系的顶界面与上覆非煤系的底界面之间的垂直距离。自然界中，任何煤系都有一定的厚度。只不过受煤盆地同沉积构造及古植物、古气候、古地理等因素配合的影响，煤系的厚度有很大的差异，可由几米至上万米。

5.2.3 煤系的岩性

由于煤系一般是在潮湿气候、经常积水的还原环境中形成，沉积岩的颜色主要呈灰色、灰黑色、黑色和灰绿色。煤系中的岩石，主要是以各种粒度的碎屑岩、黏土岩和煤层组成，并夹有

石灰岩、燧石层等；此外，在煤系中还经常发现铝土矿、耐火黏土、油页岩、菱铁矿、黄铁矿等；还含有各种碳酸盐结核和泥质、粉砂质以及菱铁矿等包体；煤系形成过程中，如果附近有岩浆活动或火山喷发时，就会有相应的火山岩及火山碎屑岩的分布，如我国若干中、新生代的煤系就含有各种火山岩及火山碎屑岩。组成煤系的沉积岩，另一个特点是非水平类型层理构造、层面构造、冲刷充填构造和侵蚀面构造等流动成因构造比较发育。并且常含有丰富的植物化石，有的煤系中也富含动物化石。不同时代、不同地区的煤系，其岩性组合差别很大。有的以中、细碎屑岩为主；有的则以粗碎屑岩为主，巨厚的砂砾岩带在剖面中多次出现；有的不含石灰岩；有的则含多层石灰岩甚至以石灰岩为主。即使是同一煤系，其岩性组合在纵向和横向上也可以有显著变化。

5.2.4　煤系的沉积相和旋回结构

沉积相是指形成一种岩石或一套混合岩石的环境，代表这一环境下形成的一套产物。它就是利用岩石成因标志来恢复的同一自然地理环境中形成的一种或几种岩石的地质体。任何一种沉积相都有自己独特的沉积环境所决定的成因标志组合。沉积相的成因标志主要包括岩性、古生物及地球化学等特征。这些特征不外乎是物理的、生物的和化学的三个方面。物理特征是地层最直观的岩石学标志，主要指沉积岩的物质成分、结构和构造，它反映沉积盆地的形状、范围等古地貌特征及水动力条件，是相分析时的重要标志；生物特征就是古生物标志，主要指各种古生物遗骸和遗迹，主要有实体化石、痕迹化石、生物遗迹等，它是一种比较可靠的成因标志；化学特征反映沉积水体的水化学和地球化学条件，主要有沉积物中元素和化合物的含量、同位素和自生矿物特征等。沉积相分为陆相、海陆过渡相、海相三大相类，在煤系中均能见到。陆相煤系中常见的有山麓相、河流相、湖泊相、沼泽相；海陆过渡相煤系中常见的有泻湖海湾相、泻湖海湾波浪带相、砂洲砂坝相、滨海湖泊相、滨海三角洲相；海相中常见浅海相。

旋回结构是指沉积序列中的垂直剖面上一套有共生关系的岩性、岩相规律性组合和交替现象。它是煤系最常见的特征。旋回结构研究中，以岩性的规律性组合和交替为对象的，称为岩性旋回；以沉积相的规律性组合和交替为对象的，称为相旋回。它反映煤系在形成过程中一系列控制因素（如地壳运动、古地理、古气候等）的周期性变化，同时是不同煤系进行对比的依据。

5.2.5　煤系的含煤性

含煤性是对同一煤盆地内、同一时代的煤系中煤层层数、厚度、结构、稳定性及煤质优劣的综合评价。它是反映煤系中含煤丰富程度的指标，通常用含煤系数表示。含煤系数又分为总含煤系数和可采含煤系数。

总含煤系数是煤系中所有煤层的总厚度与煤系总厚度的百分比。用下式表示：

$$K = \frac{m}{M} \times 100\% \tag{2.1}$$

式中　K——总含煤系数，%；

m——煤层总厚度，m；

M——煤系总厚度，m。

可采含煤系数是煤系中所有可采煤层的总厚度与煤系总厚度的百分比。用下式表示：

$$K_k = \frac{m_k}{M} \times 100\% \tag{2.2}$$

式中　K_k——可采含煤系数，%；

m_k——可采煤层总厚度,m;

M——煤系总厚度,m。

煤盆地内各地段含煤性是不一样的,这是因为煤层只在一定的范围内发育,且各地段所含煤层的层数、厚度、结构和形态等也不同。如果某一地段煤层层数多、厚度大、发育稳定,则含煤性好,反之则含煤性差。

5.2.6 煤系的古地理类型

煤系的古地理是指煤系形成过程中,比较持续存在的总的沉积环境或地貌景观。煤系的古地理类型,就是指主要依据煤系形成时的地貌景观对煤系进行的分类。

我国煤田地质工作者在分析国外资料的基础上,结合我国各时代、各地区煤系的具体特点,将煤系古地理类型划分为三大类八个类型(表2.30)。各类型的地貌景观如图2.13所示。现将近海型和内陆型煤系的特征简述如下:

表2.30 煤系的古地理类型表

大类	类型
浅海型	1. 浅海型
近海型	2. 滨海平原型 3. 滨海冲积平原型 4. 滨海三角洲型 5. 滨海山前(山间)平原型
内陆型	6. 内陆盆地型 7. 山间盆地型 8. 山间谷地型

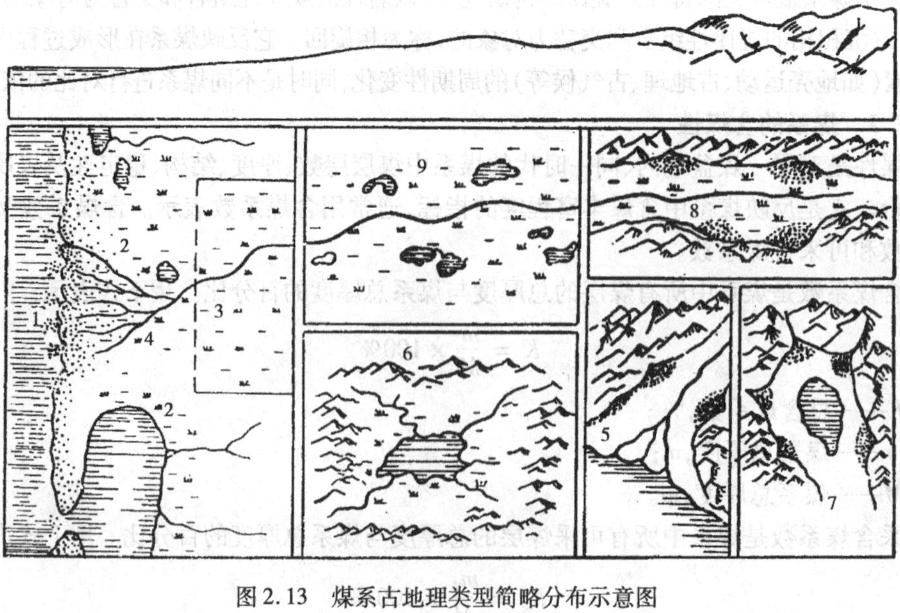

图2.13 煤系古地理类型简略分布示意图

1—浅海型;2—滨海平原型;3—滨海冲积平原型;4—三角洲型;5—滨海山前平原型;6—内陆盆地型;7—山间盆地型;8—山间谷地型;9—大陆冲积平原型

1）近海型煤系

这种煤系形成于近海地区，其沉积区一般为滨海平原、滨海三角洲平原、泻湖、海湾及浅海等。这些地区比较广阔，地形较为平坦，距侵蚀区较远，受海水进退影响很大。随着地壳的升降运动，时而被海水淹没，成为浅海；时而又成为陆地，发育着大片沼泽。因此，煤系中既有海相沉积物，又有陆相沉积物。所以，近海型煤系又称为海陆交替相煤系。

近海型煤系的特点：

(1)煤系由陆相、过渡相及海相岩层组成。岩层中常含有动、植物化石。

(2)煤系中沉积物的分选性和磨圆度较好，粒度通常较细，成分比较简单。

(3)煤系分布面积较广，厚度较小，岩性、岩相比较稳定，标志层较多，煤岩层容易对比。

(4)煤系中煤层层数较多，厚度不大，多为薄煤层或中厚煤层。煤层较稳定，厚度变化不大，煤层结构较简单，所含夹矸层数不多。煤中含硫量较高。

(5)煤系中旋迴结构很明显，即不同特征的岩性、岩相有规律地交替出现。岩性自下而上由粗变细，岩相则是由陆相到海相。

我国晚古生代煤系，一般为近海型煤系，如华北石炭—二叠纪煤系及华南晚二叠世煤系等，均为近海型煤系。

2）内陆型煤系

这种煤系形成于大陆地区，其沉积区一般为内陆盆地、内陆山间盆地等。这些地区面积较小，地形起伏较大，距侵蚀区较近。在煤系沉积过程中，没有发生过海水侵入。因此，煤系全部由陆相沉积物组成，看不到海相及过渡相沉积物。所以，内陆型煤系又称为陆相煤系。

内陆型煤系的特点：

(1)煤系由陆相岩层组成。岩层中常含有植物化石。

(2)煤系中沉积物的分选性和磨圆度较差，粒度通常较粗，成分比较复杂。

(3)煤系分布面积较小，厚度较大。岩性、岩相变化较大，煤岩层不易对比。

(4)煤系中煤层层数较多，厚度较大，多为中厚煤层，有时为巨厚煤层。煤层不稳定，厚度变化较大，分叉尖灭现象相当普遍。煤层结构较复杂，夹石层数较多。煤中含硫量较低。

(5)煤系中旋迴结构不明显。

我国中生代煤系，一般为内陆型煤系，如四川盆地晚三叠世须家河煤系及华北大同、北京及东北北票等地的早中侏罗世煤系等，属于内陆型煤系。

5.3　煤盆地、煤田和赋煤区

5.3.1　煤盆地

煤盆地是指一定的成煤古气候条件下，在适当的大地构造环境及其所制约的古地理条件下，有大量成煤古植物生长、繁殖、堆积的原始沉积盆地。有时也可以是指成煤后保留煤资源的构造盆地。煤盆地的大小从数平方千米至数十万平方千米以上。研究煤盆地是寻找和开发煤炭资源的基本前提。根据煤盆地所处的构造位置、盆地的构造样式、盆地的地壳类型及形成的机制，可将我国煤盆地划分为八种类型（表2.31）。

表 2.31 中国煤盆地分类

地壳类型	板块部位	构造机制	盆地类型	盆地模式	煤层厚度	稳定性	聚煤量	典型盆地
陆壳	克拉通褶皱带	差异沉降	克拉通盆地	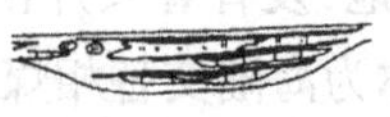	中—厚	极稳定	千—万亿	华北(C-P),扬子(C-P),塔西(C-P)
		张裂、拉伸	大陆裂陷盆地	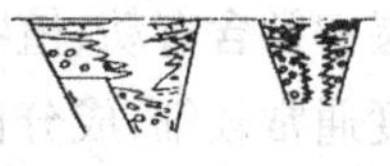	薄或煤线	不稳定	百亿吨级	桂汀赣(C-P),北祁边—连廊(C-P),柴达木北缘(C-P),湘赣粤(T-J)
		拉张	断陷盆地		厚度变化大,有巨厚煤层	不稳定	百亿吨级	东北盆地群(K1),腾冲(N),瑞丽(N),保山(N),镇源三章田(N),黄县(E)
		差异沉降	坳陷盆地	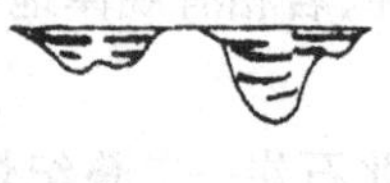	薄—中厚	较稳定	十亿吨—百亿吨级	浙闽粤(P),三江—穆棱盆地(K),准噶尔—哈密(P),开远—小龙潭(N)
		挤压、碰撞	前陆盆地		厚度变大	不稳定—稳定	千—万亿吨级	鄂尔多斯(T-J),川滇(T-J),库车—满加尔盆地(T-J),准噶尔(J-J)
		张扭、压扭	走滑-拉分盆地	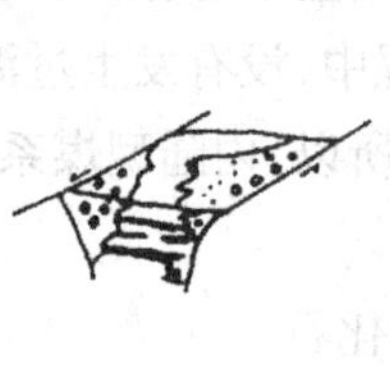	厚度变化大有巨厚煤厚	不稳定	百亿吨级	托云—和田(J)且末—民丰(J),东北盆地群(E),柴达木(J),靖远(J),昆明(NO),玉溪(N),吕合(N),百色(E),潮水(J),木里(J),大通(J),民和(J)
		挤压、碰撞	山间盆地		厚度变化大	不稳定	十—千亿	吐合(J),伊宁(J)
过渡壳	大陆边缘	各种复杂的构造机制	大陆边缘盆地	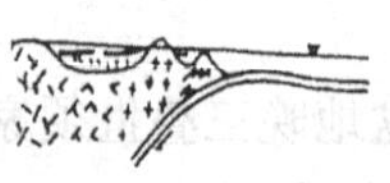	薄煤层或煤线	极不稳定	千万吨—亿定吨级	藏北(K),扬子西缘(P),唐北—昌都(C-P),商固(C),密山—宝清(P)

我国不同地质时期的煤盆地分布,反映出我国聚煤作用的空间分布随时间的发展有明显的迁移性。

晚古生代煤盆地为华北盆地、华南盆地、北祁连—走廊盆地和柴达木盆地。早石炭世煤系主要分布于滇、湘、赣以及唐北、昌都盆地。晚石炭世煤系主要分布于华北、北祁连、柴达木北缘盆地。早二叠世煤系主要分布于华北盆地和华南盆地的东南部。晚二叠世煤系则发育于华南盆地的杨子地台区、桂湘赣裂陷区和华北盆地的南部。其迁移规律为早期由西向东迁移,晚期由北向南迁移。

中生代的早—中三叠世，我国普遍无聚煤作用，晚三叠世在华南川滇盆地、湘赣粤盆地形成聚煤区，早—中侏罗世聚煤地广泛分布于西北和华北，且以大型湖盆和小型湖泊群为特征，早白垩世在东北地区形成以断陷盆地为主的煤盆地。中生代的聚煤作用具有自西南向东北迁移的规律。

新生代的古近纪聚煤作用主要发生于我国东北盆地群，新近纪成煤作用主要都发生在我国南方，主要有云南盆地群、台湾盆地、海南盆地、西藏芒乡盆地，北方仅有零星的分布。第四纪晚更新世聚煤作用主要发生于南方各省，以云南、贵州、四川、广东等地发育较好，全新世聚煤作用除内蒙古西部、准格尔盆地、柴达木盆地未见外，几乎遍布全国。新生代聚煤作用的总趋势是由东北向南迁移。

5.3.2　煤田

煤田是指在同一地质历史发展过程中形成的，虽经后期构造变动但大致连续的煤系分布地区。煤田的面积可达数十平方千米至数千平方千米，储量由数千万吨至数百亿吨。因受后期构造变动和剥蚀作用而分隔开的一些单独的煤系分布区域煤储量较小的煤田，面积由数平方千米至数十平方千米，称为煤产地。

煤田的概念与煤盆地的概念不同：煤田包括煤系的基底、煤系和煤系的盖层三部分构成，总体多表现为向斜盆地；煤盆地既可指成煤期内形成煤系的盆地，也可指经后期构造变动和剥蚀破坏后，现今保存煤系的盆地。两者的分布范围可以相近，但也可以不同。

煤田按其煤系形成的地质时代可划分为：古生代煤田、中生代煤田、新生代煤田，还可进一步细分为石炭纪煤田、石炭—二叠纪煤田、侏罗纪煤田、古近纪煤田等。按煤系的个数不同，煤田可划分为：只有一个地质的时代的煤系称为单纪煤田；具有两个地质时代的煤系称为双纪煤田；具有两个以上的地质时代的煤系称为多纪煤田。按煤系形成环境的不同，煤田可划分为：内陆型煤田和近海型煤田。内陆型煤田的煤系形成于内陆环境，全部由陆相沉积物组成，如我国中生代、新生代煤田多属此型；近海型煤田的煤系形成于海岸上线附近环境，由近海型煤系的陆相、浅海相和过渡相沉积物组成，我国古生代煤田多属此型。按煤系盖层对煤系覆盖程度的不同，煤田可划分为暴露煤田、半隐伏煤田和隐伏煤田。

为了开采方便，煤田或煤产地可划分煤矿区、井田。

5.3.3　我国煤资源分布区划

科学地进行煤炭资源分布区划，对阐明我国煤炭资源的分布特征，研究地区经济发展的资源潜力，具有重要的实际意义。根据我国煤炭地质勘查和研究的最新成果，采用以成煤地质背景为主线，结合其他因素，将煤炭资源分布区划划分为赋煤区、含煤区、煤田或煤产地、勘查区（井田）或预测区四级。

赋煤区是依据主要含煤地质时代的成煤大地构造单元划分的一级赋煤区划，是煤盆地或煤盆地群内的煤炭资源赋存地域。

含煤区是在赋煤区内，按主要含煤沉积的特征、含煤性的差异和区域构造特征进行划分的二级赋煤区划，是煤盆地或盆地群经历后期改造后形成的赋煤单元，一般以区域构造线或沉积（剥蚀）边界圈定其范围。含煤区通常有一个地质时代的含煤沉积，也可能包括含有继承性的两个地质时代的含煤沉积。

煤田或煤产地是在含煤区内后期构造变形特征与含煤性进行划分的三级赋煤区划。

勘查区(井田)或预测区是煤产地内按勘查区边界、井田边界或预测区边界进行划分的最基本的赋煤单元。

按照上述划分,全国煤炭资源分布的一级区划单位共五个,即:东北赋煤区、华北赋煤区、西北赋煤区、华南赋煤区和滇藏赋煤区(图2.14)。全国赋煤区及含煤区的名目见表2.32。

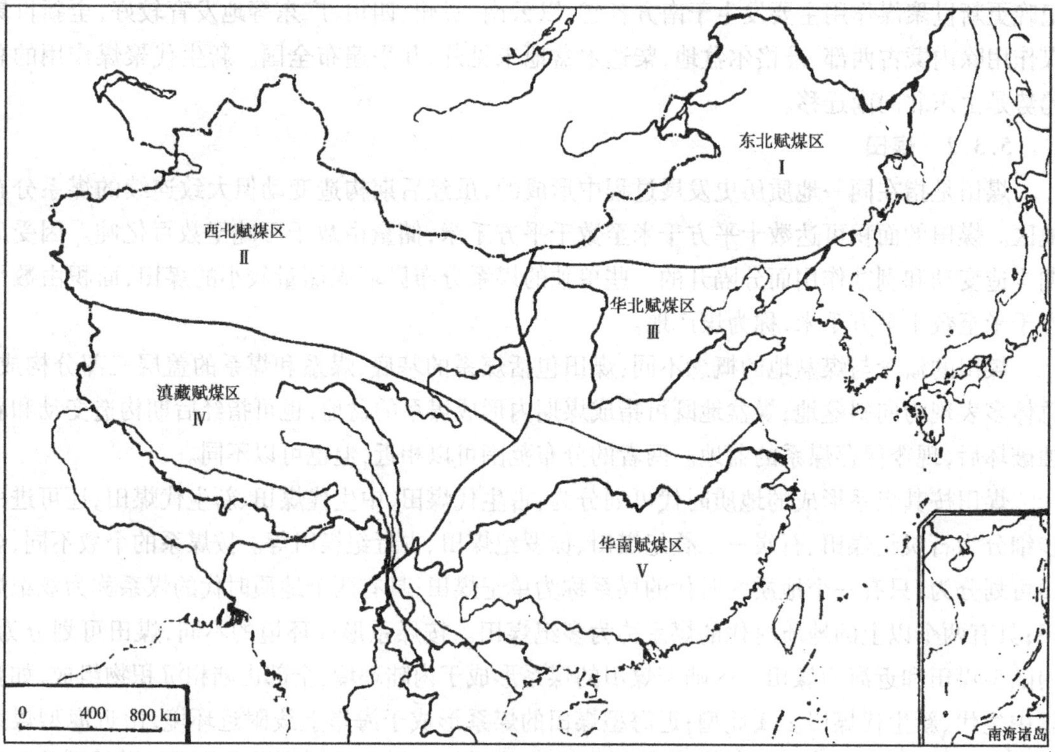

图2.14　中国赋煤区划分示意图

Ⅰ—东北赋煤区(DB);Ⅱ—西北赋煤区(SB);Ⅲ—华北赋煤区(HB);

Ⅳ—滇藏赋煤区(DZ);Ⅴ—华南赋煤区(HN)

1)东北赋煤区(DB)

该赋煤区位于阴山构造带以北,包括内蒙古东部,黑龙江全部,吉林大部和辽宁北部的广大地区。主要成煤时代为晚侏罗世到早白垩世,其次为古近纪。晚侏罗世成煤作用最强,煤田分布广,主要分布在大兴安岭西侧,松辽盆地及阴山构造带北缘。早、中侏罗世煤田主要分布于该区的南部。古近纪煤田主要沿华夏式断裂及阴山构造带分布。该区煤炭资源量约占中国煤炭总资源量的8%。

该区目前探明和开采的煤田(或煤产地)主要有:鸡西、双鸭山、鹤岗、和龙、延吉、蛟河、扎赉若尔、牙克石、白音华、元宝山、北票、阜新、铁法、抚顺、沈北、舒兰、依兰、珲春等。

表2.32　全国赋煤区、含煤区名目表

赋煤区	含煤区	区码	赋煤区	含煤区	区码	赋煤区	含煤区	区码
东北DB	三江穆棱	DB01	华北HB	京唐	HB17	华南HN	赣浙边	HN06
	延边	DB02		冀中平原	HB18		萍乐	HN07
	浑江辽阳	DB03		豫北鲁西北	HB19		赣南	HN08
	敦化抚顺	DB04		鲁中	HB20		闽西	HN09
	辽西	DB05		鲁西南	HB21		闽中	HN10
	蛟河—辽源	DB06		徐淮	HB22		闽东	HN11
	依兰—伊通	DB07		其他	HB00		黔溆	HN12
	松辽东部	DB08	西北XB	准北天山	XB01		湘中	HN13
	松辽西部	DB09		准噶尔东部	XB02		湘南	HN14
	大兴安岭	DB10		准噶尔南部	XB03		粤北	HN15
	海拉尔	DB11		三塘—淖毛湖	XB04		粤中	HN16
	二连	DB12		焉耆	XB05		百色	HN17
	多伦	DB13		吐鲁番—哈密	XB06		南宁	HN18
	其他	DB00		塔东	XB07		黔桂边	HN19
华北HB	阴山	HB01		塔北	XB08		广旺龙门山	HN20
	桌子山—贺兰山	HB02		塔西	XB09		雅乐	HN21
	鄂盆北部	HB03		尤尔都斯	XB10		华蓥山	HN22
	鄂盆西部	HB04		伊犁	XB11		永荣	HN23
	黄陇	HB05		柴达木北	XB12		川南、黔北、滇东北	HN24
	陕北	HB06		中祁连	XB13		大巴山	HN25
	渭北	HB07		西宁—兰州	XB14		昭通曲靖	HN26
	鄂盆东缘	HB08		北山潮水	XB15		昆明开远	HN27
	大宁	HB09		北祁连走廊	XB16		渡口楚雄	HN28
	霍西	HB10		蒙甘宁边	XB17		六盘水	HN29
	沁水	HB11		其他	XB00		贵阳	HN30
	恒山五台山	HB12	华南HN	鄂中	HN01		黔东	HN31
	豫西	HB13		川鄂湘边	HN02		其他	HN00
	豫东	HB14		鄂东南赣北	HN03	滇藏DZ	扎曲芒康	DZ01
	太行山东麓	HB15		长江下游	HN04		滇西	DZ02
	冀北	HB16		苏浙皖边	HN05		其他	DZ03

2）西北赋煤区（XB）

该区位于贺兰山—六盘山一线以西，昆仑山—秦岭一线以北的广大地区，包括新疆全部，甘肃大部，青海北部，宁夏和内蒙古西部。成煤时代为石炭纪和早、中侏罗世，以早、中侏罗世成煤作用最强，尤其是新疆境内含煤性最好。

截止目前，由于交通和经济条件所限，该区内年产量在150万吨以上的矿区寥寥无几，只有窑街、靖远和乌鲁木齐等少数几个，其余矿区年产量均在100万吨以下。但该区煤炭资源量巨大，约占全国煤炭总资源量的33%。

3)华北赋煤区(HB)

这是我国最重要的赋煤区。其范围是贺兰山构造带以东,秦岭构造带以北,阴山构造带以南的广大地区,包括山西、山东、河南全部,甘肃、宁夏东部,内蒙古、辽宁、吉林南部,陕西、河北大部,以及苏北、皖北。

该区内石炭—二叠纪煤田分布最广,储量最多,占全区储量的80%以上。这个地质时代的煤田有山西的沁水、大同、宁武、太原西山、平朔、阳泉、霍县、黄河东、运城、潞安、晋城;山东的济宁、兖州、淄博、新汶、莱芜、肥城、枣庄;河南的平顶山、焦作、鹤壁、安阳、永城、禹县、密县;河北的开滦、兴隆、峰峰、邢台、井陉;安徽的淮南、淮北;江苏的徐州、丰沛;辽宁的本溪、沈南、南票;吉林的浑江、长白;陕西的府谷、吴堡、渭北;宁夏的贺兰山及内蒙古桌子山、准格尔等。其次为早、中侏罗世煤田,主要分布在鄂尔多斯盆地、燕山南麓、内蒙古大青山、豫西、山东、辽宁等地。其中以内蒙古东胜、陕西神木、榆林、黄陵、彬县最为著称。尤其是东胜—神木煤田,储量之大,煤质之好,为世界罕见!古近纪煤田有山东黄县、山西繁峙等。

该区目前年产500万吨以上的矿区有大同、开滦、平顶山、淮北、阳泉、徐州、太原西山、峰峰、淮南、义马、铜川、潞安、新汶、枣庄、汾西、京西、晋城、石炭井、通化、兖州。它们的年产量占全国的50%以上。该区煤炭资源量约占全国煤炭总资源量的53%。全国石炭—二叠纪煤炭资源量的85%在该区内。

4)滇藏赋煤区(DZ)

该区位于昆仑山系以南,龙门山—大雪山—哀牢山一线以西,包括西藏全境,青海南部,川西和滇西地区。该区主要成煤时代为二叠世和新近纪,早石炭世、晚三叠世和晚白垩世含煤岩系虽有分布,但含煤性差。

该区由于交通及经济条件差,煤炭工业刚刚起步,仅有一些小型煤矿开采。滇藏赋煤区地质研究程度最低,煤炭资源贫乏,约占中国煤炭总资源量的0.1%。

5)华南赋煤区(HN)

该区位于秦岭、大别山以南,龙门山、大雪山、哀牢山以东,包括贵州、广西、广东、海南、湖南、江西、浙江、福建全部,云南、四川、湖北大部,以及苏皖两省南部,其范围跨越十三个省(区)。

该区成煤时代较多,早石炭世、早二叠世、晚二叠世、晚三叠世、早侏罗世及古近纪、新近纪均有煤系生成。其中以早二叠世晚期至晚二叠世成煤作用最强,主要煤田有云南宣威;贵州六盘水、织金、纳雍;重庆南桐、松藻、中梁山、天府;四川华蓥山;湖南涟邵、郴耒;湖北黄石;江西丰城、乐平;广东曲仁、梅县;广西合山;福建天湖山、永安;浙江长兴;皖南宣泾等。早二叠世晚期至晚二叠世煤系含煤性普遍较好,占全区储量的60%左右。其次为晚三叠世煤田,主要有四川攀枝花、渡口、广旺、达竹;重庆永荣;云南一平浪;广东南岭、马安;湖南资兴;湖北秭归、荆当;江西萍乡、攸洛;福建邵武等煤田。其中以云南、四川一带含煤性较好,储量较多。古近纪、新近纪煤田与晚三叠世煤田储量相当,主要煤田有云南小龙潭、昭通、先锋,广西百色、南宁、合浦等。该赋煤区除贵州西部煤田较大外,主要是中、小型煤田。全区煤炭资源量约占全国煤炭资源量的6%。

上述五个赋煤区,按储量多少排序,华北赋煤区居首位,它占全国储量的2/5,以下依次为西北赋煤区(约占全国储量的1/3)、东北赋煤区、华南赋煤区、滇藏赋煤区。

复习练习题

1. 解释地质术语

煤　成煤作用　煤的成岩作用　煤的变质作用　宏观煤岩类型　煤的结构　煤的构造　收到基　干燥无灰基　煤的全水分　煤的灰分产率　煤的挥发分产率　煤的全硫　煤层　煤层结构　煤层可采厚度　可采煤层　煤系　含煤性　含煤系数　煤盆地　煤田

2. 填空题

1）煤是在一定的__________、__________、__________、__________条件的相互配合下，经__________或__________作用和__________作用两阶段后形成的。

2）泥炭化作用的作用对象是__________；作用过程包括__________、__________、__________、__________；作用产物是__________；该产物经__________后变为褐煤；由褐煤为烟煤、无烟煤的过程为__________。

3）影响煤变质的因素有________、________、________；按肉眼将煤的变质程度分为________、________、________、________四种；按 $R_{o,max}\%$，将煤变质分为________个阶段；煤变质类型有__________、__________、__________三种。

4）宏观煤岩成分是指肉眼条件下能够识别的组成煤的最小单位，包括__________、__________、__________、__________四种；根据各煤岩组分的含量及其光亮程度，将煤分为__________、__________、__________、__________四种宏观煤岩类型。

5）《中国煤炭分类》的分类指标有____________、__________、__________、__________、__________、__________。

6）煤的化学组成包括__________、__________、__________、________；评价煤质时，它们常用的基准分别是________、__________、__________、__________；煤主要的元素组成包括________、________、________、________、________等；实验室中测定煤的化学组成、元素组成、工艺性质时常以__________煤样为基准。

7）植物遗体堆积速度和地壳沉降速度之间表现为__________、__________、__________三种状态，其中__________是最有利于泥炭的形成和保存。

8）煤层的一般特征包括__________、__________、__________、__________、__________等。

9）煤层的结构有__________和________两种；煤层的真厚度水平分量是__________、铅直分量是__________；在煤矿开采中，常将煤层划分为__________、__________、__________、__________、__________五个厚度级，其对应厚度分别为__________、__________、__________、__________、__________；煤层倾角级有__________、________、__________、________四个，其对应倾角分别为__________、__________、__________、__________。

10）我国五大赋煤区的名称是______________、______________、______________、______________、______________。

3. 判断题

1）高等植物和低等植物经泥炭化作用后转为泥炭和腐泥。（　　）

2）如果没有煤的变质作用，就不可能形成煤。（　　）

3)煤变质的主要因素是温度,主要类型是深成变质作用。 ( )

4)肉眼条件下观察煤,可以看到宏观煤岩组分、宏观煤岩类型、煤的物理性质、煤的结构、煤的构造。 ( )

5)随着煤化程度的逐渐增加,煤的颜色、条痕色、光泽、密度都逐渐增加。 ( )

6)煤中的有害成分有水分、灰分、硫、磷等,评价煤矿质时 $M_{t,ar}$,A_d,$S_{t,d}$,P_d 等指标越低,煤质就越好。 ( )

7)以下煤质指标的表示方法是否正确:

C_{ad},H_d,$M_{f,ad}$,M_{ar},M_t,A_{daf},V_{ad},$S_{t,d}$ ( )

8)中国煤炭分类将煤分为三大类二十九小类。 ( )

9)煤的结构和煤层的结构都是由于地壳小振荡运动形成的。 ( )

10)河流在煤层形成之前和形成以后都可以对其造成冲蚀。 ( )

11)煤的风化带的下限是煤的化学工艺性质发生而物理性质不发生变化的地方;煤的氧化带的下限是煤的物理性质、化学工艺性质均不发生变化的地方。 ( )

12)任何煤系均含有可采煤层且煤系越厚,其含煤性越好。 ( )

13)倾角大于60°的煤层才是急倾斜煤层。 ( )

14)全区可采或大部分可采的煤层一定是稳定煤层。 ( )

15)在我国不同的赋煤区含了多个的煤田;同一煤田内可能有一套至多套煤系;同一煤系中可含有一层至多层煤层;同一煤层在不同的深度或位置其煤岩成分、煤质、煤种等均可能不相同。 ( )

4.选择题

1)煤是由古代植物遗体经__________形成的一种固体可燃有机矿产。

(1)地质作用 (2)成煤作用 (3)生物化学作用 (4)煤化作用

2)影响煤变质最主要的因素是__________。

(1)氧化条件 (2)温度 (3)湿度 (4)压力

3)中变质煤是__________。

(1)QM (2)FM (3)JM (4)SM

4)煤中具纤维状结构、丝绢光泽、易富集瓦斯的宏观煤岩组分是__________。

(1)丝炭 (2)镜煤 (3)亮煤 (4)暗煤

5)煤中颜色最深、光泽最强的宏观煤岩组分是__________。

(1)丝炭 (2)镜煤 (3)亮煤 (4)暗煤

6)实际中,划分煤层的基本单位是__________。

(1)宏观煤岩类型 (2)宏观煤岩组成 (3)宏观煤岩组分 (4)煤分层

7)对煤的加工利用有害的成分是__________。

(1)$M_{t,ar}$ (2)A_d (3)V_{daf} (4)$S_{t,d}$

8)"LMA","SLS","MQ"分别表示__________。

(1)特低硫煤 (2)中高灰煤 (3)低中灰煤 (4)中热值煤

9)煤中的有机质是__________。

(1)挥发分 (2)固定碳 (3)碳元素 (4)氢元素

10)既表示煤的粘结性又与煤工业分类有关的指标是__________。

(1)粘结指数　　(2)罗加指数　　(3)胶质层最大厚度　　(4)奥亚膨胀度

11)中国煤炭分类将我国的煤分为______。

(1)三大类十七个小类　　(2)三大类二十九个小类

(3)十四类十七个小类　　(4)十四大类二十九个小类

12)含有夹矸的煤层是______。

(1)简单结构煤层　　(2)较简单结构煤层

(3)较复杂结构煤层　　(4)复杂结构煤层

13)煤层顶、底板间的距离是______。

(1)煤层总厚度　　(2)煤层有益厚度

(3)煤层厚度　　(4)煤层可采厚度

14)______是煤层真厚度。

(1)煤层总厚度　　(2)煤层有益厚度

(3)煤层厚度　　(4)煤层可采厚度

15)“藕节状”煤层是属于______。

(1)层状煤层　　(2)非层状煤层

(3)似层状煤层　　(4)不可采煤层

16)煤层风化带的深度______氧化带的深度。

(1)大于　　(2)等于　　(3)小于

17)晚古生代的煤系一般属于______。

(1)浅海型　　(2)近海型　　(3)内陆型　　(4)滨海型

5.思考题

1)简述煤的形成条件和过程?

2)说明煤的变质程度和变质阶段与煤类的对应关系?

3)在宏观条件下,从哪几个方面对煤进行描述?

4)图示煤样基准的关系并说明各基准的含义?

5)简述煤的化学组成、元素组成和与煤工业分类有关的工艺性质?

6)列出评价煤质的主要指标及其符号?

7)分别说明HM,YM,WY的分类指标及具体分类?

8)用煤层的形成机理解释煤层中夹矸的形成?

9)图示煤层总厚度、煤层有益厚度、煤层可采厚度间的关系?说明可采煤层的厚度级和倾角级?

10)怎样对煤层进行系统观察和描述?

11)说明煤系的一般特征?

12)列表比较近海型煤系和内陆型煤系的特征?

13)了解我国五大赋煤区的分布及煤系、煤层的赋存特点?

学习情境 3

矿井水文地质与水害防治分析

学习目标

知识目标	能力目标	相关知识	权　重
地下水的类型和特征	掌握矿井水文地质的基本概念	地下水的基本知识	0.2
矿井水文地质条件和类型	了解水文地质工作的基本方法和技能	矿区水文地质勘探手段及矿井水文地质工作方法	0.3
矿井充水条件分析	根据矿井水文地质条件,能分析矿井充水来源及通道	矿井涌水量预计方法	0.2
矿井水防治	掌握常用矿井水防治方法,保证矿井安全、高效生产	矿井突水的预测方法、矿区供水及矿区环境水文地质	0.3

问题引入

通过地质工作,可以了解矿体的赋存情况,防范各类不利因素,为开展采掘工作提供保障。矿井水文地质工作就是其中一部分内容。地下水进入矿井,轻则恶化生产劳动环境,增加吨煤成本,重则危害矿井安全,甚至淹没井巷、造成人身和财产的重大损失。如湖南煤炭坝矿区1975年矿井排水量达18万 m^3/d,平均每采1吨煤就需排水133 m^3;又如河北开滦范各庄煤矿1984年6月2日由于采掘过程中揭露了导水陷落柱将奥陶系岩溶水引入矿井,仅21 h就淹没了整个矿井,造成直接经济损失上亿元,损失煤炭产量近850万吨。所以,要将矿体安全、高效地开采出来,还需要掌握地下水的规律和水害防治方法。

任务1 地下水的类型和特征

自然界中的水(大气圈中的水、地表水和地下水)在太阳辐射与地心引力的作用下,不断运动循环、往复交替。在自然条件下,海洋、河流、湖泊蒸发的水汽进入大气圈,并被气流输送至各地,在适当条件下,凝结形成降水。落在陆地表面的降水,除固体水分布区以外,一部分沿地形坡度从高处向低处流动,汇入河流,称为地表径流;另一部分渗入地表下的地下水,在透水层中由水头高处向水头低处运动,称为地下径流。

含水层是指能透水又饱含重力水的岩层。构成含水层的必要条件是要有储存地下水的空间、储存地下水的地质构造及良好的补给水源。隔水层是指不透水的岩层。它可以是饱水的(如饱水黏土),也可以是不含水的(如胶结致密、完整的坚硬岩层)。隔水层是相对含水层而存在的,自然界中没有绝对不透水的岩层,只有透水性有强弱之分。地下水按起源、物理状态、埋藏条件、赋存空间等不同可划分为不同类型。

1.1 按起源不同划分的地下水类型及特征

通常认为,煤矿床地下水的起源主要是渗入水;分布于沙漠、石漠和山区的矿井水,部分是凝结形成的地下水。

1.1.1 渗入水

地表水和降雨融雪渗入地下形成地下水,是普遍接受的观点。我国明代学者徐光启提出:"井与江河地脉贯通,其水浅深,尺度必等,凿井应深几何? 宜度天时旱涝"。罗马建筑学家鲍利也提出地下水和泉皆是降雨融雪渗入地下形成。

1.1.2 凝结水

十八世纪,德国水力学家福利盖尔认为含水汽的空气进入地下以后与较冷的岩石颗粒接触,即凝结于表面而成凝结水,由凝结水不断地积聚而形成地下水。

1.2 按物理状态不同划分的地下水类型及特征

将存在于岩石空隙(孔隙、裂隙、岩溶等)中的水分为气态水、液态水(吸着水、薄膜水、毛细水和重力水)和固态水等形式。

1.2.1 气态水

气态水和空气一起分布于岩石的空隙中,其活动性很大(尤其是靠近地表的部分),但不能被植物吸收。即使在空气不移动的情况下,气态水本身也可以从绝对湿度大的地方向绝对湿度小的地方迁移,从而造成水在岩石中的重新分配。

1.2.2 液态水

液态水包括结合水、毛细水和重力水。其中结合水有强、弱结合水之分。

1)强结合水 (吸着水)

岩石的颗粒表面带有电荷,水分子是偶极体。在静电引力或分子引力的作用下,岩石颗粒表面往往可以吸附水的分子,并形成一层极薄的水层,这一部分水称为强结合水。这部分水无法被利用,也不能被植物根部吸收,表现出类似于固体的一些特征。

2）弱结合水（薄膜水）

在强结合水的外围继续吸附水分子，并形成一定厚度的水膜，称为弱结合水。其水膜厚度可达几百个水分子直径，但它仍然受分子引力的控制，故不受重力影响。弱结合水的密度与普通水一样，只是粘滞性较大，溶解盐类的能力较低。它一般无法利用，但最外层的水分子可被植物根部所吸收。

3）毛细水

含水介质中通常含有毛细空隙（直径小于1 mm的孔隙和宽度小于0.25 mm的裂隙）。由毛细力支持而充满于毛细空隙中的水，称为毛细水。毛细水不仅受毛细力的作用，同时又受重力的作用。因此，毛细水可以从天然的地下水面起沿毛细空隙上升到某一高度，当毛细力和重力达到平衡时毛细水即停止上升，这一高度称为最大毛细上升高度。岩石的空隙愈小，最大毛细上升高度值愈大。通常，最大毛细上升高度（H_k）与毛细空隙的直径（d）成反比，即：

$$H_k = \frac{2a^2}{d} \tag{3.1}$$

式中　a——毛细常数，在数值上等于半径为1 mm的管子中水上升高度。

4）重力水

弱结合水的水膜厚度增大至分子引力所不能控制时，在重力作用下，部分弱结合水将脱离岩石颗粒的控制，在岩石空隙中自由运动的这部分水称为重力水。平常从泉眼、水井、钻孔及矿井巷道中流出的地下水，都是重力水，它们不仅可以自由运动，也可以传递静水压力。重力水是水文地质学研究的主要对象。

1.2.3　固态水

岩石中的水在温度低于0 ℃时，则变成固态水。有些地方（如我国东北及青藏高原等地高寒地区）冬季土壤冻结，这是由于其中的液态水变成固态水的缘故。

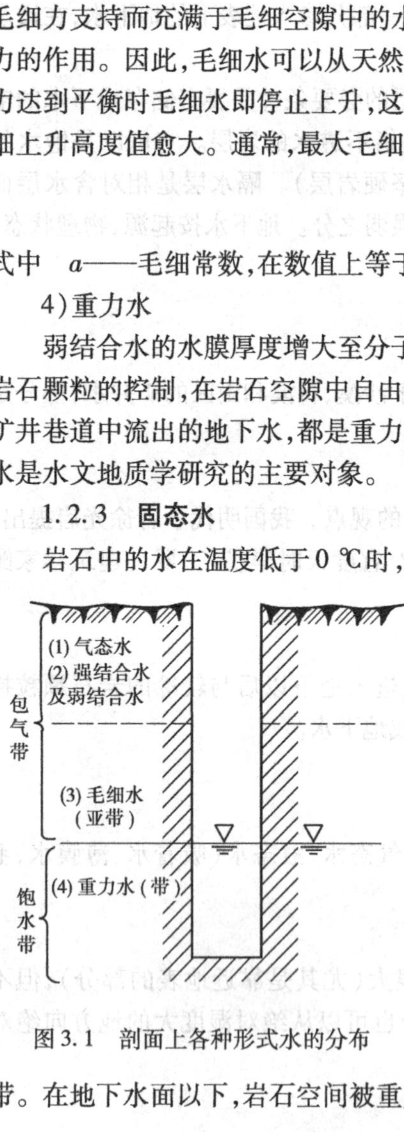

图3.1　剖面上各种形式水的分布

上述各种形式的水，在地壳表层分布有一定的规律性。例如，在疏松岩土中打井时，一开始似乎土石很干燥，其实在这些土的空隙中和粒表面上已有气态水、强结合水存在；继续向下挖时，土色变暗、潮湿度会增大，这是毛细水出现的标志；再继续向下挖，井中会出现流动的液态水，并逐渐汇集成一个稳定的地下水面，这些水即为重力水。由此可见，在地下水面以上岩石的空隙中是没有重力水的，只有气态水、结合水（强、弱）和毛细水的分布，这一范围称为包气带，即为岩石空隙未被水充满的地带。在地下水面以下，岩石空间被重力水全部充满的部分，称为饱水带（图3.1）。

1.3　按埋藏条件不同划分的地下水类型及特征

1.3.1　上层滞水

上层滞水是埋藏在包气带中局部隔水层之上的重力水。由于它距地表近，直接受降水补给，补给区与分布区一致；季节性存在，雨季出现，干旱季节消失，其动态与气候、水文因素的变化密切相关。因其分布范围有限,水量少,对矿山的建设和生产几乎没有影响(图3.2)。

1.3.2　**潜水**

潜水是埋藏在地表以下第一个稳定隔水层以上,具有自由水面的重力水,如图3.3。在自然界中,潜水一般赋存于第四纪松散沉积物的空隙及坚硬岩层的风化裂隙溶洞内。

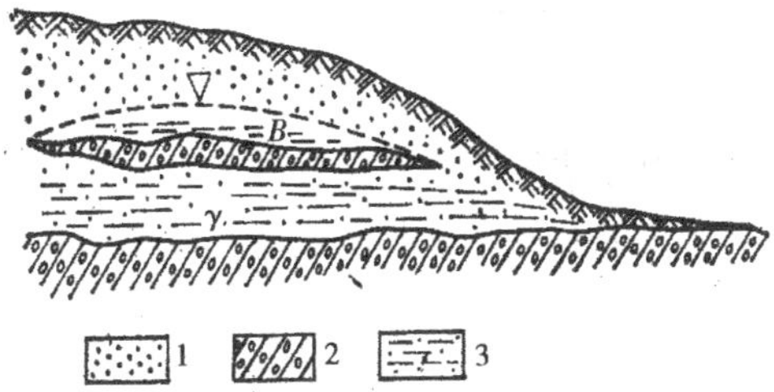

图3.2　上层滞水埋藏分布图

1—透水层;2—隔水层;3—含水层;

B—上层滞水;γ—潜水

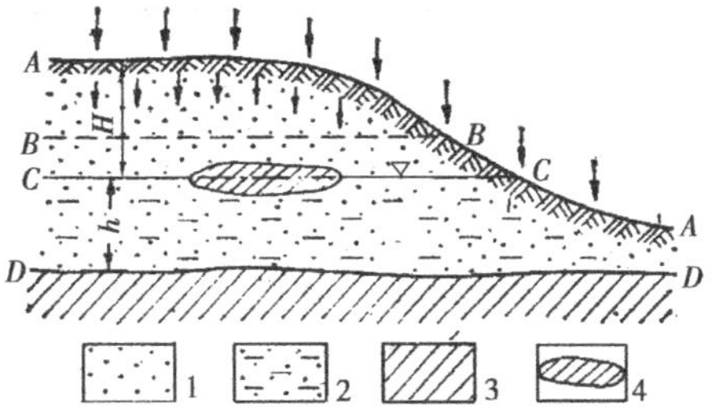

图3.3　潜水埋藏分布图

AA—地表;BB—毛细带表面;CC—潜水表面;

DD—隔水层表面;AC—包气带;BC—毛细上升带;

CD—饱水带(潜水含水层厚度 h);H—潜水位;

1—砂;2—含水砂;3—黏土;4—透镜体

1)潜水的特征

潜水的特征受其埋深条件的影响,主要表现在以下几个方面:

(1)潜水无隔水顶板,而有一个自由水面(称为潜水面)。潜水面上任意一点均受大气压力作用,因此它不承受静水压力(除局部地段有隔水顶板存在而产生承压现象外)。大气降水和地表水可以通过包气带直接渗入补给潜水,所以潜水的补给区与分布区经常是一致的。

(2)在图3.3中,潜水面至隔水层之间充满重力水的部分,称为潜水含水层。潜水面至隔水层的距离,称为潜水含水层厚度 h。从潜水面向上至地表之间的距离,称为潜水的埋深深度 H。

(3)潜水在重力作用下,由高水位向低水位方向运动。潜水的水量、水位、水质等变化与气象、水文因素的变化密切,因此潜水的动态有明显的季节性特征。

2)潜水面的形状及其表示

潜水面是一个自由表面,其形状可以是一个平面,也可以是一个呈缓斜抛物线,其倾斜方向指向潜水流的方向。平面状的潜水面在自然界中是少见的,常见的倾斜或缓倾斜潜水面。潜水面的起伏通常与地形一致,但潜水面的坡度一般小于地形坡度。排泄条件好的,潜水面坡降大;反之则小。潜水面的变化与含水层的透水性和厚度变化有一定的关系。当含水层的透水性由弱增强或厚度由小增大时,潜水面的坡度由陡变缓;反之,则由缓变陡(图3.4(a)、(b)、(c))。雨季由于降水的渗入,潜水面升高;干旱季节因缺乏补给来源,潜水面则下降。洪水期间由于河流水位猛涨,当河流水位高于潜水位时,即产生河水补给潜水的现象。人工浇灌、排水,对潜水面变化的影响也很明显。

总之,潜水面是一个随时间变化而不断变化的自由水面。

为了反应潜水面的形状及特征,通常用水文地质剖面图和等水位线图来表示。水文地质

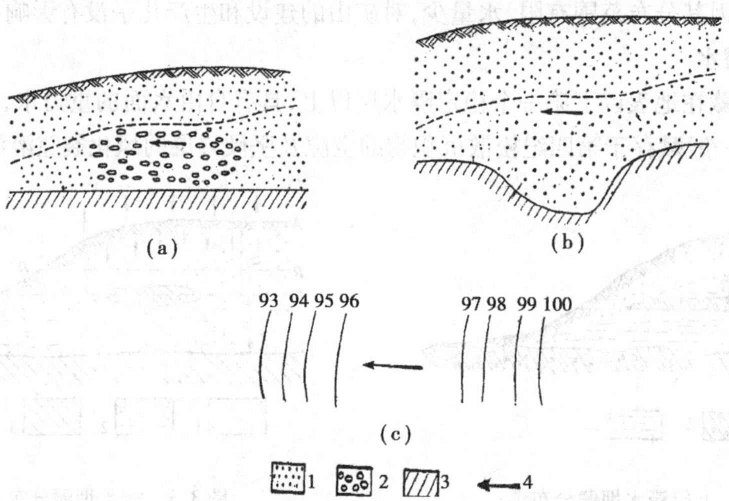

图 3.4 由含水层透水性及厚度变化引起的潜水面变化

(a)岩层透水性沿流程变化;(b)岩层厚度沿流程变化;(c)潜水等水位线图;

1—含水砂;2—含水砾石;3—隔水底板;4—地下水流向

剖面图是在一般地质剖面图的基础上绘出表示出水位、含水层和隔水层的岩性、厚度及其变化等地质和水文地质要素(图 3.5)。等水位线图则是潜水面等高线图,具体编制方法与地形等高线图相似(图 3.4(c))。由于潜水面随时间而变化,所以编制潜水等水位线图时,必须利用同一时期的水位资料。

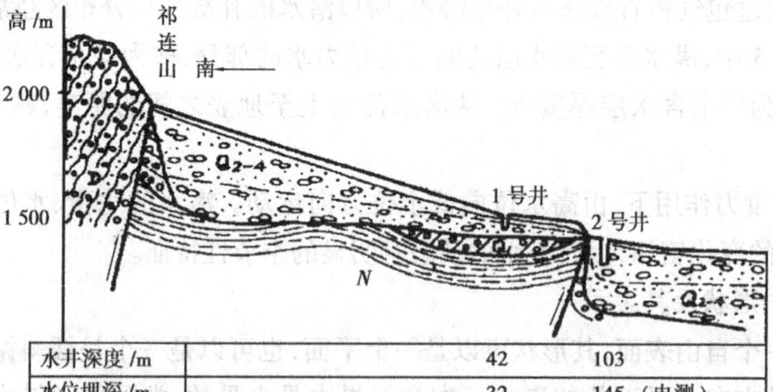

水井深度 /m	42	103
水位埋深 /m	32	145(电测)

图 3.5 甘肃古浪保和附近水文地质剖面示意图

1—亚砂土;2—砂砾卵石层;3—砾岩;4—泥岩;

5—浅变质的砾岩及砂岩;6—逆断层;7—地下水水位

1.3.3 承压水

承压水是充满于两个稳定隔水层之间的含水层中的重力水。显然,凡是具备上述埋藏条件的孔隙水、裂隙水和岩溶水等，都可称为承压水。其基本特征为：

1)由于承压水受上、下隔水层限制并充满于含水层之中，因而承受静水压力。当所承受的静水压力较大，且地形条件也适合时，即可喷出地表而自流。

2)由于承压水有隔水的顶板存在，因此大气降水和地表水只能通过承压水的补给区进行补给，造成补给区与分布区不一致。

3)由于承压水受到隔水层的限制，它与大气圈、地表水圈的联系较弱，因此，气象、水文因素的变化对承压水的影响较小，常表现出较稳定的动态。

从赋存条件看，承压水的形成主要取决于地质构造。最适合形成承压水的地质构造为向斜构造和单斜构造。前者称为承压水盆地（自流盆地）；后者称为承压水斜地（自流斜地）。

按照水文地质特征，承压水盆地由补给区、承压区和排泄区三个部分组成（图3.6）。

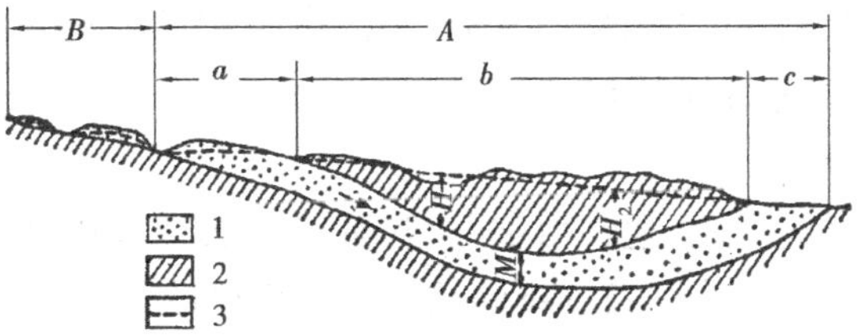

图3.6　承压水埋藏分布图

A—承压水分布范围；*B*—潜水分布范围；*a*—承压水补给区；*b*—承压区；*c*—承压水泄水区；H_1—正水头；H_2—负水头；*M*—承压含水层厚度；1—含水层；2—隔水层；3—承压水位；箭头表示承压水流向

承压水斜地通常有两种类型，一种是断块构造形成的承压水斜地，其含水层的上部出露地表，成为补给区，下部为断层所切（图3.7）。若断层不导水，当补给水量超过含水层所能容纳的水量时，地下水就要通过补给区的较低部位进行排泄，造成补给区与排泄区一致或相邻近的情形；若断层导水，则地下水可以通过断层排泄。另一种是由含水层岩性发生相变或受各种侵入体阻挡而形成的承压水斜地（图3.8），含水层上部出露地表，下部尖灭或突变，地下水只能通过补给区进行排泄。

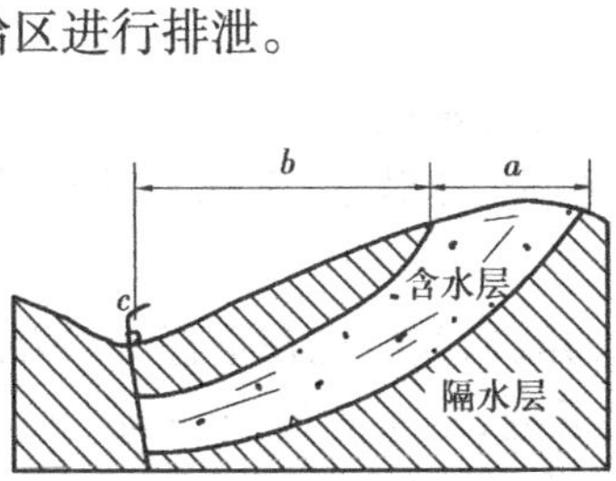

图3.7　断块构造形成的承压水斜地

1—地下水流向；2—导水断层；3—泉水；

a—补给区；*b*—承压区；*c*—排泄区

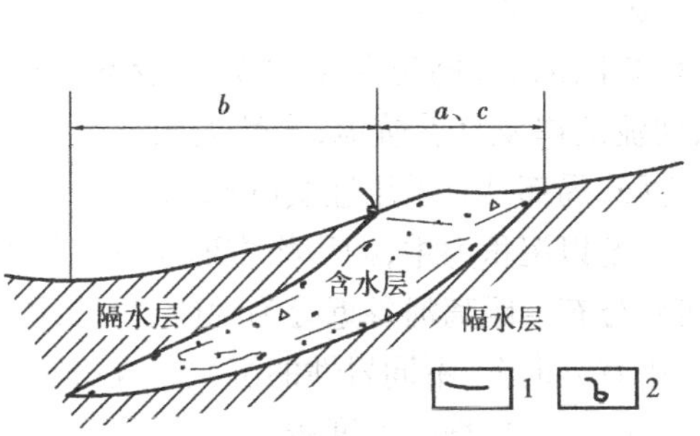

图3.8　岩性变化形成的承压水斜地

1—地下水流向；2—泉水；

a—补给区；*b*—承压区；*c*—排泄区

1.4 按赋存空间不同划分的地下水类型及特征

1.4.1 孔隙水

孔隙水是储存于第四系松散沉积物孔隙中的地下水。由于孔隙具有分布密集、均匀且连通性好的特点，故孔隙水的基本特征是呈层状分布、均匀连续、有统一的地下水面、透水性和给水性受岩性的控制。矿区最常见以下两种孔隙水：

1）洪积物中的孔隙水

顾名思义，山洪形成的沉积物称为洪积物，多分布于山前平原和山间盆地，呈扇形，故又称洪积扇。显然，其地面的坡度由山前向平原方向逐渐减小，沉积物逐渐变细，顶部主要为砾石和砂，尾部为亚砂土、亚黏土。因此，岩石的透水性由顶部到尾部逐渐减弱，地下水的埋藏深度也逐渐变浅，这种变化规律决定了顶部迳流带（溶滤带）、中部溢流带（弱矿化带）和尾部垂交替带（盐化带）的水文地质分带性（图3.9）。

2）冲积物中的孔隙水

河流冲积作用形成的冲积物，通常由黏土、亚黏土、亚砂土及砂砾组成，岩性无论在水平或垂直方向上均有很大的变化。在河流的不同地段，冲积物的分布不一样，其水文地质特征各有不同。

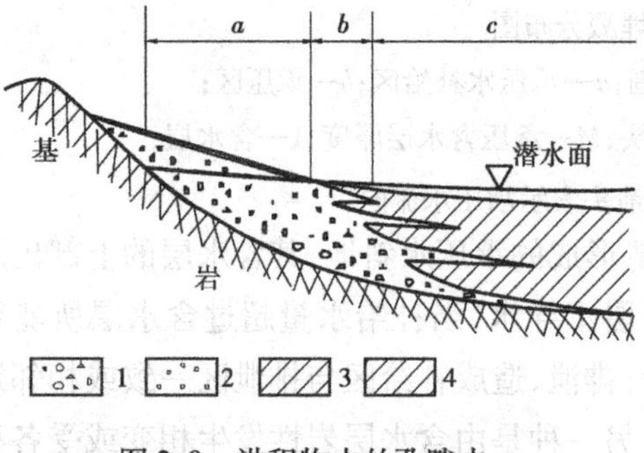

图3.9 洪积物中的孔隙水

a—迳流带；*b*—溢流带；*c*—垂直交替带

1—砾石；2—粗砂；3—亚砂土；4—亚黏土

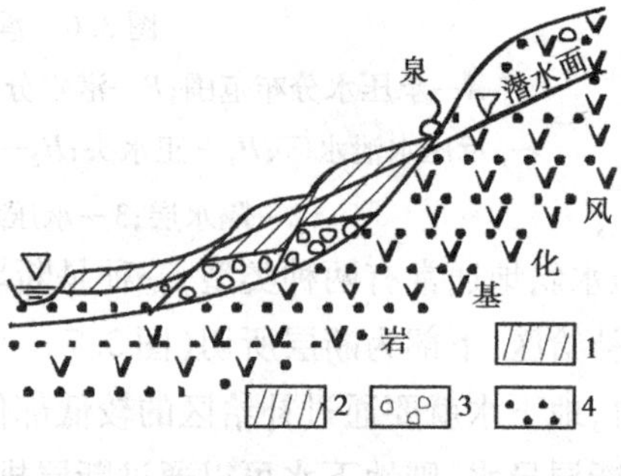

图3.10 河流中游地段冲积物中的孔隙水

1—亚砂土；2—亚黏土；3—砾石；4—砂

在河流上游以冲刷为主，冲积物一般不发育，河谷深且常常成为排泄地下水的通道。中游地段，河流两岸发育着阶地，岩性上细下粗，上部为亚黏土、亚砂土；下部为砂砾层，透水性好，富水性强，局部具有承压性质（图3.10）。

河流下游以沉积为主，冲积物多形成宽广的平原或三角洲，其岩性在垂直河谷方向上呈有规律的带状分布。距离河谷近处为细砂、粉砂，距离河谷远处，依次为砂土、亚砂土、亚黏土及黏土。在垂直方向上，不同岩性的沉积物成透镜体互相交错，组成统一的含水层。地下水面坡度平缓，迳流条件差，埋藏深度浅。

地下水在垂直河谷方向上的变化规律是地下水面坡度自分水岭向河谷变缓，迳流变弱，埋藏深度变浅，蒸发作用加强，水的矿化度增大。

1.4.2 裂隙水

裂隙水是储存于坚硬基岩裂隙中的地下水。裂隙水与孔隙水有很大的区别。由于裂隙的成因不同，其发育程度（裂隙的密度、长度、张开程度、充填情况及连通性等）也不相同，因此裂隙岩层的含水性各处差异很大。裂隙发育的地方含水可能丰富,裂隙不发育的地方含水就很少,这就是裂隙水的不均匀性。裂隙(特别是构造裂隙)发育常具有一定的方向性,在某些方向上裂隙发育,则在这个方向上的导水性就强,水力联系就好,在另一些方向上,裂隙不发育,其导水性就差,地下径流就不通畅。这就是裂隙水的方向性。

由以上两个特点可知,裂隙水分布区不一定具有统一的地下水面。有水力联系的裂隙系统,可以有统一的地下水面;无水力联系的裂隙系统,就无统一的地下水面。有时两个相距很近的钻孔中,地下水位相差很大,一个有水,一个无水,充分反映了裂隙水分布的复杂性。

不同成因的裂隙其含水性是不同的,这就决定了其中地下水埋藏分布特征也各不相同。裂隙水的埋藏还与区域地质构造、岩性、地貌等条件密切相关。按裂隙水的埋藏和分布特征,可将裂隙水分为面状裂隙水、层状裂隙水和带状裂隙水三种类型;按裂隙的成因,可将裂隙水划分为风化裂隙水、成岩裂隙水和构造裂隙水三种类型;按含水裂隙的产状,又可分为层状裂隙水和脉状裂隙水;按其埋藏条件,还可分为裂隙潜水和裂隙承压水。

1.4.3 岩溶水

岩溶水是储存和运动于可溶岩中的溶蚀裂隙、溶洞和溶蚀通道中的地下水。岩溶水在运动过程中,不断地与可溶性岩石(碳酸盐、硫酸盐及卤化物类岩石)发生溶蚀和冲蚀作用,从而不断地改变着自己的赋存和运动条件。因而,岩溶水不仅是一种具有独特性质的地下水,同时也是一种地质营力。岩石的可溶性及其透水性、水的侵蚀性及其流动性是岩溶形成的基本条件。

岩溶水的分布较裂隙水有更大的不均匀性。在许多石灰岩山区,地表水常沿溶隙、溶洞漏至地下,所以地表往往严重缺水。在石灰岩山区岩溶水的排泄地段,往往有涌水量很大的泉。在石灰岩地区兴建水库大坝,易出现渗漏问题;在石灰岩地区修建地下工程或进行矿山开采,易发生岩溶水突然涌入矿井事故。

1.5 按煤矿建设和生产的实际需要划分的地下水类型及特征

按地下水的埋藏条件和含水岩体空隙性质,地下水综合分类及其特征见下表(表3.1)。

表3.1 地下水埋藏条件和岩体空隙性质的综合分类

按含水岩体空隙性质 / 按埋藏条件	孔隙水 (疏松岩石孔隙中的水)	裂隙水 (坚硬基岩裂隙中的水)	岩溶水 (岩溶化岩石中的水)
上层滞水	包气带中局部隔水层上的水,主要是季节性存在	坚硬基岩风化壳中季节性存在的水	垂直渗入带中的季节性存在的水
潜水	坡积、冲积、洪积、湖积、冰积沉积物中的水;当经常出露或十分接近地表时,成为沼泽水;沙漠及滨海砂丘中的水	坚硬基岩风化壳或中上部层状裂隙水	裸露岩溶化岩层中的水

续表

按含水岩体空隙性质 / 按埋藏条件	孔隙水（疏松岩石孔隙中的水）	裂隙水（坚硬基岩裂隙中的水）	岩溶水（岩溶化岩石中的水）
承压水	松散沉积物构成的向斜盆地中的水；松散沉积物构成的单斜和山前平原中的水	构造盆地或向斜中基岩的层状裂隙水；单斜岩层中层状裂隙水；构造断裂带中的深层水	构造盆地或向斜蓄水构造岩溶化岩层中的水；单斜中岩溶化岩层中的水

技能训练 3.1　了解矿井水文地质主要图件内容及要求

1. 实训目的和要求

能识别矿井水文地质主要图件的类型，知道各图件的表达内容及要求。

2. 实训指导

1）实训方法

图件讲解，小组讨论。

2）实训内容

(1)矿井涌水量与各种相关因素动态曲线图

矿井涌水量与各种相关因素动态曲线是综合反映矿井充水变化规律，预测矿井涌水趋势的图件。根据具体情况，一般选择相关因素绘制以下几种关系曲线图：

①矿井涌水量与降水量、地下水位关系曲线图。

②矿井涌水量与单位走向开拓长度、单位采空面积关系曲线图。

③矿井涌水量与地表水补给量或水位关系曲线图。

④矿井涌水量随开采深度变化曲线图。

(2)矿井综合水文地质图

矿井综合水文地质图是反映矿井水文地质条件的图纸之一，也是进行矿井防治水工作的主要参考依据。综合水文地质图一般在井田地形地质图的基础上编制，比例尺为 1∶2 000 ~ 1∶10 000。主要内容有：

①基岩含水层露头（包括岩溶）及冲积层底部含水层（流砂、砂砾、砂礓层等）的平面分布状况。

②地表水体，水文观测站，井、泉分布位置及陷落柱范围。

③水文地质钻孔及其抽水试验成果。

④基岩等高线（适用于隐伏煤田）。

⑤已开采井田井下主干巷道、矿井回采范围及井下突水点资料。

⑥主要含水层等水位（压）线。

⑦老窑、小煤矿位置及开采范围和涌水情况。

⑧有条件时,划分水文地质单元,进行水文地质分区。

(3)矿井综合水文地质柱状图

矿井综合水文地质柱状图是反映含水层、隔水层及煤层之间的组合关系和含水层层数、厚度及富水性的图纸。一般采用相应比例尺随同矿井综合水文地质图编制。主要内容有:

①含水层时代名称、厚度、岩性、岩溶发育情况。

②各含水层水文地质试验参数。

③含水层的水质类型。

(4)矿井水文地质剖面图

矿井水文地质剖面图主要是反映含水层、隔水层、褶曲、断裂构造等和煤层之间的空间关系。主要内容有:

①含水层岩性、厚度、埋藏深度、岩溶裂隙发育深度。

②水文地质孔、观测孔及其试验参数和观测资料。

③地表水体及其水位。

④主要井巷位置。

矿井水文地质剖面图一般以走向、倾向有代表性的地质剖面为基础。

(5)矿井含水层等水位(压)线图

等水位(压)线图主要反映地下水的流场特征。水文地质复杂型和极复杂型的矿井,对主要含水层(组)应坚持定期绘制,以对照分析矿井疏干动态。比例尺为1:2 000~1:10 000。主要内容有:

①含水层、煤层露头线,主要断层线。

②水文地质孔、观测孔、井、泉的地面标高,孔(井、泉)口标高和地下水位(压)标高。

③河、渠、山塘、水库、塌陷积水区等地表水体观测站的位置、地面标高和同期水面标高。

④矿井井口位置、开拓范围和公路、铁路交通干线。

⑤绘制地下水等水位(压)线图,确定地下水流向。

⑥绘制可采煤层底板下隔水层等厚线(当受开采影响的主含水层在可采煤层底板下时)。

⑦井下涌水、突水点位置及涌水量。

(6)区域水文地质图

区域水文地质图一般在1:10 000~1:100 000区域地质图的基础上经过区域水文地质调查之后编制。成图的同时,尚需写出编图说明书。矿井水文地质复杂型和极复杂型矿井,应认真加以编制。主要内容有:

①地表水系、分水岭界线、地貌单元划分。

②主要含水层露头,松散层等厚线。

③地下水天然出露点及人工揭露点。

④岩溶形态及构造破碎带。

⑤水文地质钻孔及其抽水试验成果。

⑥地下水等水位线，地下水流向。

⑦划分地下水补给、径流、排泄区。

⑧划分不同水文地质单元，进行水文地质分区。

⑨附相应比例尺的区域综合水文地质柱状图、区域水文地质剖面图。

3. 实训作业

（1）根据资料绘制矿井涌水量与各种相关因素动态曲线图。

（2）分小组讨论矿井综合水文地质图、矿井综合水文地质柱状图、矿井水文地质剖面图等图件的内容。

任务2　矿井水文地质条件和类型

按水文地质条件划分的矿井类型,称矿井水文地质类型。矿井水文地质类型的划分是在系统整理、综合分析矿区水文地质勘探成果和矿井建设、生产各阶段所获得的水文地质资料和经验教训的基础上,对矿井充水条件的高度概括与归纳。其目的在于指导矿井水文地质勘探、矿井防治水和矿区地下水的开发利用工作。

2.1　矿井水文地质勘探类型的划分

2.1.1　按充水空间划分矿井类型

根据矿井主要充水含水层的含水空间特征,将充水矿井分为以下三类:

1)第一类　以孔隙含水层充水为主的矿井,简称孔隙充水矿井。

2)第二类　以裂隙含水层充水为主的矿井,简称裂隙充水矿井。

3)第三类　以岩溶含水层充水为主的矿井,简称岩溶充水矿井。本类又可按岩溶形态划分为以下三个亚类:第一亚类,以溶蚀裂隙为主的岩溶充水矿井;第二亚类,以溶洞为主的岩溶充水矿井;第三亚类,以暗河为主的岩溶充水矿井。

2.1.2　按充水方式划分矿井类型

各类充水矿井按煤层与主要充水含水层的空间关系及充水方式,分为以下三种:

1)直接充水的矿井　矿井主要充水含水层(含冒落带和底板破坏厚度)与煤层直接接触,地下水直接进入矿井。

2)顶板间接充水的矿井　矿井主要充水含水层位于煤层冒落带之上,煤层与主要充水含水层之间有隔水层(一般指钻孔单位涌水量 <0.001 L/s · m 的岩层)或弱透水层,地下水通过构造破碎带、导水裂隙带或弱透水层进入矿井。

3)底板间接充水的矿井　矿井主要充水含水层位于煤层之下,煤层与主要充水含水层之间有隔水层或弱透水层。承压水通过底板薄弱地段、构造破碎带、弱透水层或导水的岩溶陷落柱进入矿井。

2.1.3　按勘探复杂程度划分矿井类型

根据主要煤层与当地侵蚀基准面的关系、地下水的补给条件、地表水与主要充水含水层水力联系密切程度、主要充水含水层和构造破碎带的富水性、导水性、第四系覆盖情况以及水文地质边界的复杂程度,按充水矿床勘探的复杂程度将矿井划分为以下三型:

1)第一型　水文地质条件简单的矿井。主要煤层位于当地侵蚀基准面以上,地形有利于自然排水,矿井主要充水含水层和构造破碎带富水性弱至中等;或主要煤层位于当地侵蚀基准面以下,但附近无地表水体,矿井主要充水含水层和构造破碎带富水性弱,地下水补给条件差,很少或无第四系覆盖,水文地质边界条件简单。

2)第二型　水文地质条件中等的矿井。主要煤层位于当地侵蚀基准面以上,地形有利于自然排水,主要充水含水层和构造破碎带富水性中等至强,地下水补给条件好;或主要煤层位于当地侵蚀基准面以下,但附近地表水不构成矿井的主要充水因素,主要充水含水层和构造破碎带富水性中等,地下水补给条件差,第四系覆盖面积小且薄,疏干排水可能产生少量塌陷,水文地质边界较复杂。

3)第三型　水文地质条件复杂的矿井。主要煤层位于当地侵蚀基准面以下，主要充水含水层富水性强，补给条件好，并具较高水压，构造破碎带发育，导水性强且沟通区域强含水层或地表水体；第四系厚度大，分布广，疏干排水有产生大面积塌陷、沉降的可能，水文地质边界复杂。

2.2　矿井水文地质类型的划分

2.2.1　矿井水文地质分类方案

在1984年煤炭工业部颁发的《矿井水文地质规程》(试行)中，为了有针对性地做好矿井水文地质工作，从矿区水文地质条件、井巷充水及其相互关系出发，根据受采掘破坏或影响的含水层性质、富水性以及补给条件、单井年平均涌水量和最大涌水量、开采受水害影响程度和防治水工作难易程度等，矿井水文地质类型划分为简单、中等、复杂、极复杂四个类型(表3.2)。

表3.2　矿井水文地质类型划分表

分类依据 \ 类别		简　单	中　等	复　杂	极复杂
受采掘破坏或影响的含水层及水体	含水层性质及补给条件	受采掘破坏或影响的孔隙、裂隙、岩溶含水层，补给条件差，补给来源少或极少	受采掘破坏或影响的孔隙、裂隙、岩溶含水层，补给条件一般，有一定的补给水源	受采掘破坏或影响的主要是岩溶含水层、厚层砂砾石含水层、老空水、地表水，其补给条件好，补给水源充沛	受采掘破坏或影响的为岩溶含水层、老空水、地表水，其补给条件很好，补给来源极其充沛，地表泄水条件差
	单位涌水量 $q/[(L \cdot (s \cdot m^{-1})]$	$q \leqslant 0.1$	$0.1 < q \leqslant 1.0$	$1.0 < q \leqslant 5.0$	$q > 5.0$
矿井及周边老空水分布状况		无老空积水	存在少量老空积水，位置、范围、积水量清楚	存在少量老空积水，位置、范围、积水量不清楚	存在大量老空积水，位置、范围、积水量不清楚
矿井涌水量 $/(m^3 \cdot h^{-1})$	正常 Q_1 最大 Q_2	$Q_1 \leqslant 180$ (西北地区 $Q_1 \leqslant 90$) $Q_2 \leqslant 300$ (西北地区 $Q_2 \leqslant 210$)	$180 < Q_1 \leqslant 600$ (西北地区 $90 < Q_1 \leqslant 180$) $300 < Q_2 \leqslant 1\ 200$ (西北地区 $210 < Q_2 \leqslant 600$)	$600 < Q_1 \leqslant 2\ 100$ (西北地区 $180 < Q_1 \leqslant 1\ 200$) $1\ 200 < Q_2 \leqslant 3\ 000$ (西北地区 $600 < Q_2 \leqslant 2\ 100$)	$Q_1 > 2\ 100$ (西北地区 $Q_1 > 1\ 200$) $Q_2 > 3\ 000$ (西北地区 $Q_2 > 2\ 100$)
突水量 $Q_3/(m^3 \cdot h^{-1})$		无	$Q_3 \leqslant 600$	$600 < Q_3 \leqslant 1\ 800$	$Q_3 > 1\ 800$

续表

类别 分类依据	简　单	中　等	复　杂	极复杂
开采受水害影响程度	采掘工程不受水害影响	矿井偶有突水,采掘工程受水害影响,但不威胁矿井安全	矿井时有突水,采掘工程、矿井安全受水害威胁	矿井突水频繁,采掘工程、矿井安全受水害严重威胁
防治水工作难易程度	防治水工作简单	防治水工作简单或易于进行	防治水工程量较大,难度较高	防治水工程量大,难度高

注:①单位涌水量以井田主要含水层中有代表性的为准。

②在单位涌水量 q,矿井涌水量 Q_1,Q_2 和矿井突水量 Q_3 中,以最大值作为分类依据。

③同一井田煤层较多,且水文地质条件变化较大时,应分煤层进行矿井水文地质类型划分。

④按分类依据就高不就低的原则,确定矿井水文地质类型。

2.2.2　不同类型矿井对水文地质工作的要求

《矿井水文地质规程》(试行)中对不同类型矿井的水文地质工作要求如下:

1)极复杂类型矿井

极复杂型矿井除必须按照水文地质特点和开采需要进行补充调查、勘探和专门水文地质试验,建立井上、下水动态观测网,坚持长期观测,以及健全观测资料台账和历时曲线等外,还应做以下工作:

(1)高原山地向斜正地形岩溶矿区,要注重岩溶调查、暗河探测和封闭汇水洼地的水均衡工作,研究分析探放、堵截暗河水的方案与措施。

(2)石灰岩露头分布范围广、河溪发育、山塘水库多的矿区,要注重地表水体、岩溶泉与井下出水点关系的调查分析,做好探放溶洞泥砂水工作,防止大突水的威胁。

(3)直接或间接受煤层顶、底部石灰岩溶洞、溶隙高压富含水层突水威胁的矿区(井),要开展区域水文地质综合调查,研究岩溶发育规律,并进行大口径抽水试验、井下大型放水试验及连通试验等,查明岩溶水集中的强径流带或岩溶管道的分布。矿井开采要研究制订具有针对性的截(堵截水源)排(疏降)措施方案。要注重突水与隔水层岩性、厚度、水压、构造及采矿等关系的探查,分析研究突水规律。

(4)岩溶矿区要注重地面岩溶塌陷规律的调查,并分析研究防治途径。

2)复杂类型矿井

复杂型矿井应根据各矿的特点和开采需要,参照极复杂型矿井的要求进行工作。其中:

(1)开采含水(流)砂层、厚砾石层及地表河湖等水体下煤层的矿区(井),要分析研究煤(岩)层的隔水性能,注重观测导水裂隙带高度,并研究其规律。

(2)开采煤层顶板直接为含水(流)砂层的矿井,在进行开采时应加强砂层水疏干和水砂分离方法的研究。

(3)山区地表渗漏水较严重的矿井,要注重渗漏调查,实测并研究制订防渗措施方案。

3）中等型矿井

中等型矿井应根据开采需要，进行一些单项的水文地质补充调查、勘探、试验、动态观测和正常的井下水文地质工作。

4）简单型矿井

简单型矿井应根据矿井的具体情况进行正常的水文地质工作。

技能训练 3.2　矿井水文地质类型划分及矿井水文地质工作方法

1. 实训目的和要求

加深对本任务学习内容的理解和掌握，组织学生到实际生产矿井熟悉、掌握实际矿井水文地质工作的内容及方法，了解矿井水文地质类型划分报告的编写内容。

通过本次实训，要求学生熟悉矿井水文地质工作方法，熟悉掌握地下水动态观测方法、矿井涌水量测定方法。

2. 实训指导

1）实训方法

实地参观，现场讲解，小组讨论。

2）实训内容

（1）了解矿井水文地质工作的基本情况和工作方法。

（2）测量矿井直接含水层的地下水的水位（压）、水温。

（3）测量矿井某水平的矿井涌水量。

（4）阅读矿井水文地质报告。

3. 实训作业

1）根据以下提纲，阐述所给矿井水文地质报告中的有关内容：

（1）矿井所在位置、范围及四邻关系，自然地理等情况；

（2）以往地质和水文地质工作评述；

（3）井田水文地质条件及含水层和隔水层分布规律和特征；

（4）矿井充水因素分析，井田及周边老空区分布状况；

（5）矿井涌水量的构成分析，主要突水点位置、突水量及处理情况；

（6）对矿井开采受水害影响程度和防治水工作难易程度评价；

（7）矿井水文地质类型划分。

2）结合实训工作，介绍生产矿井水文地质工作的日常工作的内容和基本方法，以小组为单位完成实训小结。

任务3　矿井充水条件分析

采矿过程中，一方面揭露破坏了含水层、隔水层和导水断层，另一方面引起围岩岩层移动和地表塌陷，从而产生地下水或地表水向井筒或巷道涌水的现象，称为矿井充水。矿井充水补给的来源，称为充水水源。水流入矿井的通路，称为充水通道。充水水源和充水通道构成了矿井的充水条件。

3.1　充水水源及其影响因素

大气降水、地表水、含水层(带)水和老窑水均可能成为煤矿充水水源。一些矿井，在疏降矿井水的过程中，可能引进新的水源，称为袭夺水源。矿井充水水源，分为直接和间接两种充水水源。在采掘过程中，充水水源的水直接向矿井充水的水源称为直接充水水源，它的富水性和导水性对矿井涌水量大小起主导作用。间接充水水源则是需要经过一定渗透途径才能与矿井或直接充水含水层发生密切的水力联系，这种途径包括构造裂隙带、隔水层变薄或缺失(天窗)的地段、采动导水裂隙带等。

3.1.1　大气降水

对于地下开采的矿井，大气降水是通过补给充水含水层，构成矿井的间接充水水源。而对于露天煤矿，大气降水则是直接充水水源。大气降水对矿井的充水强度取决于年降水量、降水性质和矿区地形、煤层埋藏深度及上覆岩层的透水性等因素。

3.1.2　地表水

分布于井田范围或附近的地表水，可能成为矿井的充水水源(图3.11)。当其以溃入形式进入矿井时，水砂俱下，导致井巷淹没。地表水对矿井充水强度和涌水量的影响，决定于地表水的性质、地表水体与矿井间的水力联系、地表水与矿井开采深度、相对位置及煤层间岩石的透水性等因素。一般常年性水流以定水头渗入矿井中，将会形成大而稳定的矿井涌水量。季节性的小河，在雨季时可能对矿井有一定威胁。

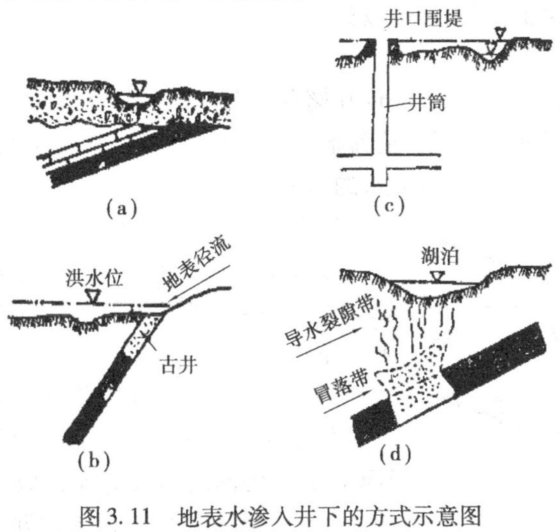

图3.11　地表水渗入井下的方式示意图

3.1.3 含水层(带)水

采场围岩中含水层(带)水,通常是矿井最重要的充水水源。一般地,开采新近系、古近系和埋藏浅的侏罗系及石炭二叠系煤层的露天矿,矿坑主要充水水源为松散砂层、砂砾石层和半胶结砂砾岩孔隙含水层;开采侏罗系煤层的矿井,主要充水含水层为基岩裂隙带(水);开采石炭二叠系煤层的矿井,主要充水水源除煤层顶底板砂岩含水层外,更重要的是岩溶含水层,如我国南方许多矿区顶板长兴灰岩和底板茅口灰岩、北方的许多矿区的底部石炭系、奥陶系灰岩岩溶含水层。

3.1.4 老窑水

在有些矿区的煤层露头地带分布着不同年代废弃的小煤窑,称为老窑。老窑积水区通常是煤矿下部开采的重要充水水源。老窑水突水时,瞬时涌水量很大,来势凶猛,具有很大的破坏性。老窑水若与其他水源无联系,则易于疏干;若与地表水有水力联系,则会造成矿井稳定的充水水源,危害较大。

3.1.5 袭夺水源

开采过程中,矿井因长期疏降排水,水位不断下降,降落漏斗逐渐向外扩张,将有可能袭夺地下水迳流带下游的排泄量。当漏斗中心低于当地排泄基准面时,原为排泄地下水的泉、井干涸,排泄区变成矿井水补给区,使地表水补给矿井;在两毗邻的水文地质单元为透水边界条件下,矿井疏降漏斗进一步扩展,将地下水分水岭向外推移,从而袭夺临近水文地质单元的水源。

上述各种矿井充水水源,对具体的矿井应结合矿区自然地理、地质和矿井开采技术等条件作具体分析。通常,矿井涌水是以某种或几种水源为主。随着生产的发展,矿井充水水源会发生一定的变化。这种变化的决定因素是充水通道的增或减。

3.2 充水通道分析

矿井充水通道决定着矿井涌水形势、涌水地点和涌水量的大小。依据充水通道的形式和对矿井涌水作用的大小,充水通道分为断裂构造带(包括岩溶发育带、天窗)、顶板和底板采动裂隙(带)、矿井地表塌陷、岩溶陷落柱、工程充水通道(井筒、小煤窑和钻孔)等,这里重点对断裂构造带、顶板和底板采动裂隙(带)充水通道特征及其对煤矿充水的影响进行介绍。

3.2.1 褶曲构造中的矿井充水状况

1)褶曲的类型和规模

褶曲的类型决定地下水的储存条件和储存量大小。向斜构造与单斜、背斜相比,易于汇集和储存地下水,常形成蓄水构造或自流盆地。同属向斜构造,其规模愈大,含水层的分布范围愈广,地下水储存量愈丰富,对矿井充水的影响就愈大。

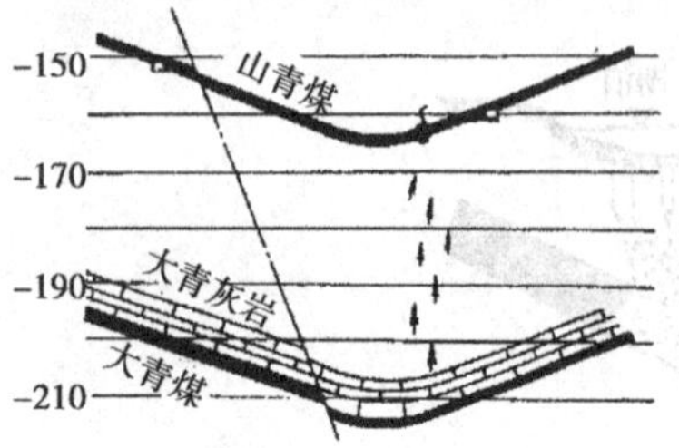

图 3.12 峰峰二矿 2673 外溜子道突水点剖面示意图

2)褶曲伴生裂隙的导水作用

褶曲形成过程中,由于岩层的弯曲,常在褶曲的不同部位产生一系列伴生裂隙。褶曲构造对矿井充水的影响有以下表现:

(1)平行主应力的横张裂隙导水性强。如徐州新河一井沿 NW 向主应力方向产生的张裂面与近似 SW 和 NWW 方向的两组剪裂面相比较,NW 向裂隙导水性好,突水点多分布在 NW 向裂隙附近。

(2)褶曲轴部,特别是向斜轴部的纵张裂隙常常是底板突水的通道。如峰峰二矿的11个底板大青灰岩突水点中除与断层有关外,向斜轴部的纵张裂隙起着重要的作用(图3.12)。

(3)褶曲形成过程中产生的层间裂隙有利于灰岩中岩溶的发育和地下水的汇集与运移。通常褶曲两翼平缓,表明构造变动相对轻微;褶曲两翼岩层倾角过大,表明构造变动强烈,层面近似压性结构面的特征,层间裂隙均不发育;褶曲两翼倾角为30°~50°时,易发育张开程度较好的层间裂隙,有利于地下水的储存和运移。如江苏徐州新河一井,南翼灰岩近于直立,局部倒转,层面裂隙不发育,富水性弱;而北翼地层倾角较缓,层间裂隙发育,张开程度好,灰岩岩溶亦相应较发育,富水性强,井下突水点也都分布于北翼。此外,褶曲转折端断裂较为发育,也是矿井突水的重要部位。

3.2.2　断裂构造矿井充水通道

煤矿生产中遇到的各种断裂构造,其规模大小及水文地质性质不尽相同,对煤矿的充水影响各有差异。国内、外煤矿有90%以上的突水是断层和裂隙引起的。根据它们与矿井充水水源的关系,以及断裂构造对采矿的影响,可将断裂构造分为含水的、导水的、隔水的等三类(表3.3)。

表3.3　断裂构造水文地质性质分类

断裂规模 / 断裂性质	与充水水源有水力联系	与充水水源无水力联系
含水的 (断裂为张性、张扭性)	储存水量与补给水量均较丰富,称为富水断裂;在水平或垂直方向与充水水源密切联系,水量大且稳定,不易疏降	为孤立的含水断裂带;它分布于粉砂岩、细砂岩中;只有储存量;充水特点开始水量较大,后逐渐减少,称为储水断裂
导水的 (张扭性、压扭性断裂,在断裂面的某一侧,次一级张性断裂发育)	断裂导水,以补给量为主,称为导水断裂;其本身含水量少,与矿井充水水源有密切联系	在断裂中可能含有一些无源的脉状水
隔水的 (压性、压扭性断裂,少数为张性和张扭性,后期被充填和胶结)	局部有风化裂隙水,称为隔水断层,具有阻隔地下水流的作用	断裂切断含水层的水力联系,具有隔水、阻水作用

注:根据不连续面两侧岩层有无明显错动,断裂构造分为断层和裂隙。裂隙与节理在概念上是有区别的;裂隙泛指岩层中的裂缝;节理是岩层中成组发育有规律分布的缝隙。

不同水文地质类型的构造断裂,对矿井充水有以下影响:

1)由于断层的错动,使开采煤层与含水层接近或直接接触(图3.13),特别是将强含水层(底部奥陶系灰岩)抬起,会成为矿井最易突水的危险地段。

2)断裂构造破坏了地层的完整性,降低其力学强度,通常会形成地下水突破的软弱带。在可溶岩地区,断裂构造控制岩溶的发育。因而,采掘工程揭露导(富)水断裂或在导(富)水断裂附近施工采掘工程时,富水断裂可成为矿井直接充水水源,导水断裂可成为矿井充水通

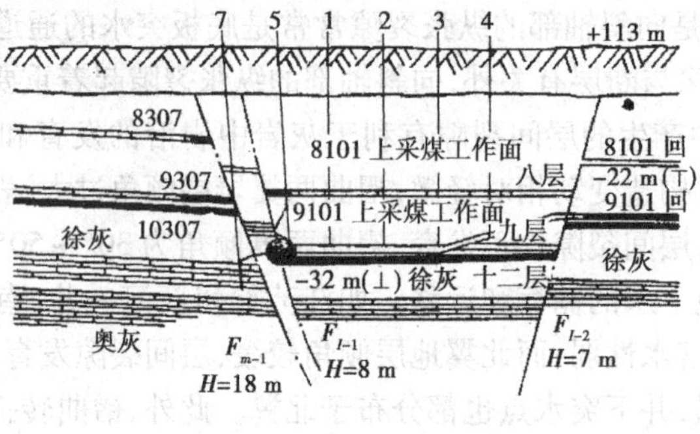

图 3.13　某矿 9101 工作面突水点剖面图

道。它们可以将与之相联系的地下水、地表水、老窑水等导入井下，增大矿井涌水量。

3)开采引起的不导(含)水断裂的活化，是煤矿安全生产的潜在隐患。在天然条件下一些不导水及不含水的断层，因采掘深度增大或矿井长期排水，疏降漏斗不断地向外扩展等影响，在矿山压力和承压含水层静水压力共同作用下，可转化为导水断裂。

由此可见，断裂构造的存在是矿井突水的重要因素。因此，煤矿生产中要详细研究断裂带的产状要素、规模、延伸方向、发育密度、充填情况、胶结程度及其两侧的岩性和伴生裂隙等。

3.2.3　岩溶陷落柱对矿井充水的影响

岩溶陷落柱也称陷落柱或无炭柱，是华北石炭二叠系煤田中发育的一种重要地质现象，在山西和河北的许多矿区普遍分布。在山东、陕西、江苏和安徽的部分地区也有发育。

岩溶陷落柱是由于奥陶系灰岩顶部岩溶发育，常形成巨大的溶洞，使上覆地层失去支撑，从而在重力作用下不断向下垮落而形成。根据岩溶空间的大小、岩溶水的径流和排泄条件、上覆地层的岩性及构造裂隙发育程度等不同，陷落柱的高度有大有小，大者可直达地表，小者高仅数米至数十米。

由于陷落柱不同程度地贯穿了奥陶系灰岩以上的地层，当其贯穿煤系地层时，陷落柱可能成为奥灰水进入矿井的通道。如河北井陉矿区已查明陷落柱 71 个，在这些陷落柱分布带上共发生矿井大小突水 38 次，有的陷落柱直接构成突水通道。

从矿井充水的观点来说，陷落柱可分为全充水型、边缘充水型和疏干型(或不充水型)三类。其中，以全充水型陷落柱对矿井充水的危害最大，井巷工程一旦揭露会立即发生突水，突水量大而稳定；边缘充水型陷落柱为井巷工程揭露时，一般以滴水、淋水为主，涌水量不大；疏干型陷落柱被揭露时只有少量滴水或无水，巷道甚至可穿过柱体。

迄今所发现的陷落柱，绝大多数不导水。但采矿中一旦揭露充水陷落柱，尤其是全充水型陷落柱，往往酿成水害。如开滦范各庄矿 2171 工作面揭露的 9 号陷落柱，最大突水量达2 053 m^3/min。

技能训练 3.3　矿井充水条件分析

1. 实训目的和要求

到实际生产矿井了解矿井充水因素，加深对本任务学习内容的理解和掌握，促进将理论知识与生产实际相结合，以适应实际矿井水文地质工作的需要。

熟悉掌握矿井充水条件的分析方法。

2. 实训指导

1)实训方法

实地参观,现场讲解,小组讨论。

2)实训内容

影响矿井的充水因素很多,不同的矿井受到的影响因素也不一定相同,具体到某个矿井的实际情况,就要进行充水条件的具体分析。矿井充水条件分析就是在矿区已知的自然地理、地质、水文地质和采矿资料的基础上,根据前述各种因素对矿井充水影响的一般规律,分析、排查每一个因素对矿井充水的影响,以确定矿井(采区或工作面)的充水水源及不同水源进入矿井(采区或工作面)的通道,并结合水源和通道的特征对矿井充水的充水方式加以分析判断,为正确地预计矿井涌水量和合理地制定防治水措施提供依据。

影响矿井充水的因素有的是天然存在的(由自然条件决定),有的是人为造成的(随人类活动的影响而发生和发展)。它们对矿井充水所起的作用主要表现在以下几方面:

(1)起充水水源作用。如大气降水、地表水、储存于井巷围岩中地下水和采空积水等。

(2)起充水通道作用。如导水断层、岩溶陷落柱、导水钻孔、采动破坏形成的导水裂隙和岩溶塌陷等。

(3)起影响充水程度的作用,即影响矿井涌水量大小和防治水难易程度的作用。如井巷相对于当地侵蚀基准面的位置、井巷距水体的远近、各种水源本身的特征及其补给条件等。

3. 实训作业

对实训矿进的充水因素进行分析:

(1)分析该矿的矿井充水自然因素;

(2)分析该矿的矿井充水人为因素;

(3)确定矿井(采区或工作面)的充水水源及不同水源进入矿井(采区或工作面)的通道,并结合水源和通道的特征对矿井充水的方式加以分析判断。

撰写该矿的矿井充水条件分析报告。

任务4　矿井水防治

煤矿防治水的原则是,以防为主,防、排、疏、堵相结合,在确保安全的前提下,要做到经济合理,技术可行,效果最佳,资源效益最好。实际工作中,煤矿防治水工作还应坚持先易后难、先近后远、先地面后井下、先重点后一般、地面与井下相结合、重点与一般相兼顾。目前常用的矿井水防治方法有地面防水、井下防水、疏干降压、矿坑(井)排水和堵水防渗等。

4.1　地面防水

4.1.1　截水沟、水库与防洪堤

位于山麓或山前平原的矿区,雨季常有山洪或潜流侵袭,淹没露天坑、井口和工业场地,或沿采空塌陷、含水层露头大量渗入造成矿井涌水。一般应在矿区上方(特别是严重渗漏地段的上方),垂直来水方向开挖大致沿地形等高线布置的排(截)洪沟,拦截洪水和浅部地下水,并利用自然坡度将水引出矿区。除了截水沟防洪外,在某些情况下也采用防洪堤或水库蓄洪,其目的都是拦截洪水侵袭。具体采用何种工程,应视地形条件、汇水情况及经济技术原则而定。

4.1.2　河流改道

当矿区内有河流通过,并严重威胁露天矿或矿井生产时,可对河流进行改道。即在河流流入矿区的上游地段筑坝,拦截河水,同时修筑人工河床将水引出矿区。在山区,也可采用排水平硐来代替人工河道。如重庆市南桐矿业公司红岩煤矿就是通过排水平硐对丛林河进行改道的。

4.1.3　整铺河床

当河流(或渠道、冲沟)通过矿区,并沿河床或沟底的裂隙渗入矿井时,可在漏失地段用黏土及料石或水泥铺砌不透水的人工河床,以阻止或减少河水漏失。如某煤矿,河流在煤层顶板长兴灰岩露头处通过,河水沿岩溶裂隙渗入矿井。通过整铺河床后(图3.14),雨季矿井涌水量减少了30% ~50%。

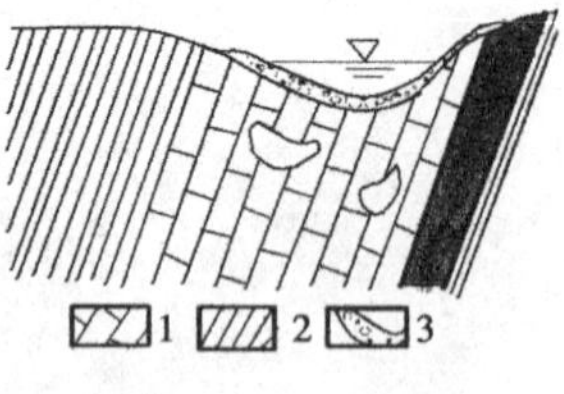

图3.14　整铺河床示意图

1—灰岩;2—页岩;3—整铺后的人工河床

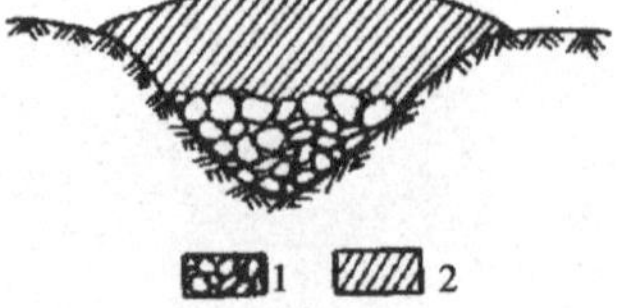

图3.15　塌陷坑充填示意图

1—砾石;2—黏土

4.1.4　堵塞通道

采矿活动引起的塌陷坑和裂隙,基岩露头区的裂隙、溶洞及岩溶塌陷坑,废弃钻孔及老空等,经查明与井下构成水力联系时,可用黏土、块石、水泥、钢筋混凝土等将其填堵。大的塌陷坑和裂隙,可下部充以砾石、上部覆以黏土,分层夯实,并使其略高于地表(图3.15)。填堵岩溶塌陷时,混凝土盖板应浇注在塌陷洞口附近的基岩面上,并安装排气孔(管),以防潜蚀或真

空负压作用引起复塌。

4.2 井下防水

若地面防水是保证煤矿安全生产、免受水害威胁的第一道防线的话，那么，井下防水则是重要的第二道防线。井下防水措施包括：探放水、留设防水煤（岩）柱、设置水闸门和水闸墙等。

4.2.1 探放水

在生产矿井范围内，常有一些充水的采空、断层及强含水层。当采掘工作面接近这些水体时，为消除隐患，常采用超前探放水的措施，在探明水情的基础上将水放出。“有疑必探，先探后掘”是探放水工作的重要原则。凡被怀疑有水害威胁的地区都应进行超前探放水，切不可存有侥幸心理，疏忽大意。

《煤矿安全规程》第286条规定：采掘工作面遇到下列情况之一时，必须确定探水线进行探水：接近水淹或可能积水的井巷、老空或相邻煤矿时；接近含水层、导水断层、溶洞和导水陷落柱时；打开隔离煤柱放水时；接近可能与河流、湖泊、水库、蓄水池、水井等相通的断层破碎带时；接近有出水可能的钻孔时；接近有水的灌浆区时；接近其他可能出水地区时。经探水确认无突水危险后，方可前进。

下面以老空水为例，介绍探放水的方法。

1）探水起点的确定

通过调查访问划出的小窑老空范围一般并不能保证十分可靠。为保证矿井安全生产，通常按小窑的最深下山巷道划定一条积水线，由积水线外推60～150 m作为探水线，掘进巷道进入此线就要开始探水；由探水线再外推50～150 m作为警戒线，掘进巷道进入此线后就应警惕积水的威胁，随时注意掘进巷道迎头的变化，当发现有出水征兆时必须提前探水。探水线和警戒线的外推数值，取决于积水边界的可靠程度、积水区的水头压力、积水量的大小、煤层厚度及其抗张强度等因素。

2）老空积水量的估算

划定积水线后，可按下式初步估算老空积水量：

$$Q_{积} = \sum Q_{采} + \sum Q_{巷} \tag{3.2}$$

$$Q_{采} = \frac{KMF}{\cos\alpha} \tag{3.3}$$

$$Q_{巷} = KWL \tag{3.4}$$

式中 $Q_{积}$——相互连通的各个积水区的总水量，m^3；

$\sum Q_{采}$——有水力联系的煤层采空区积水量之和，m^3；

$\sum Q_{巷}$——与采空区连通的各种巷道积水量之和，m^3；

K——充水系数。通常采空区取0.25～0.5，煤巷取0.5～0.8，岩巷取0.8～1.0；

M——采空区煤层平均采高或煤厚，m；

F——采空积水区的水平投影面积，m^2；

α——煤层倾角，度(°)；

W——积水巷道原有断面，m^2；

L——不同断面的巷道长度,m。

充水系数 K 与采煤方法、回采率、煤层倾角、煤层顶底板岩性及其碎胀程度、采后间隔时间、巷道成巷时间及其维修状况等有关。

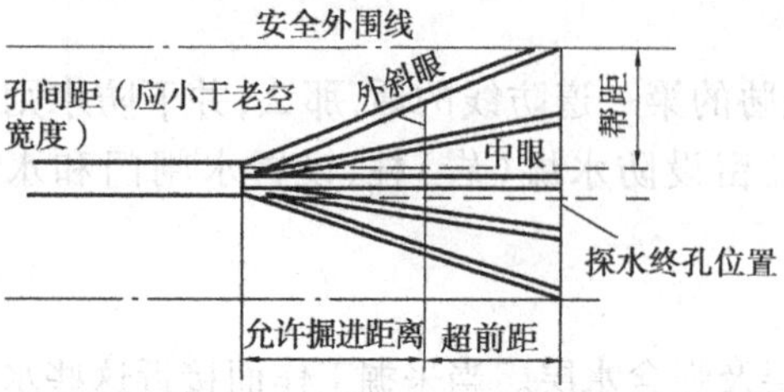

图 3.16　探水钻孔的超前距、帮距和允许掘进距离示意图

3)探水钻孔的布置原则

探水钻孔应保证适当的超前距、帮距和密度。在探水工作中,一次打透积水的情况很少,而是探水—掘进—探水循环进行。探水钻孔的终孔位置应始终保持超前工作面一段的安全距离,这段距离简称超前距(图 3.16)。经探水后,证实确无水害威胁,可以安全掘进的长度称为允许掘进距离。探水钻孔的布置一般不少于三组,每组 1 ~3 个钻孔。一组为中心眼,另两组为斜眼。钻孔的方向应保证在工作面前方的中心及上下左右都能起到探水作用。中心眼终点与外斜眼终点之间的距离,称为帮距。

超前距和帮距愈大,安全系数愈大。安全系数愈大,探水工作量也愈大,从而会影响掘进速度;若超前距和帮距过小,则不安全。因此,超前距和帮距必须合理确定。超前距可由下式计算:

$$a = 0.5AB\sqrt{\frac{3p}{K_P}} \geqslant 20\ \text{m} \tag{3.5}$$

式中　a——超前距(即防水煤柱宽度 L),m;

A——安全系数(一般取 2 ~5);

B——巷道的跨度(宽或高取其大者),m;

p——水头压力,MPa;

K_P——煤的抗拉强度,MPa。

实际工作中,超前距一般采用 20 m,薄煤层可缩小到不小于 8 m。帮距一般与超前距一致,可略小 1 ~2 m。

4.2.2　留设防隔水煤(岩)柱

在矿井可能受到水威胁的地段,留设一定宽度(或高度)的煤(岩)柱,进行防隔水。这种煤(岩)柱,称为防隔水煤(岩)柱。防隔水煤(岩)柱的留设需要考虑被隔水源的水压和水量、煤层厚度、巷道尺寸、围岩被破坏的程度,以及采空后顶板的冒落情况等因素。

1)煤层露头防隔水煤(岩)柱的留设

(1)煤层露头无覆盖或被黏土类微透水松散层覆盖时,按下式留设:

$$H_{防} = H_{冒} + H_{保} \tag{3.6}$$

(2)煤层露头被松散富含水层覆盖时(图 3.17),按下式留设:

$$H_{防} = H_{裂} + H_{保} \tag{3.7}$$

根据式(3.6)、式(3.7)计算的值,不得小于 20 m。

式中　$H_{防}$——防水煤(岩)柱高度,m;

$H_{冒}$——采后冒落带高度(计算时按表 3.4 取值),m;

$H_{裂}$——采后导水裂隙带高度(计算时按表 3.4 取值),m;

$H_{保}$——保护层厚度,m。

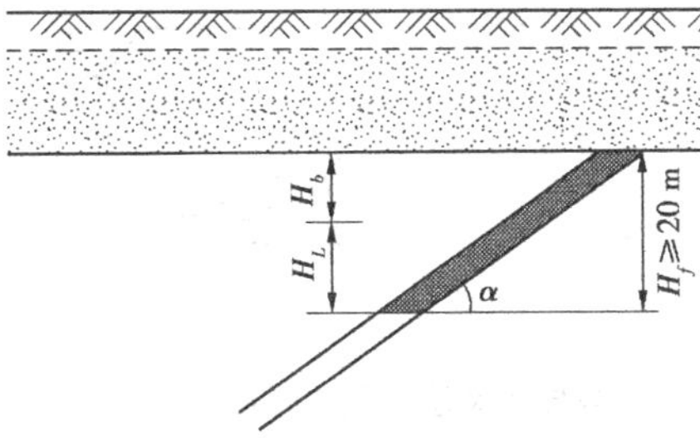

$H_L - H_{裂}$；$H_b - H_{保}$；$H_f - H_{防}$

图3.17　煤层露头被松散富水性强含水层覆盖时防隔水煤(岩)柱留设图

表3.4　冒落带与导水裂隙带最大高度的经验公式

煤层倾角(°)	岩石抗压强度/(kgf·cm^{-2})	岩石名称	顶板管理方法	冒落带最大高度/m	导水裂隙带(包括冒落带)最大高度/m
0~54	400~600	辉绿岩、石灰岩、硅质石英岩、砾岩、砂砾岩、砂质页岩等	全部垮落	$H_c=(4\sim5)M$	$H_f=\frac{100M}{2.4n+2.1}+11.2$
	200~400	砂质页岩、泥质砂岩、页岩等	全部垮落	$H_c=(3\sim4)M$	$H_f=\frac{100M}{3.3n+3.8}+5.1$
	<200	风化岩石、页岩、泥质砂岩、黏土岩、第四系和第三系松散层等	全部垮落	$H_c=(1\sim2)M$	$H_f=\frac{100M}{5.1n+5.2}+5.1$
55~85	400~600	辉绿岩、石灰岩、硅质石英岩、砾岩、砂质页岩等	全部垮落		$H_f=\frac{100mh}{4.1n+133}+8.4$
	<400	砂质页岩、泥质砂岩、页岩、黏土岩、风化岩石、第三系和第四系松散层等	全部垮落	$H_c=0.5M$	$H_f=\frac{100mh}{7.5n+293}+7.3$

注：①M—累计采厚(m)；n—煤层层数；m—煤层厚度(m)；h—采煤工作面小阶段垂高(m)；②冒落带、导水裂隙带最大高度，对于缓倾斜和倾斜煤层，系指从煤层面算起的法向高度，对于急倾斜煤层，系指从开采上限算起的垂向高度；③岩石抗压强度为饱和单轴极限强度；④1 kgf/cm^2 = 98 100 Pa。

2）含水或导水断层防隔水煤(岩)柱的留设

含水或导水断层防隔水煤柱的留设(图3.18)，可参照式(3.5)计算为：

$$L = 0.5KM\sqrt{\frac{3P}{K_P}} \tag{3.8}$$

式中　L——煤柱留设的宽度，m；

K——安全系数(一般取2~5)；

M——煤层厚度或采高，m；

P——水头压力，MPa；

K_P——煤的抗拉强度，MPa。

3）煤层与强含水层或导水断层接触并局部被覆盖时防水煤(岩)柱的留设

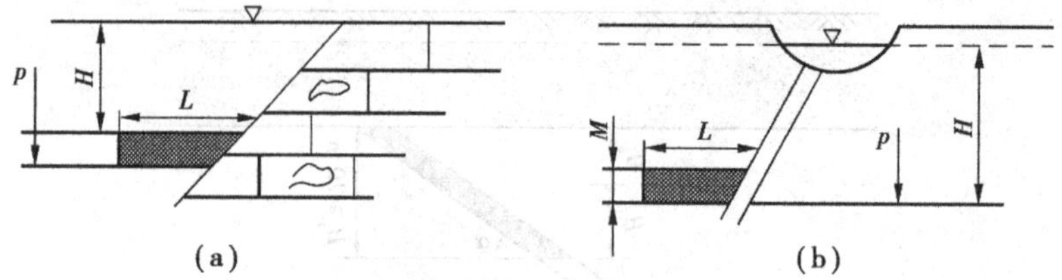

图 3.18 含水或导水断层防隔水煤(岩)柱留设图

(a)煤层与强含水层接;(b)含导水断层

(1)当含水层顶面高于最高导水裂隙带上限时,防隔水煤(岩)柱可按图 3.19(a),(b)留设,计算公式为:

$$L = L_1 + L_2 + L_3 = H_{安} \csc\theta + H_{裂} \cot\theta + H_{裂} \cot\delta \tag{3.9}$$

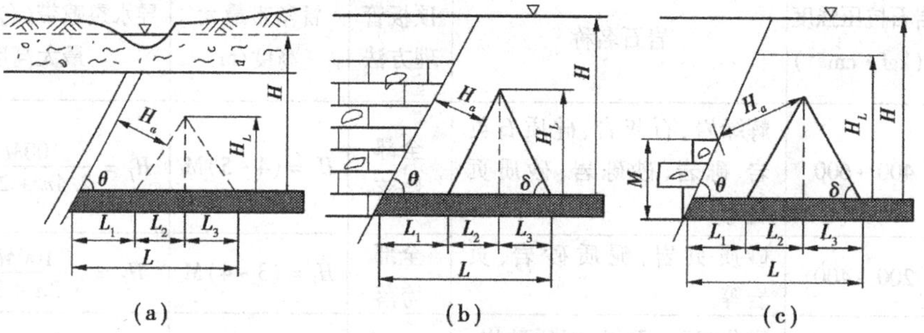

图 3.19 煤层与强含水层或导水断层接触并局部被覆盖时防水煤柱的留设

(2)最高导水裂隙上限高于断层上盘含水层时,防隔水煤柱按图 3.19(c)留设,计算公式为:

$$L = L_1 + L_2 + L_3 = H_{安}(\sin\delta - \cos\delta\cot\theta) + (H_{安}\cos\delta + M)(\cot\theta + \cot\delta) \tag{3.10}$$

式中 L——防隔水煤(岩)柱宽度,m;

L_1, L_2, L_3——防隔水煤(岩)柱各分段宽度,m

θ——断层倾角,度(°);

δ——岩层塌陷角,度(°);

M——断层上盘含水层层面高出下盘煤层底板的高度,m;

$H_{裂}$——最大导水裂隙带高度,m;

$H_{安}$——断层安全防隔水煤(岩)柱的宽度,m。

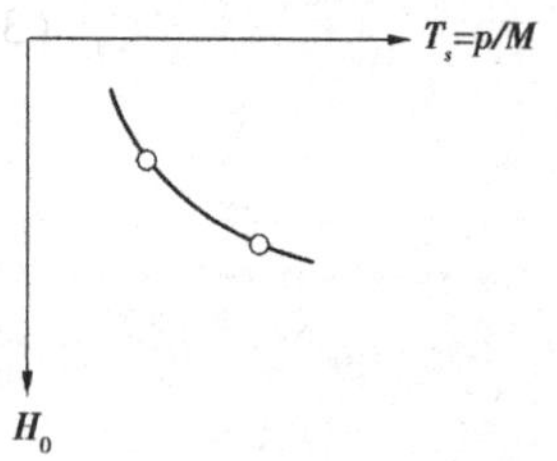

图 3.20 T_S 值的安全临界线

$H_{安}$ 值应根据矿井实际观测资料来确定,即通过总结本矿区在断层附近开采时发生突水和安全开采的地质、水文地质资料,计算其水压 P 与防隔水煤(岩)柱厚度 M 的比值 $T_S = P/M$,并将各点之值标到以 $T_S = P/M$ 为横轴、以埋藏深度 H_0 为纵轴的坐标纸上,绘出 T_S 值的安全临界线(图 3.20)。

$H_{安}$ 值可按下式计算:

$$H_{安} = \frac{P}{T_S} + H_{保} \tag{3.11}$$

式中 P——防隔水煤(岩)柱所承受的静水压力,MPa;

T_S——临界突水系数，MPa/m；

$H_{保}$——保护层厚度（一般取 10 m），m。

矿区如无实际突水系数，可根据隔水层岩性、物理力学性质、巷道跨度或工作面空顶距、采煤方法和顶板管理方法等因素参考其他矿区资料（表3.5）。

表3.5　某些矿区的临界突水系数值

矿区名称	临界突水系数 T_S/（$MPa \cdot m^{-1}$）
峰峰	0.066～0.076
焦作	0.060～1.000
淄博	0.060～0.140
井陉	0.060～0.150

4）煤层位于含水层上方且断层导水时防隔水煤（岩）柱的留设

当煤层位于含水层上方且断层导水的情况下（图3.21），防隔水煤（岩）柱的留设应考虑两个方向上的压力：一是煤层底部隔水层能否承受下部含水层水的压力；二是断层水在顺煤层方向上的压力。

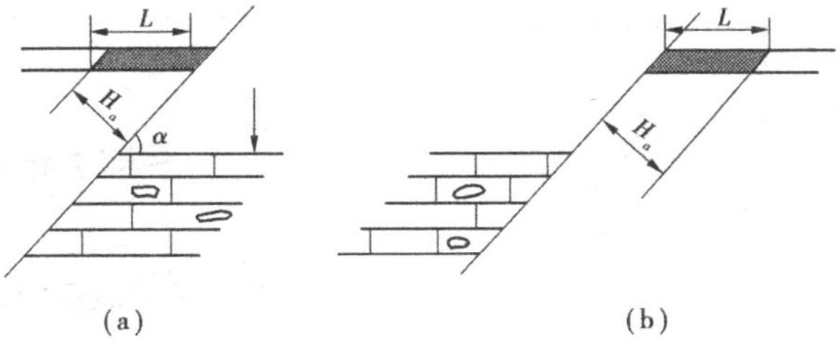

图3.21　煤层位于含水层上方且断层导水时留设防隔水煤（岩）柱

当考虑底部压力时，应使煤层底板至断层面之间的最小距离（垂距）大于安全煤柱的高度（$H_{安}$）的计算值，且不得小于20 m，其计算公式为：

$$L = \frac{H_{安}}{\sin \alpha} \geqslant 20 \text{ m} \tag{3.12}$$

式中　α——断层倾角，度（°），其余参数同前。

当考虑断层水在顺煤层方向上的压力时，应按式（3.8）计算煤柱宽度。根据此种方法计算结果，取用较大的数值，且最小不得少于20 m。

如果断层不导水，留设防隔水煤柱时，应使含水层顶面与断层面交点至煤层底板间的最小距离（在垂直于断层走向的剖面上），要大于安全煤柱的高度 $H_{安}$ 即可（图3.22），但最小不应少于20 m。

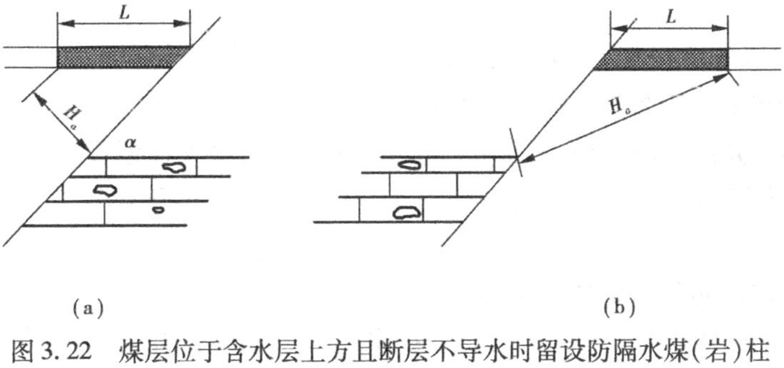

图3.22　煤层位于含水层上方且断层不导水时留设防隔水煤（岩）柱

5)在水淹区或老窑积水区下采掘时防隔水煤(岩)柱的留设

(1)巷道在水淹区下或老窑积水区下掘进时,巷道与水体之间的最小距离,不得小于巷道高度的10倍。

(2)在水淹区下或老窑积水区下同一煤层中进行开采时,若水淹区或老窑积水区的界线已基本查明,防隔水煤(岩)柱的尺寸应按式(3.8)留设。

(3)在水淹区下或老窑积水区下的煤层中进行回采时,防隔水煤(岩)柱的尺寸不得小于导水裂隙带最大高度和保护带高度之和。

6)相邻矿(井)人为边界防隔水煤(岩)柱的留设

(1)水文地质简单型到中等型的矿井,可采用垂直法留设,但总宽度不得小于40 m。

(2)水文地质复杂型到极复杂型的矿井,应根据煤层赋存条件、地质构造、静水压力、开采上覆岩层移动角、导水裂缝带高度等因素确定。

①多煤层开采,当上、下两层煤的层间距小于下层煤开采后的导水裂缝带高度时,下层煤的边界防隔水煤(岩)柱,应根据最上一层煤的岩层移动角和煤层间距向下推算(图3.23(a))。

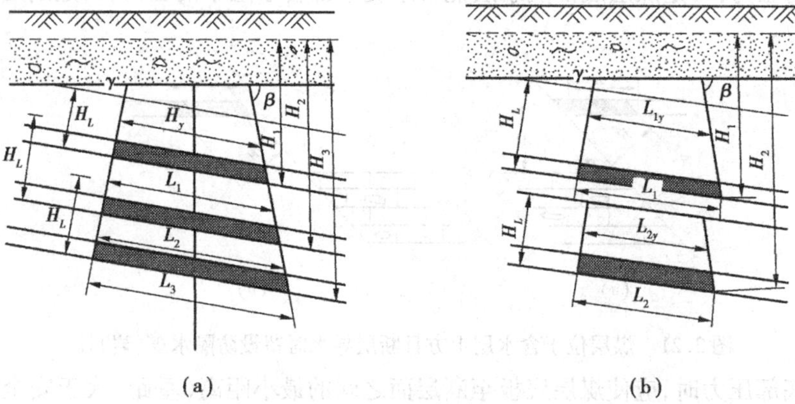

图3.23　多煤层地区边界防隔水煤(岩)柱留设图

H_L—导水裂缝带上限;H_1,H_2,H_3—各煤层底板以上的静水位高度;γ—上山岩层移动角;

β—下山岩层移动角;L_{1y},L_{2y}—导水裂缝带上限岩柱宽度;L_1—上层煤防水煤柱宽度;

L_2,L_3—下层煤防水煤柱宽度

②当上、下两层煤之间的垂距大于下煤层开采后的导水裂缝带高度时,上、下煤层的防隔水煤(岩)柱,可分别留设(图3.23(b))。

导水裂缝带上限岩柱宽度L_y的计算,可采用以下公式:

$$L_y = \frac{H - H_L}{10} \times \frac{1}{T_S} \geqslant 20\ \text{m} \tag{3.13}$$

式中　T_S——水压与岩柱宽度的比值,可取1。

7)以断层为界的井田防隔水煤(岩)柱的留设

以断层为界的井田,其边界防隔水煤(岩)柱可参照断层煤柱留设,但必须考虑井田另一侧煤层的情况,以不破坏另一侧所留煤(岩)柱为原则(除参照断层煤柱的留设外,尚可参考图3.24所示例图)。

8)水体下采煤的防隔水煤柱的留设

(1)水体下采煤的防隔水煤柱的留设　在水体下采煤时,防隔水煤柱的留设目的是不允

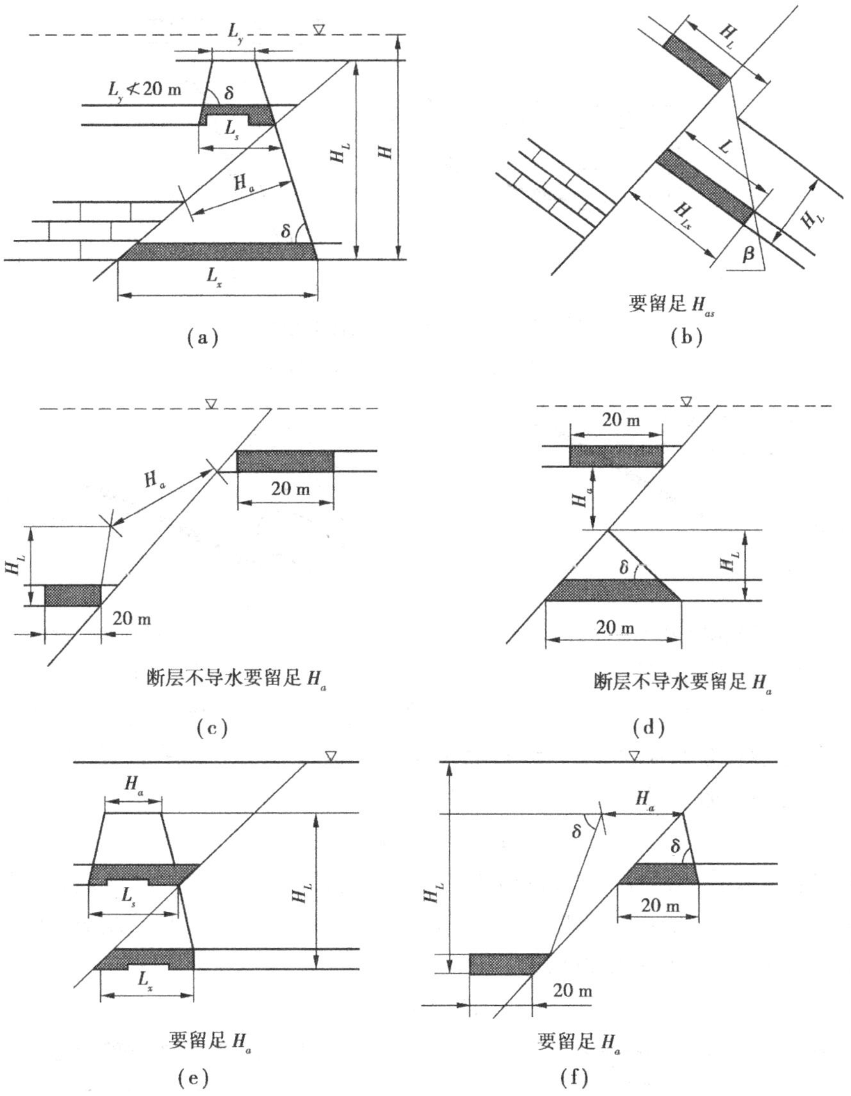

图 3.24　以断层分界的井田防隔水煤(岩)柱留设图

L—煤柱宽度；L_s,L_x—上、下煤层的煤柱宽度；

L_y—导水裂缝带上限岩柱宽度；H_a,H_{as},H_{ax}—安全防水岩柱厚度

许导水裂隙带波及水体。防隔水煤柱的垂高 $H_{垂}$ 应大于或等于导水裂隙带的最大高度 $H_{裂}$，加上保护层厚度 $H_{保}$(图 3.25)，即：

$$H_{垂} \geqslant H_{裂} + H_{保} \tag{3.14}$$

如果煤系地层无松散层覆盖和采深较小，则应考虑地表裂隙深度 $H_{表裂}$(图 3.26)，即：

$$H_{垂} \geqslant H_{裂} + H_{保} + H_{表裂} \tag{3.15}$$

如果松散含水层为强或中等含水层，且直接与基岩接触，而基岩风化带亦含水，则应考虑基岩风化带深度 $H_{风}$(图 3.27)，即：

$$H_{垂} \geqslant H_{裂} + H_{保} + H_{风} \tag{3.16}$$

或者将水体底界面下移至基岩风化带底界面。

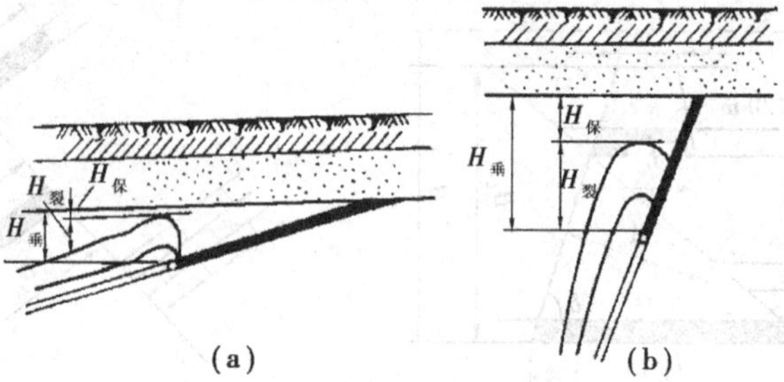

图 3.25　水体下防水煤柱的留设

(a)缓倾斜煤层;(b)急倾斜煤层

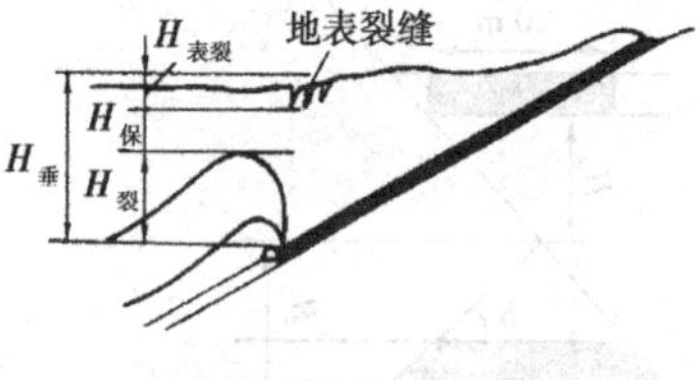

图 3.26　煤系地层无松散层覆盖时防水煤柱的留设

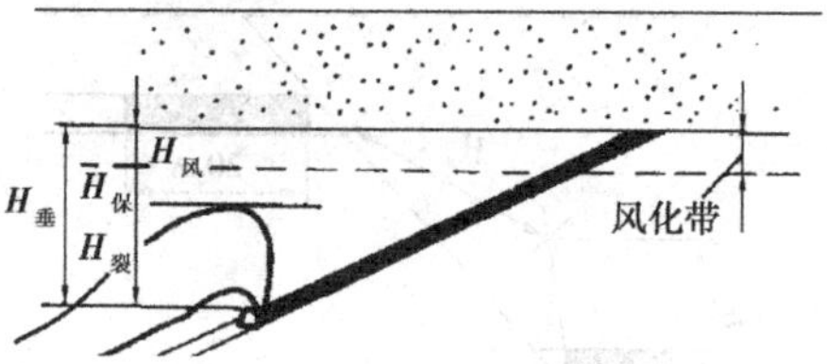

图 3.27　基岩风化带含水时防水煤柱的留设

(2)防砂安全煤柱的留设　防砂安全煤柱的留设目的是允许导水裂隙带波及松散弱含水层或已疏降的松散强含水层,但不允许冒落带接近松散层底部。其垂高 $H_{垂}$ 应大于或等于冒落带的最大高度 $H_{冒}$ 加上保护层厚度 $H_{保}$(图 3.28),即:

$$H_{垂} \geqslant H_{冒} + H_{保} \tag{3.17}$$

(3)防塌安全煤柱的留设　防塌安全煤柱的留设目的是不仅允许导水裂隙带波及松散弱含水层或已疏干的松散含水层,同时允许冒落带接近松散层底部。其垂高 $H_{塌}$ 应等于或接近于冒落带的最大高度 $H_{冒}$(图 3.29),即:

$$H_{塌} \approx H_{冒} \tag{3.18}$$

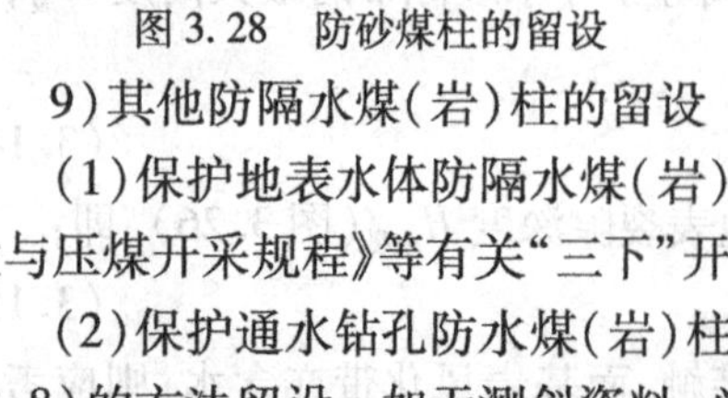

图 3.28　防砂煤柱的留设

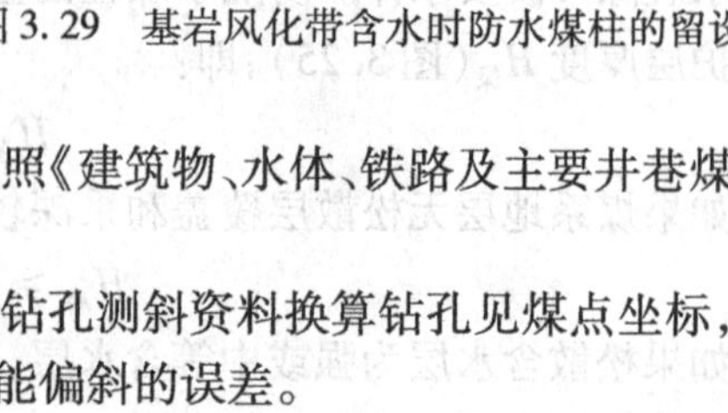

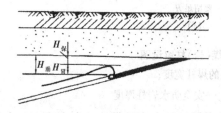

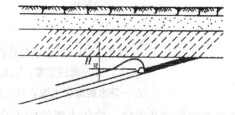

图 3.29　基岩风化带含水时防水煤柱的留设

9)其他防隔水煤(岩)柱的留设

(1)保护地表水体防隔水煤(岩)柱的留设,可参照《建筑物、水体、铁路及主要井巷煤柱留设与压煤开采规程》等有关“三下”开采的规程执行。

(2)保护通水钻孔防水煤(岩)柱的留设,要根据钻孔测斜资料换算钻孔见煤点坐标,按式(3.8)的方法留设。如无测斜资料,必须考虑钻孔可能偏斜的误差。

4.2.3　水闸门和水闸墙

为了预防采掘过程中发生事故,常需要在井下适当地点设置水闸门或水闸墙,以便在突水时隔离巷道或封闭采区,避免波及全矿井。

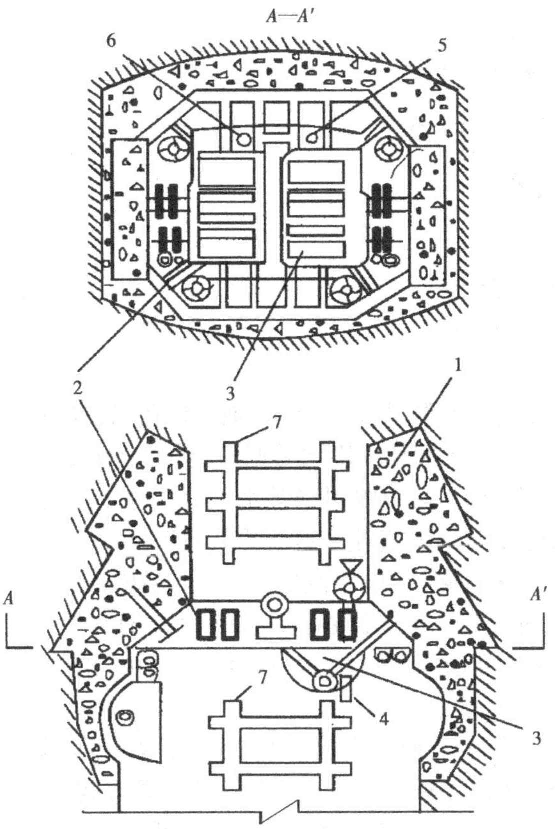

图3.30　水闸门结构图

1—混凝土门垛;2—门框;3—门扇;4—放水管;

5—风管;6—压力表安装孔;7—活动钢轨

1)水闸门

一般设置在可能发生涌水需要堵截的巷道内,如井底车场、水泵房和变电所的出入口处,以及有突水危险地区与相邻地区的巷道内。水闸门类型有混凝土墙、门框和门扇等组成(图3.30),可根据水压大小用钢板或铁板制成。通常,门的形状是平面状;当水压超过 $2.5\times10^6\sim3\times10^6$ Pa 时,则采用球面状。其细微构造可参照有关手册和参考矿上的实际经验。

门框的尺寸应能满足运输的需要,在无运输任务而又不经常行人的巷道内,可设置自动水闸门(图3.31),利用涌水的压力使门自动关闭。

2)水闸墙

一般水闸墙是设置在需要永久或长期阻挡水的地方。它分临时性的和永久性的两类。前者,一般用木料和砖砌筑;后者用混凝土或钢筋混凝土制成。

水闸墙的形状有平面、圆柱面和球面等三种。不论哪种水闸墙均应有足够的强度,不发生变形、不透水和不位移。因此,修筑水闸墙的地点应选择在岩石坚硬及没有裂隙的地点,且应在墙的四周掏槽砌筑(图3.32中的 ABB',DCC',部分)。

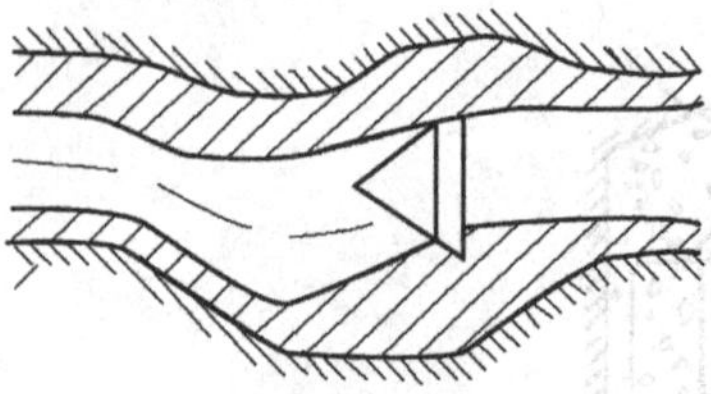

图 3.31　自动水闸门示意图

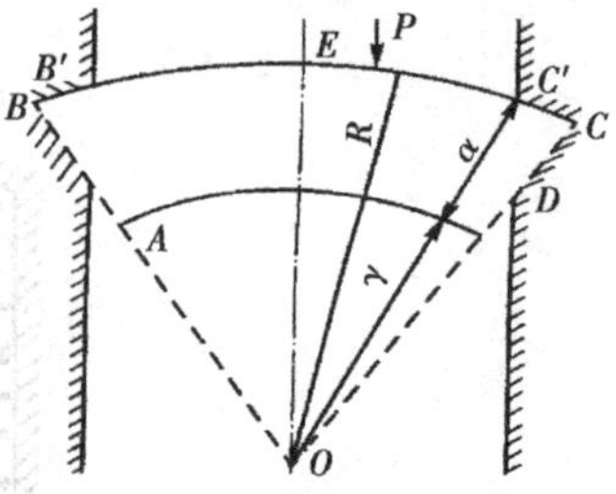

图 3.32　水闸墙计算示意图

4.3　疏干降压

疏干降压是借助于专门的工程(如疏干巷道、抽水钻孔、放水钻孔、吸水钻孔等)及相应的排水设备,并积极地、有计划有步骤地使影响采掘安全的含水层降低水位(水压)或造成不同规模的降落漏斗,使之局部疏干的一种矿井防治水手段。通常在下述条件下应考虑疏干降压:矿层及其顶底板含水层的涌水,对矿井生产有着严重的影响,不进行疏干降压无法保证采掘工作安全和正常进行;矿床赋存于隔水或弱含水层中,但矿层顶底板岩层中存在有含水丰富或水头很高的含水层,或虽含水不丰富但属流砂层,采掘过程中有突然涌水、涌砂的危险;露天开采时,由于地下水的作用,降低了土石的物理力学强度,导致边坡滑落。

4.3.1　地表疏降

从地面施工大口径钻孔,安装深井泵或深井潜水泵,对需要疏降的地段进行抽水,降低地下水位或使含水层完全疏干的一种方法。疏干钻孔的布置方式有:单直线型布置(地下水为一侧补给时采用)、单环行布置(地下水呈圆形补给时采用)、任意排列布置(疏降地段的平面几何形状比较复杂时采用)。

4.3.2　井下疏降

井下疏干是直接利用巷道或在巷道中通过各种类型的疏水钻孔,来降低地下水位的一种疏降方法,故又称巷道疏降。疏干巷道,按其在含水层中的相对位置有以下三种形式:

1)在基岩含水层中,疏干巷道布置在含水层中,进行直接疏降。如湖南煤炭坝煤矿将运输大巷直接布置到茅口灰岩中(图 3.33)。

2)疏干巷道嵌入在含水层与隔水层之间。当煤层直接顶板为含水层时,也可预先布置采准巷道疏干顶板含水层,然后再进行回采工作(图 3.34)。

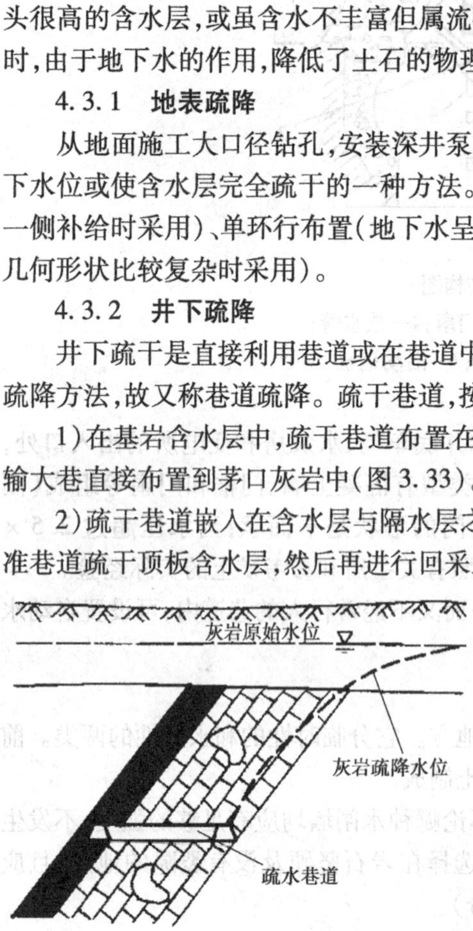

图 3.33　布置在含水层中的疏降巷道

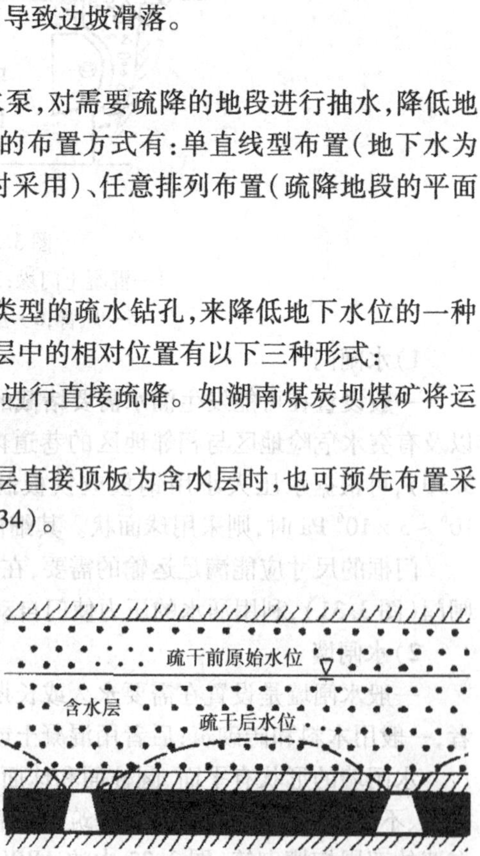

图 3.34　利用采准巷道疏水示意图

3)巷道布置在隔水层或煤层中,通过放水钻孔、直接式过滤器等疏降含水层,疏放出的水汇集于巷道内,再排出地表。

4.3.3　联合疏降

联合疏降是指两种及两种以上疏降方法的联合使用。在水文地质、工程地质条件复杂的矿区,通常需要同时采用或在不同阶段接替使用多种方法联合疏降充水水体的水位。

4.4　矿井及露天矿排水

4.4.1　矿井排水

矿井排水是利用排水设备,将流入水仓的水直接排至地表的防治水方法,是煤矿生产中的基本环节。一些山区用平硐开采当地侵蚀基准面以上的煤层,可借助平硐内的排水沟或专门开掘的泄水平硐自流排水。

1)排水方式

(1)直接排水　由各水平的水仓直接将水排至地表(图3.35)。

(2)分段排水　由下部水平依次排至上一水平,最后由最上部水平集中排至地表(图3.36(a))。如果上部水平的涌水量很小或下部水平的排水能力负荷不足,也可将上水平水排至下水平,再集中排至地表(图3.36(b))。

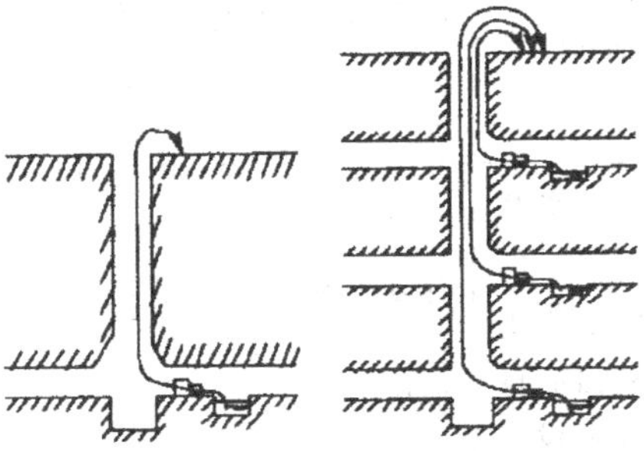

(a)　(b)

图3.35　直接排水方式示意图

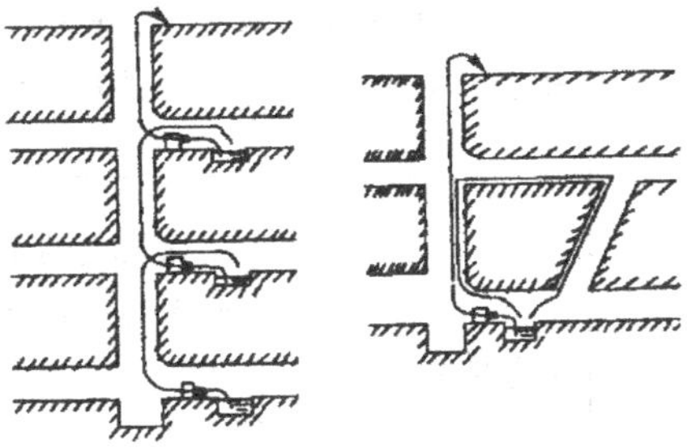

(a)　(b)

图3.36　分段排水方式示意图

(a)分段接力排水;(b)分段集中排水

(3)混合排水　当某一水平为具腐蚀性的酸性水时,可将该水平的水直接排至地表,而其他水平的水仍可以分段接力方式排至地表。

2)排水系统

排水系统主要由排水沟、水仓、泵房和排水管路构成。

(1)在涌水量不大的矿井内,一般在运输巷道一侧挖排水沟排水。排水沟的断面取决于涌水量的大小;排水沟的坡度通常与运输巷道的坡度相同(当水中含沉淀物质较多时坡度应略大)。对于涌水量特大的矿井,需要设计专门的排水巷道。

(2)水经排水沟流入水仓。水仓的容量视涌水量大小而定,一般能容纳6 h的正常涌水量。水仓要经常清理。当矿井水含砂量较大时,应在水仓前面设置沉淀池。

(3)泵房是将水仓水排至地表、保证矿井安全生产的心脏,一般要求设置三套排水设备(一套运转,一套检修,一套备用)。

(4)排水管路是将水由井下排至地表的咽喉,应注意管道的防腐和渗漏。

4.4.2　露天矿排水

露天矿排水方案的分类、使用条件及其主要优缺点，可见表3.6。具体选择时，除应根据自然地理、地质水文条件（如汇水面积及水量大小等）进行经济技术比较外，还应考虑不同排水方式对采矿各工艺过程（如穿爆、采装等）效率的影响。

表3.6　不同排水方案的使用条件和优缺点

排水方案	使用条件	优　点	缺　点
自流排水方式	山坡型露天矿有自流排水条件，部分利用排水平硐将水导出	安全可靠，基建投资少，排水经营费低，管理简单	受地形限制
露天采场底部集中排水方式 (1)半固定式泵站 (2)移动式泵站	汇水面积小、水量小的中、小型露天矿；开采深度浅，下降速度慢或干旱地区的大型露天矿	基建工程小，投资少，移动式泵站不受淹没高度限制，施工较简单	泵站移动频繁，坑底作业条件差、开拓延深工程受影响；排水经营费高，半固定式泵站受淹没高度限制
露天采场分段截流永久泵站排水方式	汇水面积大，水量大的露天矿，开采深度大，下降速度快的露天矿	露天坑底积水较少，开采作业和开拓延深工程条件较好，排水经营费低	泵站多，分散，最低工作水平仍需有临时泵站配合，需开挖大容积储水池及水沟等工程，基建工程量大
井巷排水方式	地下水量大的露天矿；深部有巷道可利用；需预先疏干的露天矿，深部用地下开采，排水巷道后期可供开采利用	采场经常处于无水状态，开采作业条件好，为穿爆、采、装、运等工艺作业高效率创造良好的条件，不受淹没高度限制，泵站固定	井巷工程量多，基建投资多，基建时间长，前期排水经营费高

4.5　堵水防渗

堵水防渗是包括注浆堵水和构筑防渗墙。前者系指将各种材料（黏土、水泥、水玻璃及化学材料等）制成的浆液压入地下预定地点（如突水点、含水层储水空间等），使之扩散、凝固和硬化，从而起到堵塞水源，增大岩石强度或隔水性能的作用；后者是利用专门的施工机具在含水层中开挖沟槽，将防水材料浇灌到沟槽中，形成一道连续墙，以达到截流防渗的目的。

4.5.1　井筒注浆堵水

井筒注浆堵水是特殊凿井法的一种。当井筒涌水量大于一台泵的排水能力时，应采用注浆法施工。井筒注浆堵水的有以下三种类型。

1）井筒地面预注浆。井筒开凿前，从地面施工钻孔，对含水层进行预先注浆，把水或流砂隔离在井筒开凿范围及其影响带之外，使井筒开凿时无水或少水，从而保证井筒安全顺利地穿过含水层或流砂层。

2）井筒工作面预注浆。当井筒工作面接近含水层时，应停止掘进，从工作面向含水层施工注浆钻孔，进行预先注浆。

3）井筒壁后注浆。井筒建成后，井壁后面有出水存在而造成井壁漏水、漏砂时，应在井筒内向壁后施工注浆钻井，进行壁后砌碹时，在出水点预埋导水管，供井壁建成后进行壁后注浆之用。

4.5.2　巷道注浆堵水

在涌水量大的坚硬岩层中掘进巷道时，可采用注浆法辅助掘进，将注浆材料压入岩层裂隙或溶洞中，以封闭透水通道。

4.5.3　注浆恢复被淹没矿井或采区

当矿井或采区突水被淹没后，注浆封闭突水点常是处理这类问题的最好措施之一。封闭突水点的钻孔数量，视具体情况而定。当突水点位置已知且范围不大及附近岩层完整时，可采用单孔注浆，直接封闭出水口。当突水点的位置不清，水量、水压较大，且突水点附近岩层破碎时，可围绕突水点布置一组钻孔进行帷幕注浆。

在动水中注浆时困难较多，为了增加水的流动阻力，减缓水的流速，一般需要先在钻孔中投入骨料（砂、砾石等），然后注入速凝浆液，以免浆液被流动的水冲跑。

4.5.4　注浆帷幕截流

注浆帷幕截流是针对具有充沛补给水源的大水矿区，为减少矿井涌水量，而采取的一种连续拦截补给水源的防治水方法。实施中，通常在矿区主要进水边界或浅部垂直补给带施工一定间距的钻孔排，向孔内注浆，形成连续的隔水帷幕，阻截或减少地下水对矿区的影响，提高露天边坡的稳定性，防止因疏降排水引起的地面变形、开裂、塌陷等不良工程地质现象，保护地下水源。根据理论，注浆帷幕在任何情况下都能采用，但要进行技术经济计算与分析。

4.5.5　防渗墙堵水

防渗墙堵水技术是用特殊的施工机具，沿工程线边挖掘沟槽，边在沟槽内填入防渗材料，逐段形成连续的防渗墙。按墙体结构可分为桩柱式防渗墙、槽板式防渗墙、板桩灌注式防渗墙、泥浆槽防渗墙、装配式预制板防渗墙、旋喷法防渗墙等六种。

技能训练3.4　计算矿井水文地质中的重要参数

1. 目的要求

掌握矿井水文地质中的重要参数及其计算方法。

2. 实训指导

1）实训方法

例题讲解、小组讨论、习题巩固。

2）实训内容

（1）计算“安全隔水厚度”

$$t = \frac{L(\sqrt{r^2L^2 - 8K_pH} - \gamma L)}{4K_p} \tag{3.19}$$

式中　t——安全隔水厚度（m）；

L——巷道底板宽度（m）；

γ——底板隔水层的平均容重（N/m^3）；

K_p——底板隔水层的平均抗拉强度（Mpa）；

H——底板隔水层承受的水头压力(MPa)。

(2)计算"突水系数"

$$T = \frac{P}{M} \tag{3.20}$$

式中 T——突水系数(MPa/m);

P——底板隔水层承受的水压(MPa);

M——底板隔水厚度(m)。

式(3.19)主要适用于掘进工作面,式(3.20)适用于回采和掘进工作面。按式(3.19)计算,如底板隔水层实际厚度小于计算值时,就是不安全的。按式(3.20)计算,就全国实际资料看,底板受构造破坏块段突水系数一般不大于0.06 MPa/m,正常块段不大于0.1 MPa/m。

(3)计算"安全水头值"

①掘进巷道底板隔水层

$$H = 2K_p \frac{t^2}{L^2} + \gamma t \tag{3.21}$$

式中 H——底板隔水层能够承受的安全水压(MPa);

t——隔水层厚度(m);

L——巷道宽度(m);

γ——底板隔水层的平均容重(N/m^3);

K_p——底板隔水层的平均抗拉强度(MPa)。

②回采工作面

$$P = T_s \times M \tag{3.22}$$

式中 M——底板隔水层厚度(m);

P——安全水压(MPa);

T_s——临界突水系数(MPa/m)。

T_s 值应根据本区资料确定,一般情况下,在具有构造破坏的地段按0.06 MPa/m计算,隔水层完整无断裂构造破坏地段按0.1 MPa/m计算。

3. 实训作业

计算安全隔水厚度、突水系数、安全水头值。

技能训练3.5 填写采掘工作面水害分析预报表和绘制预测图

1. 目的要求

进一步熟悉矿井水文地质工作,掌握实际工作中的技能要求。

能较熟练地填写采掘工作面水害分析预报表和绘制预测图。

2. 实训指导

1)实训方法

案例讲解、小组讨论、独立完成。

2)实训内容

(1)填写采掘工作面水害分析预测表

表3.7　采掘工作面水害分析预测表　　　　　　年　　月　　日

矿井	项号	预测水害地点	采掘队	工作面上下标高	煤层			采掘时间	水害类型	水文地质简述	预防及处理意见	责任单位	备注
					名称	厚度/m	倾角/(°)						
某矿某井	1												
	2												
	3												
	4												
	5												

注:水害类型指地表水、孔隙水、裂隙水、岩溶水、老空水、断裂构造水、陷落柱水、钻孔水、顶板水、底板水等。

(2)水害预测图

在矿井采掘工程图(月报图)上,按预报表上的项目,在可能发生水害的部位,用红颜色标上水害类型符号。符号图例如下:

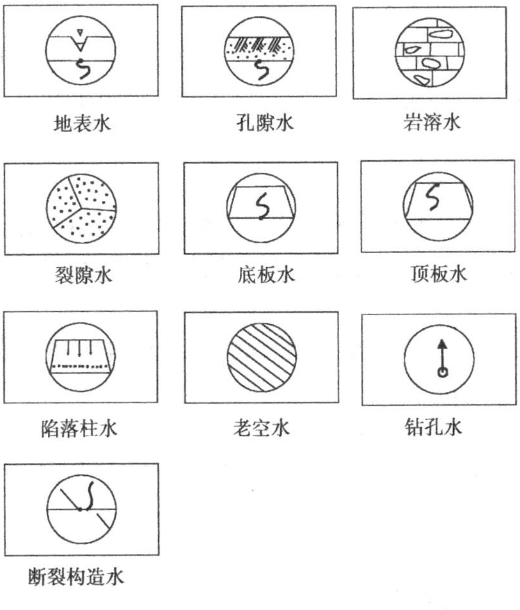

图3.37　矿井采掘工作面水害预测图例

3. 实训作业

根据实际资料,填写采掘工作面水害分析预报表和绘制预测图。

技能训练3.6　根据生产矿井实际情况讨论防治水方案

1. 目的要求

为了加深学生对本次情境学习内容的理解和掌握,安排学生到实际生产矿井了解矿井的防治水方法。

了解该矿井充水条件,提出合理的矿井防治水措施、建议。防治水措施要求技术上可行,经济上合理,实践中有效。

2. 实训指导

1)实训方法

实地参观、现场讲解、小组讨论、案例分析。

2)实训内容

①了解生产矿的矿井充水因素及充水条件。

②分析、排查各充水因素对矿井充水的影响,确定矿井(采区或工作面)的主要充水水源及不同水源进入矿井(采区或工作面)的通道。

3. 实训作业

编制该矿井地面和井下防治水方案和措施的建议(或设想),为矿井制定防治水规划、防治水工程设计提供参考。

复习练习题

1. 解释地质术语

潜水　承压水　孔隙水　裂隙水　岩溶水　含水层　隔水层　透水性　溶水性　持水性　给水性　矿井水　老空　水淹区域　矿井正常涌水量　矿井最大涌水量　安全水头　防隔水煤(岩)柱

2. 判断题

1)垮落带:由采煤引起的上覆岩层破裂并向采空区垮落的岩层范围。 (　)

2)导水裂缝带:开采煤层上方一定范围内的岩层发生垮落和断裂,产生裂缝,且具有导水性的岩层范围。 (　)

3)抽冒:在浅部厚煤层、急倾斜煤层及断层破碎带和基岩风化带附近采煤或掘巷时,顶板岩层或煤层本身在较小范围内垮落超过正常高度的现象。 (　)

4)带压开采:在具有承压水压力的含水层上进行的采煤。 (　)

5)隔水层厚度:是指开采煤层底板至含水层顶面之间隔水的完整岩层的厚度。 (　)

3. 简要说明

1)地下水如何分类?

2)矿井充水条件影响因素有哪些?

3)矿井涌水量的预测方法有几种,如何实施?

4)矿井防治水的原则是什么?

5)矿井水综合治理措施有哪些?

6)简要说明探放水的含义和作用。

4. 计算判断

1)一钻孔来自于某含水层的单位涌水量为0.9 L/s·m,试判断该含水层富水性等级。

提示:按钻孔单位涌水量(q),含水层富水性分为以下四级:

(1)弱富水性:$q \leqslant 0.1$ L/s·m;

(2)中等富水性:0.1 L/s·m $< q \leqslant 1.0$ L/s·m;

(3)强富水性:1.0 L/s·m $< q \leqslant 5.0$ L/s·m;

(4)极强富水性:$q>5.0$ L/s · m。

注:评价含水层的富水性,钻孔单位涌水量以口径 91 mm、抽水水位降深 10 m 为准,若口径、降深与上述不符时,应进行换算再比较富水性。可参考以下换算方法:先根据抽水时涌水量 Q 和降深 S 的数据,用最小二乘法或图解法确定 $Q=f(S)$ 曲线,根据 Q—S 曲线确定降深 10 m 时抽水孔的涌水量,再用下面的公式计算孔径为 91 mm 时的涌水量,最后除以 10 m 便是单位涌水量。

$$Q_{91}=Q_{孔}\left(\frac{\lg R_{孔}-\lg r_{孔}}{\lg R_{91}-\lg r_{91}}\right) \tag{3.23}$$

2)某突水点突水量为 29 m^3/min,试判断该突水点等级。

提示:突水点突水量的等级标准

(1)小突水点:$Q\leqslant 60\ m^3/h$。

(2)中等突水点:$60\ m^3/h<Q\leqslant 600\ m^3/h$。

(3)大突水点:$600\ m^3/h<Q\leqslant 1\ 800\ m^3/h$。

(4)特大突水点:$Q>1\ 800\ m^3/h$。

5.扩展阅读

通过查阅资料说明以下矿井水害评价方法的含义:

1)评价顶板水害的"三图—双预测法"。

2)评价底板水害的"五图双系数法"。

学习情境 4

地质因素对煤矿生产的影响分析

学习目标

<table>
<tr><th>知识目标</th><th>能力目标</th><th>相关知识</th><th>权重</th></tr>
<tr><td>1. 能较正确分析煤层厚度变化对煤矿生产的影响。</td><td rowspan="5">1. 初步具备分析煤层厚度变化对煤矿生产影响的能力。
2. 基本能处理地质构造对煤矿生产影响的能力。
3. 初步具备判别岩溶陷落柱的能力。
4. 基本能提出矿井瓦斯处理方法的能力。
5. 较强的逻辑思维、自学、获取信息和自我发展能力。
6. 一定的创新意识和能力。</td><td rowspan="5">1. 数学运算基本知识。
2. 矿物与岩石、地层、地质构造、煤资源地质等地质基础知识。
3. 图件识读的基本知识。
4. 野外安全知识。</td><td>0.2</td></tr>
<tr><td>2. 能基本正确理解地质构造对煤矿生产的影响。</td><td>0.3</td></tr>
<tr><td>3. 能较正确分析岩溶陷落柱、岩浆侵入体对煤矿生产的影响。</td><td>0.1</td></tr>
<tr><td>4. 能正确理解矿井瓦斯对煤矿生产的影响。</td><td>0.3</td></tr>
<tr><td>5. 能较正确分析煤层顶底板、煤层自燃、煤尘爆炸性、地压、地温等对煤矿生产的影响。</td><td>0.1</td></tr>
</table>

问题引入

通过情境1和情境2的学习，我们已经了解和掌握了有关地质和煤炭资源地质的基础理论和方法。在此基础上，我们将针对煤矿安全生产和建设的需要，具体介绍各种地质因素对煤矿安全生产和建设的影响及其对策。

影响煤矿正常安全生产和建设的地质因素主要有煤层厚度变化、地质构造、岩浆侵入、岩溶陷落、瓦斯、煤层顶底板、地压、地温、煤层自燃、煤尘爆炸以及煤矿地下水等，其中煤矿地下水已在情境3中单独介绍。因此，在本情境中只介绍前十一个地质因素。

查明影响煤矿正常安全生产和建设的各种地质因素是煤矿地质工作的一项首要任务。在这些任务中煤层厚度变化和构造变动的调查研究，对所有矿井都具有普遍意义。而岩浆侵入、岩溶陷落、瓦斯、顶底板、煤层自燃、煤尘爆炸等地质因素，对很多矿井具有实际意义。随着开采深度的不断加大,地温和地压也越来越成为突出的问题。本情境将分别讨论这些地质因素对煤矿正常安全生产和建设的影响、特点、观测、分析研究和处理方法。但是,有些因素或是由于不具有普遍意义,或是由于资料不多、研究不够,因而只能稍加提及或作简略的叙述。

通过本情境的学习,熟练掌握各种地质因素的概念及对煤矿正常安全生产和建设的影响,了解煤矿中对各种地质因素的研究和处理方法。

任务1 煤层厚度变化对煤矿生产的影响

煤层是煤矿开采的对象,是煤矿生产建设的物质基础。煤层厚度不同,开采方法也不同;煤层厚度发生变化,必然影响采区的合理布置、采煤方法的正确选择、资源/储量的估算、煤炭资源的充分回收、生产计划的正常安排和各项经济技术指标的全面完成。所以,煤层厚度变化是影响煤矿生产的主要地质因素之一。

1.1 煤层厚度变化对煤矿生产的影响及其成因

1.1.1 煤层厚度变化对煤矿生产的影响

煤层厚度变化对煤矿生产的影响主要表现在五个方面。

1)影响煤矿设计和开拓部署

煤炭资源/储量是煤矿设计或生产水平设计的主要依据,煤层厚度发生变化必然影响煤炭资源/储量,而导致煤矿设计错误或生产水平接替紧张。例如贵州黔西青龙煤矿由于煤层厚度变化极大,造成该矿不得不将原200万吨设计井型降低到60万吨。

2)影响采掘部署

煤层厚度变化直接影响开采设计和采掘部署。如原为分层开采的厚煤层,由于煤层变薄,只能改为单层开采。例如开采厚煤层的焦作煤矿,正常煤厚4.0~7.0 m,分层回采,由于局部地段煤层出现底凸薄化或河流冲刷破坏,煤层变薄为0~2.0 m,直接影响了分层回采的层数、采高的确定和分层巷道的布置。又如原为一次采全厚的煤层,由于煤层增厚必须改为分层开采,需要对巷道布置进行重新调整。

在已开拓区内,由于有大片煤层变薄甚至出现无煤区,使部分区段不可采,需要重新设计和布置采区及工作面。例如开采薄煤层的重庆永荣煤矿十井东翼采区原设计六个工作面,后因区内出现古河流冲刷带,只能布置三个工作面,影响了生产的正常接替。

3)影响计划生产

采煤生产是多工序按计划连续作业,如果回采工作面内煤层厚度变薄,会打乱原来的生产计划,使工作面提前结束,造成采掘失调,工作面接续紧张。例如某矿 C_{13} 煤层的一个工作面,根据巷道揭露的煤层厚度均在6 m以上,计划分两个分层回采(图4.1(a)),由于采上分层时未探清下分层煤厚,当掘下分层切割眼时才发现煤层厚度局部变薄为0.4 m。后退15 m另开切眼,煤层仍不可采。再后退40 m,巷道穿过变薄带至上风巷,证实工作面中部存在一大面积煤层变薄带。结果被迫改变计划,整个下分层只采出两小块煤层,使该工作面原定生产计划受到严重影响(图4.1(b))。

综合机械化采煤对煤厚稳定程度的要求更高。如果煤层变薄至小于液压支架的最小高度时,需要增加挑顶或破底工序,影响生产效率,甚至会因煤层变薄使工作面中断生产。

我国南方一些煤矿的煤层极不稳定,厚度变化极大,掘进中经常出现厚煤层很快变薄成煤线,很难布置出一个较完整的工作面,只能边掘边探,边探边掘,生产效率很低。

4)增高掘进率

煤层厚度变薄使原采区和回采工作面圈定的煤炭储量减少;为探明煤层厚度变化,必须布

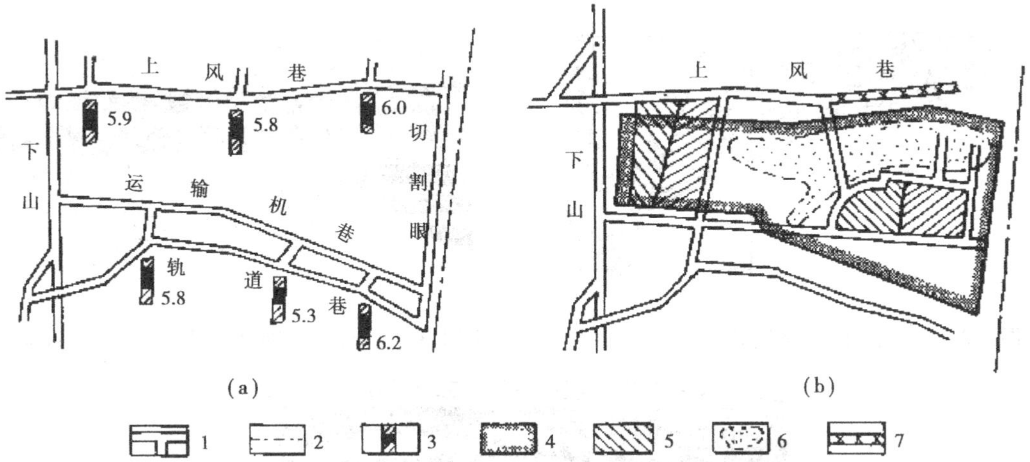

图4.1　某矿煤厚变化影响生产计划示意图

1—巷道;2—边界线;3—煤层小柱状;4—上分层开采范围;

5—下分层开采范围;6—薄煤带;7—报废巷道

置专门探巷;煤层分叉尖灭,使巷道掘进到叉尖而造成废巷;对煤厚变化成因判断失误而造成废巷。以上种种都会增加巷道掘进的数量,增高掘进率。例如湖南金竹山煤矿2151工作面在回采过程中,为探明煤厚变化和过薄煤带重开切眼使巷道较原设计增加53%。根据南方一些矿井的统计,煤厚变化大,掘进率也相对较高,万吨煤掘进率一般在200～300 m。

5)降低回采率

煤层厚度变化大,常造成回采工作面的面积损失和厚度损失,如无法采出的局部增厚的顶煤或底煤,局部出现的分叉煤层及薄煤沿边缘的可采块段等,降低了回采率。例如北京某矿开采的三号煤层,煤厚变化从0.7 m到13.4 m,结构复杂,回采率只能达到48%,须经两次复采,才能达到国家规定。

1.1.2　煤层厚度变化成因及其特征

在相对较大的区域内,煤层厚度发生变化——增厚、变薄、分叉、尖灭是必然的。在煤层形成过程中和形成以后的地质历史时期,造成煤层厚度发生变化的地质因素很多,而且不同地质因素所造成的煤层厚度变化的特征和规律各不相同。通常,根据造成煤层厚度变化的地质因素的作用时期,将煤层厚度变化成因分为煤层厚度原生变化和煤层厚度后生变化两大类。

1)煤层厚度的原生变化及其特征

煤层厚度原生变化是指泥炭层堆积过程中(即煤层顶板沉积物覆盖以前),由于各种地质因素的影响而引起煤层形态和厚度的变化。造成煤层厚度原生变化的成因主要包括地壳不均衡沉降——在泥炭沼泽环境中,由于沉积基底的差异沉降导致煤层形态和厚度的变化(图4.2)、泥炭沼泽古地形——由于泥炭沼泽的沉积基底不平,出现的填平补齐现象(图4.3)、河流同生冲刷——在泥炭堆积过程中,遭受沼泽溪流冲刷的现象(图4.4)和海水同生冲蚀——在泥炭堆积过程中,遭受海浪冲刷(图4.5)等四种地质因素。以上各种地质因素造成的煤层厚度原生变化特征参阅表4.1。

2)煤层厚度的后生变化及其特征

煤层厚度后生变化是指煤层被形成顶板的沉积物覆盖以后,或者整个煤系地层形成以后,

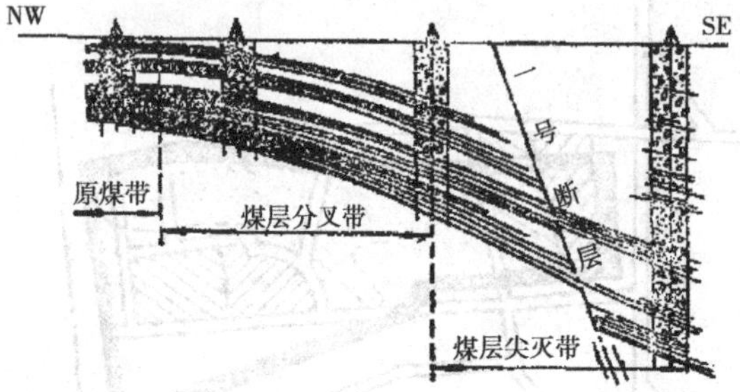

图4.2　地壳不均衡沉降造成煤厚变化示意图

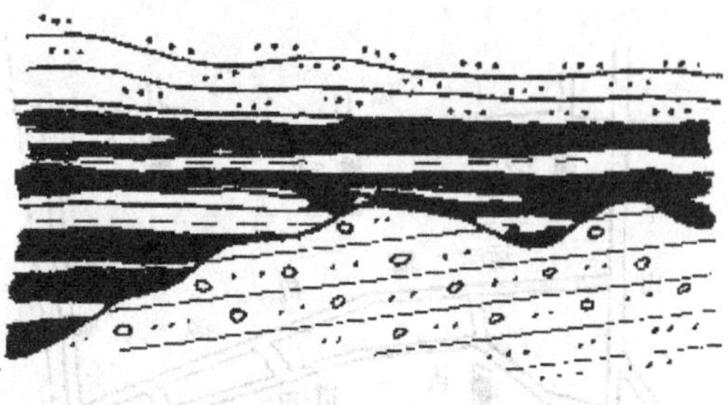

图4.3　泥炭沼泽基底不平造成煤厚变化示意图

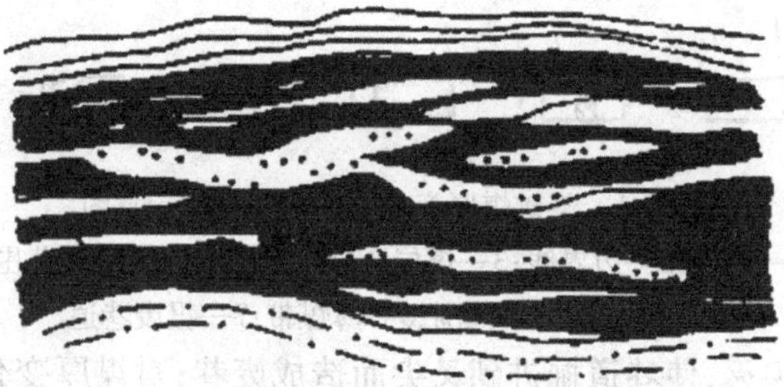

图4.4　河流同生冲刷造成煤厚变化示意图

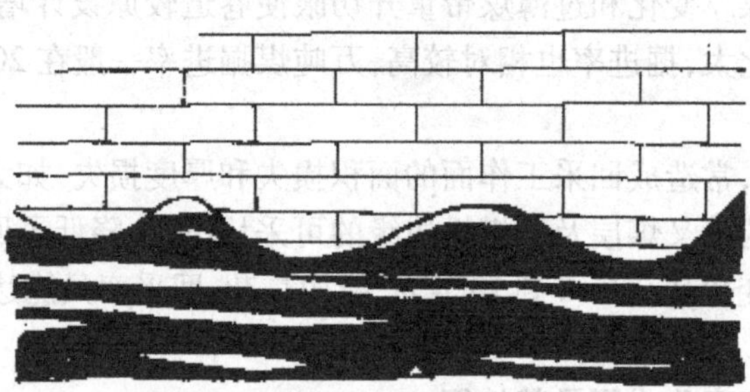

图4.5　海水同生冲刷造成煤厚变化示意图

由于各种地质因素的影响而引起煤层形态和厚度的变化。造成煤层厚度后生变化的成因主要包括河流后生冲刷——在煤层形成以后，遭受古河流冲刷的现象（图4.6）、地质构造变动——在煤层形成以后，由于地质构造变动造成的煤层厚度增厚、变薄和缺失现象（图4.7）、岩浆侵入——由于岩浆侵入煤层，部分煤层被岩浆吞蚀而导致局部煤层厚度的变薄和缺失现象（图4.8）、岩溶陷落——由于可溶性岩石的岩溶塌陷导致煤层局部缺失的现象（图4.9）等地质因素。以上各种地质因素造成的煤层厚度后生变化特征参阅表4.1。

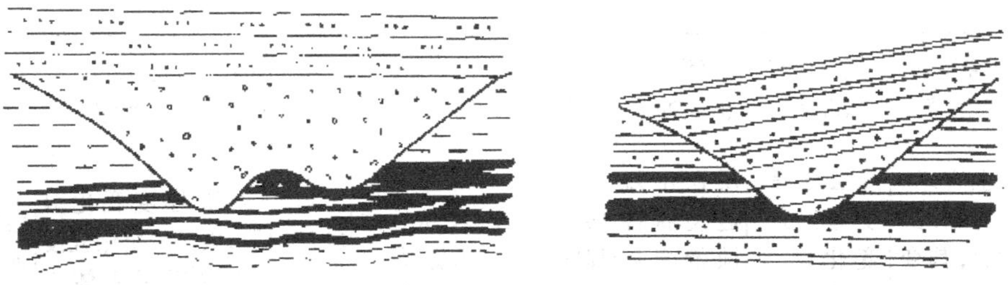

(a)　　(b)

图4.6　河流冲刷造成煤厚后生变化示意图

(a)煤系内的河流后生冲蚀;(b)煤系形成后的河流后生冲蚀

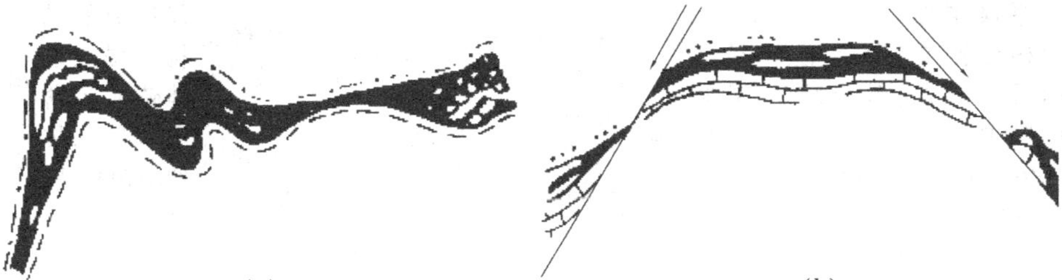

(a)　　(b)

图4.7　地质构造变动引起煤厚变化示意图

(a)褶曲构造引起的煤厚变化;(b)断层构造引起的煤厚变化

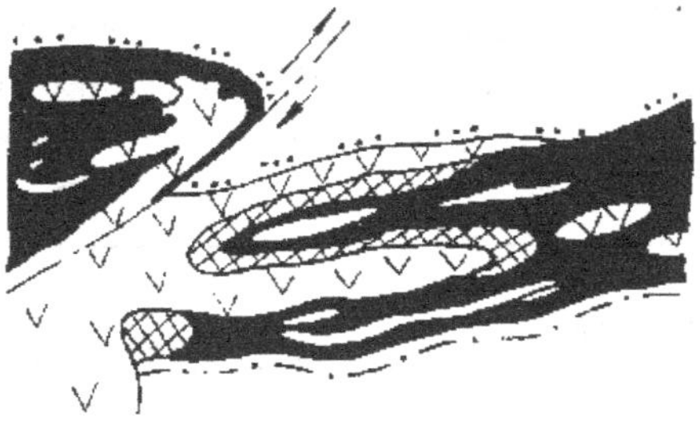

图4.8　岩浆侵入煤层引起煤厚变化示意图

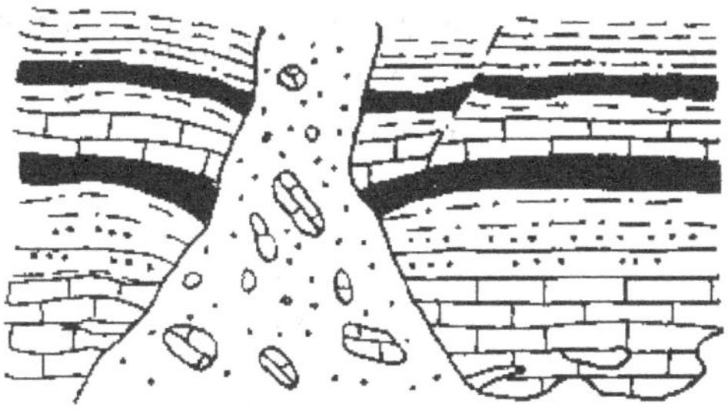

图4.9　岩溶陷落引起煤厚变化示意图

表4.1　各种成因的煤层变化地质特征简表

地质特征	地壳不均衡沉降	沉积环境和古地形	河流同生冲蚀	海水同生冲蚀	河流后生冲蚀	地质构造变动	岩浆侵入活动	岩溶陷落破坏
煤层形态	呈多层状分叉、变薄、尖灭、单屋状楔形变化,双层状棱形分叉、合并	呈现层状,似层状、透镜状、串珠状及不规则的“煤包”状	平上上呈现为宽度不大的弯曲条形薄化带	煤层层面上出现大小不一的凹坑、槽沟,或在广阔范围内冲蚀成“残丘”、“煤岛”	平面呈现较宽阔的条带状,或分枝状的冲蚀薄化带	煤层增厚与变薄,呈带状相同,延展方向与构造线方向一致	煤层被岩浆侵入后残存煤体形态极其复杂,呈层状、似层状或不规则状	煤层在平面上出现大小不一的环形无煤区

续表

地质特征	地壳不均衡沉降	沉积环境和古地形	河流同生冲蚀	海水同生冲蚀	河流后生冲蚀	地质构造变动	岩浆侵入活动	岩溶陷落破坏
煤层厚度	由上百米、几十米到尖灭，其变化有一定方向性和分带性	煤层增厚、变薄尖灭、变化幅度大，间距不定，分布不规则	仅在出现透镜状冲蚀带岩体的部位，煤层相对变薄	煤层薄化程度不一，规模大，范围大	薄化规模较大，常有定向分布的薄化区或无煤带	一般是褶皱轴部增厚，翼部变薄，断层逆扒增厚，引张变薄	厚度变化显著，变化程度随侵入体大小、形态和侵入部位而异	煤厚仅在垂直方向上呈柱状陷落破坏
煤层结构	厚煤层结构复杂，夹石层数与厚度具有方向性变化	煤层增厚部分结构一般比较复杂	局部夹石层增多，夹石为砂质、粉砂质岩	煤层上部各煤分层和各夹石层呈对称性间断	煤分层和夹石层被冲蚀岩体拦截破坏	结构受挤压错动，煤层理不清，出现层间揉皱和滑动镜面	煤层原始结构被侵入岩体破坏，或薄层状侵入体使结构复杂，夹石增多	沿陷落柱边缘张裂破碎
煤层顶底板	顶板的岩性、岩相变化比较明显	底板或基底岩层不规则凹凸起伏，局部产状与顶板不一致	煤层内的冲蚀岩体与煤层有共同的顶板	冲蚀顶板常为灰岩或海相砂岩	煤层正常顶板被冲蚀破坏为河床相砂砾岩所替代	顶底板常呈协调或不协调褶皱、脆性或弹塑性断裂，产状变化大	顶底板被侵入岩穿插破坏，也有顺层侵入而成为煤层顶底板的	陷落柱周围顶底板产状异常，向塌陷中心倾伏，小断层增多，张裂隙发育
煤岩层接触关系	一般呈现为沉积过渡的正常接触	煤层下部各煤分层、夹石层被底板拦截，并向底板凸起方向超复尖灭	冲蚀带岩体与煤层接触处镶嵌咬合	冲蚀岩性常为直接顶板，形似冲蚀坑外模，复合于煤层上	冲蚀面凹凸不平，犬牙交错，冲蚀带边缘小断层比较发育	煤层常挤压贯入顶底板，或顶底板错断压入煤层	随侵入体而异常呈似层状、条带状、透镜状、串珠状、指掌状等侵入接触	陷落柱与煤层接触面为环形弯曲面，陷落体与煤层破裂面呈不规整接触
煤质	在区域性范围内有不同变质程度的带状分布现象	无影响	煤层灰分略有提高	煤光泽变暗，灰分、硫分也有增加	冲蚀部分煤质疏松，光泽变暗，灰分增高	煤呈破碎的粒状、鳞片状、粉末状，光泽变暗，灰分增高	遭受接触变质，具有分带现象，变质程度由低到高，直至天然焦	陷落柱边缘煤被氧化，光泽变暗，硬度降低，灰分增加

1.2　煤层稳定性类型

1.2.1　煤层稳定性分类指标

煤层厚度及其稳定性是选择综采场地、影响综采采煤的最基本的地质条件。《矿井地质规程》(煤炭工业出版社,1984.5)规定,在定量评价煤层厚度稳定性时,采用煤层可采性指数和煤厚变异系数评价煤层可采程度和煤层厚度变化程度。

1)煤层可采性指数

煤层可采性指数(K_m)是表示某评定块段内煤层厚度符合最低可采标准的区域所占比例的参数,由下式计算:

$$K_m = \frac{n'}{n} \tag{4.1}$$

式中　K_m——煤层可采性指数;

n——评定区内所有参加评定的见煤点数;

n'——见煤点总数 n 中煤厚大于或等于最低可采标准的见煤点数。

2)煤厚变异系数

煤厚变异系数(γ)是反映某评定区内煤层厚度变化偏离煤层平均厚度程度的参数。由下式计算:

$$\gamma = \frac{S}{\overline{M}} \tag{4.2}$$

式中　γ——煤厚变异系数;

S——煤厚变化标准差,即:

$$S = \sqrt{\frac{\sum_{i=1}^{n}(M_i - \overline{M})^2}{n-1}} \tag{4.3}$$

M_i——每个见煤点的实测煤厚,m;

$\overline{M}$——评定区内的平均煤厚,m;

n——参加评定的见煤点数。

1.2.2　煤层稳定性分类

煤矿中根据煤层可采性指数和煤厚变异系数将煤层分为稳定煤层、较稳定煤层、不稳定煤层和极不稳定煤层四类(表4.2)。在煤层稳定性分类时,薄煤层以煤层可采性指数为主要指标、煤厚变异系数为辅助指标;中厚及厚煤层、特厚煤层以煤厚变异系数为主要指标,煤层可采性指数为辅助指标。

表4.2　评定煤层稳定类型的主、辅指标

煤层类型	稳定煤层		较稳定煤层		不稳定煤层		极不稳定煤层	
	主要指标	辅助指标	主要指标	辅助指标	主要指标	辅助指标	主要指标	辅助指标
薄煤层	$K_m \geq 0.95$	$\gamma \leq 25\%$	$0.95 \geq K_m \geq 0.80$	$25\% < \gamma \leq 35\%$	$0.8 > K_m \geq 0.60$	$35\% < \gamma \leq 55\%$	$K_m < 0.60$	$\gamma > 55\%$
中厚和厚煤层	$\gamma \leq 25\%$	$K_m \geq 0.95$	$25\% < \gamma \leq 40\%$	$0.95 > K_m \geq 0.80$	$40\% < \gamma \leq 65\%$	$0.8 > K_m \geq 0.65$	$\gamma > 65\%$	$K_m < 0.65$
特厚煤层	$\gamma \leq 30\%$	$K_m \geq 0.95$	$30\% < \gamma \leq 50\%$	$0.95 > K_m \geq 0.85$	$50\% < \gamma \leq 75\%$	$0.85 > K_m \geq 0.70$	$\gamma > 75\%$	$K_m < 0.70$

在收集整理参加煤层稳定性分类评价的煤厚点时,应注意以下几点:

1)煤厚点资料应可靠、分布均匀,具有代表性。

2)对于全井田范围内都达到最低可采厚度或普遍存在的煤层,除了个别位于构造带的局部异常孔、资料不可靠或质量不合格钻孔外,其他所有钻孔都应参加评价。

3)对于局部可采煤层,凡是在零点煤厚边界线内的钻孔均应参加评价。

4)对于稳定性变化差异较大,但分区规律明显的煤层,应在全区域评价的基础上进行分区评价。

1.3 煤层厚度变化的研究

1.3.1 煤层厚度变化研究的任务

生产矿井对煤厚变化的研究特别重视,其主要研究任务如下:

1)观测井巷和钻孔揭露的一切可采、局部可采和不可采煤层,掌握全面系统的原始资料。

2)探测影响采区设计、巷道掘进和采面回采的煤层厚度变化,圈定薄煤带的可采边界、厚煤区的分层界限、分叉煤层的分合区线,以及非层状煤层的采掘范围,为采掘设计和生产提供准确的依据。

3)预测新开拓区域的煤厚变化特征和规律,保证矿井生产的正常接续。

4)最终核定勘探程度不足或新发现煤层的工业价值和开采条件,使煤炭资源得以充分开发和利用。

1.3.2 煤层的观测

1)煤层观测内容

在煤层观测点处,应尽量全面系统地观测、收集煤层的各种资料。包括:煤的物理性质——内生裂隙、节理、煤岩组分和类型、矿物质、包体、结核;煤层结构;实测煤层总厚度、分层厚度,观测煤厚变化特征;煤层顶底板特征及与煤层的接触关系;煤层含水性——干燥煤(无水)、潮煤(滴水)、湿煤(淋水)、含水煤(涌水);煤层产状。

2)煤层的观测方法

煤层的观测工作通常是和井巷地质编录一起进行的,其观测要求如下:

(1)在能够揭露煤层全厚的巷道中,用皮尺垂直煤层顶底板岩层面直接测量煤层总厚度——煤层真厚度;由于测量条件所限,不能直接测量煤层真厚度时,可以测量煤层铅直厚度或水平厚度,再经过换算为真厚度(图4.10)。对于煤层增厚、变薄、分叉、尖灭、断层、褶曲等煤层厚度变化处,应在井下现场绘制剖面草图和局部放大素描图。

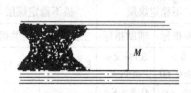

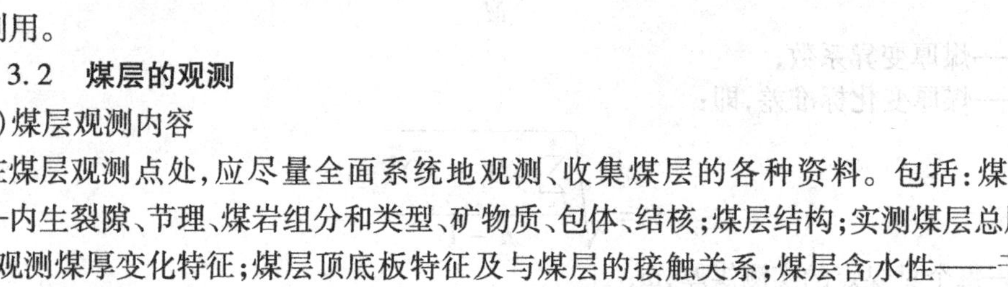

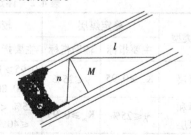

图4.10 煤层的真厚度与伪厚度

当煤层铅直厚度为n、煤层水平厚度为l、煤层倾角为α时,则煤层真厚度(M)为:

$$M = n \cos \alpha \tag{4.4}$$

或

$$M = l \sin \alpha \tag{4.5}$$

(2)采用井巷观测基线测绘连续煤层剖面，或以一定间距测绘煤层柱状、迎头素描及顶底板标高控制煤层的厚度、结构及构造形态，并测量各个变化点的煤层产状(图4.11)。

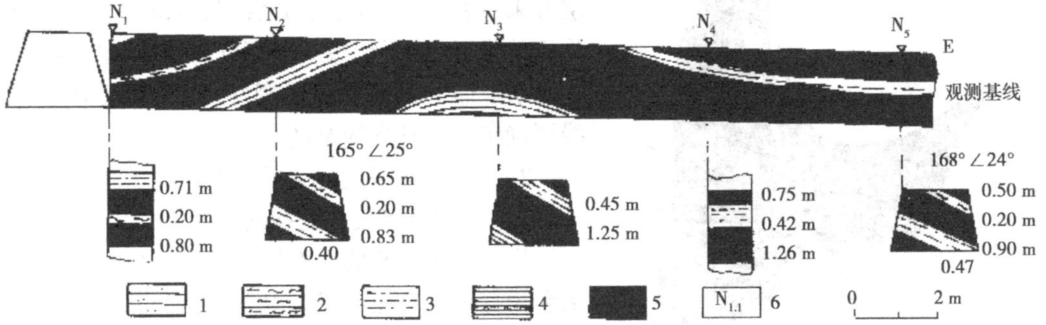

图4.11　利用基线连续观测煤层厚度、结构及构造形态示意图

1—砂岩；2—泥质岩；3—砂质泥岩；4—页岩；5—煤层；6—观测点编号

(3)煤层观测点的布置，应按煤层稳定程度和实际情况确定(表4.3)。遇地质构造，或相邻两观测点之间的煤厚变化超过0.5 m时，应适当加密观测。

表4.3　煤层观测点间距

煤层稳定性	稳定煤层	较稳定煤层	不稳定煤层	极不稳定煤层
观测点间距/m	50～100	25～50	10～25	≤10

(4)用沉积岩石学方法鉴定煤层顶底板。根据井巷支护及现场管理的要求，及时进行顶底板岩石物理力学性质的试验和顶板裂隙的测量统计。

(5)进行煤岩分层描述的观测点，应尽可能选择在新鲜的连续剖面上。对层位稳定，厚度大于2 cm的夹石层，必须单独分层。根据煤分层特征划分各煤分层的煤岩类型，分层厚度取决于煤层厚度和研究目的，有特殊意义的标志层或煤岩类型须单独分层。

(6)在上述观测的基础上，将井下收集的各种煤层资料及时填绘到采掘工程平面图上。填绘的资料包括：观测点编号、含顶底板岩性的煤层小柱状图、煤质化验简表及其他说明煤层和顶底板变化的资料。此外，还可以根据需要编制煤层等厚线图和煤质等值线图。

1.3.3　煤层厚度变化的探测

1)煤层厚度的探测方法

(1)煤巷掘进中的探煤厚方法

当巷道不能揭露煤层全厚时，缓倾斜煤层用钻探配合溜煤眼和联络斜巷探测(图4.12)；在急倾斜煤层中用钻探配合煤门探测(图4.13)。探煤厚点间距，应根据煤层的稳定程度确定。

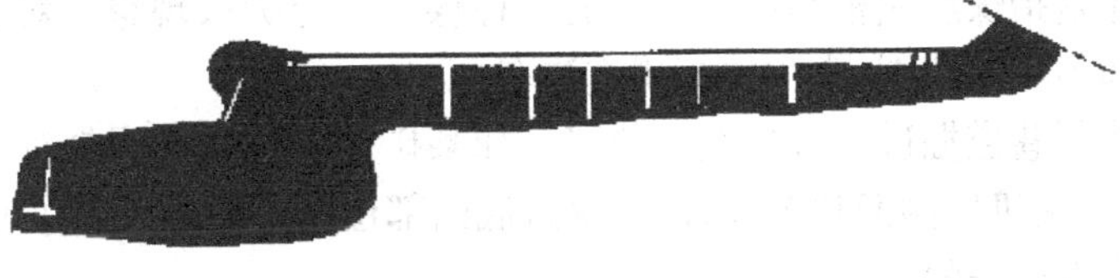

图4.12　缓倾斜厚煤层沿顶掘进巷道探煤厚示意图

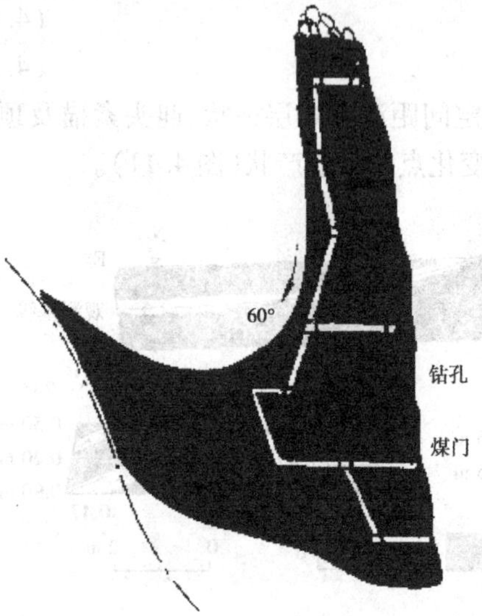

图 4.13　急倾斜煤层利用煤门巷道探测煤厚示意图

(2)回采工作面的探煤厚方法

在缓倾斜或倾斜的厚煤层分层开采工作面中，为了控制各个分层的回采高度，仅根据回采巷道中的煤厚探测点测定煤分层厚度是不够的，应在上分层开采过程中，既测量上分层实际采高，又要随着工作面的推进，使用钻探或物探方法，按一定间距探测下分层煤厚。根据探煤厚资料，绘制煤层分层等厚线图确定分层开采的厚度。

2)各种煤层厚度变化的探测

(1)煤层分叉尖灭的探测

煤层分叉探测的基本任务是控制分叉煤层的可采和局部可采分层，掌握它们的特征和分布，圈定分叉煤层的分合区界线，为合理分区分层、制定回采顺序、选择采煤方法提供地质依据。

煤层分叉后，分叉煤层的稳定情况一般分两种。一种是煤层分叉后，各分叉煤层均较稳定；另一种是只有一层保持稳定，称为主分叉层，其他各分叉层很快尖灭。

①煤层呈多层次且较稳定的分叉，可采用沿主要稳定煤层掘煤巷，然后用井下钻探探测各分叉煤层(图 4.14)。

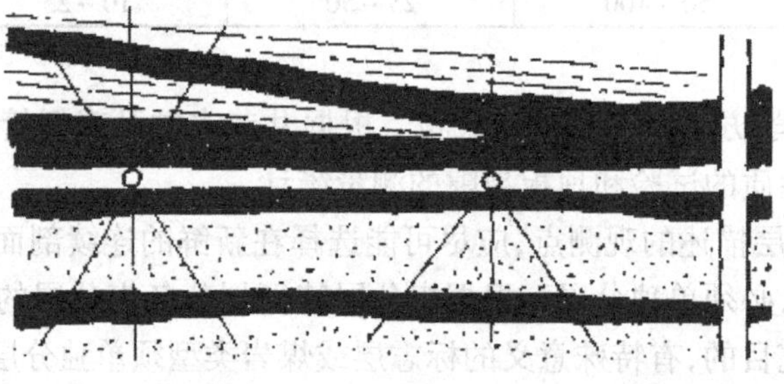

图 4.14　利用钻探探测各分叉煤层煤厚变化(水平切面图)

②煤层呈稳定程度不同的分叉，在主分叉层布置巷道，对其他达到可采厚度的次要分叉层，采用钻探或巷探手段探明可采范围，并按照自上而下的顺序回采(图 4.15)。

③分叉煤层的分叉、合并界线的确定。所谓煤层分叉、合并界线，是指煤层分叉区与未分叉区(合并区)之间的界线。一般以煤分层之间夹石层厚度等于 0.5 m 的等值线为分区界线，夹石层厚度大于 0.5 m 的为分叉区，小于 0.5 m 的为合并区。分叉、合并界线可根据井下钻探和巷道控制的剖面及其反眼、平巷实见点连接。

(2)煤层底凸薄化的探测

煤层底凸薄化是指煤层底板凸起而造成的一种煤层变簿尖灭现象。对于这种变化，主要是圈定煤层变薄和不可采范围，常用的探测方法有：

①利用钻探控制巷道掘进前方的底凸位置。如某矿一工作面切眼掘进时遇到底板凸起，煤层变薄，采用轻便钻机探测薄化范围，确定穿过底凸部位所需的岩巷工作量(图 4.16)，并进一步确定其对工作面回采的影响程度。

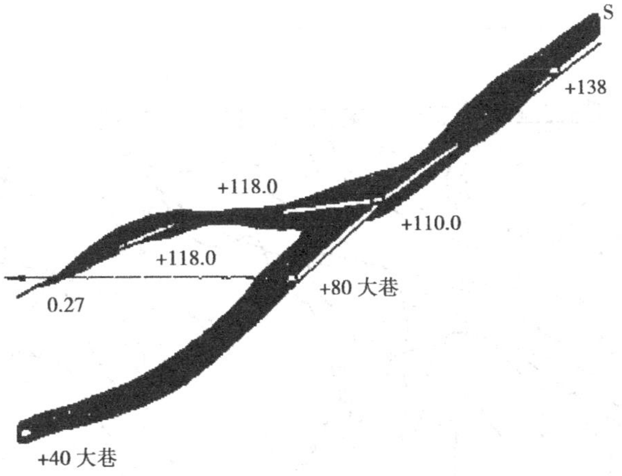

图4.15　湖南桐子山矿煤层分叉尖灭的探测(剖面图)

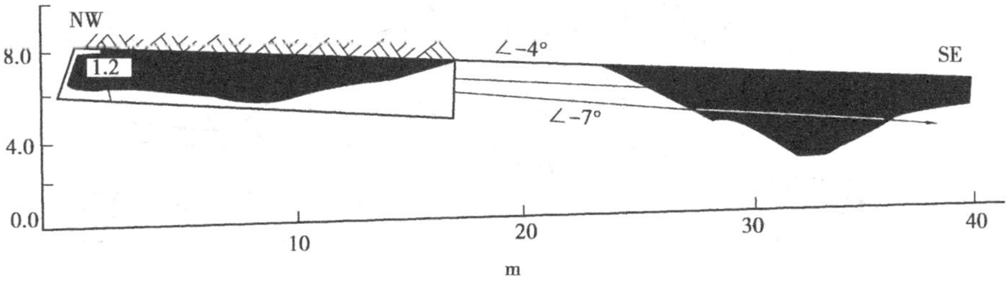

图4.16　某矿工作面切眼巷道用钻探探测煤层底凸薄化范围示意图

②利用巷道穿过底凸部位,直接圈定煤层底板凸起的位置和煤层薄化范围。

③利用工作面上分层边采边探的煤层观测资料,编制煤层顶、底板标高等值线图,圈定煤层底凸薄化的位置和范围。如某矿开采缓倾斜厚煤层的一个工作面时,从工作面顶、底板等高线图上可以看出煤层顶板平直稳定,而底板凹凸不平,并在相应部位出现两个不规则的煤层薄化带(图4.17)。

(3)煤层河流冲刷变薄带的探测

首先应在巷道中仔细观察和描绘冲刷带的宽度、厚度、岩石成分、层理、砾石分布、煤层顶板冲刷情况、冲刷面特征、冲刷处煤质变化等。将各巷道揭露的冲刷资料填绘到平面图上,进行对比分析,确定古河床的分布范围及对煤层破坏的情况,圈出古河床冲刷带范围(图4.18)。

当冲刷带范围不易查清时,需要用探巷或从邻近煤层的巷道中布置钻孔,探明冲刷带宽度和煤层的可采范围(图4.19)。同时还应充分收集地质勘查和矿井生产中有关煤厚、顶板岩性、煤质等资料,编制煤层等厚线图及顶板岩性分布图,结合巷道实见和钻孔资料,分析并圈定冲刷范围,并预测冲刷带可能的延伸情况。

(4)煤厚构造变化的探测

煤层受构造变动引起的厚度变化是相当普通的,尤其是构造复杂的矿井,煤层厚薄悬殊,对生产影响很大。对于这种煤厚变化,主要应查明煤层变薄带的分布,并在采掘过程中测量煤层厚度,确定最小可采边界,以提高资源回收率。

煤厚构造变化带的探测应在掌握本矿井构造变化规律的基础上,根据煤厚构造变化的特点,结合井下观察及钻探和巷探进行。

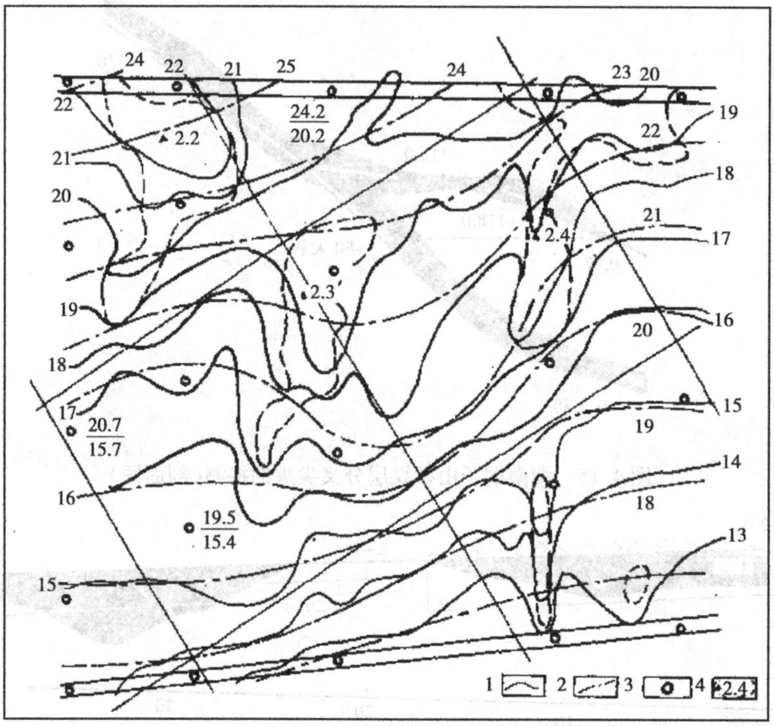

图 4.17　某矿利用煤层顶、底板等高线图圈定煤层薄化带示意图

1—底板等高线；2—顶板等高线；3—顶底板等高点$\left(\frac{\text{顶板}}{\text{底板}}\right)$；4—煤厚小于 3 m 底凸范围

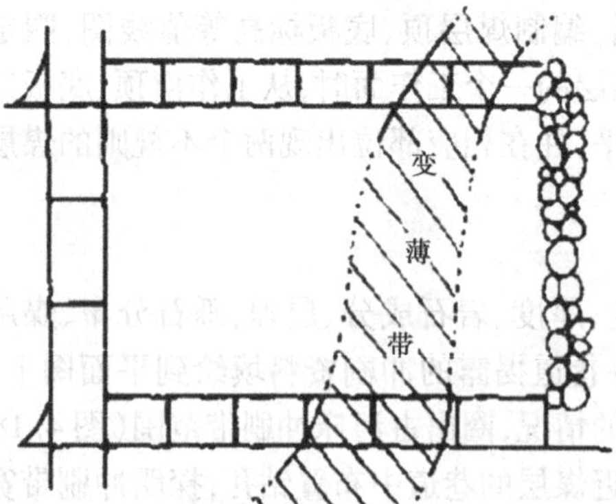

图 4.18　由巷道圈定煤层冲刷变薄带示意图

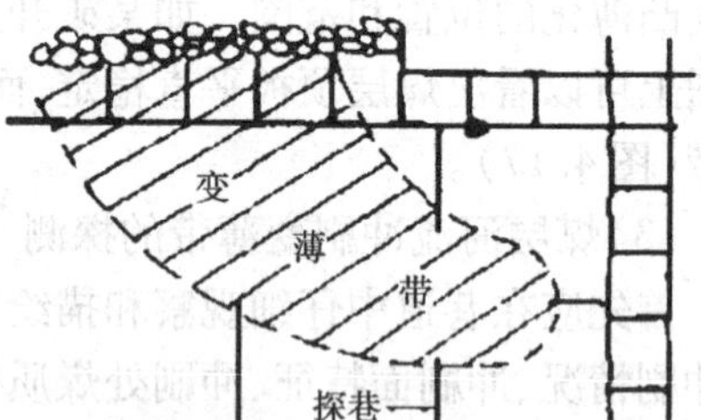

图 4.19　用探巷圈定煤层被河流冲刷变薄带范围示意图

上述煤层厚度变化的探测，是根据不同的成因和生产部门提出的要求而采取的具体做法。但从探测本身来说，只是解决煤层的一个厚薄问题。所以在实际工作中，除了做好地质研究外，应尽可能革新现有探测手段，使用物探仪器，使探测工作更加简捷有效，取得的资料更加准确可靠，以更好地满足煤矿采掘机械化水平不断发展的需要。

1.3.4　煤层厚度变化的预测

为了保证开拓新区的正确设计和采掘工作的顺利进行，生产部门不仅要求能够及时探明已有采区或工作面内的煤厚变化情况，而且要求在新区设计与施工前尽可能提出煤厚变化范围的预测资料。由于煤层厚度变化的成因复杂，而且许多矿井的煤厚变化常常是多种原因综合作用的结果，所以对煤层厚度变化进行预测难度较大。这里只对煤层厚度变化预测方法作一个概略介绍。

煤层厚度变化的预测方法大致如下：

1）全面了解情况

了解古地理环境、古构造运动、煤系沉积特征、构造变形特征以及含煤性。

2）收集基础资料

3）井下观测判断，确定煤厚变化成因

4）整理分析资料

5）编制预测图件

（1）河流冲刷　顶底板岩性岩相分布图，古河床分布图，煤厚等值线图。

（2）同沉积构造　顶底板岩性岩相分布图，煤系和煤厚等值线图。

（3）不均衡沉降　煤系和煤厚等值线图，水平切面图，剖面图，煤岩层对比图。

（4）构造变动　煤厚等值线图，煤层底板等高线图，水平切面图，剖面图。

1.4　煤层厚度变化的处理

1.4.1　巷道掘进中的处理方法

1）在煤巷掘进中如遇到煤层分叉、尖灭现象，要根据具体情况确定掘进方案，如已知上分层稳定可采，而下分层常变薄尖灭，则巷道应紧靠煤层顶板掘进，这样才不致钻入“叉尖”而造成废巷。如果是下分层稳定可采，上分层不稳定，则应紧靠煤层底板掘进。如果分叉后煤层全部可采，应先采上分层，再采下分层，以免上分层被破坏而浪费煤炭资源。

2）在采区上山掘进中，如遇煤层变薄带，应按变薄带的范围大小确定巷道是直接穿过还是停止掘进或从其他位置另开巷道。一般在变薄带范围不大，并且确知工作面有可采块段时，掘进巷道常采取挑顶或破底办法直接穿过变薄带。

3）主要运输巷道遇到局部煤层变薄或尖灭时，巷道应按原计划施工，穿过变薄尖灭带，如图4.20所示。

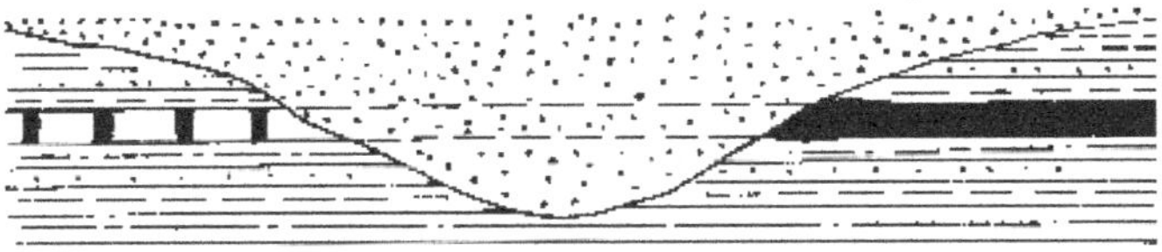

图4.20　巷道按原计划掘进穿过冲蚀无煤带示意图

1.4.2　回采工作中的处理方法

回采工作面遇到变薄带或无煤区时，可采用直接推过或绕过的办法。若变薄带或不可采区范围较小，则采用直接推过的办法（图4.21）；若变薄带范围较大，可考虑采用绕过的办法（图4.22）；大面积的不可采区，应布置探巷，探清不可采范围，将工作面分成几个块段回采，如

图 4.23,先回采①②两块段,然后合成一个工作面③进行回采。

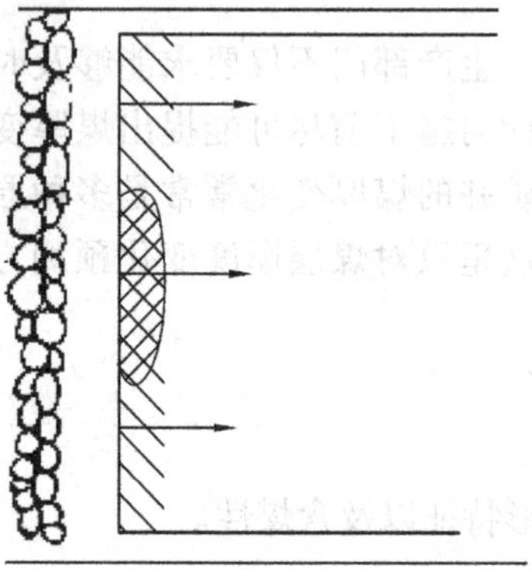

图 4.21　工作面直接推过变薄带示意图

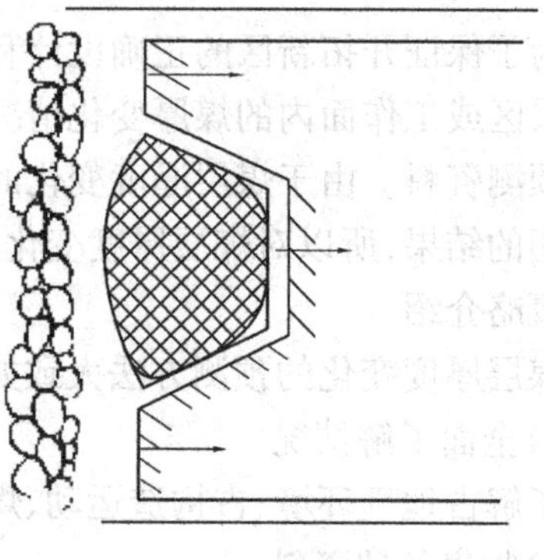

图 4.22　工作面绕过变薄带开采示意图

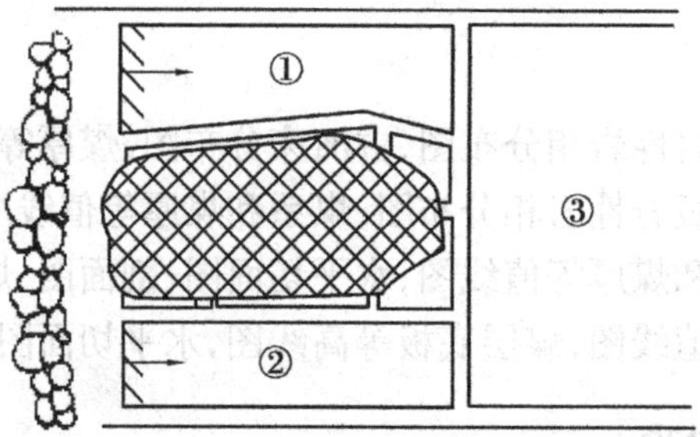

图 4.23　工作面分块开采示意图

如果在采区和回采工作面布置之前,已经了解到某些地方有煤层变薄或尖灭带存在,最好把这些煤层变薄或尖灭带作为采区或工作面的边界来处理。

任务2　地质构造对煤矿生产的影响

煤矿地质构造对煤系和煤层的破坏,不仅使煤矿的开拓、开采条件复杂化,而且还是煤层厚度变化、岩溶塌陷、岩浆侵入、煤矿充水、煤与瓦斯突出、顶板事故、煤层自燃等地质因素的控制因素。因此,地质构造是影响煤矿建设和生产的各种地质因素中最重要的因素之一,研究煤矿地质构造在全国各个煤矿中都具有普遍意义。

煤矿地质构造包括褶曲、断层和节理。褶曲虽然影响了煤层在空间的产状和位态,但它没有破坏岩层和煤层的连续性,因此在井巷中比较容易追索和控制。而断层则破坏了煤层的完整性和连续性,给采掘生产带来了很大的影响,因此它是煤矿构造研究的重点。节理使煤层顶板管理复杂化。

煤矿地质构造按其规模大小和对生产的影响程度不同,可以分为大、中、小型三个等级。大型构造是指整个煤矿区的骨干构造,它决定着煤矿的划分和总体构造轮廓,如大型褶曲、大型断层等。这类构造在勘查时已基本查明,只需确定其产状变化。中型构造是指分布在煤矿范围内,影响水平、采区划分和巷道布置的次一级构造。这类构造在勘查时尚未查明,甚至还未发现,需要通过补充勘查,在采掘过程中逐步查清,它对生产影响极大。小型构造是指那些规模小、在一条巷道或一个工作面中就能看清全貌的更次一级构造。这类构造当其稀疏时,对生产影响较小;当其密集时,使煤层顶板稳定性降低,致使顶板维护困难;在煤与瓦斯突出的煤矿,小型构造常是发生突出的构造部位。

综上所述,中型构造,尤其是中型断裂构造,是煤矿研究的主要对象和工作重点。大、中、小型构造之间又存在着密切的联系。大型构造控制中、小型构造,小型构造反映大、中型构造,是大、中型构造的缩影和识别标志。因此不能孤立地研究中型构造,而应围绕中型构造这一核心,把大、中、小型构造的研究结合起来。

2.1　褶曲构造对煤矿生产的影响和处理

2.1.1　褶曲构造对煤矿生产的影响

褶曲对煤矿生产的影响可从两个方面考虑。一方面是褶曲规模大小,另一方面是褶曲两翼的紧闭程度。

1)大型褶曲

大型褶曲的规模、方向和位置直接影响井田的划分、煤矿开拓方式及开拓系统的部署,是矿井设计考虑的主要问题。

2)中型褶曲

中型褶曲对整个矿井的开拓部署影响不大,但对采区的布置关系密切,它影响采区的大小和采区巷道的布置。

3)小型褶曲

小型褶曲影响煤层平巷的掘进方向,从而影响工作面长度,给机械化回采、顶板管理带来一定困难。小型褶曲还往往造成煤层厚度变化,使生产条件复杂化。小型褶曲特别发育时,甚至会使煤层失去可采价值。

4)紧闭褶曲

如果褶曲两翼紧闭,两翼夹角较小,褶曲枢纽部的应力就较大,而且次一级构造发育,通常作为开采边界考虑。例如某矿在较为紧闭的背斜轴和向斜轴之间设计一个斜长 85 m 的工作面(图 4.24),并按设计布置了运输石门、溜煤眼等巷道,后发现向斜轴部有几个次一级小褶曲而无法开采,只好缩短工作面,重开溜煤眼和溜子道。

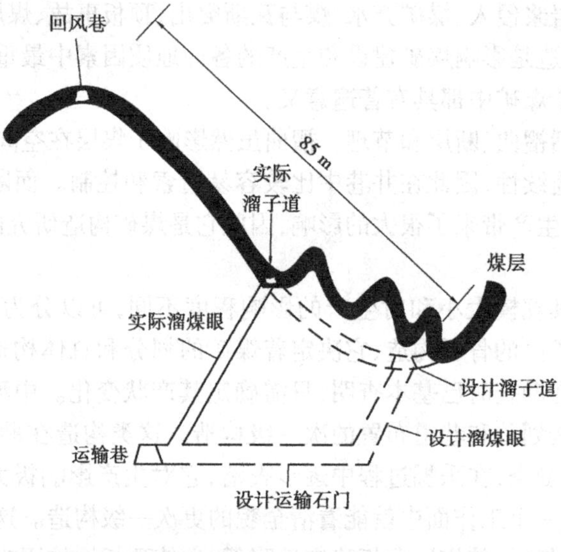

图 4.24　某矿因存在紧密褶曲改变设计示意图

2.1.2　煤矿生产中褶曲构造的识别标志

在煤矿井下判断褶曲构造是否存在的主要依据是煤(岩)层产状的规则变化和煤(岩)层层序的对称重复。

1)煤(岩)层产状的规则变化

在煤层(岩层)顺层平巷中由于煤层走向的急剧变化而使平巷弯曲,如图 4.25,施工前并未了解有褶曲构造存在,巷道沿此煤层水平掘进发生反复弯转,因而确定了有向斜、背斜的存在。

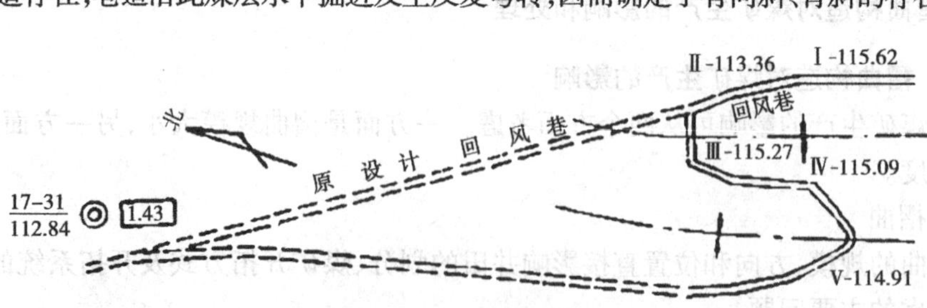

图 4.25　煤巷掘进中确定褶曲的存在示意图

2)煤(岩)层层序的对称重复

在穿层巷道(包括石门、平峒等)中同一岩层的对称重复出现,是确定褶曲存在的又一标志。在构造简单,岩层标志比较明显的地区,根据核部和两翼的岩层层序,不难判断背斜或向斜的存在。但在构造复杂、岩层杂乱的地段,则需要认真分析和研究。例如在石门中见到几次砂岩,首先要细致地鉴定哪几层是同一岩层,并观察其顶底面和岩层层序,以确定是背斜还是向斜。如有破裂面出现,应根据岩性的重复特征判断该处是断层破坏为主,还是以褶曲为主伴有次一级小断裂。如图4.26中,1、2、3处的砂岩属于同一层位,按照顶底面相连应为一个背斜和一个向斜;2点以南的断裂面应属背斜的次一级构造;而4点是向斜槽部被揉皱的另一层位的薄层砂岩。根据这一判断指导上部煤层的巷道掘进,基本上符合事实。

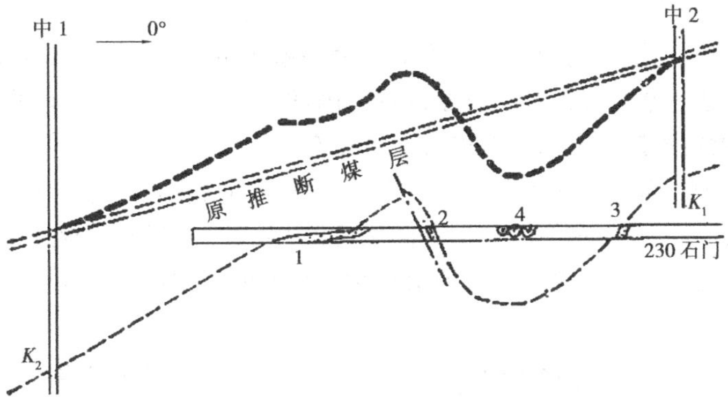

图4.26　石门中褶曲构造的确定

褶曲形态复杂的地区,如存在等斜褶曲、扇形褶曲、倒转褶曲和平卧褶曲等,更要注意层位的对比以及岩层顶底面的鉴别。如阜新高德矿在一石门中所见的煤(岩)层均向同一方向倾斜,倾角变化也不大,最初认为是单斜构造,后来经仔细观测发现粗细岩石的韵律变化在石门两侧对称出现,但粗细变化韵律的方向相反。后来又发现粗碎屑岩底部的剥蚀面,泥质岩石顶面的波痕、泥裂以及岩层间的拖曳褶皱、破劈理等都是反向对称出现的,再仔细对比煤层、煤线,最后确定存在一个等斜背斜褶曲(图4.27)。

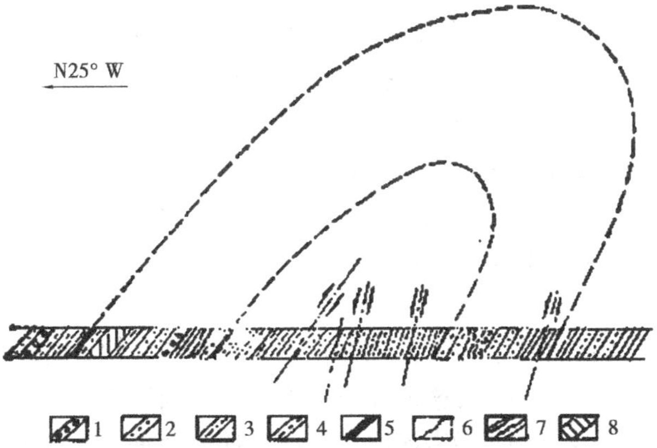

图4.27　等斜褶曲的判断

1—砾岩;2—砂岩;3—砂页岩;4—页岩;5—煤层;6—剥蚀面;7—拖曳褶曲;8—破劈理

2.1.3　褶曲构造的研究

1)褶曲构造的观测

(1)对那些在巷道中能观察全貌的小型褶曲,应系统地查明褶曲枢纽的位置、方向以及是否倾伏,倾伏方向和倾伏角大小;褶曲两翼的煤层和岩层的产状;褶曲宽度和幅度;褶曲对煤层厚度及结构的影响;褶曲与断裂、节理及其他褶曲的关系;褶曲的延展变化趋势和对采掘生产的影响程度等。

(2)对于规模较大的中型褶曲,并不能在一条巷道中观测到上述全部内容。这时,主要应准确地观测煤、岩层层位及其顶、底板层序、岩层产状、煤厚变化以及伴生派生的次一级小构造等。然后将所观测的资料填绘到平面和剖面图上,从图上综合分析各个观测点的成果,以确定褶曲构造的形态特征。

2)褶曲枢纽的确定

褶曲枢纽的位置与采面的划分和巷道的布署关系十分密切,通常将回采运输巷布置在向斜枢纽位置,而将通风巷布置在背斜枢纽位置。因此,查明褶曲枢纽的位置、标高和方向是一项重要的任务。测定和推断褶曲枢纽的方法主要有:

(1)巷道中实测　如果井下巷道已经揭露了背斜或向斜枢纽,这时不仅可以直接测定它的位置、标高,而且可以测量枢纽的方向和倾伏角(图4.28)。当褶曲枢纽部平缓、有较宽的近水平岩层时,可以通过测量褶曲两翼的岩层产状,再用两翼岩层的走向与倾向,推断褶曲枢纽的方向和位置。

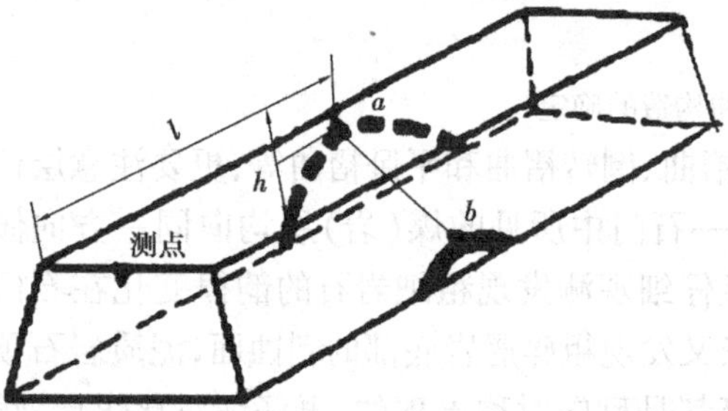

图4.28　巷道中褶曲枢纽实测方法示意图

(2)根据区域构造线推测　根据已掌握的区域构造线方向,通过类比的方法,推测个别枢纽点的延展方向。这种推测方法准确度较低,可作为构造规律明显、地质资料较少的新开拓区进行补充勘探或采区划分的依据。

(3)根据褶曲两翼产状推测　根据大量测定的两翼煤、岩层产状,运用极射赤平投影方法,求出褶曲枢纽位置、倾伏向和倾伏角。

(4)实测控制与外推相结合　通过边推边掘,边掘边探的方法,使巷道沿褶曲枢纽掘进。例如,首先根据巷道揭露的枢纽位置和方向,推测出相当于一部输送机长度的距离,然后挂线掘进。在掘进过程中要随时进行观测和探查,以确定枢纽的实际位置和方向。若褶曲枢纽方向发生变化,须等上段推测距离掘完后,再按变化了的枢纽方向挂线掘进。依此类推,直到把巷道掘完为止。

(5)根据上部资料推断　对于下部新开拓的煤层,可用上部已揭露查明的褶曲枢纽资料结合煤、岩层产状变化推测下部煤层的枢纽位置、延伸方向。

3)褶曲的探测

根据观测资料,判断褶曲枢纽的位置、方向、产状和延伸变化,往往不同程度地带有推测性质。在构造复杂或资料较少的地区,这种推测不能满足采掘生产的需要。因此,需要动用生产地质勘探手段,以查明褶曲枢纽的实际情况。目前,探查褶曲的主要技术手段是巷探和井下钻探。

对褶曲的探测,首先应尽可能地利用已揭露的各种资料,通过作图分析,初步判断其类型、褶曲要素及分布范围。当有些部位的褶曲形态不太清楚时,最好采用井下钻探查明,或使用将来能用于生产的探巷查明;对形态复杂、控制很少的褶曲,则应在巷探同时辅助钻探查明。

2.1.4　煤矿生产中对褶曲构造的处理

1)大型褶曲

(1)褶曲枢纽作为井田边界　有些大型向斜,由于枢纽埋藏较深,开采困难,多作为井田边界,其两翼分别由两个或几个井田开采。有些大型宽缓背斜,两翼煤层距离较远,井下难以形成统一的生产系统,可以以褶曲枢纽为界,两翼分别由两个井田开采。

(2)大型褶曲在井田开拓部署中的处理方法　并不是所有的大型褶曲枢纽都必须作为井田边界的,在有的井田内也可以有大型褶曲存在。若在井田内有大型背斜构造,开拓系统中常把总回风巷道布置在背斜枢纽附近,两翼煤层均可利用。有些位于向斜构造的矿井,常把运输巷道布置在向斜枢纽附近,用一条运输巷道解决向斜两翼的运输问题。

用立井或斜井开拓的矿井,为防止留设较大的保护煤柱损失煤炭资源,井筒位置最好不要布置在褶曲枢纽部。

大型向斜枢纽处的煤层顶板压力常有增大的现象,必须加强支护,否则极易发生垮塌事故。在岩层透气性差的高瓦斯矿井中,背斜枢纽处常是瓦斯突出危险区,应给于足够的重视。

2)中型褶曲

(1)以褶曲枢纽线作为采区中心布置采区上山或下山　对开阔的平缓褶曲,以向斜枢纽作为采区中心,向两翼布置回采工作面,采区走向长可达1 000 m以上(图4.29)。

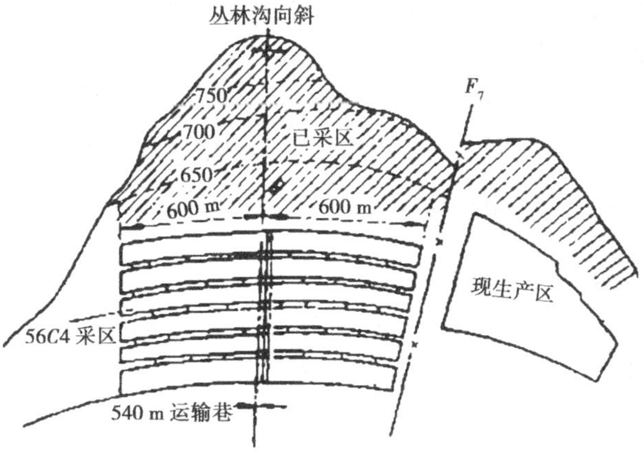

图4.29　以中型向斜枢纽作为采区中心布置采区上山示意图

(2)以褶曲枢纽作为采区边界　在较紧闭的褶曲枢纽部,次一级构造往往较为发育,因此常以褶曲枢纽作为采区边界(图4.30)。

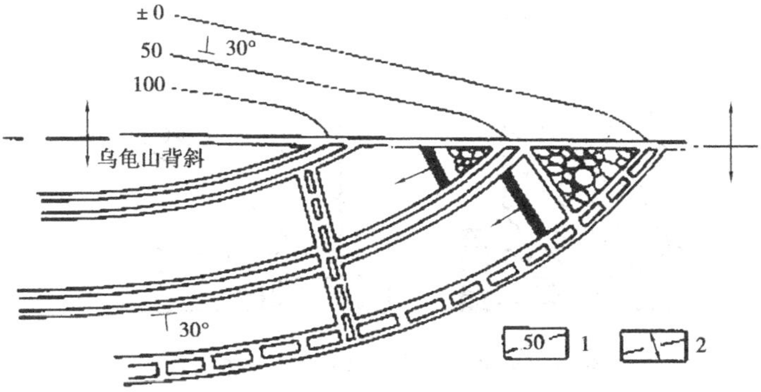

图4.30　以中型较紧闭褶曲枢纽作为采区边界示意图

1—煤层底板等高线;2—褶曲枢纽

(3)工作面直接推过褶曲枢纽　当褶曲较为宽缓,而规模不太大时,可布置单翼采区,工作面直接推过褶曲枢纽(图4.31)。

3)小型褶曲

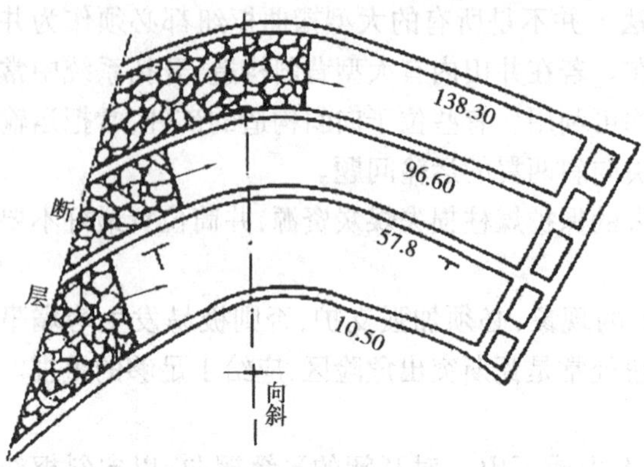

图 4.31 工作面直接推过向斜枢纽示意图

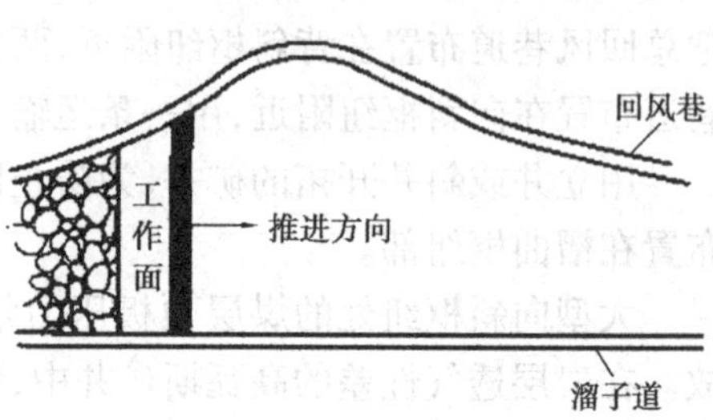

图 4.32 对采面运输巷改弯取直示意图

(1)采面重开切眼生产　在小型褶曲发育地区,常见到煤层突然增厚或变薄,甚至不可采,使工作面无法通过,需要重新开掘切眼进行生产。

(2)采面运输巷改弯取直　煤矿要求运输巷在一定距离内不允许弯曲,弯曲过多无法使用。由于小褶曲存在,使煤层平巷弯曲,为满足生产要求,巷道需要改弯取直(图 4.32)。

2.2 节理对煤矿生产的影响和处理

1)影响钻眼爆破效果

当岩石中节理发育时,炮眼方向如与主要节理组平行,不仅容易卡钎子(尤其是用一字型钻头),而且在爆破时容易沿裂隙面漏气,大大降低爆破效果。所以,炮眼方向应尽量垂直主要节理面布置。

2)影响开采效率

在回采高变质和低变质煤层时,根据节理面的方向和发育程度,合理布置回采工作面,可以提高生产效率。如图 4.33 所示,煤层中发育两组节理,一组倾向西,倾角 50°~55°,较发育;另一组与之垂直,不太发育。若工作面由东向西推进,煤块容易顺发育的节理面垮落,生产效率高,工作面推进快。相反则生产效率低,进度慢。

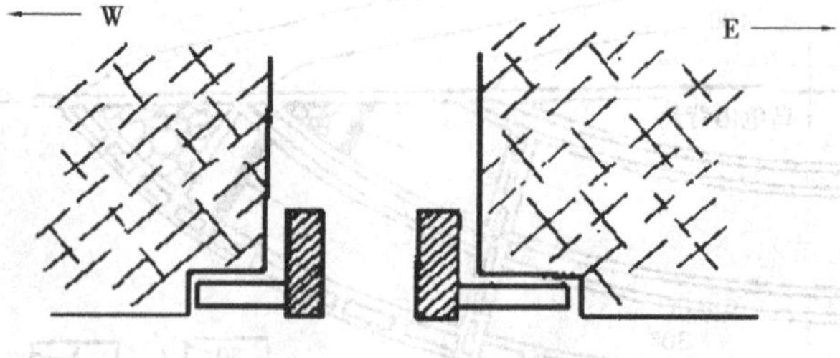

图 4.33 采煤方向与主要节理组关系示意图

3)影响顶板管理

煤层顶板岩石节理发育时,工作面顶板支护梁不能平行主要裂隙组方向,应与主要裂隙组有一定交角,以防止顶板沿裂隙面冒落。当煤层倾角较小、顶板裂隙发育时,应减小放顶距离,根据顶板主要裂隙组方向确定回柱放顶方向(图 4.34)。

4)影响工作面布置

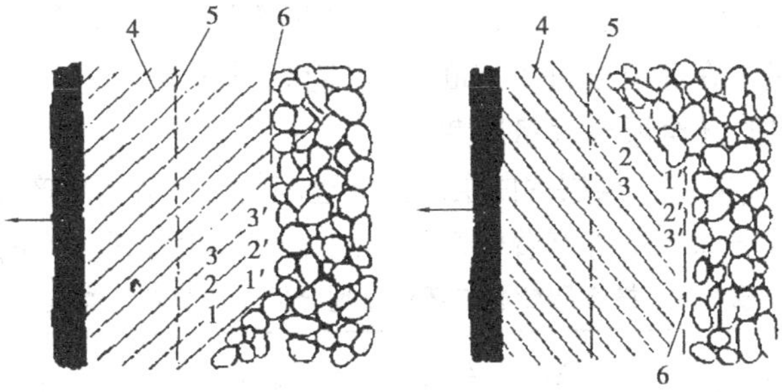

图4.34　工作面回柱放顶方向与主要节理组关系示意图
1-1′、2-2′、3-3′—正确的放顶方向;4—顶板岩层主要节理组方向;
5—新支架;6—老支架

当煤层顶板节理发育时,回采工作面布置要考虑节理的方向,以利于顶板管理。如果工作面平行主要裂隙组方向,容易发生切顶事故。因此工作面布置最好与主要节理组方向有一定交角或接近垂直(图4.35)。

5)对其他方面的影响

节理发育的地段,是地下水和矿井瓦斯的良好通道。如果工作面采前要进行瓦斯抽放,一般应使回采准备巷道与主要节理组方向呈一定角度。为保证回采的安全,应在采前查明节理的发育程度及其与水源的导通情况。

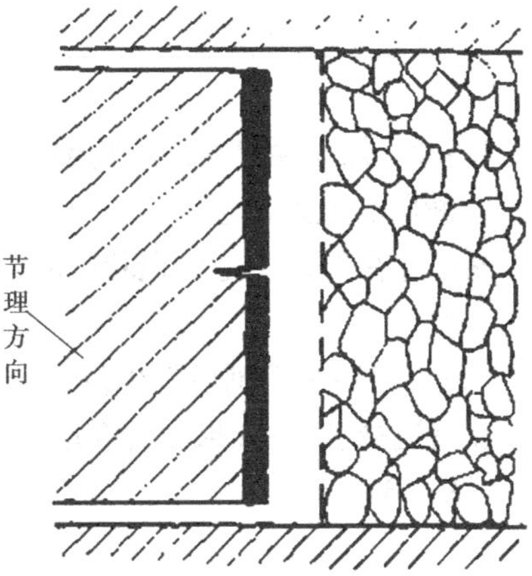

图4.35　工作面与主要节理组方向成角度布置示意图

2.3　断层构造对煤矿生产的影响和处理

2.3.1　断层构造对煤矿生产的影响

断层破坏了煤层的连续性和完整性,对煤矿生产影响很大。断层规模不同,对生产的影响程度也不同。目前对断层规模等级的划分标准尚不统一。根据煤矿工作实践,建议采用下列划分标准:落差大于50 m为特大型断层、落差20~50 m为大型断层、落差大于5 m小于20 m为中型断层、落差小于5 m为小型断层。断层对煤矿生产的影响主要表现在7个方面:

1)影响井田划分　断层是井田划分的主要依据之一,很多井田都是以断层作为井田边界的。

2)影响井田开拓方式　若井田内存在大型、特大型断层,煤层必然被截割成若干不连续的块段,井田内煤层产状变化和赋存状态复杂,开拓方式的选择受到限制。

3)影响采区和工作面布置　井田内不同类型中、小型断层的存在,会给回采、运输、顶板管理和正规作业循环等造成困难,使煤矿生产水平划分、采区划分和工作面布置受到不同程度的影响。

4)影响安全生产　由于断层带煤岩破碎,煤岩强度降低,易导通地表水和地下水引发矿井突水、煤与瓦斯突出和冒顶等安全事故。

5)增加煤炭损失量　断层两侧需留有一定宽度的断层煤柱,造成煤炭损失,断层越多,断层煤柱损失量越大;另外,大量断层的存在可能造成煤层失去可采价值。

6)增加巷道掘进量　在巷道掘进中遇断层,可能会引起生产设计方案调整和寻找断失煤层,导致巷道掘进量增加,甚至形成大量废巷。

7)影响煤矿综合经济效益　煤层内断层的破坏程度与煤矿劳动生产率、吨煤成本、万吨掘进率、煤炭损失率和机械化开采水平等有着密切关系,直接影响着煤矿生产的经济效益(表4.4)。

表4.4　按煤层断裂破坏程度划分的井田复杂性类型

按断裂破坏程度划分的井田复杂性类型	井田的平均断层长度指数/(万 $m \cdot km^{-2}$)	采煤时相对的技术经济指标(以第一类型为1的相对值)			断层附近煤的损失率/%	机械化开采的可能水平
		劳动生产率	吨煤成本	千吨掘进率		
第一类	<5	1	1	1	<5	全面采用综采
第二类	5~15	0.65~0.09	1.00~1.40	1.10~1.15	5~20	部分采用综采
第三类	15~25	0.50~0.75	1.40~1.75	1.50~2.50	20~30	个别采用综采
第四类	>25	<0.50	>1.75	>2.50	>30	不能采用综采

2.3.2　煤矿生产中断层构造的研究

1)断层的识别标志

断层存在的标志是认识断层的根据,当巷道遇到断层时,识别标志很多,归纳起来有以下几个方面:

(1)煤岩层被切割后发生位移

在巷道掘进时,如果发现煤层或岩层突然中断,并与其他岩层接触,是判断断层存在标志之一(图4.36)。

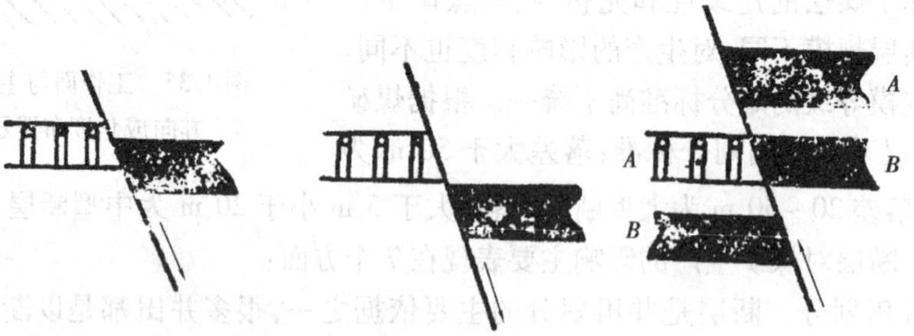

(a)　(b)　(c)

图4.36　煤岩层被切割后发生位移

(a)正断层,断距小于煤厚;(b)正断层,断距大于煤厚;(c)逆断层,A和B煤层"穿层"

(2)构造线被切割后发生位移

褶曲枢纽或地表出露的迹线、岩浆岩体、其他断层等构造线被断层切割后发生位移,表明有断层存在(图4.37)。

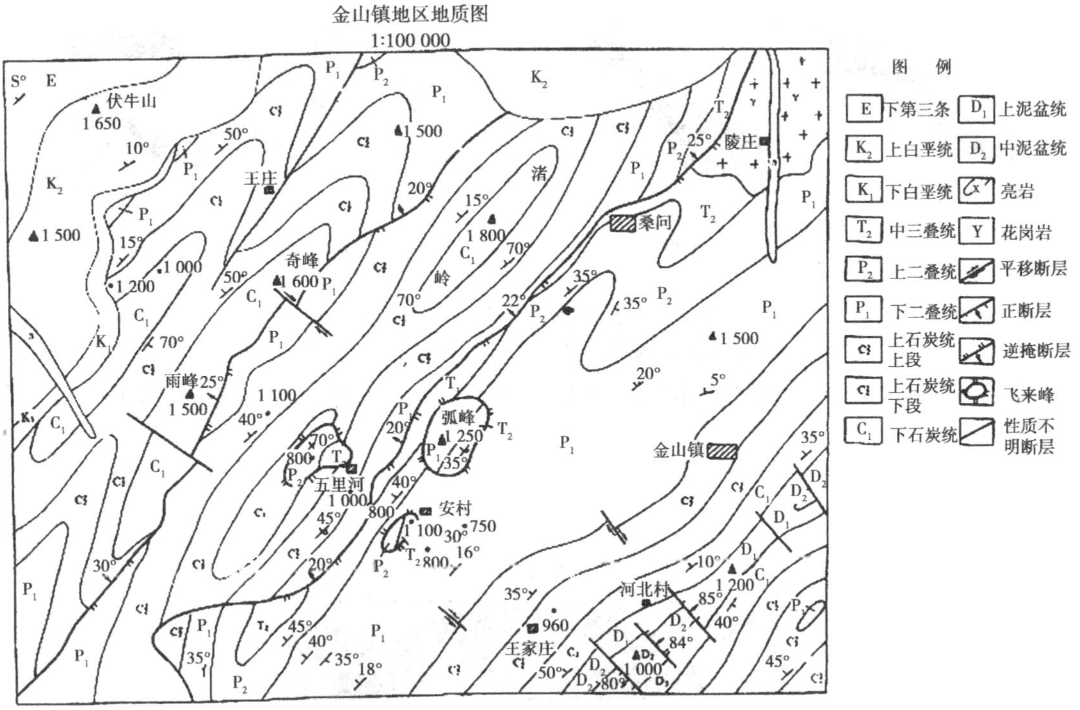

图4.37　构造线被切割后发生位移

(3)煤(岩)层缺失或重复

井下穿层巷道中出现煤(岩)层正常层位缺失或出现同一煤(岩)层不对称重复,说明有断层存在(图4.38)。

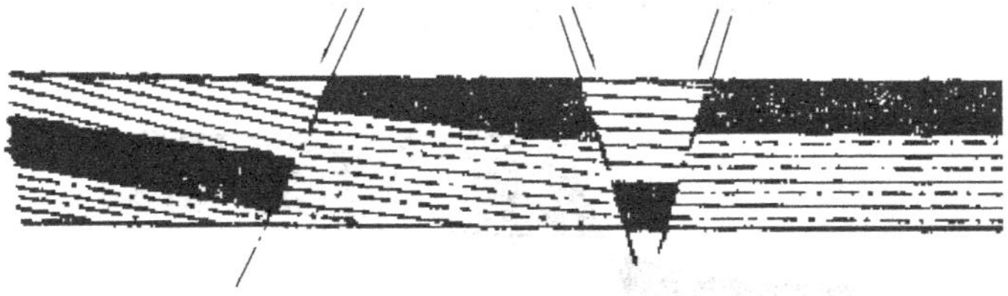

图4.38　同一煤(岩)层在巷道中不对称重复示意图

(4)出现断层面或断层破碎带

井下巷道中出现明显的断裂滑动面、断层破碎带以及其他断层伴生派生构造时,表明存在断层(图4.39)。

2)巷道遇断层前可能出现的征兆

断层的出现不是一种孤立的现象,而是在统一的构造应力场中形成的。因此,断层不仅与褶曲和其他断层有密切关系,而且其本身的出现往往会在断层面两侧的断层影响带内,伴随出现一些与正常情况异样的地质现象。在采掘过程中随时注意观察这些现象,就可预示采掘前方存在断层的可能性,以便及时采取措施,做好过断层的准备工作。在断层出现前,可能遇到的征兆,主要有以下几方面:

(1)煤层和顶底板岩石中裂隙显著增加或方解石脉增加,且具一定规律性,即越靠近断层裂隙越多。

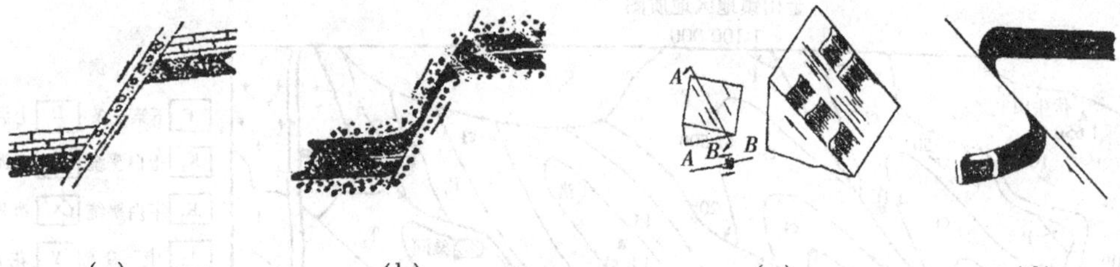

图 4.39　出现断层面或断层破碎带

(a)断层角砾岩;(b)断层煤;(c)断层面镜面擦痕;(d)牵引褶曲

(2)煤层产状发生显著变化。这是由于断层两盘相互错动,牵引附近煤岩层变形所致(图 4.40)。

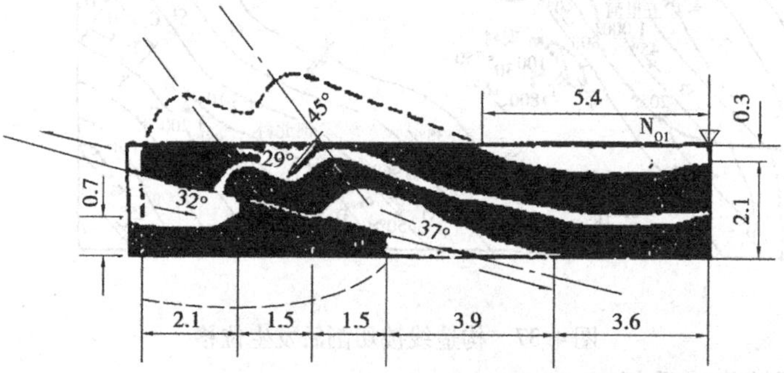

图 4.40　某矿巷通在近断层处煤层产状急极变化示意图

(3)煤层厚度发生变化,煤层顶底板出现不平行现象(图 4.41)。这是由于煤层相对顶底板岩石而言较软弱,受断层影响易发生局部塑性流动所致。

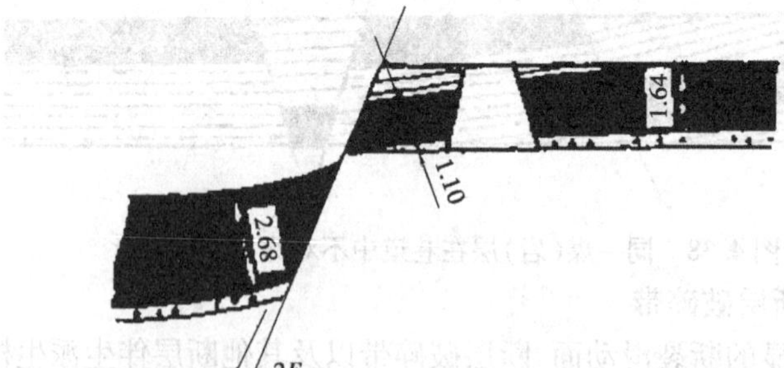

图 4.41　某矿工作面断层附近顶底板不平行、煤厚变化示意图

(4)煤层结构发生变化,滑面增多,出现揉皱和破碎现象,煤呈鳞片状、粉末状,常有小褶曲出现(图 4.42)。

(5)在大断层附近常伴生一系列小断层,这些小断层与大断层性质相同,是大断层的伴生小构造(图 4.43)。

(6)在高瓦斯矿井,巷道中的瓦斯涌出量有明显变化的地段可能有断层存在。如图 4.44 所示,在断层附近,瓦斯涌出量出现高峰值。

(7)地下水丰富的矿井,巷道接近断层时,常出现滴水、淋水以至涌水等现象。这是由于

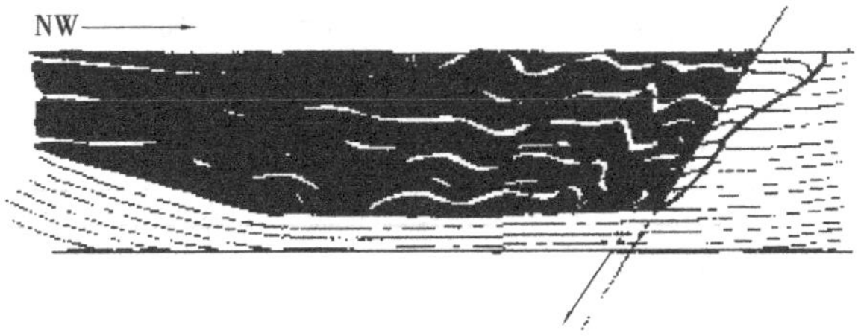

图4.42　某矿巷道遇断层前出现的揉皱和滑面

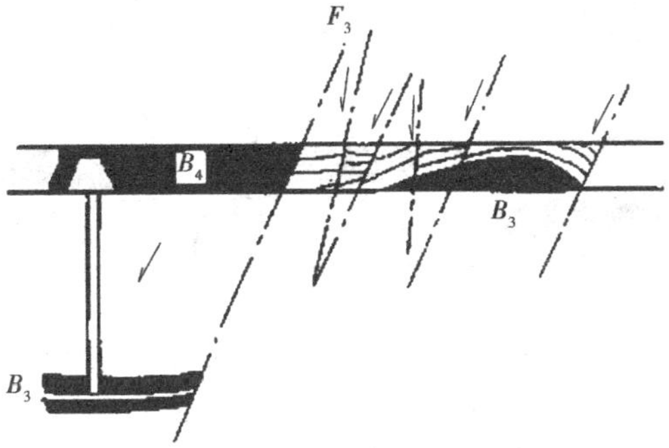

图4.43　某矿大断层附近伴生小断层

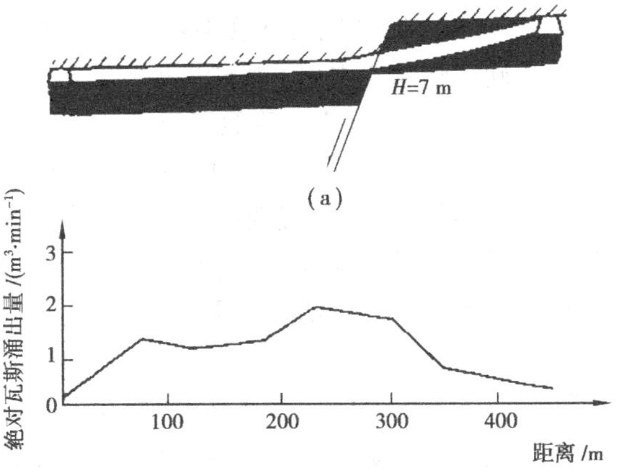

图4.44　某巷道遇断层时瓦斯涌出量增大示意图

(a)巷道剖面图;(b)瓦斯涌出量与断层位置关系图

上部含水层或其他水体沿断层附近裂隙下渗所致。

(8)出现岩墙、岩脉。有岩浆侵入的矿井,岩浆沿断层及附近裂隙侵入形成岩墙、岩脉。

上述各种征兆,不一定在所有断层上都出现,有的可能只出现其中几项,也有的断层甚至没有什么征兆。

3)断层的观测

(1)断层位置的确定　在井下从已知测量点用皮尺丈量距断层的距离,以确定断层的位置。对于落差较大的断层,往往出现数个错断面,应找出主要断层面的确切位置,并把测量结果绘在巷道平面图或剖面图上(图4.45)。

(2)观察断层面特征　观察断层面的产状(是平坦的、粗糙不平的还是舒缓波状的);断层

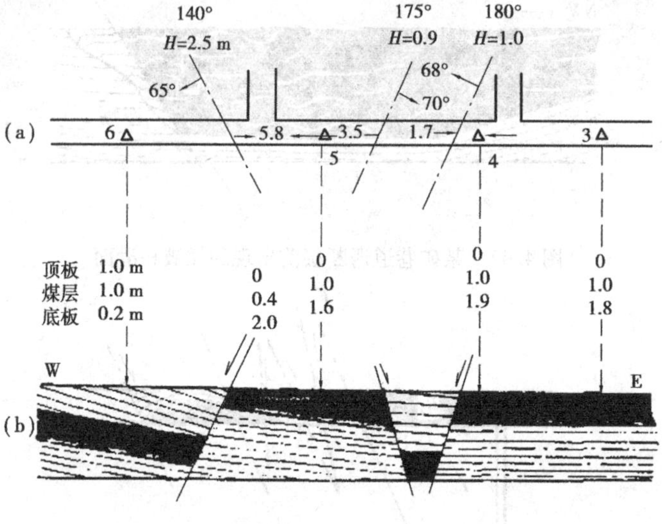

图 4.45 在图上加注数字记录断层示意图

(a)巷道平面图;(b)剖面图

面擦痕特征;断层破碎带的宽度及其变化;破碎带充填物特征(是断层角砾岩、糜棱岩还是断层泥);充填物的成分、大小、排列及胶结情况。

(3)观察断层的伴生派生构造　对断层上、下盘煤岩层产状及厚度变化、牵引现象、羽状节理、帚状构造等进行观察,为确定断层性质和寻找断失煤层取得依据。

(4)确定断层性质及断层力学性质　在上述观察基础上,结合矿井构造规律,确定断层性质,同时还应确定断层面的力学性质(是压性面、张性面或是扭裂面等)。

(5)测量断层面产状　可在断层面上用罗盘直接测量,还可从巷道两帮断层面同标高两点拉皮尺,用罗盘测皮尺方位,得到断层面走向。平巷中用罗盘测量断层在巷顶或巷底出露线的方位也是断层走向。断层面倾角可以直接测量真倾角,也可测量断层在巷道方向上的伪倾角,然后换算真倾角。

(6)确定断层的断距和落差　当断距小于巷道高度时,在井下实测落差和地层断距(图 4.46)。当断距较大时,应根据断层两盘煤岩层层位对比计算出地层断距和落差。

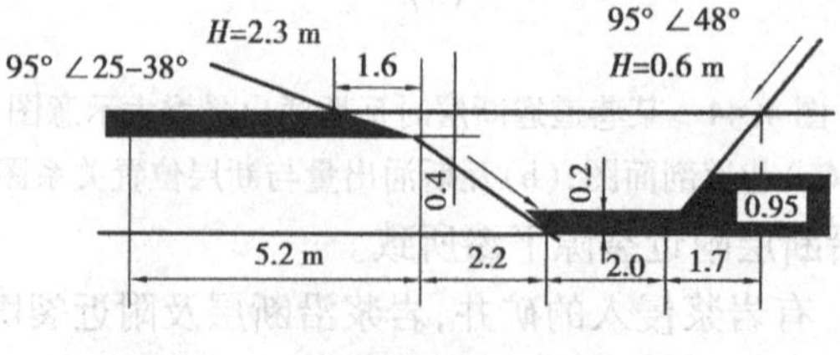

图 4.46　巷道剖面图加注数字记录断层

(7)对断层进行素描　根据构造复杂程度,可采用巷道平面图加注数字(图 4.45)、巷道剖面图加注数字(图 4.46)、巷道平面图加断面图(图 4.47)及巷道平面图加巷道剖面图(图 4.48)等多种方法,把断层的特征和主要参数表示出来。

4)断失煤层的寻找

断失煤层的寻找是指当巷道掘进遇到落差大于巷高的断层,断层揭露处不能直接观测到断层另一盘的同一煤层时,正确判断断层性质并确定断失煤层的方向和位置的工作。

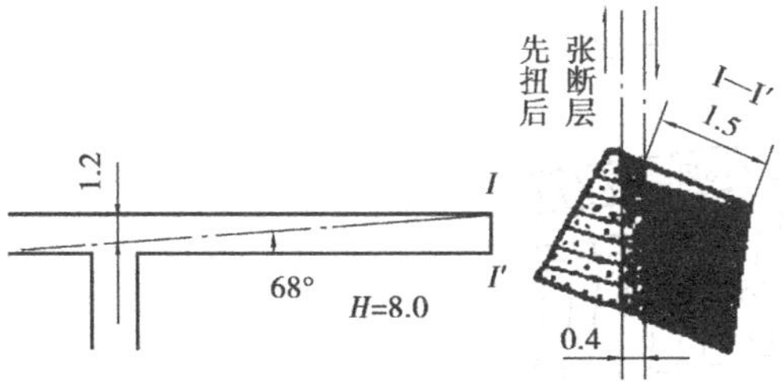

图 4.47 巷道平面图加断面图

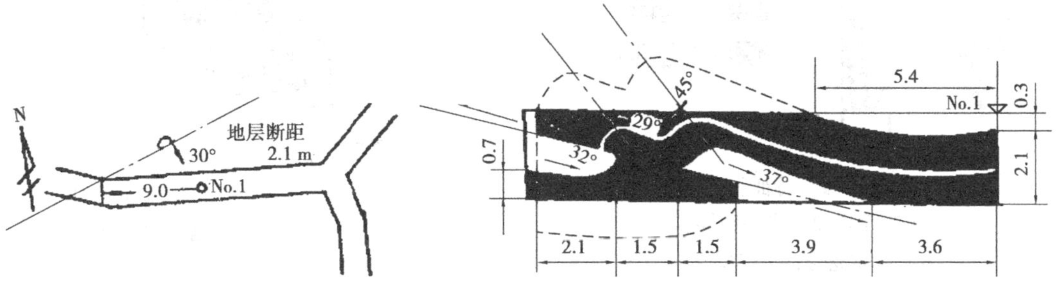

图 4.48 巷道平面图加巷道剖面图

目前,在煤矿中,判断断层性质并确定断失煤层的方向和位置的方法主要有以下几种:

(1)煤(岩)层层位对比法

①利用煤系的标志层 煤(岩)层层位对比法是根据巷道揭露的断层另一盘煤、岩层的层位,结合断层产状来判断断层性质并确定断失翼煤层方向和位置的一种方法。当煤系标志层明显时,它是一种最准确最常用的定量方法。

河北井陉三矿在四煤层中掘进巷道时遇一断层,由于该断层另一盘揭露的白色细砂岩是位于4煤层顶板上方12 m的一个标志层,据此不仅确定了该断层是正断层,而且还推算出地层断距为12.9 m(图4.49)。

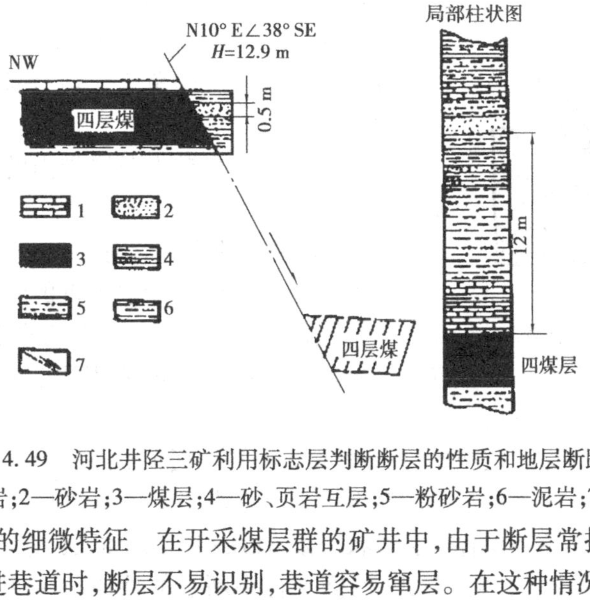

图 4.49 河北井陉三矿利用标志层判断断层的性质和地层断距

1—石灰岩;2—砂岩;3—煤层;4—砂、页岩互层;5—粉砂岩;6—泥岩;7—断层

②利用煤系本身的细微特征 在开采煤层群的矿井中,由于断层常把不同煤层连接在一起,因此在沿煤层掘进巷道时,断层不易识别,巷道容易窜层。在这种情况下,要特别注意掌握

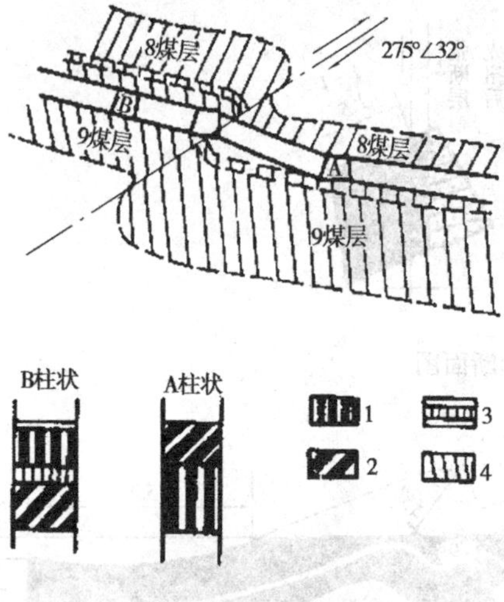

图 4.50　利用煤岩特征确定断层
1—半暗型煤;2—半亮型煤;
3—砂质泥岩;4—煤层

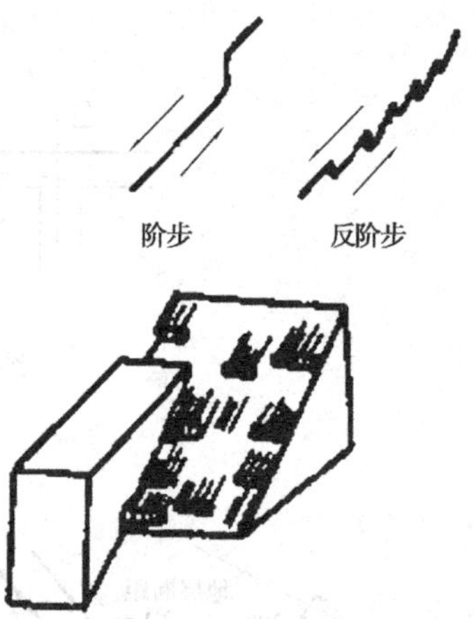

图 4.51　根据擦痕和阶步
确定断失煤层的方向

各煤层的结构、厚度、煤岩、结核、包裹体和顶底板岩性的变化特征,准确鉴定巷道的掘进层位。只有这样,才能及时地确定断层的位置、性质和断距。如河北开滦唐山矿有一条由 8 煤层误入 9 煤层的巷道,由于事先掌握了这两个煤层的煤岩类型差异,因此不仅很快发现了断层,而且确定了断层的性质和断距(图 4.50)。

(2)断层面构造特征(图 4.51)

①擦痕(包括擦沟、擦槽)　一般情况下,擦痕由粗到细、由深到浅的方向或用手顺擦痕轻摸手感光滑的方向,指示对盘的运动方向。

②阶步、反阶步　阶步由缓坡至陡坡方向或陡坡的倾向,指示对盘的运动方向;反阶步则与之相反。

③摩擦镜面　断层面上摩擦镜面的锯齿所指方向为对盘运动方向。

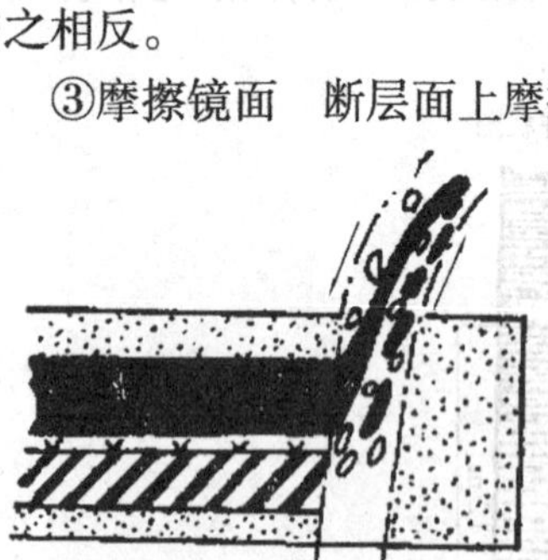

图 4.52　根据断层角砾和
粉煤线确定断层性质

(3)断层破碎带特征(图 4.52)

①断层破碎带中的角砾长轴与断层面的锐交角指向对盘运动方向。

②在单一煤层煤矿中断层带内的煤层导脉指示另一盘煤层运动方向。

(4)断层两侧的构造形迹

①牵引褶曲　邻近断层附近的煤、岩层,由于受到断层两盘相对运动的拖曳,常发生明显的弧形弯曲,这种弯曲称为牵引褶曲。一般情况下,牵引褶曲的弧形弯曲突起方向指示本盘的运动方向(图 4.53)。

在利用牵引褶曲确定断层错动方向时,最好利用煤层顶板或底板中的牵引褶曲,只有当条件不许可时才利用煤层层理所显示的牵引褶曲。另外,应注意区别反牵引现象。

②平行小断层　与主断层伴生且产状一致、性质相同的小断层,它们是同一应力场下产生的一组位移幅度不同的断层面,因此,根据平行小断层的性质就可判断主断层的性质(图

4.54)。

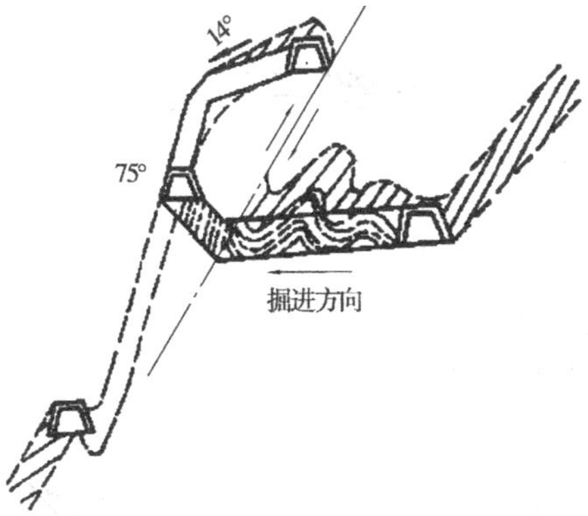

图 4.53　根据牵引褶曲确定断失煤层的方向

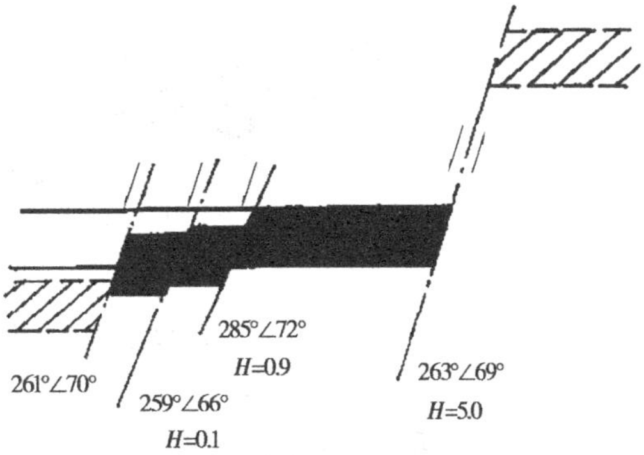

图 4.54　根据平行小断层确定断失煤层方向

③羽状节理或劈理　一般有三组节理,羽状张节理与断层面的锐交角指示本盘运动方向;羽状剪节理有两组,与断层面夹角小的指示本盘运动方向,夹角大的指示对盘运动方向(图 4.55)。

④小型入字型构造　入字型构造是指由高序次的主干断裂和旁侧的低序次分枝断裂或褶曲组合成"入"字形状的构造型式。若分枝构造属压性或压扭性,其与主干断裂所夹锐角指示对盘的运动方向;若分枝构造属张性或张扭性,其与主干断裂所夹锐角指示本盘的运动方向。

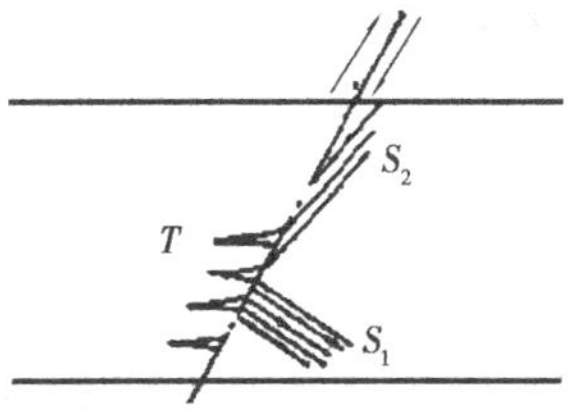

图 4.55　根据羽状节理确定断失煤层的方向

T—羽状张节理;S_1—夹角大的羽状剪节理;S_2—夹角小的羽状剪节理

(5)规律类推法

随着矿井地质资料的积累,对矿区出现的断层性质、分布特征等有了一定的规律性认识,并据此指导确定断层性质,判断断失煤层位置的方法。例如在河南焦作矿区,从开采至今没有发现过逆断层、所揭露的断层均为正断层。据此规律,只要查明断层面的倾向,就可指明断失煤层的寻找方向。又例如河北峰峰矿区,绝大多数为正断层,只有走向为 NE30°方向才出现过倾角较缓的逆断层。因此,只要查明断层走向,就可确定断层性质和断失煤层的方向。

(6)作图分析法

充分利用各种矿图,包括矿井地质剖面图、水平地质切面图、煤层底板等高线图及煤层立面投影图。将新揭露的断层投绘到图上,根据断层产状进行上下左右对比连接,如与已查明的某条断层产状近似一致、特征相同,并能自然连接,就认为新断层是已知断层的延续,由此推断新断层的性质和规模。

(7)生产勘探法

当构造极为复杂、资料有限而无法确定断层性质、断失煤层方向和位置,或者虽然确定了断层性质和断失煤层方向,但无法确定断失煤层位置,而设计生产又必须掌握时,可以采用生产勘探的手段解决。生产勘探手段主要有钻探、巷探和物探。一般在断层性质已经确定,生产上又需要掘进过断层的巷道时,可采用巷探,如图 4.56 所示。当断层性质及断距均不明确,生产上又需要先查明断层再确定掘进方向时,采用钻探。钻探原则上采用井下钻探,可以选用水平、倾斜、铅直和扇形群孔等方式达到勘探目的(图4.57)。

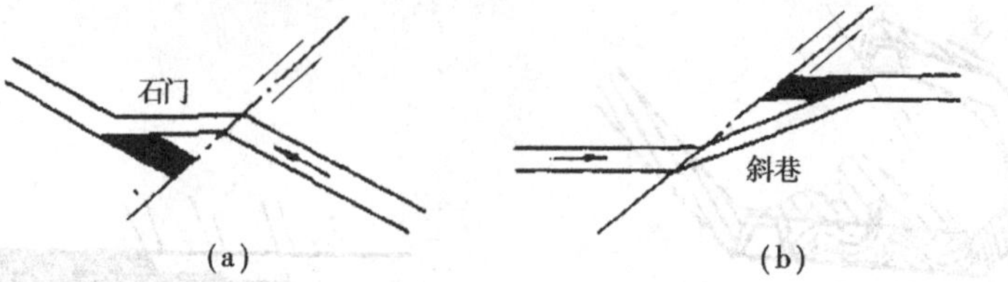

图4.56　利用巷探寻找断失煤层

(a)煤层倾角较大时;(b)煤层倾角较小时

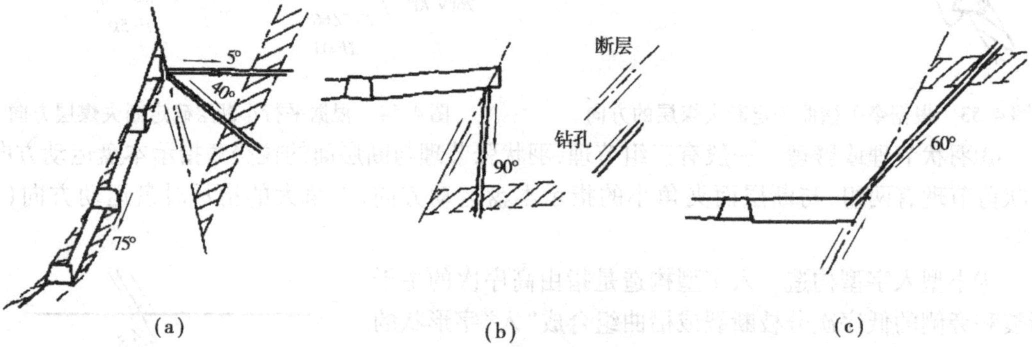

图4.57　利用井下钻探寻找断失煤层

(a)急倾斜煤层;(b),(c)缓倾斜煤层

2.3.3　煤矿生产中对断层构造的处理

断层构造处理是指针对已查明的断层构造特点,为克服和尽量减小其对生产的不利影响所采取的相应技术措施和办法。正确的处理来源于对断层构造的客观认识和对生产意图的深刻理解,因此必须根据断层构造特征和生产要求,采用灵活多样的处理措施和办法,使之适应客观存在的构造情况,为安全生产创造有利条件,是构造处理的基本原则。

(1)保证安全　断层带由于岩石破碎,常是瓦斯、水的储集场所,处理断层构造时应以安全为第一原则。

(2)有利生产　处理构造必须及时,防止采掘工作中断;处理构造所布置的巷道,要尽量简化生产系统和运输环节。

(3)减少煤炭损失　正确控制构造的延展变化,合理布置巷道,减少煤炭损失;对斜交断层应尽量不留“三角煤”。

(4)少掘巷道　应合理布置,防止无效进尺。

断层构造处理贯穿在设计、掘进和回采的各个阶段。设计阶段应针对不同断层构造进行合理设计;采掘阶段应根据新发现的断层构造,适当调整原有巷道布置和采掘方法。现按设计、掘进和回采三个阶段,简要介绍断层构造处理的基本方法。

1)开拓设计阶段对断层的处理

(1)井田边界和采区边界的确定

井田设计时应将落差大于50 m的特大型断层作为井田边界,把井田边界煤柱和断层保护煤柱合二为一,不仅可以减少煤柱损失,又可以避免“三角煤”,提高了资源回收率。在水文地质条件复杂的矿区,过断层时容易造成突水事故,因此我国许多矿区常以大断层为井田边界,尽量不使巷道横穿断层，以减少突水事故及大量岩巷的掘进。如河北峰峰矿区井田划分（图4.58）多以大断层为界。

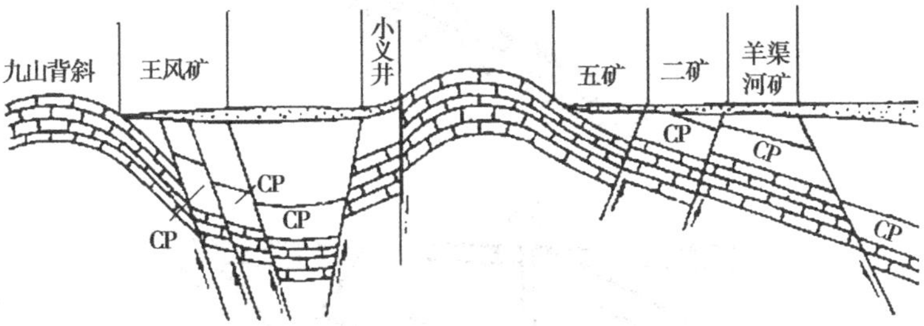

图4.58　河北峰峰矿区井田划分示意图

划分采区时，也应以断层作为采区边界，但采区的走向长度应尽量与正常采区走向长度一致。一般当两条断层之间的煤层走向长度大于800～1 000 m时，可以这两条断层为界划分双翼采区；当断层落差大于20 m，断层之间走向长度在400～500 m时，以断层为界划分采区，用单翼上山方案开采（图4.59）。

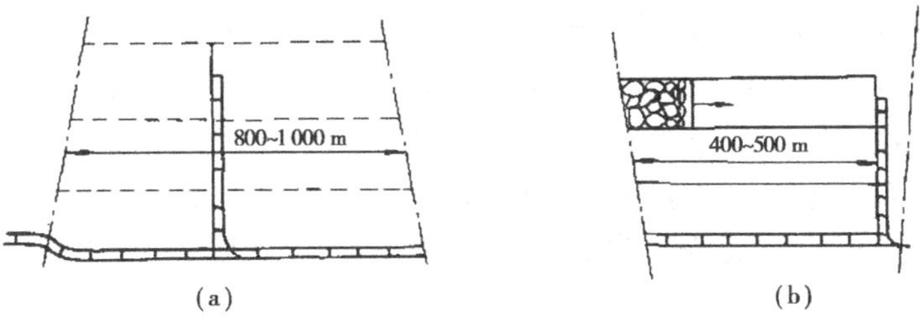

图4.59　根据断层划分采区示意图

(2)井筒位置的选择

井筒，特别是井底车场应尽量避开大的断层带布置，对于倾角较大的断层，为避开断层，竖井井筒应布置在断层下盘，距断层30～50 m外为宜；对于倾角较缓的断层，竖井井筒无法避开时，应选择煤层层数较少的部位穿过断层，但井底车场位置要尽量避开断层带（图4.60）。斜井井筒也按同样原则处理，并使过断层后的井筒部分尽量位于坚硬岩层之中。

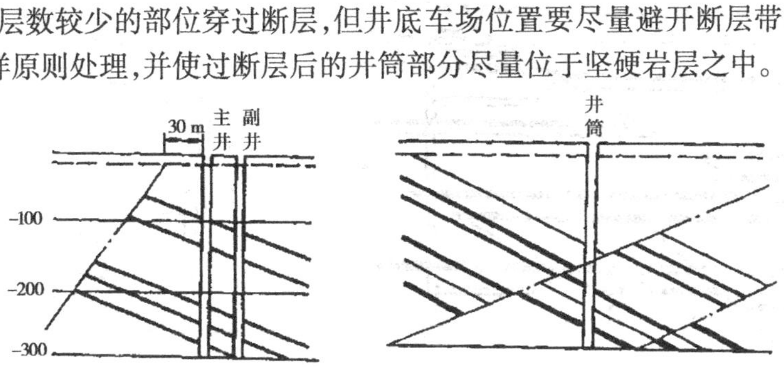

图4.60　井筒位置选择示意图

(3)井田开拓方式的确定

选择井田开拓方式时，要考虑各种地质因素的影响，其中断层占重要地位。在缓倾斜煤层中，用斜井开拓较好（图4.61(a)），但是如果煤层遭到断层破坏，产状发生变化，就应采用竖井结合主要石门的开拓方式（图4.61(b)）。

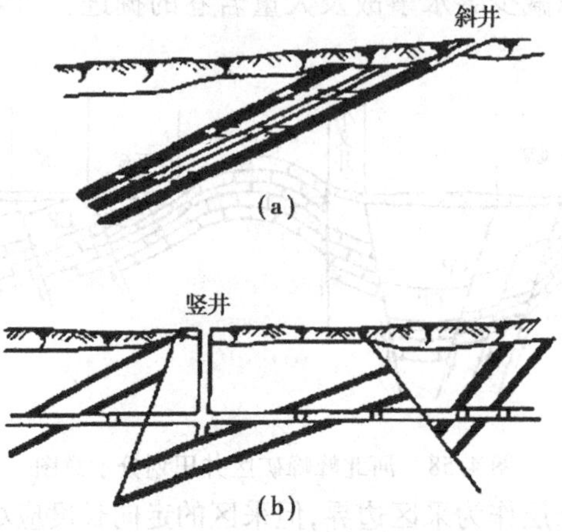

图 4.61　确定井田开拓方式时对断层的处理

(4)运输大巷的布置

运输大巷是长期使用的主要巷道,须布置于较坚硬的岩层中,且尽量保持方向。但在断层上、下盘的煤(岩)层位移较大时,可能导致与另一盘的含水层相接,因此必须考虑巷道的改向问题。如图 4.62 所示,*AB* 组运输大巷北翼与中央石门接近时,有一条落差较大断层,其下盘为太原组石灰岩含水层。为防止水害,在距灰岩 30 m 处向北改变巷道方向,穿过断层后,再沿原来层位掘进,与石门连通。这样不但解决了巷道的改向问题,也缩短了中央石门的长度。同样,*BC* 组运输大巷遇断层时也需要改变方向,以避开煤层,使大巷布置在较坚硬的岩层之中。

(5)采区内块段划分

被断层切割破坏的地区,要综合考虑断层的位置、落差、被切割块段的大小和形态,以及已有的生产系统等因素来划分开采块段,应尽可能地将较大断层留在各块段之间的煤柱当中。如图 4.63 所示,将两条走向断层留在上下煤柱中,另以一条倾向断层作为回采边界。

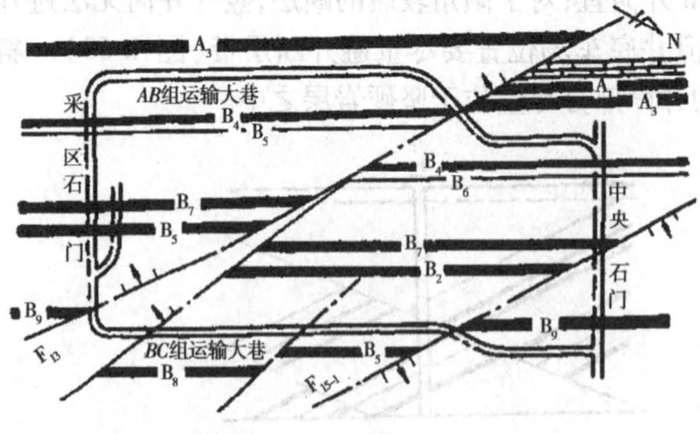

图 4.62　运输大巷遇断层时处理示意图

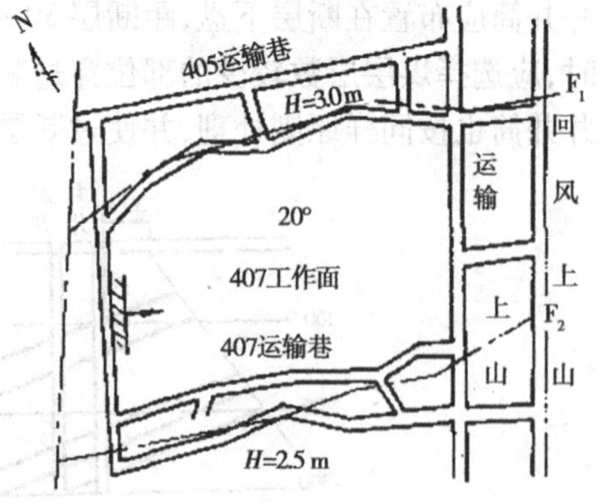

图 4.63　工作面划分时对断层的处理

2)巷道掘进阶段对断层的处理

(1)煤层顺层平巷过断层

煤层顺层平巷过断层分为穿过煤层顶板(图 4.64(a))、底板(图 4.64(b))和顺断层面掘进(图 4.64(c))三种方式。

(2)倾斜巷道过断层

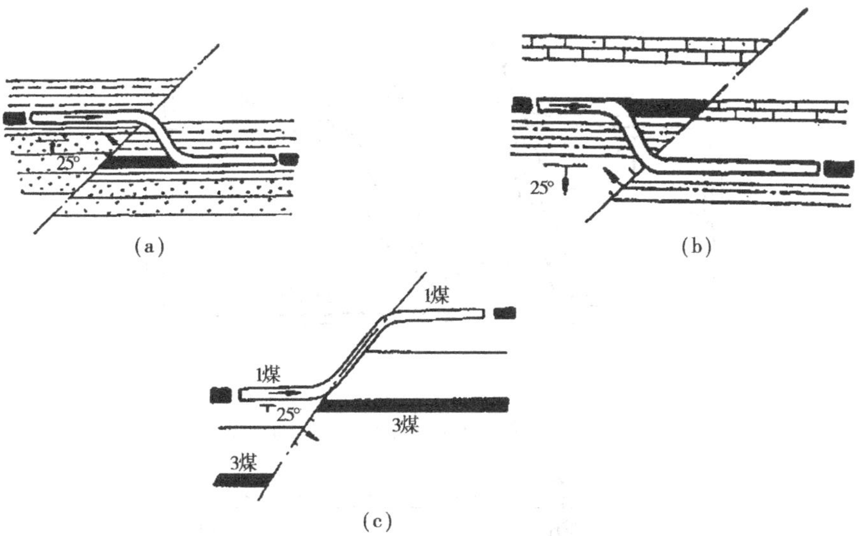

图 4.64　煤层顺层平巷过断层的处理方法

上山、下山等倾斜巷道遇断层后，可以根据生产的要求采取多种形式通过断层。当断层落差较小时，根据断失盘是上升盘还是下降盘分别采用挑顶、破底或挑顶挖底相结合的方式通过断层。无论选择什么方式，都必须保证巷道坡度变化不大，有利于运输。当断层落差较大时，可根据巷道用途、断层面和煤层面产状、断层性质等采用改变巷道坡度或掘石门的办法通过断层。

3）回采阶段对断层的处理

（1）采用强行通过的方法

当断层落差较小，并满足下列情况之一者，可以采用强行通过断层的方法。

①在普采及炮采工作面内，断层落差小于煤厚时；

②在综采工作面内，当断层两盘对接部分的煤厚大于液压支架的最小支撑高度时；

③在综采工作面内，当断层两盘对接部分的煤厚小于液压支架最小支撑高度，但煤层顶底板岩性较软，采煤机能切割时。

（2）采用重开切眼的方法

当断层落差大于煤厚或综采机不能通过时，对于倾向断层或斜交断层可采用重开切眼的方法，即提前在断层另一盘重新开掘切眼，待工作面推进到断层处，停止回采，工作面搬家到新切眼内继续开采（图 4.65）。

（3）采用划小工作面的方法

当走向断层落差大于煤厚时，可在断层两侧补掘中间平巷，把原来一个采面划分为两个采面分别回采（图 4.66）。

对于落差一端大、一端小的斜交断层，可采用合采与分采相结合的方法，如图 4.67 所示。

2.3.4　煤矿构造预测

煤矿构造预测是根据已采掘地区揭示的矿井构造展布和演化规律，对未采掘地区的构造面貌作出的科学预见。为了保证采掘工作的顺利进行，煤矿地质工作不仅应该及时查明已揭露的各种构造，而且希望在采掘之前就预见到可能出现的构造。随着液压支架、综合采煤和掘

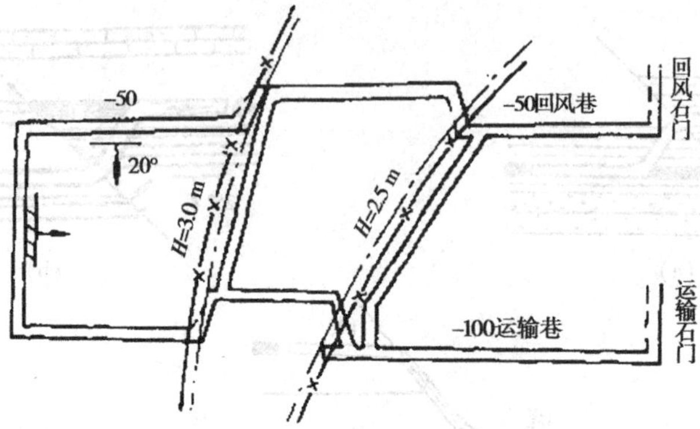

图 4.65　倾向断层落差大于煤厚时的处理方法

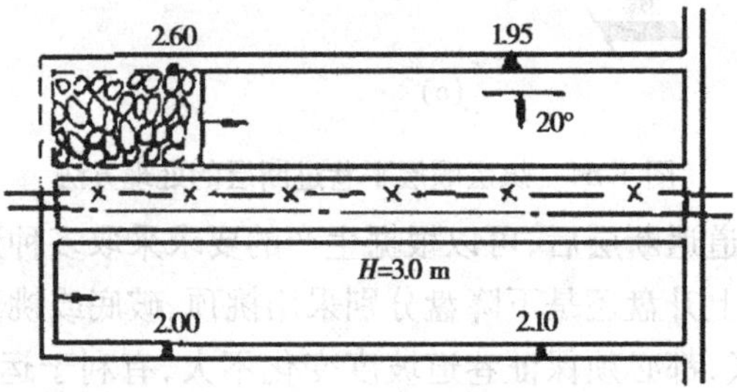

图 4.66　走向断层落差大于煤厚时的处理方法

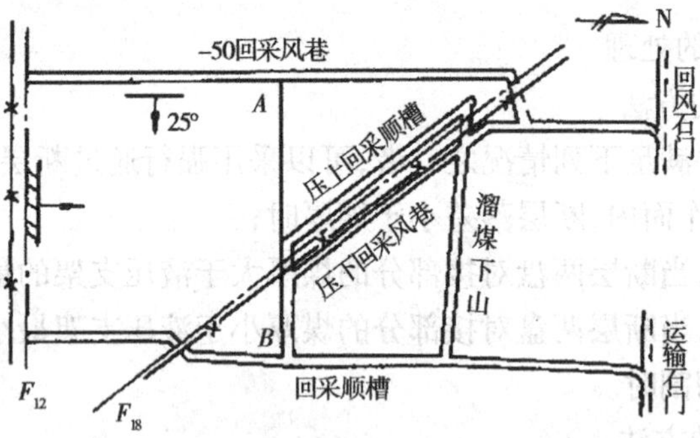

图 4.67　当断层落差变化大时的处理方法

进机组的广泛使用,更加需要对采区和采面内的各种构造作出科学的预测,以便及早采取措施,保证生产安全正常进行。因此,从理论上阐明和技术上攻克与机械化采掘有关的中小构造预测问题,是煤矿地质的一项艰巨任务。

煤矿构造预测按预测的历史发展和演变分为直观型、规范型、探索型和综合型预测;按预测的方法分为地质分析法、数学分析法和作图分析法预测;按生产对预测的要求分为总体构造规律预测、已知构造延展预测和采掘前方未知构造预测等。

任务3　岩溶陷落柱、岩浆侵入体对煤矿生产的影响

3.1　岩溶陷落柱对煤矿生产的影响及处理

岩溶陷落柱是由于煤层下伏碳酸盐岩等可溶性岩层，经地下水强烈溶蚀，形成空洞，从而引起上覆岩层失稳，向溶蚀空间冒落塌陷，形成筒状或似锥状柱体，故以它的成因和形状取名为岩溶陷落柱，简称陷落柱，俗称“无炭柱”或“矸子窝”。

在华北华南一些矿区，都有陷落柱发育，其中尤以山西省的太原西山矿区、阳泉矿区、霍州矿区、汾西矿区及太行山东麓的峰峰矿区特别发育。岩溶陷落柱常使煤层遭受不同程度的破坏，给安全生产造成极大隐患。

3.1.1　岩溶陷落柱对煤矿生产的影响

陷落柱是影响煤矿生产建设的地质因素之一，其影响主要表现在以下几个方面。

1）破坏可采煤层，减少煤炭资源/储量

由于陷落柱本身及其周围不能开采的煤层，例如汾西富家滩西矿造成的煤炭损失占全矿总资源/储量的53%。

2）影响正规开采

由于陷落柱破坏，无法布置正规回采工作面。

3）影响采掘施工

由于存在陷落柱，必然增加巷道掘进率，使开采条件复杂化，降低回采效率。特别是对机械化采煤不利。例如西山杜儿坪矿一个回采工作面遇到一个直径30 m的陷落柱，工作面搬家49天，无效进尺1 027 m，经济损失294万元。

4）影响安全

陷落柱可能是矿井水或矿井瓦斯的通道，影响煤矿生产安全。例如1984年6月开滦范各庄矿2171工作面由于陷落柱突水，造成特大水灾，涌水量最大达到2 053 m^3/min。

3.1.2　岩溶陷落柱成因

研究陷落柱的形成原因，主要是研究煤系及其下伏地层中导致岩溶发育的地质条件，引起岩溶洞穴塌陷的机理，以便切实掌握陷落柱的发育和分布规律，为煤矿预测和探测陷落柱提供重要理论依据。

1）岩溶洞穴发育的地质条件

岩溶发育必须具备下列四个条件，缺一不可。

（1）煤系或其下部地层中存在可溶性岩层（如石灰岩、石膏层）易被地下水溶蚀后形成溶洞。

（2）煤系分布区域内断裂构造等良好的地下水通道发育。

（3）地下水源丰富，并且含有溶蚀性大的各种酸根，如 CO_3^{2-} 等。

（4）有流畅的排泄口，地下水动力条件好，水的交替循环强烈。

2）岩溶洞穴致塌机理

岩溶洞穴是形成陷落柱的前提条件，但并不是所有的岩溶洞穴都会塌落成陷落柱，导致岩

溶洞穴塌陷是有条件的,目前存在以下几种致塌机理。

(1)重力塌陷

岩溶洞穴顶部承受不了上覆岩层的重力,产生裂隙,导致塌陷。由于地下水的持续活动,溶洞不断扩大,使上覆岩层失稳塌落,形成几米、几十米,甚至上百米的陷落柱。

(2)真空吸蚀塌陷

在相对密封的承压岩溶溶洞中,由于地下水的排泄,或地壳上升等,使溶腔盖层底部由承压转为无压,逐渐形成负压。一方面,在岩溶溶腔内水面强有力的抽吸作用下,上面盖层向下陷落,此过程反复进行;另一方面,由于溶腔内外的压差效应,使溶腔外部大气压力对盖层表面产生冲压作用,降低了岩层强度,加速盖层宏观平衡的破坏。当溶腔内真空积累达到临界值时,盖层失去平衡,出现瞬间坍塌。岩溶真空吸蚀作用是解释岩溶陷落的新观点。

(3)物理化学作用综合塌陷

陷落柱的形成至少是由三种物理化学因素综合作用的结果,包括重结晶作用,如硬石膏的水化作用($CaSO_4+2H_2O \rightarrow CaSO_4 \cdot 2H_2O$),使体积增大30%以上;地下水循环造成的冲蚀和溶蚀作用;有机质分解产物的化学作用,即成煤过程中有机质分解释放出大量的H_2O、CO_2、CH_4等物质进入煤系下伏地层,与岩层内部成分发生物理化学作用,使岩层破坏和垮落。

岩溶陷落是十分复杂的地质现象,必须从它的基本特征出发结合矿区的地质和水文地质条件,具体研究它的形成条件和形成机理。

3.1.3 岩溶陷落柱的特征

1)陷落柱的基本形态

(1)陷落柱的平面形状

陷落柱的平面形状是指陷落柱与某一煤、岩层层面或地表相交切的形状。陷落柱的平面形状绝大多数为似圆形和椭圆形,也有长条形和不规则形。如图4.68所示,为阳泉三矿揭露的几种陷落柱平面形状。通常用陷落柱的长轴长度、短轴长度、长短轴比值和长轴方向描述陷落柱的平面形状。

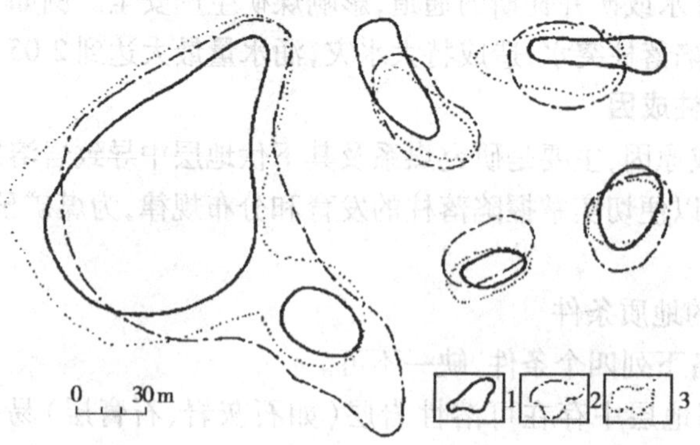

图4.68 阳泉三矿在3号、12号、15号煤层中揭露的同一个陷落柱平面形态和大小示意图

1—3号煤层陷落柱界线;2—12号煤层陷落柱界线;3—15号煤层陷落柱界线

(2)陷落柱的剖面形状

陷落柱的剖面形状与所穿过的岩层性质有关。在第四系松散沉积层或含水较多的松软岩层(如裂隙发育的泥质页岩)中,由于岩层松软极易塌陷,陷落柱柱体呈现上大下小的漏斗状,

柱面与水平面夹角约为40°～50°（图4.69(a)）。在坚硬岩层，如砂岩、砂砾岩、石灰岩中，由于岩石坚硬不易塌陷，柱体呈现上小下大的锥状，柱面与水平面夹角在60°～80°之间（图4.69(b)）。图4.69(c)为某矿实际揭露的一个陷落柱，穿过几个煤层，各煤层破坏程度不一，柱体平面面积大小不一，轴心偏离也大。可见陷落柱剖面形状很不规则，但总体上还是呈现为锥形柱体。由于柱体呈不规则的锥体形状，因此不能简单按一个塌陷角计算不同层位或不同标高的陷落柱平面面积。

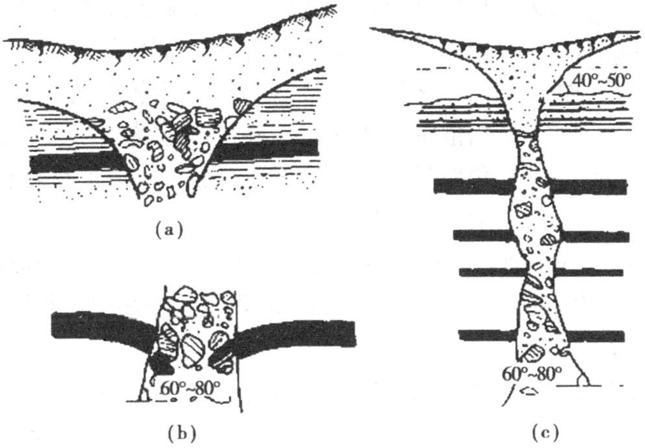

图4.69　陷落柱的剖面形状示意图

(3)陷落柱的高度

从溶洞底面至塌陷顶的垂直距离为陷落柱高度。陷落柱高度与溶洞的大小、地下水排泄条件、岩石物理力学性质及裂隙发育程度等有关，一般可由几十米到一二百米，但也有高达数百米的巨型陷落柱，有的甚至塌至地表。当底部溶洞体积大、裂隙发育时，陷落柱高度就大；反之则小。

(4)陷落柱中心轴

陷落柱各平面中心点的连线称为陷落柱的中心轴。陷落柱中心轴大多数不是直立的，而是歪斜甚至扭转弯曲的。陷落柱中心轴通常垂直于塌落岩层的层面，因此，掌握中心轴的变化规律，有助于预测下部煤层或下水平陷落柱的平面位置。

2)陷落柱的出露特征

(1)陷落柱的地表出露特征

①盆状凹陷　陷落柱出露地表后，常呈盆状凹陷区。凹陷区岩层层序遭到破坏，但其周围岩层层序正常、岩层产状稍向凹陷中心倾斜。凹陷区常被黄土覆盖，在黄土层上常长满茂密的植物，较易识别。

②丘状凸起　由于陷落柱柱体内外的岩石性质不同，当柱体内岩石的抗风化能力较强时，常在地表形成丘状凸起。这种特征在阳泉矿区很典型。

③柱状破碎带　在沟谷两侧的自然剖面或公路、铁路两侧的人工剖面上常见到一些柱状破碎带。

④特殊地貌形态　在黄土覆盖区，陷落柱常使表层黄土出现大大小小的圆形陷坑，形似蜂窝状地貌。有时还出现弧形裂缝，裂缝大小不一，小者几厘米、大者达几米。

(2)陷落柱的井下出露特征

①柱面特征　陷落柱柱面呈不规则状。坚硬岩石不易跨落呈凸出状;松软岩石易塌落,呈凹进状(图4.70)。

图4.70　陷落柱的柱面特征

由于陷落柱的水平切面图形为一封闭曲线,所以巷道与柱面相遇处多呈弧线。弧的半径大小与陷落柱平面形状、陷落柱大小、相遇部位有关。如果陷落柱面积大或相遇部位靠近短轴位置,则弧线平缓;反之弧线弯曲较大。据此,还可以依据弧线弯曲情况判断陷落柱的大小。

②柱体特征　柱体多为较新层位的岩石碎块或第四系松散沉积物充填。柱体内塌落岩块岩性混杂、大小不一、棱角明显。古老陷落柱中的岩块多被重新胶结,近代塌落的岩块呈松散堆积。

③陷落柱内沉淀物　在陷落柱的柱面及柱体内的裂隙面上常可见到红色的铁质、白色的钙质或高岭土质沉淀物,有时还可见到新生界泥质沉积物。这些都是地下水带入的沉淀物。

3)岩溶陷落柱的分布特点

陷落柱的平面分布不均一,具有明显的分区性和分带性。

陷落柱的形成与岩溶地下水活动的强烈程度有关,由于矿区内各个井田的水文地质条件不同,因而导致陷落柱在形成时间和空间上均有差别,其数量和规模都表现出明显的分区性。由图4.71可看出,阳泉矿区南部的马郡头井田和五矿陷落柱最发育;北部的三矿和四矿较发育;最北的固庄矿、荫营矿和中部的二矿、大阳泉矿不发育。

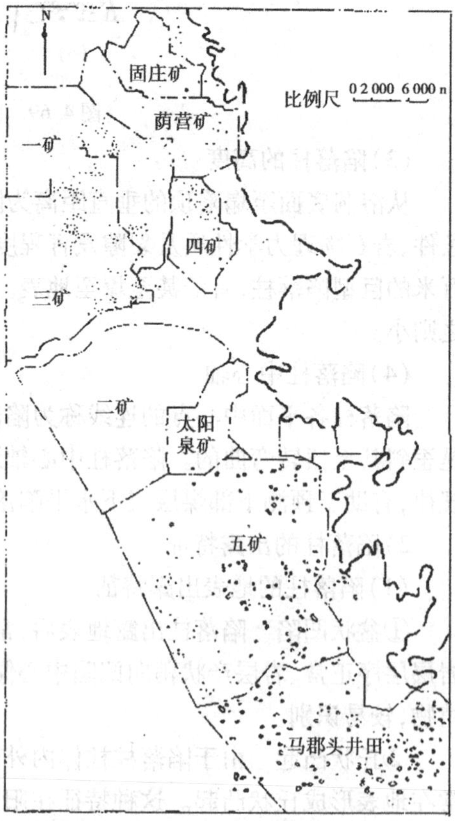

图4.71　阳泉矿陷落柱平面分布图

构造裂隙是地下水的良好通道,是形成岩溶的重要条件。因此岩溶陷落柱常沿断裂带、褶曲枢纽部,特别是断层交汇处呈串珠状密集分布,表现出明显的分带性。例如徐州大黄山矿陷落柱沿主向斜轴部呈带状分布;井径煤矿的陷落柱沿东北方向呈串珠状分布,均与该区地下水集中径流带关系密切。

3.1.4　岩溶陷落柱的研究

1)陷落柱的观测

(1)陷落柱出现前的预兆

①产状变化　陷落柱在陷落过程中,由于牵引作用使围岩向陷落中心倾斜,倾角变化一般4°~6°之间,个别可达10°以上,其影响范围一般在15~20 m之内,少数可达30 m(图4.72)。

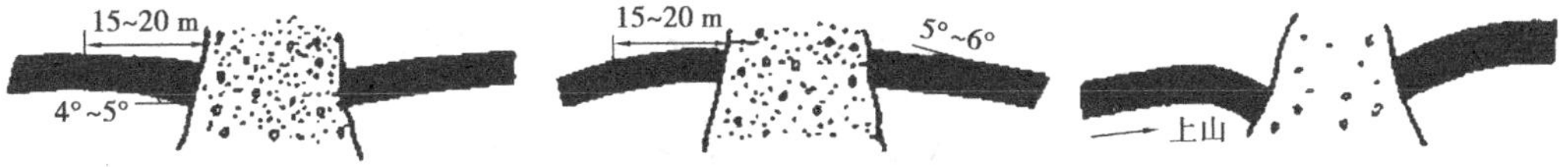

图 4.72　陷落柱周边产状变化示意图

②裂隙增多　在陷落过程中,陷落柱周围煤岩层中产生大量裂隙。裂隙走向平行柱面的切线方向,裂隙面向陷落中心倾斜。裂隙的发育程度与围岩的物理力学性质有关,在脆性岩石中裂隙较发育,在柔性岩石中裂隙较少。在裂隙中,常见有黏土、高岭土、碳酸钙、氧化铁等充填物。

③小断层增多　陷落柱周围的煤岩层,由于受塌陷和重力的影响、沿裂隙面向下发生位移产生小断层。小断层规模小,走向延长 10 ~ 20 m。落差多在 0.5 m 以内,都是向陷落中心倾斜的正断层(图 4.73)。

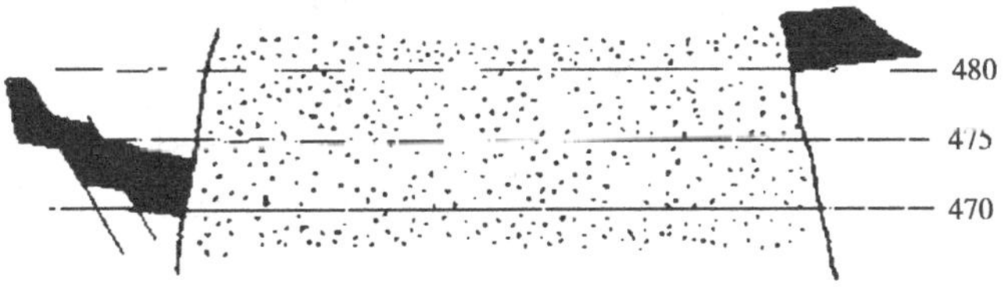

图 4.73　陷落柱围岩中的小断层示意图

④煤质氧化　陷落柱附近的煤层,由于地下水作用,易发生氧化,氧化煤的光泽变暗,灰分增高、强度降低。

⑤涌水量增大　陷落柱穿过含水层时,将地下水导入矿井,当巷道接近陷落柱时,涌水量会骤然增加,甚至发生突水事故。

(2)井下陷落柱的观测

巷道遇到陷落柱,揭露的只是一个很小的接触面(柱面),观测时应确定巷道与陷落柱的相遇部位。由于这种接触面与断层带、冲刷带有相似的特征,必须仔细观察才能作出正确判断。

①柱体前的煤岩层特征　观测与柱体相接触部位的煤层及顶底板岩层产状、裂隙和煤质。

②柱面特征　一般为凹凸不平的高角度倾斜面、呈镶嵌状,但也有陡峭的直立面,注意测定柱面与巷底交切弧线的弧度及方向。

③柱体内特征　观察岩块的岩性、形状、大小及堆积方式等、应特别注意与揭露点附近的钻孔或石门剖面资料进行岩性对比,判断陷落层位。

④判断陷落柱的形状、大小及陷落柱的相遇部位　根据上部煤层、地表或上水平的陷落柱资料,结合观测,判断陷落柱的形状、大小及陷落柱的相遇部位(图 4.74)。

2)陷落柱的探测

为了准确圈定陷落柱的位置、大小、形状和面积,在观测的基础上,必须使用探测手段。目前,常用的探测手段主要有钻探、物探和巷探。

(1)钻探　钻探使用的范围较广。在地表可用钻探验证异常区是否有陷落柱存在;在井下可用钻探探测巷道前方或由巷道圈定的回采工作面内有无陷落柱存在(图 4.75)。

(2)物探　由于煤层与陷落柱的物性不同,可以利用物探探测陷落柱。

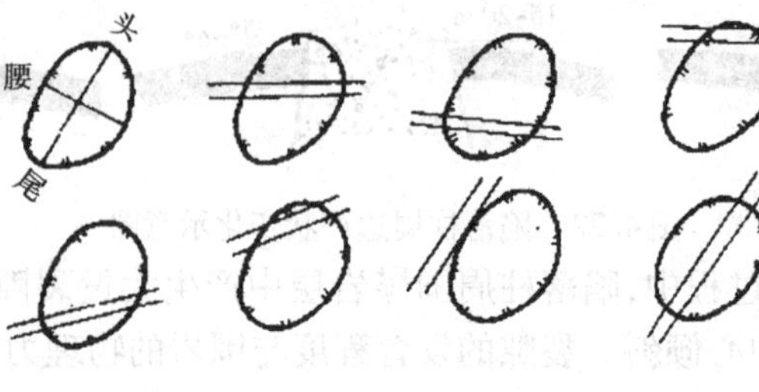

图 4.74　根据巷道与陷落柱交线判断陷落柱大小、形状及相遇部位示意图

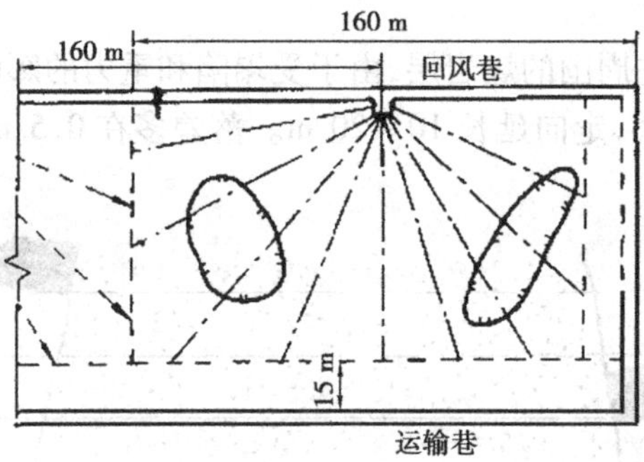

图 4.75　钻孔圈定陷落柱示意图

(3)巷探　巷探能直接进行观察和测定,可靠程度高,但工作量大,费用高。安排巷探时尽可能考虑一巷多用,或采取小断面掘进。

3.1.5　煤矿生产中对岩溶陷落柱的处理

由于陷落柱的特征和含水性不同,煤矿中具体处理方法也不同。

1)设计时尽量把陷落柱留设在煤柱中,既减少煤炭损失,又保证生产安全。

2)掘进遇陷落柱时,如为矿井主要巷道,而又是无水陷落柱时,应按原设计施工,直接穿过陷落柱,同时注意安全生产,特别是防止矿井水或瓦斯的涌出。如果是回风巷,可采取绕过的方法,同时起到探明陷落柱的作用。

3)回采工作面中遇到陷落柱,应先探明其形状、大小、位置,然后决定处理方案。如图4.76所示,在回采工作面不同位置上有三个陷落柱,其长轴方向与煤层倾向一致。图中左下

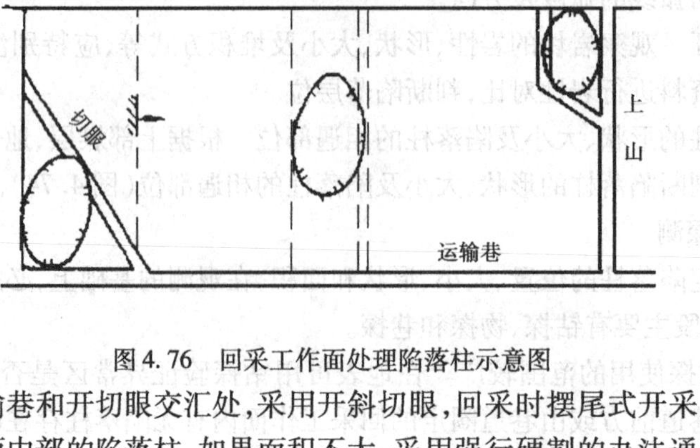

图 4.76　回采工作面处理陷落柱示意图

角的陷落柱位于运输巷和开切眼交汇处,采用开斜切眼,回采时摆尾式开采,将工作面调整到正常位置。对工作面中部的陷落柱,如果面积不大,采用强行硬割的办法通过陷落柱;如果面

积较大，则需要预先准备新切眼，当工作面推进到陷落柱左侧时，倒面搬家，跳过陷落柱继续回采。当陷落柱位于风巷和上山交汇处时，采用缩短工作面长度或者用减小溜尾进尺的办法避开陷落柱。

3.2　岩浆侵入体对煤矿生产的影响及处理

我国有近三分之一的煤矿在含煤地层中发现岩浆侵入现象。岩浆侵入、穿插或接近煤层，一方面导致岩浆熔蚀交代煤层，破坏煤层的连续完整性，减少可采储量；另一方面引起煤的接触变质，使煤的灰分增高，黏结性降低，甚至变成天然焦炭，从而降低煤的工业价值。同时，造成采区、采面布置困难，妨碍采掘工作顺利进行，增加生产成本，掘进率明显增高。因此，对于岩浆侵入强烈的矿区，岩浆侵入煤层就成为影响煤矿生产建设最主要的地质因素。但是，也有少数矿区，由于受到岩浆热变质作用的影响，致使煤种增多，使部分低变质程度的煤变为价值较高的炼焦煤。

3.2.1　岩浆侵入体对煤矿生产的影响

1）岩浆侵入对煤质的影响

一般说来，岩浆侵入引起的变质作用有以下规律。

（1）岩墙切割煤层，对煤质影响小，通常只是岩墙两侧几米的煤炭发生变质。

（2）岩床沿煤层侵入，对煤质影响范围大，有时甚至将煤层全部吞蚀。岩浆在煤层中的侵入位置不同，其影响也不同。如岩浆侵入体位于煤层下部时影响较大，而位于煤层顶部时影响较小，位于煤层中部时影响最大。

（3）侵入体的大小、厚度直接影响变质程度。侵入体越大，煤层变质越高，影响范围越大；反之则小。

（4）侵入体岩性对煤质的影响，一般认为辉绿岩影响最大，闪长岩次之，石英斑岩影响最小。这是因为辉绿岩属基性岩，熔化温度高，因此对煤质影响较大；石英斑岩属酸性岩，熔化温度低，对煤质影响小。

（5）岩浆侵入煤层，形成一个热接触变质带。距侵入体近者变质深，远者变质浅。可按煤种划分若干带，由近而远为天然焦、高变质煤、低变质煤，逐渐转成正常煤。从一个煤层看，不仅有水平分带，而且垂直分带现象也很明显（图4.77）。

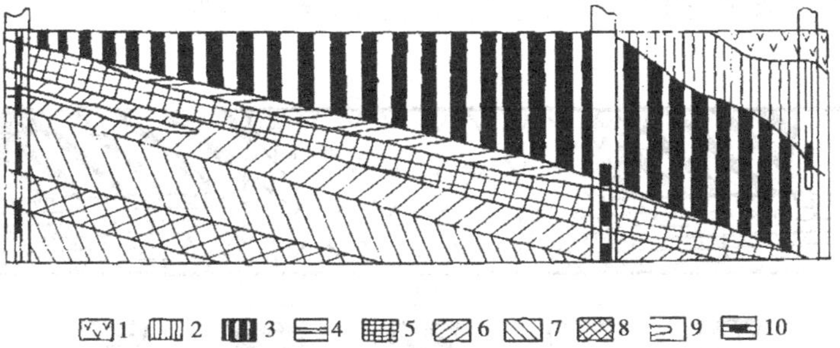

图4.77　煤种分带示意图

1—侵入岩；2—二级天然焦；3—三级天然焦；4—无烟煤；

5—贫煤；6—瘦煤；7—焦煤；8—焦肥煤；9—夹矸；10—采样点

2)岩浆侵入对煤矿生产的影响

岩浆侵入对煤矿生产的影响主要表现在三个方面。

(1)减少煤炭储量,缩短矿井服务年限。例如阜新平安矿某区面积为25万平方米,原有储量为152万吨,由于岩浆侵入破坏,只剩下200吨,其余均被岩浆吞蚀或变成天然焦。

(2)使煤质变差,灰分增高,挥发分显著降低,黏结性被破坏,使原来的优质工业用煤降为一般的民用煤或天然焦。例如河北井陉一矿原生产主焦煤,但在岩浆侵入体附近采出的煤炭,质量很差,甚至不能使用。

(3)破坏煤层的连续性。岩浆侵入体把煤层分割成若干块段,并在煤层中分布着许多零星侵入岩体,给巷道掘进、采面回采带来困难,影响采面的合理布置。

3.2.2 岩浆侵入体的研究

生产矿井研究煤系中岩浆侵入体的任务如下:

①观测岩浆侵入体的岩石类型、矿物成分、结构构造、侵入层位、侵入层数,以及对煤层厚度和煤质的影响。

②探测岩浆侵入体的分布范围,与地质构造和围岩性质的关系,煤层接触变质的特征和破坏程度。确定岩浆侵入中心和侵入方向。预测煤矿不同区域岩浆侵入体的发育程度和煤层破坏程度。

③评定矿井地质条件类别。

1)岩浆侵入体的观测

(1)岩浆侵入体的产状特征

岩浆侵入体的产状是指它的产出状态,即形状、大小和与围岩的接触关系。它受岩浆性质、岩浆通道、侵入深浅和围岩性质的控制。一般情况下,岩浆易沿断裂和软弱层位侵入,因此,煤系中的侵入体最常见的产状为岩墙和岩床。

①岩墙

岩墙是指岩浆沿断裂侵入形成的墙状不整合浅成侵入体。其中规模较小、形状较复杂的称岩脉。从基性岩类至酸性岩类均可构成岩墙或岩脉。

岩墙剖面上呈近直立的墙状(图4.78),平面上呈条带状,厚度由数厘米至数十米,一般在岩层中窄,在煤层中宽,长度由数米至数千米;岩墙受该区断裂控制,具有一定的方向性,并成组出现;岩墙以狭窄条带与煤层接触,对煤层的破坏和影响范围不大。

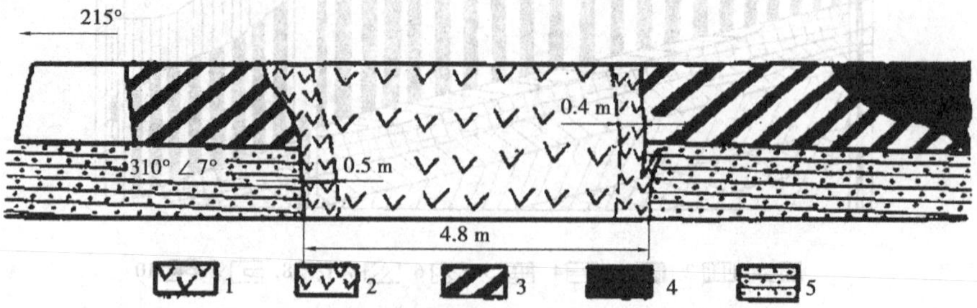

图4.78　山东淄博奎山矿7042顺槽岩墙索描图

1—辉绿岩;2—微晶辉绿岩;3—天然焦;4—煤层;5—砂岩

②岩床

岩床是指沿层理面或软弱层位侵入形成的层状整合浅成侵入体。岩床以基性和中性岩类最常见。

岩床大致平行围岩层理，多沿煤层侵入，厚度较小，面积较大，倾角平缓，形态复杂多样，从中心到边缘，可由层状（图4.79）过渡为似层状，再过渡为树枝状、串珠状和扁豆状。

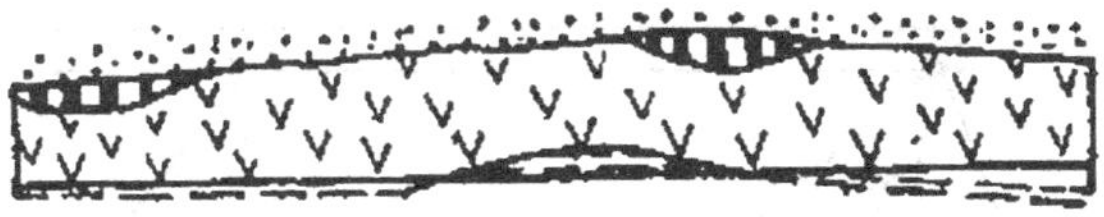

图4.79　东陶庄煤矿北225巷道素描图

(2)岩浆侵入体的观测

对井下一切揭露岩浆侵入体的地点，都应进行观测和素描，观测的内容有下面四个方面。

①岩浆侵入体的颜色、矿物成分、结构与构造特征及岩石类型。

②岩浆侵入体的产状。

③岩浆侵入体与断裂的关系。

④煤层受影响的情况，包括侵入体与煤层的接触关系，天然焦的宽度，煤层的变质程度等。

2)岩浆侵入体的探测

由于侵入体形状变化多端，为指导采掘工作的顺利进行，在岩浆侵入体分布区应布置一些专门探巷和钻孔来探明岩浆侵入体的分布范围。

当岩浆侵入厚煤层时，在掘进巷道的同时，应每隔一定距离探测一次侵入体和煤层的厚度变化，得到从顶板到底板的完整煤岩柱状。编制剖面图，反映煤层、岩体的分布情况（图4.80）。

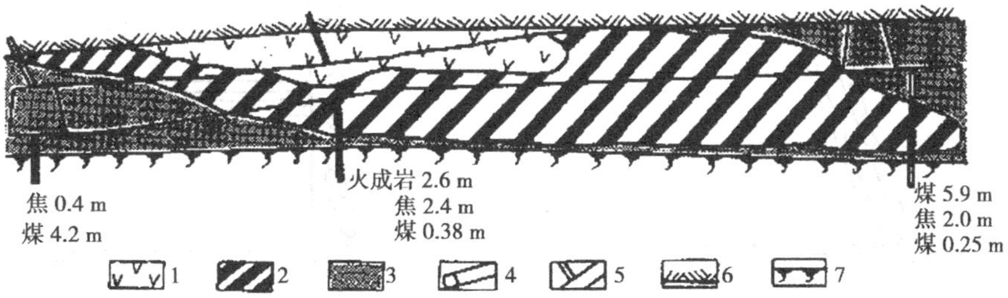

图4.80　根据钻探编制煤层素描剖面图

1—侵入岩；2—天然焦；3—煤层；4—巷道；5—钻孔；6—煤层底板；7—煤层顶板

对中厚及薄煤层，可以在同一煤层中布置钻孔或探巷查明侵入体平面分布范围，也可以从邻近煤层的巷道中打钻孔圈定侵入体的分布范围（图4.81）。

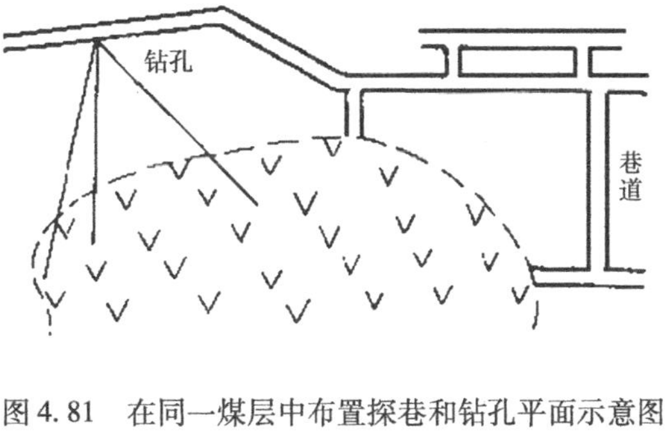

图4.81　在同一煤层中布置探巷和钻孔平面示意图

为了查明侵入体附近的煤层变质情况,应加强取样化验工作。一般根据岩浆侵入体的形态特征和煤的变质情况布置取样点。同时,还可以根据煤变质的规律预测侵入体的分布(图4.82)。

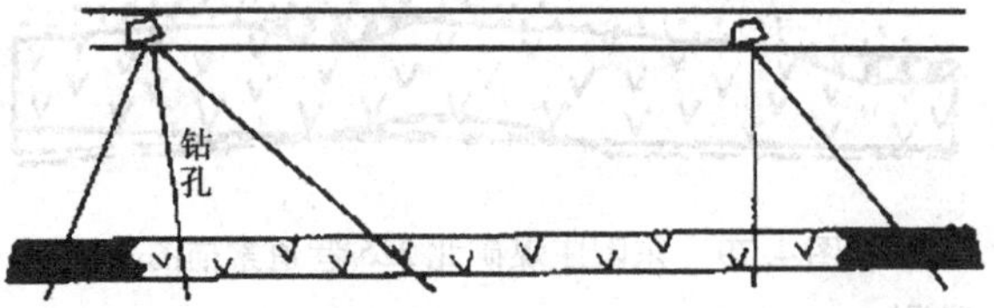

图4.82　在邻近煤层的巷道中布置钻孔剖面示意图

3)岩浆侵入体的综合研究

对揭露岩浆侵入体的钻孔、巷道地质编录资料及取样化验资料,加以系统整理和综合分析,编制反映岩浆侵入体分布和煤层变质情况的综合图件,如侵入体分布图、煤质等值线图、相应的剖面图、素描图等,然后提出侵入体分布及煤层煤质预测图。

3.2.3　煤矿生产中对岩浆侵入体的处理

掘进巷道遇到岩墙时,可按原设计直接穿过。回采时,可根据岩墙的大小与分布情况,决定是重开切眼还是分两个工作面回采。如果岩墙沿倾向或斜交方向分布,回采至岩墙时,重开切眼,继续回采(图4.83)。如果岩墙沿走向分布时,可分成上、下两个小工作面回采(图4.84)。对于岩床,则要求先用探巷和钻孔圈定范围,然后确定回采方案。

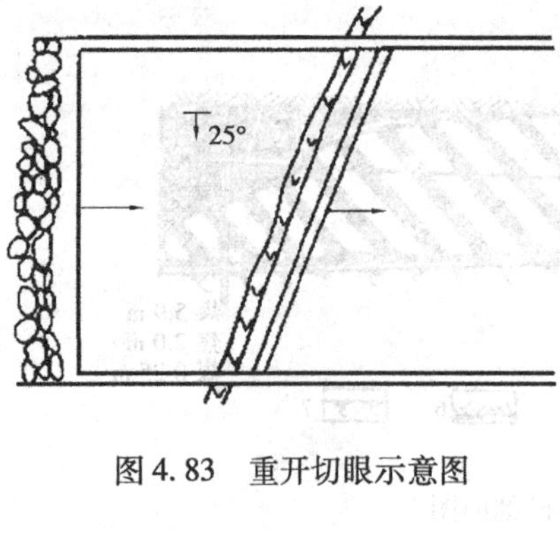

图4.83　重开切眼示意图

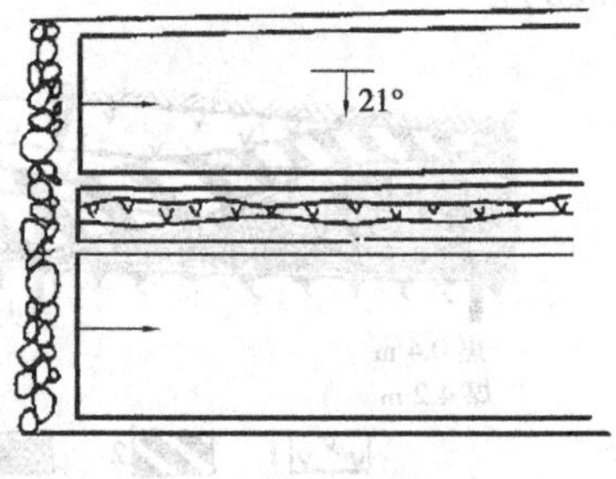

图4.84　工作面分成两个小面回采示意图

任务4　矿井瓦斯对煤矿生产的影响

4.1　矿井瓦斯概述

随着国民经济对煤炭资源需求的不断增加，煤矿的开采强度和深度进一步加大，煤与瓦斯突出、瓦斯爆炸和其他瓦斯事故已经成为影响煤矿生产安全和矿工生命安全的最重大的安全因素。

据统计，在1950～1981年间，全国已有200多个矿井发生过9 845次突出，占全世界突出总次数的1/3强。又如2001年，我国一次死亡10人以上的14次事故中，瓦斯事故就占12次，我国是世界上煤与瓦斯突出和其他瓦斯事故最严重的国家之一。因此，开展瓦斯地质研究具有十分重要的现实意义。

通过瓦斯地质研究工作，可大大提高煤矿安全生产的经济效益。如近几年来，淮南矿业集团公司重视瓦斯地质研究工作，效果明显，工作面月单产由2.4万吨提高到7万吨，掘进月单进由80米提高到150米以上，生产效率由人均0.84吨提高到4吨。另外，我国煤矿在开采过程中排放到大气中的甲烷量约150亿立方米，约占世界甲烷年产量的三分之一。因此，大力开展瓦斯地质研究工作，具有重大的经济意义。

通过对煤和瓦斯突出及煤成气的深入研究，人们发现从瓦斯形成、运移、赋存到瓦斯逸散，煤和瓦斯突出无一不与煤矿地质因素有关。因此，1983年12月原煤炭工业部下达了“关于加强瓦斯地质工作的通知”，并开展“编制全国矿井瓦斯地质图的科研项目”，加快了地质部门参与矿井瓦斯研究的步伐，从而形成了一门新兴的边缘学科——瓦斯地质。

瓦斯地质是把瓦斯作为一个地质体，用地质学的方法，研究煤体中瓦斯的形成、运移、赋存和分布规律，并运用这些规律为煤矿安全生产服务的科学。由此可知，瓦斯地质研究的对象是瓦斯，即把瓦斯作为一个地质体来研究，所以它与煤资源地质学、构造地质学、煤岩学、煤化学、地质力学等学科都有着密切的联系，即瓦斯地质是地质科学的一个分支；另外，它还与采煤方法、通风安全等学科具有直接的关系，因此，瓦斯地质的研究涉及到多种学科和部门，是一门综合性的边缘学科。

开展瓦斯地质研究工作，掌握瓦斯分布规律和储存状态，是防治矿井瓦斯灾害的重要途径，对于确保煤矿安全生产，变害为利，提供瓦斯资源和提高煤炭工业经济效益等方面，都有着重大的意义。

目前，煤成气的研究相对比较全面深入，而矿井瓦斯实际上也是煤成气的一部分，煤成气分类如下：

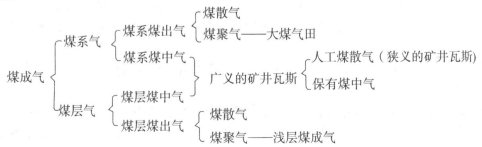

- 煤成气
  - 煤系气
    - 煤系煤出气
      - 煤散气
      - 煤聚气——大煤气田
    - 煤系煤中气
  - 煤层气
    - 煤层煤中气
    - 煤层煤出气
      - 煤散气
      - 煤聚气——浅层煤成气

煤系煤中气、煤层煤中气 → 广义的矿井瓦斯
- 人工煤散气（狭义的矿井瓦斯）
- 保有煤中气

4.1.1 矿井瓦斯的概念

广义的矿井瓦斯是指在煤矿生产过程中，从煤层、岩层和采空区放出的以及生产过程中产生的各种气体的总称。生产过程中产生的各种气体不属于我们的研究对象，因此，一般情况下我们所说的矿井瓦斯是指在煤矿生产过程中，从煤层、岩层和采空区放出的各种气体的总称，即狭义的矿井瓦斯。

对比煤成气的概念，不难看出狭义的矿井瓦斯是煤中气（煤系煤中气和煤层煤中气）释放到煤矿采掘空间的各种气体的总称。

4.1.2 矿井瓦斯的主要成分

大量分析结果表明，组成矿井瓦斯的成分包括：甲烷（沼气）CH_4，一般可占80%以上；二氧化碳 CO_2 和氮气 N_2，一般占1% ~20%；重烃及其化合物，包括乙烷 C_2H_6、丙烷 C_3H_8、丁烷 C_4H_{10}、戊烷 C_5H_{12} 等，含量很少，一般在1%以下；氢气 H_2、一氧化碳 CO、二氧化硫 SO_2 及硫化氢 H_2S 等气体，虽然含量很少，但危害很大；氦 He、氖 Ne、氩 Ar、氪 Ke、氙 Xe 等稀有气体，含量甚微。

矿井瓦斯成分极其复杂，它主要是由 CH_4，CO_2 和 N_2 组成。其中，CH_4 是瓦斯的主体成分，对煤矿的危害也最大。后述如无特别指出，矿井瓦斯就是指甲烷（CH_4）。

4.1.3 矿井瓦斯的性质

矿井瓦斯的性质是组成瓦斯的各个成分性质的总和，由于不同地区、不同煤层、不同深度的瓦斯成分不同，其性质有明显差异。

1）甲烷（沼气）CH_4

（1）为无色、无臭、无味和无毒气体，有时与其他芳香族气体同时放出可嗅到轻微的苹果香味；与空气的比重0.554，约为空气的一半，因而，在井下 CH_4 总是聚集在采掘空间的上部；在标准状态下，容重为0.716 kg/m^3。

（2）甲烷难溶于水。在压力为4.9 MPa，温度30 ℃时，其溶解度仅为1%。所以，少量地下水的流动对瓦斯排放的影响不大。

（3）甲烷的扩散能力强，是空气的1.6倍，具有迅速扩散的能力；甲烷的渗透性也很强，能穿过岩层到其他煤层采空区和巷道中放出。

（4）甲烷虽无毒，但有害于呼吸。当空气中甲烷浓度达到19%时，氧含量降至17%，呼吸困难；当甲烷浓度达43%时，氧含量降至12%，能使人窒息；如甲烷浓度达57%以上时，则氧含量降至9%以下，能使人立即死亡。

（5）甲烷不助燃，但具有燃烧性和爆炸性。浓度较高的甲烷遇火就能燃烧，是良好的动力、炼钢和民用燃料。但当甲烷在空气中的浓度较低（5% ~16%）时，遇火就爆炸，浓度为9.1%时爆炸威力最大。

（6）甲烷具有被煤吸附的能力。煤对甲烷的吸附能力主要与压力有关，在低压下，煤对甲烷的吸附量与压力大小成正比，但当压力增加到一定值时，这种比例关系消失，吸附量不再增加。

（7）甲烷的化学性质不活泼，一般情况下只能与氯气化合生成炭黑。

2）二氧化碳 CO_2

除瓦斯本身含有少量 CO_2 外，人的呼吸、坑木氧化、放炮、某些物质的水解等，都会产生一定量的 CO_2。二氧化碳无色，略具酸味；比重1.52，比空气重；不自燃，也不助燃；易溶于水。

一般瓦斯中 CO_2 含量不大于0.1%～0.4%。

二氧化碳为微毒惰性气体。空气中 CO_2 达5%，呼吸困难；超过20%，可使人窒息。

3）一氧化碳CO

CO为无色、无臭、无味气体，比重0.97。瓦斯中CO极少，只占千分之几。但它为剧毒气体，CO与人体血红蛋白结合，可造成人体组织和细胞严重缺氧而中毒死亡。当空气中CO达0.048%时，20～30 min可使人死亡；达1%时，立即致命。

4）硫化氢 H_2S

除瓦斯本身含有极少量 H_2S 外，井下坑木腐烂也会产生一定量的 H_2S，另外地下水也会带来 H_2S。H_2S 为无色、微甜、有臭鸡蛋味，比重1.19，在水中具高溶解度。硫化氢为剧毒气体，当含量达0.000 1%～0.000 2%时，可嗅到臭鸡蛋味；达0.002 7%时，味最浓；超过0.027%时，可使嗅觉失灵；达0.01%～0.015%时，出现中毒症状；达0.05%时，半小时内可使人失去知觉。

4.1.4　矿井瓦斯的赋存状态

瓦斯在煤层中的赋存状态有游离状态、吸附状态、吸收状态等三种基本形式（图4.85）。

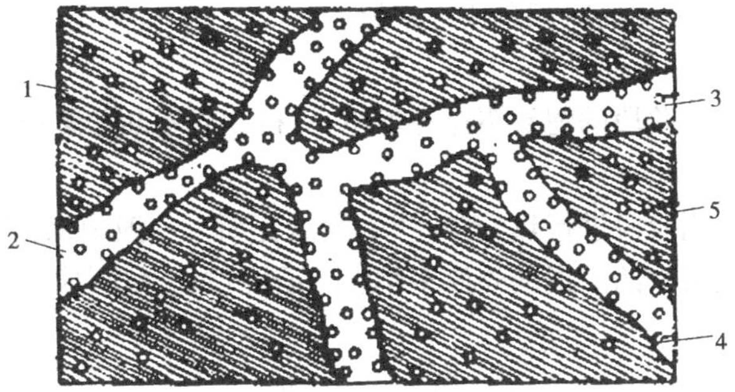

图4.85　瓦斯赋存状态示意图

1—煤体；2—空隙；3—游离瓦斯；4—吸附瓦斯；5—吸收瓦斯

1）游离状态瓦斯

游离状态瓦斯是指以自由气体状态存在于煤和岩石的孔隙、裂隙和溶隙等空隙中，其含量取决于空隙度（自由空间）的大小及温度和瓦斯压力。空隙度愈大、温度愈低、压力愈高，则游离状态瓦斯量愈大；反之，则愈小。

游离状态瓦斯分子一般存在于煤或岩石的大空隙或过渡空隙中，在空隙中可以按气体定律自由运动。煤在采动前游离状态瓦斯含量很小，一般只占瓦斯总量的3%～5%。

2）吸附状态瓦斯

吸附状态瓦斯是指由于瓦斯分子和煤固体颗粒之间的分子引力作用，被吸附在煤体（或岩石）的微空隙或超微空隙表面的瓦斯。它不服从气体定律，瓦斯分子不能像游离瓦斯那样自由运动，但是它与游离瓦斯之间存在着动平衡关系。当压力增加、温度降低时，煤的吸附能力增加，游离状态瓦斯向吸附状态转化。但这种转化的前提是煤的微空隙和超微空隙处于气不饱和的状态下，实际上这种转化较为少见。当压力降低、温度升高时，吸附状态瓦斯向游离状态转化。这种现象较为常见，称为瓦斯的解吸作用，它是一种吸热反应。所以，当大量瓦斯解吸时，可吸收围岩热量而使煤壁降温。大量瓦斯的解吸现象与煤和瓦斯突出具有密切关系。

微空隙的直径仅有200~1 000 nm(1 nm = 10^{-9} m),超微空隙则更小,在电子显微镜下才能观察到,而瓦斯分子的直径仅为0.041 4 nm。据测定,1 g无烟煤微空隙的总面积可达200 m^2之多,超过一般空隙的2 000倍,据测算,在高压下一吨煤可容纳35~45 m^3瓦斯。因此,煤中气的80%~90%以上,均为吸附状态瓦斯。

3)吸收状态瓦斯

吸收状态瓦斯是指瓦斯分子进入煤的分子团中,与煤分子紧密地结合成一体的瓦斯。这部分瓦斯分子的自由度很低,只有在温度达104 ℃时,才能从煤体中释放出来,而且含量很少,故一般忽略不计。

近年来,有人提出瓦斯除气态外,也可能以液态或固态的形式存在于煤层中,但至今尚未得到证实。

4.2 矿井瓦斯成因、运移和分带

4.2.1 矿井瓦斯成因

有关瓦斯的成因学说很多,在相当一段时间里,可谓众说纷纭。但随着对瓦斯研究的不断深入,普遍认为煤层中瓦斯主要有四种成因来源。

1)生物化学作用

植物在成煤作用第一阶段的泥炭沼泽环境中,有机物质不断分解形成瓦斯。

2)煤变质作用阶段

成煤物质在变质作用阶段进行热分解,产生大量瓦斯。一般说来,在成煤过程中,植物纤维素所生成的瓦斯量是很大的。据国外许多学者的研究估计,每形成1 t煤的产气量如表4.5所示。

表4.5 每形成1 t煤的产气量

煤类	褐煤	肥煤	瘦煤	无烟煤
气量/m^3	68	230	330	400

该阶段生成的瓦斯,由于埋藏较深,不易放散。因此,目前煤层中的瓦斯,绝大部分是由该阶段形成的。但是,由于瓦斯的扩散和渗透能力强、比重小,大部分瓦斯已通过运移扩散,只有小部分仍保留在煤层及围岩中。

3)岩浆岩气体的侵入

有的矿井(如营城矿),在研究时发现其CO_2与岩浆岩侵入体有关。这是因为岩浆岩侵入体中带有大量的CO_2气体,当岩浆岩侵入煤系时,通过各种空隙渗入煤层及其围岩中,并赋存下来。

4)油气田气体的侵入

有的矿区,煤系下伏或上覆地层中含有油气层。油气层中的各种气体渗入到煤层中并赋存下来。如陕西铜川焦坪矿的瓦斯与顶底板的砂岩含油层有密切关系,它们不仅在性质上具明显的一致性,在成分上也极为相似。

4.2.2 矿井瓦斯运移

瓦斯从其生成母岩(煤层)中向四周的运动称为瓦斯的运移。

游离状态瓦斯服从气体定律,可以自由运动,它们不断从生气母岩向四周运移。这些运移都是在煤(岩)层的空隙中进行的。目前认为瓦斯的运移方式有三种:

①渗滤——瓦斯从形成和聚集地点向地表方向的运移。

②层移——瓦斯从形成和聚集地点沿煤层(或岩层)的运移。

③扩散——瓦斯从形成和聚集地点向其他方向的运移。

在自然条件下,瓦斯的渗滤、层移和扩散常常是同时进行的,只是运移的方向不同而已。

游离状态瓦斯的运移破坏了与吸附状态瓦斯之间的动平衡,吸附状态瓦斯不断转化成游离状态瓦斯。

瓦斯运移虽是一种普遍现象,但不总是连续进行的,而是时断时续、时强时弱、时快时慢,有时规模大、有时规模小。

在长时间的慢速运移中,瓦斯的一部分成分与煤(岩)层及地下水发生反应或被吸收,导致瓦斯的成分和性质发生变化。因此,不同深度瓦斯的成分和性质不尽相同。

4.2.3　矿井瓦斯分带

瓦斯自生成开始,就在煤(岩)层中不断运移,由于各种化学成分的运移能力不同,另外在浅部又有氧气及地下水的作用,必然导致瓦斯在垂直方向上化学组分的明显差异,即所谓瓦斯的垂直分带。

瓦斯的垂直分带的方案很多,这里只介绍焦作矿院瓦斯科研组的瓦斯垂直分带方案(表4.6)。

表4.6　瓦斯垂直分带

瓦斯垂直分带			瓦斯成分及含量/%		
			CH_4	N_2	CO_2
瓦斯风化带	1	N_2-CO_2 带	0	20	20
	2	CO_2-N_2 带	少量	50 ~ 80	20
	3	CH_4-N_2 带	50	50	少量
	4	N_2-CH_4 带	50 ~ 80	30 ~ 50	微量
甲烷气带	5	CH_4 带	80	20	微量

在不同的煤田和矿井,各带的具体深度及瓦斯成分各不相同,也不一定能清楚地划分成五个带,有的只有三个带,甚至只有一个带。例如,在煤层埋藏浅、风化作用和脱气作用非常发育的地区,可能缺失 CH_4 带,甚至缺失 N_2-CH_4 带和 CH_4-N_2 带。由于 CH_4 带具有特殊意义,所以,一般情况下,只需分出瓦斯风化带和 CH_4 带即可。

瓦斯风化带下界深度一般在200 ~ 300 m左右。但是,由于不同地区、不同矿井的地质构造、风化作用强度、含煤地层的埋藏深度和出露程度、煤层的围岩性质、地下水的作用等因素不同,瓦斯风化带下界的深度相差较大。有的很浅,如我国湖南省的红卫、马田、立新等矿区,瓦斯风化带深度均不到100 m;有的较深,如我国河北省开滦各矿的瓦斯风化带平均深度可达471 m,一般都在448 m以上。

4.3 影响煤层瓦斯含量的地质因素

4.3.1 影响煤层瓦斯含量的地质因素

在整个成煤作用过程中，自始至终都在形成煤成气，而煤成气又在不断地运移变化中，所以现在保存在煤层中瓦斯含量的多少不仅取决于成煤物质、成煤环境、煤的变质程度及变质类型，而且还受煤层、围岩、地质构造及地下水等因素的影响。

1）成煤物质和生物化学作用

经大量研究证明，不同成煤物质的煤成气中甲烷含量不同，由高等植物形成的腐植煤的煤成气中甲烷含量占气体总量的90%～95%。而由低等植物形成的腐泥煤的煤成气中甲烷含量只占气体总量的47%～75%。

成煤物质在不同的成煤环境中其生物化学作用形式是不一样的，其产生甲烷的量也是不同的。在氧化环境中，气体以CO_2，NO等成分为主；在还原环境中，气体则以CH_4，H_2等成分为主。

2）煤岩组分

不同的煤岩组分对甲烷的吸附能力不同，在低变质阶段丝质组比镜质组对甲烷的吸附量大，而在高变质阶段反之。

3）煤的变质程度

（1）煤的变质程度对瓦斯生成量的影响

成煤物质在变质作用阶段进行热分解，产生大量煤成气。表4.7是煤在不同变质阶段的CH_4，CO_2气体生成量。

表4.7 不同变质阶段的含气量

挥发份/%	每吨煤形成的煤成气/m^3	
	甲烷	二氧化碳
40～48	4.00	5.85
35～45	11.31	22.12
30～40	21.05	32.54
25～35	39.08	48.65
20～30	61.94	53.56
15～25	79.34	58.76
10～20	100.70	62.65
5～15	149.37	71.40
0～10	273.57	76.98

从上表可以看出，有机物质在煤化作用的各个阶段都能生成甲烷；变质程度越高的煤，甲烷生成量越大；与甲烷相比，二氧化碳的形成量虽然随变质程度的提高而增加，但其增长率则随变质程度提高而下降。

（2）煤的变质程度对瓦斯吸附量的影响

前苏联学者通过对顿巴斯、顿涅茨、库兹涅茨等矿区不同变质程度煤的甲烷吸附容量测定(图4.86)。从图中可以看出煤对甲烷的吸附容量随变质程度的增加而增加的一般规律。

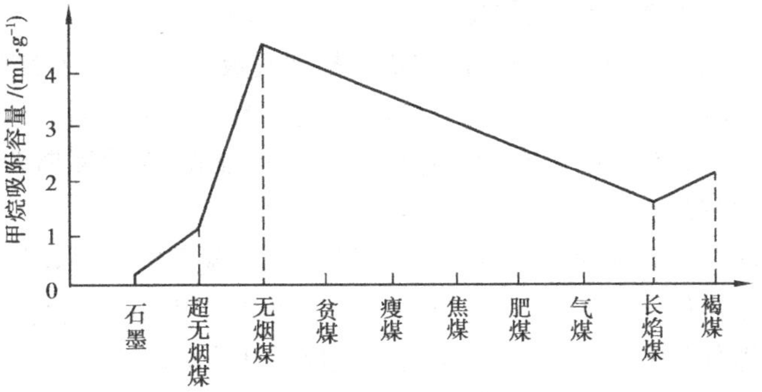

图4.86　各煤种甲烷吸附量变化示意图

产生上述规律的主要原因:在成煤初期,煤的结构疏松,孔隙率大,因此褐煤比长焰煤吸附能力大些;在变质作用初期,由于压力的作用,煤渐趋致密,孔隙率减小,故长焰煤吸附能力较褐煤下降(最大吸附量在20~30 m^3/t左右);随着煤的变质程度进一步增高,在高温高压作用下,煤层内部由于干馏作用而生成大量微孔隙,使吸附表面积逐渐增加,到无烟煤时吸附能力达到最大值;无烟煤之后,由于强大的地压作用,使内部结构发生变化,微孔隙收缩减少,到石墨为零,吸附能力骤减,以致完全消失。由此可见,煤的孔隙性质和数量的变化是煤对甲烷吸附能力增减的主要因素。

(3)煤的变质作用类型对瓦斯的影响

煤的变质作用类型对瓦斯的影响主要表现在以下几方面:

①在可比范围内,热变质煤的甲烷吸附容量高于区域变质煤。

②一般情况下,热变质煤甲烷吸附容量值变化范围比区域变质煤要宽得多。

③热变质煤具有较高的供气动力,因此在煤层受到后期改造的过程中,气体保存条件较差。但封闭条件较好的热变质煤包又是突出的危险地带。

④区域变质煤的甲烷吸附量随着煤的变质程度的提高而增加的规律明显,而热变质煤的这种规律变化不明显。

4)煤系和煤层特征

(1)煤系特征

不同的煤系基底、煤系和煤系盖层特征,导致瓦斯生成、运移、赋存和排放条件的差异,必然影响矿井瓦斯含量。因此,不同的煤系特征决定了现代瓦斯赋存的区域性特点。煤系特征对瓦斯含量的影响主要表现在以下几个方面:

①一般情况下,煤系含煤性越好,煤系越厚,瓦斯生成量越高。因此,聚煤中心往往是瓦斯含量较高的部位。

②盖层和基底厚度大、岩性致密透气性差、在地表出露面积小者,瓦斯含量高,反之瓦斯含量低。

(2)煤层特征

煤层特征主要包括:煤层厚度及其变化、煤层的结构和组成、煤岩组分和煤岩类型、煤的物理力学性质、煤层顶底板特征及其埋藏深度等几方面。其中,尤以煤层厚度及其变化、煤层顶底板特征及其埋藏深度对煤层瓦斯含量影响较大。

①煤层厚度及其变化　煤层厚度越大,瓦斯生成量越大,煤对瓦斯的吸附量也愈大,瓦斯含量就高。当瓦斯保存条件良好时,厚煤带也是瓦斯富集带。

②煤层顶底板特征　煤层顶底板特征主要是指顶底板岩石的组成、结构、构造、胶结特征、裂隙发育情况等,它通过影响煤层顶底板岩层的透气性控制煤层瓦斯的运移和赋存条件。通常情况下,煤层与围岩的透气性好,有利于瓦斯的运移和排放,因此瓦斯含量就小;反之,煤层与围岩的透气性差,则有利于瓦斯的保存,瓦斯含量就大。

③煤层的埋藏深度　大量国内外研究证明,煤层的埋藏深度是影响煤层瓦斯含量最主要的地质因素。在瓦斯风化带以下,无论是煤田、矿区,还是井田,其煤层瓦斯含量和瓦斯压力都无例外地随煤层的埋藏深度增加而增加,也就是说煤矿开采深度愈大,其煤层瓦斯含量和瓦斯压力愈大,但每百米的瓦斯增长梯度有随深度减小的趋势;由于各地区地质情况的差异,各煤田(矿区,矿井)的瓦斯增长梯度有所不同。如贵州六枝矿区(图4.87)。

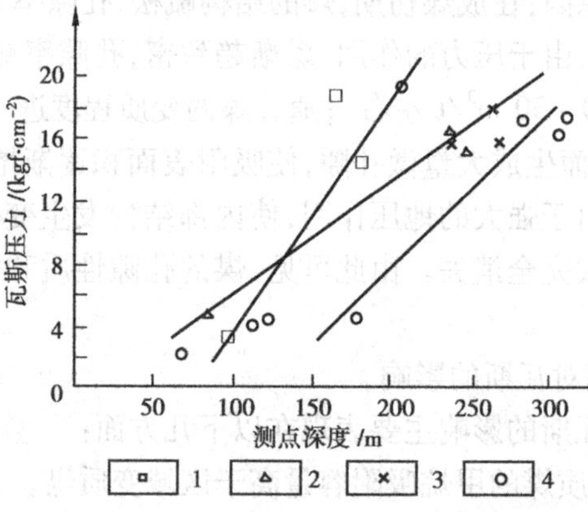

图4.87　贵州六枝矿区瓦斯压力与垂深曲线图
1—四角田矿;2—六枝矿;3—地宗矿;4—大用矿

5)矿井地质构造

煤在构造作用下最易发生运动和变化,从而引起煤中瓦斯的运移和变化。研究表明,从中小型构造到区域构造,从煤层倾角到褶皱、断裂,几乎所有构造都与瓦斯的赋存和分布有关。所以,地质构造是影响瓦斯分布的最主要因素之一。

在瓦斯地质研究中,通常把构造分为以下两大类:

一类是封闭型构造——压性或压扭性构造一般多属封闭型。在压扭应力较强的地区,最有可能形成构造软煤封闭区。这样的地区有着很大的瓦斯潜能,也是瓦斯易于赋存的场所。

另一类是开放型构造——在张应力作用下所形成的构造,多属开放型。这种构造有利于瓦斯的排放或煤层的去气作用。

(1)区域构造与瓦斯含量

①我国瓦斯分布规律　我国瓦斯分布的总体规律是:南方瓦斯大,北方瓦斯小。瓦斯涌出量大,突出较严重的矿井,多数分布在南方,特别是四川、湖南、贵州、江西等省。在华北广大煤田中,一般矿井瓦斯涌出量较小,突出矿井相对较少。这是由于华南地区因受印支、燕山等构造运动的强烈影响,褶皱和断裂多呈压性或压扭性,构造复杂,地应力相对比较集中,因而瓦斯大,突出多;华北地区,多张性或张扭性断裂,形成断块构造或阶梯状构造,以正断层为主,常为

开放型构造，因而瓦斯较小，突出较少。

②矿区的瓦斯分布规律　构造对矿区瓦斯的控制作用十分明显。如河北开滦矿区区域构造为开平向斜，它是一个轴向为NE—SW且向SW仰起、NW翼陡立而SE翼缓的不对称向斜。由于NW翼构造复杂，以压性构造为主，断层密度大，因而位于该翼的唐山、马家沟、赵各庄等矿瓦斯涌出量大，有多次突出，而SE翼构造简单，倾角平缓，以张性断层为主，断层密度较小，因而位于该翼的范各庄、林西、吕家坨等矿瓦斯涌出量小，无突出。

（2）矿井构造与瓦斯含量

①煤层倾角　在其他条件近似，煤层围岩封闭条件较好的情况下，一般倾角平缓的煤层瓦斯含量较倾角陡的煤层要大；倾角变化大的煤层瓦斯含量较倾角变化小的煤层要大。这是因为倾角平缓变化大的煤层中瓦斯运移距离远，阻力大，去气难；而倾角陡变化小的，则相反。如湖南省白沙矿区的总体构造为一轴向SN的不对称向斜构造——白沙向斜，其两翼6号煤层特征、顶底板岩性等基本相同，但由于向斜西翼倾角缓，约20°～30°，其东翼倾角陡，约30°～60°，表现为西翼瓦斯高，东翼瓦斯低。

②褶曲构造　矿井中大、中型褶曲对煤层瓦斯含量影响较大，而小型褶曲影响很小。一般情况下，紧密褶皱地区瓦斯含量高。这是因为这些地区受到强烈构造作用，应力集中，有利于瓦斯的聚集和保存；大型向斜相对埋藏深度大，瓦斯含量高；大型背斜相对埋藏浅，瓦斯含量小。大型背斜中和面以上，瓦斯含量低；中和面以下，瓦斯含量相对较高。

中型褶曲对瓦斯含量的影响有两种情况：当围岩的封闭条件较好时，背斜较向斜瓦斯含量高。这是由于在封闭系统中，瓦斯只能沿煤层向高处运移，特别是在倾伏背斜转折端阻力大，故瓦斯含量高；在封闭条件差，背斜中的瓦斯容易沿张裂隙逸散，因此向斜部位相对瓦斯含量较高。如湖南涟邵煤田斗笠山矿区的湖坪井和香花台井均为高瓦斯矿井，而与其相邻的黄港井为低瓦斯矿井。经分析，三个矿井的地质条件基本相同，所不同的只是黄港井位于矿区倾伏背斜的转折端附近，张性裂隙十分发育，封闭条件差，透气性好，故瓦斯低。

③断裂构造　张性断裂——开裂隙或排气断层对瓦斯起排放作用，但随深度增加排气能力有递减的趋势；压性或压扭性断裂——闭合裂隙或遮挡断层对瓦斯起保存作用，但倾角较陡的逆断层有可能排气；由于老构造常被充填而使透气性能变差，所以，新构造比老构造透气性好；与地表相通的排气断层其排气性更好。

（3）构造应力与瓦斯含量

①褶曲构造　褶曲构造属弹塑性变形，往往可保留一定的原始应力状态，因而在褶曲部位形成相对的高压区和相应的高瓦斯区（简称"双高区"）。在褶曲的轴部，变形最大，能量释放最多，应力缓解，压力降低，形成卸压带和低瓦斯区；由轴部向外，在褶曲枢纽部附近的两翼，应力集中，形成高压带和煤层瓦斯聚积带（高瓦斯区）；由此向外，压力和瓦斯均逐渐降低，形成相对的低压带和低瓦斯区；再向外，则进入正常地带，压力和瓦斯均恢复常值（图4.88）。例如，河南焦西李封矿二水平天官区，40几次突山均发生在向斜轴附近的两翼；焦西矿－55 m水平所发生的突出，都在距背斜轴50～100 m的地方，也不在轴部。

②断裂构造　河南焦作矿区中马村矿某采区，在掘进通过一断距为0.5～2.5 m、倾角为60°～70°的正断层时发现：在距断层20 m处，测得瓦斯涌出量为0.5 m^3/min（为正常值），进入20 m之内，瓦斯涌出量逐步增加到2 m^3/min；进入距断层3 m处，瓦斯又降低为0.2～0.3 m^3/min，通过断层后，瓦斯又对称地出现2 m^3/min，0.5 m^3/min，并恢复正常值。这样便出现

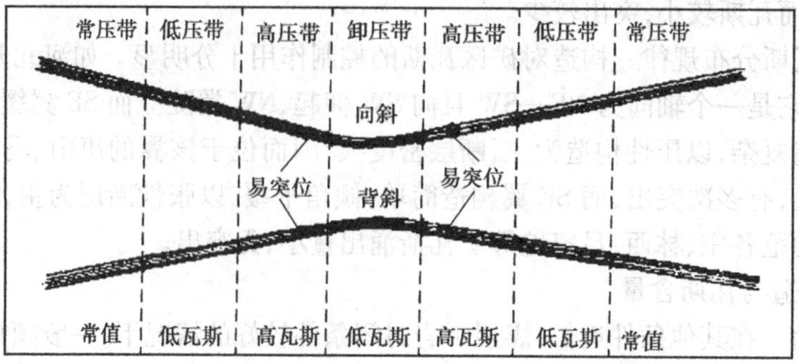

图 4.88　褶曲构造应力与瓦斯分布示意图

了峰值和谷值，从而在断层附近形成瓦斯涌出量的驼峰曲线。许多资料证实，不管断层大小，其瓦斯分布和变化的模式基本相同，只是其变化幅度不同而已。

上述现象的出现，是构造应力分布的反映。在断裂过程中，形成两个应力分布带，即地应力释放带和地应力集中带，而瓦斯的分布也出现相应的分带现象。在断层处，应力释放，压力减低，瓦斯部分逸出，出现谷值；由此向外，应力集中，压力升高，瓦斯聚积，出现峰位；再向外，压力和瓦斯均趋于正常。

进一步研究发现，在各种不同情况的小断层附近，其瓦斯分布有所不同。在开放性断层附近，其瓦斯涌出量变化为一谷两峰（图 4.89（a））；当两条小断层相距很近，且两断层之间连通关系不好时，中间还会出现一个小峰（图 4.89（b））；如果相距很近且连通关系较好的两条断层，实际上可视为一个断层带（图 4.89（c）），在此种情况下，瓦斯分布的曲线与（图 4.89（c））基本相同；在封闭性断层附近，多数情况下谷值不明显，只出现一个瓦斯增值带（图 4.89（d））。

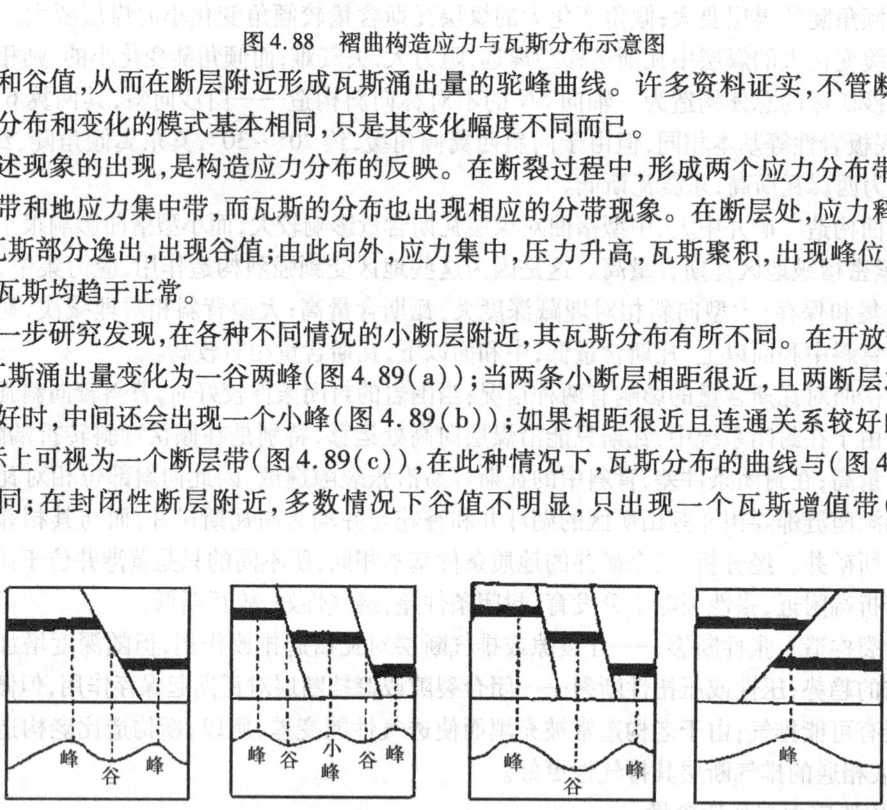

图 4.89　各种小断层附近瓦斯分布示意图

（a）开放型正断层；（b）连通不好的两条正断层；（c）连通好的两条正断层；（d）封闭型断层

6）水文地质条件与瓦斯含量

矿井涌水量对煤层的瓦斯含量影响规律非常明显，即矿井涌水量大，煤层瓦斯含量小。图 4.90 是前苏联库兹巴斯煤田克麦罗夫矿区 1959—1968 年相对含气丰度和含水丰度的对比曲线，规律十分明显：含水丰度大，则含气丰度小。这是由于，当矿井水文地质条件复杂且涌水量大时，一方面地下水充填了煤和岩石的部分孔隙，气被挤走，并且降低了煤对瓦斯的吸附能力；另一方面是部分气体溶于水，被水带出煤层。

7）岩浆活动对瓦斯的影响

在封闭条件较好的煤系或煤层中，岩浆活动可促使煤中瓦斯含量增加。这是由于岩浆作

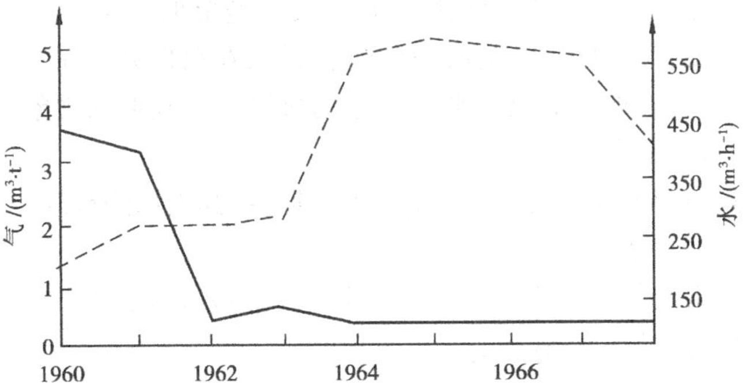

图4.90　克麦罗夫矿区水气对比曲线图

用本身产生的CO_2，N_2等气体进入煤层中，煤的接触变质作用提高了煤的变质程度，增加煤的瓦斯产出量和对瓦斯的吸附能力，覆盖在煤系地层之上的岩浆岩，对煤系瓦斯起封闭作用。

在没有隔气盖层且封闭条件不好的情况下，岩浆的高温作用可使煤层去气，从而降低瓦斯含量。

4.3.2　煤层瓦斯含量的测定

1）直接测定法

（1）密封式煤（岩）心采取器

可利用岩心接受器上下两端的活门自动将煤样密封，使煤样在未脱气的状态下提到地面，并保持气密状态下送到实验室。经过破碎、密闭加热、真空降压等办法，把煤样中的全部瓦斯（包括吸附瓦斯）抽出，测定抽出瓦斯的体积和成分，并用天平称出原始煤样和放气后煤样的重量，二者之差即为煤样中所含瓦斯的重量，最后通过计算求出单位重量煤中含有的瓦斯量。

（2）集气式煤（岩）心采取器

这种采取器上部有一特制的集气室，它可以在钻进和提升过程中收集从煤心中泄出的瓦斯。采样后送交实验室，对集气室中的瓦斯量进行测定和分析，然后测定煤样的残存瓦斯量，最后计算出煤的瓦斯含量。

目前，上述两种仪器已被煤炭地质勘查部门广泛使用。但其使用和维护比较复杂，采样中的瓦斯损失不好估计；此外，薄煤层用这些仪器采样有一定困难，有时不够精确。

（3）气测井法

气测井法是利用半自动测井仪，测定钻孔冲洗液中溶解的瓦斯量、煤心瓦斯量及钻屑中残存的瓦斯量。根据测得的总瓦斯量（即上述三者之和），除以钻进切除的煤量，得出煤层的瓦斯含量。

2）间接测定法

间接测定法是通过现场实测瓦斯压力，实验室测定煤样的吸附常数和煤质参数，用公式算出瓦斯含量。目前，这类计算公式很多，可参考有关的瓦斯专著。

4.4　矿井瓦斯涌出量与矿井瓦斯等级

当采掘工程进入煤层时，煤体及其原始状态被破坏，贮存在煤体内的大部分瓦斯涌入采掘空间，这种现象称为瓦斯涌出。矿井瓦斯涌出一般分为普通涌出和特殊涌出两种。所谓矿井瓦斯普通涌出是指赋存于煤和围岩中的瓦斯向采掘空间自由逸散的过程。矿井瓦斯特殊涌出包括瓦斯喷出和煤与瓦斯突出两种类型,所谓瓦斯喷出是指承压瓦斯从煤体或岩体裂隙中大量异常涌出的动力现象;煤与瓦斯突出(简称突出)是指在煤矿井下采掘过程中,在极短时间内(几秒或几分钟),突然从煤(岩)体内喷出大量的煤(岩)与瓦斯的现象。

4.4.1 矿井瓦斯涌出量

瓦斯涌出量是指生产过程中涌入采掘空间的瓦斯量,其表示法有两种:

1)矿井绝对瓦斯涌出量

矿井绝对瓦斯涌出量是指生产过程中,单位时间内涌入采掘空间的瓦斯量。用符号 Q_{CH_4} 表示,单位为 m^3/min 或 m^3/d,计算式为:

$$Q_{CH_4} = Q \times C \tag{4.6}$$

式中 Q——矿井总回风量,m^3/min 或 m^3/d;

C——矿井总回风流中的瓦斯浓度,%。

2)矿井相对瓦斯涌出量

在矿井正常生产条件下,平均日产 1 t 煤所涌出的瓦斯数量,计算公式为:

$$q_{CH_4} = \frac{1\,440 Q_{CH_4} \times N}{A} \tag{4.7}$$

式中 q_{CH_4}——矿井(或采区)相对瓦斯涌出量,m^3/t;

Q_{CH_4}——矿井(或采区)绝对瓦斯涌出量,m^3/min;

A——矿井(或采区)月产煤量,t;

N——矿井(或采区)的月工作天数,d。

对于抽放瓦斯的矿井,在计算矿井瓦斯涌出量时,应包括抽放的瓦斯量。

4.4.2 矿井瓦斯等级

矿井瓦斯等级的划分,不仅是计算矿井风量的依据,也是确定瓦斯管理办法、选择井下电气设备类型的依据。《安全规程》规定,瓦斯矿井必须依照矿井瓦斯等级进行管理。矿井瓦斯等级根据矿井相对瓦斯涌出量、矿井绝对瓦斯涌出量和瓦斯涌出形式划分为:

(1)低瓦斯矿井　矿井相对瓦斯涌出量小于或等于 10 m^3/t 且矿井绝对瓦斯涌出量小于或等于 40 m^3/min。

(2)高瓦斯矿井　矿井相对瓦斯涌出量大于 10 m^3/t 或矿井绝对瓦斯涌出量大于 40 m^3/min。

(3)煤(岩)与瓦斯(二氧化碳)突出矿井　发生一次或一次以上煤(岩)与瓦斯(二氧化碳)突出的矿井。

抽放瓦斯的矿井,在鉴定日内应在相应的地区测定瓦斯抽放量,矿井瓦斯等级的划分必须包括抽放瓦斯量在内的吨煤瓦斯涌出量。

4.5 防治煤与瓦斯突出的地质工作

4.5.1 煤与瓦斯突出概述

1)煤与瓦斯突出过程

煤与瓦斯突出是煤矿和瓦斯的突然运动,能摧毁巷道设施,破坏通风系统,甚至充塞巷道,造成瓦斯燃烧和爆炸,以及煤流埋人,使人窒息等事故。

煤与瓦斯突出的全过程,一般可划分为四个阶段:准备、发动、发展和停止阶段。

(1)突出的准备阶段　即能量的积聚阶段。在此阶段,由于地应力的变化,瓦斯向某处运移、集中,形成高压瓦斯区,储存大量的弹性潜能。

(2)突出的发动阶段　由于外力作用(如爆破或钻进等),煤体应力状态发生突然变化,岩石和煤的弹性潜能迅速释放,这时,可听到从煤或岩体中发出的破裂声,并观察到煤层发生压缩变形,还出现掉碴、支架压力增大、煤中出现劈裂声及闷雷声等预兆。

(3)突出的发展阶段　依靠释放的弹性能和游离瓦斯的膨胀能,使煤体破坏并由瓦斯把碎煤抛出。

随着煤的破碎和抛出,瓦斯压力降低,瓦斯解吸。解吸瓦斯的再次膨胀加剧并促使煤体进一步破碎。如此反复进行,直到煤被粉碎为粉煤并形成粉煤瓦斯流。这种粉煤瓦斯流具有很大的能量,可以把煤抛出数十米,甚至数百米的距离,它可逆着风流运动或沿拐弯的巷道运动,能推翻矿车,搬运岩石等,造成一定的动力效应。

(4)突出的停止阶段　当激起突出的能量已经耗尽,继续放出的能量便不足以粉碎煤体;如果突出孔道受到堵塞,就不能继续在突出空洞壁建立高的应力梯度和瓦斯压力梯度等。以上任何一种情况出现时,突出立即停止。

突出停止后,碎煤及粉煤沉降,其中的瓦斯继续解吸并涌向巷道。同时,由于煤的喷出,在煤体形成一些特殊形状的空洞,使其周围参与突出的煤体继续破碎,加剧了瓦斯放散。

突出过程中,煤体变形变化的延续时间为0.1~64秒,一般只有几秒;瓦斯压力变化时间一般只有2~7秒。煤与瓦斯突出的全过程一般只延续几十秒时间,少数突出可长达2.5 min。

总之,地应力、瓦斯压力是突出发生、发展的动力,即作用力。而煤的结构(坚固性)起阻碍突出的作用,相应地产生抵抗煤体破碎的阻力,即反作用力:当突出的作用力大于反作用力时,突出就会发生;反之,突出就不会发生。因此,降低地应力和瓦斯压力或设法增强煤(岩)体的坚固性,是防止煤与瓦斯突出的关键。

2)煤与瓦斯突出的一般规律

(1)突出受地质构造影响,呈现明显的分区分带性。突出大都发生在地质构造带内,特别是压扭性构造断裂带、向斜轴部、背斜倾伏端、扭转构造、帚状构造收敛部位、层滑构造带、煤层光滑面与倾角突变、煤厚变化、岩浆岩侵入等地带。

(2)开采深度增加,突出的危险性增大。其主要表现为突出次数增多,突出煤层数增加,突出危险区域扩大。如平矿开采一水平无突出危险性,但随着二水平的开采,戊组、丁组煤层不断发生突出,到目前为止共发生突出47次。

(3)突出的气体主要是甲烷,少数情况下为二氧化碳。一般情况下,煤层瓦斯含量和压力越大,突出危险越严重。大多数煤与瓦斯突出都发生在瓦斯压力大于0.6 MPa、瓦斯含量大于6 m^3/t的情况下。

(4)突出煤层大都具有软煤分层,而且突出危险性随软煤分层的增厚而增加。煤体破坏程度严重,煤的强度越小,突出危险性越大。

(5)突出受巷道布置、开采集中应力影响。在巷道密集布置区、采场周边的支承压力区、邻近层的应力集中地区进行采掘活动,易发生瓦斯突出。突出一般以煤巷掘进时居多,回采工作面次之。

(6)突出常发生于有外力冲击的情况下,这时由于煤体内蓄存了大量潜能,一旦外力冲击,就能诱发其释放,造成突出。特别是在爆破、风镐落煤时,因对煤体震动而使突出的危险性增加。

(7)围岩的透气性越差,致密的岩层越厚,且所占的比重越大,煤层的瓦斯含量越高,煤层上覆和下伏的岩层越致密,越有利于煤层瓦斯的储存,其突出危险性也就越大。

(8)在煤与瓦斯突出之前,大都出现预兆。

4.5.2 煤与瓦斯突出预兆

实践证明,大多数突出都有一些能为人的感官所觉察到的预兆。熟悉和掌握它,对于减少突出危害,保证人身安全,有着重要意义。顶兆分为有声预兆和无声预兆两种。

1)有声预兆

有声预兆表现为地压活动剧烈,顶板来压,不断发生掉碴和支架断裂声;煤层中产生震动,手扶煤壁感到震动和冲击;听到霹雳声、煤炮声或闷雷声,一般是先远后近,先小后大,先单响后连响,突出时伴随巨雷般响声。

2)无声预兆

出现以下情况均应注意:工作面遇到了地质变化,煤层厚度变化大,尤其是煤层中的软分层变化;瓦斯涌出量忽大忽小;工作面气温变冷;煤层层理紊乱;硬度降低,光泽暗淡,煤体干燥,煤尘飞扬,有时煤体碎片从煤壁上弹出;打钻时喷煤、喷瓦斯、严重顶钻、夹钻或喷孔等。

4.5.3 煤与瓦斯突出的预测预报

1)煤与瓦斯突出的预测和预报

研究并掌握煤与瓦斯突出规律,准确开展煤与瓦斯突出的预测和预报,是瓦斯地质研究的首要目标。

根据突出预测和预报的工作对象和目的要求,划分为以下三种类型:

(1)区域性预测　简称预测。主要工作内容是:根据资料,对矿区是否存在突出危险作出初步鉴定;在多煤层矿井,确定不同煤层的突出危险程度。

(2)局部性预测　简称预报。预报是在预测的基础上对井巷或采区内局部区域的突出危险程度进行预报。即对有突出危险的煤层,确定其不同部位突出的严重程度,直接为生产水平延伸和采区设计提供依据,并在施工和回采过程中指出可能突出的部位。

(3)突出警报　简称警报。在预测、预报基础上,根据突出前的征兆,及时对突出危险地段(或地点)发出警报。

2)煤与瓦斯突出预测和预报工作步骤

影响煤与瓦斯突出的因素很多也很复杂,加之不同矿区、不同煤矿、同一煤矿不同煤层,甚至同一煤层不同位置的煤、煤层、煤系及构造差异,给准确开展煤与瓦斯突出的预测、预报工作增加了很大难度,这就需要我们收集大量的瓦斯地质资料,开展深入细致的瓦斯地质研究工作。煤与瓦斯突出预测和预报工作一般步骤大致如下:

(1)建立和健全基础资料库。尽可能地收集研究区域的地质、水文地质、瓦斯赋存特征和分布规律、已发生突出的位置和特征等方面资料,按煤层、采区和生产水平整理归档。

(2)绘制瓦斯地质综合性图件,找出影响突出的主要地质因素和反映突出的关联性指标,总结规律,进行瓦斯地质区划。

(3)在大量现场调研和实测的基础上,确定预测突出的定性指标、定量指标、临界指标和突出征兆。通过分析研究,建立突出预测预报的数学模型。

(4)开展测试和预测预报工作。进行各种参数的测试和试报工作,验证和比较预测、预报的结果，不断完善和修正预测指标。

(5)在上述工作的基础上，进行煤与瓦斯突出的预测预报工作。

4.5.4 防治煤与瓦斯突出的地质工作

1)矿井瓦斯地质日常工作内容

(1)瓦斯地质资料收集整理

现场观测及原始资料的收集是一切工作的基础，要求资料必须真实全面。

①分煤层、分采区、分水平测定瓦斯涌出量、压力，收集相关资料。

②查明影响瓦斯分布的各种地质因素，确定瓦斯风化带深度、瓦斯梯度、瓦斯压力梯度。

③分煤层、分采区、分水平收集整理矿井突出强度、突出频度、始突深度、突出压力、突出类型、突出特征等资料。

④采取煤样、岩样、瓦斯样，进行各种参数的测定。

⑤收集其他相关资料，如地质勘查报告中的有关内容、论文、化验分析资料、通风日报和月报等。

(2)实验室分析研究

①进行瓦斯含量及成分的测定分析。

②进行煤的瓦斯吸附试验及解吸试验，求出吸附常数 a 和 b、解吸速度和吸附量，以及瓦斯放散初速度 ΔV 值等。

③进行煤的各级孔隙率的测定和计算。

④进行煤和顶底板岩石机械强度的测试和研究。

⑤进行煤的宏观及微观结构的研究。

⑥其他有关参数的测定和分析。

(3)理论分析

理论分析主要包括：瓦斯涌出、突出与地质因素的关系，瓦斯及煤与瓦斯突出分布的规律性；瓦斯——地质区划；新区的瓦斯地质预测；其他专题研究。

(4)编制各种瓦斯地质图件

2)瓦斯地质图的编制与应用

瓦斯地质图是瓦斯地质工作的一项重要内容，是瓦斯地质工作成果的反映，是煤矿安全生产的重要技术基础工作。它是分析瓦斯分布和突出点分布特点，研究瓦斯地质规律，计算瓦斯储量，开展预测预报，设计、选择和布置防突措施和工程的基础图件。

(1)瓦斯地质图的种类和主要内容

瓦斯地质图就是以大量瓦斯及地质资料为基础，经过分析整理，编制而成的用以反映瓦斯分布规律及其相关性的各种图件。瓦斯地质图是在各种煤矿地质图的基础上编制的。从种类上看，有瓦斯地质平面图、瓦斯地质剖面图、瓦斯地质柱状图、瓦斯地质等值线图。从内容上看，有反映单项瓦斯参数和地质因素关系的图纸，也有把瓦斯和相关地质因素综合叠加在一起的图件。从范围上看，可以编制反映采煤工作面、采区、矿井、矿区，以及省(区)、全国的瓦斯地质图。不同种类、不同内容、不同范围的瓦斯地质图件，反映问题的深度、广度和精度不同。

(2)瓦斯地质图的编制方法

①整理瓦斯地质资料

根据所编瓦斯地质图件的种类和要求，对相关的瓦斯和地质方面的资料分别进行收集归纳、系统整理和统计分析。

②进行瓦斯地质综合分析

首先定性分析与瓦斯赋存和突出分布有关的各项地质因素,再从诸项地质因素中筛选出起主导作用的因素,并在图上给予重点表示。在分析瓦斯与地质因素之间的关系时要从单因素着手,逐步联系,逐项叠加,使认识水平不断提高,不断深化。

③选择合理的编图方法

编制瓦斯地质图原则上采用地质编图的基本原理和方法,但要将瓦斯资料和地质资料有机地结合在一起。编图步骤是:整理资料、综合分析、展绘第一手资料点、分项勾绘各种等值线、进行瓦斯区划和地质区划,并划分瓦斯地质单元。

④编制瓦斯地质图应注意的问题

a. 瓦斯地质图既不是瓦斯图,也不是地质图,亦非两者简单的叠加,要综合考虑瓦斯、地质诸因素的相互影响和制约关系,把两者有机地结合起来。

b. 瓦斯地质图应有统一的要求,但由于地质条件的特殊性多于普遍性,对统一要求的内容不必千篇一律罗列,而应结合各地区的瓦斯地质特征,突出主体内容。

c. 瓦斯地质图应反映预测成果。

(3)瓦斯地质图的应用

①进行瓦斯地质区划

瓦斯地质区划是指将影响瓦斯赋存和瓦斯突出的各种地质因素进行分析对比,进而找出它们在空间和时间上的区别和联系,并按一定的标志进行综合,划分出不同级别的区域或地段,再进一步将地质区划与瓦斯赋存和瓦斯突出的区带划分联系起来,找出两者之间的内在关系,从而划分瓦斯地质单元。

显然,瓦斯地质区划工作是与瓦斯地质图的编制工作同时进行,是密不可分的。

②矿井瓦斯涌出量预测

矿井瓦斯涌出量预测是新矿井、新水平或新采区设计的重要组成部分。矿井瓦斯涌出量直接影响到通风设计中巷道断面、通风方式和风机选型等一系列参数的合理确定。

利用矿井瓦斯地质图,我们可以深入分析矿井内开采煤层瓦斯含量变化的特点和规律,充分考虑各种地质因素对瓦斯含量的控制范围和影响程度,从而提高瓦斯涌出量的预测精度。

③煤与瓦斯突出预测

煤与瓦斯突出预测资料直接为设计、施工、制定防突措施提供依据,以便在防突措施上尽可能做到区别对待,避免“一刀切”。由于矿井瓦斯地质图是一种反映与突出分布规律有关的地质条件,以及采掘工程布置与进度的综合图件,因此,要想合理、可靠地进行突出预测工作,确保防突措施的针对性和有效性,就必须利用瓦斯地质图,进行突出规律分析、突出严重程度的原因分析以及突出危险程度的分级分带划分。

任务5　其他影响煤矿生产的地质因素

5.1　煤层顶底板

5.1.1　煤层顶底板对煤矿生产的影响

1)影响回采工作面的连续推进

当回采工作面遇断层后,一般采用挑顶破底的方式通过断层。如果断层使得煤层与坚硬的砂岩或砂砾岩顶板或底板接触。不仅采煤机组很难通过,甚至连炮采工作面也不得不终止推进而另开切眼。

2)顶底板的破坏可导致突水事故

如果煤层顶底板是石灰岩等富含水层,当煤层开采后,其顶底板会因破坏变形(如顶板破碎垮落、断裂、弯曲及底板隆起等),而导致地下水分布变化,诱发突水事故。

3)影响支护密度、支护形式及支护性能

顶板的类型直接影响其支护密度和支护形式;而底板岩石的刚度则直接影响到支架的支护性能。如单体支柱的底面积仅 100 cm^2,在底板比较松软的情况下,支柱很容易插入底板(俗称"插针"),从而失去对顶板的支撑作用。若底板为泥岩时,则会遇水膨胀变软,甚至呈泥状,使采煤、运输机械下沉,使支架失去对顶板的支撑作用,影响安全生产。

5.1.2　煤层顶底板的研究方法

(1)根据钻孔、井巷和采场揭露的顶底板资料,分析煤层顶底板的岩石性质、分层厚度、组合特征、层理和裂隙发育程度及其横向变化情况,编制煤层顶板岩性分布图,分区建立顶板岩性组合柱状图,为煤层顶板条件预测评价提供资料。

(2)分析研究井田地质构造分布规律及其对顶板条件的影响。小褶曲、小型断层、节理及层间滑动等都会使顶板条件恶化,应将这些由于构造因素而使顶板条件恶化的范围圈定出来。

(3)由于机械化采煤要求地质研究定量化,因此应尽量分区分类采集顶底板岩石样品,进行物理力学性质测试和微观鉴定,以了解岩石的坚固性、可塑性和吸水膨胀性。

(4)收集开采过程中各类顶板的矿压显现及稳定状况的资料,通过相似对比,对未采区的顶板类型和稳定性作出预测评价。

(5)编制顶板条件类型预测图和顶板地质险情分析图。顶板条件类型预测图主要表示直接顶厚度、基本顶厚度与煤层采高比值、直接顶岩性、断裂带分布、地下水的压力及运动情况等,有条件的可以通过与相邻已采区类比确定顶板类级。图 4.91 是山西大同永定庄矿 12 号煤层顶板分级预测图。顶板地质险情分析图反映不同险情指数的分布及顶板条件好坏的分区位置,图 4.92 为险情分析图实例。

5.1.3　煤层顶底板分类

原煤炭工业部于 1996 年颁发实施"缓倾斜煤层工作面顶板分类方案",该方案将直接顶分为 1 ~4 类,将基本顶分为Ⅰ ~Ⅳ级。

1)直接顶分类

依据直接顶初次垮落平均步距$\overline{lr}$,参考顶板岩性和节理(裂隙)发育情况、分层厚度及岩石单向抗压强度等,将直接顶板划分为四类(表 4.8)。

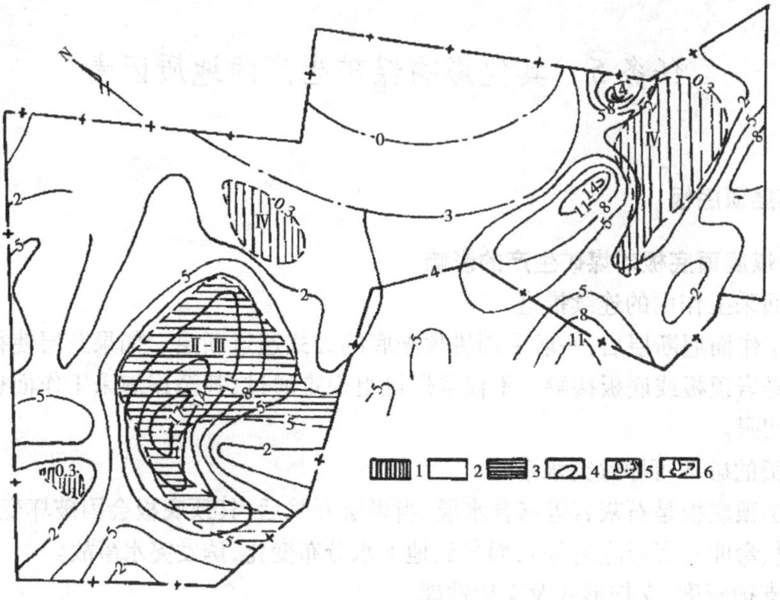

图 4.91　山西大同永定庄矿 12 号煤层顶板分级预测图

1—基本顶来压极强烈区；2—基本顶来压强烈区；3—基本顶来压极明显～强烈区；4—直接顶厚度等值线；5—直接顶厚度与煤层厚度采高比值等值线；6—11 号煤与 12 号煤层间距等值线

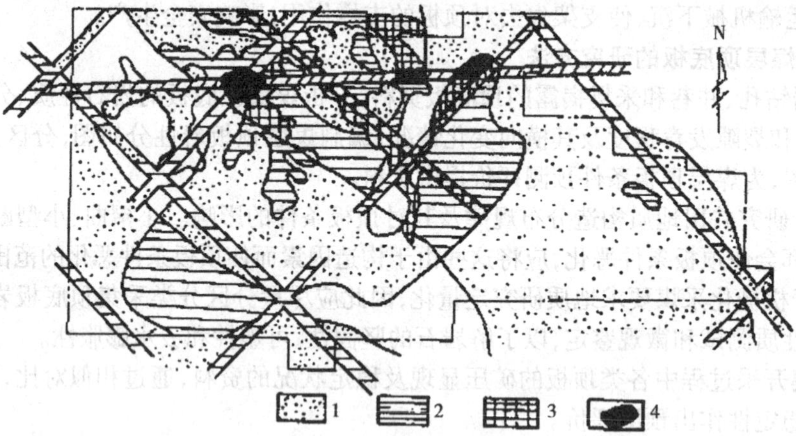

图 4.92　顶板险情分析图

1—顶板条件好；2—顶板条件较好；3—顶板条件较差；4—顶板条件极差

表 4.8　直接顶分类表

类别	1类		2类	3类	4类
	不稳定		中等稳定	稳定	非常稳定
	1a	1b			
基本指标	$\bar{l}r\leqslant 4$	$4<\bar{l}r\leqslant 8$	$8<\bar{l}r\leqslant 18$	$18<\bar{l}r\leqslant 28$	$28<\bar{l}r\leqslant 50$

续表

类别	1类		2类	3类	4类
	不稳定		中等稳定	稳定	非常稳定
	1a	1b			
岩性和结构特征	泥岩、泥页岩、节理裂隙发育	泥岩、炭质泥岩、节理裂隙较发育	致密泥岩、粉砂岩、砂质泥岩、节理裂隙不发育	砂岩、石灰岩、节理裂隙很少	致密泥岩、石灰岩、节理裂隙极少
单向抗压强度 MPa	σ_c = 27. 94 ± 10.75	σ_c = 36 ± 25.75	σ_c = 46.3 ± 20	σ_c = 65.3 ± 33.7	σ_c = 89.4 ± 32.6

表中$\overline{lr}$为直接顶初次垮落距，是指垮落高度超过0.5 m，沿工作面方向垮落长度超过工作面总长度1/2时，工作面煤壁到切眼煤壁之间的距离。若已采多个工作面，则求其算术平均值$\overline{lr}$。

2）基本顶分类

按基本顶来压显现强度将基本顶划分为Ⅰ～Ⅳ级（表4.9）。

表4.9　基本顶分类表

级别	Ⅰ级	Ⅱ级	Ⅲ级	Ⅳ级	
				Ⅳa	Ⅳb
名称	不明显	明显	强烈	非常强烈	
分极指标	$P_e \leqslant 895$	$895 < P_e \leqslant 975$	$975 < P_e \leqslant 1\ 075$	$1\ 075 < P_e \leqslant 1\ 145$	$P_e > 1\ 145$

表中分级指标 P_e 是基本顶初次来压平均当量，初次来压当量 P_e 可按下式计算：

$$P_e = 241.3\ln(L_f) - 15N + 52.6h_m$$

式中　P_e——基本顶初次来压当量，kN/m^2；

L_f——基本顶初次来压步距，m；

N——直接顶充填系数；

h_m——煤层采高，m；

ln——自然对数。

当基本顶初次来压步距 L_f 不超过工作面长度的1/2时采用实测值，若超过工作面长度的1/2时则需作一定的修正。如已知基本顶周期来压步距 L_p，可用 $L_f = 2.45L_p$ 推算初次来压步距值。直接顶充填系数亦可用 $N = \dfrac{h_i}{h_m}$（h_i 为直接顶厚度）进行推算。当直接顶厚度小于6倍采高时，采用实测值；当直接顶厚度大于6倍采高时，取 $h_i = 6h_m$。然后计算出初次来压当量，并以其平均值对照表4.10判定该煤层基本顶级别。

综合考虑直接顶类别和基本顶级别，可得到表4.10的几种组合。

表 4.10　顶板类型组合

基本顶级别	Ⅰ			Ⅱ			Ⅲ				Ⅳ
直接顶类别	1	2	3	1	2	3	1	2	3	4	4

3)伪顶分类

原煤炭工业部于 1996 年按伪顶自然垮落厚度将伪顶分为 1 ~5 度(表 4.11)。

表 4.11　伪顶分类表

伪顶分类( )	1	2	3	4	5
伪顶自然冒落厚度(i/cm)	i <20	20≤i <30	30≤i <40	40≤i <50	>50

4)煤层底板分类

原煤炭工业部于 1996 年根据采煤工作面底板的压入特性将底板划分为 Ⅰ ~Ⅳ类(表 4.12)。

表 4.12　煤层底板分类表

底板类别及代号	极软Ⅰ	松软Ⅱ	较软Ⅲ		中硬Ⅳ	坚硬Ⅴ
			Ⅲa	Ⅲb		
一般岩性	充填砂、泥岩、软煤	泥页岩、煤	中硬煤、薄层状页岩	硬煤、致密页岩	致密页岩、砂质页岩	厚层砂质页岩、粉砂岩、砂岩

5.2　煤矿地压

5.2.1　煤矿地压概述

在我国,除了极少部分煤矿是露天开采以外,极大部分煤矿为井下开采。地下岩体在未经采动之前是处于应力平衡状态的,煤矿的井巷工程、硐室和回采工作面破坏了地下岩体的这种应力平衡状态,引起应力的重新分布,以达到新的平衡。在应力重新分配过程中,有些采掘工程处于暂时的稳定状态,有些采掘工程围岩失稳,发生变形、移动、直至破坏,并进一步引发如井巷工程垮塌、工作面切顶、冲击地压、矿震、岩爆、突水和煤与瓦斯突出等灾难性安全事故。因此,研究煤矿井下工程活动与围岩稳定的工程地质条件的关系,不仅具有十分重要的经济意义,而且也是保证煤矿安全生产的重要手段。

5.2.2　煤矿地压对煤矿生产的影响

1)地壳天然应力状态

地壳天然应力状态是指地下岩体未经人类工程破坏的原始应力状态,其应力称为天然应力或初始应力。这种天然应力状态主要是在上覆岩体自重作用和构造应力作用下产生的。

(1)自重应力

自重应力是由上覆岩体重量产生的应力。自然条件下,地下岩体内某一点处于三向应力状态。根据测算,如果岩石的平均比重为 2 500 kg/m^3,则自地表向下每延深 1 m,自重应力就将增加 0.25 kg。

岩体内的初始应力随深度而变化,因而对于具有一定尺寸的地下硐室来说,其垂直剖面上各点的原岩应力大小是不等的，也就是说地下洞室在岩体内是处于一种非均匀的初始应力场中。但是根据圣维南原理，由开挖硐室引起的应力状态的重大变化仅局限在硐室一定范围之内，通常此范围等于地下硐室横剖面中最大尺寸的 3 ~ 5 倍，习惯上将此范围内的岩体称为"围岩"。如果此范围不超出地表，为简化围岩应力的计算，假定在硐室的整个影响带内岩体的初始应力状态与硐室中心点是一样的。

(2)构造应力

构造应力是由现代地壳运动在岩体内产生的应力以及古构造运动的残余应力组成。构造应力主要表现为水平压应力。目前仍处于活动的构造体系的矿区，构造应力较大，也比较复杂，在不同构造部位其构造应力不同。

由于受地质构造、岩性、地形、地貌等因素的影响，位于地壳浅部的地应力分布规律较为复杂，但根据现有实测资料的分析，对于垂深小于 3 000 m 的天然地应力的变化规律，可大致归纳为以下几点：

①一般情况下，地应力场是一个三向不等压的空间应力场，其中主应力大小和方向是随空间与时间的变化而变化的。

②大量实测资料证实，世界上大多数地区地壳天然应力状态以水平应力为主。有的地区水平应力可达垂直应力的 20 倍。这充分说明构造应力对天然应力场的形成和变化起着主导作用。

③垂直应力和水平应力均随深度的增加而增大。

2)矿山压力及其显现

因采掘工程围岩的变形、移动和破坏作用于支护工程上的压力，称为矿山压力或称为煤矿地压，简称为矿压或地压。

由于井巷工程和回采工作面的矿山压力显现特征有明显差异，因此，在研究矿山压力时将其分为井巷地压和采场地压。

(1)井巷地压

井巷地压是指因井巷工程围岩的变形、移动和破坏作用于井巷支护工程上的压力。

在围岩工程地质条件较差的区域，为了防止和减少围岩的变形和移动，需要对井巷工程进行支护以承受围岩的压力。随着井巷工程围岩出露面积的扩大和暴露时间的增长，围岩的变形、移动和破坏也逐渐加剧，作用于支护工程上的压力相应增大。当压力达到某一极限值时，作用于支架上的压力谓之初次地压。当支护工程能够承受初次地压而不变形时，支护工程上所承受的压力将不再变化。如支护工程不能承受初次地压而变形时，围岩将会产生裂缝，甚至破碎冒落，逐渐形成自然平衡拱。此时，一部分压力将由拱传到两壁承担，支护工程上承受的压力只是自然平衡拱内破碎岩石的重量，因其值在一定时间内不变，故称稳定地压。

通常根据井巷工程围岩压力对支护工程作用方向，将井巷地压分为：顶压——自上而下作用于巷顶的地压；侧压——来自巷道两帮围岩的压力；底压——自下而上作用于巷道底板的压力。

井巷地压的大小，主要决定于围岩的物理力学性质、岩体结构特征、自重应力和构造应力的大小、地质构造的发育和展布情况，以及地下水的赋存和水压大小等。减小井巷地压的最好办法是选择工程地质条件良好的岩石层位布置巷道。

(2)采场地压

采场地压是指回采工作面开采时作用在支柱和煤壁上的压力。它常常以回采工作面顶板的沉陷、破碎及冒落、煤壁的破碎和片帮、底板的鼓胀等变形和破坏表现出来。

当回采工作面开始回采，并推进一定距离后，工作面压力不断增加，导致煤层顶板下沉、破坏、冒落的压力就是工作面初次来压。初次来压后，部分顶板垮落使工作面的压力减小，但随着回采工作面的继续向前推进，压力又逐渐增大，每推进一定距离时即出现一次来压现象，这种周期性来压时作用于支架上的压力称为周期性地压。在周期性地压和初次地压来压时都表现为工作面顶板的激烈下沉、破坏垮落，因而把初次地压和周期性地压统称为动压，称平时的压力为静压。

采场地压的大小和显现特征与煤层顶板岩石的组成、物理力学性质、自重应力和构造应力的大小、地质构造的发育和展布情况有关。

(3)冲击地压

冲击地压是煤矿开采过程中承受高应力的煤岩体突然破坏而释放弹性能的矿山压力动力现象。

在我国煤矿发生冲击地压的典型物质条件是:煤的单向抗压强度较高，顶板一般为厚度和强度均较大的砂岩;地应力是发生冲击地压的动力条件，地应力包括上覆岩层的自重应力、构造应力，以及地下水和瓦斯压力;采掘部署和采动影响是发生冲击地压的诱发条件。

冲击地压发生的理论有强度理论、能量理论、刚度理论、失稳理论和冲击倾向理论，这些理论各自从某个方面解释了冲击地压发生的机理，并提出了相应的判别准则。无论用什么样的理论解释冲击地压发生的机理，冲击地压都是在高应力下发生的。因为只有强度高、弹性大的煤层才能积聚较多的弹性能。开采深度和煤岩体中的应力是直接相关的，原始应力和开采深度成正比，开掘巷道后巷道切边上形成的支承压力，长壁工作面采煤期间和停采后，煤壁前方形成的移动支承压力和固定支承压力都是以原岩应力为基数的，即采深愈大，应力的绝对值愈大。可以说任何一个有冲击地压危险的煤层，若开采技术不变，必然存在一个冲击地压发生的临界深度。超过临界深度后，采深愈大，发生冲击地压的危险愈大。大量研究表明采深是影响冲击地压发生的重要因素，但采深对高应力的影响不是独立的和唯一的，而是与其他有助于形成高应力的地质因素和开采技术因素共同起作用的。由于其他有助于形成高应力集中而引发冲击地压的因素在不同的矿区有较大的差异，因而发生冲击地压的临界深度也有较大的差异。当其他因素中的其中一项比较突出或同时存在时，发生冲击地压的临界深度往往较小;当其他因素不突出或没有以上因素时，开采深度对所发生的冲击地压起主要作用，即所谓深井重力型冲击地压。

5.2.3 井巷工程地质工作

井巷工程地质就是通过对井巷、硐室、采场所在岩体的工程地质条件进行分析研究和岩体稳定性评价，为采掘工程设计与施工提供有关的工程地质资料，协助采掘部门拟定施工方案和处理工程地质问题。

井巷设计阶段的主要工作任务是开展矿区工程地质条件综合性评价，查明影响岩土层稳定性的各种地质、水文地质因素，提供井巷、硐室设计所需要的工程地质资料。

井巷施工阶段的主要工作任务是随着井巷的施工进行工程地质编录，及时处理施工中出现的工程地质问题，开展工程地质预测预报。

采面回采阶段的主要工作任务是查明回采工作面内煤层和顶板岩层的物理力学性质、组合特征和裂隙发育情况;地质构造的规模、类型、展布特征和组合型式以及对煤层和顶底板的影响;地下水的赋存状况和活动规律以及对煤层和顶底板的影响。掌握采场地压的产生原因、作用特点和显现规律,为顶板管理提供工程地质资料。

5.3　煤矿地温

随着煤矿开采深度的增加,我国一些煤矿的井下气温已超过《煤矿安全规程》所规定的26 ℃许可范围,成为不同程度遭受热害的高温矿井。如河南平顶山八矿,－430 m水平的地温已达35 ℃,经过通风之后,掘进工作面的平均气温仍在30 ℃左右,预计－800 m水平的地温将达45 ℃。井下高温、高湿的劳动环境,严重危害着矿工的身体健康,致使劳动生产效率明显下降,甚至影响煤矿生产建设的进行。因此,矿山热害已经成为急需解决的煤矿环境地质问题。

地热是矿井空气增温的主要热源。它既是矿井热害的根源,同时又是廉价、干净和丰富的能源。地热异常区的热水或热气可用于发电、灌溉、医疗和生活取暖等方面。因此,煤矿必须把防治地热之害和利用地热之利结合起来。着重查明矿区的地温状况,研究引起煤矿高温的地质因素,揭示地温的分布规律,为采取经济合理的降温措施和制定地热利用方案提供依据。

5.3.1　煤矿地温概述

1)地温场

地温场又称地热场。它是指地壳内各层带某一瞬间的温度分布状况。地壳内部任一点的温度是该点坐标和时间的函数。地热场内各点温度随时间变化而变化的,称为非稳定地热场。地热场内各点温度不随时间变化而变化的,称为稳定地热场。地热场有三维、二维和一维之分。地形和构造复杂的地区属于三维或二维地热场,地形平坦、岩层水平的地区属于一维地热场。一维稳定地热场的形式最简单,场内任一点的温度是该点深度的函数。

2)大地热流

以热传导的方式,由地球内部传递到地面的热量称为大地热流,简称热流。

5.3.2　影响煤矿地温的主要因素

矿区地温场是当地长时期地史发展的产物。在研究矿区地温状况时,应详细分析各种地质背景条件对地温场的影响,只有这样才能确切掌握地温的分布规律。影响矿区地温场有以下主要因素:

1)矿区大地构造

在地壳强烈活动区,如中、新生代造山带,由于这些地带地震、岩浆喷发和侵入活动强烈,高温热泉广布,因此带内地温状况是热流值大,地温高,地热梯度大,而且变化剧烈。在地壳相对稳定区,如古老地盾和地台区,地温状况正好相反,热流值小,地温低,地温梯度小,而且较为均一。

2)矿区地层的岩石性质

岩性对地温场的影响,实质上是岩石热物理性质对热传导的影响。高热阻、低热导率的岩层地温梯度较大;反之,低热阻、高热导率的岩层地温梯度较小。

3)矿区基底起伏与褶皱构造

地温测量资料表明,在一定深度范围内,基底隆起区比相邻塌陷区、背斜部位比相邻向斜部位的地温高,地温梯度大。

4)矿区邻近深大断裂

一般认为,深大断裂通达上地幔,是深部炽热物质——热载体上升的通道。因此,邻近深大断裂两侧的含煤盆地,往往热流值偏大,地温偏高,出现大量温泉。但是,由于深大断裂各段的力学性质、围岩的热物理性质,以及热载体沿深大断裂上升的位置不同,因而深大断裂两侧并非到处都呈现高温异常。

5)矿区地下水活动

地下水对地温场的影响,受地下水活动方式的控制,归纳起来有三种情况。

(1)地下水强烈活动区　该区地下水补给充足,迳流强烈,排泄通畅,水温小于岩温,形成地温低、地温梯度小的低地温异常区,地温梯度仅为1~2 ℃/100 m。

(2)大型自流盆地区　该区地下水长期停滞,循环交替较弱,地下水与围岩热交换已达平衡,水温等于岩温,形成地温和地温梯度均为中等的地区,地温梯度一般为2~3 ℃/100 m。

(3)深循环热水上升区　地表或浅层地下水渗流至地下深处,与高温围岩进行热交换获取热量,成为热容量很大的热载体——承压高温热水。如广西合山矿务局里兰煤矿,曾在断层带遇到水温30~32 ℃的热水,少数高达35 ℃。

6)局部热源影响

如岩浆侵入体的余热、放射性元素的富集、硫化矿床的氧化热等局部热源使地温增高。

7)人为因素影响

矿区通风、排水和井下大功率机电设备运转生热,钻探过程中泥浆循环和钻头摩擦生热等人为因素,对地温和测温数据都有一定的影响。

5.3.3　地温测量

1)地温的测量方法

地温是通过钻孔或炮眼,用测温仪器测量。测温仪器的种类很多,目前普遍采用的是半导体热敏电阻测温仪。该仪器的测温原理是热敏电阻的阻值与温度之间存在一定的数量关系。

2)地温资料整理

为了便于应用,应将分散的地温资料按分地区、分矿井、分煤层、分水文地质单元综合汇总,制成表格。

(1)钻孔地温资料汇总表,内容包括:各钻孔中不同煤层底板的标高、深度、校核温度,底板以上平均地温梯度,全孔平均地温梯度,各地层层段顶底板的标高、温度和地温梯度等。

(2)钻孔测温资料汇总表,内容包括:各测温钻孔的孔号、坐标、孔口标高、开竣工日期、测温前停钻时间、测温次数、起止时间、稳定时向长短等资料。

(3)地下热水资料汇总表,内容包括:地下水和地下热水的化学分析数据、水质类型、采样情况、采样地点等。

(4)岩石热物理性质资料汇总表,内容包括:岩石的热物理性质、样品编号、采样地点、鉴定成果等。

5.3.4　煤矿地温分析

1)绘制地温图件

在获得大量地温资料的基础上,为了反映矿区或矿井地温分布状况,给开拓开采、通风安全、防治热害提供地温资料,必须编制地温图件。一个矿区或矿井应绘制的地温图件种类,视工作需要和原始资料多少而定,通常有下列几种:钻孔测温曲线图、地温剖面图、煤层底板等温

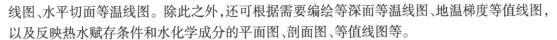

线图、水平切面等温线图。除此之外，还可根据需要编绘等深面等温线图、地温梯度等值线图，以及反映热水赋存条件和水化学成分的平面图、剖面图、等值线图等。

2)煤矿热害类型分类

在地热、地质综合研究的基础上，应对井田或不同地段进行热害分类。分类应以形成矿井热害的主导因素为依据，以矿井热害防治为目的。一般可简明地划分为水热型、岩热型和混合型三类。每类都应指出致热地质因素、原始岩温、热害程度、岩石热物理性质、地下水特征，为通风降温设计、制定有针对性的地质工程降温对策提供依据。

5.4 煤层自燃

残留在采空区的碎煤和煤柱、存放在地面的煤堆以及接近露头的煤层，由于与空气接触而氧化生热，在散热条件不畅的情况下，氧化生成的热量大于向四周散发的热量，致使煤的温度逐渐升高，一旦达到煤的燃点时，就会产生煤层自燃。

煤层自燃现象是我国煤矿中一个比较普遍的问题，尤以侏罗纪煤田更为严重。据统计，我国曾发生过煤自燃的矿井达47%左右。煤层自燃是引起井下火灾的主要原因。井下火灾不仅造成煤炭资源的巨大损失，而且污染井下工作环境，甚至引起瓦斯和煤尘爆炸。因此，研究煤层自燃的因素和机理，为制定防治措施提供依据，是煤矿安全地质的重要任务。

5.4.1 影响煤层自燃因素

煤层自燃是一个十分复杂的现象，它受许多因素的影响。归纳起来，大体可分为内在因素和外在因素两类。

1)煤层自燃的内在因素

(1)煤的变质程度 一般认为，煤的自燃倾向性随着煤的变质程度增高而降低。这是因为煤的燃点与挥发分含量密切相关。据我国36个煤矿煤燃点的统计资料表明，煤的挥发分含量越低，煤的燃点越高，煤的自燃倾向性越弱(表4.13)。

表4.13 煤类与煤的燃点的关系

煤 类	燃点/℃	煤 类	燃点/℃
褐煤	260~290	焦煤	360~370
长焰煤	290~300	瘦煤	370~380
气煤	300~340	贫煤	390~395
肥煤	340~350	无烟煤	400左右

(2)煤岩组分 煤岩组分的类别、含量和相互关系，是影响煤的自燃倾向性的基本因素。如果按丝炭、镜煤、亮煤、暗煤的顺序排列，则吸氧量和氧化速度依次降低，燃点升高，自燃倾向性逐步减弱。一般认为，在自燃过程中，丝炭总是最先达到燃点而着火，是自燃的导火物质，镜煤燃点较低，是丝炭最易引燃的煤岩组分。因此，当煤层中丝炭含量较多，且与镜煤互层时，煤的自燃倾向性最大。

(3)煤中黄铁矿含量 煤中黄铁矿含量是影响煤层自燃的重要因素。黄铁矿易氧化而生成硫酸，该反应为放热反应，可使煤层温度升高。同时，由于黄铁矿氧化形成的空洞，以及硫酸对煤物质的溶蚀作用，致使煤结构变得疏松，促进煤的氧化进程。因此，当煤层中含有大量黄铁矿时，煤的自燃倾向性较强。

(4)煤中水分的含量　煤中水分不仅增强煤的吸氧能力，加快氧化速度，而且改变煤体结构，使煤疏松破碎。因此，被水浸湿的煤，自燃倾向性较大。

2)煤自燃的外在因素

外在因素是指煤本身以外的地质和采矿技术因素。它决定着煤与空气的接触条件和煤与外界的热交换条件。

(1)地质因素

裂隙发育、破碎严重的煤体，由于空气和水能够渗入煤体内部，煤与空气的接触面积增大，煤的吸氧量增多，煤的氧化速度加快，因此断层带、褶皱挤压带和煤层厚度剧烈变化带内的煤体较完整煤体的自燃倾向性强。

厚度越大、倾角越陡的煤层，由于开采时丢煤较多、地压较大、与采空区隔离条件较差，因此易于造成局部的生热和储热条件，自燃发火的危险性较大。

顶板坚硬的煤层，由于强烈的周期来压压碎煤体，因此易于造成局部的生热和储热条件，致使煤层自燃。

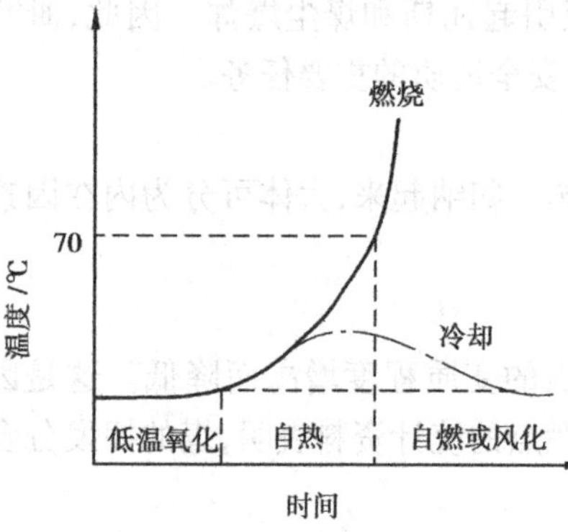

图 4.93　煤自燃过程的阶段

(2)采矿技术因素

井下煤层自燃，在很大程度上取决于采矿技术和管理是否正确。因此，根据煤的自燃倾向性强弱，合理选择开拓方式、采区布置和开采方法，正确进行顶板、损失量和通风管理，是防止井下煤层自燃的基本措施。在有煤自燃倾向性的矿井，巷道布置应该简单，采区走向不宜过长，要保证采面与采空区隔离，采空区要降低丢煤量和丢煤的集中程度，应加强通风，使氧化产生的热量不断向外扩散。

煤层自燃现象虽早已引起人们的注意，但迄今为止尚不能详尽阐明煤层自燃现象的发生机理。一般认为，煤层自燃过程大体经历低温氧化、自热、自燃三个阶段(图 4.93)。

在低温氧化阶段，煤的氧化速度较低，热量聚积较慢，温度升高不显著。但经过较长时间的低温氧化，煤的氧化性能出现第一次飞跃。进入自热阶段时，煤的氧化速度增高，热量聚积加快，温度升高明显。在温度与氧化速度相互助长的情况下，一旦温度达到临界温度(70 ~ 80 ℃)时，煤的氧化性能出现第二次飞跃，煤迅速氧化，温度剧增，导致煤的自燃发火。但是，如果温度尚未达到临界温度时，外界散热条件发生改变，则自热可能变为冷却，煤的继续氧化将处于惰性风化状态，而逐步丧失自燃能力。

5.4.2　评价煤自燃倾向性的方法

评定煤自燃倾向性的方法，应以系统研究和综合分析影响煤自燃倾向性的因素为主，并在此基础上确定煤自燃倾向性的等级，以便有针对性地采用防止煤自燃发火的措施。我国确定煤的自燃倾向性的方法大多数是建立在测定煤的氧化性能的基础上。1992 年版的《煤矿安全规程》执行说明规定采用吸氧量法。即“双色路气相色谱仪吸氧鉴定法”，鉴定结果按表 4.14 分类(方案)确定自燃倾向性等级。

表4.14　煤的自燃倾向性等级(方案)

自燃等级	自燃倾向性	30 ℃常压条件下煤吸氧量/($cm^3 \cdot g^{-1}$)(干燥)		
		褐煤、烟煤类	无烟煤类、高硫煤	
Ⅰ	容易自燃	≥0.8	≥1.00	$S_{t,d}\% > 2.00$
Ⅱ	自燃	0.41～0.79	≤1.00	
Ⅲ	不易自燃	≤0.40	≥0.80	$S_{t,d}\% < 2.00$

5.5　煤尘爆炸性

煤尘是在煤矿生产过程中,煤破碎时形成的粉末状尘埃。随着煤矿开采强度的不断加大,煤矿井下的采煤、掘进、运输等各项生产过程中煤尘产生量也急剧增加。据调查,在无防尘措施的情况下,风镐落煤的产尘达800 mg/m³;炮采达300～500 mg/m³;机采达1 000～3 000 mg/m³、个别甚至高达8 000 mg/m³以上;普通综采为4 000～8 000 mg/m³。厚煤层综采放顶煤开采比普通综采的产尘浓度还要高;支架放煤口的瞬时煤尘浓度有的高达每立方米上万毫克。煤巷掘进工作面为1 300～1 600 mg/m³;机械化掘进煤巷和半煤巷时,煤尘浓度高达1 000～3 000 mg/m³。

煤尘除引起矽肺病,影响人的健康外,其主要危害在于悬浮于空气中的煤尘,在一定条件下可引起燃烧或爆炸,造成巨大的井下安全事故。世界各国在煤矿开采历史上所受到的煤尘危害的教训是惨痛的。1906年,法国古利耶尔煤矿发生特大煤尘爆炸,死亡1 099人;1960年,山西大同老白洞煤矿发生特大煤尘爆炸,死亡684人。近几十年来瓦斯煤尘爆炸事故仍时有发生。据统计,我国煤矿有80%左右属于有煤尘爆炸危险的矿井。因此,研究影响煤尘爆炸性的因素,评定煤尘爆炸性的强弱,对于制定矿井防治煤尘措施具有重要意义。

5.5.1　影响煤尘爆炸因素

决定煤尘是否具有爆炸性,以及爆炸性强弱的因素主要有以下几个方面:

1)煤尘的成分

煤尘的爆炸性与它的挥发分含量有很大的关系。当$V_{daf}<10\%$时,煤尘不具爆炸性,当$V_{daf}=10\%\sim15\%$时,煤尘具有微弱的爆炸性;当$V_{daf}=15\%\sim35\%$时,煤尘爆炸性迅速增加,具有强烈的爆炸性;当$V_{daf}=35\%\sim40\%$时,煤尘的爆炸性逐渐减弱。试验结果表明,煤尘爆炸性不仅与煤的挥发分含量有关,而且随着煤中沥青质含量的增加而增强。

煤尘的爆炸性与它的水分含量和灰分产率也有一定关系。水分可以阻碍煤尘的燃烧过程,增大尘粒的粘结性和减少煤尘飞扬,当水分含量达到40%～50%时,煤尘几乎丧失爆炸性能。灰分能增加煤尘的比重,降低煤尘在空气中的悬浮性能,并在燃烧时能吸收部分热量,因而降低了煤尘的可燃性。灰分产率小于15%时,灰分产率变化对煤尘爆炸性强弱影响很小;当灰分产率大于15%时,随着灰分产率增加而煤尘爆炸性减弱。总之,煤尘中水分含量和灰分产率的增加,会减弱煤尘的爆炸性。

2)煤尘的粒度

在确定煤尘爆炸性时,研究煤尘粒度具有重要意义。煤尘愈细,则愈易长期悬浮空中,因而爆炸性能愈强。研究表明,参与爆炸的煤尘直径小于0.75～1 mm,其中爆炸危险性最大的是能通过 80 号筛孔的煤尘(即每平方厘米筛面上有的 6 400 个孔眼);但是当粒度小于 10 μm 时,由于煤粒极易氧化,煤尘又变得不易爆炸。

3)巷道空气中煤尘浓度

只有当巷道中煤尘呈悬浮状态,以及空气中煤尘浓度达到一定界限时,煤尘才有发生爆炸的可能。根据化学试验和矿内试验表明,煤尘爆炸时空气中的下限浓度为 30 ~40 g/m³,上限浓度为 1 500 ~2 000 g/m³。其中爆炸力最强的浓度范围为 300 ~400 g/m³。当空气中含有瓦斯时,煤尘爆炸的下限浓度降低。

4)开采深度

通常,随着开采深度的增加,煤尘的爆炸性逐渐增强。这可能与深部瓦斯含量较大,通风不畅、空气中煤尘浓度较高有关。

5)引爆火源

炸药爆炸的火焰、电器产生的火花、瓦斯燃烧和爆炸的明火等,是引起煤尘爆炸的火源。煤尘爆炸的点火温度随挥发分含量、煤尘粒度、煤尘悬浮浓度等的差异而不同,一般为 610 ~1 050 ℃,多数为 700 ~800 ℃。

5.5.2 评价煤尘爆炸性的方法

评定煤尘有无爆炸性及爆炸性强弱的方法,应以系统研究和综合分析影响煤尘爆炸性的因素为主,并在此基础上选定评价煤尘爆炸性的指标,以便有针对性地采用防爆和隔爆措施。目前,我国主要是根据煤尘爆炸性试验指标和煤尘爆炸性指数评定煤尘的爆炸性。

1)煤尘爆炸性试验指标

根据原抚顺煤炭科学研究所资料,试验煤尘爆炸性的方法是用定向喷气阀将粒径为 0.02 mm 的煤粉喷到石英玻璃管内温度约 1 000 ℃的碳极上,然后根据有无燃烧火苗、火苗的长度和扑灭火焰的岩粉量,确定煤尘的爆炸性。没有燃烧火苗的煤尘不具爆炸性,有燃烧火苗的煤尘具有爆炸性,而且火苗长度越长,扑灭火焰的岩粉量越大,则煤尘的爆炸性越强烈。根据试验,可将煤尘分为有爆炸性危险的煤尘(烟煤和褐煤)和无爆炸性危险的煤尘(一般的无烟煤)。

2)煤尘爆炸性指数

根据煤的工业分析资料,可以通过计算确定煤尘爆炸性指数。其计算公式为

$$\text{煤尘爆炸指数} = \frac{V_{daf}}{V_{daf} + FC_{daf}} \times 100\% \tag{4.8}$$

式中 V_{daf}——煤中干燥无灰基挥发分;

FC_{daf}——煤中干燥无灰基固定碳。

煤尘爆炸性指数大于10%时,煤尘具有爆炸性危险。

5.5.3 预防煤尘及其爆炸的措施

加强井下通风,配合喷雾洒水和湿式凿岩等防尘措施,可有效降低矿井内空气中的含尘量。在有煤尘爆炸危险的矿井,可采用预先湿润煤体,安置防爆设施,严防井下明火等防尘防爆措施。

防治煤尘是矿井通风人员的职责。矿井地质人员应协助进行的工作是:确定煤层的含尘量和瓦斯含量与深度的关系,查明预先注水湿润煤体的地质条件等。

技能训练4.1　地质因素对煤矿生产建设的影响分析实训——生产矿井实际资料分析实训

1. 实训目的要求

通过情境1和2的学习，初步了解和掌握了有关地质学和煤炭资源地质基本概念、基本理论和方法；通过情境3和4的学习，熟悉了各种地质因素是怎样影响煤矿安全生产和建设的，在煤矿中针对这些地质因素开展地质工作并加以妥善处理的。这些都是理论上的感性认识，而煤矿地质是一门科学性和实践性都非常强的应用科学技术，必须理论和实践相结合，将理论知识与实际工作结合起来，培养学生发现问题、分析问题和解决问题的技能。

在情境4学习完成后安排生产矿井实际地质资料分析实训，其目的是巩固已学地质理论知识，了解实际煤矿地质工作资料的内容、分析方法和影响煤矿安全生产建设的各种地质因素的观测、分析和判别方法，并为后期煤矿地质工作方法的学习打下一定基础。

通过实习，学生应基本了解煤矿地质工作的内容，基本熟悉各种地质因素是如何影响煤矿生产建设的、它们各自的表现特征和针对各种地质因素的具体工作内容。

2. 实训指导

1)实训方法

①实训安排时间为5学时，可先参观校内模拟矿井后再进行资料分析。

②实训教师3~4人。

③全班学生分为3~4组。

2)实训内容

了解煤矿的各种井巷工程和设施。

①选择穿层巷道、顺层巷道和回采工作面各一个，通过由教师介绍和学生实作的互动过程，学习煤矿井下地质工作方法和观察分析判断地质因素。

②在煤矿现场室内，通过教师介绍和学生观摩，了解煤矿地质室内工作内容和方法。

3. 实训作业

实训结束后，每位学生上交一份字数不少于3 000的实习总结。

复习练习题

1. 解释地质术语

煤层厚度原生变化　煤层厚度后生变化　大型构造　中型构造　小型构造　游离瓦斯　吸附瓦斯　吸收瓦斯　瓦斯喷出　煤(岩)与瓦斯突出　绝对瓦斯涌出量　相对瓦斯涌出量　低瓦斯矿井　高瓦斯矿井　煤与瓦斯突出矿井　瓦斯梯度　岩溶陷落柱

2. 填空题

1)造成煤层厚度原生变化的原因有________、________、________、________等；造成煤层厚度后生变化的原因有________、________、________、________等。

2)在定量评价煤层厚度稳定性时，采用____________________和____________________两个指标评价煤层可采程度和煤层厚度变化程度。

3)煤矿中煤层稳定性有________、________、________、________四种。

4)褶曲对煤矿生产的影响包括____________和____________两个方面。

5)在煤矿井下判断褶曲构造的主要依据是____________和____________。

6)按落差大小,将断层分为________、________、________、________四类。

7)煤层垂向瓦斯带划分为________、________、________和________四个分带,其中前三个分带合称________。

8)影响煤层瓦斯含量的主要因素有________、________、________、________和________等。

9)影响煤层瓦斯突出的主要地质因素有________、________、________、________和________等。

10)矿井瓦斯治理一般有________、________和________三种方法。

11)煤系中的岩浆侵入体产状主要有________和________两种。

12)在________岩层中形成规模不断扩大的岩溶空洞,上覆岩层在________作用或其他因素作用下塌陷,于是形成________。

3.判断题

1)煤层真厚度的铅直分量是铅直厚度、水平分量是水平厚度。( )

2)通常,煤层厚度变化是影响煤矿建设和生产的各种地质因素中最重要的因素。( )

3)大型断裂构造是煤矿研究的主要对象和工作重点。( )

4)中、小型褶曲对整个矿井的开拓部署影响不大,但对采区的布置关系密切,它影响采区的大小和采区巷道的布置。( )

5)对于倾角较大的断层,为避开断层,竖井井筒应布置在断层下盘,距断层30~50 m外为宜。( )

6)矿井瓦斯一般指井巷、工作面空气中的甲烷。( )

7)煤层瓦斯含量与煤的变质程度有关,所以,同一煤田中变质程度高的煤层,瓦斯含量必然高于变质程度低的煤层。( )

8)吸附瓦斯可以解析为游离瓦斯而进入煤周围的空气中,甚至提升到地面的原煤中进入煤仓后仍然持续这个过程,在通风不良的情况下,以至可能造成煤仓瓦斯积聚而引发瓦斯事故。( )

9)甲烷是一种无毒的气体,其密度比空气小,因而容易在巷道上部积聚。( )

10)矿井瓦斯等级分为低瓦斯矿井、高瓦斯矿井和煤与瓦斯突出矿井三种类型。( )

11)煤层瓦斯含量与埋藏深度有关,同一煤田煤系下部比上部煤层瓦斯含量高。( )

12)岩浆侵入体在井田内对煤层的破坏情况与井田内断裂构造分布有很大关系。( )

13)岩溶陷落柱是华南二叠纪赋煤区普遍存在的一种地质现象,对每个井田的矿井生产都有严重影响。( )

14)岩溶陷落柱附近煤层顶板一般较为破碎、煤质可能变差。( )

4.选择题

1)在煤层稳定性分类时,中厚及厚煤层以________为主要指标。

(1)煤层可采性指数 (2)煤厚变异系数 (3)煤厚变化标准差 (4)可采性

2)________影响煤层平巷的掘进方向,从而影响工作面长度,给机械化回采、顶板管理带来一定困难。

(1)大型褶曲 (2)中型褶曲 (3)小型褶曲 (4)紧闭褶曲

3)当巷道遇到断层时,识别标志有________________。

(1)“半煤巷” (2)断层角砾岩 (3)断层面镜面擦痕 (4)牵引褶曲

4)矿井瓦斯中有毒气体成分是________。

(1)CO_2,CO,H_2S 等 (2)CH_4,CO_2,H_2S 等 (3)N_2,CH_4,H_2S 等

5)煤层中瓦斯有________两种状态。

(1)游离状态和吸附状态 (2)游离状态和吸着状态

(3)游离状态和吸收状态

6)判断瓦斯风化带和甲烷带的依据是________。

(1)煤层瓦斯中的含氧量 (2)煤层瓦斯含量 (3)矿井瓦斯涌出量

7)煤与瓦斯突出的原因是________的缘故。

(1)煤层中瓦斯压力太大 (2)地压太大

(3)煤体失重 (4)前三项因素都有关

8)我国矿井瓦斯等级划分低瓦斯矿井标准是________。

(1)绝对瓦斯涌出量小于 40 m^3/min 或相对瓦斯涌出量小于 10 m^3/t

(2)绝对瓦斯涌出量小于 40 m^3/min 且相对瓦斯涌出量小于 10 m^3/t

9)煤层瓦斯含量一般随煤层埋藏深度增加而________。

(1)增加 (2)降低 (3)减小

10)矿井瓦斯突出预兆主要有________三个方面。

(1)声、光、电

(2)地压显现、瓦斯涌出、煤力学性能与结构变化

(3)地温异常、地压异常、煤质异常

11)岩浆侵入体在井田内对煤层的破坏情况与井田内断裂构造分布________关系。

(1)有 (2)没有 (3)有很大

12)岩床的岩性一般________。

(1)为超基性岩 (2)为中性岩

(3)为酸性岩 (4)多为基性或超基性岩

13)岩溶陷落柱________。

(1)是煤矿生产中普遍的地质构造

(2)是外力地质作用的产物

(3)是内力地质作用的结果

14)岩溶陷落柱附近煤层顶板一般________。

(1)较为破碎、煤质可能变差

(2)较为破碎、岩层产状急剧变化

(3)较为破碎、小断层发育

5.思考题

1)煤层厚度的变化对煤矿生产有哪些影响?

2)煤层观测内容及观测方法?

3)各种煤层厚度变化的探测?

4)简述褶曲构造对煤矿生产的影响。
5)煤矿生产中褶曲构造的识别标志有哪些?
6)简述煤矿生产中对褶曲构造的处理方法?
7)叙述节理对煤矿生产的影响和处理?
8)断层构造对煤矿生产有哪些影响?
9)断层的识别标志有哪些?
10)巷道遇断层前可能出现哪些征兆?
11)简述煤矿生产中对断层构造的处理方法。
12)甲烷带有何特征?
13)煤与瓦斯突出前有哪些预兆现象?
14)岩浆侵入对煤矿生产有哪些影响?
15)简述煤层顶底板对煤矿生产的影响及其分类?
16)简述煤矿地压、井巷地压、采场地压和冲击地压的概念及其显现特征?
17)叙述影响煤层自燃的因素?
18)叙述影响煤尘爆炸各种因素?

学习情境 5

煤矿地质资料分析与应用

学习目标

知识目标	能力目标	相关知识	权重
1. 能基本明确煤矿地质资料的收集。	1. 初步具备理解地质资料收集过程的能力。 2. 能正确识读和应用煤矿地质图件的能力。 3. 能正确理解和应用地质说明书的能力。 4. 基本具备读懂地质报告的能力。 5. 较强的逻辑思维、自学、获取信息和自我发展能力。 6. 一定的创新意识和能力。	1. 数学运算基本知识。 2. 矿物与岩石、地层、地质构造、煤资源地质、水文地质等地质知识。 3. 图件识读的基本知识。	0.1
2. 能正确识读和使用煤矿地质图件。			0.4
3. 能较正确地理解地质说明书的内容。			0.3
4. 能正确理解地质报告。			0.2

问题引入

通过四个情境的学习，在具备了矿物与岩石、地层、地质构造、煤资源地质、水文地质等地质知识和了解了一定的地质分析方法的此基础上，进一步学习地质资料的收集过程、煤矿地质图件的识读、地质说明书和地质报告等内容。本情境的学习重点、难点是识读和应用煤矿地质图件及地质说明书，也要明确煤矿地质资料的收集过程及综合应用地质知识读懂地质报告。

任务1　煤矿地质资料的收集

煤矿设计、建设和生产需要可靠的地质资料,才能保证矿产资源的合理、安全、高效开发利用。要获取各种有用的地质资料,需要应用地质科学理论,借助一定的勘查技术手段和方法,并通过不同阶段的煤炭地质勘查和不同类型的煤矿地质勘查工作,探测、分析、研究煤矿床赋存区域的地质构造,查明地层、煤层、煤质、资源/储量及开采技术条件等的地质资料,正确评价煤矿床及其与含煤岩系共生和伴生的其他有益矿产。

1.1　地质勘查技术手段

地质勘查技术手段是指在地质勘查过程中为了获取煤矿床的相关地质资料所采取的技术手段,目前主要有:遥感地质调查、地质填图、坑探工程、钻探工程、地球物理勘探等。

1.1.1　遥感地质调查

利用各种探测仪器设备,从远距离探测目标物并获得目标物相关信息的技术方法称为遥感。遥感的基本原理是利用各种物体反射或发射电磁波的性能差异,使用航空航天器载具上的接收仪器接收并记录由各种物体发出或反射的电磁波信息,获得目标物位置、形态、产状等资料。由于遥感技术方法不受地面障碍、覆盖面积大、速度快,目前被广泛应用于自然资源调查、气象和环境动态检测、军事等领域。将遥感技术方法用于地质勘查则称为遥感地质。

根据电磁波的来源,遥感技术方法分为主动遥感和被动遥感。主动遥感是依靠人工电磁辐射源,向目标物发射一定能量的电磁波,然后接收从目标物反射回来的电磁波,并根据反射电磁波的特征信息识别目标物,又称为有源遥感。被动遥感是使用探测仪器接收、记录目标物本身所发射或反射来自其他辐射源(如太阳)的电磁波,然后根据其信息特征识别目标物,又称为无源遥感。目前比较常用的遥感技术手段有:摄影遥感、多光谱遥感、红外遥感、雷达遥感、激光遥感、全息摄影遥感等。

遥感技术的出现,为地质勘查提供了新的手段。遥感技术在地质调查过程中的具体应用就是对遥感图像的解译,其中,可见光航空相片(简称航片)和多光谱卫星相片(简称卫片)的解译,是进行地质填图、地质构造解释、找矿标志判别及动态分析的有效技术手段。由于航片比例尺较大,在煤炭勘查地质填图时,通常使用航片进行地质解译。

1.1.2　地质填图

地质填图是应用地质学的理论和方法进行野外地质调查研究、收集各种地质资料、编制地质图件和地质报告的综合性地质工作。它是地质勘查中的基础工作,也是最基本的技术手段。其目的是对含煤地区进行全面的地表地质研究,即对天然露头(没有被浮土掩盖的岩层、煤层、断层等)和人工露头(用人工揭露出来的岩层、煤层、断层等)进行观测和描述,并把获得的所有地质信息填绘到地形图上,编制成地形地质图、地质剖面图、地层综合柱状图等图件,作为今后地质工作的重要依据。

地质填图在煤炭地质勘查的各个阶段中都要进行，但各阶段的要求、研究程度及地质条件不同，相应地质填图的比例尺也有差异。一般要求精度越高、研究程度越深，其图件的比例尺越大。

1.1.3　坑探工程

坑探工程是在地质填图过程中，工作区被较薄的表土层覆盖，用人工方法为地质填图揭露岩层、煤层及地质构造等地质现象或为了采集煤样所采取的一些专用的地质工程。主要的坑探工程有探槽、探井和探巷三种。

1）探槽

在表土较薄（一般小于3 m）、地形切割比较强烈、表土稳定坚实且含水不多的地段，为揭露基岩的地质现象，垂直地层走向或主要构造线方向挖掘的一条槽沟，称为探槽（图5.1）。利用探槽可以直接观测和描述所揭露的地质现象，据此可以绘制剖面图及其他图件，探槽常配合地质填图使用，是坑探工程中使用最普遍的技术手段。

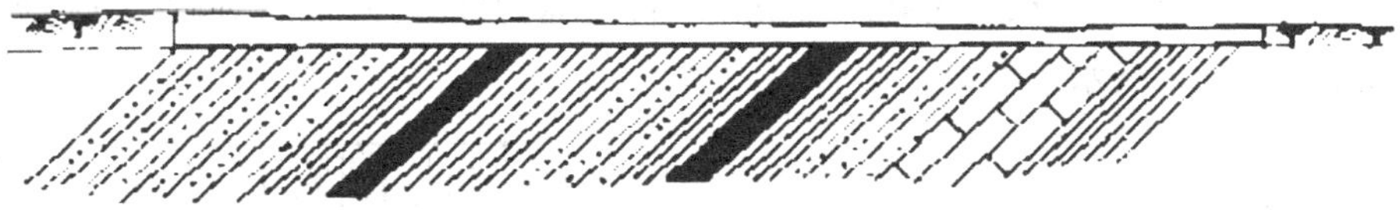

图5.1　探槽布置示意图

2）探井

当表土厚度大于3 m、小于20 m时，不适合挖掘探槽，一般采用从地面垂直挖掘探井的方法，来揭露勘查地区的岩层、煤层及其他地质现象（图5.2）。探井工程通常沿岩层走向布置，配合探槽和地质填图使用，由于探井工程比探槽难度大，成本高，应尽量少布置。

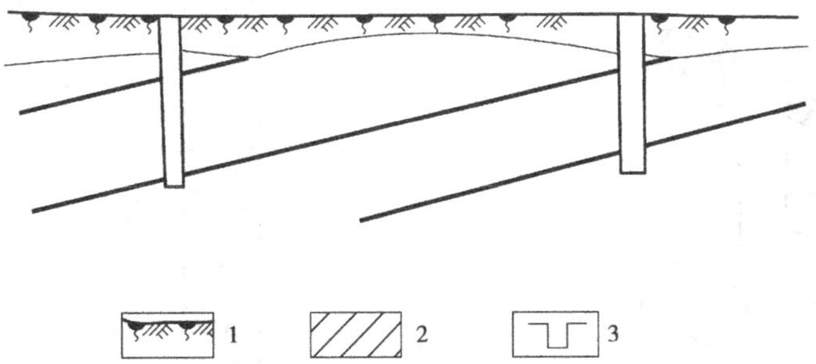

图5.2　探井布置示意图

1—表土；2—含煤地层；3—探井

3）探巷

有时为了揭露煤系，了解煤层厚度和结构，确定煤层风氧化带的深度，并在风氧化带下采集煤样，直接从地面挖掘的井巷，称为探巷。探巷根据需要可垂直或平行煤层走向掘进，可为立井、斜井、平峒或石门（图5.3）。

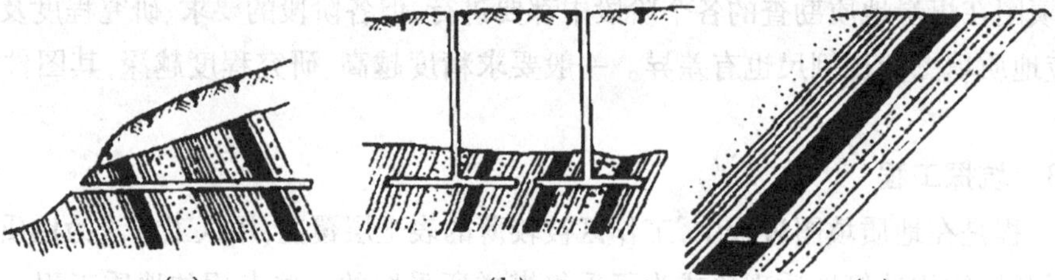

图 5.3　探巷布置示意图

(a)平峒；(b)立井与石门；(c)斜井与煤门

1.1.4　钻探工程

钻探是利用机械传动钻杆和钻头，从地面向地表以下岩层钻进直径小而深度大的圆孔——钻孔，获得地质资料的地质勘查手段(图 5.4)。钻探过程中一边钻进、一边选择层位提取岩心，对岩心进行观测和描述，获得地质资料，然后绘制原始钻孔柱状图(图 5.5)。钻孔到达目标深度并提取岩心后，按规定必须对钻孔进行地球物理测井，最后对钻孔进行封闭，以免给以后煤矿生产带来突水等隐患。

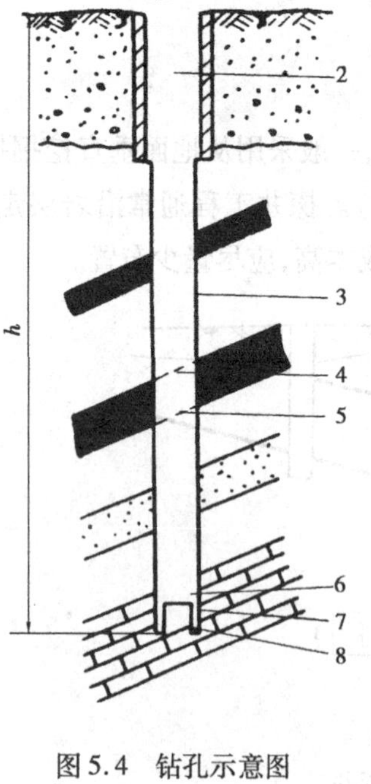

图 5.4　钻孔示意图

1—套管；2—开孔直径；3—孔壁；

4—见煤深度；5—止煤深度；6—岩心；

7—终孔直径；8—孔底；h—钻孔深度

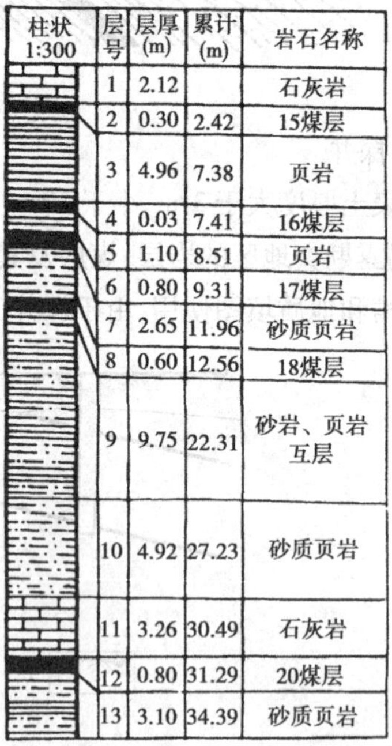

柱状 1:300	层号	层厚(m)	累计(m)	岩石名称
	1	2.12		石灰岩
	2	0.30	2.42	15煤层
	3	4.96	7.38	页岩
	4	0.03	7.41	16煤层
	5	1.10	8.51	页岩
	6	0.80	9.31	17煤层
	7	2.65	11.96	砂质页岩
	8	0.60	12.56	18煤层
	9	9.75	22.31	砂岩、页岩互层
	10	4.92	27.23	砂质页岩
	11	3.26	30.49	石灰岩
	12	0.80	31.29	20煤层
	13	3.10	34.39	砂质页岩

图 5.5　钻孔柱状图

通过钻探工程由地表往地下钻进一系列钻孔，这些钻孔都是呈网络布置的(图 5.6)。在网络中垂直岩层走向方向的若干钻孔连成的线称为勘查线。用勘查线上的钻孔柱状绘制勘查线剖面图，然后据此编制其他地质平面图，以了解和掌握煤层在地下的赋存状态。

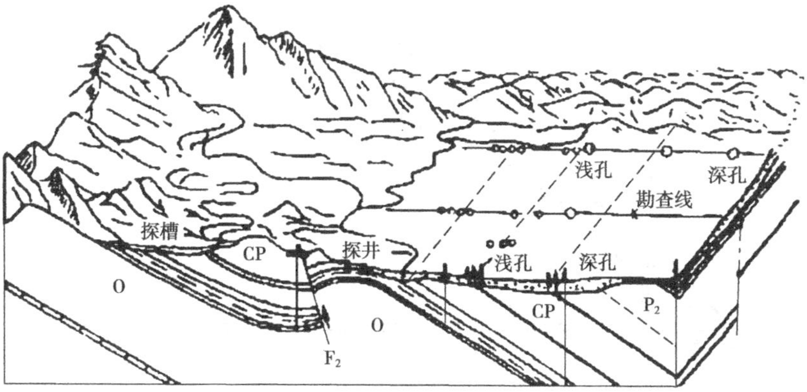

图5.6　钻孔网络布置示意图

钻探工程是最重要最常用的技术手段。钻探工程不仅在煤炭勘查各个阶段都得使用，而且在煤矿建设和生产时期也常使用。钻探工程有时也可布置在井下巷道中(图5.7)，称为井下钻探。

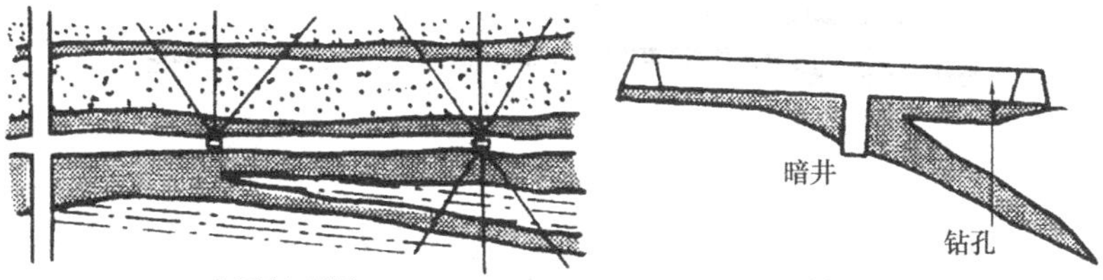

(水平切面图)　　(剖面图)

图5.7　井下钻探示意图

1.1.5　巷探工程

利用煤矿中掘进的巷道来勘查地质现象，称为巷探。它是煤矿地质工作中常用的勘查技术手段。一般无钻探条件，或钻探达不到预期目的，而且生产又需要时则采用巷探。巷探工程有专门布置的巷道，如图5.8所示，通过延长运输巷和布置几个短探巷勘查F_{16}断层的位置，以便顺断煤交线布置切眼。也有采用一巷多用的方法，如图5.9所示，每隔一定距离布置阶段石门，这些石门的挖掘既提前获得了所需的地质资料，又是以后生产上必需的巷道。

巷探工程最大的优点是可以直接观测地质现象、量取地质数据、采集样品，而且可以“一巷多用”。施工中专门的探巷一般都采取小断面简易支护的方式，以便减少费用。

1.1.6　地球物理勘探技术

地球物理勘探简称物探，是利用具有不同物理性质(如密度、磁性、电性、弹性波传播速度、放射性等)的岩层和煤层对地球物理场所产生的异常，来寻找煤层、圈定含煤地层、推断地质构造及解决其他地质问题的一种技术手段。

目前，在煤炭勘查及煤矿地质勘查中应用的物探手段主要有重力勘探、磁法勘探、电法勘探、地震勘探等。

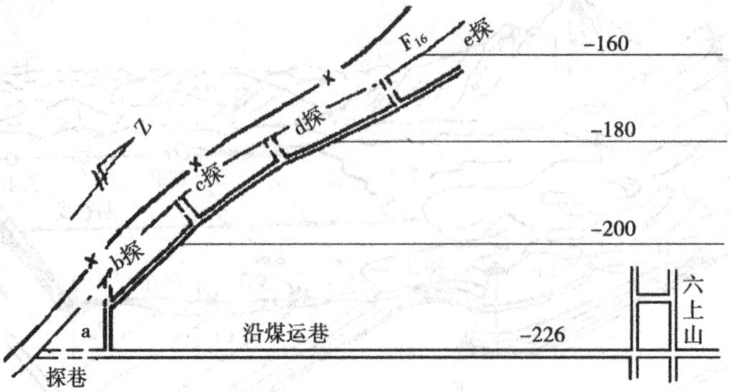

图 5.8　布置专用巷道勘查

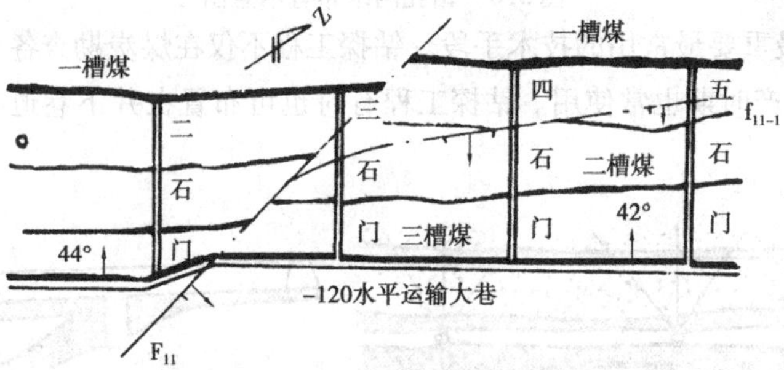

图 5.9　采用生产巷道勘查

1.2　地质勘查

地质勘查是运用地质科学理论和各种地质技术手段,分析、研究和查明煤矿床的地质工作。其目的是为煤矿设计、建设和生产提供可靠的地质资料,保证煤炭资源合理、顺利开发;主要任务是查明地层、地质构造、煤层、煤质、资源/储量及开采技术条件等因素,正确评价煤矿床及与含煤岩系伴生和共生的其他有益矿产。

根据地质勘查工作与煤矿开发阶段的对应关系和服务对象的不同,将地质勘查分为煤炭地质勘查和煤矿地质勘查。其中煤矿地质勘查又包括煤矿建井地质勘查、煤矿补充地质勘查、煤矿生产地质勘查和煤矿工程地质勘查。

1.2.1　煤炭地质勘查

煤炭地质勘查是寻找和查明煤炭资源的地质工作。其目的是寻找煤矿床、确定煤炭资源/储量类型和数量,为煤矿远景规划、矿区总体设计和矿井建设提供科学依据。

1)煤炭地质勘查的阶段

煤炭地质勘查工作的整个过程就是对煤炭资源从大范围的概略了解到小面积的详细研究的过程。对客观地质规律的认识有一定的阶段性,按照这种逐步认识的过程,以及与煤炭工业基本建设各阶段相适应的原则,将煤炭地质勘查的程序划分为预查、普查、详查、勘探四个阶段。各阶段必须完成其相应的主要勘查任务并对各种地质因素的了解、研究、掌握达到一定程度(表 5.1)。各阶段工作完成后,都必须提交相应的地质报告。

表5.1 煤炭地质勘查各阶段的任务及工作程度要求对比表

项目\阶段	预 查	普 查	详 查	勘 探
任务	应在煤田预测或区域地质调查的基础上进行，其任务是寻找煤炭资源	普查是在预查的基础上或已知有煤炭赋存的地区进行。其任务是对工作区煤炭资源的经济意义的开发建设的可能性做出评价，为煤矿建设远景规划提供依据	详查是为矿区总体发展规划提供地质依据。凡需要划分井田和编制矿区总体发展规划的地区，应进行详查；凡不涉及井田划分的地区、面积不大的单个井田及不需编制矿区总体发展规划的地区，均可在普查的基础上直接进行勘探，不出现详查阶段	勘探是为矿井建设建设可行性研究和初步设计提供地质资料。一般以井田为单位进行。勘探的重点地段是矿井先期开采地段（或第一水平）和初期采区。勘探成果要满足确定井筒、水平运输巷、总回风巷的位置，划分初期采区、确定开采工艺的需要；要保证井田边界和矿井设计能力不因地质情况而发生重大变化，保证不致因煤质资料影响煤的洗选加工的既定的工业用途
地层	初步确定工作区地层层序和煤系时代	确定勘查区地层层序，详细划分煤系，研究其沉积环境和聚煤特征	—	—
构造	大致了解工作地区构造形态	初步查明勘查区构造形态，初步评价勘查区构造复杂程度	基本查明勘查区构造形态，控制勘查区的边界和可能影响井田划分的构造，评价勘查区的构造复杂程度	①控制井田边界构造，其中与矿井的先期开采地段有关的边界构造的平面位置，应控制在150 m以内；②详细查明先期开采地段内落差≥30 m的断层和初期采区内落差≥20 m的断层；对小构造的发育程度、分布范围及对开采的影响做出评述；③控制先期开采地段主要可采煤层底板等高线，煤层倾角<10°时，应控制初期采区内等高距为10~20 m的煤层底板等高线
煤层	大致了解含煤地层的分布范围、煤层层数、煤层的一般厚度和埋藏深度	初步查明可采煤层层位、厚度和主要可采煤层的分布范围；初步查明勘查区可采煤层的稳定程度	基本查明可采煤层层位、层数、厚度和可采范围，基本确定可采煤层的连续性，控制主要可采煤层露头位置，了解对破坏煤层连续性和影响煤层厚度的岩浆侵入、古河流冲刷、古隆起等，并大致查明其范围	①详细查明可采煤层层位及厚度变化，确定可采煤层的连续性，控制先期开采地段内各可采煤层的可采范围（包括煤层因岩浆侵入、古河流冲刷、古隆起、陷落柱等的影响使煤层厚度和可采性发生的变化），对厚度变化较大的主要可采煤层，应控制煤层等厚线；②严密控制与先期开采地段或初期采区有关的主要可采煤层露头位置，在掩盖区，隐蔽煤层露头线在勘查线（测线）上的平面位置应控制在75 m以内，控制先期开采地段主要可采煤层的风氧化带界线

续表

项目 \ 阶段	预查	普查	详查	勘探
煤质	大致了解煤类和煤质的一般特征	大致确定可采煤层煤类和煤质特征	基本查明可采煤层煤质特征和工艺性能，确定可采煤层煤类，评价煤的工业利用方向，初步查明主要可采煤层风化带界线，评价可采煤层煤质变化程度	详细查明可采煤层的煤类、煤质特征及其在先期开采地段内的变化，着重研究与煤的开采、洗选、加工、运输、销售及环境保护等有关的煤质特征和工艺性能，并做出相应评价
水文地质、工程地质、环境地质及其他开采技术条件		调查勘查区自然地理条件、第四纪地质和地貌特征；大致了解勘查区水文地质条件，调查环境地质现状；大致了解勘查区开发建设的工程地质条件和煤的开采技术条件	基本查明勘查区水文地质条件，基本查明主要可采煤层顶底板工程地质特征、煤层瓦斯、地温等开采技术条件，对可能影响矿区开发建设水文地质条件和其他开采技术条件做出评价，初步评价勘查区环境地质条件；对勘查区可能有利用前景的地下水做出初步评价	①详细查明井田水文地质条件，评价矿井充水因素，预算先期开采地段涌水量，预测开采过程中发生突水的可能性及地段，评述开采后水文地质、工程地质和环境地质条件的可能变化，评价矿井水的利用可能性及途径；②详细研究先期开采地段和初期采区内主要可采煤层顶底板的工程地质特征、煤层瓦斯、煤的自燃趋势、煤尘爆炸危险性及地温变化等开采技术条件，并做出相应评价；③详细调查老窑、小煤矿和生产矿井的分布和开采情况，划出其采空范围，对老窑的采空区应尽可能地控制并评述其积水情况，详细调查生产矿井和小煤矿的涌水量、水质及其动态变化，分析其充水因素
其他有益矿产	大致了解其他有益矿产情况	大致了解其他有益矿产技术赋存情况	初步查明其他有益矿产赋存情况，做出有无工业价值的初步评价	基本查明其他有益矿产赋存情况
资源/储量	估算煤炭预测的资源量	估算各可采煤层推断的和预测的资源量，推断的资源量占总资源量的比例参照“建议的资源/储量比例”确定，另有要求的按要求确定	估算各可采煤层的控制的、推断的、预测的资源/储量，其中控制的资源/储量分布应符合矿区总体发展规划的要求，占总资源/储量的比例参照“建议的资源/储量比例”确定，另有要求的按要求确定	估算各可采煤层的探明的、控制的、推断的、预测的资源/储量，在先期开采地段内探明的和控制的比例的一般要求可参照“建议的资源/储量比例对小型井的要求”确定，在初期采区内主要可采煤层一般应全部为探明的

附：建议的资源/储量比例

各阶段的比例要求，原则上由勘查投资者确定。投资者无明确要求时，可参照以下要求确定。

①普查阶段：推断的资源量一般应占总资源量的30%～40%；普查（最终）应不少于50%。

②详查阶段：控制的资源/储量一般应占总资源/储量的20%～30%，推断的和控制的应在70%以上；详查（最终）参照下表对小型井的要求确定。

③勘探阶段：先期开采地段资源/储量比例，参见下表（表5.2）。

表5.2　先期开采地段资源/储量比例表

比例%	地质及开采条件							
	简单			中等			复杂	
	大型井	中型井	小型井	大型井	中型井	小型井	中型井	小型井
先期开采地段探明的和控制的资源/储量占本地段资源/储量总和的比例	≥80	≥70	≥50	≥70	≥60	≥40	不做具体规定	
先期开采地段探明的资源/储量占本地段资源/储量总和的比例	≥60	≥40	≥20	≥50	≥30	不做具体规定	不要求	

现以某煤田为例(图5.10),说明煤炭地质勘查阶段。首先对整个煤田范围进行比例尺为1∶50 000的普查;普查后将煤田划分为若干矿区(如红卫矿区、向阳矿区);然后选择红卫矿区进行1∶10 000的矿区详查;详查后又将红卫矿区划分为若干井田,最后对各井田(如四井田)进行1∶5 000的井田勘探。经过勘探所获得的地质资料,就可以作为煤矿设计和建井的依据。

2)煤炭地质勘查的类型

按照煤炭地质勘查程序,一般进行了预查、普查后,就进入矿区详查、井田勘探阶段,根据我国煤炭工业建设的布局和发展规划的需要,在保证重点、兼顾一般,以及先富后贫、先近后远、先浅后深、先易后难的原则下,在对煤田地质情况有了初步了解的基础上,必须慎重地选择勘查区。在勘查区内,通过对煤矿床的地质研究和以往勘查经验的总结,依据影响煤矿床勘查难易程度的主要地质因素,对勘查区(矿区或井田)进行分类,称为勘查类型。划分勘查类型的目的,是为了更好地运用地质规律,指导煤炭地质勘查实践,合理选择勘查手段和布置勘查工程,确定勘查程度,预算勘查成本,又快又好又省地查明地质情况和开采技术条件,获得各类型煤炭资源/储量,为煤矿设计和生产建设提供必要的地质资料。

现行的《煤、泥炭地质勘查规范》(DZ/T 0215—2002)的附录,将地质构造和煤层稳定程度分别划分为四种类型,但由于极复杂构造和极不稳定煤层只能边探边采,不进行正规勘查,实际其类型是三类九型。

(1)地质构造复杂程度类型

依据地质构造形态、断层和褶曲的发育情况,以及受火成岩影响程度,将井田(勘查区)的地质构造复杂程度划分为四类:简单构造、中等构造、复杂构造和极复杂构造(表5.3)。

(2)煤层稳定程度类型

依据煤层结构、厚度及其变化和可采情况,将矿区(或井田)的煤层稳定程度划分为稳定煤层、较稳定煤层、不稳定煤层、极不稳定煤层四型(表5.4)。

《煤、泥炭地质勘查规范》(DZ/T 0215—2002)针对上述不同构造类别和不同煤层型别,规定了详查和勘探阶段钻探工程的基本线距(表5.5、表5.6)。

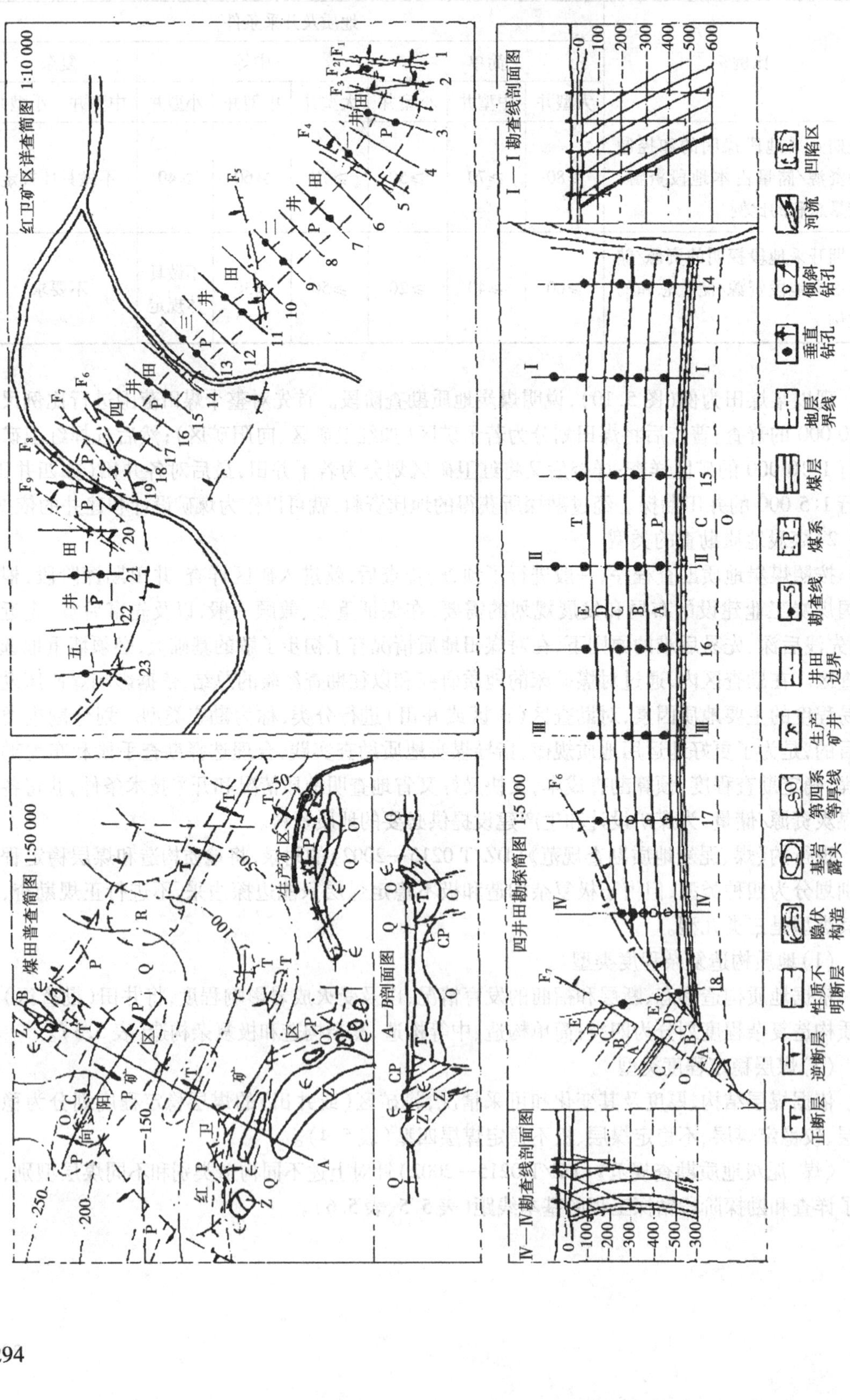

图5.10 普查、详查、勘探之间关系示意图

表5.3　地质构造复杂程度四种类型

构造类型	条件(构造形态、褶皱和断裂的发育情况、岩浆侵入破坏程度)
简单构造	含煤地层沿走向、倾向的产状变化不大,断层稀少,没有或很少受岩浆岩影响。主要包括:(1)产状接近水平,很少有缓波状起伏;(2)缓倾斜至倾斜的简单单斜、向斜或背斜;(3)为数不多或方向单一的宽缓褶皱。
中等构造	含煤地层沿走向、倾向的产状有一定变化,断层较发育,有时局部受岩浆岩的一定影响。主要包括:(1)产状平缓,沿走向、倾向均发育宽缓褶皱或伴有一定数量的断层;(2)简单的单斜、向斜或背斜伴有较多断层或局部有小规模的褶曲及倒转;(3)急倾斜或倒转的单斜、向斜和背斜;或为形态简单的褶皱,伴有稀少断层。
复杂构造	含煤地层沿走向、倾向的产状变化很大,断层发育,有时受岩浆岩的严重影响。主要包括:(1)受几组断层严重破坏的断块构造;(2)在单斜、向斜或背斜的基础上,次一级的褶曲和断层均衡发育;(3)紧密褶皱,伴有一定数量的断层。
极复杂构造	含煤地层产状变化极大,断层极发育,有时受岩浆岩严重破坏。主要包括:(1)紧密褶皱,断层密集;(2)形态特殊的褶皱,断层发育;(3)断层发育,受岩浆岩的严重破坏。

表5.4　煤层稳定程度四种类型

煤层稳定性	条件(煤层厚度和结构及其变化、可采性、煤类和煤质的变化)
稳定煤层	煤层厚度变化很小,变化规律明显;结构简单至较简单;煤类单一,煤质变化很小;全区可采或大部分可采。
较稳定煤层	煤层厚度有一定变化,但规律性较明显;结构简单至复杂;有两个煤类,煤质变化中等;全区可采或大部分可采,可采范围内厚度及煤质变化不大。
不稳定煤层	煤层厚度变化较大,无明显规律;结构复杂至极复杂;有三个或三个以上煤类,煤质变化大。包括:(1)煤层厚度变化很大,具突然增厚、变薄现象,全部可采或大部分可采;(2)煤层呈串珠状、藕节状,一般不连续,局部可采,可采边界不规则;(3)难以进行分层对比,但可进行层组对比的复煤层。
极不稳定煤层	煤层厚度变化极大,呈透镜状、鸡窝状,一般不连续,很难找出规律,可采块段分布零星;或为无法进行煤分层对比,且层组对比也有困难的煤层;煤质变化很大,且无明显规律。

表5.5　构造复杂程度类型钻探工程基本线距表

构造复杂程度	各种查明程度对构造控制的基本线距/m	
	探明的	控制的
简单	500~1 000	1 000~2 000
中等	250~500	500~1 000
复杂	边探边采,线距不作规定	250~500

表 5.6　煤层稳定程度类型钻探工程基本线距表

煤层稳定程度	各种查明程度对构造控制的基本线距/m	
	探明的	控制的
稳定	500 ~ 1 000	1 000 ~ 2 000
较稳定	250 ~ 500	500 ~ 1 000
不稳定	边探边采,线距不作规定	375
		250

1.2.2　煤矿建井地质勘查

在新井开凿之前,为了满足井筒、井底车场、硐室和主要运输大巷设计与施工的需要,查明井巷所在位置的岩层、煤层、构造、水文地质及工程地质情况,而开展的地质勘查工作,称为煤矿建井地质勘查。一般情况下,在新井开凿之前,为了正确掌握井筒剖面,编制施工设计方案,要求施工井筒检查钻孔。在井底车场、硐室和运输大巷开凿之前,为了准确确定工程的层位和方向,需要布置层位控制钻孔。

1)井筒检查钻孔

在新井开凿之前,为了核实井筒地质剖面,查明井筒通过的煤岩层的物理力学性质,断层破碎带,基岩风化裂隙带,第四系松散土层、流砂层,各主要含水层厚度、埋藏深度及特征等地质及水文工程地质条件,编制施工设计方案,要求布置井筒检查钻孔。

(1)井筒检查钻孔布置的原则

①立井井筒检查钻孔的布置

a. 水文地质条件简单时,一般在主、副井井筒中心连线的中点布置一个检查钻孔,其偏离范围不得超过 10 m。

b. 水文地质条件中等复杂时,除在两个井筒中心连线的中点布置一个检查钻孔外,还应在其延长线上的任一端再布置一个检查钻孔,增加的钻孔位置应距离最近的井筒中心以 10 ~ 25 m 为宜。

c. 水文地质条件复杂时,一般井筒两侧都应有检查孔控制,其数量视具体情况而定。钻孔应尽量布置在井筒中心连线的延长线上,以便编制完整的地质剖面图,有利于地质资料的对比分析。

d. 当两个井筒间距超过 50 m 时,应按两个独立井筒对待,检查孔应布置在井筒周围,距井筒中心距离为 10 ~ 25 m。

e. 除探测岩溶或特殊施工需要外,检查孔不得布置在井筒圆周范围以内和井底车场上方。在终孔深度以内,检查孔最大偏斜位置距离井筒井壁不得小于 5 m。

f. 检查孔的深度应达到井筒落底标高以下,在可能的情况下,应达到未来延深水平的标高。

②斜井井筒检查钻孔的布置

a. 斜井检查孔的布置应以能编制一张平行井筒中心线的完整地质剖面图为原则,该剖面位置距井筒中心线以 10 ~ 25 m 为宜。

b. 两个互相平行、间距不大于 50 m 的斜井,检查孔应布置在它们二者中间的平行线上。

c.斜井检查孔一般不少于3个，其中第一个钻孔应布置在煤层露头附近，最后一个钻孔应布置在斜井落底与平巷连接处附近。

③平峒检查钻孔的布置

平峒检查孔的布置，原则上与斜井基本相同，但要有足够的钻孔控制平峒所通过的各个岩层层位，并严格控制平峒的见煤位置。

2)层位控制钻孔

矿井建设和生产中，有些重要的井巷工程如井底车场、硐室、运输大巷等对地质条件要求较高，应严密控制它们所在的岩层层位。这就需要布置工程检查钻孔，查明井巷所在水平位置的煤、岩层层位分布、层厚、岩性及地质构造等工程地质条件，提供必要的地质资料，满足这些工程的设计和施工要求。

1.2.3　煤矿补充地质勘查

在新水平或新开拓区设计之前，为了提高设计区的勘查程度和探明的、控制的资源/储量比例，在煤炭资源勘查的基础上进行具有补充性质的勘查工作，称为矿井补充勘查。

《矿井地质规程》(试行)规定，在生产矿井内，凡属下列情况之一者，即为矿井补充勘查。

①延深水平探明的资源/储量比例达不到规定要求。

②矿井改、扩建工程或开拓、延深工程设计需要。

③重新评定新发现或勘查程度不足的可采或局部可采煤层。

在煤炭地质勘查中，探明的、控制的资源/储量主要分布在井田中央和上部水平，不同可采煤层的勘查程度常不相同。这种先期采区比后续采区勘查详细地做法，无疑在煤炭地质勘查时是正确的，它可避免资金的积压。但是，随着矿井逐步由中心向两翼、由浅部向深部发展，为了保证生产的正常接续，煤矿地质部门必须有计划地对深部水平、井田两翼和勘查程度不足的煤层，组织补充勘查工作。

1.2.4　煤矿生产地质勘查

为了查明采区准备巷道掘进和工作面回采过程中影响生产的地质问题，所进行的局部性勘查工作，称为煤矿生产勘查。它贯穿于煤矿开采的整个过程，是煤矿地质的一项经常性任务。

采区准备期间的生产勘查，主要是查清楚采区地质构造形态、煤层赋存状况，使采区布置合理，施工安全顺利。巷道掘进期间的生产勘查，主要是圈定不稳定薄煤层的可采范围、查清断层情况、寻找断失煤层，为巷道掘进指明正确方向。

回采期间的生产勘查，包括分层回采工作面的探煤厚、查明不稳定煤层的薄化带和影响工作面连续推进的各种中小型地质构造，以保证回采工作的顺利进行和煤炭资源的充分回收。

《矿井地质规程》规定，凡属下列情况之一者，为煤矿生产地质勘查。

①在开拓区内，查明影响工作面划分、采煤方法选择，以及确定找煤方向的各种地质条件而进行的勘查。

②在采区内，查明影响正常采掘和安全生产的各种地质和水文地质问题而进行的勘查。

③在采区内，为探明煤层可采性而进行的勘查。

煤矿生产地质勘查具有以下一些特点：

①煤矿生产地质勘查直接为采掘工程服务，勘查任务单纯，熟悉生产过程，了解采掘要求，是做好生产勘查的关键。

②煤矿生产地质勘查工程布置要灵活机动、因地制宜,强调其针对性和实用性,在基本满足沿剖面布置勘查工程的前提下,不宜苛求其规则性和勘查网度。

③煤矿生产地质勘查手段,除了开采深度较浅,且地质问题距巷道较远的情况下采用地面钻探外,一般均采用井下钻探和井下物探。在井下钻探不能解决地质问题时,才考虑使用巷探,但应注意一巷多用。

④煤矿生产地质勘查勿需详细的勘查设计,只需提出一份简单说明勘查目的、工程数量的勘查任务书,报请主管部门批准后,再作一单项勘查工程设计,即可施工。生产勘查竣工后,不要求提交专门报告,只需利用其修改图件,编制和补充地质说明书。

1.2.5 煤矿工程地质勘查

煤矿工程地质勘查是生产建设过程中根据专项工程的要求而进行的勘查。其勘查任务、原则和施工要求均依专项工程要求而定。

例如,在老采空区进行寻找残余煤的工程勘查。它的主要任务和要求是:

①查明老采空区的开采时间、位置、范围、巷道布置方式及其位置、采煤方法和采出的煤量。

②查明老采空区的煤层厚度及其变化,开采厚度和丢煤厚度,计算可采残余煤量。

③探明地质构造和水文地质条件及瓦斯含量等情况。

④确定有可能进行的复采地段及找煤方向。

1.3 煤矿生产过程中地质资料收集——煤矿井下地质编录

1.3.1 煤矿井下地质编录概述

由于煤矿生产的需要,在煤层及其围岩中开掘了一系列的巷道,这为观测收集井下原始地质资料创造了有利条件,我们可以通过井巷深入到地下,直接观测、记录和描绘地质情况。通常把记录和描绘井下原始地质资料的工作称为井下地质编录。它是煤矿地质的基础工作,也是煤矿地质日常工作的主要内容之一。

井下地质编录的基本要求有以下四点:

①经常及时　及时收集、整理和填绘井巷原始地质资料,不失时机地掌握井下地质信息。

②准确全面　井巷原始地质编录资料应真实可靠、齐全完整,客观反映井下地质情况。

③系统统一　统一地层划分标准,统一岩石命名原则和描述内容,统一图例、比例尺和图表格式,统一地质勘查工程和采掘工程的名称和编号,统一图幅和坐标,统一编录方法和要求。

④重点突出　编录的重点是影响煤矿生产建设的主要地质问题,如有异常地质变化的地段和重要巷道。

总之,井下地质编录要求做到内容完整、数据准确、形象真实、字迹清晰、表达确切、图文结合、简明扼要,如实反映地质现象。

1.3.2 井下地质编录方式及其选择

1)井下地质编录方式

井下地质编录方式主要有观测点、剖面图、断面图、水平切面图、展开图和立体摄影六种。观测点式编录,不要求连续观测测绘,仅在所需观测点上实测煤层和构造。剖面图式编录,是连续测绘井巷一壁地质剖面图。断面图式编录,是每隔适当距离,测绘巷道掘进迎头的地质断面图。水平切面图式编录,是连续测绘巷顶水平切面地质图。展开图式编录,是连续测绘井巷多壁剖面图并按一定要求展开成展开图。立体摄影编录，是拍摄立体图像，获取地质信息的方法。

2)井下地质编录方式的选择

根据地质条件，合理选择井下地质编录方式对于提高原始编录质量，节省原始编录时间，提高工作效率，都有重要意义。井下地质编录方式的选择依据有以下几个方面：

(1)地质条件的复杂程度　地质条件的复杂程度决定原始编录的详细程度。当地质条件简单时，可采用观测点式编录；当地质条件中等时，可采用剖面图式编录；当地质条件复杂时，可采用展开图式编录，或者把剖面图与断面图式编录结合起来。

(2)煤层倾角　煤层倾角陡缓决定巷道中煤层的揭露方式。缓倾斜和倾斜的煤层在巷壁上出露最完整，因此选择剖面图式编录最佳；急倾斜煤层在巷道掘进头和巷顶上揭示得最全面，因此采用断面图和巷顶水平切面图式编录为宜。

(3)煤层厚度　煤层厚薄决定巷道能否揭露煤层全厚。巷道能够揭露煤层全厚的薄煤层及部分中厚煤层，可直接编录巷壁剖面或掘进头断面；巷道不能揭露煤层全厚的厚煤层及部分中厚煤层，则应探清煤层全厚，并根据实测和探测资料编录沿巷道方向的垂直剖面图或巷顶水平切面图。

(4)巷道与煤、岩层产状的关系　根据巷道与煤、岩层产状的关系，巷道分为穿层和顺层巷道两类。巷道类型决定原始地质编录的内容、要求和重点。一般情况下，穿层巷道开凿较早，揭露地质内容广泛，编录要求较高，是原始编录的重点；顺层巷道则视地质条件，编录有详有略。

1.3.3　穿层巷道的地质编录

穿层巷道包括竖井、暗井、平峒、石门和穿层斜井等。这些巷道无论是铅直、倾斜或水平的，均系穿层掘进，是煤矿中最早揭露各种地层和地质构造的巷道，是我们研究煤系、煤层及顶底板和地质构造的主要资料来源。《矿井地质规程》明确规定：这类巷道不论断面大小、长短都必须进行详细的地质编录。这里以竖井和石门为例说明地质编录方法步骤。

1)竖井的地质编录

井筒展开图式编录通常用于地质条件复杂、岩层倾角不大的煤矿。

竖井一般开凿在井田中央，它是最先用大断面揭露煤系及其上覆、下伏地层的井巷工程。竖井编录对于认识煤矿地质特征，指导下一步井巷施工和生产都具有重要意义。常用的竖井编录有三种方式，即展开图式、柱状剖面图式和水平切面图式。

(1)井筒展开图式编录

圆形井筒应编录其内接正方柱面，并将四个柱面展开成平面(图5.11、图5.12)。为此，在井口周围选定四个基准点，它们与井筒中心的连线方位分别为 N 45°E，N 45°W，S 45°E，S 45°W。在该四点上设置井筒边垂线，即内接正方柱的四条棱线，用来测定地质界面深度。

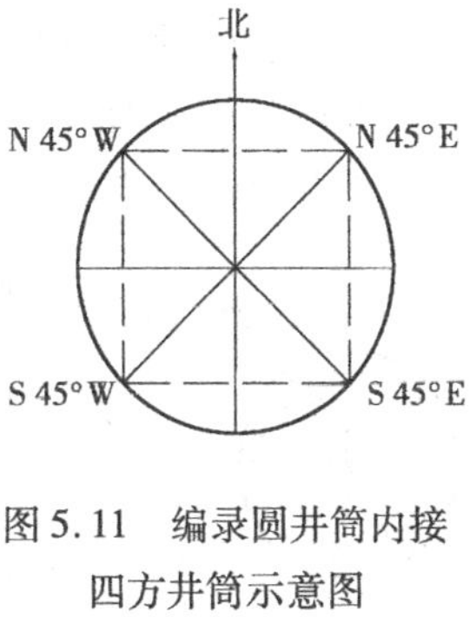

图5.11　编录圆井筒内接四方井筒示意图

(2)井筒柱状剖面图式编录

柱状剖面图式编录适用于地质条件简单或中等、岩层产状平缓的地区。在垂直地层走向的井筒直径两端，设置基准点和井筒边垂线，以此丈量地质界面深度，绘出井筒柱状剖面图(图5.13)。它是竖井最常采用的编录方式。

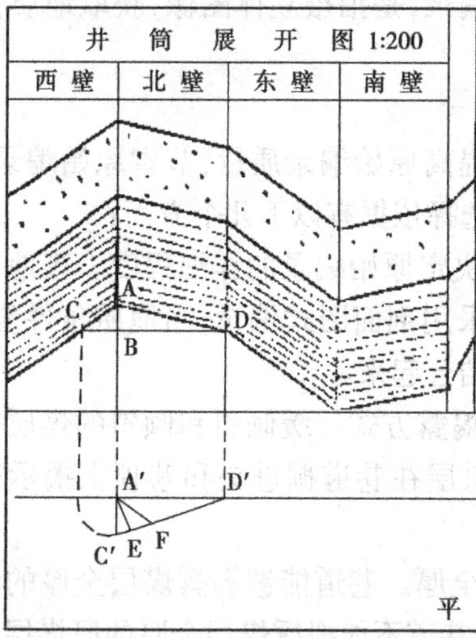

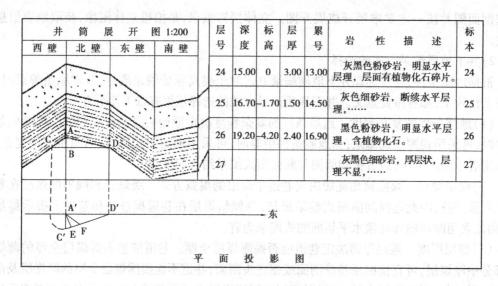

层号	深度	标高	层厚	累号	岩性描述	标本
24	15.00	0	3.00	13.00	灰黑色粉砂岩，明显水平层理，层面有植物化石碎片。	24
25	16.70	-1.70	1.50	14.50	灰色细砂岩，断续水平层理，……	25
26	19.20	-4.20	2.40	16.90	黑色粉砂岩，明显水平层理，含植物化石。	26
27					灰黑色细砂岩，厚层状，层理不显，……	27

图5.12　圆井筒内接四方井筒编录展开示意图

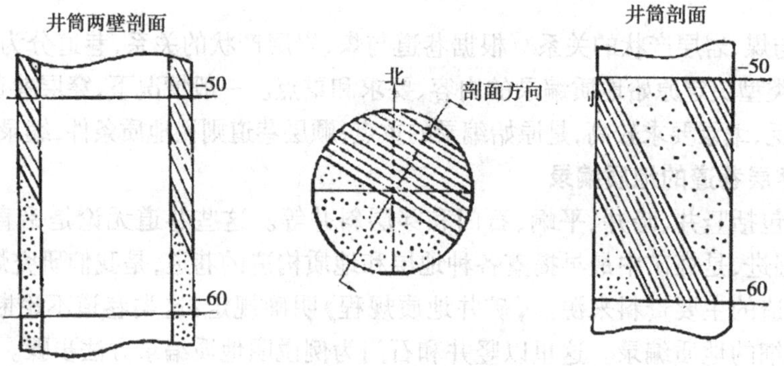

图5.13　井筒柱状剖面图式编录示意图

(3)井底水平切面图式编录

井底水平切面图式编录适用于岩层产状较陡的煤矿。每隔一定深度编录井底水平切面图，并根据各水平切面图编绘井筒柱状剖面图(图5.14)。为了便于对照各水平切面图的方位，水平切面图上应准确标定指北线和剖面线位置。

矩形断面的井筒，视地质条件的复杂情况，编录一壁柱状剖面图或四壁展开图，方法与圆形断面井筒相似。对于暗井、立眼，一般只测柱状图。

整个井筒编录完毕后，应绘制1∶200的井筒剖面图，对于煤层可附加1∶10～1∶100的小柱状图，以表示煤层结构的详细情况，剖面图应永久保存。

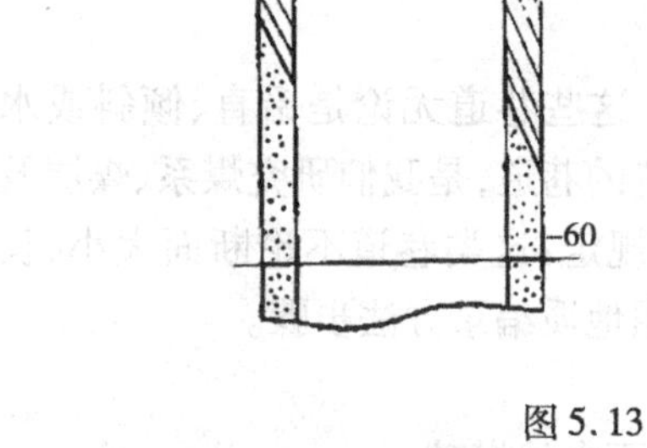

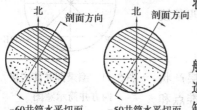

图5.14　井底水平切面图式编录示意图

2)石门地质编录

石门是垂直或接近垂直地层走向的水平穿层巷道，一般位于井田、采区和采面中央。石门编录资料是分析构造，对比煤层的主要依据，是采区设计、采区巷道施工不可缺少的资料。

石门编录根据地质条件复杂程度，或编录一壁剖面图，或在一壁剖面图的基础上辅以局部展开图，或编录三壁展开图。

编录的步骤与方法如下：

(1)熟悉巷道预想剖面和邻近地质情况

下井编录前，应熟悉巷道预想剖面、邻近巷道的分布及其地质情况。

(2)对编录巷道进行全面概略观察

到达编录巷道时，应先对编录巷道进行全面粗略观察。确定测点位置，了解巷道揭露的煤岩层及地质构造情况，对构造特别复杂地段进行仔细观察分析，确定编录方案。

(3)在编录巷道壁上挂观测基线

观测基线是编录巷道剖面过程中在巷壁上挂的一条基准线，用它来确定剖面的空间位置、控制距离，实测地质界线和巷道形状，是绘制巷道剖面图的基础。

基线的起点与终点应与测量点取得联系，观测基线的各种数据（距巷顶、巷底的距离，方向和坡度等），应记录清楚，并绘出草图（如图5.15）。

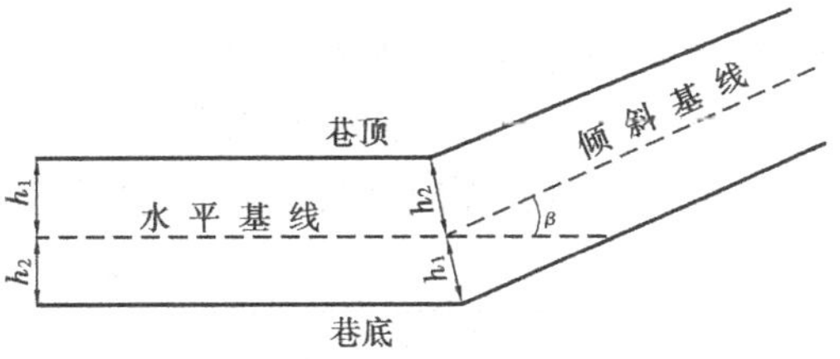

图5.15　记录观测基线的各种数据示意图

(4)观测、记录及描绘巷道壁上的地质情况

①地质观测点的观测与描述　地质观测点应选在地质特征清楚、地质变化显著的地点，具体地说就是岩层分界面，断层面及褶曲枢纽部，煤层结构、厚度及顶底板岩性岩相发生显著变化处，岩浆侵入体、岩溶陷落柱以及裂隙发育地点，钻孔位置及其他有地质意义的地点。对上述地点必要时应绘出细部素描图。对选定的每一个地质观测点要准确测定其位置，记录至基线起点或某一测点的距离，并绘在平面及剖面草图中。测量适当数量具有代表性的煤层、岩层产状。

地质观测点与控制点的疏密视具体情况而定，只要能够达到控制层位和构造的变化（尤其是煤层、顶、底板及标志层）、控制构造、控制巷道方位和起伏变化，并能在室内整理资料和制图无困难。

地质观测点之间的地质情况，要进行连续的观测和追索。两点之间的地质界线要按实际情况连线而不能机械地连成直线。

②实测地质界线、巷道形状　地质界线用地质观测点及附加的控制点来控制。要求在每个地质界面（岩层分界面、构造分界面）上，必须有两个以上的地质观测点及控制点。具体方法可以归纳为三种；

a. 实测层面控制点的方法　对于每个岩层分界面及构造界面应实测两个以上的控制点。每个控制点测出控制点距基线起点的距离和控制点与基线的垂距（图5.16）。当地质界面产状变化大时应加密控制点。控制点最好选择在地质界面进入巷底及巷顶的位置；基线与地质界面的交点；背、向斜的枢纽。

b. 实测层面控制点与视倾角相结合的方法　当岩层产状与厚度稳定时，可以每一岩层只测一个控制点，即岩层界面与基线的交点，并测量视倾角即可作图（图5.17）。

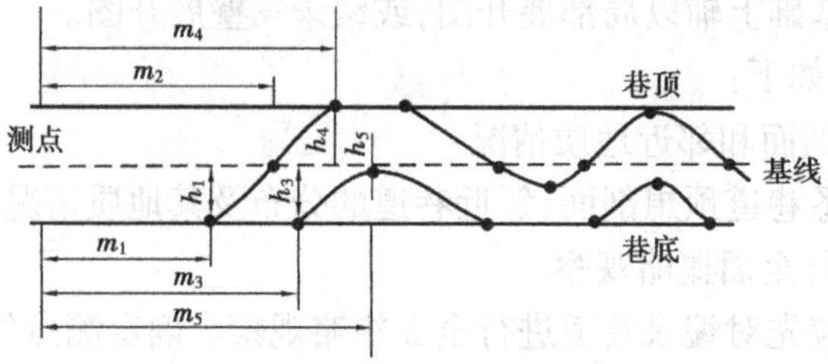

图 5.16　实测层面控制点方法示意图

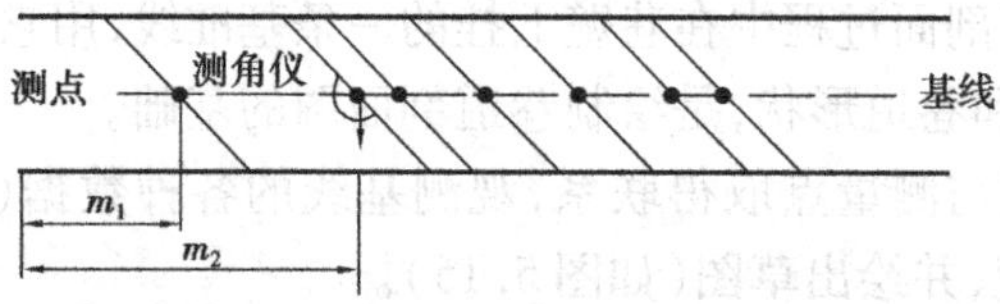

图 5.17　实测层面控制点与视倾角相结合方法示意图

c. 实测小柱状控制岩层界面的方法　当岩层产状平缓而且分层较多时，可采用每隔适当距离作小柱状图控制岩层分界面，每一分界面应有两个以上的控制点(图 5.18)。

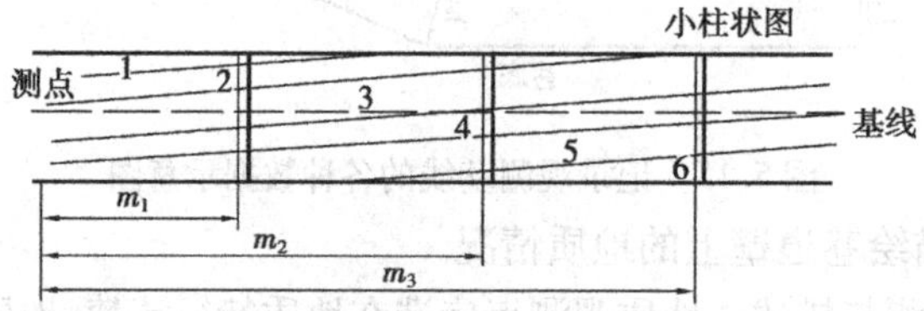

图 5.18　实测小柱状控制岩层界面方法示意图

③绘制实测巷道剖面草图和细部素描图　在编录时不但要记录观测数据和进行文字描述，而且要绘制巷道剖面草图。草图要简明清楚，不需要严格按比例绘制，只需注明必要的数据，也可用简单的代号表示，但要求草图不仅自己能看懂，而且其他人也能看懂。

如遇断层、褶曲、岩浆侵入体、煤层冲刷等现象时，应绘制细部素描图，并标定在实测巷道剖面图中的位置(图 5.19)。

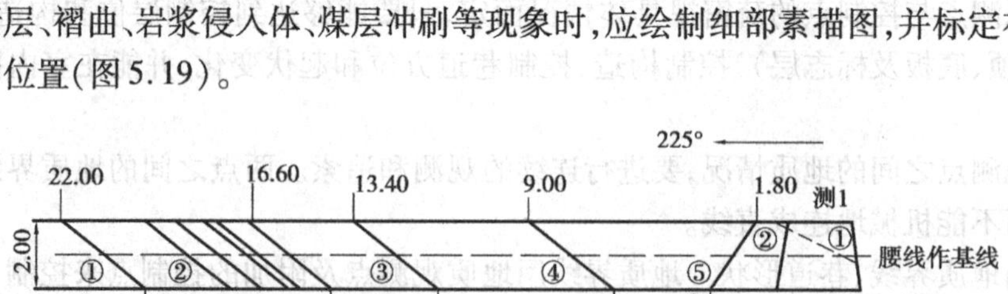

图 5.19　实测巷道剖面草图和细部素描图示意图

1—砂质页岩：浅灰色、含根系化石；2—煤：半亮型为主、中夹两层页岩，自下而上分层厚度为半亮煤 1.4 m、页岩 0.5 m、半暗煤 0.5 m、页岩 0.2 m、半亮煤 0.6 m；3—页岩：浅灰色、含菱铁矿结核，近煤层含猫眼鳞木化石；4—砂质页岩：上部含菱铁矿结核和炭质页岩；5—中粒砂岩：中部斜层理发育；6—断层：F_1 断层带中砂岩挤成粉状

(5)注意事项

每次编录的终点要注上记号,写上日期,以便下次接着进行。结束编录之前应认真检查记录核对各种数据,看资料是否收集齐全,如有遗漏和错误,要及时纠正和补充。应在整理好上次观测编录资料的基础上,进行下一次编录。

当整个石门编录完毕之后,应按一定格式绘制1:200的石门剖面图,剖面图上应附放大的素描图及小柱状图。具体格式参看图5.20。

225°←

层号	6	5	4	3	2	1	测1
累计水平距	23.40	22.00	16.60	13.40	9.00	1.80	
真厚		3.20	1.80	2.70	4.20		
石门剖面	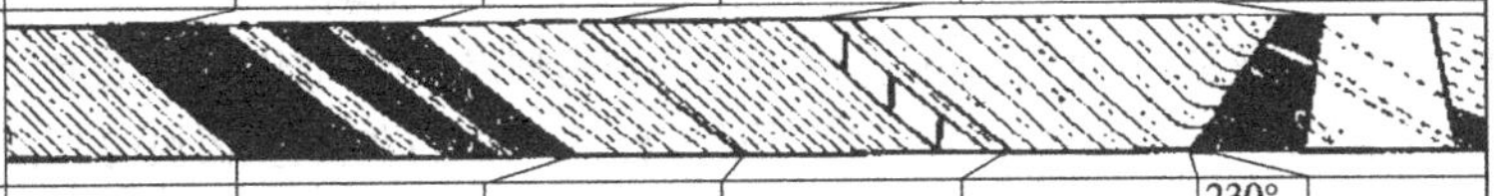						
产状			70°∠42°		73°∠37°	230°∠60°	
岩石名称	砂质页岩	煤	页岩	砂质页岩	中粒砂岩	断层	煤
岩性描述	浅灰色,含植物根化石。	以半亮型为主,次为半暗型。中上部夹页岩两层。	浅灰色,含菱铁矿结核,在接近煤层的顶板岩石中含猫眼鳞木化石。	灰色,上部含菱铁矿结核及炭质页岩。	灰白色,厚层状,胶结不紧密,分选差,中部斜层理发育,含黄铁矿小点。	断层带中砂岩挤呈粉状。	色暗淡无光,呈粉碎煤,有柔皱,夹石层受压分布很乱。
煤层结构与补充素描	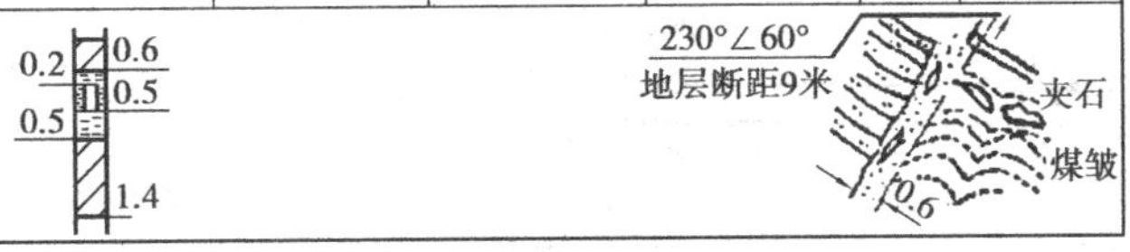						

图5.20　某石门剖面图(北帮)

比例尺1:200

1.3.4　顺层巷道的地质编录

顺层巷道包括顺层斜井、运输大巷、总回风巷、采区上下山以及沿煤层开掘的所有准备和回采巷道。这类巷道不管它是顺煤层走向掘进的水平巷道,或者是沿倾斜、伪倾斜掘进的倾斜巷道,它们的一个共同特点就是顺着同一层位掘进。顺层巷道地质编录的方法和步骤与石门相似,这里仅以煤层平巷为例,说明其编录特点。

煤层平巷地质编录能够取得煤层厚度、结构、顶底板岩性及其变化资料,查明各种倾向或斜交断层。煤层平巷编录方法主要决定于煤层厚度和倾角的大小。

①巷道能够揭露煤层全厚的薄煤层及部分中厚煤层,可以直接观测编录巷道壁和迎头断面(图5.21)。

当煤层稳定且倾角较缓时,一般不需要采用连续测绘的方法,只需要隔适当距离观测一次煤层全厚,或者实测一个煤层小柱状图(包括煤厚、产状、结构及顶底板),并将煤厚数据或小柱状图标在煤层构造平面图上。观测点的距离视煤层稳定性而定,以能如实反映煤层的变化情况为宜。

当煤层厚度、结构变化较大时,则加密观测点,并作连续测绘,编录巷道一壁剖面图。对于煤巷中出现的重要地质现象,要细致观测,用巷道断面图、局部素描图和展开图,把它们真实地

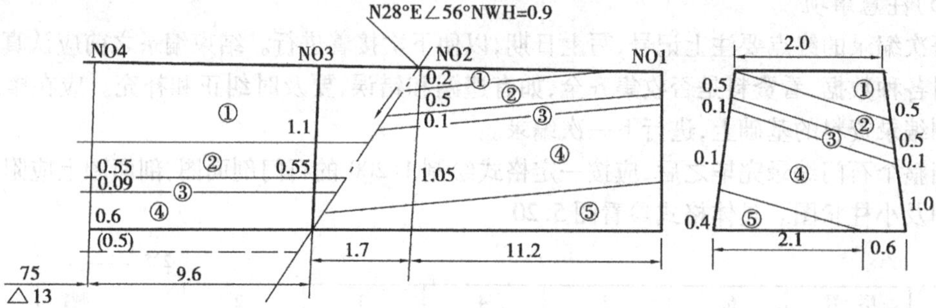

图 5.21　煤层平巷地质编录示意图

1—粉砂岩:灰黑色、薄层、坚硬、含化石;2—半暗型煤:中条带状,夹少量黄铁矿透镜体;

3—泥岩:黑色;4—半暗型煤:宽条带状、裂隙发育;5—泥岩:灰褐色、团块构造、含植物根系化石

记录下来。

如果煤层倾角较陡,在巷道壁难以观测时,采用每隔适当距离,观测掘进迎头剖面。

②对于巷道不能揭露煤层全厚的厚煤层及部分中厚煤层,在进行地质编录时,首先应探查煤层全厚,再根据巷道中实测和探测的各种数据进行编录。当煤层倾角平缓时编制沿巷道方向的垂直剖面图(图 5.22)。当煤层倾角较陡时编制巷顶标高的水平切面图(图 5.23)。

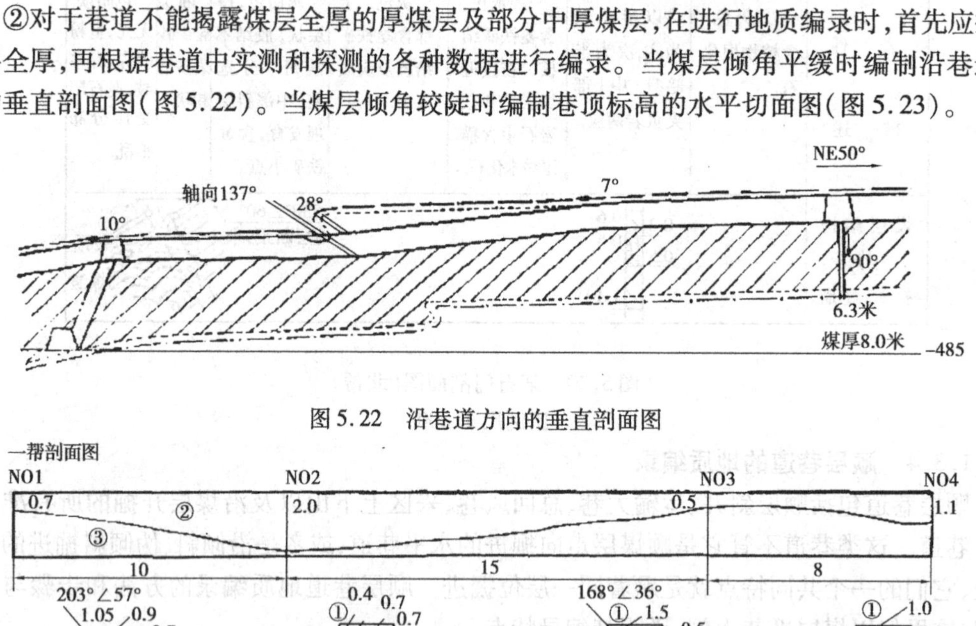

图 5.22　沿巷道方向的垂直剖面图

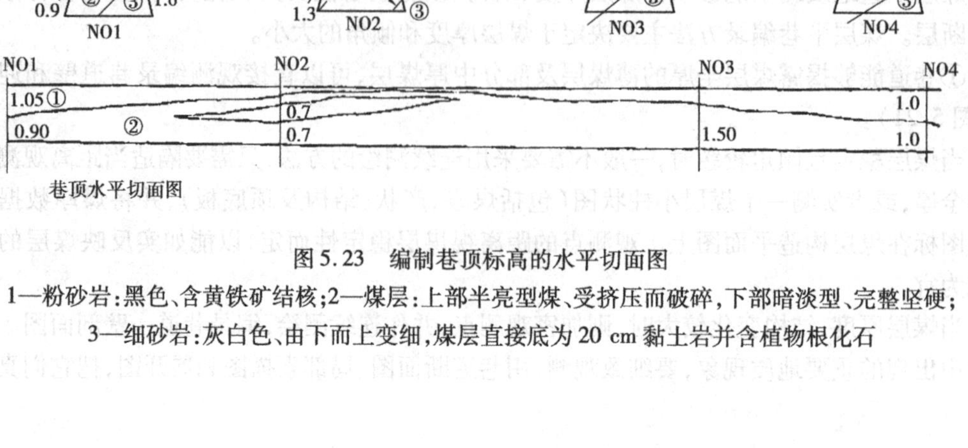

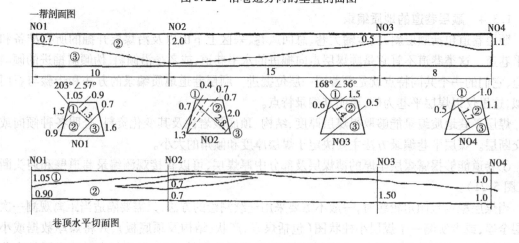

图 5.23　编制巷顶标高的水平切面图

1—粉砂岩:黑色、含黄铁矿结核;2—煤层:上部半亮型煤、受挤压而破碎,下部暗淡型、完整坚硬;

3—细砂岩:灰白色、由下而上变细,煤层直接底为 20 cm 黏土岩并含植物根化石

1.3.5 回采工作面的地质编录

回采工作面地质编录的基本任务是查明采面的地质变化及其发展趋势，指导回采工作的正常进行；测量煤厚，计算回采率，监督煤量的充分回采，为厚煤层开采的合理分层提供资料。

随着工作面的推进，应不断的观测工作面出现的地质构造，煤层厚度、结构及其变化，顶板岩性、结构、产状和裂隙情况，以及其他影响回采的地质因素。

如果工作面地质条件简单，一般每隔一段时间检查一次工作面情况，在工作面上均匀布置观测点，测量煤厚和产状，并把观测的结果反映到回采工作面平面图上。

如果地质条件复杂，或遇到影响生产的地质变化时，应增加工作面观测次数，并沿回采工作面煤壁作实测剖面图（也可只作变化地段的局部剖面图），以反映地质变化情况（图5.24）。文字记述和素描图可直接记录在卡片中。

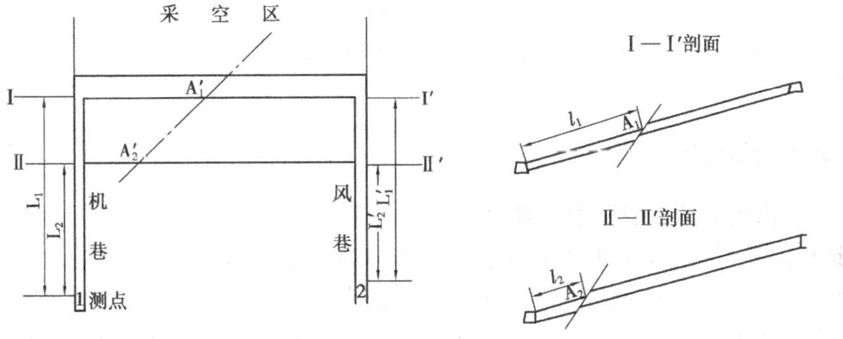

图5.24 回采工作面编录示意图

任务2　煤矿地质图件

煤矿地质图是在煤矿生产建设过程中,根据煤矿地质勘查和矿井地质编录等资料编制而成的、反映井田内各种地质现象的总体情况、相互关系和变化规律以及井巷工程的综合性地质图件。它表现了井田范围内煤层的赋存状态、构造特征、开采技术条件和变化规律,以及它们与采掘生产之间的相互关系,是一系列综合性地质图件的总称。

煤矿地质图件是编制煤矿设计、制定生产计划、管理采掘生产及煤炭资源/储量管理等的主要依据;是指导煤矿地质勘查和进行地质分析研究的基础性资料。

根据煤矿生产的实际需要,这里主要介绍与煤矿生产有关的主要地质图件,包括地形地质图、地层综合柱状图、煤岩层对比图、地质剖面图、水平地质切面图、煤层底板等高线图、煤层立面投影图等。

2.1　井田地形地质图

2.1.1　井田地形地质图概念及其内容

井田地形地质图是综合反映井田范围内地形、地物、地层、矿层、岩层产状和地质构造分布特征,以及地质勘查工程布置情况的综合性地质图件。在编制由松散沉积物覆盖井田的地形地质图时,我们常设想将上覆沉积物揭去,而编制出反映基岩面上各种地质现象的地形地质图称为基岩地质图。

井田地形地质图是以井田地形图为底图,通过地质测量及勘查编制而成的图件。煤矿生产过程中使用的地形地质图采用的比例尺一般为1∶10 000或1∶5 000;在地质构造复杂的地区或中小型矿井,应采用1∶2 000的比例尺。

1)井田地形地质图的内容

(1)地形地物　主要有地形等高线、河流、地面建筑物、三角点、高压线、经纬线及指北方向等。

(2)地质界线　包括各时代的地层分界线(系、统、组、段)、不整合面界线、滑坡范围、标志层、矿层露头线、褶曲迹线、断层线及岩层产状等。各种地质界线必须注明其代号或名称,如地层编号、标志层及矿层的编号、褶曲及断层名称、编号等,如有火成岩侵入或岩溶陷落柱出现,应圈定其在地表或基岩面上的分布范围。

(3)勘查工程　包括钻孔、探槽、探井、探巷、生产矿井及老窑等。

(4)其他　包括井田边界、地质剖面线、勘查线及其编号、井筒标高、矿体采掘范围、最高洪水水位线、图名、图签、图例和比例尺等。

2)井田地形地质图的用途

在煤矿中,井田地形地质图用途十分广泛,其主要用途如下:

①是煤矿设计和生产的基本图件之一用于运输干线及供电线路的选择、确定井口、工业广场、建筑石料场等位置、保护农田、寻找水源等。

②是编制井上下对照图的底图。

③是勘查部门布置煤矿地质勘查工程等工作必备的基础图件。

④是矿井开展“三下”采煤、防治水和编制其他地质图件的基础技术资料。

2.1.2　各种地质构造在地形地质图上的表现

岩层（煤层）或构造面在地面上露出的部分称为露头，其与地面的交线称为岩层（煤层）或构造的露头线。

由于岩（煤）层或构造面的产状及地形不同，在地形地质图上各种地质界线的形态也不一样，因此，识读地形地质图时，首先应该熟悉露头线和地形等高线之间的关系，了解各种地质构造在地形地质图上表现的一般规律。

1）单斜构造在地形地质图上的表现

（1）岩层产状不同，露头形态也就不同。水平岩层的地层界线在地形地质图上与地形等高线平行，其露头形态完全取决于地形；直立岩层的地层界线在地形地质图上是一条直线，顺着岩层走向延伸，不受地形的影响；倾斜岩层的地层界线是弯曲的，并且与地形等高线相交（图1.102）。

（2）当岩层是倾斜的而地面地形是起伏的时候，则岩层的露头线在地形地质图上就会出现复杂的弯曲，一般有以下规律：

①当岩层倾向与地面坡向相反时，则岩层露头呈与地形等高线同向的“V”字形，且其弯度小于地形等高线的弯度（图5.25）。

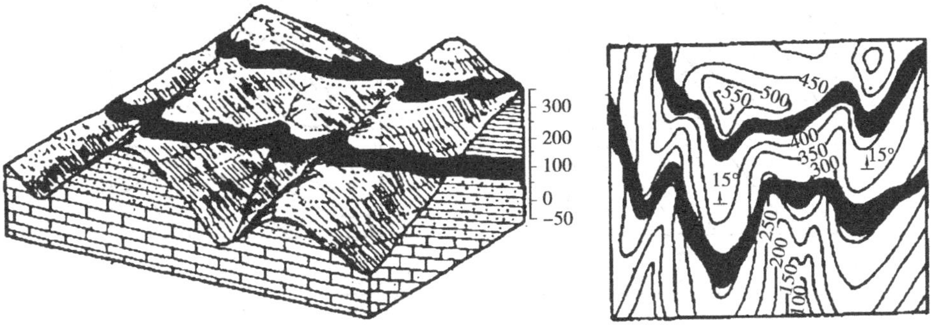

图5.25　岩层倾向与坡向相反的“V”字形规律

②当岩层倾向与地面坡向一致，且岩层倾角大于地面坡角时，其露头线出露的“V”字形凸向与等高线方向相反。如图5.26所示。

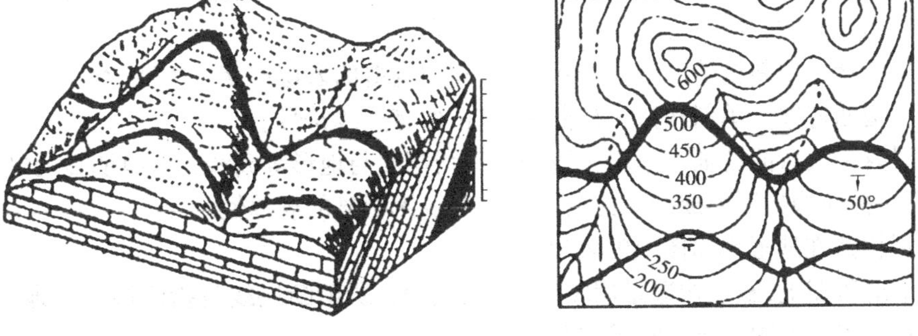

图5.26　岩层倾向与坡向相同，岩层倾角大于坡角的“V”字形规律

③岩层倾向与地面坡向一致，而岩层倾角小于地面的坡角时，则岩层露头线所形成的“V”字形凸向与地形等高线一致，而岩层露头线的弯曲度大于地形露头线。如图 5.27 所示。

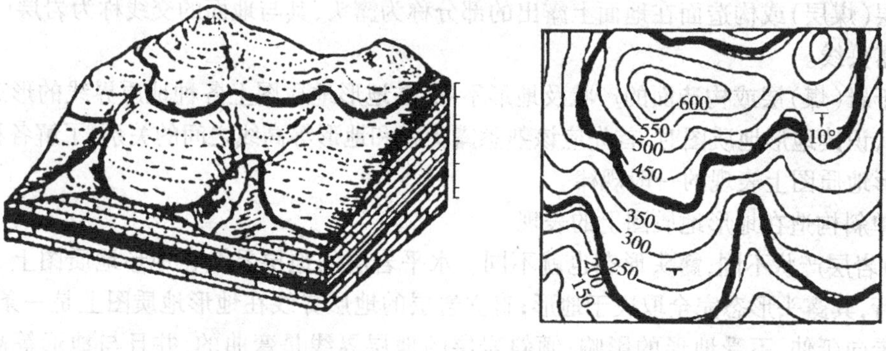

图 5.27　岩层倾向与坡向相同，岩层倾角小于坡角的“V”字形规律

2）褶曲构造在地形地质图上的表现

（1）在地形平坦的情况下，水平褶曲的露头线为一组平行线，如图 5.28（a）所示；倾伏褶曲露头线表现为一组呈“之”字形的弯曲线，如图 5.28（b）所示。

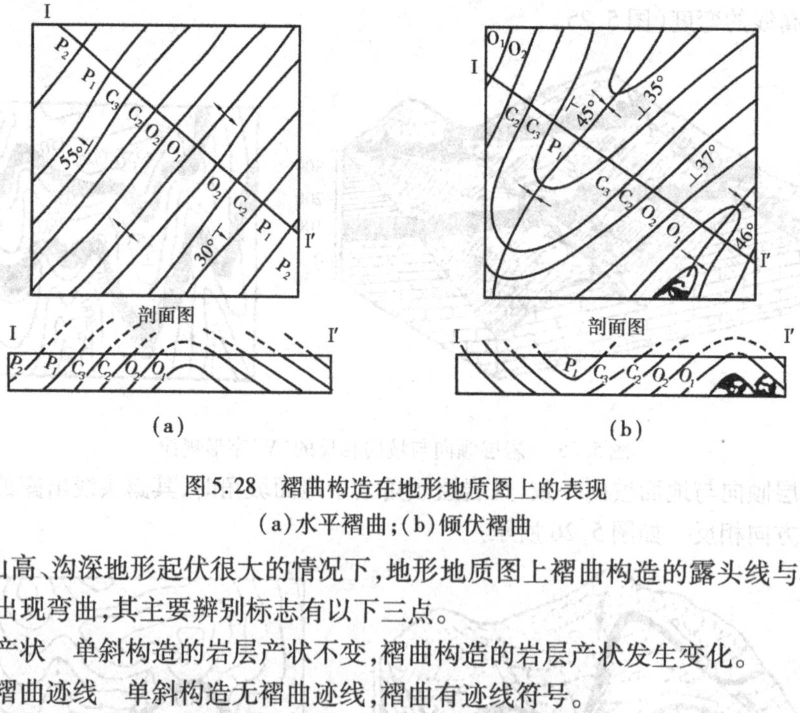

图 5.28　褶曲构造在地形地质图上的表现

（a）水平褶曲；（b）倾伏褶曲

（2）在山高、沟深地形起伏很大的情况下，地形地质图上褶曲构造的露头线与单斜构造的露头线一样出现弯曲，其主要辨别标志有以下三点。

①岩层产状　单斜构造的岩层产状不变，褶曲构造的岩层产状发生变化。

②有无褶曲迹线　单斜构造无褶曲迹线，褶曲有迹线符号。

③岩层露头线弯曲特征　单斜构造的露头线弯曲与地形等高线关系有明显的规律性——一致或相反，褶曲构造所形成的弯曲与地形等高线无明显的规律性。

3）断层构造在地形地质图上的表现

在地形地质图上，断层构造是用断层线来表示的，所谓断层线是指断层面与地面的交线。用不同的符号表示不同性质的断层（附录）。

2.1.3　**地形地质图的识读方法**

在一张地形地质图上，同时反映了地形、地层界线和地质构造，内容很多，不易看懂。但在掌握上述规律的基础上,采取层层剥离,逐一辨别,由个别到整体,由局部到全区的方法,完全能看清图中所表示的内容。分析识读地形地质图时,应采取以下步骤:

①先看地形特征。

②逐步分析区内地质构造。

③着重掌握煤系、煤层的分布。

④分析该区的地质发展史。

［**例**］ 图5.29为三岔地区的地形地质图

从图中可以看出,该区地形起伏不平,从东南到西北,三岔河谷贯穿全区。该区地层由古生界的寒武系(∈)、奥陶系(O)、石炭系(C)、二叠系(P)、中生界的侏罗系(J)、白垩系(K)、新生界的第四系(Q)所组成。

根据岩层露头在地表的分布情况可以看出,在二叠系地层的两翼岩层对称出现,因而是褶曲构造,又由于中间岩层形成的时期比两侧岩层新,再远逐渐为老岩层,所以为向斜构造。三岔河谷两侧岩层错开,并从断层符号可以看出为一斜交正断层构造。

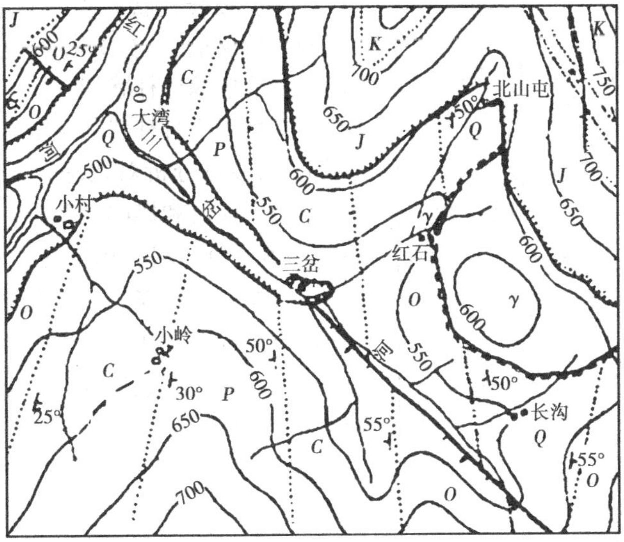

图5.29 三岔地区的地形地质图

2.2 地层综合柱状图

地层综合柱状图是根据地质勘查和井下地质编录资料,通过综合分析对比,将工作区所见的地层,根据其岩性、厚度及间距等,按地层层序编制而成的综合性地质图件(图5.30)。

地层综合柱状图主要反映工作区的地质时代、各地层的厚度、岩性、煤层及标志层等情况。比例尺一般为1:200～1:500,对标志层、煤层要适当放大比例。图中内容包括地层单位、岩性柱状、地层厚度、岩性描述等。

地层综合柱状图是在地层及煤(岩)层详细对比的基础上,经过大量的原始数据的统计和综合而绘制出来的。在原始资料统计时,必须排除断层的影响,也不要把原生沉积变化误认为有断层。

地层综合柱状图的编制方法是:首先收集井田范围内所有揭露地层的资料,通过地层和煤、岩层对比,确定层序,计算出地层及煤(岩)层平均厚度,然后,根据编制要求按比例从上到

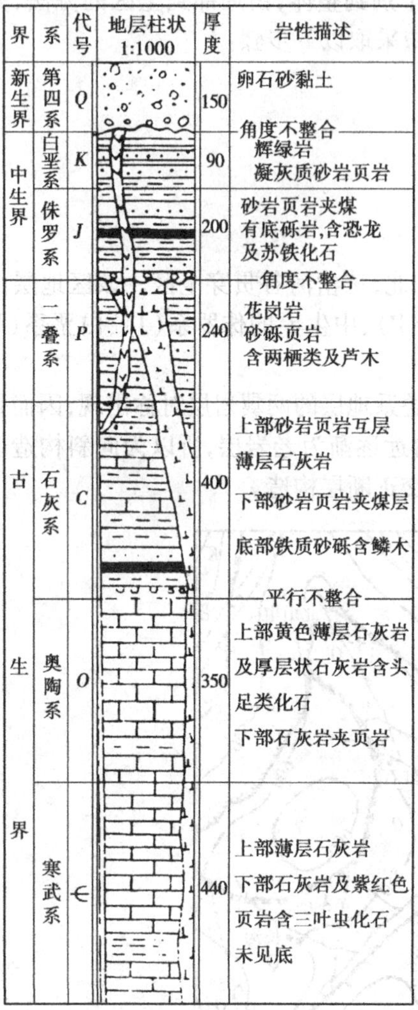
界
系
代号
地层柱状 1:1000
厚度
岩性描述
新生界
第四系
Q
150
卵石砂黏土
角度不整合
中生界
白垩系
K
90
辉绿岩
凝灰质砂岩页岩
侏罗系
J
200
砂岩页岩夹煤
有底砾岩,含恐龙
及苏铁化石
角度不整合
二叠系
P
240
花岗岩
砂砾页岩
含两栖类及芦木
古生界
石灰系
C
400
上部砂岩页岩互层
薄层石灰岩
下部砂岩页岩夹煤层
底部铁质砂砾含鳞木
平行不整合
奥陶系
O
350
上部黄色薄层石灰岩
及厚层状石灰岩含头
足类化石
下部石灰岩夹页岩
寒武系
∈
440
上部薄层石灰岩
下部石灰岩及紫红色
页岩含三叶虫化石
未见底

图 5.30　地层综合柱状图

下,将地层单位、岩性柱状、地层或煤(岩)层厚度、岩性描述等项由新到老逐一填入相关栏内。在编图时应注意:

1)岩性柱状要用规定的符号表示。

2)如有不整合面或假整合面出现,要在岩性柱状图中表现出来。

3)煤、岩层的厚度应采用平均值,为了了解煤、岩层厚度的变化情况,用极值(最大值及最小值)写在厚度栏内。

4)岩性描述应尽可能详细,并将标准化石或常见化石列出。

必须指出的是:

①地层综合柱状图就编制的区域而言,分为矿区地层综合柱状图和井田地层综合柱状图;就编制的地层而言,分为井田地层综合柱状图和井田煤系地层综合柱状图。

②地层综合柱状图是根据井田范围内所有地层资料,经过分析对比综合编制而成的,因此,它所反映的地层和煤(岩)层有别于钻孔柱状图或地质剖面图,并不是井田某处的真实情况。

③在地层和煤(岩)层相变和岩性变化大的井田还应分区编制地层综合柱状图。

地层综合柱状图是矿井最基本的地质图件,应用十分广泛。

2.3　岩(煤)层对比图

在一个井田范围内的不同地段上,煤系的沉积不是完全一致的,有的增厚,有的变薄,有的分叉或尖灭,有的煤层在某一地段上被冲刷,或被火成岩吞蚀,有的煤层因受后期构造变动的影响,使煤层在钻孔或巷道中出现重复或缺失。确定在各钻孔和巷道中所揭露的煤层的层位,对煤矿设计和生产有着特别重要的意义,否则,由于煤层对比不准,煤层底板等高线图就不能反映真实情况,估算出来的资源/储量也是错误的。

为了正确判断煤层层位和构造,通常通过标志层、古生物化石、层间距和煤层及其顶底板特征等资料,对煤系进行分析研究,进行煤、岩层的对比,这种反映煤、岩层对比成果的图纸,称为煤、岩层对比图。

图 5.31 为某矿的煤岩层对比图。图的左边为该矿的地层综合柱状图,右边为各钻孔的柱状图,同一个标志层或煤层,用实线连接,对比不可靠的煤岩层用虚线连接。

煤岩层对比图反映了井田内各煤层、岩层空间变化的规律,它是设计部门用来检查地质剖面图、煤层底板等高线图和资源/储量估算图的依据之一。

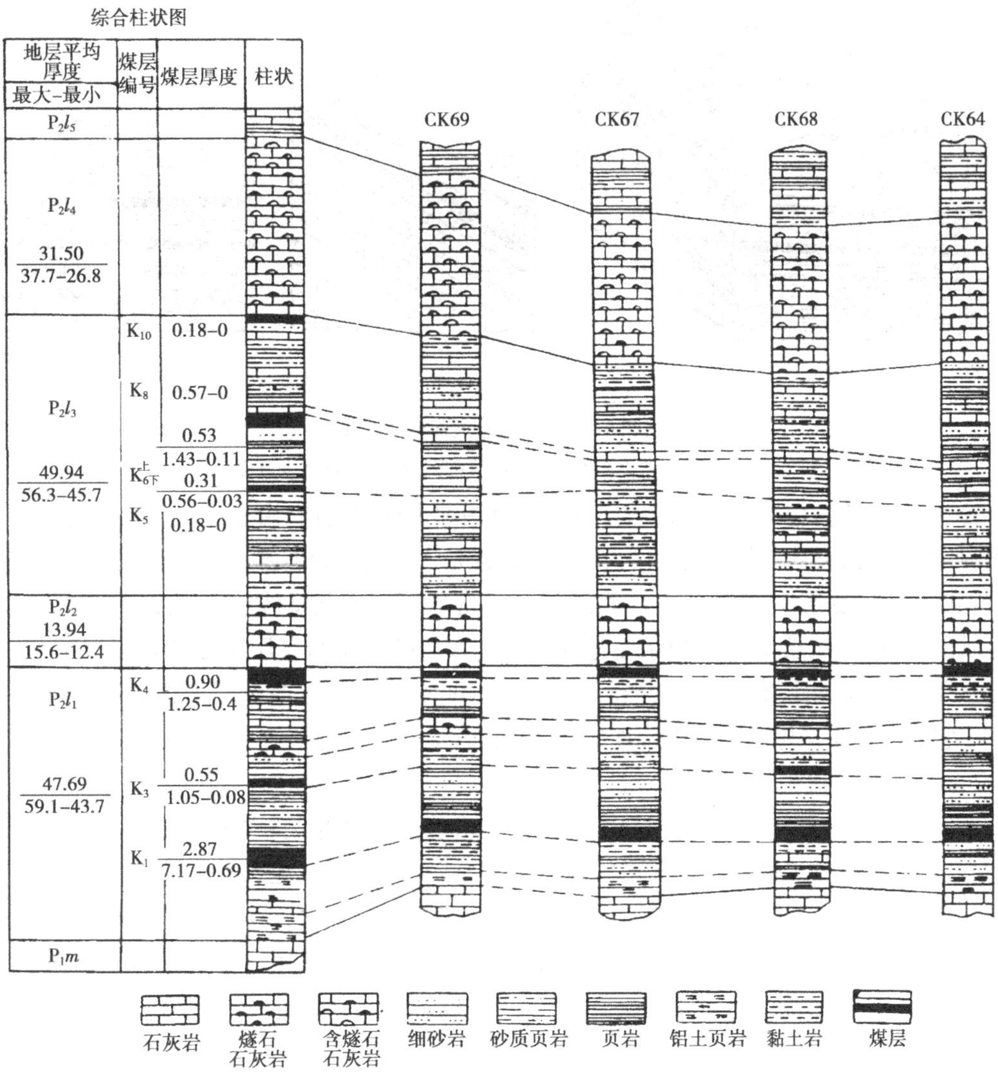

图5.31　某矿煤岩层对比图

2.4　煤矿地质剖面图

2.4.1　煤矿地质剖面图概述

1)煤矿地质剖面图概念

设想用一个垂直平面将矿山切开,并将该切面上的地质、水文地质及井巷工程投绘到一个与之平行的平面上,按比例绘出的图件称为煤矿地质剖面图。

沿倾向方向切绘的剖面称横剖面(图5.32(b)),沿走向切绘的剖面称纵剖面(图5.32(c))。由于横剖面反映构造形态最清楚,所以一般讲的地质剖面图是指横剖面。地质剖面图又称地质断面图、垂直地质断面图、垂直地质剖面图等。

地下岩体被垂直剖面切成两部分,在两部分的切面上都露出岩层、煤层、地质构造迹线

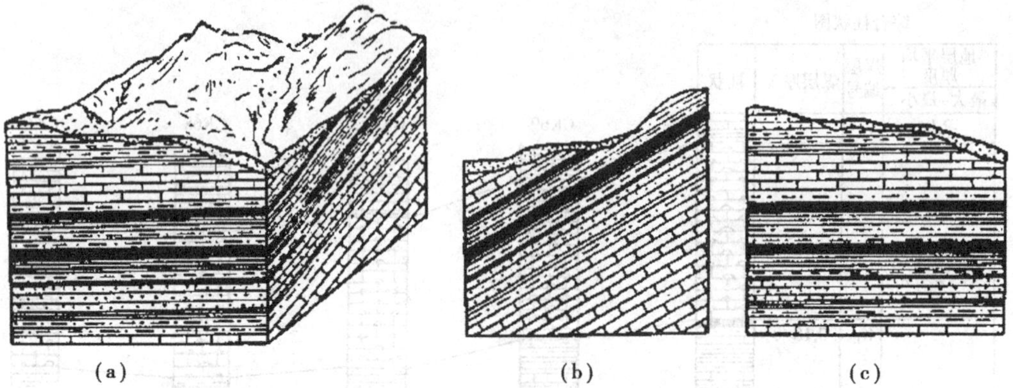

图5.32　煤矿地质剖面图示意图

(a)立体示意图;(b)横剖面示意图;(c)纵剖面示意图

等。为了避免混乱,应规定统一的看图方向。近南北方向的切面,由东往西看取西边部分切面上的图像;近东西方向的切面,由南往北看取北面部分切面上的图像。

煤矿地质剖面图主要是沿井筒、石门、主要上下山或垂直构造线或沿原勘查线等方向剖切的地质剖面图。由于剖面图能够清楚地反映被剖切后的岩层和煤层厚度及倾角变化、煤层顶底板岩性、煤层层间距、构造形态,剖面方向上地形起伏情况和井巷工程等向深部的延伸变化情况。它是煤矿生产中重要的综合性地质图件之一。

2)煤矿地质剖面图的内容

地质剖面图的主要内容包括:剖面切过的地形、地物、经纬线、水平标高线;地层界线、断层、火成岩侵入体、岩溶陷落柱;煤层、标志层及其名称和编号,其他有益矿层;勘查工程并注明钻孔编号、孔口标高、终孔深度、煤层及夹矸厚度,小窑、生产矿井井筒、井巷工程、采空区、井田边界、保安煤柱线及开采水平高程线(图5.33)。地质剖面图应注明剖面线方向、比例尺、图例和图签。

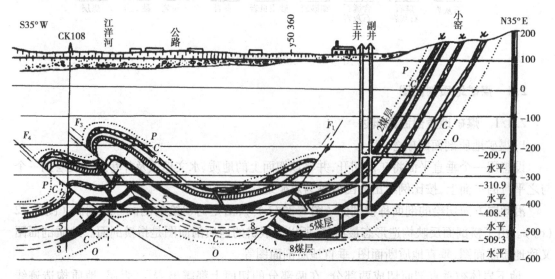

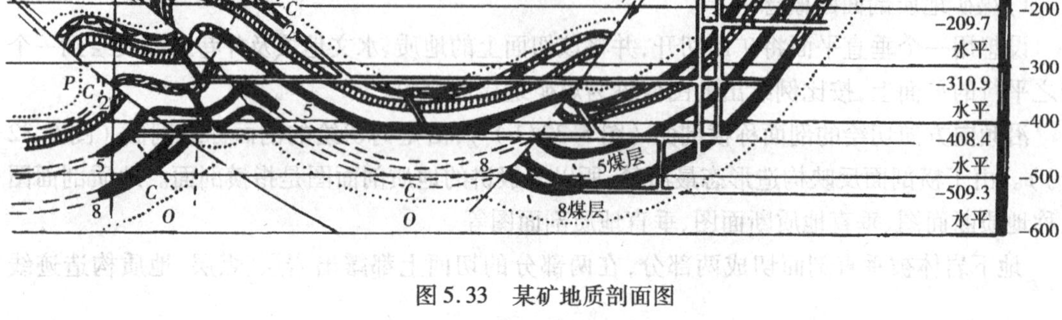

图5.33　某矿地质剖面图

3)煤矿地质剖面图的用途

(1)煤矿地质剖面图反映了该剖面方向上的煤层、标志层、含水层、地层分界的位置和构造形态,及其与井巷工程之间的相互关系。

(2)煤矿地质剖面图是分析研究煤矿地质构造,了解煤层埋藏条件,以及编制其他综合性图件的基础资料。

(3)煤矿地质剖面图是煤矿进行采掘设计、编制采掘计划必备的图件。用以了解煤层在各地段沿铅直方向的变化,以便确定阶段高、采区走向长度、工作面斜长、采煤方法及巷道的布置等。

(4)煤矿地质剖面图可用于留设煤矿保安煤柱和解决有关采煤方面的问题。

(5)煤矿地质剖面图是布置煤矿地质勘查工程的基础图件。

2.4.2　各种地质现象在地质剖面图上的表现

1)单斜岩层

单斜岩层在地质剖面图上为一组倾斜的岩层线(岩层面与剖面的交线),其倾角大小与岩层的真倾角大小及岩层走向与剖面走向的夹角有关。当岩层走向与剖面走向垂直时,剖面图中岩层线与剖面水平线的夹角为岩层的真倾角;当岩层走向与剖面线走向平行时,剖面图上的岩层线为一组平行于剖面的水平线;当岩层走向与剖面线斜交时,剖面图上岩层的倾角为视倾角。

2)褶曲

在斜交褶曲枢纽线的剖面上,向斜表现为岩层向下凹,而且从核部向两翼地层由新变老;背斜表现为岩层向上凸,而且从核部向两翼地层由老变新;在平行褶曲枢纽线的剖面图上,岩层为一组平行线(图5.34)。

3)断层

断层在地质剖面图表现为地层不连续,图上用断层面与剖面的交线表示断层。正断层表现为上盘下降(图5.35(a))、逆断层为上盘上升(图5.35(b))。由于剖面走向不一定与断层走向垂直,因此剖面图上的断层倾角一般为视倾角。为了在剖面图上能了解断层的产状,图上要表示断层的倾向、倾角和落差。

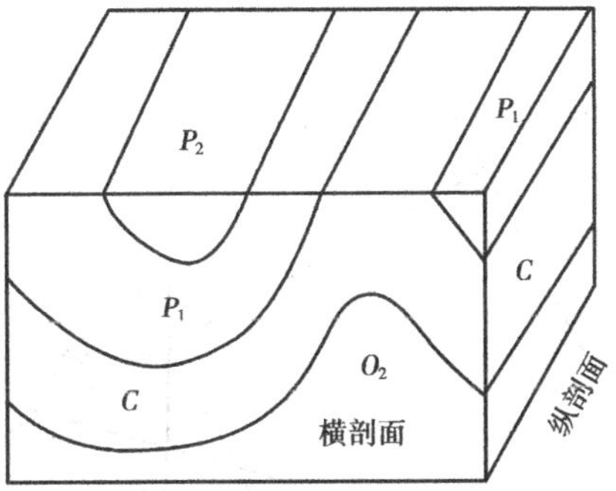

图5.34　褶曲在地质剖面图上的表现

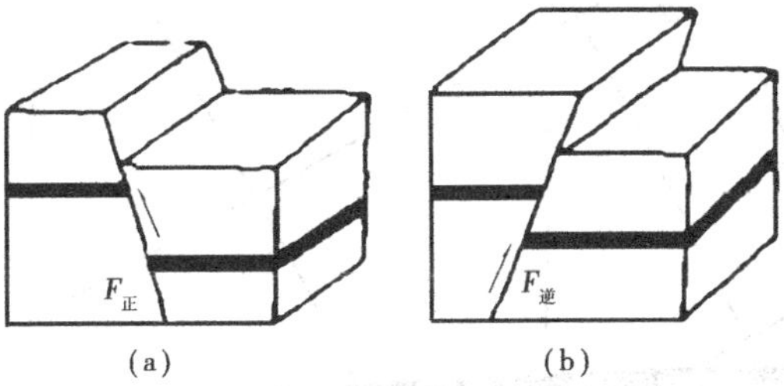

图5.35　断层在地质剖面图上的表现
(a)正断层;(b)逆断层

2.5 煤矿水平地质切面图

2.5.1 煤矿水平地质切面图概述

1)煤矿水平地质切面图概念

将矿井某生产水平上的地质体及井巷工程投绘到水平面上,并按比例绘出的图件,称为矿井水平地质切面图(图5.36、图5.37)。

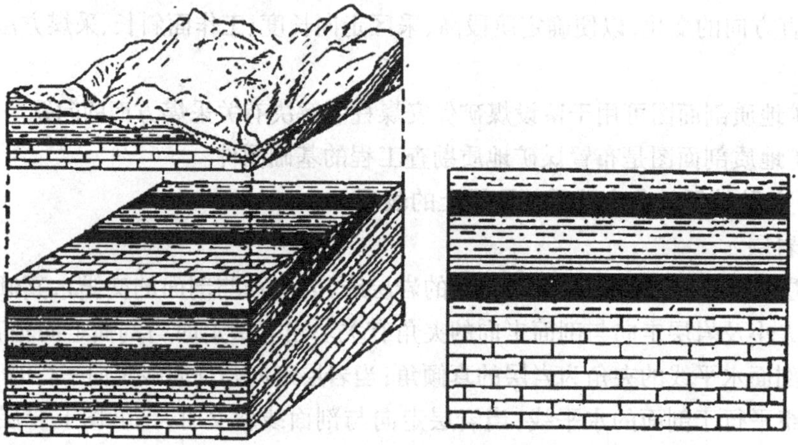

图5.36 水平地质切面图示意图

(a)立体示意图;(b)水平切面示意图

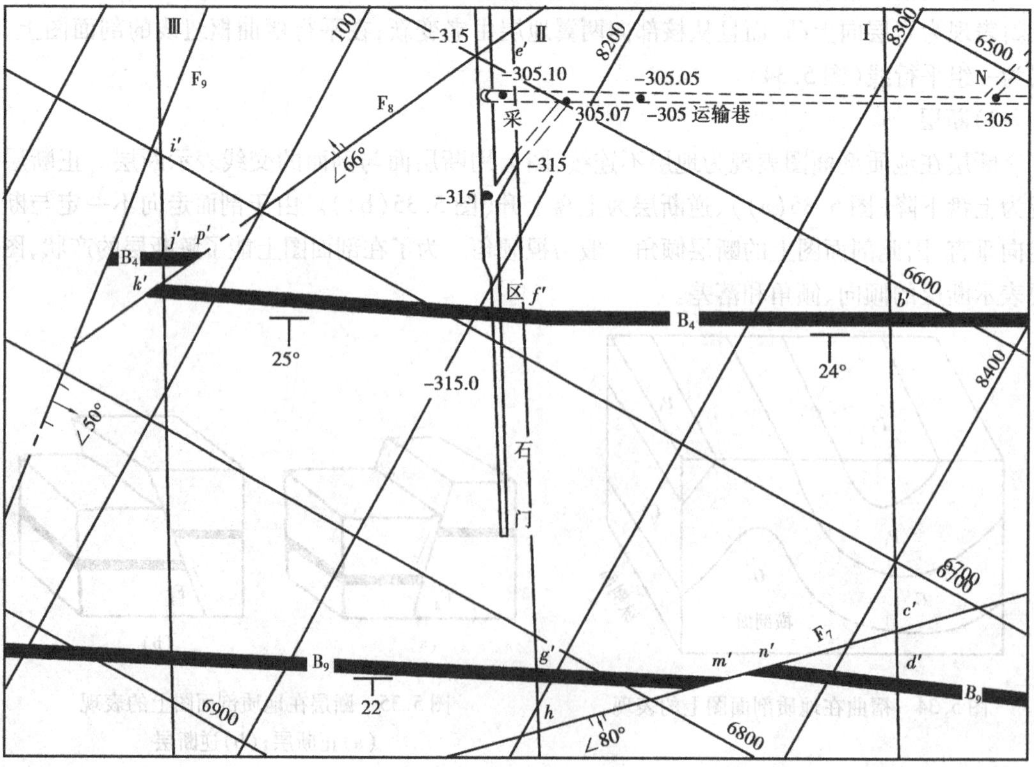

图5.37 某矿井-315水平地质切面图

在煤层倾角大于25°的多煤层分水平开拓的矿井，为了在生产水平上反映煤层的赋存状态、构造分布特征，必须编制水平地质切面图。它是倾斜、急倾斜多煤层矿井必备的重要图件。

煤矿水平地质切面图一般巷顶水平切面，从上往下看取下面部分切面上的图像。

2）煤矿水平地质切面图的主要内容及用途

（1）煤矿水平地质切面图的主要内容

煤矿水平地质切面图的主要内容有以下几方面：

①位于该水平的全部井巷工程。包括：该水平的井底车场、运输大巷、石门、煤巷、井眼等及其标高和名称。

②穿过该水平的地表钻孔和井下钻孔及其编号。

③该水平所切过的煤层、主要标志层、含水层、地层分界线、褶曲枢纽线及断层迹线、其他地质因素（如岩浆侵入体、岩溶陷落柱等）。

④井田边界线、地质剖面线、经纬线、各种永久性煤柱线、坐标方格网及指北线。

⑤用虚线表示的地表工业广场（轮廓）、铁路、主干公路、河流、水体和主要城镇（轮廓）等。

（2）煤矿水平地质切面图的主要用途

① 煤矿水平地质切面图是设计部门制定开发方案，进行该水平开拓布署、巷道设计和掘进施工的依据。

②利用水平地质切面图了解煤层层数、煤层厚度、煤层层间距、主要标志层、含水层、地质构造的分布及沿水平方向的变化情况等。

3）煤矿水平地质切面图的比例尺

根据编图范围的不同，水平地质切面图的比例尺可根据需要选定。其中用于设计开采水平巷道系统的煤矿水平地质切面图，可选用1∶2 000或1∶5 000。用于日常生产、指导巷道施工的采区水平地质切面图可用1∶1 000或1∶2 000。

2.5.2　各种构造在煤矿水平地质切面图上的表现

1）产状的确定

任一界面在水平切面图上的延展方向即该界面的走向。在煤层无倒转的情况下，垂直煤层走向由底板向顶板的方向即为煤层倾向。煤岩层倾角大小与水平厚度呈反比变化，即倾角越小，水平厚度越大。

2）褶曲在水平地质切面图上的表现

（1）在水平切面图上识别背斜和向斜主要以煤（岩）层的新老关系为依据，自褶曲核部向翼部煤（岩）层由老到新为背斜、由新到老为向斜。

（2）倾伏褶曲的地层界线呈之字形弯曲（图5.38（a））。

（3）倒转褶曲的特点是褶曲两翼岩层向同一方向倾斜（图5.38（b））。

（4）穹隆和构造盆地的地层界线呈近圆形的封闭曲线。

3）断层在煤矿水平地质切面图上的表现

（1）水平切面图上的断层迹线即为断层走向线。

通过分析断层两侧的煤岩层的新老关系，可以确定断层的相对上升或下降盘。在断层某一部位上，两盘岩层中较新的一盘应为相对下降盘，较老的一盘为相对上升盘，再结合断层倾向即可分析出断层的性质。

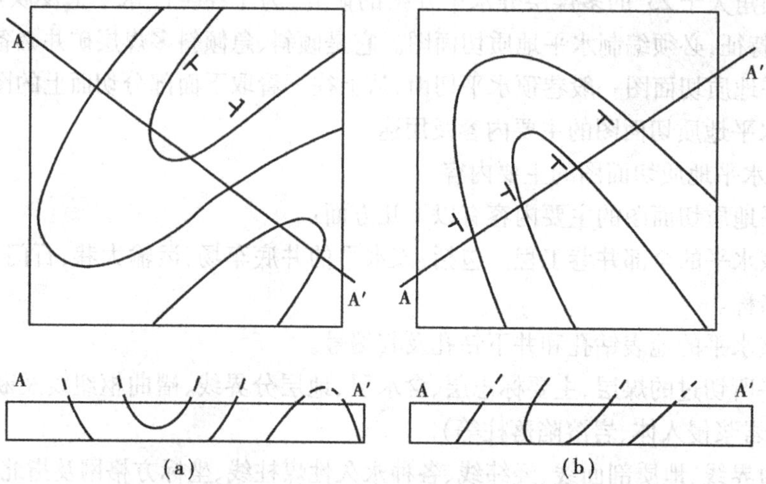

图 5.38　褶曲构造在水平地质切面图上的表现

(a)倾伏褶曲;(b)倒转褶曲

(2)根据水平切面图可以直接量出断层的水平地层断距;落差可以通过绘制局部剖面图求作。

(3)在水平切面图上根据断层走向与煤(岩)层走向的关系,可直接确定其属于走向断层、倾向断层或斜交断层。

2.6　煤层底板等高线及资源/储量估算图

2.6.1　煤层底板等高线及资源/储量估算图概述

1)煤层底板等高线及资源/储量估算图概念

不同高程的水平面与煤层底板的交线称为煤层底板等高线。将煤层底板等高线用标高投影的方法,投影到水平面上,按照一定比例尺绘出的图纸称为煤层底板等高线图(图 5.39),又称煤层构造平面图或煤层图。它是反映某一煤层空间形态特征的图件,是煤矿中最重要的地质图件。煤矿中常常利用煤层底板等高线图进行煤炭资源/储量估算,因此,当在煤层底板等高线图上填绘煤炭资源/储量估算块段、资源/储量类型和数量等内容后,就成为煤层底板等高线及资源/储量估算图。

煤层底板等高线具有单值性、连续性、圆滑性和有限性。

2)煤层底板等高线及资源/储量估算图内容及用途

(1)煤层底板等高线及资源/储量估算图的内容

煤层底板等高线及资源/储量估算图是矿井最常用的综合性地质图件,其主要内容包括以下几个方面:

①煤层露头线、风氧化带界线,井田边界,煤层尖灭(零点边界)线,煤层变薄带、冲刷带、陷落柱范围。

②地面河流、铁路和主要地物,经纬线、指北线、勘查线和钻孔及其编号及标高。

③现有的生产矿井、巷道、小窑及采空区范围。

④见煤钻孔(或巷道)煤层小柱状,注明煤层与夹矸的真厚度、见煤点底板标高和煤层

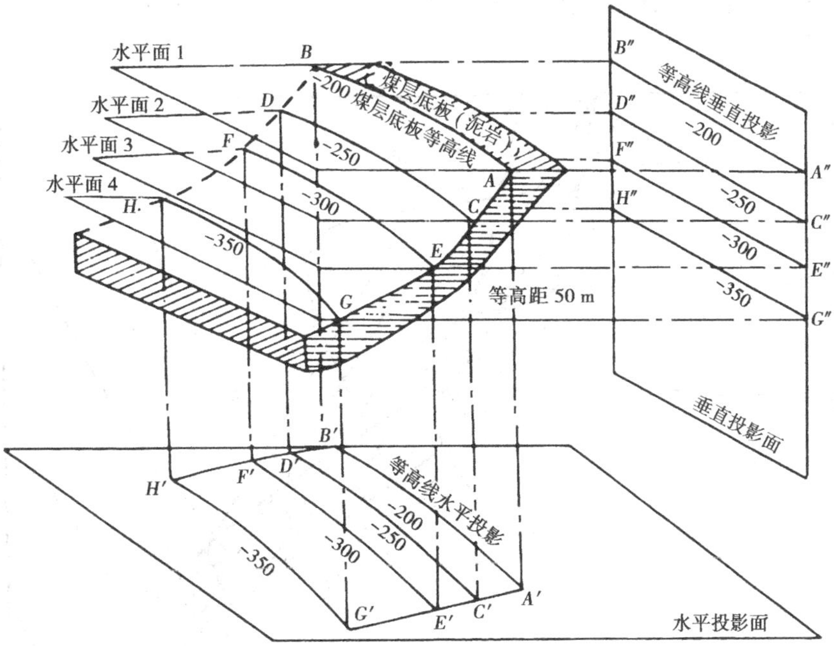

图 5.39 煤层底板等高线投影示意图

厚度。

⑤最低可采厚度边界线及零点边界线等。

⑥资源/储量类型分界线、块段界线及编号,煤层平均倾角及平均厚度。

⑦构造线及其编号,岩浆岩分布范围等。

⑧煤层底板等高线及其标高。

(2)煤层底板等高线及资源/储量估算图的用途

煤层底板等高线图是煤矿进行开拓布置、编制生产计划、设计井巷工程、安排采掘生产的重要依据,也是总结分析地质构造规律、布置煤矿地质勘查工程、进行资源/储量估算的基础图纸。因此,编制出符合生产要求的煤层底板等高线图是煤矿地质工作一项重要的任务。

编制和修改煤层等高线图是一项经常性的工作。随着采掘工作的进展,要不断地提供与生产阶段相适应的煤层底板等高线图。例如在进行煤矿延深、扩建、采区设计、工作面回采前,都要根据新揭露的资料修改和编制更精确的煤层底板等高线图。

3)煤层底板等高线图的比例尺、等高距和平距

煤层底板等高线图的比例尺是根据生产的需要和地质条件的不同来选择的。一般矿井都具有几种不同比例尺的图纸。反映整个井田和用于开拓布置的一般采用1:5 000或1:2 000,反映一个采区或采面的一般用1:2 000或1:1 000的比例尺。

煤层底板等高线图的等高距是指相邻两条等高线之间的高差,等高距的大小决定于图纸比例尺和煤层的倾角等因素。图纸比例尺越大、煤层越平缓、等高距越小。

煤层底板等高线的平距是指煤层底板等高线图上相邻两条等高线间的距离。

2.6.2 各种地质构造在煤层底板等高线图上的表现

煤层底板等高线图是反映煤层空间形态特征的煤层构造平面图,它以煤层底板等高线来

反映煤层的形状及位置、煤层的起伏、走向变化、倾角陡缓、煤层的连续或断开、煤层的埋藏深度等(图5.40)。

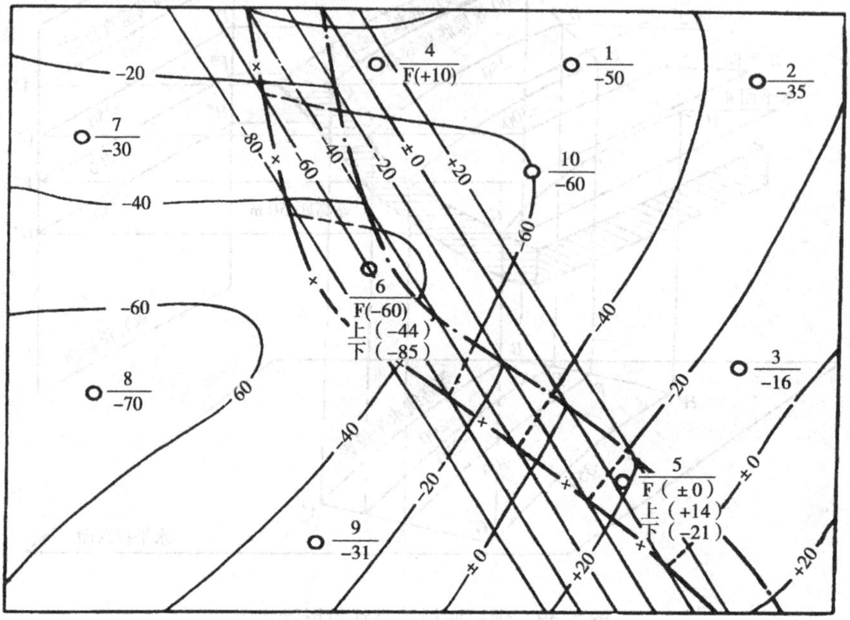

图5.40　某煤层底板等高线图

现将各种构造在煤层底板等高线图上的表现分述如下：

1)单斜构造在煤层等高线图上的表现

单斜构造在煤层等高线图上表现为大致沿同一方向延展的一组近于平行的等高线。如果煤层底板平整、倾角均匀、走向稳定，则煤层等高线表现为间距大致相等的一组直线(图5.41)。在图上确定煤层产状，可由指北线到任一条等高线的夹角确定煤层走向；用作图法和计算法可求出倾角；煤层走向有变化的表现为等高线的弯曲(图5.42)；等高线平距的变化反映煤层倾角的变化。

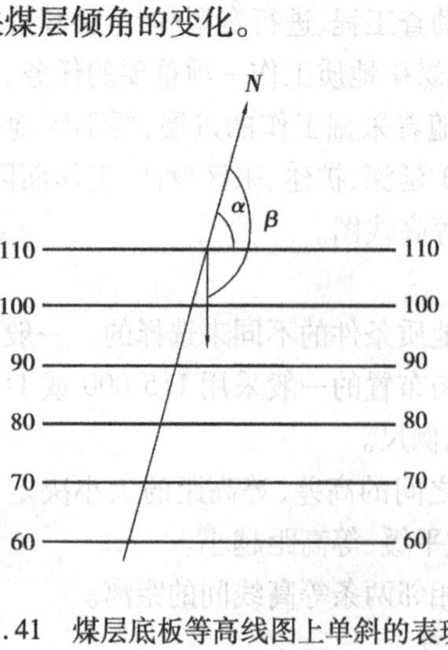

图5.41　煤层底板等高线图上单斜的表现(1)

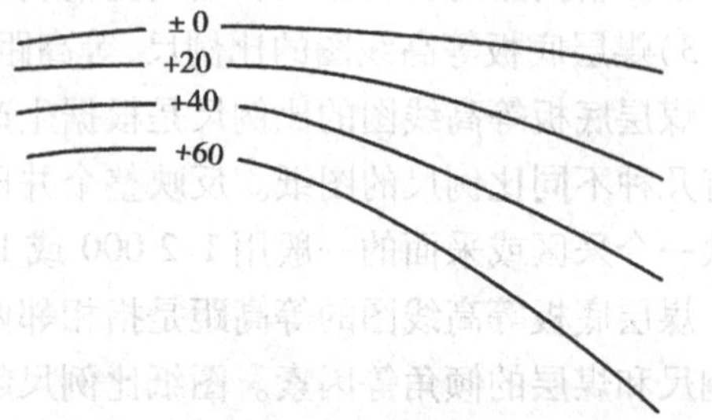

图5.42　煤层底板等高线图上单斜的表现(2)

2)褶曲构造在煤层等高线图上的表现

一般来说,煤层底板等高线较大的弯曲反映出煤层发生了褶曲,连接各条等高线的弯曲顶点就是褶曲的枢纽。一般情况下,枢纽两侧煤层相向倾斜为向斜,相背倾斜为背斜(图5.43);穹窿和构造盆地表现为等高线呈封闭曲线;倒转褶曲表现为不同标高的等高线交叉(图5.44),标高顺序错乱;发生褶曲的煤层,等高线密集说明褶曲紧闭,稀疏说明构造开阔。

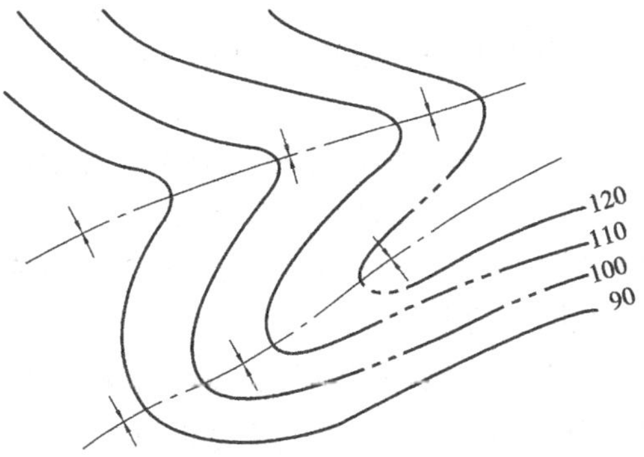

图5.43 褶曲在煤层底板等高线图上的表现

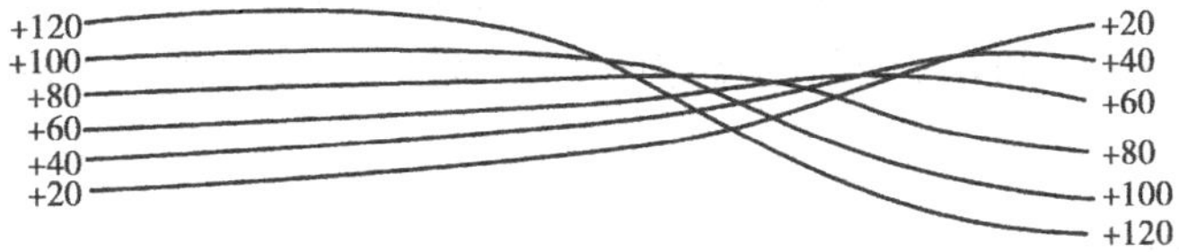

图5.44 煤层倒转在煤层底板等高线图上的表现

3)断层在煤层等高线图上的表现

断层在煤层等高线图上是用断层面与煤层底板面交线的水平投影——断煤交线表示的。断层与其上盘煤层底板面的交线,称为上盘断煤交线;断层与其下盘煤层底板面的交线,称为下盘断煤交线。在断煤交线上的任一个点称为断失点(图1.118)。

在生产矿井,只有用断煤交线表示断层才能正确地推断出断层在煤层中的位置和延展方向,才能正确地进行采区、采面的布置,确定巷道沿断层或过断层的掘进方向。同时,断煤交线两侧相同等高线错开的方向就是巷道过断层找另一盘煤层的方向。

(1)正断层在煤层等高线图上的表现

煤矿中极大多数正断层表现为煤层被错开,煤层等高线中断缺失,中断缺失部分为无煤带。无煤带宽度取决于断层落差和断层面倾角。断层落差越大、断层面倾角越小,无煤带越宽。

图5.45(a)是正断层的煤层底板等高线图。从图中可以看出,当断层两盘同名等高线错开时,下降盘沿逆煤层倾斜方向错移,上升盘顺煤层倾斜方向错移;等高线的延长线与上下盘断煤交线的交点 a,d 点的高差为该断层顺煤层走向方向的落差 H;ad 和 cb 之间的垂直距离为该断层的水平地层断距 h_f;ab 线即为该断层的走向线。

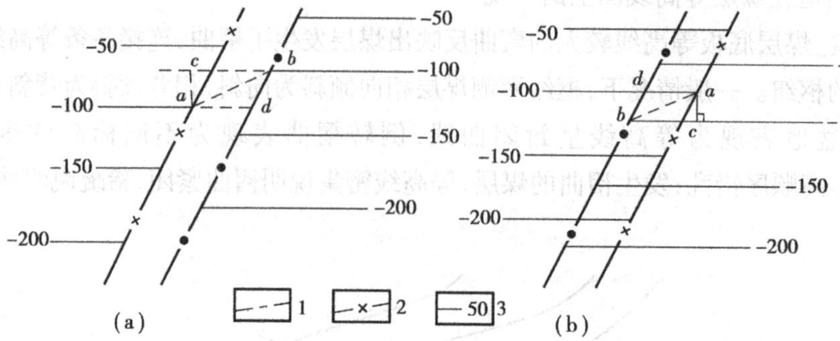

图 5.45　断层在煤层底板等高线图上的表现

(a)正断层;(b)逆断层

1—断层上盘断煤交线;2—断层下盘断煤交线;3—煤层底板等高线

(2)逆断层在煤层等高线图上的表现

矿井中极大多数逆断层在煤层底板等高线图上表现为煤层叠加,重叠部分为煤层上下盘重复区(图 5.45(b))。断层倾角越小、落差越大,重复带越宽。

当断层两盘同名等高线错开时,与正断层相似,即下降盘沿逆煤层倾斜方向错移,上升盘顺煤层倾斜方向错移;等高线的延长线与上下盘断煤交线的交点 a,d 点的高差为该断层顺煤层走向方向的落差 H;ad 和 cb 之间的距离为该断层的水平地层断距 h_f;ab 线即为该断层的走向线。

2.7　煤层立面投影图

对开采急倾斜煤层的煤矿,特别是倾角大于 60°的煤层,由于煤层陡立,采用平面投影时往往造成等高线密集,不能真实地反映煤层及其构造的空间形态,致使煤层的真实面积产生较大的出入,不同标高掘进的巷道在平面投影图上间隔很小,甚至交叉、重叠,给识图和在图上记载必要的资料带来困难。所以必须借助竖直面(立面)投影的方法,编制煤层立面投影图,来反映煤层构造和巷道开掘情况以弥补平面投影图的不足。

煤层立面投影图就是将煤层地板等高线投绘到一个铅直平面上(图 5.39),并按比例绘出的地质图件。它是急倾斜煤层的煤矿所特有的,而且不可缺少的重要地质图件(图 5.46)。由于煤层立面投影图和煤层平面投影图都是反映煤层构造的图件,故又称煤层构造图。它是开采急倾斜煤层的煤矿分析地质构造、编制生产计划、进行采掘设计、指导现场施工和进行资源/储量估算的基础图件。

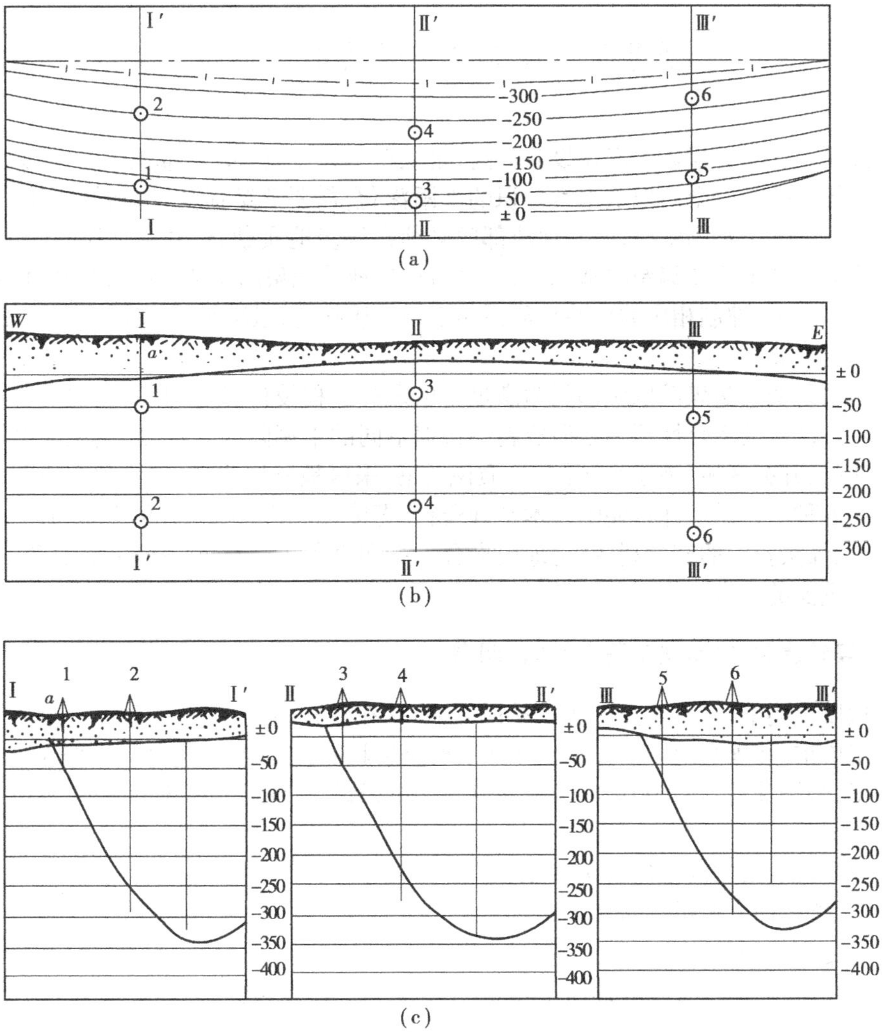

图5.46　煤层立面投影图及与煤层底板等高线图、勘查线剖面图的关系

(a)煤层底板等高线图;(b)煤层立面投影图;(c)勘查线剖面图

任务3　地质说明书及地质预报

煤矿地质工作是为煤矿生产建设服务的，是煤矿得以正常、安全、高效生产的保障；另外，随着对影响煤矿生产安全的地质因素认识的不断深化，需要总结提高，以指导工作。因此，在煤矿生产建设的各个不同阶段，矿井地质部门必须在煤炭地质勘查、井巷地质编录、生产地质勘查以及煤矿综合地质图编制的基础上，通过对煤矿地质现象的特征、规律以及它们对生产安全影响的分析研究，编制相应的矿井地质说明书和地质报告，以满足采掘工程设计、施工、管理及地质总结的需要。

煤矿地质说明书是煤矿地质部门为满足各项采掘工程设计、施工和管理的需要而编制的反应煤矿某一区域的综合性预测地质资料。根据不同的采掘阶段，煤矿地质说明书可分为建井地质说明书、开拓区域（或水平延深）地质说明书、采区地质说明书、掘进地质说明书和回采地质说明书五种。它是矿井重要的技术基础资料，直接关系到采掘工程的合理布局、日常生产的合理安排、煤炭资源的充分利用，是地质配合生产和服务于生产的一种主要表现形式，也是地质部门最重要的日常工作之一。

3.1　煤矿建井（或基建工程）地质说明书

建井地质说明书（或称基建工程地质说明书）是在建井施工之前，地质部门根据矿井建井设计和施工要求，在煤炭地质勘查和建井地质勘查资料的基础上编制而成的，作为建井部门选择施工方案，编制井筒、井底车场和主要巷道施工组织设计，制定作业规程和指导井巷施工的综合性地质资料。

建井地质说明书的内容包括文字说明和图件两部分。

3.1.1　建井地质说明书的文字部分

1）建设工程概况

简述建设工程位置、工程名称及其编号、主要工程的起点、终点和方向等基本情况。

2）地质内容

详细阐述施工区域的地质、水文地质和工程地质情况及其对施工的影响，其主要内容包括以下几个方面：

（1）井巷工程及其附近主要岩（土）层的岩性、厚度、物理力学性质、裂隙发育情况，基岩风化带特征及其深度。

（2）可采煤层的位置、厚度、结构及顶底板性质、各煤层之间的层间距。

（3）井巷工程及其附近的褶曲、断层、裂隙及破碎带发育和分布特征。

（4）井巷工程及其附近含水层的数量和特征；预计各个施工阶段的涌水量、水压、水温和水质。

（5）工程地质及其他影响施工的地质因素（如瓦斯、地温、地压、岩溶陷落柱及岩浆侵入体等）。

3）注意事项与建议

根据井巷工程的施工要求和地质情况，指出设计、施工中应注意的事项，特别是对支护、防排水措施、瓦斯防治等灾害地质方面提出建议。

3.1.2　建井地质说明书的图纸部分

①井田地层综合柱状图（1∶500 或 1∶1 000）。

②工程位置平面图（1∶500 或 1∶1 000）。

③立井井筒预想柱状图(1∶200 或 1∶500)或斜井(平峒)地质剖面图(1∶200 或 1∶500)。

④主要大巷、硐室预想地质剖面图(1∶200 或 1∶500)。

⑤井底车场范围预想水平地质切面图(1∶500 或 1∶1 000)。

⑥总运输和总回风水平地质切面图(1∶1 000 或 1∶2 000)。

⑦井筒水文地质剖面图(1∶500 或 1∶100)。

根据不同的地质情况和设计施工的要求还可附加一些必要的图件。例如井田中央地质剖面图、冲积层中含水层(组)分布图等。

由于煤矿基建时的主要工程为井筒、主要石门、井底车场、硐室及主要运输、回风巷道,而这些工程(尤其是井筒)服务时间长,投资大,施工技术要求高,对地质构造、围岩的工程地质和水文地质条件的要求很高。另外,由于地质部门在建井初期掌握的基础地质资料少,对影响工程建设的地质因素认识不足。因此,在编制建井地质说明书时,必须熟悉和理解基建工程设计和施工的地质要求,充分利用已有地质资料,通过认真仔细、全面准确的分析研究,有针对性地为基建工程设计和施工提供准确可靠的地质资料。

3.2　煤矿开拓区域(或水平延深)地质说明书

开拓区域(或水平延深)地质说明书,是地质部门在矿井新开拓区域或新水平延深设计之前,按照开拓设计的要求,通过对相关地质资料的汇集整理和分析研究编制而成的,为开拓设计和施工提供的综合性地质资料。开拓区域(或水平延深)地质说明书的内容,主要是阐述影响新开拓区域或水平延深区域内的各种地质因素,重点是区域内地质构造、煤系和煤层的赋存情况、水文地质、工程地质及灾害地质等。

开拓区域(或水平延深)地质说明书由文字说明和图件两部分组成。

3.2.1　开拓区域(或水平延深)地质说明书的文字说明

1)概况

新开拓区的位置、走向长度、倾斜宽度和上下水平标高;开拓区距地表的深度,冲积层的覆盖情况和厚度等;新开拓区与邻近已开拓或已采区的关系,与地表主要建筑物、河流、池塘、塌陷坑等的关系。

2)地质构造情况

开拓区域构造总体展布特征、地层产状要素及其变化;开拓区内断层的位置、性质及断距;褶曲的位置、形态和规模,地质构造对煤层的影响程度;地质构造对设计施工的影响,对这些地质构造的控制程度等。

3)煤层及其顶、底板情况

煤系岩性特点;煤层层数及名称,各煤层之间的最大、最小和平均层间距;各可采煤层的厚度、结构及其稳定性;各煤层的煤质及其变化;煤层顶底板的厚度、岩性特征、物理力学性质、裂隙发育程度、含水性与膨胀性;煤层风氧化带范围及深度等。

4)水文地质情况

地表水体及其对井下充水的影响;老窑与采空区的位置及积水情况;含水层的层位、厚度、水位、水量及相互间的水力联系,最大涌水量预计;各种防排水措施和意见等。

5)其他地质情况

岩浆侵入体、河流冲刷带、岩溶陷落柱等的地质特征及其对煤层的影响;瓦斯含量与涌出量预测，邻区煤与瓦斯突出的历史记录及其地质特征分析；开拓区内煤与瓦斯突出的可能性；煤尘爆炸指数和煤层自燃发火条件以及地温、地压状况等。

6）资源/储量估算

7）存在问题与建议

评价说明书所采用资料的可靠程度，区内存在的主要地质问题和进行生产勘查的意见，对影响开拓设计和施工的问题提出合理的建议和注意事项。

3.2.2 开拓区域（或水平延深）地质说明书的图件

①地形地质图（1:2 000 或 1:5 000）。

②井上下对照图（1:2 000 或 1:5 000）。

③井田地层综合柱状图（1:200 或 1:500）。

④煤（岩）层对比图（1:200 或 1:500）。

⑤地质剖面图（1:2 000 或 1:5 000）。

⑥各可采煤层底板等高线图（急倾斜煤层加绘立面投影图）附资源/储量估算图（1:2 000 或 1:5 000）。

⑦水平地质切面图（倾斜、急倾斜多煤层矿井）（1:2 000 或 1:5 000）。

⑧主要井巷工程预想柱状图或剖面图（1:200 或 1:500 或 1:1 000 ）。

⑨矿井水文地质图（矿井充水性图）（1:2 000 或 1:5 000）。

另外，可以根据矿井地质和水文地质的特点，以及开拓设计和施工要求，编制一些专门性图件。

一个矿井的新区开拓或水平延深是具有战略意义的工作，是确保矿井生产正常接续，实现稳产、高产的关键。矿井地质人员必须了解开拓设计意图，分析研究影响开拓设计和施工的各项地质因素，为开拓设计提供准确可靠的开拓区域（或水平延深）地质说明书。

3.3 煤矿采区地质说明书

采区地质说明书是在采区设计之前，根据煤炭地质勘查和生产地质资料编制的，为采区设计和施工提供的综合性地质资料。

采区地质说明书的内容重点是阐述采区内影响采区设计和施工的地质构造，可采煤层特征、水文地质、工程地质、地温、地压、瓦斯以及其他有直接影响的地质因素。

采区地质说明书由文字（或表格）说明和图件两部分组成。

3.3.1 采区地质说明书的文字说明

1）采区概况

采区位置、范围，与邻近采区和地面的关系及影响，已有地质工作情况。

2）地质构造

采区内煤（岩）层产状及其变化，褶曲、断层和裂隙的特征、分布范围、控制程度及其变化。它们对采区设计、施工和开采的影响。

3）可采煤层

采区内可采煤层层数、层位、层间距、厚度、结构、煤质及其变化，煤层的可采范围，煤层顶底板特征，煤层自燃发火性和煤尘爆炸危险性。

4）水文地质

采区内水文地质条件、充水因素，有无涌水或突水危险，探水、排水和防水要求，预测采区涌水量。

5)其他地质因素

地温、地压和冲击地压,煤层瓦斯含量、涌出量和煤与瓦斯突出危险性,岩溶陷落柱和岩浆岩侵入等。

6)资源/储量估算

7)存在问题及建议

3.3.2　采区地质说明书的图件

①采区煤(岩)层综合柱状图(1:200)。

②采区地质剖面图(1:1 000 或 1:2 000)。

③采区运输或回风水平地质切面图(倾斜、急倾斜多煤层矿井)(1:1 000 或 1:2 000)。

④采区煤层底板等高线及资源/储量估算图(急倾斜煤层加绘立面投影图)(1:1 000 或 1:2 000)。

下表为某矿井采区地质说明书示例。

某水平西部 13—1、11—2 煤层采区地质说明书

<table>
<tr><td colspan="9">一、概　况</td></tr>
<tr><td rowspan="7">位置及范围</td><td>水平</td><td>-450 m</td><td>翼</td><td>西采区</td><td>西部组</td><td>系(组)</td><td>P</td><td>煤层</td><td>11—2</td></tr>
<tr><td>东至</td><td colspan="8">F_1 断层</td></tr>
<tr><td>南至</td><td colspan="8">13—1 煤 -670 等高线 m</td></tr>
<tr><td>西至</td><td colspan="8">某矿井田边界线</td></tr>
<tr><td>北至</td><td colspan="8">11—2 煤层 -530 m 等高线</td></tr>
<tr><td>上限标高(m)</td><td>-530</td><td>下限标高(m)</td><td>-720</td><td>地面标高(m)</td><td colspan="4">+18.5 ~ +22.0</td></tr>
<tr><td>走向长(m)</td><td>1 200 ~ 2 500</td><td>倾向长(m)</td><td>1 500</td><td>面积(m^2)</td><td colspan="4">5 000 000</td></tr>
<tr><td rowspan="3">邻区情况</td><td colspan="9">实见地质及水文地质简述:
1. 自上而下地质构造由较简单型过渡为复杂型。
2. 13—1 煤层老顶直覆区较复合顶区煤厚薄。
3. 11—2 煤层内部小构造发育,并有层间滑动,出现煤层变薄或无煤区现象。
4. 区内主要含水层为二叠系砂岩含水层,采掘期间未出现大的涌水事故,第四系含水层基本上未对西二、西三采区采掘生产造成影响。
5. 采掘期间受上阶段老塘水影响。
6. 13—1 煤层 CH_4 涌出量随着深度加大递增明显。
7. 11—2 煤层局部地段伪顶发育。
8. 构造部位 11—2 煤层瓦斯涌出量明显显著。</td></tr>
<tr><td colspan="9">采掘情况:
1. 1671(3)工作面正在掘进,1642(6)工作面正在回采。
2. 西翼运输巷正在掘进。
3. 11—2 煤下山系统正在掘进。
4. -530 m 水平 11—2 煤层轨道上山正在掘进。
5. 1481(1)上、下顺槽正在掘进。</td></tr>
<tr><td colspan="9">自然灾害及其他:
1. 13—1 煤层具突出危险性。
2. 13—1、11—2 煤层具爆炸危险性及自燃发火性。
3. 上阶段老塘水对下阶段采掘生产有影响。
4. 地压较明显。</td></tr>
</table>

续表

<table>
<tr><td rowspan="4">地面情况及受生产影响程度</td><td colspan="7">地面建筑、设施等:
1. 架河北干渠由北向南自采区上方穿过,采区南部上方有泥河由西向东流过,泥河上有架河北干渠过河渡槽(约 -650 m 水平)。
2. 采区上方有田集乡转塘村、马老家及潘集镇的马西田庄、集南村等,以上村庄除转塘村外,其余皆协议搬迁,但仍有农民居住。
3. 有一路高压线自采空区上方穿过。</td></tr>
<tr><td colspan="7">地形(地貌、植被、地层出露情况):
对应地表地势平坦,其标高约为 +18.5 m ~ +22.0 m,地表大部分为农田,无地层出露。</td></tr>
<tr><td colspan="7">水系及地面积水范围:
淮河支流泥河流经本区南部正上方,由西向东穿过,由于北部为塌陷区,积水范围较大,约为 2.0 km^2。</td></tr>
<tr><td colspan="7">采掘影响及破坏程度:
本区回采后对应地面主要建、构筑物、架河干渠及过河渡槽、泥河大堤及村庄均被严重破坏,应在回采前进行搬迁或维护加固。</td></tr>
<tr><td rowspan="18">区内地质勘探情况</td><td colspan="7">概述:
通过本采区的勘查线共 4 条,从东往西有Ⅶ-Ⅷ线、Ⅷ线、Ⅷ-Ⅸ线、Ⅸ线。线间勘查线共 7 条,自东向西有 WⅡ-1 线、WⅡ-2 线、WⅡ-0 线、WⅡ-3 线、WⅢ-1 线、WⅢ-0 线、WⅢ-2 线。区内共有见煤钻孔 21 个,地震勘探线 12 条,钻孔密度为 1 个/175 523 m^2。</td></tr>
<tr><td>孔号</td><td>煤层</td><td>见煤底板标高/ m</td><td>煤厚/m</td><td>终孔层位</td><td>封孔质量</td><td>备注</td></tr>
<tr><td rowspan="2">Ⅶ-Ⅷ-3</td><td>13—1</td><td>-516.25</td><td>1.95</td><td rowspan="2">11—1 为煤层老底砂岩</td><td rowspan="2">合格</td><td rowspan="2"></td></tr>
<tr><td>11—2</td><td>-572.72</td><td>1.50</td></tr>
<tr><td rowspan="2">WⅡ-0-3</td><td>13—1</td><td>-515.07</td><td>4.45</td><td rowspan="2">11—1 为煤层老底砂泥岩互层</td><td rowspan="2">合格</td><td rowspan="2"></td></tr>
<tr><td>11—2</td><td>-583.09</td><td>1.55</td></tr>
<tr><td rowspan="2">Ⅷ-19</td><td>13—1</td><td>-715.88</td><td>4.26</td><td rowspan="2">7—1 煤层黏土岩</td><td rowspan="2">合格</td><td rowspan="2"></td></tr>
<tr><td>11—2</td><td>断缺</td><td>断缺</td></tr>
<tr><td rowspan="2">Ⅷ-18</td><td>13—1</td><td>-486.81</td><td>3.88(0.1)0.5</td><td rowspan="2">C_{3-1} 灰岩</td><td rowspan="2">合格</td><td rowspan="2"></td></tr>
<tr><td>11—2</td><td>-538.28</td><td>1.65</td></tr>
<tr><td rowspan="2">Ⅷ-5</td><td>13—1</td><td>-598.92</td><td>0.88(0.58)4.22</td><td rowspan="2">11—2 煤下中砂岩</td><td rowspan="2">合格</td><td rowspan="2"></td></tr>
<tr><td>11—2</td><td>-667.77</td><td>1.77</td></tr>
<tr><td rowspan="2">Ⅷ-17</td><td>13—1</td><td>-552.72</td><td>5.00</td><td rowspan="2">4—1 煤下铝土岩</td><td rowspan="2">合格</td><td rowspan="2"></td></tr>
<tr><td>11—2</td><td>-618.87</td><td>1.57</td></tr>
<tr><td rowspan="2">WⅡ-3-5</td><td>13—1</td><td>-538.90</td><td>4.38</td><td rowspan="2">11—2 煤底板泥岩</td><td rowspan="2">合格</td><td rowspan="2"></td></tr>
<tr><td>11—2</td><td>-601.38</td><td>1.59</td></tr>
<tr><td rowspan="2">WⅡ-3-7</td><td>13—1</td><td>-608.97</td><td>1.35(0.63)4.51</td><td rowspan="2">C_{3-1} 灰岩</td><td rowspan="2">合格</td><td rowspan="2"></td></tr>
<tr><td>11—2</td><td>-673.80</td><td>1.24(0.57)1.55</td></tr>
</table>

续表

	孔号	煤层	见煤底板标高/m	煤厚/m	终孔层位	封孔质量	备注
区内地质勘探情况	WⅡ-3-9	13—1	-637.33	0.51(0.59)4.86	4—1 煤下铝土岩	合格	
		11—2	-693.33	1.80			
	Ⅷ-Ⅸ-8	13—1	-484.13	5.84	4—1 煤下砂质泥岩	合格	
		11—2	-558.51	1.17			
	Ⅷ-Ⅸ-5	13—1	-528.16	4.55	11—1 为煤层老底中细砂岩	合格	
		11—2	-593.05	1.86			
	Ⅷ-Ⅸ-7	13—1	-620.96	4.17	4—1 煤下砂质泥岩	合格	
		11—2	-686.54	1.42			
	WⅢ-1-1	13—1	-479.13	3.59	C_{3-1}灰岩底板	合格	
		11—2	-546.01	1.43			
	Ⅷ-Ⅸ-11	13—1	-678.71	0.67(0.33)4.19	11—2 煤下砂质泥岩	合格	
		11—2	-738.03	2.07			
	WⅢ-0-1	13—1	-568.13	4.64(0.48)0.49	4—1 煤底板	合格	
		11—2	-635.51	1.64			
	WⅢ-2-1	13—1	-477.39	4.31	C_{3-1}灰岩底板	合格	
		11—2	-549.34	1.49			
	WⅢ-2-7	13—1	-686.75	0.81(0.53)4.19	11—2 煤老底互层	合格	
		11—2	-749.89	1.10			
	Ⅸ-7	13—1	-465.05	2.98(0.10)0.52	C_{3-1}灰岩	合格	
		11—2	-586.82	1.63			
	Ⅸ-9	13—1	-520.90	6.53	4—1 煤下含砂砾岩	合格	
		11—2	-586.60	0.82(0.10)0.42			
	Ⅸ-17	13—1	-575.28	4.35	11—1 煤层老底砂质页岩互层	合格	
		11—2	-643.42	1.40			
	Ⅸ-15	13—1	-654.81	1.29(0.49)4.39	11—2 煤老底砂泥岩互层	合格	
		11—2	-719.40	1.99			
二、地层及标志层							
地层	地层：该矿井田位于该矿区隐伏式井田南翼，煤系地层之上覆盖一套巨厚第四系新地层松散沉积物，厚约149.00~369.72 m，平均320 m，主要为松散砂质黏土、砂砾等。煤系地层主要为二叠系山西组(P_2^2)和石盒子组(P_1^2,P_2^1)，厚约700.72 m，自上而上划分为七个含煤段。本区所采13—1和11—2煤层位于二叠系上统上石盒子组；其中11—2煤层位于上石盒子组(P_2^1)第三含煤段上部，该段主要由灰~深灰色砂质泥岩、泥岩、粉细砂岩及中砂岩组成，夹煤1~3层，其中11—2煤层为主要开采煤层，11—1、11—3及10煤为不可采极不稳定的薄煤层。13—1煤层位于上石盒子组(P_2^1)第四含煤段上部，该段以灰岩、深灰色砂质泥岩为主，夹煤层，其中13—1为主采煤层，13—2和12煤为局部可采薄煤层。14—1、14—2及15煤为较不稳定的薄煤层。						

续表

主要标志层	1. 11—2 煤层底板砂岩与砂质泥岩互层。 2. 13—1 煤层底板以下 12 ~ 15 m 发育一层稳定的花斑泥岩。

三、煤 层

本区所采煤层 13—1、11—2 均为稳定可采煤层，受东部边界 F_4 断层影响，走向变化较大，但沿倾斜方向变化不大。

1. 13—1 煤层呈黑色，上部以块状、片状为主，底部为软煤分层，以亮煤成分为主，半暗、半亮型。煤层厚度一般为 4.17 ~ 5.66 m，平均厚达 4.98 m，可采指数为 1，煤层厚度变异系数为 10.6%，属稳定的可采煤层。煤层走向为 110° ~ 150°，倾向 210° ~ 240°，倾角 6° ~ 10°，平均约 7°。煤层结构复杂，含 0 ~ 2 层夹矸，主要位于煤层中上部，局部地段位于煤层下部，夹矸厚 0 ~ 0.69 m，岩性一般为泥岩、炭质泥岩或炭质页岩。煤厚变化情况：

①13—1 与 13—2 煤层合并区（13—1 煤层 -580 m 底板等高线以下）13—1 煤层厚度较分区厚度大、且厚度大于 5 m，平均 5.19 m；13—1 与 13—2 分区段，13—1 煤层厚度平均 4.68 m 左右。

②13—1 与 13—2 煤层合并区，13—1 煤层均含一层夹矸，其厚 0.33 ~ 0.69 m，平均 0.48 m，为泥岩及炭质泥岩。

③沿煤层走向方向，13—1 煤层厚度变化不大。

2. 11—2 煤层呈黑色，以块状为主夹碎片状。煤层层理清晰，硬度大、较致密，属半亮型。11—2 煤层结构简单，仅在Ⅸ-9、WⅡ-3-7 孔中发现含一层 0.1 ~ 0.52 m 的炭质泥岩夹矸，煤厚 1.17 ~ 2.79 m，平均煤厚 1.57 m，煤层可采指数为 1，煤层变异系数 25.8%，为较稳定的中厚煤层。

煤厚变化情况：

沿倾斜方向，在 11—2 煤层 -580 m 底板等高线以北煤厚相对较厚为 1.10 ~ 1.50 m；在 -580 m 底板等高线以南，煤厚相对较厚，除Ⅸ-17 孔附近外，其余皆大于 1.50 m。

煤层名称		煤厚/m	倾角°	结构	层间距	m	r/%	稳定性
13—1	平均 最大-最小	4.98 4.17-5.66	7 6 ~ 10	复杂	56.37 ~ 69.37	1	10.6	稳定
11—2	平均 最大-最小	平均 最大-最小	1.57 4 ~ 7	简单	64.45	1	25.8	较稳定

四、煤层性质

物理性质工业指标

煤层	颜色	光泽	硬度	容重	煤岩类型
13—1	黑色	玻璃光泽	0.6 ~ 1.1	1.42	半亮、半暗型
11—2	黑色	玻璃光泽	1.2 ~ 1.7	1.42	半亮型

煤层	M_t/%	A_d/%	V_{daf}/%	FC_{daf}/%	$S_{t,d}$/%	P_d/%	$Q_{gr,d}$/ (MJ·kg^{-1})	Y/mm	工业牌号
13—1	0.61 - 1.76/ 1.35	8.56 - 15.86/ 11.31	36.44 - 41.89/ 39.19	83.06 - 85.82/ 84.72	0.12 - 0.18/ 0.16	0.004 - 0.112/ 0.019	29.13 - 32.12/ 30.61	11 - 26/ 13.2	QM
11—2	1.12 - 1.65/ 1.37	10.04 - 13.39/ 11.02	35.47 - 36.90/ 36.37	84.8 - 85.5/ 85.14	0.18 - 0.32/ 0.27	0.005 - 0.006/ 0.005	29.83 - 31.06/ 30.57	10.5 - 22.5/ 14.25	1/3JM 1/3JM

续表

<table>
<tr><td colspan="6">五、煤层顶底板</td></tr>
<tr><td>煤层</td><td colspan="2">类别</td><td>岩石名称</td><td>厚度/m</td><td>主要岩性特征</td></tr>
<tr><td rowspan="5">13—1</td><td rowspan="3">顶板</td><td>伪顶</td><td>炭质页岩</td><td>0～1.25/0.2</td><td>灰黑色，松散易碎，不稳定，仅局部发育。</td></tr>
<tr><td>直接顶</td><td>砂质泥岩、泥岩及13—2煤层</td><td>0～15.96/5.00</td><td>灰-深灰色，块状、富含植物化石，局部裂隙较发育。</td></tr>
<tr><td>老顶</td><td>粉、细砂岩及中砂岩</td><td>0～10.53/5.07</td><td>灰-灰白色，以中细粒结构为主，主要碎石成分为石英、长石、钙、泥质胶结、斜层理发育，含裂隙水。</td></tr>
<tr><td rowspan="2">底板</td><td>直接底</td><td>粉、细砂岩、泥岩及12煤</td><td>0～5.17/3.6</td><td>灰-深灰色，富含植物化石碎片。</td></tr>
<tr><td>老底</td><td>粉细砂岩及中砂岩</td><td>0～8.39/2.9</td><td>灰-灰白色，斜层理及波状层理发育，钙质胶结，含裂隙水。</td></tr>
<tr><td rowspan="5">11—2</td><td rowspan="3">顶板</td><td>伪顶</td><td>泥岩</td><td>0.5～0.68/0.6</td><td>深灰色，富含植物化石。</td></tr>
<tr><td>直接顶</td><td>砂质泥岩及泥岩</td><td>0～19.26/3.67</td><td>灰-深灰色，富含植物化石碎片，岩性硬脆，含裂隙水。</td></tr>
<tr><td>老顶</td><td>砂质泥岩及中砂岩</td><td>0.6～6.03/3.71</td><td>灰-灰白色，斜层理发育，以中细粒结构为主，硅质胶结，含裂隙水。</td></tr>
<tr><td rowspan="2">底板</td><td>直接底</td><td>砂质泥岩、泥岩及11—1煤层</td><td>0～6.6/3.81</td><td>灰-灰白色，富含植物化石碎片，局部含菱铁鲕粒及结核，11—1煤厚0～0.84 m/0.30 m。</td></tr>
<tr><td>老底</td><td>粉细砂岩、中砂岩或砂泥岩互层</td><td>1.10～12.32/3.96</td><td>灰-灰白色，波状层理及斜层理发育。</td></tr>
<tr><td>区内变化情况</td><td colspan="5">（一）13—1煤层顶底板
1. 伪顶：本区内13—1煤层伪顶为页岩，厚0～1.25 m，平均厚度0.2 m，不稳定，易冒落，抗压强度小于5 MPa。
2. 直接顶：13—1煤层－580 m底板等高线之上段为复合顶板，其他为单一顶板。复合顶板其岩性组合为砂质泥岩、泥岩及13—2煤层。13—2煤层与13—1煤层层间距约为0.7～6.5 m，呈透镜状产出。单一直接顶岩性为砂质泥岩，厚度变化约为0.75～16 m不等。
3. 老顶：本区内13—1煤层老顶分二类。一类是仅在WⅢ-2-7孔附近发育，直覆13—1煤层之上，其岩性为灰白色中粒石英砂岩，钙质胶结，厚3.04 m，抗压强度为40.6 MPa，抗拉强度2.4 MPa；另一类是与直接顶呈冲刷接触类型的砂质老顶，岩性变化大，主林有粉砂岩、细砂岩及中粒砂岩，其抗压强度一般为20.5 MPa，综上所述老顶拟属Ⅱ级。
4. 直接底：岩性为砂质泥岩、泥岩及12煤层等，厚约0～5.17 m，平均3.60 m，13—1与12煤间距为0.72～3.90 m，平均2.0 m，12煤厚0.10～0.72 m，平均0.44 m，本区内发育较稳定。
（二）11—2煤层顶底板
1. 伪顶：岩性为泥岩及炭质页岩，厚0.5～0.68 m，岩层薄弱易冒落，主要发育于采区西翼中部。</td></tr>
</table>

续表

区内变化情况	2. 直接顶：岩性为泥岩、砂质泥岩及粉砂岩，深灰色，块状，富含植物茎干化石、局部裂隙发育。其抗压强度一般为 12.45 ~ 73.3 MPa，抗拉强度为 1.67 ~ 2.8 MPa，拟属Ⅱ类中等稳定顶板。 3. 老顶：有两种类别。一种为老顶砂岩直覆于煤层之上，岩性为粉砂岩、细砂岩、中砂岩，厚 2.95 ~ 6.88 mm，主要分布于 F_{W2} 断层两侧；另一种为老顶砂岩位于直接顶之上，其分布无明显规律。老顶砂岩抗压强度为 29.73 MPa，抗拉强度为 1.7 ~ 3.99 MPa。老顶分层厚度大，裂隙不发育，整体性好，稳定性强。老顶直覆区顶板易于管理。 4. 直接底：岩性为砂质泥岩、泥岩及 11—1 煤层，厚 0 ~ 6.6 m，平均厚 3.51 m，富含植物化石，局部含菱铁鲕粒结核。

六、地质构造(含陷落柱、岩浆岩)及古河床冲刷等

地质构造：本区位于潘集背斜南翼 F_5 断层上盘、F_4 断层下盘构造单元块段，煤岩层基本上呈单斜构造，其走向 110° ~ 150°，倾向 200° ~ 240°，倾角 5° ~ 10°。东段靠近 F_4 断层地段，基本上呈宽缓向斜构造。

影响本区的构造主要为张扭性正断层，仅见二条逆断层(F_{134}，$F_{4\text{-}4}$)，落差在 5 m 以上断层共有 14 条(包括 F_4 断层组)，主要有：F_4，$F_{4\text{-}1}$，$F_{4\text{-}2}$，$F_{4\text{-}3}$，F_{W2}，F_{132}，F_{133}，F_{134}，F_{24}，F_{q1}，F_{q2}，F_{q3}，F_{q4}。另外据 -530 m 水平 13—1 及 11—2 煤层揭露资料，13—1 煤层中落差在 2 ~ 3 m 的正断层较发育，11—2 煤层中落差在 0.5 ~ 1.5 m的小型正断层较为发育，往往成带出现，且常伴生层间滑动，形成宽度几 m 至几十 m 范围的煤层变薄区或无煤区，对采掘生产极为不利。本区内落差大于 5 m 断层密度为 4 条/km^2，单位面积内断层长度为：3 000 m/km^2。另外，根据西三采区三维地震结果发现了 12 个断点。主要断层特片见下表：

编号	产状(褶曲枢纽面)				影响范围			构造性质	实见位置及控制情况	可靠性
	走向/(°)	倾向/(°)	倾角/(°)	落差/m	水平延伸长度/m	切割水平/m	错断煤层			
F_4	60 ~ 65	150 ~ 155	35 ~ 55	60 ~ 100	斜穿本区，总长约 6 000m	露头—-500	16—2 4—1	正	Ⅶ-9、Ⅶ-Ⅷ-13、Ⅶ-17、Ⅶ-13、Ⅷ-5、WⅠ-2-3、Ⅷ-19 孔；西一、西二-380 m 回风石门，西二运输大巷、西三总回风巷，1212(3)回风巷，L107、L108、L109、105、109、110、L105-2、L106 地震测线控制。	可靠
$F_{4\text{-}1}$	65 ~ 70	155 ~ 160	50	20 ~ 45	全长 4 500 m，本区影响长度约 1 200 m	露头—-500	16-2 4-1	正	Ⅶ-Ⅷ-3 孔，西一、西二总回风巷，西三总回风巷，西二运大巷，1411(3)、1441(3)、1451(3)、1651(3)下顺槽及 105 地震测线控制。	可靠

续表

编号	产状(褶曲枢纽面)				影响范围			构造性质	实见位置及控制情况	可靠性
	走向/(°)	倾向/(°)	倾角/(°)	落差/m	水平延伸长度/m	切割水平/m	错断煤层			
$F_{4\text{-}3}$	45～55	135～175	35～65	15～25	总长约4 000 m，斜穿本区	露头—-500	16—2 4—1	正	Ⅵ-Ⅶ-3、Ⅶ-9、Ⅶ-Ⅷ-3孔，1232(3)下顺槽及L106、108、L105-2、L109、L108、L107、109、110地震测线控制。	可靠
$F_{4\text{-}4}$	95～100	185～190	60	0～6	区内影响长度400 m	-670	13—1 11—2	逆	109地震测线控制	控制
$F_{4\text{-}2}$	75～80	165～170	50	0～5	560	-530	13—1 11—2	正	1451(3)及1651(3)下顺槽控制	可靠
F_{24}	40～90	130～180	70	10	420	露头—-800	13—1 11—2	正		推断
F_{132}	160～180	250～270	30～50	6～8	800	-670	13—1 11—2	正	1662(3)上、下顺槽1672(3)上风巷及L105-1地震测线控制。	可靠
F_{133}	170～175	80～85	75	0～5	380	-670	13—1 11—2	正	111、L106地震测线控制	可靠
F_{134}	210～220	300～310	60	5～10	500	-670	13—1 11—2	逆	111、L106地震测线控制	可靠
F_{W2}	80～100	170～190	40～70	4～10	1 200	露头—-500	13—1 4—1	正	西二西1—5阶段，13—1煤巷1662(3)、1672(3)上下顺槽，西二11—2东、西煤上山，1421(1)、1431(1)、1441(1)上下顺槽，1401(3)上下顺槽，西三总回风巷，1471(1)上风巷等，L107、108、L105、L109、L105-2、109、110、L106地震测线控制。	可靠
F_{q1}	340～350	250～260	50	0～6	200	-670	13—1 11—2	正	三维地震探测	推断

续表

编号	产状(褶曲枢纽面) 走向/(°)	倾向/(°)	倾角/(°)	落差/m	影响范围 水平延伸长度/m	切割水平/m	错断煤层	构造性质	实见位置及控制情况	可靠性
F_{q2}	40～60	130～150	50～60	0～10	500	-670	13—1 11—2	正	三维地震探测	推断
F_{q3}	130	220	40～50	0～5	200	-670	13—1 11—2	正	三维地震探测	推断
F_{q4}	50～80	140～170	40～50	0～10	200	-670	13—1 11—2	正	三维地震探测	推断

<table>
<tr><th colspan="5">七、水文地质</th></tr>
<tr><td>基本特征</td><td colspan="4">本区内主要含水层有，奥陶系马家沟组和石炭系太原组灰岩含水层，煤系砂岩含水组和第四系下部砂砾含水组。
奥陶系含水组主要由灰色灰岩和白云质灰岩组成，局部夹有灰黑色泥岩，岩性较致密，有溶隙、溶洞现象，原始水位标高+25 m，单位涌水量0.20 l/s. m，渗透系数0.053 m/d，水温44 ℃，矿化度2.866 g/l，水质属 $CL\text{-}S0_4\text{-}Na$ 型。
太灰岩含水组主要由薄层灰岩组成，间夹砂岩、泥岩及多层薄煤，岩性致密，富水性较弱。原始水位标高+26～+28 m，单位涌水量0.12～0.19 l/s. m，渗透系数0.009～0.30 m/d，水温32～36 ℃，矿化度2.3～2.73 g/l，水质属 $CL\text{-}HCO_3\text{-}Na$ 型或CL-Na型。
煤系砂岩含水组，一般富水性较弱，以脉状裂隙水为主要特征，在主要断层附近，富水性略强，11—2 煤层顶板砂岩富水性整体上比13—1 煤层顶板砂岩富水性强。
第四系下部含水组由砂砾层、砂层和黏土组成，其中砂砾层有效厚度度为5.0～50 m，水位标高-6.5～-8 m，单位涌水量0.1～0.15 l/s. m，渗透系数0.2～6.0 m/d，水温23～26 ℃，矿化度2.2～2.5 g/l，属CL-Na型。</td></tr>
<tr><td>充水因素及威胁程度</td><td colspan="4">区内无大的导水断层和封孔不良钻孔，开采的13—1和11—2煤层距下伏奥灰太原含水组和上覆第四系下部含水组均较远，不受灰岩水和松散层水影响。本区开采的主要充水因素为顶板砂岩水以及上阶段采空区积水。13—1 煤层老顶砂岩厚0～10.53 m，11—2 煤层老顶砂岩厚0.6～6.0 m，局部裂隙发育，有一定的赋水性，特别是在11—2 煤层老顶直覆区，以及积水区下方和断层带附近掘进和回采时，可能会出现淋、滴水现象，个别地段可能会出现涌水情况。</td></tr>
<tr><td rowspan="2">涌水量预测及依据</td><td>最大涌水量/($m^3\cdot min^{-1}$)</td><td>2.38</td><td>正常涌水量/($m^3\cdot min^{-1}$)</td><td>1.33</td></tr>
<tr><td colspan="4">由于西部采区同一煤层顶板结构和赋水情况基本相同，因此，可以利用已充分开采的西二上部采区实际涌水量预计西三采区开采时的涌水量（西三上部采区11—2 煤层尚未开采，故利用西二上部采区资料）。预计方法为比拟法，预计公式为：
$\frac{Q_{西下}}{Q_{西二上}}=\frac{S_{西下}}{S_{西二上}}$，$Q_{西下}$——下部采区预计涌水量($m^3/h$)；$S_{西下}$——下部采区计划开采面积($m^2$)；$S_{西二上}$——上部采区实际开采面积($m^2$)；$Q_{西二上}$——上部采区实际涌水量($m^3/h$)
西二上部采区正常涌水量为40 m^3/h，最大涌水量75 m^3/h，实际开采面积1 938 000 m^2，西三下部采区计划开采面积为3 686 000 m^2，预计西部下部采区正常涌水量为80 m^3/h，最大涌水量为140 m^3/h。</td></tr>
<tr><td>建议及措施</td><td colspan="4">1. 在临近采空区下阶段开采时，应根据老空区积水情况进行探放水。
2. 工作面上下风巷配备排水能力大于30 m^3/h 上的设施。</td></tr>
</table>

续表

八、影响生产的其他地质因素

瓦斯：本矿井资源勘探阶段，由安徽省煤田勘探一队使用65型集气式煤芯采取器分别对13—1、11—2煤层采样进行煤层瓦斯含量测定；生产补勘阶段，由矿务局勘探队用解吸法对13—1、11—2等主采煤层进行CH_4含量测定；建井及生产施工期间，对13—1煤层局部地段用间接法测定过煤层瓦斯含量。据分析本区属井田西翼F_4断层下盘瓦斯构造单元，13—1煤层自然瓦斯含量为4.10 m^3/t，瓦斯含量梯度为109.9 m。根据《关于1992年度矿井沼气等级鉴定结果的通知》（煤通字[1993]032号文，本区13—0煤层为双突煤层。

煤尘及煤的自燃：

13—1、11—2煤层均具有爆炸危险性，煤尘爆炸指数为37.40%，最大火焰长度达800 mm。

两煤层均具有自燃发火性，发火期为3~6个月。

地温：根据本井田实测井温钻孔资料分析，13—1、11—2煤层井温与深度回归方程为：

13—1：$T(℃)=22.6+0.0164H(m)$，$(Y=0.69)$；11—2：$T(℃)=20.7+0.0208H(m)$，$(Y=0.74)$

地压：地压明显。

九、资源/储量

计算范围	东至F_4断层，西至井田技术边界，北始－530 *M*水平线；13—1煤层止－670 m等高线，11—2煤层南止－720 m等高线。
计算参数及方法	计算公式：$Q=SMD$ 参数：S——采区平面积，由几何法求得，单位：m^2。 M——采区平均煤厚，单位：m D——煤的视密度，单位：t/m^3。

	煤层	块段级别编号	平面积/m)	倾角/(°)	函数	斜面积	平均厚度/m	视密度/$(t\cdot m^{-3})$	储量/万吨	回收率/%	可采储量/万吨	备注
资源/储量估算及汇总	13—1	C201(334?)	53 320	8	cos α		1.98	1.42	15.0			
		C202(122)	45 415	6	cos α		5.19	1.42	33.5	69.8	23.4	
		C203(111)	1 071 090	6	cos α		5.02	1.42	763.5	69.8	532.9	
		C204(111)	26 400	6	cos α		5.05	1.42	18.9			煤柱
		C205(111)	887 960	6	cos α		4.92	1.42	620.4	69.8	433.0	
		C206(111)	163 800	6	cos α		4.88	1.42	113.5			煤柱
	11—2	E201(334?)	82 200	8	cos α		1.5	1.41	17.4			
		E202(122)	47 530	5	cos α		1.77	1.41	11.9	74.5	8.9	
		E203(111)	679 200	5	cos α		1.39	1.41	133.1	74.5	99.2	
		E204(111)	1 630 210	5	cos α		1.83	1.41	420.6	74.5	313.3	
		E205(111)	377 760	5	cos α		1.57	1.41	8.4			煤柱
		E206(111)	269 600	5	cos α		1.70	1.41	64.6			煤柱
		E207(111)	201 840	5	cos α		1.52	1.41	43.3			煤柱
		E208(111)	986 450	5	cos α		1.60	1.41	222.5	74.5	165.8	

续表

<table>
<tr><td></td><td>合计</td><td>111</td><td>2 408.8</td><td>121</td><td></td><td>111 +121</td><td>2 408.8</td><td>111 +121 +122</td><td>2 454.2</td><td>334?</td><td>32.4</td><td>111 +121 +122 +334?</td><td>2 486.6</td></tr>
<tr><td rowspan="2">储量分析</td><td colspan="13">各类煤柱：　13—1：　138.1 万吨
　　　　　　11—2：　116.3 万吨　　　　　　　　合计:254.4 万吨</td></tr>
<tr><td colspan="13">三下压煤：　13—1：　1 564.8 吨
　　　　　　11—2：　921.8 万吨　　　　　　　　合计:2 486.6 万吨</td></tr>
<tr><td colspan="14">十、存在问题及建议</td></tr>
<tr><td colspan="14">1. 本区目前勘查程度偏低,补勘钻孔偏少,工程量不足,难以满足综采综放生产对煤层顶底板、构造方面要求,特别是 11—2 煤层综采采场的选择,需增加钻探工程,以满足设计及生产的需要。
2. 13—1 煤层厚度为 4.17、5.66 m 水平以上选择高支架(4.5 m), -580 m 以下进行综放开采。
3. 11—2 煤层综采煤机选型应充分考虑破矸能力。
4. 瓦斯方面的资料是要据有限的钻孔化验结果数据,利用一元回归方法求得的,其准确数据应以通风部门提供为准。
5. 下山采区设计应充分考虑排水能力。
6. 开采地质条件的评价,应专题研究。
7. 1—2 煤层下山采区可按综采条件设计巷道,待工作面贯通后,根据实际揭露资料和坑透预测结果进一步对工作面进行评价,确定采煤方法。
8. 建筑设施等搬迁或加固维修工程与井巷工程设计应一并考虑。</td></tr>
<tr><td colspan="14">十一、附图</td></tr>
<tr><td colspan="14">1. 13—1 煤层底板等高线图（ -530 m,630 m 水平各一幅）　1:2 000
2. 11—2 煤层底板等高线图（ -530 m,630 m 水平各一幅）　1:2 000
3. Ⅶ-Ⅷ勘查线剖面图　1:2 000
4. WⅡ-0 线剖面图　1:2 000
5. Ⅷ勘查线剖面图　1:2 000
6. WⅡ-3 线剖面图　1:2 000
7. Ⅷ-Ⅸ勘查线剖面图　1:2 000
8. WⅢ-0 线剖面图　1:2 000
9. WⅢ-1 线剖面图　1:2 000
10. Ⅸ线剖面图　1:2 000
11. WⅢ-1 线剖面图　1:2 000
12. -670 m 水平西部采区 13—1、11—2 煤层顶底板综合柱状图　1:200
13. 西三下山采区地面影响范围图(-670 m 水平)　1:5 000
14. 潘一矿西三、潘三矿东四采区 13—1 煤层底板等高线图(三维地震资料)　1:2 000</td></tr>
</table>

3.4 煤矿掘进地质说明书

回采工作面掘进地质说明书是按照回采工作面巷道设计和施工的要求,根据已掌握的地质资料编制的,为回采工作面巷道设计和施工提供的综合性地质资料。

回采工作面掘进地质说明书的内容由文字(或表格)说明和图纸组成。

3.4.1　回采工作面掘进地质说明书的文字说明

①位置及与地面和相邻工作面的关系。

②地质构造。

③煤层及其顶底板岩层。

④水文地质及工程地质。

⑤其他地质因素。主要阐述对施工有影响的地质因素，如瓦斯、地压、煤层自燃、煤尘爆炸、岩溶陷落柱和岩浆岩侵入等。

⑥资源/储量估算。

⑦存在问题及建议。

3.4.2　回采工作面掘进地质说明书的图件

①相邻煤层或本煤层煤（岩）层综合柱状图（1∶200）。

②工作面煤层底板等高线及资源/储量估算图（1∶1 000或1∶2 000）。

③工作面局部地质剖面图（1∶1 000或1∶2 000）。

④局部地质构造剖面图。

回采工作面掘进地质说明书的编制格式一般采用图件和表格的形式。有很多矿井把所需图件和必要的文字说明布置在一张图纸上（如图5.47、表5.7）。只有少数煤矿除图件外，还附有详细的文字说明书。

表5.7　韩桥煤矿－270 m北翼大巷掘进地质说明书

<table>
<tr><td>位　置</td><td colspan="3">本矿北翼－180 m延深下山皮带机道以北</td><td>地面标高</td><td colspan="2">+30 m～32 m</td></tr>
<tr><td>邻区情况</td><td colspan="6">本区上部夏桥系、小湖系煤组已采完，太原群煤组为新开拓区</td></tr>
<tr><td>地面情况</td><td colspan="6">有五号井家属宿舍、旧西排洪道，均无影响</td></tr>
<tr><td>工程要求</td><td colspan="6">据设计规定：在－270 m车场开口沿17层煤掘进，过北一断层后沿20煤层掘进</td></tr>
<tr><td>施工岩石性质</td><td colspan="6">17层煤（f＝1.1），顶板页岩（f＝4.8），底板砂质页岩（f＝5.6）；
20层煤（f＝1.2），顶板灰岩（f＝12.8），底板钙质页岩（f＝4.5）</td></tr>
<tr><td>构造</td><td colspan="6">自－180 m延深下山向东北方向掘进320 m左右推测将会遇到北一断层，342°∠70°，落差约6 m</td></tr>
<tr><td>矿井水</td><td colspan="6">巷道出水，主要是9层灰岩水、10层灰岩裂隙水和北一断层水，揭露10层灰岩时预计最大涌水量为1.5 m³/min</td></tr>
<tr><td>瓦斯涌出量</td><td>2.6 m³/(d·t)</td><td>煤尘爆炸指数</td><td colspan="2">43.87</td><td>自燃发火期</td><td></td></tr>
<tr><td>施工建议</td><td colspan="6">①距北一断层前15 m、距10层灰岩垂距5 m左右，必须打超前钻探放水，对10层灰岩应垂直打，视水量大小再考虑布置水平孔；
②钻机窝高度不得小于3.0 m；
③在北一断层带两侧应加密棚档</td></tr>
</table>

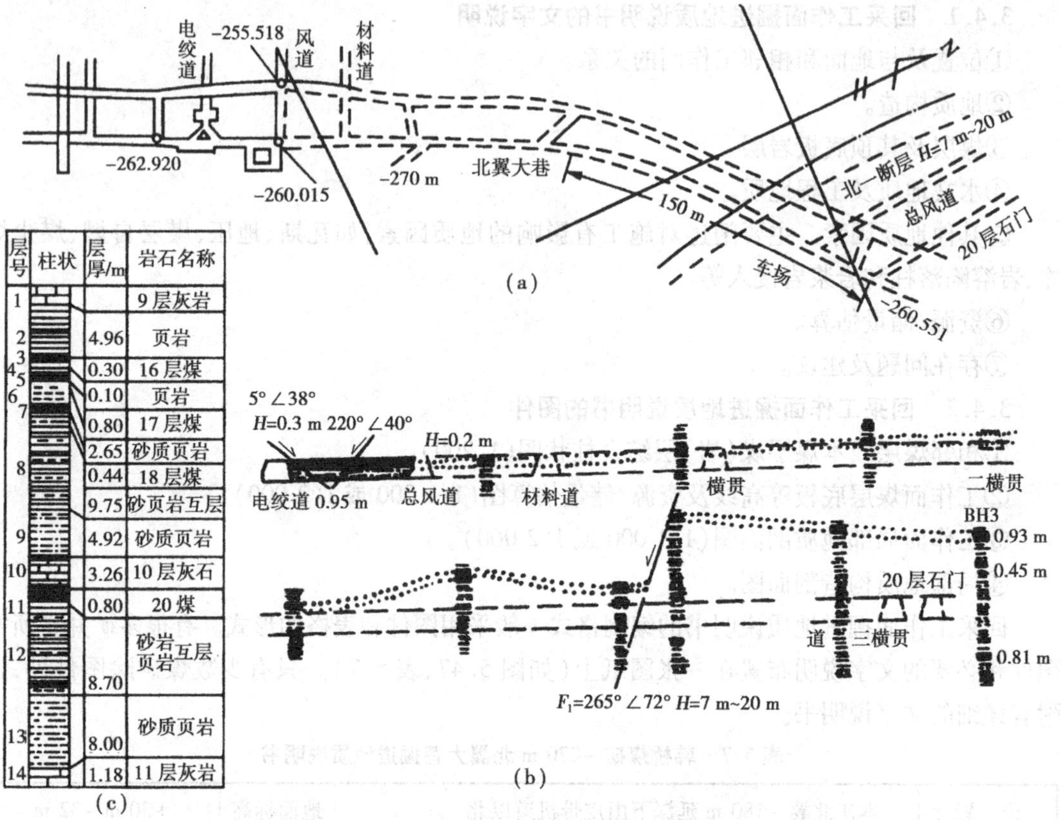

图 5.47　韩桥煤矿-270 m 北翼大巷预想剖面图

(a)-270 m 水平北翼大巷平面图，比例尺 1:2 000；

(b)-270 m 水平北翼大巷预想剖面图，

纵比例尺 1:500，横比例尺 1:1 000；(c)综合柱状图

3.5　煤矿回采地质说明书

工作面回采地质说明书是按照工作面采煤设计要求，根据已掌握的地质资料编制而成的综合性地质资料。它是回采工作面制定作业规程、安排生产计划、制定管理措施和进行回采的地质依据。回采工作面地质说明书主要是根据工作面四周巷道（工作面运输巷、回风巷、开切眼以及上下山等）的编录资料，结合邻区和上部煤层开采过程中揭露的地质资料，经过分析整理后编制而成的。

工作面回采地质说明书的内容由文字（或表格）说明和图纸组成，如图 5.48。

3.5.1　工作面回采地质说明书的文字说明

工作面回采地质说明书的文字内容与回采工作面掘进地质说明书的内容基本一致。其内容主要反映工作面位置、地质构造情况、煤层赋存状况、煤层储量以及其他直接影响回采的地质因素。其重点是落差大于采高的断层位置、性质和产状，煤层分层及不可采地带，岩浆侵入体、陷落柱在工作面内的分布，以及危及生产安全的水、火、瓦斯及煤层顶板情况等。

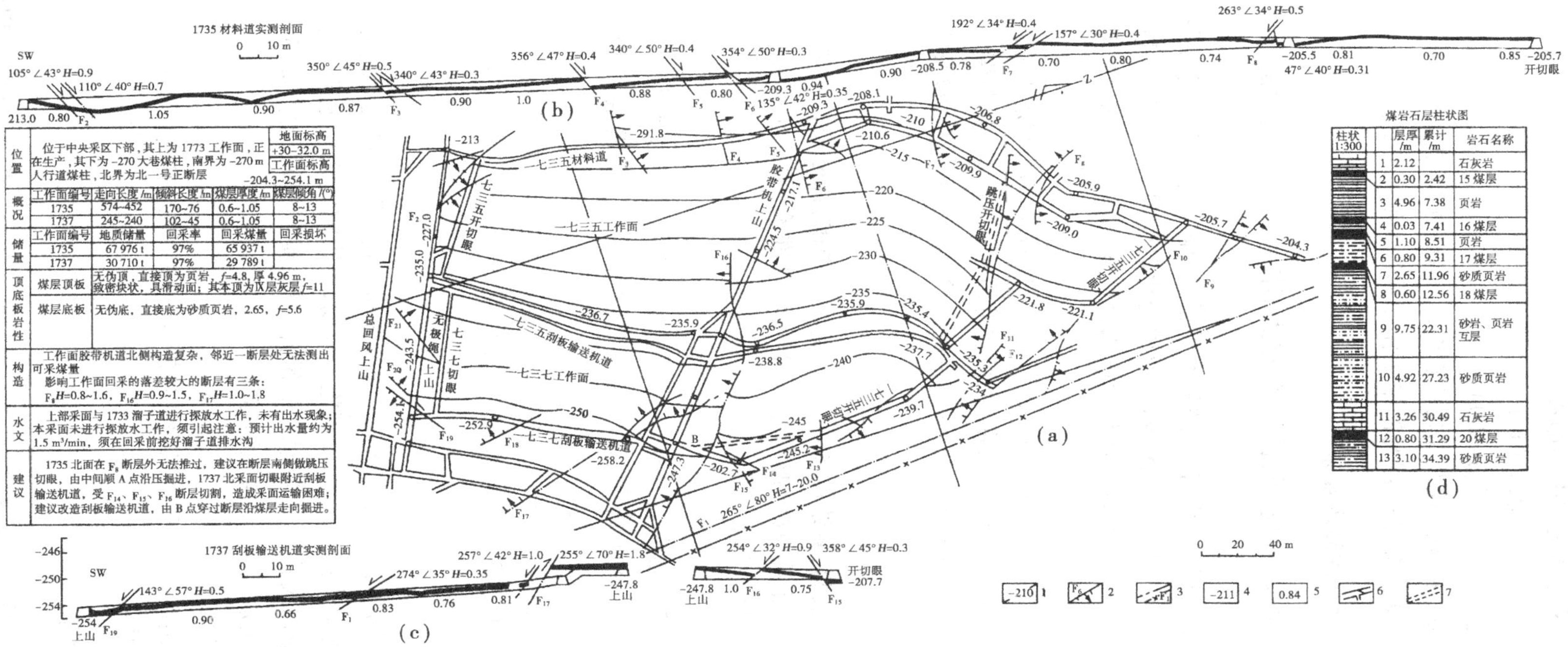

图 5.48　韩桥煤矿 1735、1737 工作面回采地质说明书

(a) 采掘工程平面图；(b) 1735 材料道实测剖面图；(c) 1737 刮板输送机道实测剖面图；(d) 煤岩层柱状图

1—煤层等高线；2—小断层；3—大断层交面线；4—巷道标高；5—煤层厚度；6—煤巷；7—过压巷道

3.5.2 工作面回采地质说明书的图件

①煤层结构及顶底板岩性柱状图(1∶100 或 1∶200)。

②回采工作面巷道实测剖面图(1∶200)。

③回采工作面煤层底板等高线及储量估算图(1∶1 000 或 1∶2 000)。

回采地质说明书的编制格式一般与回采工作面掘进说明书一致。

3.6 编制地质说明书的基本要求

目前,虽然各个矿区编制的地质说明书的格式不仅一致,但其必须满足以下基本要求:

3.6.1 目的明确

地质说明书是供煤矿建设、开拓、掘进和回采设计、施工与管理的地质依据。在编制地质说明书时,应掌握设计意图和施工要求,熟悉地质变化对建井、开拓、掘进和回采的影响,查明主要影响因素,有针对性地提供地质资料,才能满足设计、施工和管理的需要。

3.6.2 十个清楚

编制地质说明书时,对地质说明书编制范围内的地质与生产情况必须做到十个情况清楚:即地质构造清楚;煤厚、煤质变化清楚;顶、底板岩性清楚;岩浆侵入体位置清楚;陷落柱分布范围清楚;水、火、瓦斯灾害地质情况清楚;周围情况清楚;井上、下关系清楚;地质研究程度清楚;矿井开发历史清楚。

3.6.3 十个准确

地质说明书列举的资料,测绘的图件,要做到十个准确:即断层位置准确;煤层产状准确;底板标高准确;剖面层位准确;探煤厚度准确;储量估算准确;预计涌水量准确;预计瓦斯涌出量准确;钻孔分布位置准确;井上、下位置准确。

3.6.4 简明方便

目前,地质说明书的编制格式很不统一,不过内容必须简明扼要,切实有用,重点突出,有的放矢。对影响采掘的主要地质问题和有关生产安全的问题,要着重交代清楚。图件要清晰准确,能用图表反映的就不用文字叙述。

一般情况下,建井地质说明书、水平延深地质说明书和采区地质说明书,由于涉及的面积较大且问题较多,故常由图件和文字说明两部分组成;掘进地质说明书和回采地质说明书常用图表表示。

3.6.5 勤到现场

在使用地质说明书的过程中,地质人员必须做到三勤,即:勤到设计现场,配合设计施工人员熟悉地质资料,优化设计施工方案;勤到施工现场,对影响施工和生产安全的地质现象及时提出地质预报,配合采掘人员判断地质情况,研究对策;勤到安排计划、布置任务现场,向主管部门、工区、班组交清地质情况,落实工程措施。

3.6.6 勤修改总结

在地质说明书提出后,随着采掘工程的进展,应及时修改、补充。工程结束后,还应对该区的地质情况作出地质总结。

3.7 煤矿地质预报

地质预报是在地质说明书提交之后,为了更紧密地配合生产,把地质工作做到采掘生产第

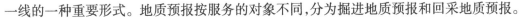

一线的一种重要形式。地质预报按服务的对象不同,分为掘进地质预报和回采地质预报。

3.7.1　掘进地质预报

掘进地质预报是在巷道掘进过程中,边收集分析资料,边预报掘进前方的地质变化,并协同掘进区队采取措施,保证巷道掘进质量和快速、安全地完成掘进进度。掘进地质预报应针对不同巷道的工程要求,重点抓好断层、层位、岩性、水文地质、瓦斯地质等预报。

断层预报是在开拓或采准巷道的掘进中,对影响掘进的断层位置、性质和落差等进行预报。

层位预报是以层位变动为主要内容的预报。在运输大巷或上、下山等顺层巷道的掘进中,为了满足运输和采煤的需要,既要求巷道不偏离设计层位,又要求巷道保持合适的弯度和坡度,为此对巷道掘进前方的岩层层位、产状和构造变动等,需及早作出预报,以便在允许范围内,提前调整巷道方向、坡度和长度。

岩性预报是在石门或暗井等穿层巷道掘进中,对巷道掘进前方将要穿过的各岩层的岩石性质、厚度和产状等进行预报。

水文地质预报是在有水害威胁的巷道掘进中,对巷道掘进前方的含水层、断层、老窑区、岩溶陷落柱和钻孔等的位置和水量所进行的预报。预报范围不得小于探放水的安全距离,并提出处理意见。

瓦斯地质预报是在有煤与瓦斯突出危险的巷道掘进中,根据突出征兆和规律,对巷道掘进前方煤与瓦斯突出的可能性与严重性所进行的预报。

3.7.2　回采地质预报

回采地质预报是在工作面回采过程中不断地收集分析资料,不断地预报回采前方的地质变化、发展趋势和对生产的影响程度。并协同采煤区队采取对策,保证生产任务的完成。

回采地质预报的重点是影响回采工作面正常推进的断层、煤厚变化、古河床冲刷带、岩浆侵入体和岩溶陷落柱,以及威胁生产安全的冲击地压、顶底板突水和煤与瓦斯突出等。

地质预报是在地质说明书的基础上,根据采掘过程中新揭露的地质资料,按照巷道掘进和工作面回采的要求编制而成。地质预报实际上是地质说明书使用的继续和补充。因此,地质预报的内容、形式、编制步骤和方法均与同类型地质说明书相似。做好地质预报工作应注意深入现场,掌握地质规律,抓好验证总结等环节。

任务4　地质报告

根据要求,煤矿建井结束时,地质部门应编制和提交建井地质报告;生产矿井,每隔8~10年,应重新编制煤矿地质报告;煤矿闭坑时,应提交闭坑地质报告。

4.1　煤矿建井地质报告

建井地质报告是根据地质勘查、建井补充地质勘查,以及井巷工程揭露的地质编录资料,经过综合整理分析编制而成的综合性地质资料。它是新建矿井移交生产时,煤矿基建部门向生产单位提交的地质报告,是建井阶段地质工作的系统总结,也是地质勘查报告的验证和补充。

建井地质报告涉及的范围主要是建井阶段实际开拓的区域,着重阐述建井时期的新发现、新认识和新结论;明确指出存在的主要地质问题;对地质勘查报告作出评价;对生产阶段地质工作提出建议。

建井地质报告的内容由文字说明、图纸和表格三部分组成。

4.1.1　建井地质报告的文字部分

第一章　概　论

1. 交通位置、范围及四邻关系。
2. 井田地质勘查简史、地质报告(或补充勘查报告)提交审批的情况。
3. 老窑、火区、岩溶陷落柱、岩浆侵入体位置、范围及分布情况。
4. 建井期间补充地质工作(包括钻探、物探、巷探)的情况。
5. 煤矿设计能力、服务年限、开拓方式、水平及采区划分。
6. 煤矿基建施工单位,开、竣工日期,实际完成的井巷工程量,采区和工作面的准备情况等。

第二章　井田地质构造特征

1. 井田总的构造特征。
2. 开拓区内容各主要断层、褶皱(褶曲)、煤层的产状及变化,各主要构造的控制程度及其对煤(岩)层的破坏情况。
3. 井田内已控制构造的可靠程度。
4. 井田内中型、小型构造的特征、规律及其对煤层开采的影响程度。
5. 岩浆岩侵入体的分布、产状,对煤层的影响情况。
6. 岩溶陷落柱的分布及其对煤层的影响。

第三章　煤系、煤层及煤质特征

1. 煤系地层:煤系地层时代、厚度、岩性、含煤层数、可采煤层层数、煤层总厚度以及煤系变化情况。

2. 煤层：分层叙述煤层的最小、最大厚度和一般厚度，层间距、结构、顶（底）板岩性及稳定性。

3. 煤质特征；

4. 煤层瓦斯、地压、自燃，煤尘爆炸性等情况。

第四章　井田水文地质特征

1. 井田水文地质条件及各含水层（组）分布规律和特征。

2. 井巷实见涌（突）水点位置、涌（突）水量及处理情况。

3. 井巷涌水量与巷道长度的关系。

4. 煤矿充水因素，涌水量及其变化趋势，防治水措施。

第五章　资源/储量与估算及管理

1. 资源/储量估算或核算的依据和方法。

2. 煤矿储量和开采储量（未经修改的块段，按储量统计）。

3. 储量增减情况及其原因。

第六章　结　论

1. 对建井过程中某些地质问题的结论。

2. 对原煤炭勘查地质报告的评价。

3. 尚存在的主要问题和对今后煤矿地质工作的建议。

4.1.2　建井地质报告的图纸部分

1. 井田地形地质图（1:2 000～1:10 000）。

2. 回风水平地质切面图（倾斜、急倾斜多煤层矿井）（1:1 000～1:5 000）。

3. 运输水平地质切面图（倾斜、急倾斜多煤层矿井）（1:1 000～1:5 000）。

4. 通过首采区的勘查线地质剖面图（经过修改的）（1:1 000或1:2 000）。

5. 采区上（下）山地质剖面图（1:1 000或1:2 000）。

6. 首采区煤层底板等高线及资源/储量估算图（急倾斜煤层加绘立面投影图）（1:1 000或1:2 000）。

7. 井筒（立井、平峒、斜井）地质素描图（1:200或1:500）。

8. 水文地质综合性图件。

4.1.3　建井地质报告的表格部分

1. 重算煤炭资源/储量的基础表和汇总表。

2. 煤质、水质化验成果表。

3. 建井期间施工的钻孔成果表。

4.2　煤矿地质报告

煤矿地质报告是生产矿井地质部门在原地质报告的基础上，通过对近期地质资料的分析研究，编制的能反映当前矿井地质特征的综合性地质资料。它是对前一个时期地质工作的全面总结，反映煤矿地质部门在编制时对矿井地质的总体认识和结论。按照《矿井地质规程》规定,生产矿井每隔8~10年,配合煤矿延深设计编制或修改煤矿地质报告。煤矿地质报告是以地质勘查报告、建井地质报告或原煤矿地质报告的基础上,在充分利用煤矿开采过程中积累的地质编录、补充勘查和生产勘查资料,经过分析研究和综合整理编制而成的。

煤矿地质报告应重点阐述矿区或煤矿地质现象的新发现、煤矿地质特征和规律的新认识、存在的主要地质问题以及今后煤矿地质工作的重点。

煤矿地质报告编写提纲可根据各矿的具体情况拟定,这里介绍一个编写提纲供参考。

4.2.1 煤矿地质报告的文字说明

第一章 绪 论

1. 修编地质报告的依据、目的和任务。

2. 井田地理位置、井口坐标、井田边界和面积,与邻井关系。扼要说明经过本井田邻近的铁路、主要公路和水路等。

3. 井田的地形、地貌特征、水文、气象等自然地理情况。

4. 煤矿建设和投产时间、设计能力、核定能力、开拓方式、采煤方法,开拓延深及改扩建历史、服务年限,现生产水平、开拓延深水平和开采范围等生产建设情况。

5. 原报告提供和这次修编地质报告时各类储量情况。

第二章 矿井地质工作

1. 简述本井田以往地质勘查工作情况及评价。

2. 简述矿井中小井的开采情况,除按勘探地质报告内容编制外,还要叙述需要采取的具体措施。

3. 叙述自上次报告以来所采用的矿井地质与矿井水文地质的工作方法,各种主要手段的使用情况、主要工作量及质量评述。

4. 对原地质报告的评价。说明原地质报告的提出单位、时间、报审批单位、时间和审批意见。对勘查方法、勘查类型、工作质量、地质构造、煤层、煤质、水文地质和开采技术条件及资源/储量估算等做出评价。

第三章 井田地质

1. 简述井田内地层层序、时代、厚度、岩性及其变化、古生物化石组合等,叙述地层对比的方法、依据及可靠程度(或对原报告地层对比的评价)。

2. 详述井田内含煤地层的厚度、岩性、岩相、标志层特征及沿走向、倾向的变化情况等。

3. 简述区域地质构造基本特征及井田所处的构造位置。

4. 详述井田的基本构造形态、地层产状及其变化、主要褶曲和断层的分布情况。逐个描述井田内主要构造的揭露地点、断层落差或轴向、产状要素、延展方向、生成顺序,断层与褶曲的相互关系,各种工程对构造的控制和研究程度。

3. 井田内小构造的发育规律,与主要的构造关系;评价井田地质构造的复杂程度,构造对煤层、煤质、水文地质及开采技术条件的影响,以及对采掘的影响程度。

4. 叙述井田内岩浆岩侵入、岩溶陷落柱位置、产状和分布范围,它与井田构造的关系及对煤层、煤质的影响,对原勘查资料的评价及掌握的基本规律。

第四章　煤层、煤质及其他有意矿产

1. 综述含煤地层中煤层的分布特征及组合，煤层层数和总厚度、可采煤层层数和总厚度，含煤系数、煤层间距及其变化等。

2. 自上而下详述各可采煤层的层位、间距、厚度、结构，煤层可采范围及其变化规律等；详述各可采煤层的控制研究程度和稳定性（列表说明）。

3. 叙述各煤层顶底板岩性、厚度及变化特点。

4. 叙述可采煤层的物理性质、煤质、煤岩特征及其沿走向、倾向的变化规律，说明各煤层煤类和利用情况，特别是煤质的变化规律及变化界限确定的可靠性。对于复杂结构煤层还应叙述其分层对比依据。

5. 煤的有害成分含量及煤的可选性。

6. 简述各煤层风化带、氧化带的煤质特征、确定依据、现状，评述其利用的可能性。

7. 综述井田内各种共生、伴生有益矿产的赋存情况，评述其利用的可能性。

第五章　矿井水文地质

1. 区域水文地质特征和井田在区域地质分区中的位置。

2. 简要说明井田内地表水系流经范围、流量、最高洪水位，与煤层、含水层露头走向的交叉关系。

3. 详细叙述井田内各含水层、隔水层的岩性、厚度、埋藏深度、分布范围及其变化；裂隙岩溶的发育程度及其规律；各含水层的富水性、埋藏类型、水位、水量、水质和水温等，以及各含水层间的水力联系；评价隔水层的隔水条件。区域地下水补给、径流、排泄对本井田的影响。

4. 叙述断层或断层破碎带的性质、富水性和导水性，以及对矿井充水的影响。

5. 简要说明井田内小煤矿和老窖分布和开采情况，说明老窖积水和小煤矿漏水情况，分析其对矿井充水的影响。

6. 详述矿井涌水量的观测地点、观测方法、水量及构成分析，阐述矿井涌水量的变化规律及其与开采面积、深度、产量和降水量的关系等。

7. 说明矿井涌水量预计方法、依据及结果。

8. 叙述矿井开采以来受水害影响情况，主要突水实例（包括突水时间、性质、水源、水量及对生产影响程度），主要水害类型及采掘的影响程度。

9. 叙述矿井防治主要水害的原则、方案设计、工程量、技术经济效果及存在的问题，评价防治水工作的难易程度和建议。

10. 说明供水水源、水位、水量、水质、供水范围、水泵型号及管路等情况。

第六章　开采技术条件

1. 简述各可采煤层的开采方法、工程地质特征、煤层结构及其他对开采有影响的地质因素。

2. 叙述各可采煤层顶底板岩性、厚度、节理裂隙发育情况、物理力学性质及变化规律，说明顶板类型和相应的顶板管理办法。

3. 叙述历年来矿井“三下”开采中，跨落带和导水断裂带高度以及地表移动和变形情况等。

4. 主要阐明瓦斯含量、煤尘爆炸性指数和煤的自然倾向性，同时说明延深水平瓦斯登记确定的依据。

5. 简述矿井地热和地压情况、变化规律，与有关地质因素的关系，以及防治措施等。

第七章　资源/储量估算

1. 主要阐明本次资源/储量估算边界、范围，工业指标的确定依据。

2. 叙述资源/储量类型的划分依据，说明与一般原则不同的特殊情况的处理办法。

3. 主要说明资源/储量估算方法和有关参数确定的方法和依据。

4. 叙述资源/储量估算结果、各类型资源/储量的比例关系等。

5. 将历年来探明的实际地质储量与历年实际采出量、损失量及各种煤柱煤量进行对比分析，核实资源/储量估算的准确程度；分析矿井资源的回收情况，估算资源/储量的可靠系数、有效利用系数、矿井回采率和地质、水文地质的损失率，据此评述矿井服务年限。

第八章　结　论

1. 对矿井地质构造规律、煤层赋存条件和水文地质条件等做出评价，阐明地质、水文地质调节分类的综合评定结果。

2. 对资源/储量的可靠程度和利用的技术经济合理性做出评价。

3. 根据地质、水文地质特征，对今后开采技术条件作出评价。

4. 本次矿井地质报告修编中存在问题和建议。

4.2.2　矿井地质报告的图纸部分

1. 矿井地形地质图(1:2 000 或 1:5 000)。

2. 矿井含煤地层综合柱状图(1:200 ~ 1:1 000)。

3. 矿井地质剖面图(1:1 000 或 1:2 000)。

4. 矿井煤(岩)层对比图(1:200 或 1:500)。

5. 矿井水平地质切面图(适用于煤层倾角大于25°的多层煤矿井)(1:2 000 或 1:5 000)

6. 钻孔柱状图(1:200 或 1:500)。

7. 各生产水平主要石门剖面图(1:200 或 1:500)。

8. 各生产水平主要巷道地质剖面图(1:200 或 1:500)。

9. 井筒柱状图(或剖面图)(1:200 或 1:500)。

10. 矿井综合水文地质剖面图(1:2 000 ~ 1:10 000)。

11. 矿井水文地质剖面图(1:1 000 或 1:2 000)。

12. 矿井综合水文地质柱状图(1:200 ~ 1:1 000)。

13. 矿井充水性图(1:2 000 或 1:5 000)。

14. 矿井涌水量与各种相关因素历时曲线图。

15. 矿井可采煤层底板等高线及资源/储量估算图(1:2 000 或 1:5 000)。

16. 矿井可采煤层损失量估算图(1:2 000)。

17. 井上下对照图(1:2 000 或 1:5 000)。

4.3　煤矿收尾阶段地质总结

矿井收尾阶段地质总结是在矿井报废前,对矿井地质、水文地质和工程地质以及煤炭储量利用的全面分析和总结,是向主管部门提交的地质鉴定报告。

当矿井剩余可采储量比为20%左右,且无进一步扩大储量的可能时,该矿井就进入了收尾阶段,这一阶段的主要地质工作有以下几个方面:

①全面汇集勘查、建井和生产阶段的地质资料,对各种地质因素进行综合分析,总结矿井主要地质(包括构造、煤系、煤层、煤质和其他影响矿井生产安全的地质因素)特征及其规律。

②分析现有地质储量的可采性及其开采条件,老采区丢煤复采的可能性,进一步研究延长矿井服务年限的可能性。

③进行采探对比,总结煤炭地质勘查、补充勘查的经验教训与可靠性,评价原勘查网度的合理性。

④全面核实矿井回采率,分析各种损失所占的比例、确定勘查储量有效利用系数。

矿井收尾阶段地质总结报告以地质勘查报告、建井地质报告和矿井地质报告为基础,结合矿井补充勘查和生产地质资料,经过分析研究,综合整理编制而成,其内容包括文字说明和图件两部分。

4.3.1　矿井收尾阶段地质总结的文字部分

①矿井基本情况。矿井开发史,矿井建设情况、井型、开拓方式及与相邻矿井关系。

②矿井现状。目前矿井的开拓、掘进和回采状况,提出报告前一年年末的地质储量。

③可采储量的分布。矿井各种可采储量,包括各种呆滞煤量、尚能全部或部分回收的煤柱和可供复采的煤量的分布状况。

④地质、水文地质和岩移破坏情况以及大事记录。

⑤对煤系、煤层、地质构造、水文地质、工程地质及其他地质因素的特征及其规律的认识。

⑥矿井煤炭储量的回收情况。包括计算勘查资源/储量的可靠系数、勘查资源/储量有效利用系数、矿井回采率和开采损失率。

⑦改进地质勘查的意见。

⑧存在的问题和建议。

4.3.2　矿井收尾阶段地质总结的图纸部分

①矿井地形地质图(1:2 000~1:10 000)。

②矿井含煤地层综合柱状图(1:200或1:500)。

③井上下对照图(1:2 000~1:10 000)。

④工业广场平面图(1:2 000~1:10 000)。

⑤矿井煤(岩)层对比图(1:200或1:500)。

⑥矿井地质剖面图(附煤炭勘查地质报告原图)(1:1 000或1:2 000)。

⑦矿井水平地质切面图(附煤炭勘查地质报告原图)(1:2 000或1:5 000)

⑧矿井可采煤层底板等高线及资源/储量估算图(附煤炭勘探查地质报告原图)(1:2 000或1:5 000)。

⑨井田地质构造纲要图(1:2 000~1:10 000)。

技能训练 5.1　煤矿地质图的识读

1. 实训目的要求

实训 5.1 目的是为使学生进一步熟悉和掌握煤矿地质图以及各种地质因素在地质图上的表现形式。

通过实训 5.1 的实训,要求学生了解各种煤矿地质图的形式、内容和表现方式,基本掌握地质图上各种地质因素的表现形式。

2. 实训指导

1)实训方法

据具体情况安排一定的实训时间,全班学生分为 4 组。在教师的指导下分别阅读煤矿地质图(由教师提供),并用文字描述各种地质图中所反映出来的地质信息。

2)实训内容

①阅读庆丰地区地形地质图,用文字叙述该图的地形、地层和地质构造情况(图实 5.1)。

②识别下列图中的背斜、向斜(在图上标出)并完成图中构造形态;画出轴面的位置(图中字母为地层代号,剥蚀掉的地层请用虚线连接)。

③阅读某矿煤系地层综合柱状图

④阅读某矿勘查线地质剖面图

⑤阅读某矿水平地质切面图

⑥阅读某矿煤层底板等高线及资源/储量估算图

3. 实训作业

实训结束后,每位学生上交文字说明一份。

技能训练 5.2　煤矿地质说明书的阅读

1. 实训目的要求

实训 5.2 目的是为使学生进一步熟悉和掌握煤矿地质说明书的形式和内容,熟悉煤矿地质说明书文字和图件所提供的各种地质信息。

通过实训 5.2 的实训,要求学生了解各种煤矿说明书的形式、内容和表现方式。

2. 实训指导

1)实训方法

据具体情况安排一定的实训时间,全班学生分为 4 组。在教师的指导下分别阅读煤矿地质说明书(由教师提供),并用文字描述各种地质图中所反映出来的地质信息。

2)实训内容

①阅读某矿采区地质说明书。

②阅读某矿掘进地质说明书。

③阅读某矿回采地质说明书。

3. 实训作业

实训结束后,每位学生上交文字说明一份。

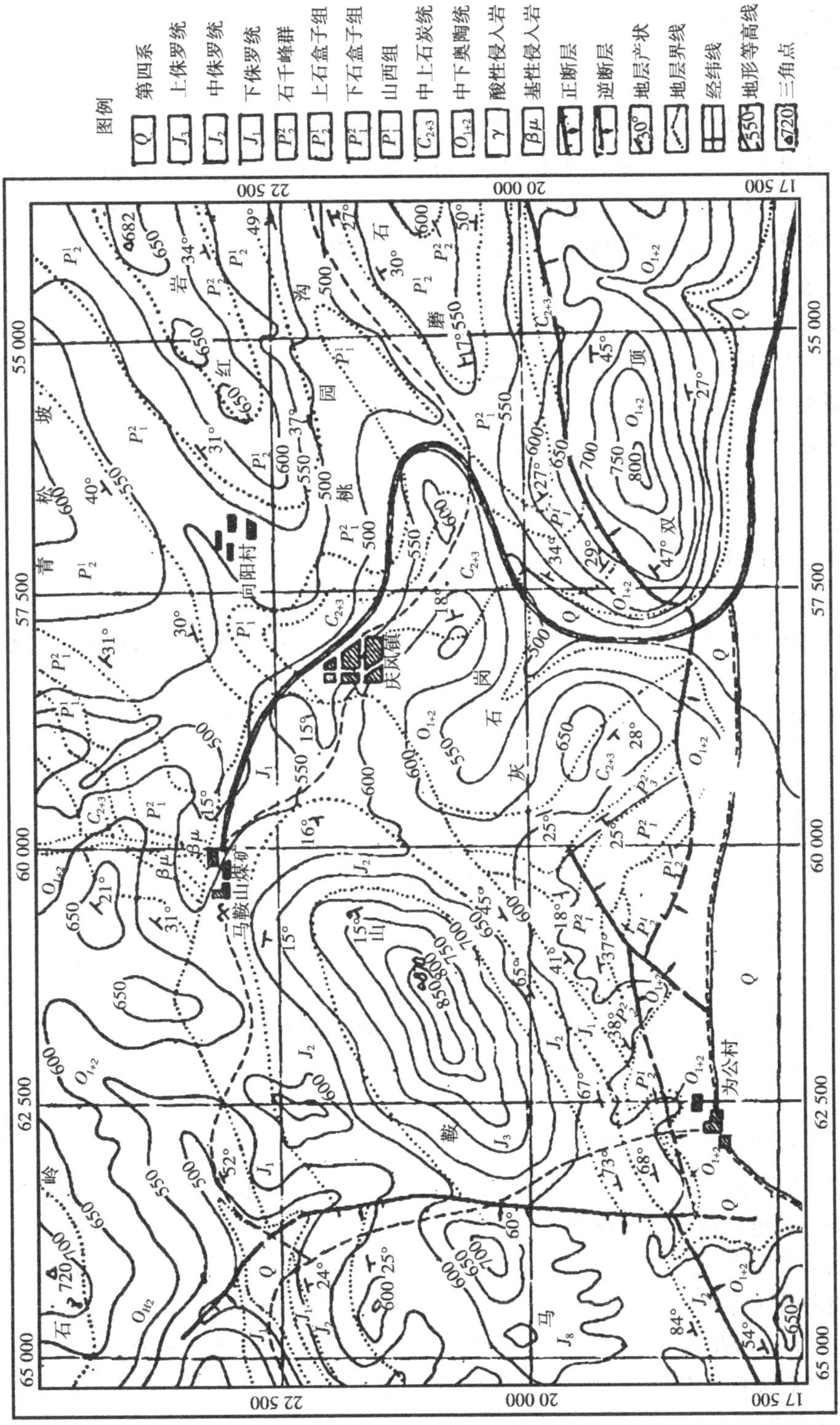

图实 5.1　庆丰地区地形地质图

复习练习题

1. 解释地质术语

勘查技术手段　钻孔　地质编录　原始地质编录　简单构造　中等构造　复杂构造　稳定煤层　较稳定煤层　不稳定煤层　井田地层综合柱状图　地质剖面图　水平切面图　煤层底板等高线　煤层底板等高线图

2. 填空题

1)坑探工程主要包括________、________和________三种。

2)常见的矿井物探方法包括________、________、________三类。

3)煤炭地质勘查阶段分为________、________、________、________四个阶段。

4)煤矿地质勘查有________、________、________、________、________。

5)矿井地质说明书一般包括________、________、________、________。

6)井巷工程地质编录包括________、________、________。

7)煤矿基本地质图件有________、________、________、________、________等。

3. 判断题

1)地质填图适宜在预查阶段或普查阶段进行,后续各阶段不宜进行;而钻探工程适用于各阶段。(　　)

2)要在某地区建成一个煤矿,其地质勘查工作就必须经过预查、普查、详查和勘探四个阶段。(　　)

3)井田勘探地质报告是下一阶段地质勘查工作的依据。(　　)

4)编制地质说明书是属于综合地质编录的范畴。(　　)

5)矿井地质图件中最重要的是矿井剖面图。(　　)

6)煤层底板等高线图、立面投影图的用途是相同的。(　　)

7)因为水平切面图是矿井基本地质图件之一,所以任何矿井都需作水平切面图。(　　)

8)缓倾斜煤层也需要作立面投影图。(　　)

9)地形地质图是矿井生产过程中经常修改的一种地质图件。(　　)

10)能进行矿井资源/储量估算的图件只有煤层底板等高线图。(　　)

4. 选择题

1)煤矿地质资料获得的途径是________________。

(1)勘查技术手段　(2)地质信息　(3)坑探　(4)遥感技术

2)全掩盖区可以选择的勘查技术手段有________________。

(1)钻探工程　(2)物探工程　(3)探槽　(4)地质填图

3)地质勘查工作有________________。

(1)煤矿工程勘查　(2)煤炭地质勘查　(3)煤矿地质勘查　(4)勘探

4)下列哪种方法获得的地质资料相对较多________________。

(1)煤巷编录　(2)石门编录　(3)顺层探巷编录　(4)竖井编录

5)可作为矿井资源/储量估算的图件有________________。

(1)水平切面图　(2)煤层底板等高线图　(3)地质剖面图　(4)立面投影图

6)________________是矿井布置集中运输大巷时必须依据的最重要地质图件。

(1)水平切面图　　(2)煤层底板等高线图　　(3)地质剖面图　　(4)立面投影图

5. 思考题

1)简述竖井井筒地质编录的方法?

2)简述石门地质编录的步骤?

3)煤炭地质勘查的类型有哪些?

4)矿井地形地质图的内容和用途是什么?

5)矿井地质剖面图的内容和用途是什么?

6)矿井水平切面图的内容和用途是什么?

7)煤层底板等高线图的内容和用途是什么?

8)图示背斜、向斜、正断层、逆断层在地形地质图、地质剖面图、煤层底板等高线图上的表现?

学习情境 6

煤炭资源/储量与矿井储量管理

学习目标

知识目标	能力目标	相关知识	权重
1. 能理解煤炭资源/储量的分类。	1. 能正确理解储量编码的基本含义。 2. 能基本识读储量估算图及图中各参数等内容。 3. 能基本理解矿井采出量报表、损失量报表和储量动态表中的有关内容。 4. 能基本理解矿井“五量”报表中的有关内容。	1. 煤资源地质等基本知识。 2. 中文 AutoCAD 基本知识。 3. Excel 基本知识。	0.1
2. 基本能理解煤炭资源/储量的估算方法的选取和估算参数的确定。			0.2
3. 基本能理解损失量、采出量的基本类型及储量动态管理等基本知识。			0.4
4. 基本能理解矿井“五量”划分及“五量”可采期计算。			0.3

问题引入

前述地质作用、矿物与岩石、地层及地质构造等基本知识是本情境学习的基础。为合理地开发煤炭资源,确保煤炭生产顺利进行,本情境的学习重点是:“煤炭资源/储量的分类”、“损失量及采出量的基本类型”、“矿井五量划分及可采期计算”等内容。它将为其他专业课的学习打下基础。

任务1　煤炭资源/储量的类型

1.1　矿井储量的分类

我们知道,煤炭地质勘查工作包括煤炭资源勘查工作和矿井地质工作两个阶段。由于两个阶段工作目的和任务不同,因而储量估算方面存在较大差异。如在煤炭资源勘查工作阶段储量估算块段主要依据煤层底板等高线等进行划分,而矿井地质工作阶段主要依据矿井开采布置(分阶段、分采区、分工作面)进行划分。通常情况下,矿井地质工作阶段需对资源勘查工作阶段获得的资源/储量进行套改,建立矿井储量台账。为更好地做好矿井储量管理工作,现对矿井储量分类加以说明。

根据我国能源政策和煤炭资源能利用程度,矿井储量分类如图6.1所示。各储量的含义和确定原则如下:

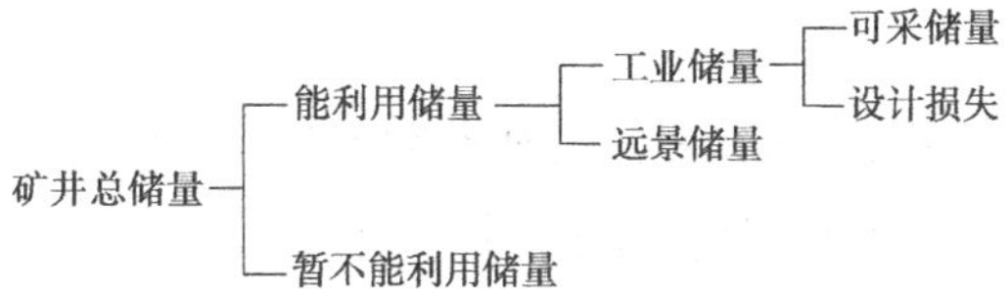

图6.1　矿井储量分类图

1.1.1　矿井总储量

在划定矿区范围内,经地质勘查查明,符合煤炭资源标准的全部煤炭资源/储量,称为矿井总储量,过去叫地质储量。对于新建矿山,其数量理论上应与勘查报告一致,对于生产矿井,其数量为矿井保有储量,即为截至国家行政主管部门要求统计上报的某一时间为止,某一矿山还实际拥有的储量。

1.1.2　能利用储量

在矿井总储量中,煤层厚度和煤质均符合当前煤矿开采经济技术条件要求的储量,称为能利用储量,过去叫表内储量。

1.1.3　暂不能利用储量

在矿井总储量中,煤层厚度和煤质不符合当前煤矿开采经济技术条件的要求,或开采技术条件特别复杂,目前开采困难,暂时不能利用的储量,过去叫表外储量。通常情况,暂不能利用储量与勘查控制程度无关,即不能通过提高控制程度转化为能利用储量。

1.1.4　工业储量

在能利用储量中,可作为设计和投资依据的储量,称为工业储量。

1.1.5　远景储量

在能利用储量中,因勘查程度较低,只能作为地质勘查设计和矿区发展远景规划依据的储量,称为远景储量。与暂不能利用储量相比,可通过延深补勘等工作转为可利用的工业储量。

1.1.6 可采储量

在工业储量中,预计可以采出的储量,称为可采储量。其计算公式为

$$Q_{可} = (Q - P) \times n \times K \tag{6.1}$$

式中 $Q_{可}$—— 可采储量;

Q—— 一般指工业储量,对于非正规开采的矿井可用能利用储量;

P—— 永久煤柱损失;

n—— 可信度折扣系数,一般根据勘查控制程度取0.8~1.0,如预测的资源量可取0.8,而控制以上的可取1.0;

K—— 设计采区回采率,按原煤炭工业技术政策的规定,薄煤层不低于85%,中厚煤层不低于80%,厚煤层不低于75%,水力采煤不低于70%。

1.1.7 设计损失

在工业储量中,按设计规定允许损失的储量,称为设计损失。

1.2 煤炭资源/储量的分类

1.2.1 传统分类

我国矿井储量的传统分类,主要根据地质研究程度的高低以及设计和生产部门的需要,将煤炭储量分为"三类四级",即工业储量、远景储量、预测储量三类和 A 级、B 级、C 级和 D 级四级; A 级、B 级、C 级和 D 级储量统称为探明储量。其中,A 级和 B 级储量称高级储量;C 级和 D 级储量称低级储量。A 级储量常作为煤矿企业编制生产计划的依据;B 级和 C 级储量常作为煤矿建设设计和投资的依据;D 级储量一般作为矿井建设远景规划或地质勘查设计的依据,有时可配合 C 级储量作为小型煤矿建设设计的依据。矿井储量类型与级别之间有一定的关系,即:能利用储量包括 A 级、B 级、C 级和 D 级各级储量;工业储量包括 A 级、B 级和 C 级储量;远景储量仅指 D 级储量。1983 年颁布的《生产矿井储量管理规程》(试行)中规定,暂不能利用储量和可采储量,无论其勘查程度如何,一律不再分级。

由于传统储量分级简单明了,部分矿井内部仍有使用。

1.2.2 新分类标准

新《固体矿产资源储量分类》标准(GB/T 17766—1999)参考联合国提出的《联合国国际储量/资源分类框架》,结合我国国情,采用经济意义(经济轴 E)、可行性评价程度(可行性轴 F)和地质可靠程度(地质轴 G)三维分类模式(图 6.2),将固体矿产资源进行全面分类。

三个轴组合起来,将固体矿产资源储量分为:储量、基础储量和资源量 3 大类型和 16 种亚类型。其中储量 3 种类型、基础储量 6 种类型、资源量 7 种类型。各类资源/储量均包含有地质可靠程度、经济意义以及确定经济意义为依据的可行性评价信息。

根据上述分类方法,国土资源部于 2002 年 12 月 17 日发布地质矿产行业标准《煤、泥炭地质勘查规范》(DZ/T 0215—2002),提出新的煤炭资源/储量分类(表 6.1),取代储委 1986 年颁发《煤炭资源勘探规范》的储量分类分级系统。

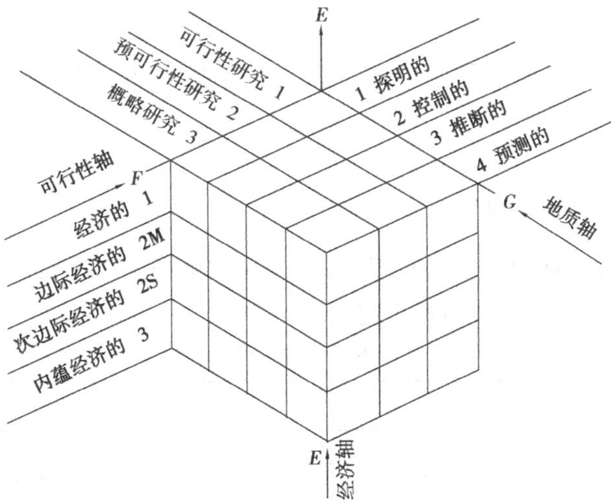

图 6.2　资源/储量分类框架图

表 6.1　煤炭资源/储量分类表

经济意义	地质可靠程度			
	查明矿产资源			潜在矿产资源
	探明的	控制的	推断的	预测的
经济的	可采储量(111)			
	基础储量(111b)			
	预可采储量(121)	预可采储量(122)		
	基础储量(121b)	基础储量(122b)		
边际经济的	基础储量(2M11)			
	基础储量(2M21)	基础储量(2M22)		
次边际经济的	资源量(2S11)			
	资源量(2S21)	资源量(2S22)		
内蕴经济的	资源量(331)	资源量(332)	资源量(333)	资源量(334)?

说明:表中所用编码(111 ~334),第1位数表示经济意义:1 = 经济的,2M = 边际经济的,2S = 次边际经济的,3 = 内蕴经济的,? = 经济意义未定的;第2位数表示可行性评价阶段:1 = 可行性研究,2 = 预可行性研究,3 = 概略研究;第3位数表示地质可靠程度:1 = 探明的,2 = 控制的;3 = 推断的,4 = 预测的,b = 未扣除设计、采矿损失的储量。

任务2 煤炭资源/储量的估算

2.1 资源/储量估算工业指标

根据我国煤炭资源的状况和工、农业用煤及民用煤的质量要求，以及目前的开采技术条件，对煤炭资源量估算采用的工业指标规定见表6.2。

表6.2 煤炭资源量估算指标

<table>
<tr><td colspan="4" rowspan="2">项 目</td><td colspan="4">煤 类</td></tr>
<tr><td>炼焦用煤</td><td>长焰煤、不粘煤、弱粘煤、贫煤</td><td>无烟煤</td><td>褐煤</td></tr>
<tr><td rowspan="4">煤层厚度/m</td><td rowspan="3">井采</td><td rowspan="3">倾角</td><td><25°</td><td>≥0.7</td><td colspan="2">≥0.8</td><td>≥1.5</td></tr>
<tr><td>25°~45°</td><td>≥0.6</td><td colspan="2">≥0.7</td><td>≥1.4</td></tr>
<tr><td>>45°</td><td>≥0.5</td><td colspan="2">≥0.6</td><td>≥1.3</td></tr>
<tr><td colspan="3">露天开采</td><td colspan="3">≥1.0</td><td>≥1.5</td></tr>
<tr><td colspan="4">最高灰分 A_d/%</td><td colspan="4">40</td></tr>
<tr><td colspan="4">最高硫分 $S_{t,d}$/%</td><td colspan="4">3</td></tr>
<tr><td colspan="4">最低发热量 $Q_{net,d}$/(MJ·kg^{-1})</td><td>—</td><td>17.0</td><td>22.1</td><td>15.7</td></tr>
</table>

2.2 资源/储量估算方法

储量估算的方法较多，现将常用的几种估算方法作一简要介绍。

2.2.1 算术平均法

算术平均法是一种最简单的储量估算方法，这种方法的实质是把复杂形状的煤层简化为理想的简单形状、厚度不变的板状体来进行估算。在估算储量时，利用全区的总面积乘以各钻孔采用厚度及视密度的算术平均值(图6.3)。其计算公式为：

$$Q = SM\rho \tag{6.2}$$

式中 Q——资源/储量，万吨；

S——总面积，万平方米；

M——计算面积内各点煤层采用厚度的平均值，m；

ρ——计算面积内各点煤层密度的平均值，t/m^3。

算术平均法适用于地质构造简单、煤层产状平缓、厚度变化不大、勘探工程分布均匀的地区。这种方法的主要优点是方法简单，估算迅速，在具备上述使用条件时计算结果比较准确。此法的缺点是歪曲了煤层形状，不能真实反应煤层产状、厚度、煤质等变化情况，且不能分水平、分块段估算储量，不利于煤矿设计与生产部门使用，实际工作中单一采用此法较少。

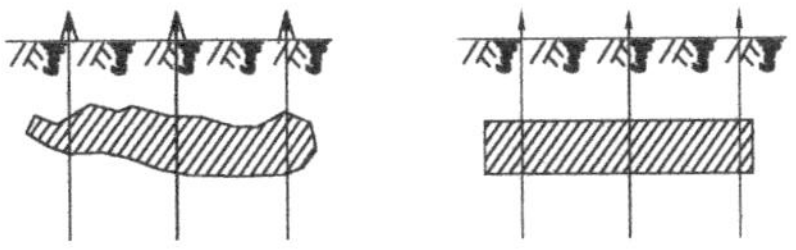

(a)　　　　(b)

图6.3　算术平均法计算示意图

(a)形态不规则煤层;(b)视为板状

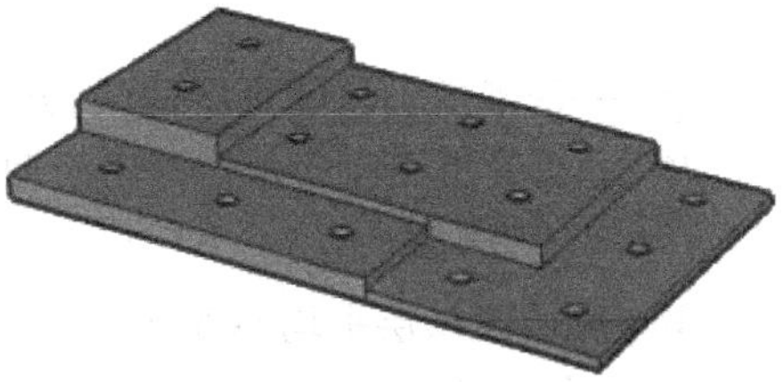

图6.4　地质块段法计算储量示意图

2.2.2　地质块段法

地质块段法是根据矿区内不同地质条件划分成不同地质块段,然后在每一个块段内采用算术平均法估算储量。划分地质块段的因素有煤层厚度、煤质、煤层倾角、开采技术条件及储量级别等。按照上述因素划分出来的块段,就等于把煤层划分成厚度不等的板状体,各柱状体储量之和,即为井田内煤层的总储量(图6.4)。计算公式为:

1)各块段资源/储量估算公式为

$$Q_i = S_i M_i \rho_i \tag{6.3}$$

2)总储量的计算公式为

$$Q = \sum_{i=1}^{n} Q_i \tag{6.4}$$

式中　Q_i——各块段储量,万吨;

S_i——各块段面积,万平方米;

M_i——各块段平均煤厚,m;

ρ_i——各块段平均密度,t/m³。

2.2.3　等高线法(包曼法)

等高线法是利用煤层底板等高线图(或立面投影图)上按划分好的水平确定真面积,然后乘以煤厚和煤的密度来求得煤层的储量(图6.5)。两条等高线间的煤层储量的计算公式为:

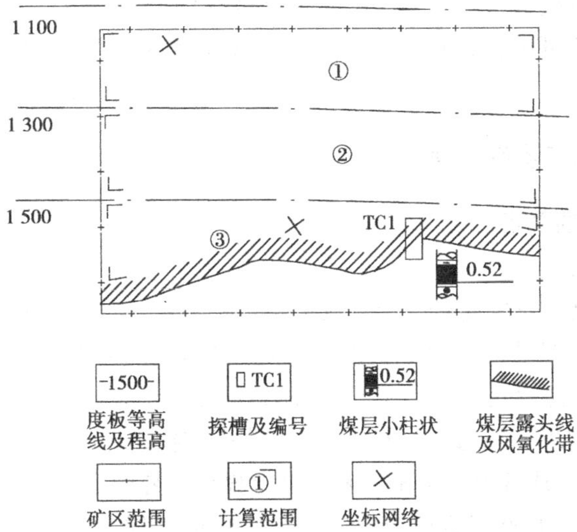

图6.5　等高线法估算储量示意图

$$Q = S \div \cos\alpha \times M \times d \tag{6.5}$$

式中　Q——两条等高线间煤层储量,万吨;

S——两条等高线间水平投影面积,万平方米;

α——平均倾角,°;

M——块段煤层平均厚度,m;

ρ——煤层平均密度,t/ m^3。

2.2.4　断面法

断面法是利用勘查线剖面把矿区划分为若干块段,先计算出各勘查线剖面上矿体的面积,再计算相邻两剖面间矿体的体积,并乘以矿体密度,求得剖面间资源储量,最后将各块段储量相加,即得总储量(图6.6)。根据相邻两断面相对面积差采用下列公式计算:

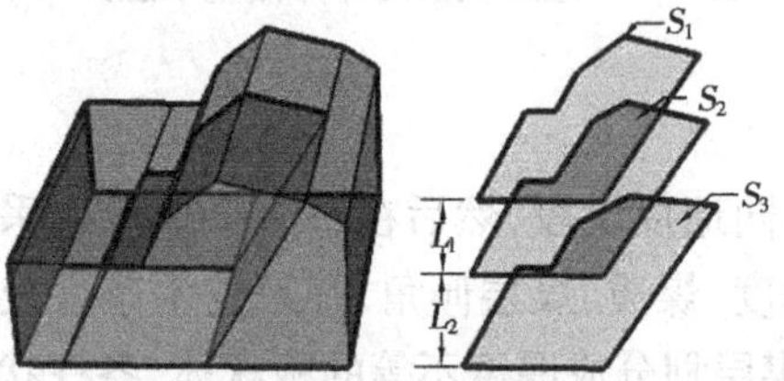

图6.6　断面法估算储量示意图

1)相邻两断面相对面积差≤40%时,采用梯形公式

$$V = \frac{L_1}{2}(S_1 + S_2) \tag{6.6}$$

式中　L_1——相邻两断面 S_1 和 S_2 间的距离;

S_1, S_2——相邻两断面的矿体面积(下同)。

2)当相邻两断面相似,相对面积差>40%时,采用截锥体公式

$$V = \frac{L_1}{3}(S_1 + S_2 \sqrt{S_1 \times S_2}) \tag{6.7}$$

3)当矿体呈锥形尖灭时,可用锥体公式

$$V = \frac{L_1}{3}S_2 \tag{6.8}$$

断面法适合于露天开采的矿床,以及矿体厚度大、呈任意产状的矿体。优点是资源/储量估算在勘查线剖面上直接进行,不需要专门编制资源/储量估算图,因而计算较为简单、迅速。除利用垂直断面外,还可根据矿体形态利用水平切面将矿体划为若干块段进行计算,在此从略。

2.3　资源/储量估算参数的确定

2.3.1　估算面积的确定

1)估算边界的确定

储量边界或范围确定正确与否,将直接影响资源/储量估算的可靠性。因此,在资源/储量估算之前,先要在资源/储量估算图上正确地确定其估算边界,然后再选择测定面积的方法。计算边界通常包括矿权边界、自然边界和工业边界三类。

(1)矿权边界　包括采矿权边界(矿区边界)或探矿权边界。指经相关部门审批或认定的可开采边界或勘探边界,通常由拐点坐标和开采上界或下界圈定。

(2)天然边界　由于自然因素使煤层缺失或中断的界线,称为天然边界,如煤层露头线、断层线和河流等。

(3)工业边界　根据工业指标的要求和开采技术条件,能被矿山企业开采和工业部门利用的边界,称为工业边界。工业边界是根据煤层的厚度和煤质确定的,确定工业边界的方法有直接观测法、公式法和图解法。

①直接观测法　一般是在生产巷道或坑探工程中,通过直接观测、确定最低可采点、连接各点,即可得最低可采边界线。该法主要用于顺煤巷道可采边界的确定。

②公式法　利用相似三角形原理,求出可采厚度点至最低可采厚度点的距离,由该距离的各点联线,即为最低可采边界线(图6.7)。

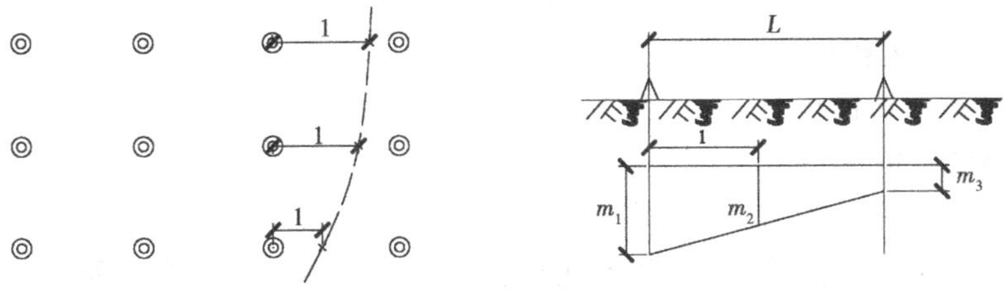

(a)　　　　(b)

图6.7　利用公式法求最低可采边界

(a)平面图;(b)剖面图

可采厚度点(钻孔)至最低可采厚度点的距离计算式如下:

$$l = L\frac{m_1 - m_2}{m_1 - m_3} \tag{6.9}$$

式中　l——可采厚度点到最低可采厚度点之间的距离;

L——可采厚度点到不可采厚度点之间的距离;

m_1——可采厚度点煤厚;

m_2——最低可采厚度;

m_3——不可采厚度点煤厚。

③图解法　利用几何图形求出最低可采厚度点的方法,称为图解法(图6.8)。

有A,B两个钻孔,分别代表厚度可采钻孔和厚度不可采钻孔,并以一定比例作AB联线,代表厚度可采钻孔至厚度不可采钻孔之间的距离,然后垂直AB各作相反方向的垂线AC和BD,并分别以相同比例代表两孔煤层厚度和最低可采厚度之间的差值(AC代表可采厚度与最低可采厚度之差,BD代表最低可采厚度与不可采厚度之差),联接CD交AB于E,E点即为所求的最低可采厚度点。

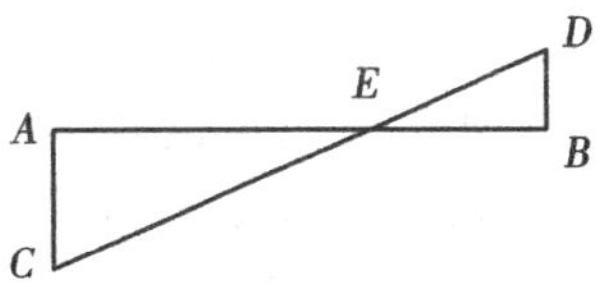

图6.8　利用图解法求最低

如果相邻两个勘探工程中,一个工程点煤层厚度符合工业要求,而另一工程煤层尖灭未见煤,此时可将两勘探工程点直线连接起来,取联线中点定为零点,再用插值法在可采见煤点与零点间内插煤层最低可采厚度点,连接各最低可采厚度点,即为最低可采边界线。

2)面积测定方法

煤层资源/储量估算时均采用真面积,即煤层面的面积。当煤层倾角小于15°时,可直接在资源/储量估算平面图上确定;如果煤层倾角大于15°,小于60°时,需在煤层底板等高线图上求出煤层的水平投影面积,然后换算成煤层真面积,换算公式为:

$$S = S_1 \frac{1}{\cos \alpha} = S_1 \sec \alpha \tag{6.10}$$

式中 S——煤层真面积;

S_1——水平投影面积;

α——煤层倾角。

当煤层倾角大于60°时,应将煤层向立面上投影,然后换算面积,其换算公式为:

$$S = S_2 \frac{1}{\sin \alpha} = S_2 \csc \alpha \tag{6.11}$$

式中 S——煤层真面积;

S_2——立体投影面积;

α——煤层倾角。

常用的测定面积的方法有以下几种:

(1)几何计算法　当被测定的面积呈规则的正方形、矩形、三角形、梯形,或总面积可划分为若干规则的几何图形,可分别计算这些几何图形面积,然后计算这些几何面积的总和。此法的优点是方法比较简单,但计算面积不规则时使用受到限制。

(2)方格纸法　它是将透明方格纸蒙在欲测定的面积上,然后对测定区域占有方格中心点数目进行统计,按图的比例每个方格代表一定的面积值,两者相乘便可以换算出测定的面积。此法适用于不规则面积的测定,但误差较大。

(3)求积仪法　系指利用求积仪测定面积的一种方法。它有人工操作的求积仪和电动求积仪两种。

(4)计算机法　该法是利用AutoCAD制图软件中的查询工具进行量取(图6.9)。此法测定的精度高(取决于量测时小数位数的设置),速度快,目前已广泛采用。

2.3.2　煤层厚度的确定

1)采用厚度的确定

参与资源/储量估算的煤层采用厚度,是指具有工业价值的煤层或煤分层厚度。有夹矸的煤层在确定参与资源/储量估算的采用厚度时,应根据如下原则确定:

(1)计算煤层采用厚度时,煤层中单层厚度不大于0.05 m的夹矸,可以和煤分层合并计算采用厚度,但合并以后全层灰分和发热量指标应符合要求。

(2)煤层中夹矸的单层厚度等于或大于煤层最低可采厚度时,被夹矸分开的煤分层分别视为独立煤层(图6.10(a)),一般应分别估算储量。但其夹矸仅见于个别煤层点时,可不必分层估算。

(3)煤层中夹矸的单层厚度小于煤层最低可采厚度时,煤分层不作独立煤层。煤分层厚度等于或大于夹矸厚度时,上、下煤分层应加在一起作为采用厚度(图6.10(b))。

(4)对于复杂结构煤层,当夹矸的总厚度不超过煤分层总厚度的1/2时,各煤分层的总厚度可作为煤层的采用厚度(图6.10(c))。

(5)复煤层采用厚度的计算可按以下原则进行:

①夹矸比较稳定,煤分层可以对比的复煤层,可按上述(2)、(3)、(4)条原则规定计算煤层的采用厚度。

②夹矸不稳定,无法进行煤分层对比的复煤层,虽其夹矸的单层厚度有时等于或大于煤层

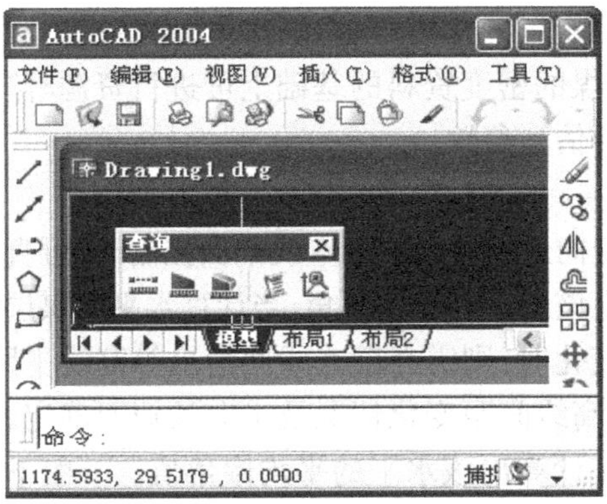

图6.9　AutoCAD的查询工具

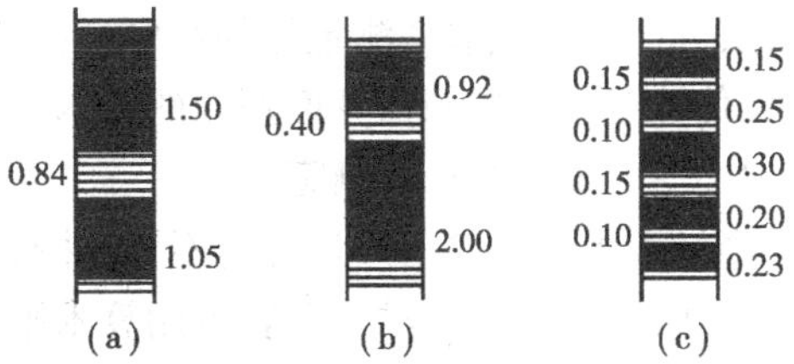

图6.10　资源/储量估算采用厚度确定示意图

(a)上、下煤分层作为独立煤层;

(b)上、下煤分层不作为独立煤分层合并计算;

(c)复煤层可采厚度1.13

最低可采厚度,但当夹矸的总厚度不超过各煤分层的1/2时,以各煤分层的总厚度作为煤层采用厚度。当夹矸的总厚度大于煤分层总厚度的1/2,按(1)、(2)和(3)条的规定处理。

在巷道中,煤层厚度与煤层可采厚度可直接测定。露头上的煤层厚度一般不能采用,只能证明有煤层存在,其厚度可作为参考。钻孔中,当煤层及其顶底板岩、煤层采取率(煤芯>90%,岩芯<75%)较高时,一般采用钻探的厚度;如顶底板和煤芯采取率较低,界面不清,经视电阻率和人工伽马测井曲线证实,则可采用测井厚度;当测井厚度与钻探厚度相差很大时,且测井资料已用井壁取芯或刮煤器取样证实时,仍可采用测井厚度。

2)煤层厚度的计算

块段煤层厚度的计算,通常以块段附近勘查线间各工程点采用煤厚的平均值作为块段煤厚值,没有工程点控制的块段利用相邻块段工程点的平均煤厚作为该块段的煤厚。如块段内有不可采厚度点出现时,应利用插值法求出最低可采厚度点,每个点的最低可采厚度值都应参与平均厚度计算。其计算公式为:

$$M_{cp} = \frac{m_1 + m_2 + \cdots + m_n}{n} \tag{6.12}$$

式中　M_{cp}——平均厚度,m;

$m_1, m_2, \cdots, m_n$——各钻孔采用厚度(包括内插最低可采厚度),m;

n——计算面积内的参与计算的点数。

当计算面积内,钻孔见煤厚度变化较大时,往往采用加权平均厚度作为煤层的平均厚度,参与资源/储量估算。

每个钻孔的见煤厚度,都有一定的影响范围,这称为权。将每个钻孔见煤厚度乘上权数后相加,再除以权的总和,称为加权平均厚度。其计算公式为:

$$M_x = \frac{m_1 l_1 + m_2 l_2 + \cdots + m_{n-1} l_{n-1} + m_n l_n}{l_1 + l_2 + \cdots + l_{n-1} + l_n} \tag{6.13}$$

式中　M_x——加权平均厚度,m;

$m_1, m_2, \cdots, m_n$——各钻孔见煤厚度,m;

$l_1, l_2, l_3, \cdots, l_{n-1}, l_n$——各钻孔对应权数。

2.3.3　煤层密度的确定

煤的密度测定的正确与否,会造成整个储量数字的显著差异。所以在一个勘查区内,如影响煤的密度的因素不大时,可根据少数几个煤样来测定煤的密度;当影响较大时,应按不同煤类或灰分产率分别取样测定煤的密度。在获得较多煤的密度资料的基础上可进行资源/储量估算,估算时也应按照估算面积内的算术平均值作为估算参数。

2.3.4 煤层倾角的测定

当计算水平内煤层倾角变化不大,并有与煤层走向近于直交的勘查线剖面控制时,可直接在勘查线剖面上量出煤层倾角,再用算术平均法求出该水平的平均倾角;当计算水平内煤层倾角变化大,仅靠勘查线剖面不能控制该水平的倾角变化时,则需在勘查线间量出等高线平距,该平距与其高差之比即可求出倾角。测量次数视等高线间距变化情况及走向长短而确定,然后再与剖面上量得的倾角数值一起利用算术平均法,计算出该水平的平均倾角值。一般不直接利用钻孔中从岩芯上量得的倾角估算储量。

2.3.5 含煤率

若煤层极不稳定,在这种情况下进行资源/储量估算时,除应利用煤层面积、厚度、密度三个参数外,还需考虑煤层在整个估算面积内所占的百分数,一般用含煤率来表示。含煤率系指勘查区内见可采煤厚的钻孔数与见煤层位的钻孔数的比值,或者沿走向或倾向巷道内可采煤体总长(或总面积,或总体积)与巷道含煤层位的总长度(或总面积,或总体积)的比值。含煤率的计算公式为:

$$q = \frac{n}{N} \times 100\% \tag{6.14}$$

$$q = \frac{l}{L} \times 100\% \tag{6.15}$$

式中 q——含煤率,%;

n——见可采煤层厚度的钻孔数;

N——见煤层位的钻孔数;

l——巷道内可采煤体总长度,m;

L——巷道含煤层位总长度,m。

任务3　矿井储量管理

矿井储量管理是煤矿企业技术管理的重要组成部分。它主要包括储量动态管理和五量管理两个方面。加强矿井储量管理,对于减少煤炭损失,调整采掘关系,延长矿井寿命,促进煤炭生产都具有重要意义。要把矿井地质工作切实做好,目前,还须完善矿井地质机构,健全各项规章制度,建立科学的技术管理体系。

3.1　矿井储量管理概述

3.1.1　矿井储量管理基本任务

矿井储量管理是以掌握储量动态和分析煤炭损失,以及监督合理开采为职责的一项重要的技术管理工作。由于矿井储量综合反映了生产矿井煤炭资源的数量、质量、开采技术条件和能利用程度,它是矿井设计、改扩建、开拓延深和安排生产接续的主要依据,也是国家制定有关能源政策的基础资料。由此可见,矿井储量管理不仅贯穿于煤矿生产建设的全过程,而且具有很强的政策性、技术性和经济性。因此,它是一项难度较大、具有重要实际意义的技术管理工作。

矿井储量管理由煤矿地质测量部门具体分管,其基本任务如下:

1)查清生产矿井煤炭资源情况,定期测算和上报储量的动态。

2)根据国家矿产资源法和煤炭工业技术政策,对资源的合理开采实行业务监督。

3)积极寻找煤炭资源,扩大可采范围,增加可采储量。

4)进行储量报损、注销、转出、转入的呈报和审批工作。

5)参与制定各种回采率指标,检查和分析指标的执行情况。

矿井储量管理的主要内容是资源/储量估算、产量统计、损失量统计、储量动态分析。

3.1.2　矿井储量管理的基本工作

矿井储量管理人员不仅要求熟悉煤矿设计和生产知识,做好井下调查和研究工作,且还必须开展下列各项基础工作:

1)编绘储量管理图件

生产矿井必须具备以下主要的储量管理图件:

(1)工作面损失量计算图　比例尺为1:500或1:1 000。主要内容包括:月末工作面回采位置,厚度观测点上的煤层厚度、采高、丢顶底煤厚度、浮煤厚度和厚度损失柱状图,不同颜色表示的各种损失类型等。

(2)分煤层资源/储量估算图　比例尺为1:2 000。主要内容有:井田及采区边界,各种煤柱的名称、范围、批准机关、文号和日期,煤柱的储量和摊销计算的基础数据,储量注销、报损、地质及水文地质损失的批准机关、文号和日期,工作面回采范围、回采月平均采高、采区内发生的各种损失、地质构造、煤层底板等高线、钻孔、倾角、煤厚和采高等。

2)建立储量管理台账

生产矿井所要建立的储量管理台账主要有以下几种:

(1)永久煤柱台账　凡经上级机关行文批准留设的永久煤柱都应登入台账,便于管理和检查。台账主要内容有:煤柱的名称、保护对象与级别、煤层的名称、厚度、倾角、煤类、煤柱上下界标高和面积、煤柱储量等。在大记事栏内,记载煤柱的变动情况。如果煤柱部分或全部已被回采,则应详细填写批准机关、回采日期、面积、采出量和采动影响情况等。

(2)地质及水文地质煤柱台账　因地质因素影响而留设的煤柱较多,最常留设的是断层防水煤柱。该台账的主要内容有:断层的名称和编号,断层的性质、断距、产状和破碎带情况,水体的水压和水量,煤、岩层的物理力学性质,煤柱的长度、宽度、面积、煤密度、煤厚和储量,煤柱设计和审批的机关及日期等。

(3)"三下"压煤量台账　所谓"三下"压煤量是指水体下、建筑物下和铁路下的能利用储量。该台账的内容与永久煤柱台账基本相同。"三下"压煤量应分煤系、分煤层、分水平和分储量类型登入台账。"三下"压煤量不能视为损失量,只有在矿井报废时或无法开采的,才能当作损失量处理。

(4)采区煤柱台账　从采区设计至工作面回采的整个过程中,应严格控制煤柱的留设,既不允许任意多留或少留煤柱,也不许可任意加大或缩小煤柱尺寸,并在工作面和采区结束时进行实测检查。各种采区煤柱台账的主要内容有:煤柱名称,煤柱的面积、煤厚、密度和储量,煤柱回采的起止日期、回采面积、采出量、损失量和回采率等。采区煤柱应以采区为单元建立台账。

(5)储量注销和报损台账　经上级机关批准报损或注销的储量,应注明文号、日期、注销或报损储量的数量和面积等登入储量台账中。

3) 矿井储量的动态管理

利用已编绘的储量管理图件和建立的储量管理台账等资料,以报表的形式定期对矿井的采出量、损失量、动用量及保有量等矿井储量进行管理,它是矿井储量管理的核心内容。

3.2　矿井储量的动态管理

在矿井开采过程中,矿井储量经常处于变动状态。为了做到心中有数,及时了解矿井储量变动的情况和原因,必须加强对矿井储量的动态管理。

矿井储量的动态管理是指对矿井储量在开采过程中的变动状态的管理。主要包括系统统计矿井动用储量,及时处理储量的增减变动以及矿井保有资源/储量估算等工作。通过储量动态管理,可以掌握矿井保有储量,了解矿井剩余服务年限;另一方面,通过分析损失率和回采率,以便采取有效措施,最大限度地开采煤炭资源。

矿井动用储量的统计包括矿井采出量和损失量的统计,其核心为矿井损失量的统计。因而地测人员向上级主管部门呈报的报表主要为矿井采出量统计报表、损失量报表和回采率报表,并由此生成的矿井保有储量报表。

3.2.1　矿井动用储量的统计

1)矿井采出量的统计

矿井采出量即产量。煤炭产量是煤矿企业完成生产计划的主要指标,也是分析储量动态和计算损失率的基本依据。因此,统计必须准确可靠。按统计方法不同,煤炭产量有实测产量、统计产量和销售产量。

(1)实测产量

地测部门通过定期实测回采工作面的长度、进度、煤厚、采高和浮煤厚度,并将实测数据填绘在采掘工程平面图上，按月计算各回采工作面的实测产量，即可求得各采区和全矿井的实测产量。实测产量又称实际采出煤量。

(2)统计产量

计量部门根据出煤车数、运载量、煤仓容积和放煤量统计的产量，可按班、日、旬、月分别统计工作面、采区和全矿的产量。

(3)销售产量

销售部门根据销售煤量、自用煤量和煤仓、储煤场的盘存量统计的月产量。储煤场的储存量是用剖面法、视距法或普通丈量法测定的煤堆体积乘以堆积密度求得。

上述三种方法统计的产量数字常有出入，其中统计产量由于采掘过程中矸石混入等原因，一般都大于实测产量。而销售产量多经过洗选加工处理，与煤层的实际情况出入较大，只有实测产量较切合实际。因此，实测产量是核定采出量，分析损失量和储量动态变化的依据。

在采用水采、垛式、仓房式等采煤方法的矿井或采区，由于无法进入回采工作面实测各种计算参数，因此不能计算实测产量，只有在这种情况下才允许用统计产量替代实测产量，但必须作灰分、水分、含矸率的修正。改正公式如下

$$Q' = Q \cdot \frac{100 - \text{原煤水分}}{100 - \text{煤样水分}}\left(1 - \frac{\text{原煤灰分} - \text{煤样灰分}}{100 - \text{煤样灰分}}\right) \tag{6.16}$$

式中　Q——统计产量；

Q'——经水分、灰分改正后的产量，再减去含矸量，即为实际采出煤量。

2)矿井损失量的统计

损失量的统计包括损失量的分类和测定，损失率和回采率的计算等内容。

(1)损失量的分类

损失量是指在开采过程中，被丢弃在井下不能采出的煤炭储量。开采过程中，由于地质条件、开采技术、安全保障和经济效益等原因，而使储量损失难于完全避免，有的甚至是合理的。问题是如何减少损失，避免因生产管理不善或不正确开采所造成的不合理损失。为了正确测定、统计、分析和研究储量损失，必须对损失量进行科学分类。

①按损失发生的形态分类　可分为面积损失(图6.11)、厚度损失和落煤损失三类。面积损失是以残留面积的形态发生的损失；厚度损失是以残留厚度的形态发生的损失；落煤损失是以采落的形态发生的损失，如飞落于采空区的浮煤。上述三类损失是测定和统计损失的基

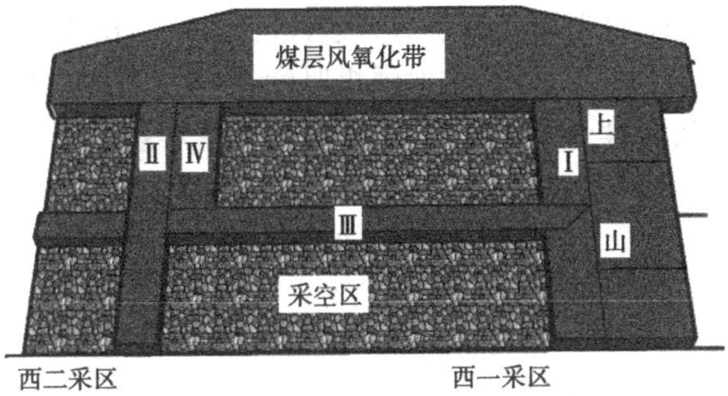

图6.11　采区和工作面面积损失示意图

Ⅰ—采区上山煤柱损失；Ⅱ—采区隔离煤柱损失；

Ⅲ—工作面阶段煤柱损失；Ⅳ—工作面损失

本形态，其他各类损失均由它们所组成。

②按损失发生的范围分类　可分为工作面损失、采区损失和全矿井损失三类。工作面损失是发生在回采工作面内的损失，采区损失是发生在采区范围内的损失，全矿井损失是发生在全矿井内的损失。上述三类损失的相互关系是前者组成后者，后者包含前者。

③按损失发生的原因分类　可分为开采损失和非开采损失两类。开采损失是与采煤方法有关的损失，如为了运输、通风和安全的需要，不同的采煤方法必须留设煤柱、煤皮和煤皮假顶等的损失。非开采损失是与开采方法无关的损失，如为了保护井上下重要设施，防止矿井灾害事故而必须留设的工业广场煤柱、矿井间隔离煤柱、地表重要建筑物保护煤柱、主要井巷保护煤柱和地表水体防水煤柱等全矿性永久煤柱损失；由于地质构造极其复杂，煤层很不稳定，煤质特别低劣和突水威胁极大等原因，煤层无法开采或需留设煤柱所造成的地质和水文地质损失。

④按损失统计的基本要求分类　可分为设计损失和实际损失两类。设计损失是依据国家有关技术政策，在设计中规定的损失。实际损失是在开采过程中实际发生的损失。在实际损失中，符合设计规定的为合理损失；违反设计规定的为不合理损失。不合理损失大致可归纳为：违反开采程序造成的损失；不按设计规定，采用不合理的巷道布置造成的损失；不按设计规定，采用不合理的采煤方法造成的损失；超过设计规定的面积损失、厚度损失和落煤损失；井下水、火、瓦斯灾害造成的损失；巷道和工作面冒顶事故造成的损失；没有正当理由而放弃不采的损失。

(2)损失量的测定

损失量和采出量的现场测定，由地测人员每旬结合采面地质观测一并进行。测定时应注意测点的均匀性和代表性，并按煤层稳定性决定测点密度。观测内容包括回采进度、煤层及夹矸厚度、采高、留顶丢底煤厚、浮煤厚度等。

面积损失的测定　根据采掘工程平面图或立面图测算损失面积，然后乘以煤层平均厚度和密度，即得面积损失。

厚度损失的测定　根据采煤实测的煤层厚度、实际采高、留顶丢底煤厚算出丢煤厚度，然后把平均丢煤厚度、计算面积和煤的密度相乘，即可求得工作面内计算期间的厚度损失。

落煤损失的测定　一般用落煤系数法或浮煤堆积密度法测定。

①落煤系数法　落煤系数是指面积为1 m^2，浮煤厚度为1 cm的浮煤重量。其测定方法是在回采工作面放顶回柱之前，选取浮煤厚度有代表性的地点，量出边长0.5 m，面积为0.25 m^2的正方形，在该正方形内均匀布点，测量数次浮煤厚度，取其平均值，然后把该面积内的全部浮煤装入容器称重，该重量除以浮煤平均厚度再乘4，即得落煤系数f。运用落煤系数法计算落煤损失的公式为：

$$Q = fSh \tag{6.17}$$

式中　Q——落煤损失；

f——落煤系数；

S——浮煤面积；

h——浮煤平均厚度。

②浮煤堆积密度法　对不同密度的煤层，应现场分别测定其浮煤堆积密度，并定期进行检查修正，运用浮煤堆积密度法计算落煤损失的公式为：

$$Q = Sh\rho_{堆} \tag{6.18}$$

式中　$\rho_{堆}$——浮煤堆积密度。

(3)损失率的计算

损失率是指在某一开采范围内,损失量占动用储量的百分比。它是考核煤矿企业资源回收是否充分,采煤方法和巷道布置是否合理,以及管理水平高低的主要经济基础指标之一。损失率分为设计损失率和实际损失率两类。设计损失率是按设计规定的损失量所计算的损失率,实际损失率是指根据开采过程中实际发生的损失量所计算的损失率。设计和实际损失率可进一步分为工作面损失率、采区损失率和全矿损失率;实际损失率按统计计算期限分为计算期间的损失率和计算期末的损失率,一般情况下实际损失率可按下式计算:

$$损失率 = \frac{损失量}{采出量 + 损失量} \times 100\% = \frac{损失量}{动用储量} \times 100\% \tag{6.19}$$

如果采用水采、垛式、仓房式采煤方法时,由于无法进入工作面实测采出量和损失量,采出量可用经过校正后的统计产量代替。这时,实际损失率的计算公式为:

$$损失率 = \frac{动用储量 - 改正后的统计产量}{动用储量} \times 100\% \tag{6.20}$$

上述公式对于计算工作面、采区和全矿井的损失率,原则上都是适用的,只是在采出量、损失量和动用储量的构成方面有所不同。

①在计算实际工作面损失率时　工作面采出量即根据实测资料计算出的回采工作面内的采出煤量。其计算公式为:

$$Q_{面} = S_{面} h\rho - R \tag{6.21}$$

式中　$Q_{面}$——工作面采出量;

$S_{面}$——工作面内实际采空面积;

h——平均实际采高(如采高变化大时应分块计算,平均实际采高应扣除大于0.05 m的夹石层);

ρ——煤的密度;

R——工作面损失量。

工作面损失量即实际工作面损失,包括实际发生的与采煤方法有关的采煤损失、实际落煤损失和实际发生的由于不正确开采引起的损失。

工作面动用储量即工作面已开采空间范围内的储量。

②在计算实际采区损失率时　采区采出量即采区内各工作面的采出量与采区内已采部分巷道掘进出煤量之和。掘进出煤量的计算公式为:

$$Q_{掘} = S_{巷} l_{巷} \rho \tag{6.22}$$

式中　$Q_{掘}$——巷道掘进出煤量;

$S_{巷}$——实际巷道断面平均见煤面积;

$l_{巷}$——采区见煤巷道长度(运输机巷和回风巷的长度应计算到报告期末回采工作面所到的位置,超前掘进长度不参加计算);

ρ——煤的密度。

采区损失量即实际采区损失,包括采区内各工作面损失,以及实际发生的与采区巷道布置有关的损失和实际发生的由于不正确开采所引起的损失。对于采区煤柱损失量应用摊销的方

法,分配到各计算值内。采区煤柱摊销的基本原则如下:

a. 与回采工作面推进方向平行的煤柱(如阶段煤柱等),可按当期工作面推进长度直接算出。随工作面推进,随进随摊。为避免重复摊销,工作面回采时,只摊销工作面倾斜方向上部的煤柱,而下部煤柱则由下一个阶段工作面开采时摊销。

b. 与工作面方向不平行的煤柱(采区上下山、采区石门、采区边界煤柱等),计算摊销量时,应先按储量比(采区某煤柱储量除以采区各工作面的总储量之和),或面积比(采区某煤柱的面积除以采区各工作面总面积之和),或工作面推进度(采区煤柱的储量除以采区各工作面设计走向长度之和),求出各煤柱的摊销系数,然后用摊销系数乘采区该煤层各工作面当期已开采部分的储量之和,即得本次应摊销的损失量。

设计规定回收采区的煤柱,可作为独立块段进行损失率计算。因自然灾害或人为因素影响,原规定回收的煤柱无法采出,可全部按实际开采损失一次性参加该采区结束时的损失率计算和全矿损失率计算。

采区动用储量包括:采区内各工作面的采出量、采区内已开采部分的巷道掘进出煤量及采区损失量之和。

c. 在计算实际全矿井损失率时,全矿井采出量包括各采区的实际采出量,以及为一个以上采区服务的大巷掘进出煤量和巷道维修出煤量。

全矿井损失量即实际全矿井损失,包括矿井内各采区实际采区损失之和、实际地质及水文地质损失和全矿性永久煤柱损失的摊销量(报告期内应摊销的损失量)。摊销的方法是先算出每个煤柱在各水平、各可采煤层中的储量占该水平、该可采煤层的全部储量之比,即摊销系数。然后用此摊销系数乘本水平、本煤层当期已开采部分的储量(不包括煤柱本身的储量,地质及水文地质损失量和注销储量等),即得本次应摊销的损失量。

准备全部或部分回收的全矿性煤柱,可作为独立块段进行损失率计算,不参加全矿井损失量摊销。原设计矿井结束前回收的煤柱,因开采影响和自然条件变化已无法开采的,全部按实际损失处理,参加矿井结束的损失率计算。全矿性永久煤柱,按原设计规定允许全部丢掉,但在矿井结束前,又打算回收一部分,回收的部分储量按复采处理。为避免重复,须从全矿井的损失量累计数中扣出后再计算。

全矿井的动用储量包括全矿井采出量和矿井损失量(采区损失、实际地质及水文地质损失、经正式批准报损的储量和全矿性永久煤柱应摊销量等)。

(4) 回采率的计算

回采率是指在某开采范围内采出量占动用储量的百分比。它是损失的逆指标,可用下式计算:

$$回采率 = \frac{动用储量 - 损失量}{动用储量} \times 100\% = \frac{采出量}{动用储量} \times 100\% = 1 - 损失率 \qquad (6.23)$$

回采率分为设计回采率和实际回采率;设计和实际回采率可按计算范围分为工作面回采率、采区回采率和全矿井回采率;实际回采率可按统计计算期限分为计算期间的回采率和计算期末的回采率。

按原煤炭工业技术政策的规定,采区回采率:薄煤层不低于85%,中厚煤层不低于80%,厚煤层不低于75%,水力采煤不低于70%;工作面回采率:薄煤层不低于97%,中厚煤层不低于95%,厚煤层不低于93%。

3.2.2 储量增减的处理

1)储量增减的原因

矿井储量增减的原因很多,除因开采和损失而减少外,尚有下列原因造成储量的增减:

(1)补充勘查引起的储量增减 经过系统的补充勘查或巷道揭露,证实煤层厚度、可采边界和煤质等发生变化所引起的储量增减。

(2)采勘对比引起的储量增减 通过采后总结发现,已采区域内的煤层厚度、可采边界和煤质等与原地质勘探报告不符所引起的储量增减。

(3)井界变动引起的储量增减 调整井田边界,扩大或缩小井田面积所引起的储量增减。

(4)重算储量引起的储量增减 年末核算储量时,因原计算错误,或计算参数改变,以及资源/储量估算工业标准(如最低可采厚度、最高灰分等)修改所引起的储量增减。

2)储量增减的处理方法

对于上述种种原因造成的储量增减,应经过一定的审批程序,分不同情况按下述几种方式处理:

(1)更正原有储量数据 如果储量增减不超过估算范围内储量的10%,并在100万吨以下时,在详细说明储量的增减后,可在报表中更正;如果储量增减超过上述范围,应经过规定的手续,经审批后方可正式修改。

(2)储量的转入 经进一步查明,原暂不能利用储量的煤层厚度和灰分已符合能利用储量的规定标准,或灰分虽超过规定标准,但有固定的销售对象,或洗选后可以达到规定标准,经批准可以开采的,均可转入能利用储量。

(3)储量的转出 经进一步查明,原能利用储量的煤层厚度或灰分已达不到能利用储量的规定标准,但尚能达到暂不能利用储量的规定标准;或地质与水文地质条件及其他开采技术条件特别复杂,目前开采极其困难,经批准可转出为暂不能利用储量。

(4)储量的注销 在已开拓的区域内,原能利用储量的煤层厚度或灰分,既达不到能利用的规定标准,又达不到暂不能利用储量的规定标准,经批准后可以注销。煤层灰分虽超过暂不能利用储量标准,但有销售对象,或经洗选灰分能达到规定标准,开采时经济合理,可供工业或民用需要的储量不能注销。

综上所述,更正储量数字,仅限于储量类型不变的情况下更正;储量的转入和转出,只能在能利用储量与暂不能利用储量之间转变,即原暂不能利用储量转入能利用储量,原能利用储量转出为暂不能利用储量;储量注销则是原能利用储量转变为不属于储量的范畴。

3.3 矿井“五量”管理

3.3.1 矿井“五量”

煤炭产品与其他产品一样,其生产过程通常由许多环节组成。为了提高煤炭产量,需对影响其产量的主要环节进行分析。由于煤层赋存条件等的不同,影响各矿井煤炭产量的生产环节也不完全一致。其中煤层瓦斯抽放、保护层开采、开拓巷道准备、采区巷道准备和工作面巷道准备五个环节至关重要。为了评定采掘平衡关系,防止采掘失调,将上述五个环节所对应的可采储量(即抽放煤量、保护煤量、开拓煤量、准备煤量和回采煤量)称为矿井“五量”。

矿井“五量”可反映煤炭生产准备情况和采掘平衡关系,它是矿井生产的一项重要经济技术指标。如上所述,由于各矿井煤层赋存条件的差异,开采准备环节不同,各矿井可根据实际情况选用"三量"(开拓煤量、准备煤量和回采煤量)、"四量"(开拓煤量、准备煤量、回采煤量和抽放煤量或保护煤量)和"五量"进行评定。

3.3.2 "五量"的划分及计算

1)抽放煤量

为防止煤与瓦斯突出,对于有突出危险性的矿井,需对煤层中的瓦斯进行预抽后方能进行开采(图6.12)。抽放煤量是指在已完成的抽放系统及煤层瓦斯预抽后,经效果检验,由瓦斯含量或瓦斯压力降至该煤层突出危险临界值以下的区域所圈定的可采储量。抽放煤量的计算

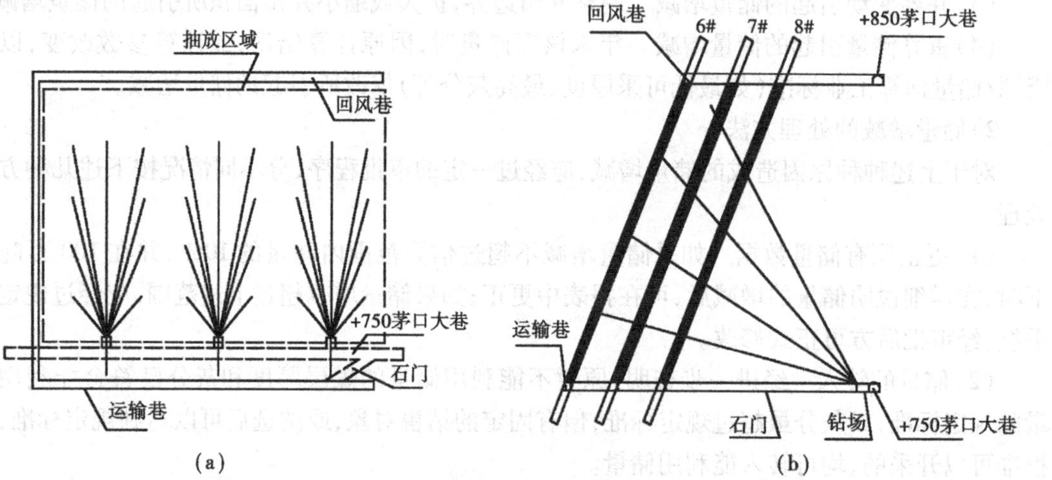

图6.12　煤层瓦斯抽放示意图

(a)平面(或立面)投影图;(b)剖面图

公式如下:

$$Q_{抽放} = (SM\rho - Q_{损失} - Q_{开呆})K_1 \tag{6.24}$$

式中　$Q_{抽放}$——抽放煤量;

S——抽放区内煤层的面积;

M——煤层平均厚度,煤厚不稳定时应分块计算;

ρ——煤层平均密度;

$Q_{损失}$——地质及水文地质损失;

$Q_{开呆}$——呆滞煤量,指抽放煤量可采期限内不能回采的煤柱及其他压煤量;

K_1——采区回采率。

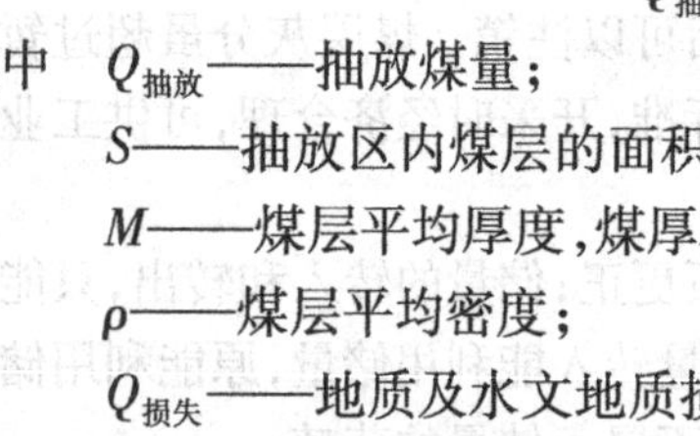

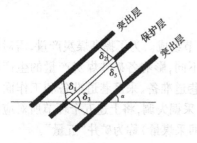

图6.13　沿倾斜保护范围示意图

2)保护煤量

在突出矿井开采煤层群时必须首先开采保护层。保护煤量是指保护层开采后,由被保护煤层受到保护的区域所圈定的可采储量(图6.13)。保护煤量的计算公式如下:

$$Q_{保护} = SM\rho K_2 \tag{6.25}$$

式中　$Q_{保护}$——保护煤量;

S——保护区内煤层的面积;

M——煤层平均厚度，煤厚不稳定时应分块计算；

ρ——煤层平均密度；

K_2——工作面回采率。

3）开拓煤量

开拓煤量是指在矿井工业储量范围内，已完成设计规定的主井、副井、井底车场、主要石门、集中运输大巷、集中下山、主要溜煤眼和必要的总回风巷等开拓巷道后，由这类巷道所圈定的可采储量。在该范围内可以开始掘进采区准备巷道。

开拓煤量的范围：沿煤层倾斜方向由已掘凿的运输大巷或集中运输大巷所在的开拓水平起，向上至总回风巷或者采区边界或风、氧化带下界为止，沿煤层走向到矿井两翼最后一个掘成石门或采区边界。开拓煤量的计算公式如下：

$$Q_{开拓} = (SM\rho - Q_{损失} - Q_{开呆})K_1 \tag{6.26}$$

式中　$Q_{开拓}$——开拓煤量；

S——开拓范围内煤层的面积；

M——煤层平均厚度，煤厚不稳定时应分块计算；

ρ——煤层平均密度；

$Q_{损失}$——地质及水文地质损失；

$Q_{开呆}$——呆滞煤量，包括永久煤柱的可采部分和开拓煤量可采期限内不能回采的临时煤柱及其他按压煤量；

K_1——采区回采率。

［**例1**］　用斜井、集中下山开拓单一煤层（图6.14）；如果已完成集中下山的车场和井底运输大巷的掘进工程，而且本水平运输大巷已作过采区上山的车场岔道外100 m，则 *ABCD* 和 *EFGH* 即可构成开拓煤量范围。

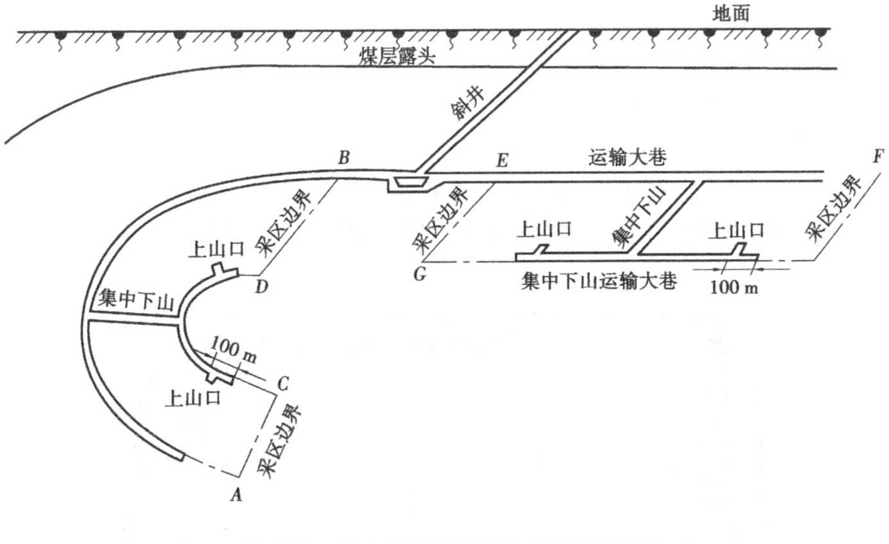

图6.14　集中下山的开拓方式的开拓煤量

4）准备煤量

准备煤量是指在开拓煤量的范围内，按设计完成了采区布置所必需的采区运输巷、采区回风巷及采区上山等准备巷道后，由该类巷道所圈定的可采储量。在准备煤量范围内，即可开始掘进回采巷道。准备煤量的计算公式如下：

$$Q_{准备} = (S_{采区} m\rho - Q_{损失} - Q_{准呆}) K_1 \tag{6.27}$$

式中 $Q_{准备}$——准备煤量；

$S_{采区}$——构成推备煤量的采区面积；

$Q_{准呆}$——呆滞煤量，包括永久煤柱和准备煤量可采期限内不能开采的煤柱及其他被压煤量。

［例2］ 薄层及中厚煤层采用全阶段长壁采煤法，上山双翼工作面回采时（图6.15），如果采区上山掘完，准备煤量范围为 *ABDC* 和 *EFGH*。

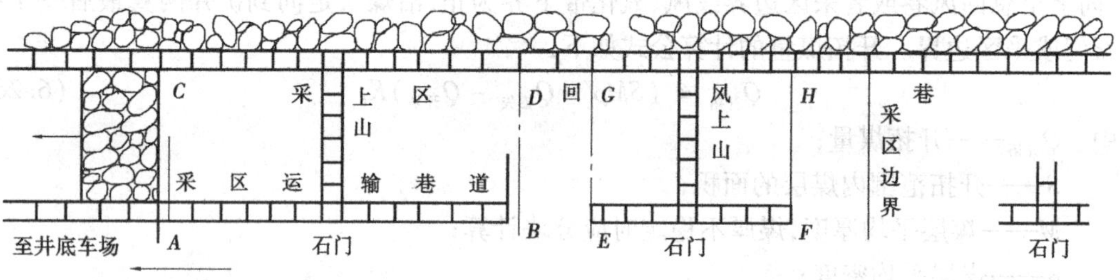

图6.15 采区石门开拓、中间上山采煤时的准备煤量

5）回采煤量

回采煤量是指在准备煤量范围内，按设计完成了工作面回采前所必需的工作面运输巷、回风巷、开切眼等回采巷道后，由这类巷道圈定的可采储量。只要安装设备之后，工作面即可正式回采。

回采煤量的计算公式如下

$$Q_{回采} = S_{工作面} M\rho K_2 \tag{6.28}$$

式中 $Q_{回采}$——回采煤量；

$S_{工作面}$——工作面煤层可采面积；

M——设计采高或采厚；

K_2——工作面回采率。

回采煤量应包括现采工作面剩余煤量和备采工作面煤量。

［例3］ 厚煤层采用走向长壁采煤法时（图6.16），回采煤量范围为图中 *ABCD* 表示部分。

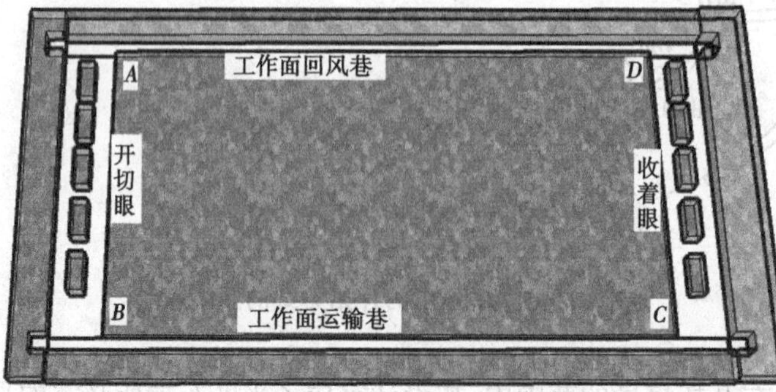

图6.16 采用走向长壁采煤法回采煤量划定示意图

3.3.3 “五量”可采期

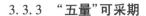

“五量”可采期是指抽放煤量、保护煤量、开拓煤层、准备煤量和回采煤量可供开采的期限。它是衡量采掘平衡关系的一个重要经济技术指标。为使开采准备在时间上可靠、经济上合理，且长期保持采掘接替的最佳状态，《“三量”规定》中对我国大、中型矿井的开拓煤层、准备煤量和回采煤量合理可采期作了原则性规定。开拓煤量可采期3～5年，准备煤量可采期应在1年以上，回采煤量可采期一般为4～6个月。目前对抽放煤量和保护煤量暂无规定，各矿可根据实际情况参照开拓煤量和准备煤量执行。

一般认为，矿井“五量”可采期达不到上述规定的要求，就会出现采掘失调，生产接续紧张；如果可采期过长，则掘成的巷道长期闲置不用，使设备、资金积压，并增加维护费用。因此，确定适合本矿不同时期、不同区域和不同条件下的“五量”合理可采期，具有十分重要的意义。

1)“五量”可采期计算

“五量”可采期的计算公式如下：

$$\text{五量可采期(年或月)}=\frac{\text{五量数量}}{\text{计算可采期内设计生产能力或计划产量}}$$

为了及时掌握采掘协调状况，生产矿井每月应按水平、采区核算五量可采期，据此调整采掘部署。

2)“五量”的合理可采期

(1)影响“五量”合理可采期的因素

影响“五量”合理可采期的因素很多，诸如矿井地质条件、井型、开拓方式、开采方法、采掘能力和采掘机械化程度等。现以“三量”(开拓、准备和回采煤量)为基础，说明各因素影响，供研究确定合理可采期时参考。

①地质构造和煤层赋存条件　在地质构造复杂、煤层极不稳定的矿井，如断层密集、岩浆侵入强烈、煤层厚度常出现不可采的矿井或地段，虽然掘进大量的巷道，但获得的可采储量很少，这就要求适当增加开拓煤量或准备煤量等可采期，才能确保采掘平衡。在煤层多、厚度大、层间距小的矿井，采用联合布置易于获得较多的开拓煤量，但由于受开采程序和生产条件的限制，准备煤量和回采煤量较少，采掘关系容易出现紧张局面，这就要求开拓煤量可采期适当增长，并加速准备巷道和回采巷道的掘进。

②井型大小　大型、特大型矿井，由于水平规模较大，因此水平开拓的巷道工程量大，花费时间较长，尤其在矿井产量递增时期，开拓工程量更大，这就要求在加快开拓工程的同时，适当增加开拓煤量的可采期限。中、小型矿井，开拓工程量较小，即使开拓煤量可采期较短，也便于调整，保持正常的采掘接替。

③开拓方式和采煤方法　不同的开拓方式和采煤方法，其巷道布置和掘进工程量不同。采用倾斜长壁采煤法开采倾角小于12°的煤层时，可用上、下山同时布置采区，采区巷道掘进工程量可减少20%，因此回采煤量和准备煤量可采期常超过规定。采用刀柱式采煤法时，巷道掘进工程量较大，回采煤量等可采期应适当增加。

④采掘机械化程度　机械化程度的高低直接影响掘进和回采的速度。高档普采和综采工作面推进速度快，准备周期长，这就要求有较多的回采煤量，较长的回采煤量可采期，以保证采掘的正常接替。

(2)确定“五量”合理可采期的方法

每个矿井应在总结“五量”合理可采期经验的基础上,在保证瓦斯抽放、保护层开采、水平开拓、采区和回采工作面正常接替的原则下,在综合分析影响“五量”合理可采期的各种因素之后,提出适合于本单位的“五量”合理可采期。下面以“三量”为基础说明可采期的计算方法:

①理论法　这一方法的原理是:在一定的统计期间内,各类巷道新圈出的开拓煤量、准备煤量和回采煤量均应等于同期动用的可采储量,只有这样才能实现采掘平衡。为了留有储备,在同期动用的可采储量中应包括完成计划产量动用的可采储量和备用工作面将要动用的可采储量。同时还应考虑工程提前准备的时间。据此,“五量”合理可采期的计算公式为:

$$T = t + t_1 + t_2 \tag{6.29}$$

式中　T——“五量”合理可采期(适合本矿特点);

t——准备出达到计划产量所需工程的工程期(根据本矿开拓、抽放和掘进能力计算);

t_1——准备出备用可采储量所需工程的工程期(根据本矿开拓、抽放和掘进能力计算),备用回采煤量按计划产量25%计算;

t_2——提前准备的时间,一般工作面提前准备10天,采区提前准备1个月,水平提前准备1年,瓦期抽放和保护层开采掘实际情况确定。

②经验法　该法是根据历年积累的“五量”统计分析报表,通过定性分析,确定相关关系,建立经验公式等步骤得出适合本矿区(或矿)的“五量”合理可采期。

淮南矿务局在统计分析了水平、采区和工作面的准备时间,统计期末工作面、采区的可采储量和可采期,水平、采区、工作面接替应该提前的时间和达到计划产量所需的时间之后,得出回采煤量和准备煤量合理可采期与工作面、采区的准备时间和回采时间呈相关关系。

回采煤量合理可采期计算公式为:

$$T_{回采} = a + bT_0 \tag{6.30}$$

式中　$T_{回采}$——回采煤量合理可采期(月);

T_0——回采工作面平均回采时间(月);

a,b——系数,$a = 0.70$,$b = 0.80$。

准备煤量合理可采期计算公式为:

$$T_{准备} = a + bT_u + cT_1 \tag{6.31}$$

式中　$T_{准备}$——准备煤量合理可采期(月);

T_u——采区平均回采时间(月);

T_1——回采工作面准备时间(月);

a,b,c——系数,$a = 4.72$,$b = 0.35$,$c = 0.70$。

③类比法　该法的原理是:如果影响“五量”合理可采期的因素(如矿井地质条件、井型、开拓方式、开采方法、采掘能力、采掘机械化程度等)相似,则“五量”合理可采期可以相互类比,参照确定。这种方法主要用于新投产的矿井。

3.3.4　“五量”的统计与分析

为了及时掌握“五量”的动态变化,反映生产准备程度和采掘关系,各生产矿井应定期对“五量”及其可采期进行统计分析。具体包括以下内容:

1)“五量”的动态统计

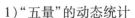

对“五量”的动态进行统计分析,需绘制和填报有关的图表和台账。

(1)填绘储量动态图

该图是“五量”计算和动态分析的基础图件。它以采掘工程平面图和煤层底板等高线图为底图进行填绘,主要内容有:“五量”划分、呆滞煤量、损失量、煤柱边界、采掘工程现状和计划安排、瓦斯抽放及保护层开采等。

(2)填报“五量”动态表

为了系统地对“五量”进行统计与分析研究,按规定应定期进行“五量”和可采期计算,填报“矿井(露天)期末五个煤量季(年)报表”。在计算“五量”时,对违反技术政策的采区和工作面,虽然按生产准备程度已构成某种煤量,但因这部分“五量”不能保证采掘接替,故不能参加全矿井“五量”合计和可采期计算,而作为表外“五量”处理。

2)“五量”的动态分析

在“五量”动态统计的基础上,分析“五量”的动态变化。分析的主要内容有以下几点:

(1)对“五量”的划分是否合理,计算方法是否正确,应进行检查和分析。

(2)对期末“五量”增减情况,分布状况及原因进行分析。“五量”增加的原因有:动态煤量转为呆滞煤量、重算减少、开采及开采损失地质及水文地质损失和注销等。“五量”的增减在期末“五量”动态表中应符合下列关系式:

期末保有煤量 = 期初保有煤量 - 期内动用煤量 + 期内新生产的煤量 ± 储量增减

“五量”不仅在数量上应满足生产的要求,而且在分布上要适应生产计划的安排,并且要符合开采程序。

3)对呆滞煤量的数量、呆滞的时间和呆滞煤量的分布进行分析。根据采掘工程的进展,及时解放呆滞煤量,使呆滞煤量转为动态煤量。

4)对“五量”可采期进行分析。若实际“五量”可采期大于或等于本矿井的合理可采期,则采掘关系正常;若实际“五量”可采期小于本矿井的合理可采期,则应采取措施,使“五量”可采期达到规定的标准。

技能训练6.1　煤炭资源/储量估算图和矿井储量管理报表的识读

1. 实训目的要求

通过对煤炭资源/储量估算图的识读及矿井储量管理报表的阅读,要求能熟悉矿井储量管理报表的基本类型,能基本理解矿井储量报表中的有关内容。

2. 实训指导

1)实训方法

利用挂图或多媒体等手段,仔细阅读储量估算图和矿井采出量报表、损失量报表、储量动态管理表及矿井“五量”报表中的有关内容。

2)实训内容

(1)煤炭资源/储量估算图

煤炭资源/储量估算图是以煤层底板等高线图或立面投影图为底图的综合性图件。它不仅包括采掘工程平面图或立面图等内容,而且还包含有关资源/储量估算参数等内容,它是正确理解矿井各类储量报表的基础。识读时应从以下几方面入手:

①煤层底板等高线图的识读

煤层底板等高线图的识读内容主要包括：比例尺、剖面线、坐标网格及方位、煤层露头及风氧化带、底板等高线及高程、地质构造、钻孔及坑探工程、地表建（构）筑及水体等。

②采掘工程平面图或立面图的识读

采掘工程平面图或立面图的识读内容主要包括：矿区范围、矿井开拓方式、阶段及采区布置、采煤方法、工作面开采情况及煤柱留设、老窑及采空区等。

③资源/储量估算参数的识读

资源/储量估算参数的识读内容主要包括：煤层厚度、倾角、资源/储量估算块段划分及编号、块段面积、储量及储量类型等。

（2）矿井储量管理报表的阅读

矿井储量管理报表主要包括矿井采出量报表、损失量报表、矿井保有储量报表和矿井“五量”表等。它是合理开发煤炭资源，保证煤炭生产顺利进行的最有效手段之一。由于各地煤层赋存条件及矿井开采布置不一致，矿井储量管理报告也存在差异，识读时应从以下几方面入手：

①矿井采出量报表的阅读

矿井采出量一般是逐月进行统计，阅读内容主要包括：统计年月、开采水平和采区、工作面采出量、采区巷道出煤量、矿井其他出煤量、复采煤量、采区采出量和矿井采出量等。

工作面采出量常分统计产量和实测产量，采区采出量一般由工作面采出量和采区巷道出煤量构成，矿井采出量由采区采出量和矿井其他出煤量构成。

②损失量报表的阅读

损失量报表一般逐月进行统计，它是矿井储量动态管理的核心，阅读内容主要包括：采煤队编号、工作面编号、采煤方法、煤层倾角、密度、采面面积（走向长×倾斜宽×平均煤厚）、动用储量（矿井动用、采区动用和工作面动用）、实测产量、统计产量、工作面实际损失、采区实际损失、矿井实际损失和损失率。

工作面实际损失由与采煤有关的设计损失和不正确开采引起的损失构成。其中与采煤有关的设计损失包括溜子道煤柱损失、回风巷煤柱损失、工作面煤墩、厚度损失和落煤损失等；不正确开采引起的损失包括冒顶损失、火与瓦斯灾害引起的损失、超尺寸煤柱和厚度损失等。

采区实际损失包括工作面损失、采区边界煤柱损失、石门煤柱和阶段煤柱等的损失。

矿井实际损失包括采区损失，井筒、井界和大巷等永久煤柱的摊销量、地质及水文地质损失和报损等。

③矿井保有储量报表的阅读

矿井保有储量报表即储量动态表，一般按年度进行统计，它是在损失量报表的基础上生成，阅读内容主要包括：资源/储量类型、上年底保有储量、本年度变化量、储量转入或转出、储量注销、本年底保有储量、可采储量及设计损失等。

上年底保有储量包括能利用储量和暂不能利用储量；本年度变化量包括本年度开采量、损失量、采勘对比、重算储量引起的变化及其他变化量、储量的转入或转出和储量注销，计算公式为：

$$\text{本年度变化量}=\text{上年底保有储量}-\text{开采量}-\text{损失量}\pm\text{采勘对比量}\pm\text{重算变化量}\pm\text{其他变化量}\pm\text{储量的转入或转出}-\text{储量注销}\tag{6.32}$$

$$本年底保有储量 = 上年底保有储量 - 本年度变化量 \tag{6.33}$$

d. 矿井“五量”报表的阅读

矿井“五量”报表的阅读主要包括：矿井名称、矿井可采储量、开拓煤量数量、开拓煤量可采期（年）、开拓煤量计算期产量，其他煤量的内容可参照开拓煤量。

复习练习题

1. 解释地质术语

工业边界　开拓煤量　准备煤量　回采煤量　呆滞煤量　回采率　损失率

2. 填空题

1）根据地质可靠程度把资源/储量由高到低划分为________、________、________、________四个级别。

2）在资源/储量估算之前，首先要在________图上正确地确定其计算边界。

3）估算储量确定工业边界的方法有________、________、________。

4）矿井“五量”是指________、________、________、________、________。

5）矿井储量的损失，按范围可分为________、________、________。

6）矿井储量的损失按形态可分为________、________、________。

7）《煤炭工业技术政策》规定采区回采率为：薄煤层________%，中厚煤层________%，厚煤层________%，水力采煤________%。

8）工作面回采率为：薄煤层________%，中厚煤层________%，厚煤层________%。

9）回采率可分为________、________、________。

10）井下煤炭损失主要是________、________、________，且一般以________最大。

3. 判断题

1）参与矿井资源/储量估算的煤层厚度、面积、容重等参数不比勘探阶段得到的各参数可靠。　（　　）

2）确定储量边界的正确与否，将直接影响资源/储量估算的可靠性。　（　　）

3）计算煤层的面积是指具备井田范围内的煤层面积。　（　　）

4）在煤层底板等高线图上圈定的面积是煤层水平投影面积 S。　（　　）

5）为了使计算更加准确，在煤层倾角变化地区要划分不同块段，同一块段内煤层倾角要基本相同。　（　　）

6）煤层顶底板之间的倾斜距离称为煤层的真厚度。　（　　）

7）落煤损失的主要原因是生产技术管理问题造成的。　（　　）

8）工业边界是根据煤层的厚度和煤质确定的。　（　　）

4. 选择题（含多项选择）

1）近水平煤层________________可视为 $S = S'$。

（1）$\alpha \leq 5°$　（2）$\alpha < 10°$　（3）$\alpha < 8°$　（4）$\alpha < 15°$

2）原则规定矿井“五量”合理可采期的开拓煤量，可采期为________________年。

（1）3 ~ 5　（2）5 ~ 6　（3）1 ~ 10　（4）4 ~ 5

3)回采煤量可采期为________。

(1)1～2年　(2)5～7月　(3)4～6月　(4)8～9月

4)矿井集中运输大巷设计工程所构成的煤为________煤量。

(1)开拓　(2)准备　(3)回采　(4)损失

5)矿井“五量”计算图以________为底图。

(1)剖面图　(2)煤层底板等高线图　(3)采掘工程平面图　(4)立面投影图

6)煤炭产量统计法中，________获得的采出量最可靠。

(1)生产统计　(2)销售量　(3)存煤量统计　(4)采区丈量

5.思考题

1)估算资源/储量的工业指标是什么？

2)资源/储量边界有几种？资源/储量估算边界的确定有几种方法？

3)资源/储量估算的基本公式和估算方法是什么？

4)抽放煤量、保护煤量、开拓煤量、准备煤量、回采煤量分别如何计算？

5)什么叫设计损失和实际损失？各包括哪几种损失？

6)估算资源/储量原始参数有哪些？如何确定？

7)在估算资源/储量时，为什么要根据煤层倾角将煤层水平投影面积S′换算成煤层实际面积S？

8)影响“三量”(开拓煤量、准备煤量和可采煤量)可采期的因素主要有哪些？

9)矿井储量的损失按发生的原因可分为哪几种损失？

10)为什么说损失率和回采率是考核生产矿井资源利用和开采技术、管理水平的主要技术指标？

11)为什么提高回采率和尽可能减少煤炭损失是生产矿井最根本的增收节支措施之一？

学习情境 7

煤矿环境地质与环境保护

学习目标

知识目标	能力目标	相关知识	权重
1. 能基本认识煤矿生产过程引发的主要环境地质问题。	1. 初步分析煤矿环境地质问题的能力。 2. 初步分析煤矿工程地质灾害问题的能力。 3. 初步认识煤矿环境污染因素及治理技术。 4. 较强的逻辑思维、自学、获取信息和自我发展能力。	1. 数学、化学、物理基本知识。 2. 岩石地层、地质构造、工程地质等地质基础知识。 3. 图件识读的基本知识。	0.2
2. 能基本认识煤矿生产过程引发的主要工程地质灾害。			0.2
3. 能基本了解煤矿环境污染因素。			0.3
4. 能基本了解煤矿环境污染防治技术。			0.3

问题引入

中国经济的快速发展高度依赖于对煤炭资源的消耗。煤炭作为中国工业化进程的能源基础，对整个国家的经济发展起着举足轻重的作用。目前我国是世界上煤炭开采量和消费量最大的国家，煤炭占中国能源消费的七成之多，高于世界平均水平 40 个百分点。2007 年我国煤炭生产量为25.2 亿吨，比上年增长8.2%。2006 年煤炭开采和洗选业增加值为3 587 亿元，占当年 GDP 的1.7%。加上电力、热力的生产和供应业的增加值占 GDP 的比重为4.15%。大规模开发利用煤炭资源，使煤矿环境污染日趋严重，带来了日益突出的环境问题和社会问题。环境保护已成为煤矿建设、生产必不可少的内容。因此，煤矿环境地质也就成为煤矿地质研究的重要内容和煤矿环境保护的基础工作。

任务1　煤矿环境地质问题

1.1　煤矿生产引发的环境地质问题

对煤炭资源的大肆开发利用,其背后隐藏着巨大的环境、社会和经济代价。2007 年,我国每使用一吨煤,就会造成 150 元左右的环境损失,这还未包括煤炭燃烧排放的二氧化碳等温室气体所导致的气候变化上的巨大成本。中国煤炭业 2007 年造成的环境、社会等外部损失超过 1.7 万亿元,相当于当年国内生产总值的 7.1%。煤炭在开采、加工、储存、运输、消费过程中的每一个环节都会对环境造成破坏。煤矿生产活动主要引发的环境地质问题有:破坏土地资源;破坏水资源;空气污染;影响气候变化;诱发地质灾害等。

1.1.1　空气污染

煤炭是我国最大的空气污染源,制造了 75% 的二氧化硫排放量、85% 的二氧化氮排放量、60% 一氧化氮排放量和 70% 的悬浮颗粒物。

煤炭贮存、运输过程中也会产生空气污染。目前我国约有贮煤场 6 000 多个,这其中多为露天煤场,全国每年因贮煤而产生煤尘达 1 000 万吨左右。运输中产生的煤尘,既损失大量的煤炭,又污染沿线周围的生态环境。若以 1% 的扬尘损失计算,由于铁路、公路运输煤炭向大气中排放的煤尘至少 1 100 万吨,造成直接经济损失高达 12 亿元以上。

1.1.2　影响气候变化

我国每年 80% 的二氧化碳排放量来自燃煤。在煤矿开采中释放的矿井瓦斯是导致气候变化的主要气体之一,其温室效应是二氧化碳的 21 倍。2005 年,全国煤矿的瓦斯排放量达 153.3 亿立方米,相当于排放 2.2 亿吨二氧化碳。煤矸石是煤伴生废石,其自燃会产生大量二氧化硫、二氧化碳、一氧化碳等有毒有害气体。我国目前国有煤矿共有矸石山 1 500 余座,其中长期自燃矸石山 389 座,严重污染了矿区和周边地区的大气环境。

1.1.3　破坏水资源

煤炭对水资源的污染和损耗也是不可低估的。煤炭的开采使地下水位大幅降低,地面水系枯竭。据调查,全国 96 个国有重点矿区中,缺水矿区占 71%,其中严重缺水的占 40%。在煤炭加工过程中因选煤全国每年排出选煤废水 4 000 万吨,每年排出矿井水 22 亿立方米。此外,每生产一吨煤还会污染 2.5 吨的水。研究表明,我国煤矿每年产生的各种废污水占全国总废污水量的 25%。

1.1.4　破坏土地资源

煤炭资源的大规模开采,带来了一系列生态环境问题,最为明显的是土地破坏。据不完全统计,平均每开采万吨煤地表塌陷 0.2 公顷,露天矿每开采万吨煤要挖损土地约 0.1 公顷,外排土场压占土地为挖损土地量的 1.5 ~2.0 倍,露天矿正常生产时每采万吨煤排土场平均压占 0.16 公顷土地。截至 2006 年 12 月 3 日,全国煤矿累计采空塌陷面积超过 70 万公顷,相关损失达 500 亿元。由于开采地表塌陷造成我国东部平原矿区土地大面积积水、受淹和盐碱化,不仅使区内耕地面积急剧减少,而且加剧了人口与土地、煤炭与农业的矛盾;西部矿区的地面塌陷加速了水土流失和土地荒漠化。同时采煤引起的地表塌陷还诱发大量山体滑坡、崩塌和泥石流等自然灾害,严重破坏矿区的土地资源和生态环境;矿区的地表塌陷同时对地面的建筑物、道路、铁路、桥梁和输电线造成不同程度的破坏,特别是在村庄稠密的平原地区,土地塌陷使村庄破坏引起人口迁移,一般生产1 000万吨煤炭需迁移约2 000人。

煤炭在开采、加工和消费过程中产生大量的固体废弃物,占中国工业固体废弃物的4%,煤矸石每年的排放量相当于当年煤炭产量的15%左右。据有关统计资料,全国工业固体废弃物最多的为煤矸石,全国历年累计工业固体废弃物约60亿吨,其中煤矸石约12亿吨,每年全国工业的固体废弃物排放约5~6亿吨,其中煤矸石有1亿多吨,现有800多座矸石山占地约6 000公顷,造成矸石山大量占地的局面。现在每年产生煤矸石7 000万吨,新增占地面积3 000多亩。

在干旱地区或旱季,矸石堆排放大量粉尘,在雨季,由于矸石风化产生的酸性物质被雨水淋溶,造成水体和周围土壤的酸污染和重金属污染。汞等重金属对土壤污染严重,我国每年遭受汞等重金属污染的粮食达1 200万吨,造成的经济损失达200亿元。矸石山自燃问题也很严重。矸石虽可发电,用作建筑材料、化工原料,但限于经济技术等原因,综合利用程度不高,目前利用率还不到15%,采煤大省山西省利用的矸石仅占排出量的3~5%。目前把矸石用作塌陷区复垦的充填物料,仅在淮北、徐州、唐山等矿区实现,且充填后主要用作建设用地,历史遗留下来的矸石堆仍占大量的土地。

1.1.5 诱发地质灾害

煤矿生产活动可诱发和形成许多环境灾害,严重威胁煤矿的生产安全和矿区居民的人身安全。如矸石山堆积和采矿岩移可诱发山体滑坡、山崩、泥石流、矸石山滑塌等环境地质灾害;采矿废气中的可燃气体和煤尘达到一事实上浓度时会发生爆炸;采动压力可诱发冒顶、片帮、矿井水突出、煤与瓦斯突出和地面塌陷、地裂缝等灾害事故。

1.2 煤矿生产引发的工程地质灾害

1.2.1 煤矿地面沉降与塌陷

地面塌陷是煤矿普遍发生的一种因开采引起的地质灾害,是制约矿区发展与生产的主要因素。据不完全统计,我国国营煤矿至1995年底,因开采引起塌陷土地面积约35万公顷,开采万吨煤就有0.2公顷土地塌陷。仅1993年煤矿塌陷土地面积2万公顷,直接经济损失约20亿元。土地的塌陷造成东部平原煤矿积水、受淹和盐渍化,破坏耕地,增加了西部水土流失和沙漠化,同时,还诱发了山体的滑坡、崩塌、泥石流等灾害。特别值得指出的是,乡镇煤矿多开采浅部煤层,地表容易引起漏斗状的塌陷,它对土地资源和环境的破坏性更为突出。每年我国东部矿区,因开采塌陷灾害而搬迁10个村庄,仅此一项国家每年征占耕地约1 500公顷,其经济损失巨大。

同时,在煤矿的开采过程中,地下开采工程破坏了采空区围岩的初始应力场,使采空区的岩石发生破碎、冒落乃至地表发生位移。然而,矿山塌陷是波及岩层结构、构造、岩性、成因等因素的复杂过程。采空区不断扩展和大量抽排地下水,造成采空区和影响区的地下水重新分布、水力坡加大,形成大面积的降落漏斗,亦可引起地表的沉陷。

湖南省洞口县石下江煤矿出现沉幅达10余米的沉陷坑;湖南省邵阳市牛马司、短陂桥煤田区内，由于采掘引起地面不均匀沉降，使水田无法排水、房屋墙体开裂、地基塌落陷洞。另外，在岩溶水发育地区的煤矿则造成大面积塌陷，如湖南省娄底市恩口煤矿区开采 -150 米水平，最大涌水量 8 473 立方米/小时，地面塌陷面积 25 平方千米，塌坑 6 000 多个。近年，在国营煤矿区，涌现出密布的小煤窑，特别是回采“保安煤柱”矿区，这种地面沉降运动更为明显和突出，其后果是：①加重了煤矿地质灾害的灾度；②出现了采掘影响叠加区，使采掘赔偿问题复杂化，以致酿成矛盾和纠纷。

1.2.2 煤矿区滑坡、崩塌及泥石流

在煤矿开发建设的过程中，矿区存在不合理的人类工程活动，即削坡、修路、堆矸和开采等破坏了矿区的生态环境和山坡体的原始平衡，诱发了滑坡、崩塌和泥石流的发生。据不完全统计，我国煤炭行业每年用于此类灾害的治理费约 2 000 万元以上，而这些灾害造成的经济损失上亿元。如 1994 年 1—7 月，全国有 12 座重点煤矿由于滑坡、崩塌造成设施损坏，经济损失 4 900万元。

在不稳定的山体深部进行采掘，易诱发边坡滑落或老滑坡再度活动。如位于湖南冷水江市城西南约 1.5 km 处，资江煤矿在资水北西岸浪石滩深部采掘，1987 年以来，浪石滩之上的侯家岭山体向南东（资水河床）缓慢运动。同时，伴生地陷裂形变，截止 1997 年，滑坡后缘形成一条长约 2 000 m，宽 5 ~ 100 m，可见深度 5 ~ 12 m 的大规模地陷裂带；严重地危及着冷水江市的安全、群众的正常生产和生活，对数家大中型厂矿、湘黔铁路构成威胁；再如湖南新宁县社教煤矿采掘引起白羊山老滑坡体局部复活，出现斜贯水田、山塘，长约 150 m、宽 3 m 的地裂带，造成 80.15 亩耕地、14 户 7 栋民居（计 88 间）不同程度受损，20 口小型山塘严重渗漏无法蓄水，11 口饮水井水源减少或干枯等灾情。

1.2.3 采矿诱发地震

煤矿矿震是矿震类型中最多的一种，所造成的损失亦相当严重。据不完全统计，我国已有北京门头沟、吉林辽源、贵州化处、山西大同等煤矿和辽宁北票、山东陶枣、湖南涟邵（涟源-邵阳）等煤田 55 余座煤矿发生矿震或具备发生地震的潜在危险。为此，引起了地震和煤炭系统研究工作者的关注，并致力于煤矿矿震的研究。多年来，中国地震局和山西、陕西、辽宁、河南等省地震局与煤炭部门的有关研究机构、矿务局，对煤矿安全开采和减灾等方面进行了全面研究，取得了一批重要成果和良好的社会经济效益。

煤矿矿震在各类诱发地震中危害性最大，它直接关系到矿山的安全和劳动生产率问题。概括煤矿矿震特征及成灾原因有：

（1）煤矿矿震具震源浅，又处于矿山这种特殊条件下，地面上的建筑物会遭到损失，井下设施也会受到严重破坏，还会引进人员伤亡和惊恐。如 1977 ~ 1991 年间，山东省陶庄煤矿发生破坏性矿震 180 余次，摧毁巷道 3 000 余米，伤亡 90 人。

（2）煤矿矿震通常震级小（最大矿震为北京门头沟 1991 年 8 月 16 日 4.3 级，一般矿震震级为 2 ~ 3 级左右），波及范围不大，但它造成灾害往往比较严重。如 1977 年 4 月 28 日辽宁省北票煤田 3.8 级矿震，造成 113 间民房受损，几十家烟囱扭裂或倒塌，有 12 人受伤，其中 2 人重伤；再如 1991 年 12 月 28 日湖南省洞口县石下江煤矿 1.6 级矿震，震落俱乐部墙面玛赛克，井巷掉落夹石。

（3）煤矿矿震破坏程度随井巷深度而增加

(4)煤矿矿震往往引起矿区断层“复活”,矿震的发生又与开采有关,所以开采区边界断层部位比正常区破坏严重,远离开采层底砾岩层比距开采层较近的岩层开采区破坏严重,井巷工程位于岩层界面或其他较弱的界面比同一岩层破坏严重。如1981年8月22日辽宁省北票矿务局台吉煤矿3.3级矿震,井下-580米处,断层上盘向北、向上移动,造成轨道扭曲。

(5)随着煤矿矿震的发生,矿区的塌陷和岩爆、岩炮、岩石突出等矿山压力现象增多、程度增大。如1986年5月7日,亚拉巴马州塔斯卡洛萨发生一次3.6级矿震,同时长壁煤矿中伴生岩爆和顶部塌陷。

(6)煤矿矿震时,在强大的地应力作用下,岩层或煤层突然脱离母体向采空区闪射,同时产生强大的气流,引起井巷的破坏和人员伤亡。如1982年1月7日山东陶庄煤矿2.7级矿震,当时震中处井下工作面18名工人全被冲击波击倒。

任务2　煤矿环境污染防治

2.1　煤矿环境污染的因素及特点

煤矿环境污染主要由采矿、煤炭运输、加工等生产活动引起。污染因素主要有煤矿固体废物、煤矿废水、煤矿废气、煤岩粉尘、煤矿生产噪声等。

2.1.1　固体废物

煤矿的固体废物主要有矸石、露天矿剥离物、煤泥、粉煤灰和生活垃圾等。其中对环境影响最大、最普遍的是矸石。

1)矸石

矸石是煤炭生产过程中产生的岩石的统称,包括煤矿采掘过程排出的岩石、混入煤中的岩石、采空区垮落的岩石、工作面冒落的岩石及选煤过程中分离出来的炭质岩等。煤矸石是矸石的一种;是成煤过程中与煤层伴生、灰分通常大于50%,发热量一般在3.3~8.3 MJ/kg的一种炭质岩石。矸石排放量取决于煤层条件、开采方法、选煤工艺等。一般每采1 t原煤排矸0.2 t,若包括掘进矸石平均可达1 t。矸石常由碳质泥岩、泥岩、砂岩、灰岩等组成,矿物成分主要有高岭石、蒙脱石、石英、长石、伊利石、方解石、黄铁矿、白云石、水铝矿等,也含有少量稀有金属矿物:化学成分以SiO_2(含量50%~70%),Al_2O_3(含量20%~30%)为主,并有含量不等的Fe_2O_3,CaO, MgO, TiO_2,K_2O,Na_2O,P_2O_5和V_2O_5等。

2) 露天矿剥离物

露天矿剥离物的岩石组成和排放量取决于煤层上覆岩层的岩性、煤层的埋藏深度和赋存条件、地形条件和剥离厚度等。剥离层一般有泥岩、砂岩、灰岩及松散沉积物,其中泥质岩是主要的。

3)煤泥

煤泥是在煤炭开采、运输、洗选等过程中产生的泥状物质。其形成与煤及煤矸石的物理性质、煤炭开采和运输方法、选煤工艺、煤泥处理系统等有关。煤泥一般呈塑性体或松散体和泥固体;灰分含量高、黏土物质多;热值低;持水性强。

2.1.2　废水

1)采矿废水

采矿废水指外排的矿井水。它是由伴随矿井开采而产生的地表渗透水、地下含水层渗流水和疏放水以及采掘生产的防尘用水等组成,是煤矿排放量最大的一种废水。据有关资料显示,我国国有重点煤矿每年外排矿井水超过20亿 m^3,平均吨煤排水4 m^3 左右。焦作矿务局王封矿吨煤排水量高达80 m^3 以上。

煤矿矿井水质因区域水文地质条件、煤质状况等因素的差异而有所不同。根据矿井水质可将矿井水分为五种类型。

(1)洁净矿井水　未被污染的干净矿井外排水。水质呈中性,低矿化底,低浊度,不含有毒有害离子、基本符合生活饮用水标准。有的含有多种微量元素,可开发为矿泉水。

(2)含悬浮物矿井水　水质呈中性,矿化度小于1 000 mg/L,无有毒有害元素,且金属离子很少,含有大量的悬浮物、少量可溶性有机物和菌群等。这类矿井水在我国煤矿区分布广泛,主要是由井下生产所产生的大量煤、岩粉以及井下生产和职工生活的各种废弃物混入矿井水而形成。一般除悬浮物、细菌和感观指标外,其他理化指标可达到饮用水卫生标准。

(3)高矿化度矿井水　水质多呈中性或弱碱性,含有 SO_4^{2-},Cl^-,Ca^{2-},K^+,Na^-,HCO_3^- 等离子,矿化度(无机盐总含量)大于1 000 mg/L,带有苦涩味。根据其矿化度又可分为微咸水(矿化度1 000 ~ 3 000 mg/L)、咸水(矿化度3 000 ~ 1 0000 mg/L)、盐水(矿化度大于10 000 mg/L)。我国高矿化度矿井水主要分布于北方矿区、西部高原、黄淮海平原及华东沿海地区。高矿化度矿井水的形成与煤中含有大量碳酸盐和硫酸盐矿物、矿区气候干旱和地下水补给不足导致矿井水中盐分浓缩或矿区地处沿海而受海水侵入等因素有关。这类矿井水因含盐量高且带苦涩味而不宜直接饮用。

(4)酸性矿井水　指pH值小于5.5的矿井水。其形成的主要原因是煤层及其围岩含硫量偏高,并与矿井密闭程度、大气流通状况、矿井水来源与流径、开采深度等因素有关。由于酸性水易溶解煤层及围岩中的金属元素而可使矿井水中Fe,Mn、重金属元素和无机盐类离子增加,导致矿化度和硬度升高。这类矿井水在我国南北方都有分布,尤以南方煤矿分布最为广泛。

(5)含特殊污染物矿井水　根据含污染物种类可分为含氟矿井水、含重金属元素矿井水、含放射性元素矿井水、含油类矿井水等。我国含氟矿井水主要分布于北方的一些矿区,含氟量超过1 mg/L的国家规定饮用水标准,其形成与高氟地下水或矿区附近的含氟火成岩矿层有关;含重金属元素矿井水在我国的一些矿区有少量分布,主要是含铁、锰矿井水,水中除含有低价态的 Fe^{2-},Mn^{2+} 外,常含有 Cu^{2+},Zn^{2+},Pb^{2+} 等离子,其形成与地下水处于还原条件下有关;含放射性矿井水和含油矿井水在我国的一些煤矿也有存在,其形成与煤及其围岩或地下水中含放射性物质以及煤系中有含油层等有关。

2)选煤废水

选煤废水是煤炭湿法洗选过程中产生的废水。其中含有大量悬浮煤粒,故也称其为煤泥水。此外,选煤废水还含有一定量的石油类、酚类、醇类、聚丙烯酰胺等有毒有机药剂和煤中浸出的各种离子和放射性元素等。因此,选煤废水是一种有毒废水。其排放量与选煤工艺和设备有关。我国目前每洗1 t原煤约外排0.8 ~1 m^3 废水,年外排煤泥水总量达数千万立方米,随着我国原煤入洗率的提高,煤泥水产生和外排量将不断增大。

3)其他工业废水

指机修厂、火药厂、矿灯厂、焦化厂等煤矿附属企业在生产过程中产生的废水。目前,我国此类废水的年排放量在2 000 ~3 000万 m^3 之间。虽然其排放量不大,但毒性却很高,原因是这些废水中含有不同种类、不同程度的有毒有害物质。如机修厂废水中含有酚、油、铬、镉、镍、锌等有害物质;焦化厂废水中含有酚、氢化物、硫化物、氨等;火药厂废水中含有三硝基甲苯、二硝基重氮酚等;矿灯厂废水中含有氰化物、镉、铅、铬等。

2.1.3　废气

煤矿废气主要包括采矿废气、燃煤废气、煤和煤矸石自燃废气。

1)采矿废气

采矿废气主要是指由矿井中排出的废气。它是由井下人员呼吸、爆破、充电、坑木腐烂、煤层氧化等所产生的气态物质和煤层及其围岩、地下水等释放的天然气污染井下空气而形成的。其中含有多种有害成分,包括以甲烷为主的烷烃、芳香烃、氢等可燃性气体和二氧化碳、氮等窒息性气体,以及硫化氢、一氧化碳、二氧化硫、二氧化氮等有毒气体。

2)燃煤废气

燃煤废气是指煤矿区锅(窑)炉和民用灶燃煤产生的废气。其中含有烟尘、硫氧化物、氮氧化物、碳氧化物、碳氢化物等有害成分。这些有害物质的产生量随煤质、燃烧方式、燃烧条件的不同而有很大差异,燃烧 1 t 煤可产生一氧化碳 0.5 ~ 45 kg、碳氢化合物 0.15 ~ 45 kg、氮氧化物 1.5 ~ 27 kg、醛类 0.002 5 kg、硫氧化物 19 S(S 为煤中硫含量)kg、烟尘 1 ~ 8A(A 为煤的灰分产率)kg。燃煤废气是大气污染物的主要来源,约占大气污染物总量的 70%。煤矿区大气污染亦属煤烟型。据有关资料显示,我国国有重点煤矿现有锅、窑炉近万台,每年排入大气的燃煤废气超过 1 700 亿立方米,烟尘和二氧化硫排放总量均在 30 万吨以上,煤矿区煤烟型大气污染甚为严重。

3)自燃废气

自燃废气是指煤和煤矸石发生自燃过程中产生的废气,其成分与燃煤废气相同或类似,煤主要是由可燃物质构成的,煤矸石中也含有一定量的可燃物,它们在一定条件下会因缓慢氧化热的大量聚集而自然发火。其表现形式有煤层露头着火、开采地表沉陷露风区着火、地面煤堆和矸石山着火、井下煤壁着火等。煤和煤矸石自燃现象在我国较为严重。据资料显示,我国共有近 240 座矸石山发生自燃,目前仍有 140 余座矸石山在燃烧。铜川矿务局 13 个矿就有 6 个矿的矸石山发生自燃;新疆煤田 88 个产煤地就有煤层自燃火区 42 个,每年烧毁煤炭资源达 1 亿吨之多。据目前研究结果表明,煤和煤矸石自燃的发生、发展与煤岩成分、煤化程度、煤的还原性、煤层的地质条件、开采方法、煤和矸石的堆放方式及其条件等诸多因素相关。

2.1.4 粉尘

煤矿的采掘、运输、选煤等生产过程以及燃煤、煤层和矸石山自燃等都会产生粉尘。其中采掘过程是煤矿产尘的主要因素。如在地下开采中,采掘工作面产生的粉尘可占矿井产尘总量的 70% ~ 80%。

煤矿粉尘以煤尘为主,也有岩粉和其他物质粉尘。其中含有砷、铬、镉、硒、铍、锌等微量有害元素和铀、钍、钴等放射性元素,并具有湿润性、黏附性、电荷性、爆炸性、气溶性等一些特殊性质,可悬浮于矿井水和空气之中或沉附于各种物体表面,产尘量一般与煤及其夹矸的性质、采煤方法、地质构造的破坏程度以及煤层的赋存状况和水文地质条件等因素有关。

2.1.5 噪声

煤矿在开发建设中会产生许多噪声,如工业生产噪声、交通运输噪声、建筑施工噪声和社会生活噪声等。

煤矿生产所用设备高噪声的多,据我国华北一些煤矿调查,70% 以上的设备运行噪声大于 90 dB(A),25% 左右的设备运行噪声在 100 ~ 1 300 dB(A)之间。如扇风机、空气压缩机、凿岩机、采煤机和洗煤厂的跳汰机、破碎机、振动筛等均属高噪声设备。此外,采掘爆破噪声亦是高噪声。这些噪声都属于工业生产噪声,因此,工业生产噪声是煤矿区噪声的主体 。

2.2 煤矿环境污染的防治

2.2.1 煤炭洁净开采技术

采煤过程中,煤层中的夹矸及少量顶底板围岩不可避免地与煤混采。井下开掘岩巷、半煤岩巷、煤仓、溜煤眼,都要排放矸石。矸石排入量与矿井开拓系统和巷道布置密切相关。实现洁净开采的途径与措施如下:

1)矿井设计合理规划,减少矸石排放量

(1)采用全煤巷开拓方式

巷道尽量布置在煤巷中,减少岩巷掘进量,从而可控制排矸总量。如我国世界一流的现代化煤矿神华集团神东煤炭公司的矿井,基本上按全煤巷开拓设计,大大减少了排矸量。

(2)利用自然边界划分井田和采区

开拓巷道沿自然边界(断层带、煤层变薄带、岩浆岩侵入带、高硫高灰煤层带)掘进,采区内尽量避免出现地质构造,减少破岩,降低煤中矸石的混入量。控制高硫高灰煤的开采比例,减少原煤总灰分和总排矸量。

(3)合埋选择采煤方法及生产工艺

采煤方法和生产工艺直接影响着矿井生产的原煤质量和地面环境保护。应根据煤层赋存条件和生产技术条件,在安全、高效的原则下,选择合理的采煤方法和生产工艺。

①加大采高,实现煤层全厚开采。采用煤层全厚开采,不仅可以减少巷道准备工作量,简化煤层开采程序,提高工作面的产量和效率,也减少了分层开采时矸石和其他杂物混入煤中的几率,降低了原煤含矸率和灰分。采用放顶煤开采厚煤层,可以有效地提高工作面回收率,降低原煤含矸率。

②合理分层。厚煤层分层开采,应根据煤层柱状及开采条件,按夹石层的位置、各分层的煤质情况及顶底板条件,综合研究确定分层界限及分层厚度。合理分层能减少煤中的矸石混入量,提高原煤生产质量。

当煤层中夹石厚度超过0.3 m又不能进行分层时,应实行煤岩分层开采。煤岩分采适用于爆破采煤工艺,先爆破采出夹石层上部的煤,并用临时支架管理顶板;然后剥采夹石层,并将其抛掷于采空区;最后采下部煤,架好支架,完成工作面采煤作业循环。

③留顶(或底)煤开采。当煤层有较厚的破碎伪顶或直接顶而难以维护时,工作面可实行留顶煤回采,避免了伪顶或破碎顶板冒落混入煤中使煤质恶化。在底板松软的情况下,为了防止支架钻底或采煤机啃底降低煤质,工作面应采用留底板方法回采,以保证煤炭生产质量,降低含矸率。该法可能降低回采率,应综合考虑选择。

④利用矸石充填井下巷道。矸石不出井,实际上就是通过各种手段,将巷道掘进过程中的矸石就地处理于井下。通常,采用的方法是宽巷掘进、沿空留巷、矸石充填等。宽巷掘进技术就是在掘进半煤岩巷时,开挖煤层宽度大于巷道宽度,掘进的矸石充填于巷道一侧或两侧被挖空煤层空间中和支架臂后。沿空留巷技术的推广应用,大大降低了巷道掘进率,减少了巷道工程量,同时也相应地减少了排矸量和煤中混入的矸石量,能实现煤的清洁开采。矸石充填技术就是把矸石送到井下集中破碎站,破碎后的矸石可作为建筑材料和充填材料,供井下铺轨、混凝土骨料、巷道壁后充填、工作面充填等使用。

2)采取措施减少矿井废气与粉尘污染

(1)井下瓦斯抽放与利用

煤矿向大气排放的废气量和有害物成分的多少,主要取决于矿井煤层瓦斯含量和生产时的瓦斯涌出量。如在煤矿生产过程中预先抽出煤层中的瓦斯加以利用,可以有效地甚至是大幅度地减少生产中瓦斯涌出量。这不仅是确保安全生产的重要技术措施,也是减轻矿井排泄废气对环境污染的重要途径。从通风安全的角度可以不考虑抽放出来的瓦斯利用,只要排至矿井以外便达到预期目标;从减轻污染的角度则必须强调抽放出来的瓦斯加以充分利用,变害为利。山西阳泉煤矿是较早利用瓦斯的范例。

(2)矿井粉尘防治

世界各主要产煤国家都先后采用高压喷雾或高压水辅助切割降尘技术,有效地控制采煤机切割时产生的粉尘,同时减少了截齿摩擦产生火花引燃瓦斯、煤尘爆炸的危险性。在掘进工作面,主要采用内外喷雾相结合的方法降低掘进机切割部的产尘量和蔓延到巷道的悬浮粉尘;同时,通过粉尘净化,通风除尘,泡沫除尘,声波雾化等综合措施,降低粉尘的产生和飞扬。

2.2.2 矿山固体废物资源化利用技术

矿山工业固体废物主要是煤矸石和围岩剥离物等混入物,是数量较大的矿山固体废物。下面仅就煤矸石的资源化利用作一简单介绍。

1)生产煤矸石砖

利用煤矸石生产烧结砖。煤矸石经破碎、粉磨、搅拌、压制、成型、干燥、焙煤而成烧结砖。各种原料的参考配比为:煤矸石70%~80%,黏土10%~15%,砂10%~15%,也有的利用纯煤矸石。煤矸石砖一般均塑性挤出成型,经过干燥后入窑焙烧,烧结温度范围一般为900 ℃~1 100 ℃。由于煤矸石中有10%碳及部分挥发物,故焙烧过程中无需加燃料。煤矸石烧结砖的抗冻、耐酸、耐碱等性能也比较好,可代替黏土砖使用。煤矸石粉碎作骨料,与一定比例的水泥、石灰、石膏混合可制作空心砌块墙体材料(免烧砖)。粉碎的煤矸石、白云石、半水石膏与水混合,然后加硫酸溶液混合,制成泥浆注入模具。由于白云石和硫酸发生化学反应而产生气泡,泥浆膨胀,制成微孔吸音砖。

利用煤矸石代替黏土制砖可以化害为利,变废为宝,节省土地,改善环境,创造利润。为了适应建材发展的需要,国家对发展煤矸石建材提供了一系列优惠政策。“十五”期间,淘汰2万家黏土砖企业,煤矸石综合利用率由2000年的43%提高到50%以上,重点煤矿和重点地区的煤矸石综合利用率达到80%以上,这将促使煤炭企业产品向多元化发展。目前,已开发生产有:竖孔承重空心砖、煤矸石铺地砖、釉面砖等多种类型的新产品。

2)生产水泥

煤矸石中SiO_2,Al_2O_3,Fe_2O_3的含量较高,总含量在80%以上,是一种天然黏土质原料,可以代替黏土作生产水泥的原料。利用煤矸石可生产煤矸石普通硅酸盐水泥、煤矸石火山灰水泥、煤矸石无熟料水泥。

(1)普通硅酸盐水泥　生产煤矸石酸盐水泥主要原料是石灰石69%~80%、煤矸石13%~15%、铁粉3%~5%、混合煤和石膏13%左右,水16%~18%,生产过程中可根据煤矸石及其他原料的性质确定合理的配合比。这种水泥是先把石灰石、煤矸石、铁粉混合磨成生料,与煤混拌均匀加水制成生料球,在1 400 ℃~1 450 ℃的温度下得到以硅酸三钙为主要成分的熟料,然后将烧成的熟料与石膏一起磨细制成的。这种水泥凝结硬化快,早期强度高,各项性能指标均符合国家有关标准。

(2)煤矸石无熟料水泥　它是以自燃煤矸石或经过800 ℃温度煅烧的煤矸石为主要原料,与石灰、石膏共同混合磨细制成的,有时也可以加入少量的硅酸盐水泥熟料或高炉渣。

煤矸石无熟料水泥的原料参考配合比为:煤矸石60% ~80%、生石灰15% ~25%、石膏3% ~8%。如果加入炼钢高炉渣,各种原料的参考配合比为:煤矸石30% ~34%、高炉渣5% ~35%、生石灰20% ~30%、无水石膏10% ~13%。这种水泥不需生料磨细和熟料煅烧,而是直接将活性材料和激发剂按比例配合,混匀磨细。生石灰是煤矸石无熟料水泥中的碱性激发剂,生石灰中有效氧化钙与煤矸石中的活性氧化硅、氧化铝在湿热条件下进行反应生成水化硅酸钙和水化铝酸钙,使水泥强度增加;石膏是无熟料水泥中的硫酸盐激发剂,它与煤矸石中的活性氧化铝反应生成硫铝酸钙,同时调节水泥的凝结时间,以利于水泥的硬化,提高强度。

我国利用煤矸石生产水泥的发展速度非常快,生产的水泥品种较多,标号有225、325、425号,并已广泛应用于工业与民用建筑。

2.2.3　矿区土地回填复垦技术

大面积地下采煤矿坑引起地面沉降和陷落,可使村庄、铁路、桥梁、管线等遭受破坏,农田下陷所引起大面积积水和土地盐渍化而无法耕种。对这部分环境问题主要通过复垦技术来解决,包括工程复垦和生物复垦两个主要阶段。工程复垦是以矿区的固体废料作为充填物料,将塌陷区填满推平覆土,因此兼有掩埋矿区固体废弃物和复垦塌陷土地的双重效益。主要包括煤矸石充填、电厂粉煤灰充填、靠近河湖的煤矿可利用河湖淤泥充填复垦,另外还有挖深垫浅复垦、疏干法复垦、梯田法复垦,以及综合治理技术等。工程复垦阶段完成后还应进行生物复垦,包括土壤改良和植被品种筛选两个方面,前者是应用植物法、微生物法、客土法、施肥法、化学法等进行土壤改良,以迅速提高土壤肥力和恢复植被;后者是对计划作为植被的作物、牧草、林木品种进行选择,其原则是首先能稳定土壤,控制侵蚀和减轻污染,其次兼顾培肥土壤能力及经济价值。

1)矿区土地复垦工作的三个阶段

国务院1988年颁布、于1989年1月1日实施的《土地复垦规定》将土地复垦定义为:对在生产建设过程中,因挖损、塌陷、压占等造成破坏的土地,采取整治措施,使其恢复到可供利用状态的活动。《土地复垦规定》是我国土地复垦发展历程中的一个重要的里程碑,尽管其中有许多条款已不适应市场经济的形势,但关于土地复垦的定义已经深入人心,即使是现在,我们要做的也只是对此定义作适当的补充修正,同时,土地复垦规定中制定的“谁破坏、谁复垦”的原则仍然适用。在1989年前的这一阶段内,主要是1980—1989年间,我国土地复垦工作集中在科学研究、人才培养、国外经验引进这一层次,缺乏有目的的大规模的工程实践项目。我国第一阶段的土地复垦理论研究成果可总结为如下两个方面:1)借鉴国外的经验,结合国内的情况为制定《土地复垦规定》提供了理论基础,《土地复垦规定》中关于土地复垦的定义即为第一阶段中国土地学会土地复垦研究会召开的两次学术活动有关专家智慧的结晶。2)提出并开展了矿区土地复垦模型研究。最初提出的矿区土地复垦模式是指适用于不同类型破坏土地的复垦技术,且主要是指工程技术,不包括近年来提出的生物复垦技术及复垦土地经营管理模式。第一阶段的矿区土地复垦模式也都局限于东部矿区开采沉陷地。

1989年至1998年的十年间,我国土地复垦事业是在探索中前进的。在此期间虽然有土地复垦规定作为法律依据,但大规模的复垦并未开展,在1989——1994年间主要是各地依据土地复垦规定自发零星地开展土地复垦,或通过法律手段,要求矿山企业履行复垦义务,开展了一些复垦示范工程,如铜山县开展了万亩非充填复垦与高效农业复垦示范工程,1995年至1998年国家土地管理局争取到财政部国家农业综合开发土地复垦项目资金,在全国实施了铜山、淮北、唐山三个首批国家级采煤塌陷的复垦示范工程。在各地的试验示范过程中,人们逐步认识到在复垦土地的同时,恢复生态环境的重要性,同时也发现土地复垦急需理论加以指导,在此阶段已有较高水平的理论成果出现。

1998年国土资源部成立后,国土资源部成立了耕地保护司和土地整理中心,负责全国的土地复垦工作,并在国家农业综合开发土地复垦项目资金的基础上,依据《中华人民共和国土地管理法》及其实施条例,国家实行占用耕地补偿制度。土地管理法规定的耕地开垦费与新增建设有偿使用费为土地复垦开辟了新的、稳定的、数量可观的资金渠道,因此大大推动了土地复垦事业的发展。在此阶段出台了土地开发整理行业标准,土地复垦工作进一步规范化、科学化。

2)煤矿区土地复垦与生态重建技术进展

(1)煤矿地下开采沉陷土地复垦技术

煤矿地下开采导致沉陷土地的复垦,大类可分为充填复垦与非充填复垦两类。充填复垦主要是利用矸石回填、粉煤灰回填及其他固体废弃物或客土回填。非充填复垦根据积水状况与地貌特征,大致分为疏排法复垦、梯田(或台田)式复垦及平整土地工程技术。

根据回填后的土地用途不同,充填复垦的关键技术也不一样。回填后用于建设的土地,充填复垦的关键是采取合理的工艺防止不均匀沉降,因此在一次回填全高的情况下,往往需采用强夯等地基处理工艺才能满足建筑要求,如果有规划地进行回填,可采取分层回填分层压实的处理工艺,分层厚度的确定取决于矸石块度、压实机械类型与重量、含水率等。回填后用于种植利用的土地,同样需要防止不均匀沉降,但关键问题是重构合理的土壤剖面,适合植物生长、防止污染。

(2)煤矿露天开采土地复垦技术

露天煤矿开采导致地表挖损、废弃岩土堆积。近年来露天煤矿开采土地复垦的主要技术有:1)剥离.采矿——复垦一体化技术;2)利用露天采矿剥离物回填采煤沉陷区:3)优化采矿工艺,采取分区段开采,实现内排土。研究成果表明:露天矿采场与排土场存在滑坡、水土流失的潜在危害,其复垦时,地貌重塑是关键,可充分利用GIS的地形分析功能,构建DTM模型,为后续的植被恢复创造良好的条件;复垦中需要采取快速植被恢复技术,提高生物多样性。

(3)煤矿固体废弃物复垦与利用技术

煤矿区固体废弃物主要包括地下开采矿山矸石、露天矿剥离岩土、选煤场洗选矸石和坑口电厂的粉煤灰。坑口电厂粉煤灰与采矿矸石用于土地复垦的主要处理方法是:1)粉煤灰与矸石回填洼地或塌陷区,如徐州矿区、淮北矿区等;2)废弃的矸石山绿化造景,如兖州兴隆庄煤矿、潞安王庄煤矿;3)矸石排放过程中绿化造景,如兖州济宁三号煤矿。

煤矿固体废弃物综合利用的技术途径包括:1)矸石制砖,如新汶矿区、徐州矿区、潞安矿区;2)矸石发电,如潞安矿区、徐州矿区等;3)粉煤灰制水泥或墙体材料;4)矸石制肥、粉煤灰作为土壤改良剂,如龙口矿区、韩城和潞安矿区都做过试验等。

(4)煤矿区复垦土壤重构技术

按照复垦形式,煤矿区复垦土壤重构分为充填复垦土壤重构、非充填复垦土壤重构和露天矿复垦土壤重构方法。非充填复垦土壤重构主要考虑土壤物理特性的改良,主要手段是建立完善的排灌体系、平整土地;充填复垦土壤重构的主要技术是根据回填物料的性质添加隔离层,如酸性矸石回填时下垫石灰等碱性物料,为达保水之目的下垫黏土或石膏层,因此近几年的复垦实践中复垦土壤剖面层为自下而上有以下几种形式:黏土—粉煤灰—耕作土、黏土—矸石—耕作土、石灰—矸石—耕作土、黏土—矸石—粉煤灰—耕作土等;露天矿复垦土壤重构方法有交错回填法、排土场圆锥堆整齐排列法等。矸石山绿化过程中的土壤重构也十分重要,目前我国矸石山绿化时以覆土或带土穴植为主,根据国外的经验,矸石山绿化以将矸石与土1:1混合覆盖矸石山表面80 cm厚为佳,若种草,可覆5~10 cm表土。

(5)煤矿区植被恢复技术

矿区植被恢复技术以土地条件分类与评价为基础。鸡西矿将废弃地分为七种土地类型,对七种土地的土壤理化性质、自然植被恢复规律进行了评价,提出了人工植被恢复方案,并开展了试验研究,效果良好。

(6)煤矿区复垦土地利用技术

煤矿区复垦土地根据当地土地资源状况及土地破坏程度,复垦后的利用方向有用作耕地、林地、水产禽畜养殖用地、村镇或工业建设用地、牧草地。其中的主要技术包括回填场地建筑利用时的地基处理技术、回填场地种植利用时的防污防渗技术、种植养殖综合利用的基塘复垦技术或生态工程复垦技术。

由于我国煤炭作为主要能源的地位在今后相当长的一段时间内不会改变,且煤炭开采对土地的破坏量一直高居所有工业部门之首,因此煤矿区土地复垦仍将是我国土地复垦的重点。

技能训练7.1　观察中梁山煤矿的环境地质问题及工程地质灾害

1. 实训目的要求

通过实地观察中梁山煤矿矸石堆积处理,了解煤矿生产活动带来的环境地质问题及可能诱发的工程地质灾害问题。

2. 实训指导

1)实训方法

实地观察煤矿的生产活动,认识煤矿区的主要环境地质问题;以煤矿地质的基本地质理论为指导,分析可能发生的地质灾害类型及其危害性。

2)实训内容

①了解中梁山煤矿的生产布置情况

②认识中梁山煤矿区的空气污染及水资源污染情况

③观察中梁山煤矿矸石堆对土地资源的占用情况

④认识中梁山煤矿矸石区地质环境背景

④分析中梁山煤矿矸石区可能诱发的工程地质灾害

3. 实训作业

完成关于中梁山煤矿的环境地质问题及工程地质灾害的实习报告

复习练习题

1. 解释地质术语

矸石　煤矸石　采矿废水　采矿废气　自燃废气　煤泥

2. 填空题

1)煤矿生产活动引发的环境地质问题主要有________、________、________、________等。

2)煤矿生产引发的工程地质灾害问题主要有________、________、________等。

3)煤矿的固体废物主要有________、________、________、________和________等。

4)煤矿废水包括________、________和其他工业废水。

5)煤矿产尘的主要因素是________________________。

6)煤矿废气主要包括________、________、________。

3. 思考题

1)煤矿生产会带来哪些环境地质问题?

2)煤矿生产引发的工程地质灾害有哪些类型?

3)造成煤矿环境污染的因素主要包括哪些?

4)目前经济技术条件下,有哪些煤矿环境污染的防治技术得到推广应用?

附　录

附录1　地层代号及色谱

<table>
<tr><th colspan="2">界</th><th>系</th><th>统</th><th>色　谱</th></tr>
<tr><td colspan="2" rowspan="7">新生界（Cz）</td><td rowspan="2">第四系（Q）</td><td>全新统（Q_h）</td><td rowspan="2">淡黄色</td></tr>
<tr><td>更新统（Q_p）</td></tr>
<tr><td rowspan="2">新近系（N）</td><td>上新统（N_2）</td><td rowspan="2">鲜黄色</td></tr>
<tr><td>中新统（N_1）</td></tr>
<tr><td rowspan="3">古近系（E）</td><td>渐新统（E_3）</td><td rowspan="3">老黄色</td></tr>
<tr><td>始新统（E_2）</td></tr>
<tr><td>古新统（E_1）</td></tr>
<tr><td colspan="2" rowspan="8">中生界（Mz）</td><td rowspan="2">白垩系（K）</td><td>上白垩统（K_2）</td><td rowspan="2">鲜绿色</td></tr>
<tr><td>下白垩统（K_1）</td></tr>
<tr><td rowspan="3">侏罗系（J）</td><td>上侏罗统（J_3）</td><td rowspan="3">鲜蓝色（天蓝色）</td></tr>
<tr><td>中侏罗统（J_2）</td></tr>
<tr><td>下侏罗统（J_1）</td></tr>
<tr><td rowspan="3">三叠系（T）</td><td>上三叠统（T_3）</td><td rowspan="3">绛紫色</td></tr>
<tr><td>中三叠统（T_2）</td></tr>
<tr><td>下三叠统（T_1）</td></tr>
<tr><td rowspan="8">古生界（Pz）</td><td rowspan="8">晚古生界（Pz_2）</td><td rowspan="3">二叠系（P）</td><td>上二叠统（P_3）</td><td rowspan="3">淡棕色</td></tr>
<tr><td>中二叠统（P_2）</td></tr>
<tr><td>下二叠统（P_1）</td></tr>
<tr><td rowspan="2">石炭系（C）</td><td>上石炭统（C_2）</td><td rowspan="2">灰色</td></tr>
<tr><td>下石炭统（C_1）</td></tr>
<tr><td rowspan="3">泥盆系（D）</td><td>上泥盆统（D_3）</td><td rowspan="3">咖啡色</td></tr>
<tr><td>中泥盆统（D_2）</td></tr>
<tr><td>下泥盆统（D_1）</td></tr>
</table>

续表

界		系	统	色谱
古生界(Pz)	早古生界(Pz_1)	志留系(S)	顶志留统(S_4)	果绿色
			上志留统(S_3)	
			中志留统(S_2)	
			下志留统(S_1)	
		奥陶系(O)	上奥陶统(O_3)	蓝绿色
			中奥陶统(O_2)	
			下奥陶统(O_1)	
		寒武系(∈)	上寒武统($\in_3$)	暗绿色
			中寒武统($\in_2$)	
			下寒武统($\in_1$)	
元古宇(Pt)	新元古界(Pt_3)	震旦系(Z)	上震旦统(Z_2)	绛棕色
			下震旦统(Z_1)	
		青白口系(Qb)		棕红色(浅)
	中元古界(Pt_2)	蓟县系(Jx)		棕红色(中)
		长城系(Chc)		
	古元古界(Pt_1)			棕红色(深)
太古宇(AR)				玫瑰红色

(据全国地层委员会编,2001.中国地层指南修改)

附录2 岩石花纹图例

编 号	符 号	岩石名称
1. 沉积岩		
1	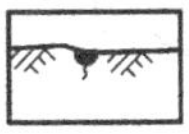	覆盖土层
2		煤及夹石
3		天燃焦
4		炭质页岩
5		炭质泥岩
6	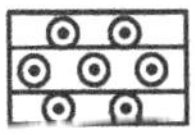	铝土页岩
7	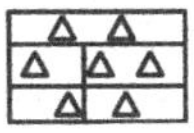	角砾岩
8	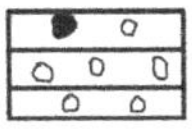	砾岩
9	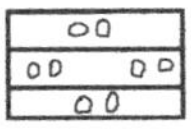	细砾岩
10	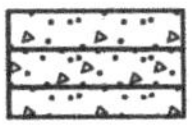	含角砾砂岩
11	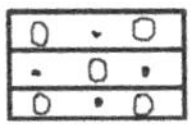	含砾砂岩
12	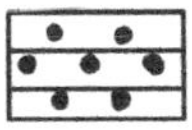	粗砂岩
13	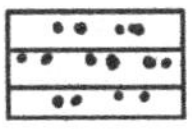	中砂岩

编 号	符 号	岩名名称
14	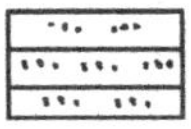	细砂岩
15	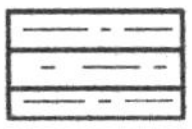	粉砂岩
16	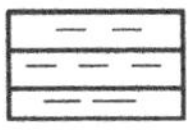	泥岩
17		页岩
18	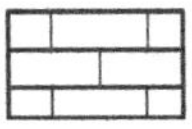	石灰岩
19	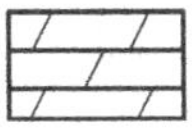	泥灰岩
20	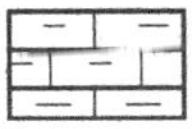	白云岩
21	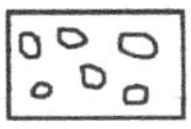	集块岩
22	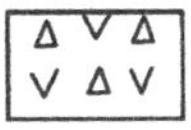	火山角砾岩
23		凝灰岩
2. 岩浆岩		
24	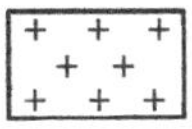	花岗岩
25	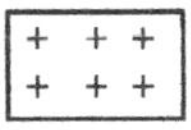	花钢斑岩
26	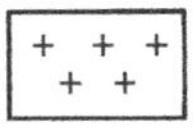	伟晶岩

续表

编　号	符　号	岩石名称	编　号	符　号	岩名名称
27	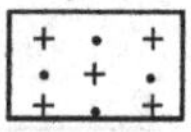	细晶岩	3. 变质岩		
28	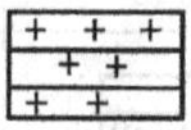	流纹岩	36		片麻岩
29	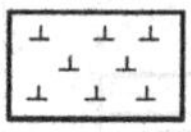	闪长岩	37		片　岩
30	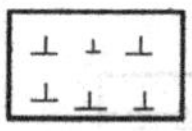	闪长玢岩	38		千枚岩
31	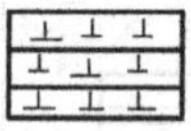	安山岩	39		板　岩
32	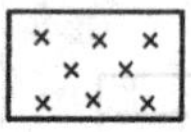	辉长岩	40		石英岩
33	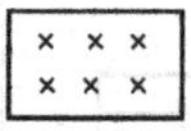	辉绿(玢)岩	41		大理岩
34	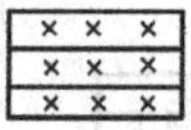	玄武岩	4. 其　他		
35	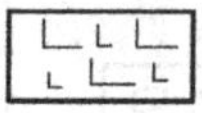	煌斑岩	42	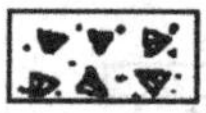	断层角砾岩

附录3 构造符号图例

编 号	符 号	地质构造名称	编 号	符 号	地质构造名称
1	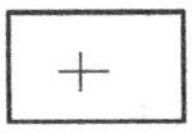	水平地层产状	18	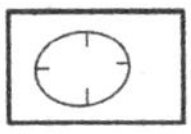	构造盆地
2	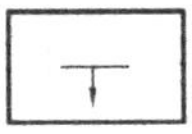	直立地层产状	19	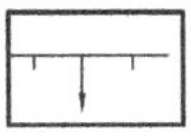	实测正断层
3	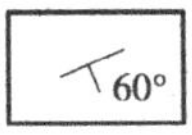	倾斜地层产状	20	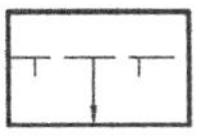	推测正断层
4	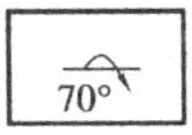	倒转地层产状	21	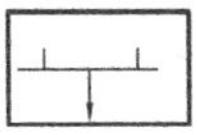	实测逆断层
5	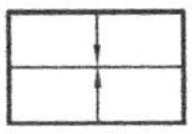	实测向斜轴	22	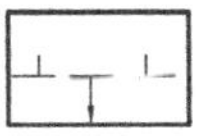	推测逆断层
6	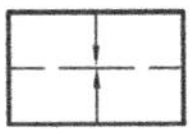	推测向斜轴	23	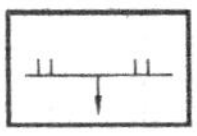	实测逆掩断层
7	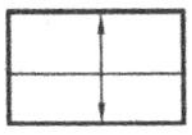	实测背斜轴	24	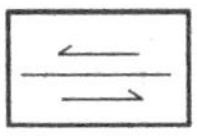	实测平移断层
8	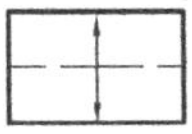	推测背斜轴	25		实测性质不明断层
9	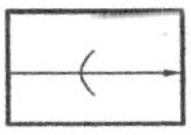	实测倾伏向斜轴迹（指向倾伏方向）	26	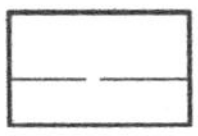	推测性质不明断层
10	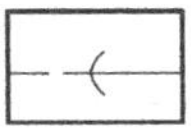	推测倾伏向斜轴迹	27	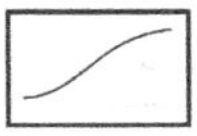	实测地层界线
11	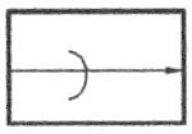	实测倾伏背斜轴迹	28	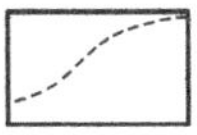	推测地层界线
12	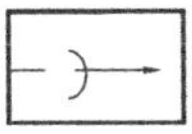	推测倾伏背斜轴迹	29	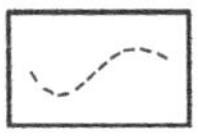	基岩出露界线
13	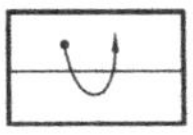	实测倒转向斜轴迹	30	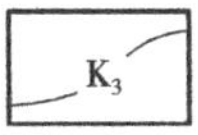	实测标志层露头线
14	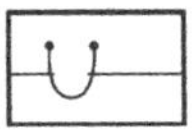	推测倒转向斜轴迹	31	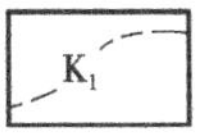	推测标志层露头线
15	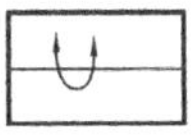	实测倒转背斜轴迹	32	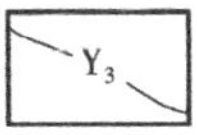	实测煤层露骨头线
16	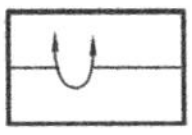	推测倒转背斜轴迹	33	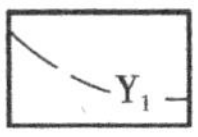	推测煤层露头线
17	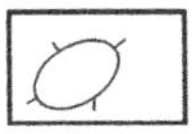	穹窿			

附录4 其他图例

编号	符号	名称	编号	符号	名称
1	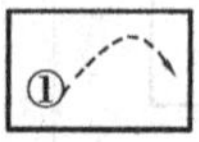	地质观测路线	9	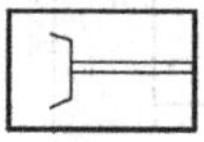	生产矿井
2	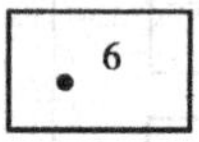	自然露头观测点	10	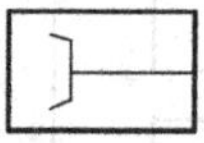	停产矿井
3	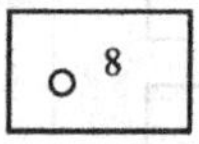	人工露头观测点	11	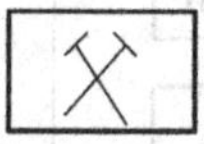	生产小煤窑
4		河流观测点	12	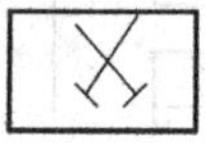	老窑
5	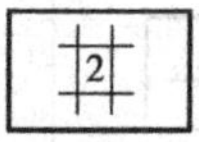	民用井观测点	13	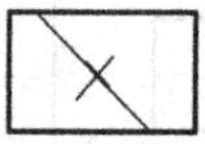	矿井边界线
6	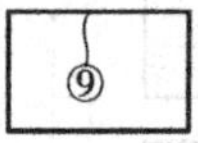	上升泉观测点	14	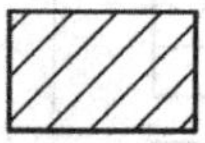	煤层采空区
7	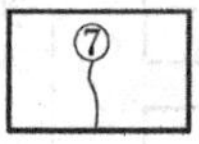	下降泉观测点	15	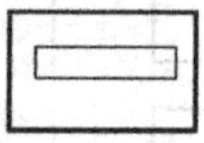	探槽
8	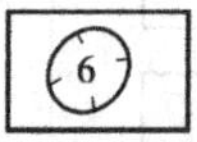	岩溶观测点			

附录5 确定视倾角的列线图

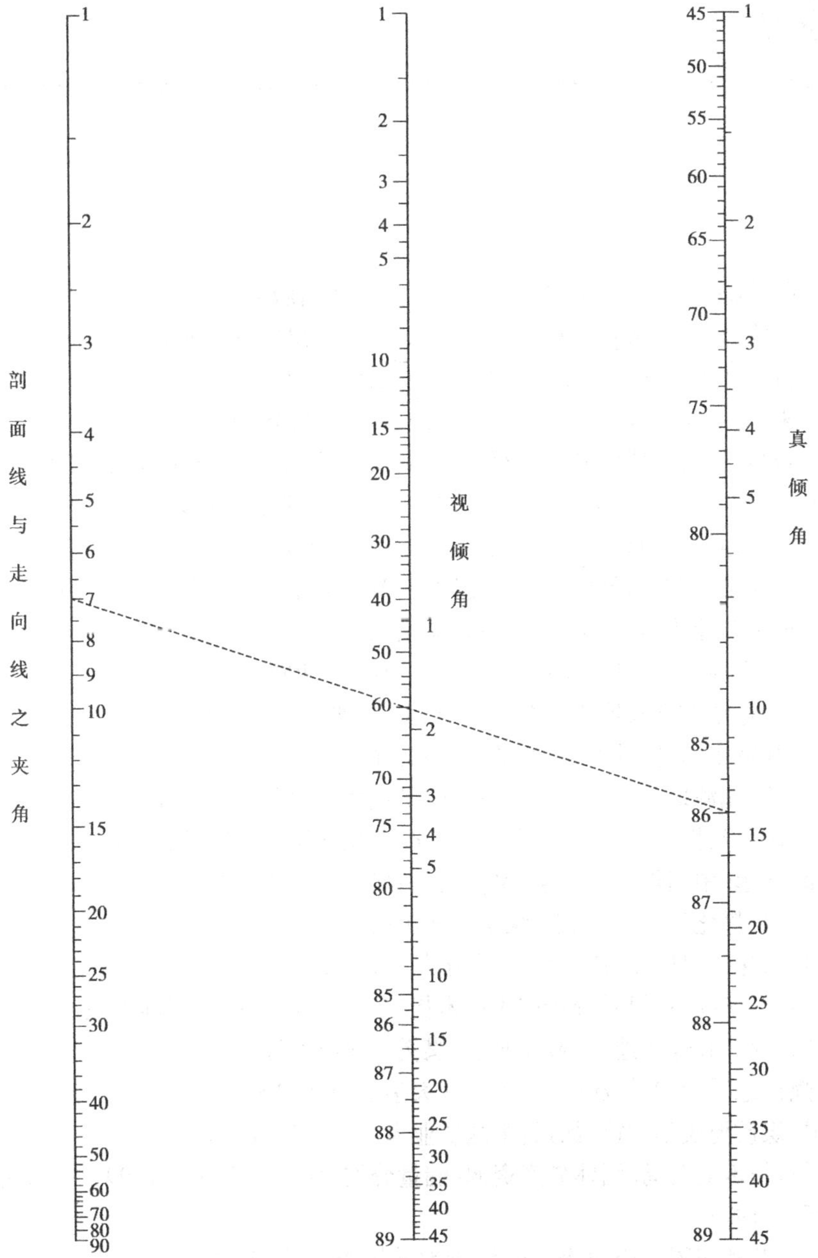

说明:根据剖面实测资料,在左尺和右尺上找到已测数值,用直尺相连直线过中尺处即为相应视倾角值。如图中一例:已知真倾角为86°,剖面与岩层走向夹角为7°,则该剖面方向之视倾角为60°。

参考文献

[1] 蔚永宁,张德栋. 矿物岩石学[M]. 北京:煤炭工业出版社,2007.
[2] 陈世悦. 矿物岩石学[M]. 山东东营:中国石油大学出版社,2006.
[3] 张世家. 古生物地史学[M]. 北京:煤炭工业出版社,2008.
[4] 徐开礼,朱志澄. 构造地质学[M]. 北京:地质出版社,1989.
[5] 郭颖,李智陵. 构造地质学简明教程[M]. 武汉:中国地质大学出版社,1995.
[6] 谢仁海,等. 构造地质学[M]. 徐州:中国矿业大学出版社,1991.
[7] 俞鸿年. 构造地质学原理[M]. 北京:地质出版社,1986.
[8] 李永良,李北平. 构造地质学及地质制图学[M]. 北京:煤炭工业出版社,1985.
[9] 李尚宽. 透视与地质素描[M]. 北京:地质出版社,1982.
[10] 李北平. 构造地质学[M]. 北京:煤炭工业出版社,2008.
[11] 吴德辰. 构造地质学及地质填图[M]. 北京:煤炭工业出版社,1989.
[12] 魏焕成,徐智彬. 煤资源地质学[M]. 北京:煤炭工业出版社,2007.
[13] 陈家良,等. 能源地质学[M]. 徐州:中国矿业大学出版社,2004.
[14] 陈鹏. 中国煤炭性质、分类和利用[M]. 北京:化学工业出版社,2001.
[15] 韩得馨,杨起. 中国煤田地质学[M]. 北京:煤炭工业出版社,1980.
[16] 余达用,等. 煤化学[M]. 北京:煤炭工业出版社,1996.
[17] 朱银惠. 煤化学[M]. 北京:化学工业出版社,2005.
[18] 北京煤化学研究所. 煤质分析应用技术指南[M]. 北京:中国标准出版社,1991.
[19] 桂和荣,郝临山. 煤矿地质[M]. 北京:煤炭工业出版社,2005.
[20] 陶昆. 煤矿地质学[M]. 徐州:中国矿业大学出版社,2006.
[21] 车树成. 煤矿地质学[M]. 徐州:中国矿业大学出版社,1996.
[22] 国家质量技术监督局. 固体矿产资源/储量分类(GB/T 17766—1999)[M]. 北京:中国标准出版社,1999.
[23] 中华人民共和国国土资源部. 煤、泥炭地质勘查规范(DZ/T 0215—2002)[M]. 北京:中国建筑工业出版社,2003.
[24] 中华人民共和国国家标准. 供水水文地质勘探规范(GBJ 27—88)[M]. 北京:中国计划出版社,1989.

[25] 中华人民共和国国家标准. 矿区水文地质工程地质勘探规范(GB 12719—91)[M]. 北京:中国标准出版社,1991.
[26] 中国有色金属工业总公司. 中华人民共和国冶金工业部部标准:抽水试验规程(YSJ215—89,YBJ15—89)[M]. 西安:西安交通大学出版社,1989.
[27] 王大纯,等. 水文地质学基础[M]. 北京:地质出版社,1995.
[28] 地质部水文地质工程地质技术方法研究队. 水文地质手册[M]. 北京:地质出版社,1978.
[29] 地矿部水文地质技术研究队. 水文地质手册[M]. 北京:地质出版社,1984.
[30] 中华人民共和国煤炭工业部定制. 矿井水文地质规程[M]. 北京:科学出版社,1984.
[31] 淮南煤炭学院,等. 矿井地质及矿井水文地质[M]. 北京:煤炭工业出版社,1979.
[32] 陈兆炎,苏文智,郑世书,等. 煤田水文地质学[M]. 北京:煤炭工业出版社,1989.
[33] 庞渭舟,刘维周. 煤矿水文地质学[M]. 北京:煤炭工业出版社,1986.
[34] 沈照理,等. 水文地质学[M]. 北京:科学出版社,1985.
[35] 王强,潘开方. 矿井地质[M]. 北京:煤炭工业出版社,2007.
[36] 王绍文,等. 固体废弃物资源化技术与利用[M]. 北京:冶金工业出版社,2003.
[37] 屈连忠. 煤矿环保优秀论文集[C]. 北京:煤炭工业出版社,1999.
[38] 宋建军. 推进煤矸石资源化利用的对策建议[J]. 中国煤田地质,2006.
[39] 张莉,等. 浅谈煤矸石综合利用与生态环境[J]. 山西能源与节能,2001.
[40] 郑志刚,滕永海,等. 煤矿固体废弃物环境污染与利用途径[J]. 矿山测量,2006 .
[41] 江洪清. 煤矸石对环境的危害及其综合治理与利用[J]. 煤炭加工与综合利用,2003.
[42] 马超,等. 煤矸石排放对生态环境影响的分析[J]. 煤矿环境保护,2000.
[43] 刘志斌,范军富,等. 煤矸石山对地下水环境质量影响的分析研究[J]. 露天采煤技术,2002.
[44] 曹金亮,等. 煤矸石对土壤污染的空间特征分析[J]. 生态环境与园林,2005.
[45] 刘玉荣,等. 煤矸石风化土壤中重金属的环境效应研究[J]. 农业环境科学学报,2003.
[46] 张晋霞,等. 煤矸石对环境的危害及其综合利用[J]. 江苏煤炭. (1).
[47] 赵苏启. 煤矿矸石山灾害防范与综合利用[J]. 现代安全职业,2005.
[48] 宋建军. 推进煤矸石资源化利用的对策建议[J]. 中国煤田地质,2006.
[49] 陆军. 煤矸石发电是扩大煤矸石综合利用的有效途径[J]. 中国煤炭,2001.
[50] 李文忠. 洗煤泥、煤矸石混烧发电技术的研制与开发[J]. 洁净煤技术,1999.
[51] 李培新,许家勒,等. 掘进煤矸石中煤炭资源回收方法[J]. 煤矿开采,2006.
[52] 金明,徐博,等. 浅谈洗矸石的再回收利用[J]. 煤炭加工与综合利用,2005.
[53] 陶宏伟,张艳,等. 煤矸石制造空心砖[J]. 煤炭科技,2001.
[54] 杨臣,吕一波,等. 用煤矸石制造空心砖的研究[J]. 选煤技术,1999.
[55] 张丕兴,彭青山. 用煤矸石配料研制喷射水泥[J]. 水泥,2001.
[56] 霍冀川,卢忠远,等. 大掺量工业废渣普通硅酸盐水泥[J]. 环境工程,1999.
[57] 蔡丰礼. 用高铝煤矸石和盐石膏低温烧制阿利特—硫铝酸盐水泥熟料的研究[J]. 水泥,2001.
[58] 肖秋国,傅勇坚,等. 从煤矸石中提取氧化铝的影响因素[J]. 煤炭科学技术,2002.
[59] 周华强,侯朝炯,等. 固体废物膏体充填不迁村采煤[J]. 中国矿业大学学报,2004.